Excel公式与函数应用技巧大全

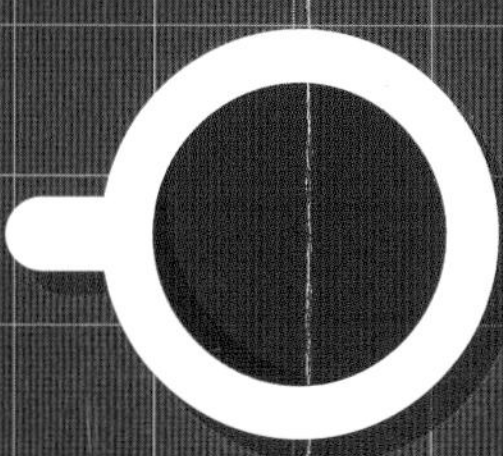

·北京·

内容提要

Excel 电子表格软件在日常办公中应用极为广泛，我们经常需要借助 Excel 来进行数据的计算与统计分析。其中，Excel 公式与函数为我们提供了强大的数据计算功能。本书系统并全面地讲解了 Excel 公式与函数的应用技巧。

全书共分为 13 章，内容包括公式的基本使用技巧，Excel 中公式的审核、检查与错误处理，Excel 函数的基本使用技巧，财务函数使用技巧，逻辑函数使用技巧，文本函数使用技巧，日期与时间函数使用技巧，查找与引用函数使用技巧，数学与三角函数使用技巧，统计函数使用技巧，工程函数使用技巧，信息函数使用技巧，数据库函数使用技巧。

《Excel 公式与函数应用技巧大全》内容系统全面，案例丰富，可操作性强。全书内容结合微软 Excel 常用版本（Excel 2007、2010、2013、2016）进行编写，并以技巧罗列的形式进行编排，非常适合读者阅读与查询使用，是不可多得的职场办公必备案头工具书。

《Excel 公式与函数应用技巧大全》非常适合读者自学使用，尤其适合对 Excel 公式与函数的使用缺少经验和技巧的读者学习使用，也可以作为大、中专职业院校计算机相关专业的教材参考用书。

图书在版编目(CIP)数据

Excel公式与函数应用技巧大全：即用即查 实战精粹/IT新时代教育编著．—北京：中国水利水电出版社，2019.1（2023.1 重印）

ISBN 978-7-5170-6815-0

Ⅰ.①E… Ⅱ.①I… Ⅲ.①表处理软件 Ⅳ.①TP391.13

中国版本图书馆CIP数据核字(2018)第209125号

书　　名	Excel 公式与函数应用技巧大全 Excel GONGSHI YU HANSHU YINGYONG JIQIAO DAQUAN
作　　者	IT 新时代教育 编著
出版发行	中国水利水电出版社 （北京市海淀区玉渊潭南路 1 号 D 座 100038） 网址：www.waterpub.com.cn E-mail：zhiboshangshu@163.com 电话：（010）62572966-2205/2266/2201（营销中心）
经　　售	北京科水图书销售中心（零售） 电话：（010）68545874、63202643 全国各地新华书店和相关出版物销售网点
排　　版	北京智博尚书文化传媒有限公司
印　　刷	三河市龙大印装有限公司
规　　格	185mm×260mm　16 开本　20.5 印张　525 千字　1 插页
版　　次	2019 年 1 月第 1 版　2023 年 1 月第 5 次印刷
印　　数	13001—15000 册
定　　价	69.80 元

凡购买我社图书，如有缺页、倒页、脱页的，本社营销中心负责调换

PREFACE

前 言

你知道吗?

- 使用公式时发生错误，知道怎样解决吗?
- 要使用函数来计算数据，可是又不知道使用哪个函数时，你知道如何查询函数吗?
- 想知道单元格中的数值是奇数还是偶数，你知道应该使用什么函数吗?
- 购买了办公设备，需要计算出折旧率，知道怎样使用函数来计算吗?

想成为 Excel 办公高手，要把数据处理与分析工作及时、高效地做好，不懂 Excel 公式与函数应用技巧怎么能行?

工作方法有讲究，提高效率有捷径。懂一些办公技巧，可以让你节约不少时间；懂一些办公技巧，可解除你工作中的烦恼；懂一些办公技巧，可以让你少走许多弯路！

本书内容

本书适合有一定 Excel 基础的学员，目的在于帮助职场人士进一步提高 Excel 公式与函数的应用水平，高效解决工作中数据计算处理与分析等难题，真正实现早做完不加班！

全书共分为 13 章，内容包括公式的基本使用技巧，Excel 中公式的审核、检测与错误处理，Excel 函数的基本使用技巧，财务函数使用技巧，逻辑函数使用技巧，文本函数使用技巧，日期与时间函数使用技巧，查找与引用函数使用技巧，数学与三角函数使用技巧，统计函数使用技巧，工程函数使用技巧，信息函数使用技巧，数据库函数使用技巧。

本书内容系统全面，案例丰富，可操作性强。全书内容结合微软 Excel 常用版本（Excel 2007、2010、2013、2016）进行编写，并以技巧罗列的形式进行编排，非常适合读者阅读与查询使用，是不可多得的职场办公必备案头工具书。

通过本书的学习，你将获得“菜鸟”变“高手”的机会。以前你可能只会简单地运用 Excel 软件，现在你可以达到以下水平。

- 人力资源管理者：可以轻松对人力资源数据进行统计、计算、分析、查询，优化薪酬模板，解决人力资源难题。
- 行政管理者：可以在工作中熟练使用公式与函数，提高数据统计、处理、分析能力，高效工作。
- 财务会计人员：可强化财务函数应用能力，高效解决预算、收益、折旧、债券等问题。
- 销售人员：可以灵活运用函数对销售数据进行统计分析，在海量数据中快速查询。
- 数据分析人员：可强化数学、统计、求和函数应用能力，有效提升数据分析与管理能力。

本书特色

你花一本书的钱，买的不仅仅是一本书，而是一套超值的综合学习套餐：图书 + 同步学习素材 + 同步视频教程 + 办公模板 +《电脑入门必备技能手册》+Office 快速入门视频教程 +

《Office 办公应用快捷键速查表》。多维度学习套餐，真正超值实用！

❶ 同步学习素材：提供了书中所有案例的素材文件，方便读者跟着书中讲解同步练习操作。

❷ 同步视频教程：配有与书同步的高质量、超清晰的多媒体视频教程，时长达 12 小时。扫描书中二维码，即可同步学习。

❸ 赠送：1000 个 Office 商务办公模板文件，包括 Word 模板、Excel 模板、PPT 模板。拿来即用，不用再去花时间与精力搜集整理。

❹ 赠送：《电脑入门必备技能手册》，即使你不懂电脑，也可以通过本手册的学习，掌握电脑入门技能，更好地学习 Office 办公应用技能。

❺ 赠送：3 小时的 Office 快速入门视频教程，即使你一点基础都没有，也不用担心学不会，学完此视频就能快速入门。

❻ 赠送：《Office 办公应用快捷键速查表》，帮助你快速提高办公效率。

温馨提示

以上内容可以通过以下步骤来获取学习资源。

	第 1 步：对准此二维码【扫一扫】→ 点击【关注公众号】。
	第 2 步：进入公众号主页面，点击左下角的【键盘】图标 → 在右侧输入“sD34y89”→ 点击【发送】按钮，即可获取对应学习资料的“下载网址”及“下载密码”。
	第 3 步：在计算机中打开浏览器窗口 → 在【地址栏】中输入上一步获取的“下载网址”，并打开网站 → 提示输入密码，输入上一步获取的“下载密码”→ 单击【提取】按钮。
	第 4 步：进入下载页面，单击书名后面的【下载】按钮，即可将学习资源包下载到计算机中。若询问是【高速下载】还是【普通下载】，应选择【普通下载】。
	第 5 步：下载完后，有些资料若是压缩包，通过解压软件（如 WinRAR、7-zip 等）进行解压即可使用。

本教程适合对象

- 不会英语、数学不好，却想玩转公式函数的人。
- 只会 Excel 简单操作，不会使用公式函数统计分析的职场人士。
- 想将 Excel 公式函数变成核心技能的职场新人 。
- 高频率使用 Excel 的行政文秘、人力资源、销售和财会等行业人士。

本书由 IT 新时代教育策划并组织编写。全书由一线办公专家和多位 MVP（ 微软全球最有价值专家 ）教师合作编写，他们具有丰富的 Office 软件应用技巧和办公实战经验。在此对他们的辛苦付出表示衷心的感谢！同时，由于计算机技术发展非常迅速，书中疏漏和不足之处在所难免，敬请广大读者及专家指正。

读者学习交流 QQ 群：744564267

Contents 目录

Excel公式与函数应用技巧大全

第1章 公式的基本使用技巧

第2章 Excel中公式的审核、检查与错误处理

第 3 章 Excel 函数基础的使用技巧

第 4 章 财务函数使用技巧

第 5 章 逻辑函数使用技巧

第 6 章 文本函数使用技巧

第 7 章 日期与时间函数使用技巧

第8章 查找与引用函数使用技巧

第9章 数学与三角函数使用技巧

第 10 章 统计函数使用技巧

第 11 章 工程函数使用技巧

第 12 章 信息函数使用技巧

第 13 章 数据库函数使用技巧

第 1 章 公式的基本使用技巧

Excel 具有强大的数据处理能力，能更快、更准地对数据进行计算。公式是 Excel 进行数据统计和分析的工具，可以利用输入的公式对数据进行自动计算。本章主要讲解 Excel 公式的相关操作，并介绍一些使用技巧。

下面列举了一些 Excel 公式中的常见问题，看看是否会处理或已掌握。

【√】在利用公式计算数据时，想要引用其他工作表中的数据，应该如何操作?

【√】在制作预算表时设置了计算公式，但是又担心他人不小心更改了工作表中的公式，应该如何保护公式?

【√】单元格区域选择起来比较麻烦，如何为单元格自定义名称，并使用自定义名称进行公式计算?

【√】为单元格区域定义名称后，怎样使用名称管理器管理名称?

【√】如果要对数组中最大的 5 位数进行求和，应该如何操作?

【√】在计算两组或两组以上的数据时，怎样使用数组公式进行计算?

希望通过本章内容的学习，能帮助你解决以上问题，并学会 Excel 中公式的基本使用技巧。

1.1 使用公式的基础

掌握 Excel 公式的组成和自定义公式的相关技巧，是使用 Excel 公式的基础。下面介绍一些最基本的公式知识

001 了解公式的组成结构

适用版本	实用指数
2007、2010、2013、2016	★★★★★

使用说明

Excel 中的公式是对工作表中的数据进行计算和操作的等式。公式是由“=”符号和表达式两部分组成的，如“= A1+B2”。公式组成要素如下表所示。

公式组成要素

公　　式	说　　明
=A3+B3+C3+D3+E3	包含单元格引用的公式
=SUM(A4:E4)	包含函数的公式
=85+84+53+62+51	包含常量运算的公式
= 求和	包含名称的公式

解决方法

为加深读者对公式组成结构的理解，这里以在“销售表”中计算合计的公式为例，介绍多种形式的公式结构。具体操作方法如下。

第 1 步 打开素材文件（位置：素材文件 \ 第 1 章 \ 销售表 .xlsx），❶选中 F3:F6 单元格区域；❷单击【公式】选项卡【公式审核】组中的【显示公式】按钮，如下图所示。

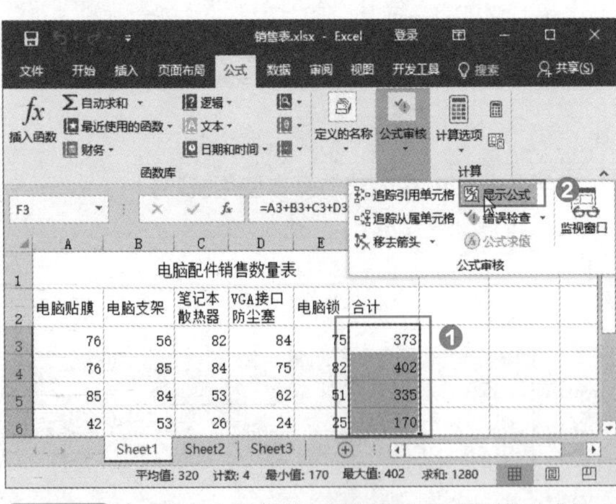

第 2 步 在 F3:F6 单元格区域中显示了多种形式的公式，如右上图所示。

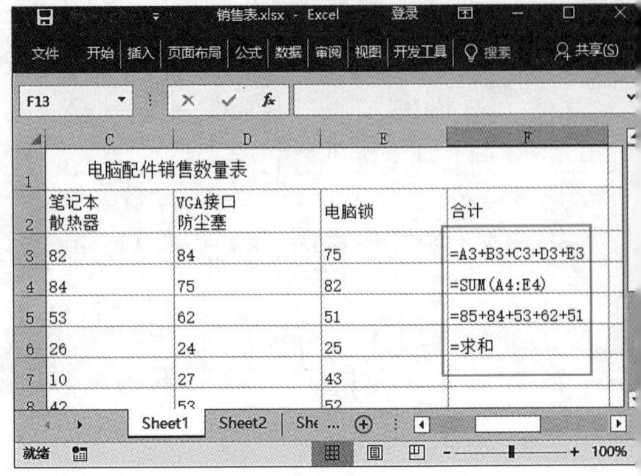

002 掌握运算符的优先级

适用版本	实用指数
2007、2010、2013、2016	★★★★★

使用说明

Excel 将根据公式中运算符的特定顺序从左到右计算公式。如果在一个公式中包含了多个运算符，那么就要按照一定的顺序来进行计算，否则就无法保证公式结果的单一性。

下表按从高到低的顺序说明了运算符的优先级及作用。

运算符的优先级

优 先 顺 序	运 算 符	说　　明
1	:,	引用运算符：冒号，个空格和逗号
2	－	算术运算符：负号
3	%	算术运算符：百分比
4	^	算术运算符：乘幂
5	* 和 /	算术运算符：乘和除
6	+ 和 －	算术运算符：加和减
7	&	文本运算符：连接文
8	=,<,>,<=,>=,<>	比较运算符：比较两

温馨提示

默认情况下，在公式中都是从左到右按优先顺序进行计算；如果要提高某一部分的运算级别，可以用括号“( )”来改变。

解决方法

例如，在计算实发工资前，要先根据入职时间计算出工龄工资。如果工龄大于 5 年，则工龄工资为 300 元；如果小于 5 年，则工龄工资为 100 元。然后再与其他项目相加计算出实发工资。具体操作方法如下。

第 1 步 打开素材文件（位置：素材文件 \ 第 1 章 \ 工资表.xlsx），❶ 选择 F3 单元格；❷ 在编辑栏中输入公式"=IF(2018−YEAR(B3)>5,300,100)+C3+D3+E3"；❸ 单击编辑栏中的【输入】按钮 ✓，如下图所示。

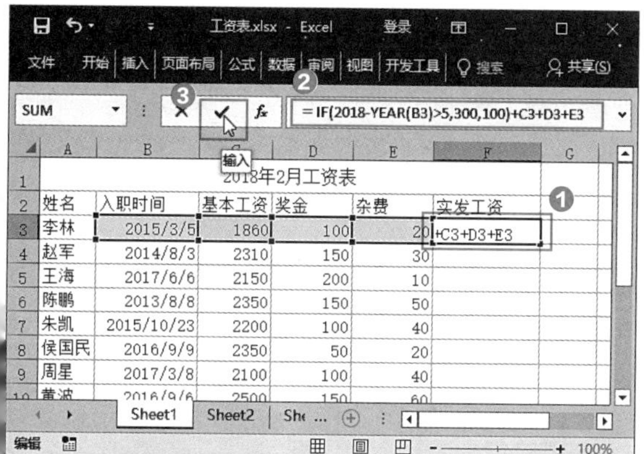

第 2 步 选择 F3 单元格，按住鼠标左键不放向下拖动填充公式，如下图所示。

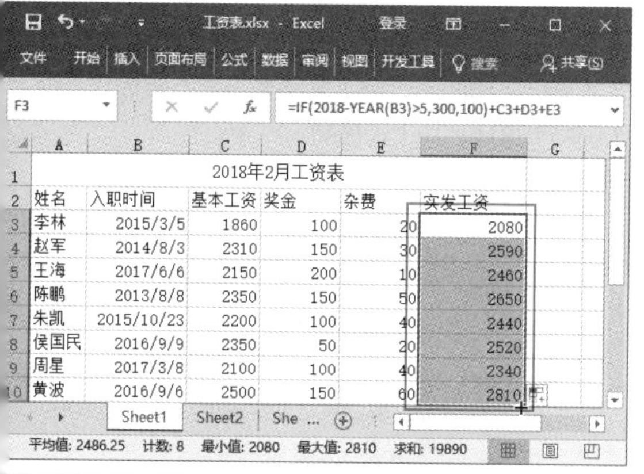

003　复制公式

适用版本	实用指数
2007、2010、2013、2016	★★★★★

使用说明

当单元格中的计算公式类似时，可通过复制公式的方式自动计算出其他单元格的结果。复制公式时，公式中引用的单元格会自动发生相应的改变。

解决方法

如果要复制公式，具体操作方法如下。

第 1 步 打开素材文件（位置：素材文件 \ 第 1 章 \ 海尔电器库存表 .xlsx），❶选择存放计算结果的 F3 单元格；❷单击【开始】选项卡【剪贴板】组中的【复制】按钮，如下图所示。

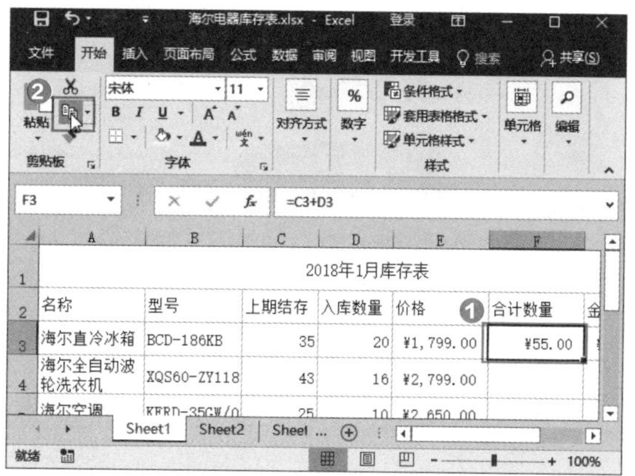

第 2 步 ❶选择需要粘贴的 F4:F6 单元格区域；❷单击【开始】选项卡【剪贴板】组中的【粘贴】下拉按钮；❸在弹出的下拉列表中选择【公式】选项，如下图所示。

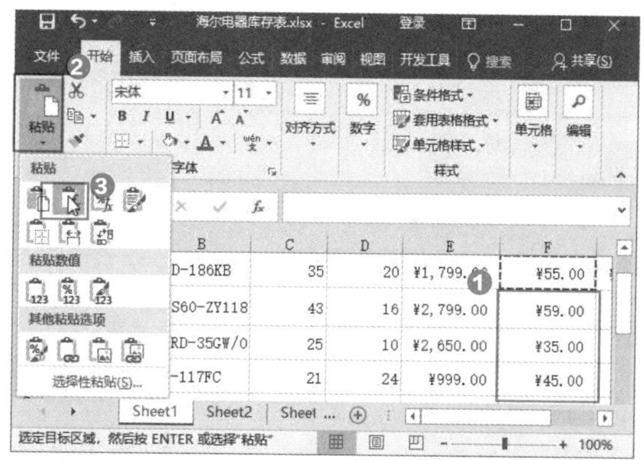

第 3 步 ❶选择 G3 单元格；❷将光标移动到单元格的右下角，当光标变为 + 状时，按住鼠标左键不放向下拖动填充公式，如下图所示。

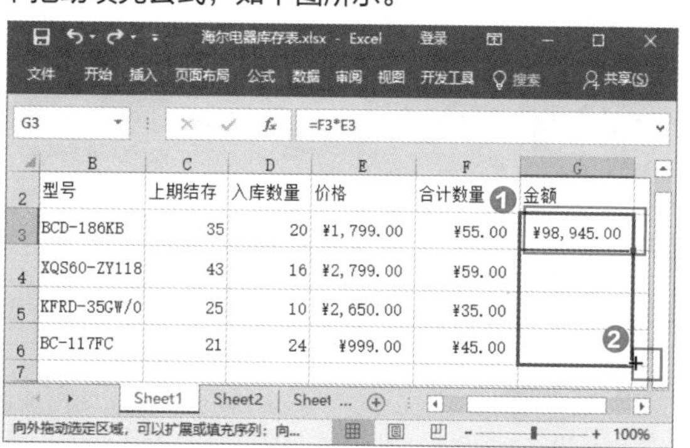

第 4 步 操作完成后，公式即可填充至所选单元格区域，如下图所示。

技能拓展

除了上述通过拖动填充柄的方式填充公式外，还可以选中存放计算结果的 G3 单元格，将光标移向单元格右下角，当光标变成＋状时，快速双击鼠标左键即可填充公式。

004　保护公式不被修改

适用版本	实用指数
2007、2010、2013、2016	★★★☆☆

使用说明

工作表中的数据计算好后，为了防止其他用户对公式进行更改，可设置密码保护。

解决方法

如果要在工作表中对公式设置密码保护，具体操作方法如下。

第 1 步 打开素材文件（位置：素材文件\第 1 章\销售清单.xlsx），❶选中包含公式的单元格区域，单击鼠标右键；❷在弹出的快捷菜单中选择【设置单元格格式】命令，如下图所示。

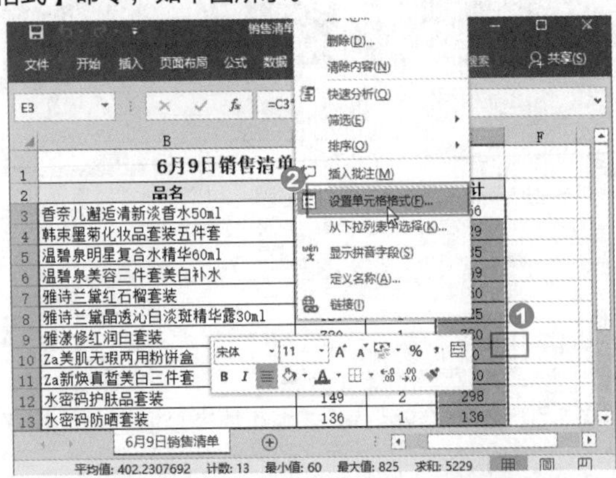

第 2 步 ❶打开【设置单元格格式】对话框，切换到【保护】选项卡，勾选【锁定】复选框；❷单击【确定】按钮，如下图所示。

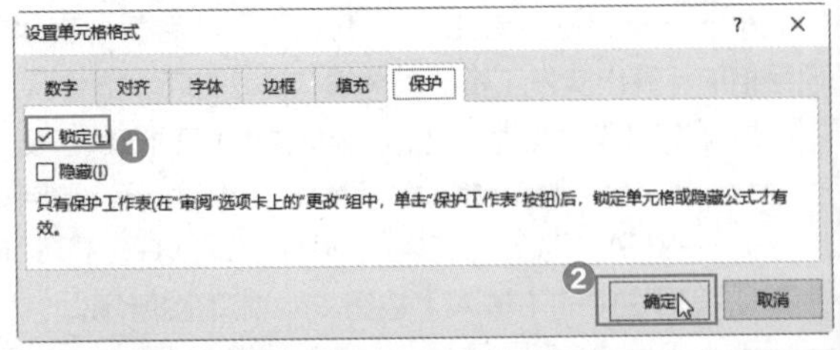

第 3 步 返回工作表，单击【审阅】选项卡【保护】组中的【保护工作表】按钮，如下图所示。

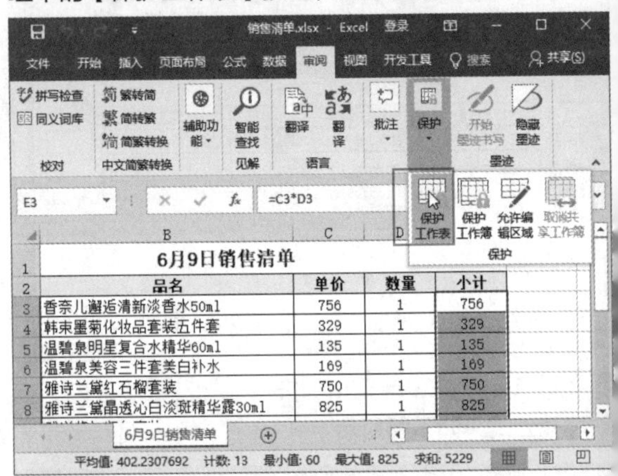

第 4 步 ❶打开【保护工作表】对话框，在【取消工作表保护时使用的密码】文本框中输入密码；❷单击【确定】按钮，如下图所示。

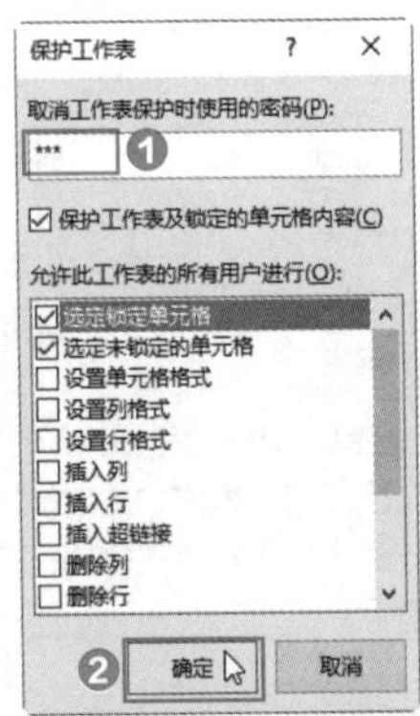

第 5 步 弹出【确认密码】对话框，再次输入保护密码单击【确定】按钮即可，如下图所示。

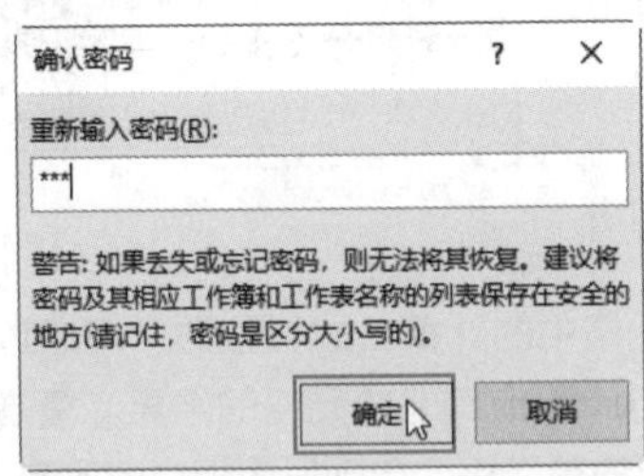

005　将公式隐藏起来

适用版本	实用指数
2007、2010、2013、2016	★★★☆☆

使用说明

为了不让其他用户看到正在使用的公式，可以将其隐藏起来。公式被隐藏后，当选中单元格时，仅仅在单元格中显示计算结果，而编辑栏中不会显示任何内容。

解决方法

如果要在工作表中隐藏公式，具体操作方法如下。

第 1 步 打开素材文件（位置：素材文件 \ 第 1 章 \ 销售清单 .xlsx），选中包含公式的单元格区域，打开【设置单元格格式】对话框。

第 2 步 ❶切换到【保护】选项卡，勾选【锁定】和【隐藏】复选框；❷单击【确定】按钮，如下图所示。

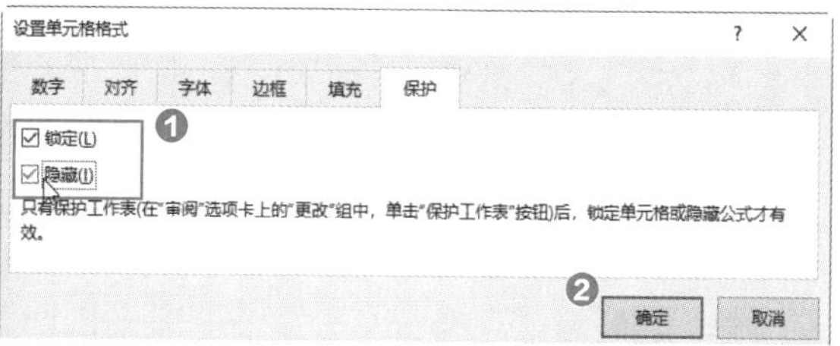

第 3 步 返回工作表，然后参照前面的相关操作方法，打开【保护工作表】对话框，设置密码保护即可。

006　使用【&】合并单元格内容

适用版本	实用指数
2007、2010、2013、2016	★★★☆☆

使用说明

在编辑单元格内容时，如果希望将多个单元格的内容合并起来，可通过运算符【&】来实现。

解决方法

如果要合并单元格中的内容，操作方法如下。

第 1 步 打开素材文件（位置：素材文件 \ 第 1 章 \ 员工基本信息 .xlsx），选择要存放结果的单元格 E3，输入公式"=B3&C3&D3"，按【Enter】键确认，得出计算结果，如右上图所示。

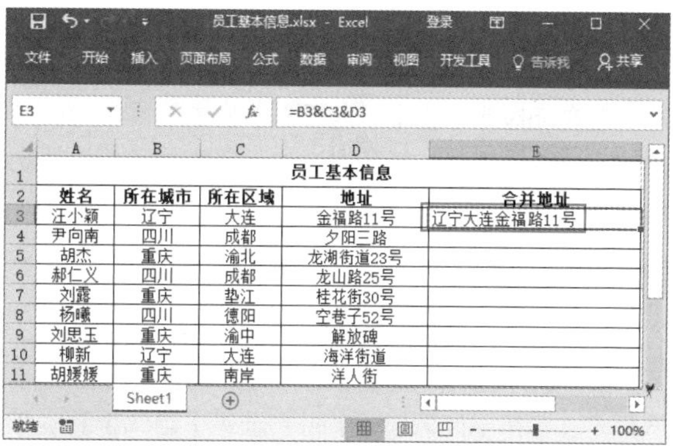

E3　=B3&C3&D3

员工基本信息				
姓名	所在城市	所在区域	地址	合并地址
汪小颖	辽宁	大连	金福路11号	辽宁大连金福路11号
尹向南	四川	成都	夕阳三路	
胡杰	重庆	渝北	龙湖街道23号	
郝仁义	四川	成都	龙山路25号	
刘露	重庆	垫江	桂花街30号	
杨曦	四川	德阳	空巷子52号	
刘思玉	重庆	渝中	解放碑	
柳新	辽宁	大连	海洋街道	
胡媛媛	重庆	南岸	洋人街	

第 2 步 将公式复制到其他单元格，得出计算结果，如下图所示。

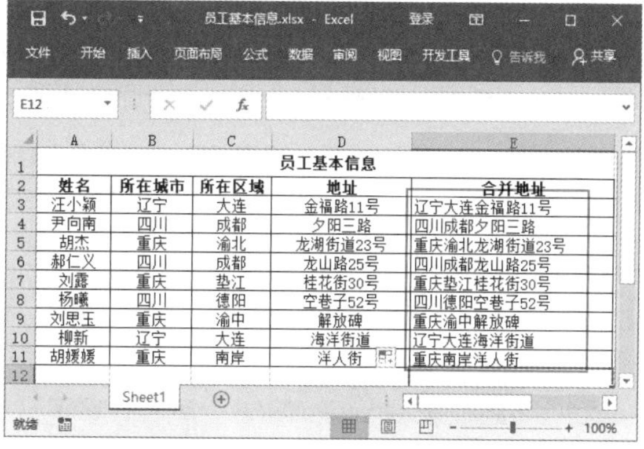

员工基本信息				
姓名	所在城市	所在区域	地址	合并地址
汪小颖	辽宁	大连	金福路11号	辽宁大连金福路11号
尹向南	四川	成都	夕阳三路	四川成都夕阳三路
胡杰	重庆	渝北	龙湖街道23号	重庆渝北龙湖街道23号
郝仁义	四川	成都	龙山路25号	四川成都龙山路25号
刘露	重庆	垫江	桂花街30号	重庆垫江桂花街30号
杨曦	四川	德阳	空巷子52号	四川德阳空巷子52号
刘思玉	重庆	渝中	解放碑	重庆渝中解放碑
柳新	辽宁	大连	海洋街道	辽宁大连海洋街道
胡媛媛	重庆	南岸	洋人街	重庆南岸洋人街

007　为何公式下拉复制后计算结果都一样

适用版本	实用指数
2007、2010、2013、2016	★★★★☆

使用说明

默认情况下，通过填充功能向下复制公式时，会根据引用的单元格自动进行计算。但是，有的用户利用填充功能向下复制公式后，所有的计算结果都一样，如下图所示。

E4　=C4*D4

6月9日销售清单				
销售时间	品名	单价	数量	小计
9:30:25	香奈儿邂逅清新淡香水50ml	756	1	756
9:42:36	韩束墨菊化妆品套装五件套	329	1	756
9:45:20	温碧泉明星复合水精华60ml	135	1	756
9:45:20	温碧泉美容三件套美白补水	169	1	756
9:48:37	雅诗兰黛红石榴套装	750	1	756
9:48:37	雅诗兰黛晶透沁白淡斑精华露30ml	825	1	756
10:21:23	雅漾修红润白套装	730	1	756
10:26:19	Za美肌无瑕两用粉饼盒	30	2	756
10:26:19	Za新焕真皙美白三件套	260	1	756
10:38:13	水密码护肤品套装	149	2	756

从图中可看出，如 E4 单元格中的计算公式是对的，但是结果是错的。出现这样的情况，是因为用户不小心将计算方式设置成了【手动重算】。设置为【手动重算】后，复制公式时，显示的计算结果将会与复

制的单元格一样。这时就需要按 F9 键进行手动计算，以便得到正确结果。

在实际应用中，【手动重算】方式非常不方便，建议用户按照下面的操作方法将计算方式设置为【自动重算】。

解决方法

将计算方式设置为【自动重算】的操作方法如下。

❶打开【Excel 选项】对话框，切换到【公式】选项卡；❷在【计算选项】栏中选中【自动重算】单选按钮；❸单击【确定】按钮即可，如下图所示。

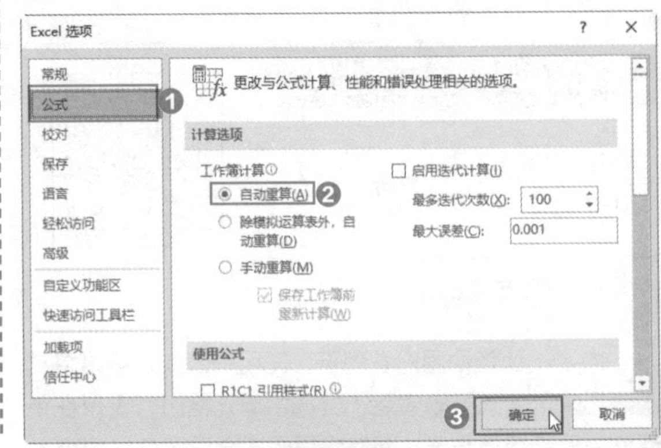

1.2 公式中引用单元格的方法

在 Excel 中，单元格地址是指单元格在表中坐标位置的标识。在编辑公式和使用函数时都会涉及对单元格地址的引用。本节主要介绍单元格地址引用的相关技巧。

008 单元格的相对引用

适用版本	实用指数
2007、2010、2013、2016	★★★★★

使用说明

在使用公式计算数据时，经常会用到单元格的引用。引用的作用在于标识工作表中的单元格或单元格区域，并指明公式中所用的数据在工作表中的位置。通过引用，可在一个公式中使用不同单元格中的数据，或者在多个公式中使用同一单元格的数据。

默认情况下，Excel 使用的是相对引用。在相对引用中，当复制公式时，公式中的引用会根据显示计算结果的单元格位置的不同而相应改变，但引用的单元格与包含公式的单元格之间的相对位置不变。

解决方法

例如，要在【销售清单 1.xlsx】工作表中使用单元格相对引用计算数据，具体操作方法如下。

打开素材文件（位置：素材文件\第 1 章\销售清单 1.xlsx），E3 单元格的公式为“=C3*D3”，将该公式从 E3 复制到 E4 单元格时，E4 单元格的公式就为“=C4*D4”，如下图所示。

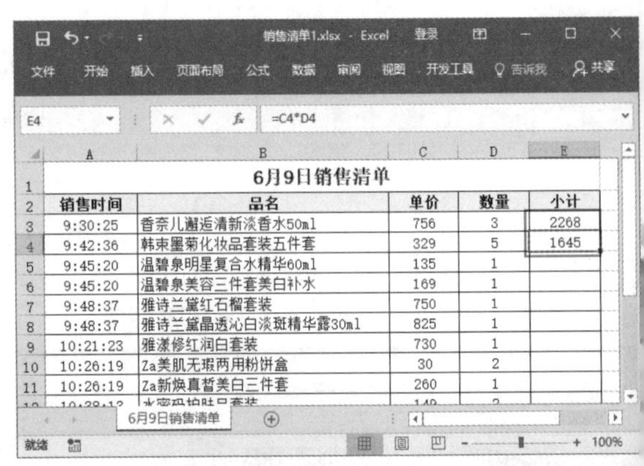

销售时间	品名	单价	数量	小计
9:30:25	香奈儿邂逅清新淡香水50ml	756	3	2268
9:42:36	韩束墨菊化妆品套装五件套	329	5	1645
9:45:20	温碧泉明星复合水精华60ml	135	1	
9:45:20	温碧泉美容三件套美白补水	169	1	
9:48:37	雅诗兰黛红石榴套装	750	1	
9:48:37	雅诗兰黛晶透沁白淡斑精华露30ml	825	1	
10:21:23	雅漾修红润白套装	730	1	
10:26:19	Za美肌无瑕两用粉饼盒	30	2	
10:26:19	Za新焕真皙美白三件套	260	1	

009 单元格的绝对引用

适用版本	实用指数
2007、2010、2013、2016	★★★★★

使用说明

绝对引用是指将公式复制到目标单元格时，公式中的单元格地址始终保持固定不变。使用绝对引用时，需要在引用的单元格地址的列标和行号前分别添加符号“$”（英文状态下输入）。

解决方法

例如，要在【销售清单 1.xlsx】工作表中使用单元格绝对引用计算数据，具体操作方法如下。

打开素材文件（位置：素材文件\第 1 章\销售清单 1.xlsx），将 E3 单元格中的公式输入为“=$C$3*$D$3”，将该公式从 E3 复制到 E4 单元格时，E4 单元格中的公式仍为“=$C$3*$D$3”（即公式的引用区域没发生任何变化），且计算结果和 E3 单元格中一样，如下图所示。

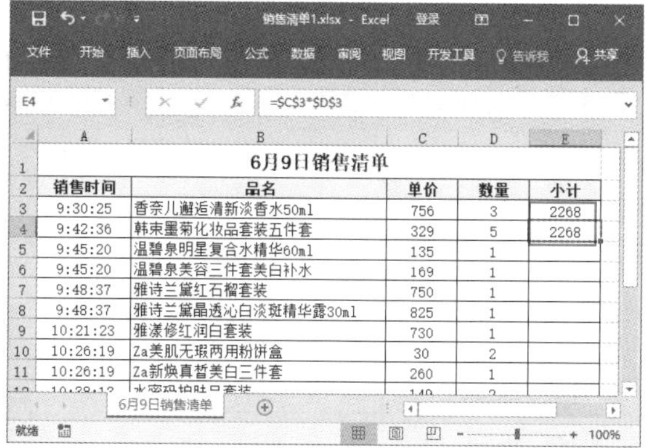

E4 =$C$3*$D$3

	A	B	C	D	E
1		6月9日销售清单			
2	销售时间	品名	单价	数量	小计
3	9:30:25	香奈儿邂逅清新淡香水50ml	756	3	2268
4	9:42:36	韩束墨菊化妆品套装五件套	329	5	2268
5	9:45:20	温碧泉明星复合水精华60ml	135	1	
6	9:45:20	温碧泉美容三件套美白补水	169	1	
7	9:48:37	雅诗兰黛红石榴套装	750	1	
8	9:48:37	雅诗兰黛晶透沁白淡斑精华露30ml	825	1	
9	10:21:23	雅漾修红润白套装	730	1	
10	10:26:19	Za美肌无瑕两用粉饼盒	30	2	
11	10:26:19	Za新焕真皙美白三件套	260	1	

010 单元格的混合引用

适用版本	实用指数
2007、2010、2013、2016	

使用说明

混合引用是指引用的单元格地址既有相对引用也有绝对引用。混合引用具有绝对列和相对行，或者绝对行和相对列。绝对引用列采用 $A1 这样的形式，绝对引用行采用 A$1 这样的形式。如果公式所在单元格的位置改变，则相对引用会发生变化，而绝对引用不变。

解决方法

例如，要在【销售清单 1.xlsx】工作表中使用单元格混合引用计算数据，具体操作方法如下。

打开素材文件（位置：素材文件\第 1 章\销售清单 1.xlsx），将 E3 单元格中的公式输入为“=$C3*D$3”，将该公式从 E3 复制到 E4 单元格时，E4 单元格中的公式会变成“=$C4*D$3”，如右上图所示。

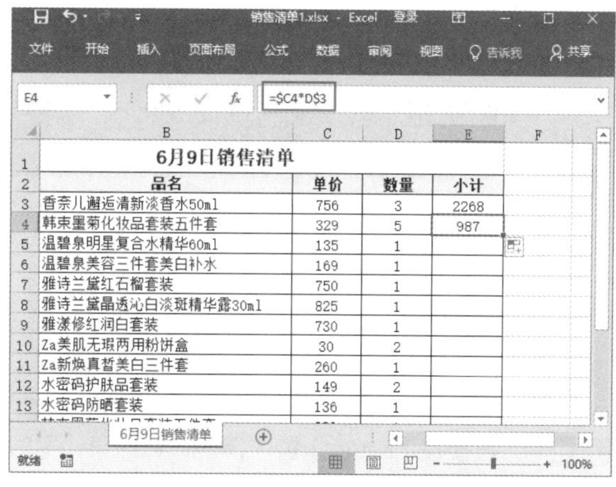

E4 =$C4*D$3

	B	C	D	E
1	6月9日销售清单			
2	品名	单价	数量	小计
3	香奈儿邂逅清新淡香水50ml	756	3	2268
4	韩束墨菊化妆品套装五件套	329	5	987
5	温碧泉明星复合水精华60ml	135	1	
6	温碧泉美容三件套美白补水	169	1	
7	雅诗兰黛红石榴套装	750	1	
8	雅诗兰黛晶透沁白淡斑精华露30ml	825	1	
9	雅漾修红润白套装	730	1	
10	Za美肌无瑕两用粉饼盒	30	2	
11	Za新焕真皙美白三件套	260	1	
12	水密码护肤品套装	149	2	
13	水密码防晒套装	136	1	

011 引用同一工作簿中其他工作表的单元格

适用版本	实用指数
2007、2010、2013、2016	★★★★☆

使用说明

在同一工作簿中，还可以引用其他工作表中的单元格进行计算。

解决方法

例如，在【美的产品销售情况 .xlsx】的【销售】工作表中，要引用【定价单】工作表中的单元格进行计算，操作方法如下。

第 1 步 打开素材文件（位置：素材文件\第 1 章\美的产品销售情况 .xlsx），❶选中要存放计算结果的单元格 E3，输入“=”，单击选择要参与计算的单元格 D3，并输入运算符；❷单击要引用的工作表标签，如【定价单】，如下图所示。

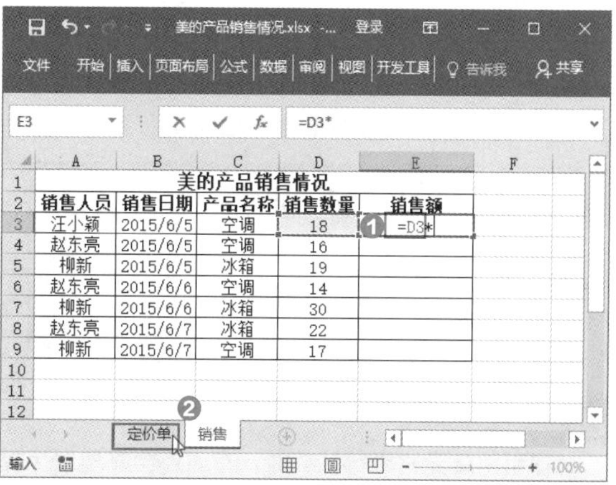

E3 =D3*

	A	B	C	D	E
1	美的产品销售情况				
2	销售人员	销售日期	产品名称	销售数量	销售额
3	汪小颖	2015/6/5	空调	18	=D3*
4	赵东亮	2015/6/5	空调	16	
5	柳新	2015/6/5	冰箱	19	
6	赵东亮	2015/6/6	空调	14	
7	柳新	2015/6/6	冰箱	30	
8	赵东亮	2015/6/7	冰箱	22	
9	柳新	2015/6/7	空调	17	

第 2 步 切换到该工作表，单击选择要参与计算的单元格 B4，如下图所示。

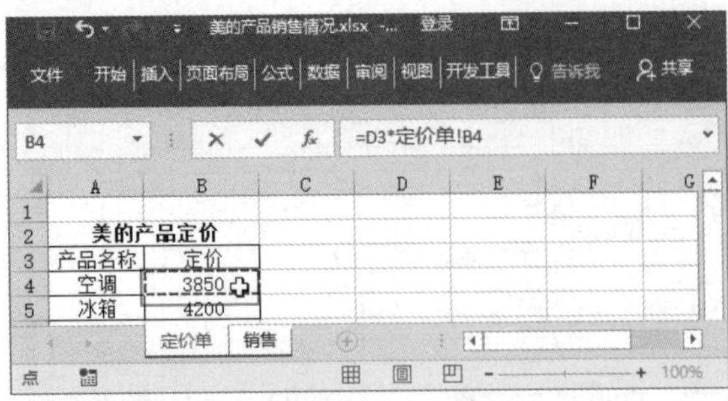

第 3 步 直接按【Enter】键，得到计算结果，同时返回原工作表，如下图所示。

第 4 步 将在【定价单】工作表引用的单元格地址转换为绝对引用，并复制到相应的单元格中，如下图所示。

012 引用其他工作簿中的单元格

适用版本	实用指数
2007、2010、2013、2016	★★★★☆

使用说明

在引用单元格进行计算时，有时还会需要引用其他工作簿中的数据。

解决方法

例如，在【美的产品销售情况 1.xlsx】的工作表中计算数据时，需要引用【美的产品定价 .xlsx】工作簿中的数据，具体操作方法如下。

第 1 步 打开素材文件（位置：素材文件\第 1 章\【美的产品销售情况 1.xlsx】和【美的产品定价 .xlsx】），在【美的产品销售情况 1.xlsx】中，选中要存放计算结果的单元格 E3，输入“=”，单击选择要参与计算的单元格 D3，并输入运算符，如下图所示。

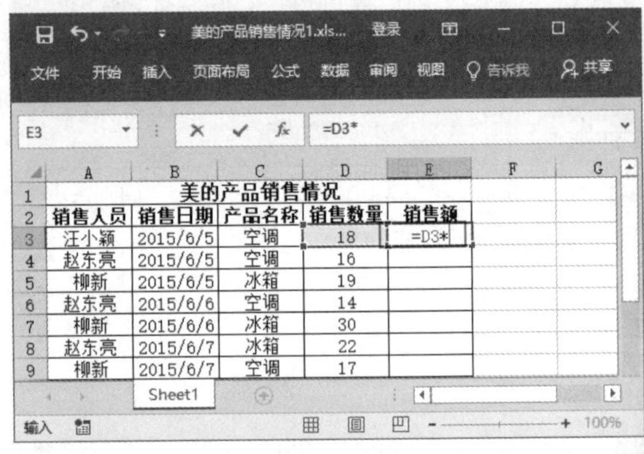

第 2 步 切换到“美的产品定价 .xlsx”，在目标工作表中，单击选择需要引用的单元格 B4，如下图所示。

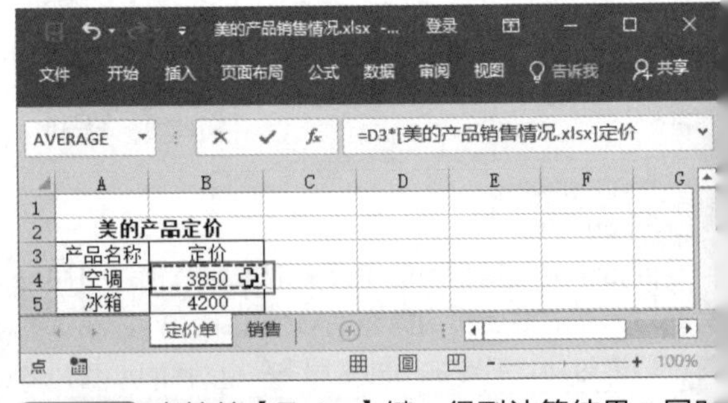

第 3 步 直接按【Enter】键，得到计算结果，同时返回原工作表，如下图所示。

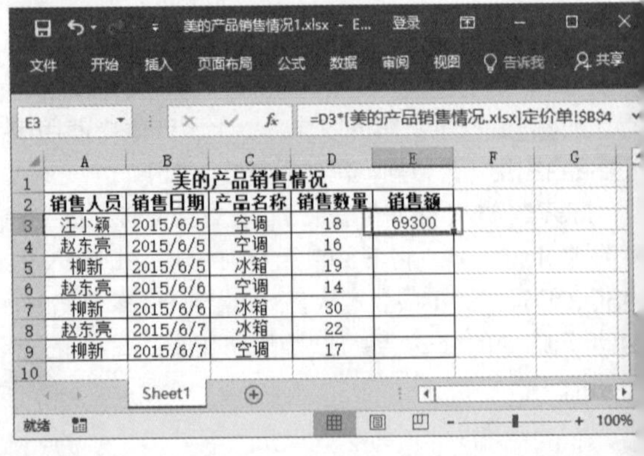

第 4 步 参照上述操作方法，对其他单元格进行相应的计算即可，如下图所示。

美的产品销售情况				
销售人员	销售日期	产品名称	销售数量	销售额
汪小颖	2015/6/5	空调	18	69300
赵东亮	2015/6/5	空调	16	61600
柳新	2015/6/5	冰箱	19	73150
赵东亮	2015/6/6	空调	14	53900
柳新	2015/6/6	冰箱	30	115500
赵东亮	2015/6/7	冰箱	22	84700
柳新	2015/6/7	空调	17	65450

1.3 名称的定义与应用

在Excel中，可以定义名称来代替单元格地址，并将其应用到公式计算中，以便提高工作效率，减少计算错误。

013 为单元格定义名称

适用版本	实用指数
2007、2010、2013、2016	★★★★★

使用说明

在 Excel 中，一个独立的单元格，或多个不连续的单元格组成的单元格组合，或连续的单元格区域，都可以定义一个名称。定义名称后，每一个名称都具有一个唯一的标识，方便在其他名称或公式中调用。

解决方法

如果要为单元格定义名称，具体操作方法如下。

第 1 步 打开素材文件（位置：素材文件\第 1 章\工资表.xlsx），❶选择要定义名称的单元格区域C4:C16；❷单击【公式】选项卡【定义的名称】组中的【定义名称】按钮，如下图所示。

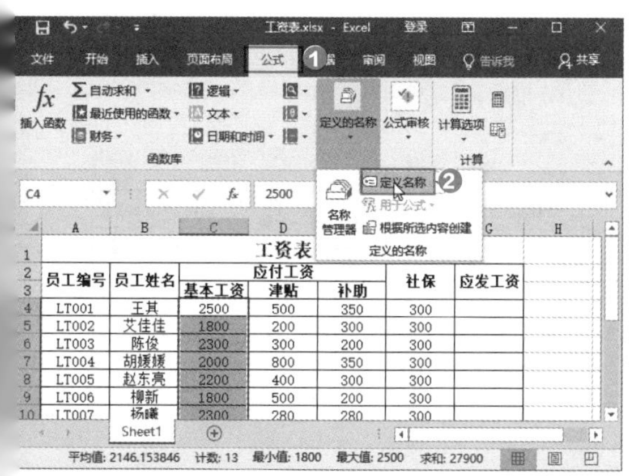

第 2 步 ❶打开【新建名称】对话框，在【名称】文本框内输入定义的名称；❷单击【确定】按钮，如下图所示。

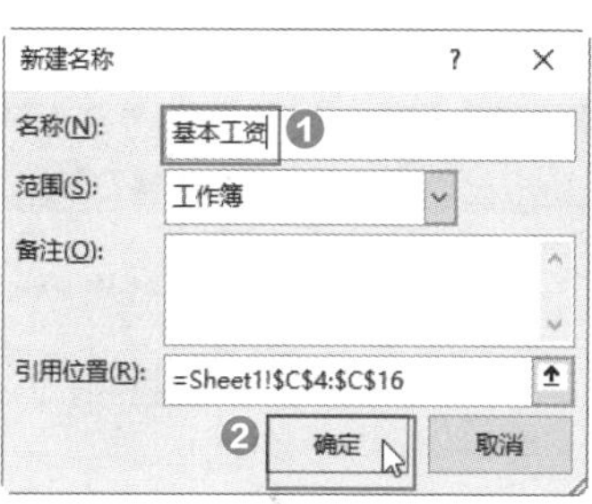

第 3 步 操作完成后，即可为选择的单元格区域定义名称。当再次选择该单元格区域时，会在名称框中显示定义的名称，如下图所示。

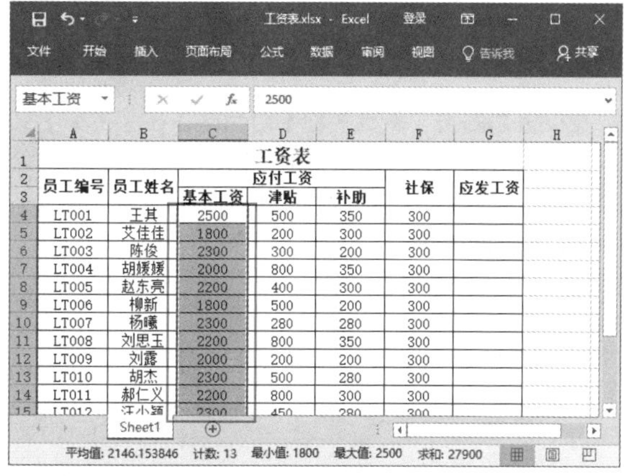

技能拓展

选择要定义的单元格或单元格区域，在名称框中直接输入定义的名称后按【Enter】键，也可以定义名称。

014　将自定义名称应用于公式

适用版本	实用指数
2007、2010、2013、2016	★★★★☆

使用说明

为单元格区域定义了名称之后，就可以将自定义名称应用于公式，以提高工作效率。

解决方法

如果要将自定义名称应用于公式，具体操作方法如下。

第 1 步 打开素材文件（位置：素材文件\第 1 章\工资表.xlsx），❶选择要定义为公式的单元格区域 C4:F4; ❷单击【公式】选项卡【定义的名称】组中的【定义名称】按钮，如下图所示。

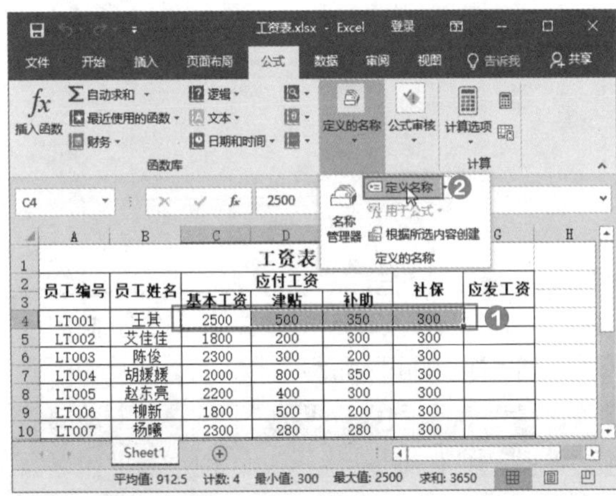

第 2 步 ❶打开【新建名称】对话框，在【名称】文本框中输入名称；❷在【引用位置】文本框中输入公式“=sum(Sheet1!$C$4:$F$4)”；❸单击【确定】按钮，如下图所示。

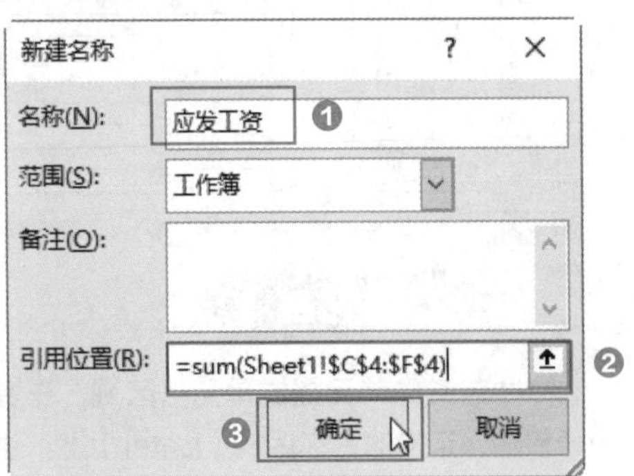

第 3 步 ❶选择 G4 单元格；❷单击【定义的名称】组中的【用于公式】下拉按钮；❸在弹出的下拉列表中选择定义的名称【应发工资】，如下图所示。

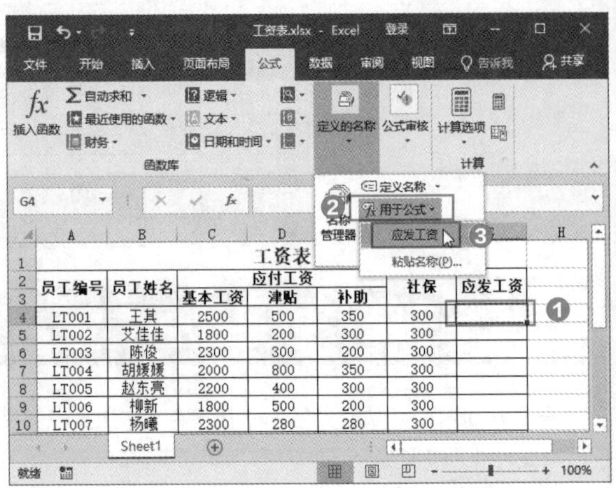

第 4 步 在 G4 单元格中显示公式区域，如下图所示。

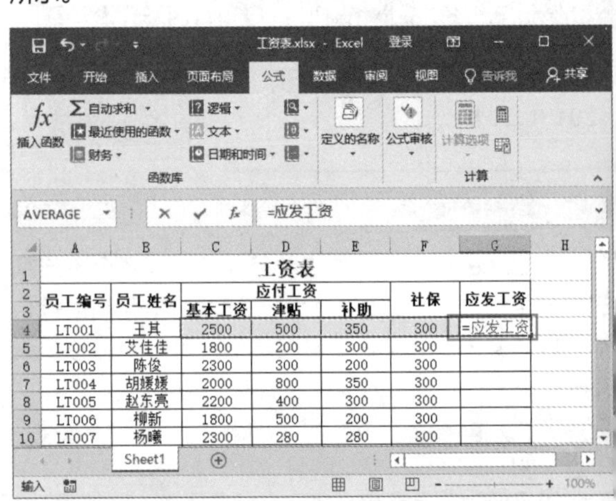

第 5 步 按【Enter】键确认，即可显示计算结果，如下图所示。

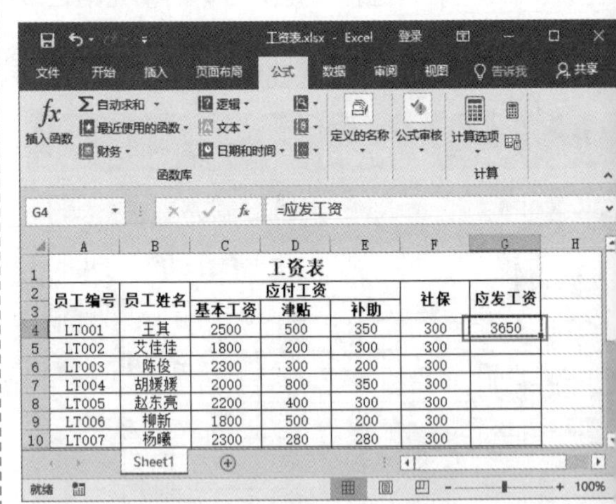

015 使用单元格名称对数据进行计算

适用版本	实用指数
2007、2010、2013、2016	★★★★☆

使用说明

在工作表中定义好名称后，可以通过名称对数据进行计算，以便提高工作效率。

解决方法

如果要在工作表中通过名称计算数据，具体操作方法如下。

第 1 步 打开素材文件（位置：素材文件\第 1 章\工资表 .xlsx），对相关单元格区域定义名称。本例将 C4:C16 单元格区域命名为“基本工资”，D4:D16 单元格区域命名为“津贴”，E4:E16 单元格区域命名为“补助”，F4:F16 单元格区域命名为“社保”。

第 2 步 选中要存放计算结果的单元格 G4，直接输入公式“= 基本工资 + 津贴 + 补助 − 社保”，如下图所示。

第 3 步 按【Enter】键得出计算结果，通过填充方式向下拖动鼠标复制公式，自动计算出其他单元格的结果，如下图所示。

016 在工作表中定义常量

适用版本	实用指数
2007、2010、2013、2016	★★★☆☆

使用说明

如果需要在整个工作簿中多次重复使用相同的常量，如基本工资、增值税率、产品利润率等，那么将其定义为一个名称，并在公式中使用该名称，将使得所有公式的修改、维护变得更加容易。

解决方法

例如，要在工资表中将所得税税率定义为名称，具体操作方法如下。

第 1 步 打开素材文件（位置：素材文件\第 1 章\员工工资表 .xlsx），单击【公式】选项卡【定义的名称】组中的【定义名称】按钮，如下图所示。

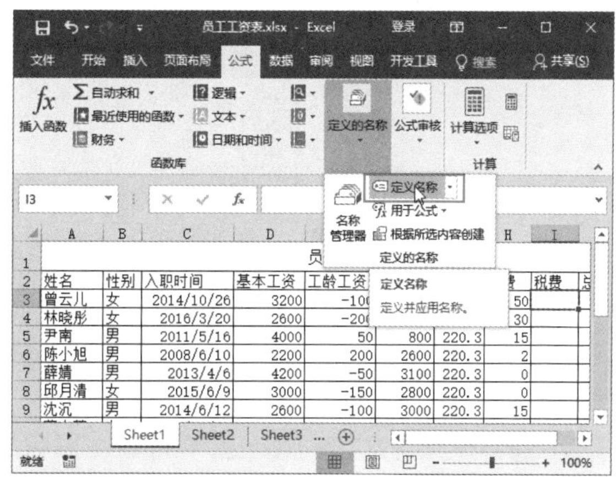

第 2 步 ❶打开【新建名称】对话框，在【名称】框中输入“所得税税率”；❷在【引用位置】框中输入“= 3%”；❸单击【确定】按钮，如下图所示。

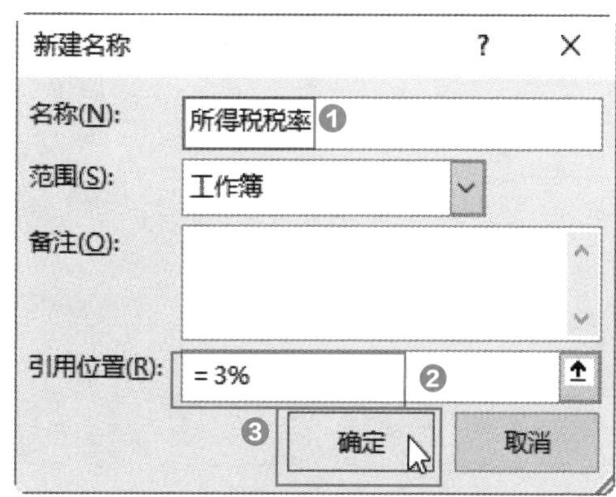

017 使用【名称管理器】新建名称

适用版本	实用指数
2007、2010、2013、2016	★★★☆☆

使用说明

如果在工作表中需要定义多个名称，可以使用【名称管理器】新建名称，从而提高工作效率。

解决方法

如果要使用【名称管理器】新建名称，具体操作方法如下。

第 1 步 打开素材文件（位置：素材文件\第 1 章\员工工资表 1.xlsx），单击【公式】选项卡【定义的名称】组中的【名称管理器】按钮，如下图所示。

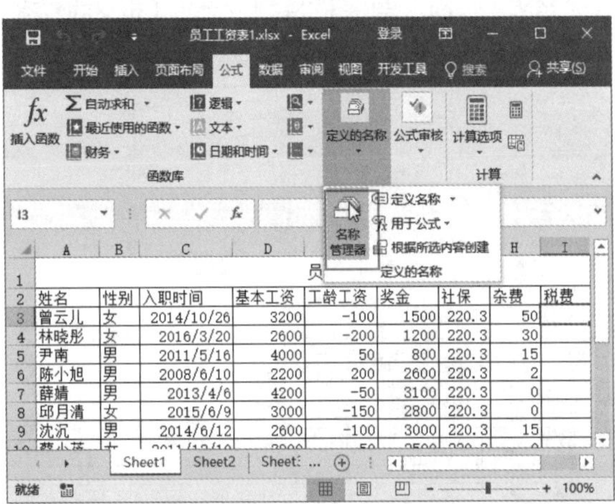

第 2 步 打开【名称管理器】对话框，单击【新建】按钮，如下图所示。

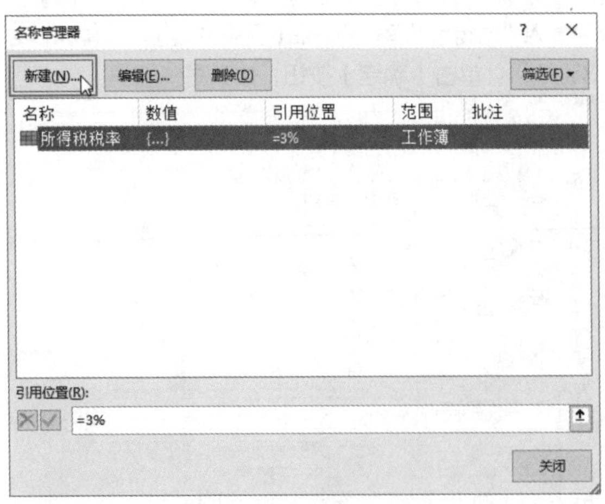

第 3 步 ❶打开【新建名称】对话框，在【名称】文本框中输入“基本工资”；❷将光标定位在【引用位置】参数框中，在工作表中选择 D3:D15 单元格区域；❸单击【确定】按钮，如下图所示。

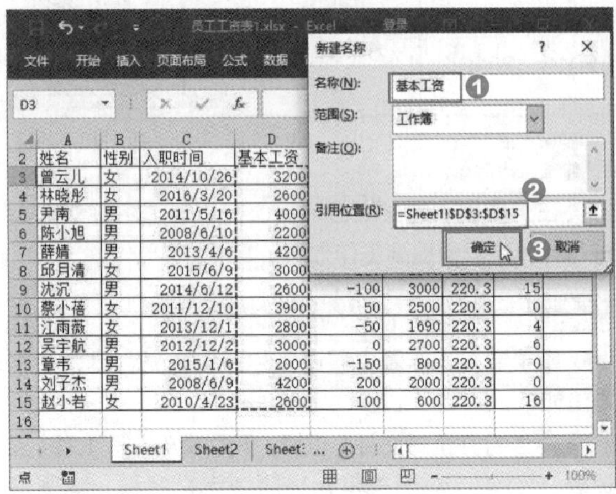

第 4 步 返回【名称管理器】对话框，单击【关闭】按钮，关闭该对话框，如下图所示。

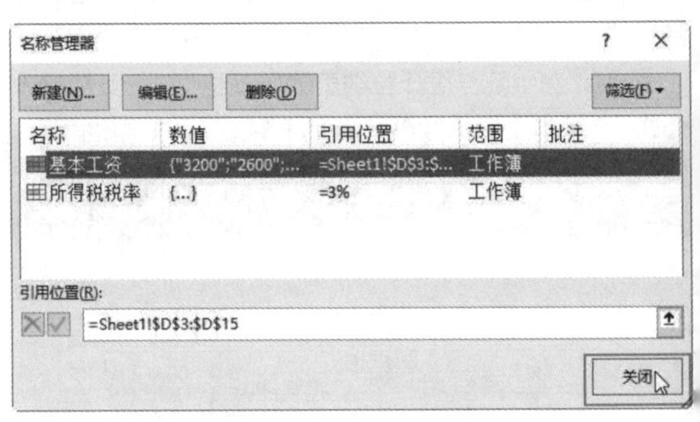

018 使用【名称管理器】管理名称

适用版本	实用指数
2007、2010、2013、2016	★★★☆☆

使用说明

在工作表中为单元格定义名称后，还可以通过【名称管理器】对名称进行修改、删除等操作。

解决方法

如果要使用【名称管理器】管理名称，具体操作方法如下。

第 1 步 打开素材文件（位置：素材文件\第 1 章\工资表 1.xlsx），单击【公式】选项卡【定义的名称】组中的【名称管理器】按钮，如下图所示。

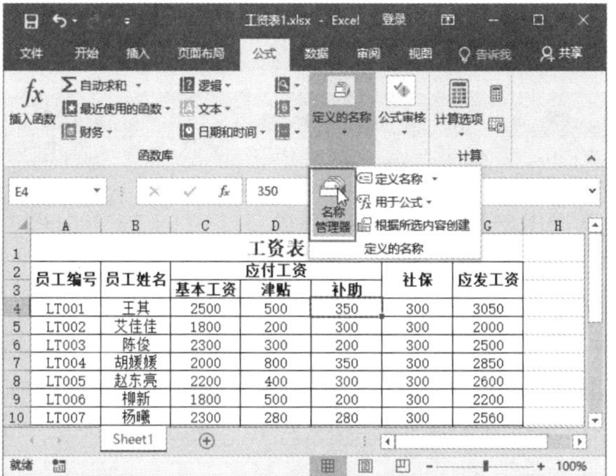

第 2 步 ❶打开【名称管理器】对话框，在列表框中选择要修改的名称；❷单击【编辑】按钮，如下图所示。

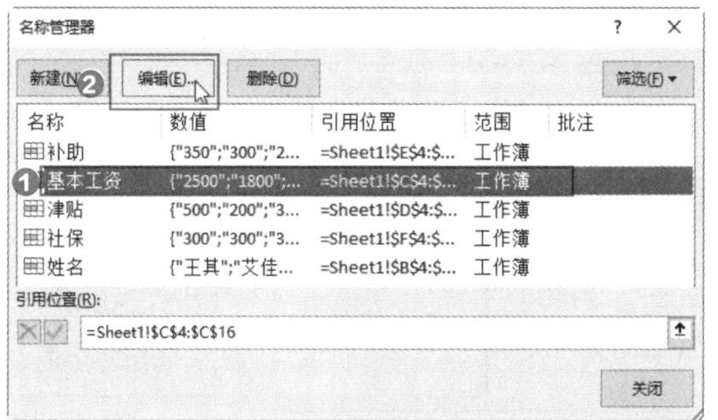

第 3 步 ❶打开【编辑名称】对话框，在【名称】文本框可进行重命名操作；❷在【引用位置】参数框中可重新选择单元格区域；❸设置完成后单击【确定】按钮，如下图所示。

编辑名称
名称(N): 工资
范围(S): 工作簿
备注(O):
引用位置(R): =Sheet1!$C$4:$C$16
确定 取消

第 4 步 ❶返回【名称管理器】对话框，在列表框中选择要修改的名称；❷单击【删除】按钮，如下图所示。

第 5 步 在弹出的提示对话框中单击【确定】按钮，如下图所示。

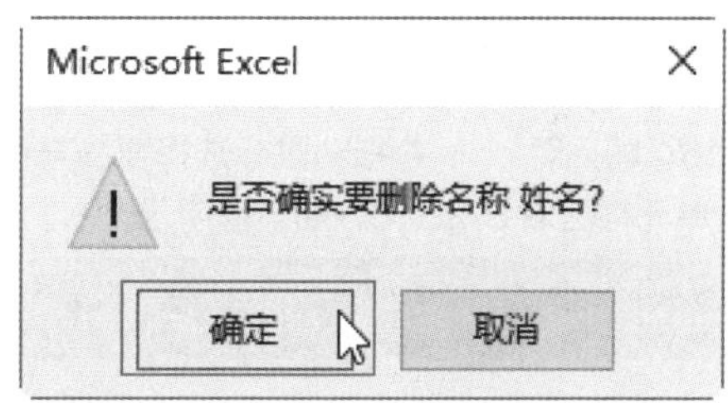

第 6 步 返回【名称管理器】对话框，单击【关闭】按钮即可，如下图所示。

1.4 数组公式的使用方法

在 Excel 中，可以使用数组公式对两组或两组以上的数据（两个或两个以上的单元格区域）同时进行计算。在数组公式中使用的数据称为数组参数，数组参数可以是一个数据区域，也可以是数组常量（经过特殊组织的常量表）。数组公式可以用来在小空间内进行大量计算，它可以替代许多重复的公式，从而节省内存。

019 在多个单元格中使用数组公式进行计算

适用版本	实用指数
2007、2010、2013、2016	★★★★★

使用说明

数组公式就是指对两组或多组参数进行多重计算，并返回一个或多个结果的一种计算公式。使用数组公式时，要求每个数组参数必须有相同数量的行和列。

解决方法

如果要在多个单元格中使用数组公式进行计算，具体操作方法如下。

第 1 步 打开素材文件（位置：素材文件\第 1 章\工资表.xlsx），❶选择存放结果的单元格区域 G4:G16，输入"="；❷拖动鼠标选择要参与计算的第一个单元格区域 C4:C16，如下图所示。

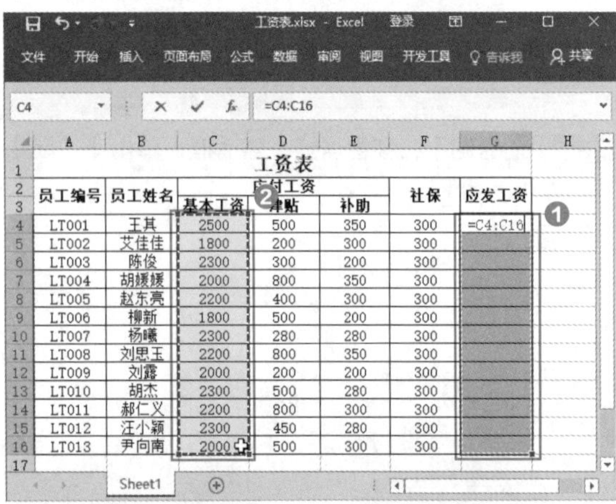

C4 =C4:C16

员工编号	员工姓名	应付工资 基本工资	津贴	补助	社保	应发工资
LT001	王其	2500	500	350	300	=C4:C16
LT002	艾佳佳	1800	200	300	300	
LT003	陈俊	2300	300	200	300	
LT004	胡媛媛	2000	800	350	300	
LT005	赵东亮	2200	400	300	300	
LT006	柳新	1800	500	200	300	
LT007	杨曦	2300	280	280	300	
LT008	刘思玉	2200	800	350	300	
LT009	刘露	2000	200	200	300	
LT010	胡杰	2300	500	280	300	
LT011	郝仁义	2200	800	300	300	
LT012	汪小颖	2300	450	280	300	
LT013	尹向南	2000	500	300	300	

第 2 步 参照上述操作方法，继续输入运算符，并拖动选择要参与计算的单元格区域，如下图所示。

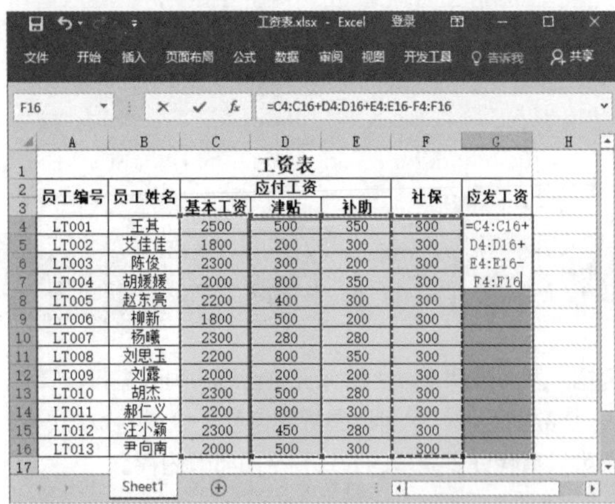

F16 =C4:C16+D4:D16+E4:E16-F4:F16

员工编号	员工姓名	应付工资 基本工资	津贴	补助	社保	应发工资
LT001	王其	2500	500	350	300	=C4:C16+D4:D16+E4:E16-F4:F16
LT002	艾佳佳	1800	200	300	300	
LT003	陈俊	2300	300	200	300	
LT004	胡媛媛	2000	800	350	300	
LT005	赵东亮	2200	400	300	300	
LT006	柳新	1800	500	200	300	
LT007	杨曦	2300	280	280	300	
LT008	刘思玉	2200	800	350	300	
LT009	刘露	2000	200	200	300	
LT010	胡杰	2300	500	280	300	
LT011	郝仁义	2200	800	300	300	
LT012	汪小颖	2300	450	280	300	
LT013	尹向南	2000	500	300	300	

第 3 步 按【Ctrl+Shift+Enter】组合键，得出数组公式计算结果，如下图所示。

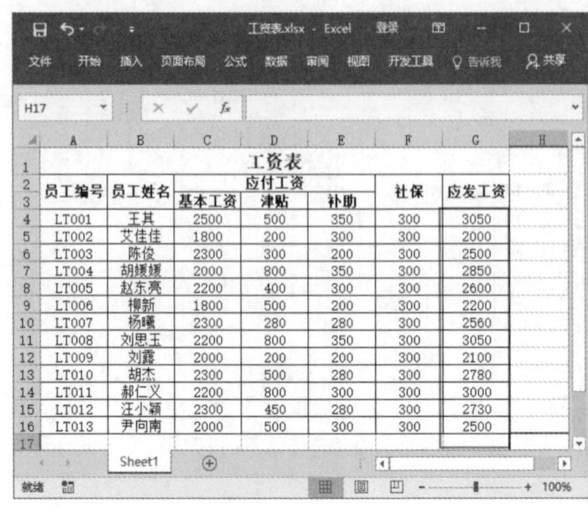

员工编号	员工姓名	应付工资 基本工资	津贴	补助	社保	应发工资
LT001	王其	2500	500	350	300	3050
LT002	艾佳佳	1800	200	300	300	2000
LT003	陈俊	2300	300	200	300	2500
LT004	胡媛媛	2000	800	350	300	2850
LT005	赵东亮	2200	400	300	300	2600
LT006	柳新	1800	500	200	300	2200
LT007	杨曦	2300	280	280	300	2560
LT008	刘思玉	2200	800	350	300	3050
LT009	刘露	2000	200	200	300	2100
LT010	胡杰	2300	500	280	300	2780
LT011	郝仁义	2200	800	300	300	3000
LT012	汪小颖	2300	450	280	300	2730
LT013	尹向南	2000	500	300	300	2500

020 在单个单元格中使用数组公式进行计算

适用版本	实用指数
2007、2010、2013、2016	★★★★★

使用说明

在编辑工作表时，还可以在单个单元格中输入数组公式，以便完成多步计算。

解决方法

如果要在单个单元格中使用数组公式进行计算，具体操作方法如下。

第 1 步 打开素材文件（位置：素材文件\第 1 章\销售订单.xlsx），选择存放结果的单元格 E11，输入"=SUM()"，再将光标插入点定位在括号内，如下图所示。

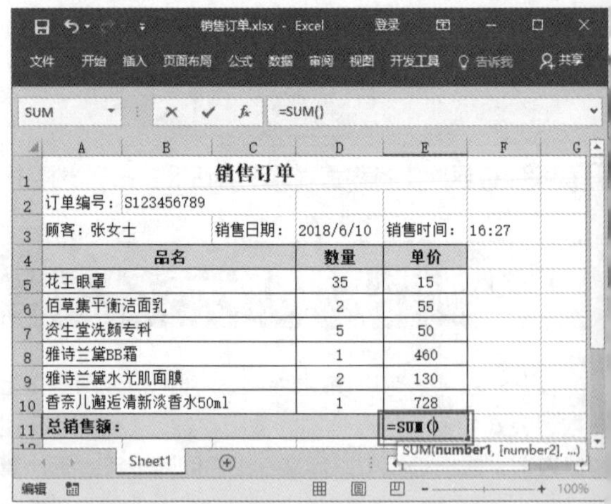

SUM =SUM()

销售订单

订单编号：S123456789

顾客：张女士	销售日期：	2018/6/10	销售时间：	16:27
品名		数量	单价	
花王眼罩		35	15	
佰草集平衡洁面乳		2	55	
资生堂洗颜专科		5	50	
雅诗兰黛BB霜		1	460	
雅诗兰黛水光肌面膜		2	130	
香奈儿邂逅清新淡香水50ml		1	728	
总销售额：			=SUM()	

第 2 步 拖动鼠标选择要参与计算的第一个单元格区域，输入运算符“*”，再拖动鼠标选择第二个要参与计算的单元格区域，如下图所示。

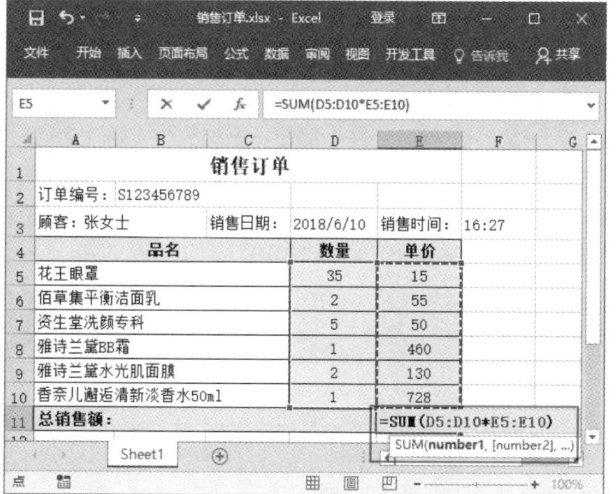

E5 =SUM(D5:D10*E5:E10)

销售订单			
订单编号：S123456789			
顾客：张女士	销售日期：2018/6/10	销售时间：	16:27
品名	数量	单价	
花王眼罩	35	15	
佰草集平衡洁面乳	2	55	
资生堂洗颜专科	5	50	
雅诗兰黛BB霜	1	460	
雅诗兰黛水光肌面膜	2	130	
香奈儿邂逅清新淡香水50ml	1	728	
总销售额：		=SUM(D5:D10*E5:E10)	

第 3 步 按【Ctrl+Shift+Enter】组合键，得出数组公式计算结果，如下图所示。

E11 {=SUM(D5:D10*E5:E10)}

销售订单			
订单编号：S123456789			
顾客：张女士	销售日期：2018/6/10	销售时间：	16:27
品名	数量	单价	
花王眼罩	35	15	
佰草集平衡洁面乳	2	55	
资生堂洗颜专科	5	50	
雅诗兰黛BB霜	1	460	
雅诗兰黛水光肌面膜	2	130	
香奈儿邂逅清新淡香水50ml	1	728	
总销售额：		2333	

温馨提示

在单个单元格中使用数组公式计算数据时，不能是合并后的单元格，否则会弹出提示对话框，提示数组公式无效。

021 扩展数组公式

适用版本	实用指数
2007、2010、2013、2016	★★★★☆

使用说明

在公式中用数组作为计算参数时，所有的数组必须是同维的（即有相同数量的行和列）。如果数组参数的维数不匹配，Excel 会自动扩展该参数。

解决方法

如果要扩展数组公式，具体操作方法如下。

第 1 步 打开素材文件（位置：素材文件\第 1 章\九阳料理机销售统计.xlsx），选择存放结果的单元格区域 C3:C14，参照前面的操作方法，设置计算参数，如下图所示。

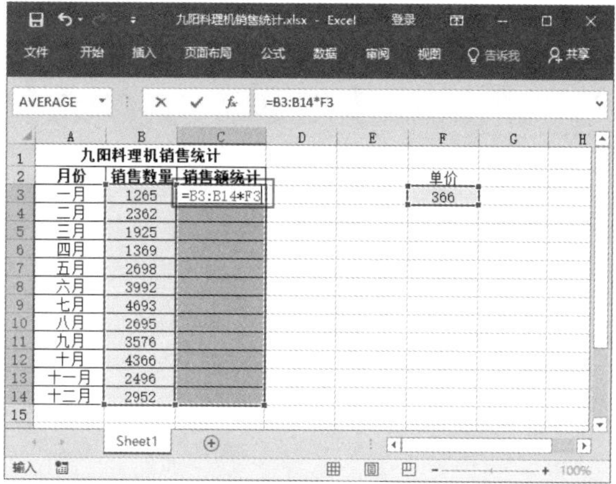

AVERAGE =B3:B14*F3

月份	销售数量	销售额统计	单价
一月	1265	=B3:B14*F3	366
二月	2362		
三月	1925		
四月	1369		
五月	2698		
六月	3992		
七月	4693		
八月	2695		
九月	3576		
十月	4366		
十一月	2496		
十二月	2952		

第 2 步 按【Ctrl+Shift+Enter】组合键，得出数组公式计算结果，如下图所示。

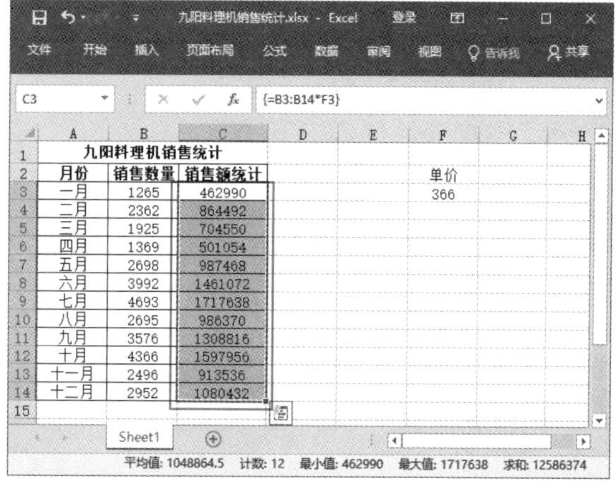

C3 {=B3:B14*F3}

月份	销售数量	销售额统计	单价
一月	1265	462990	366
二月	2362	864492	
三月	1925	704550	
四月	1369	501054	
五月	2698	987468	
六月	3992	1461072	
七月	4693	1717638	
八月	2695	986370	
九月	3576	1308816	
十月	4366	1597956	
十一月	2496	913536	
十二月	2952	1080432	

平均值: 1048864.5 计数: 12 最小值: 462990 最大值: 1717638 求和: 12586374

022 对数组中 N 个最大值进行求和

适用版本	实用指数
2007、2010、2013、2016	★★★★☆

使用说明

当有多列数据时，在不排序的情况下，需要将这些数据中最大或最小的 N 个数据进行求和，可以使用数组公式来实现。

解决方法

例如，要在多列数据中，对最大的 5 个数据进行求和运算，具体操作方法如下。

打开素材文件（位置：素材文件\第 1 章\销量情况 .xlsx），选中要显示计算结果的单元格 C12，输入公式“=SUM(LARGE(B2:C11,ROW(INDIRECT("1:5"))))”，然后按【Ctrl+Shift+Enter】组合键，即可得出最大的 5 个数据的求和结果，如下图所示。

C12　{=SUM(LARGE(B2:C11,ROW(INDIRECT("1:5")))}

	A	B	C
1	姓名	一月销售量	二月销售量
2	汪小颖	5602	4560
3	尹向南	3159	3712
4	胡杰	4068	3008
5	郝仁义	3579	4050
6	刘露	6108	3789
7	杨曦	3100	5700
8	刘思玉	4756	4023
9	柳新	5892	3640
10	胡媛媛	4500	5913
11	张东	3400	4141
12	最大的5个数之和		29215

技能拓展

在本操作的公式中，各函数意义介绍如下。

- INDIRECT：取 1~5 行。
- ROW：得 {1,2,3,4,5} 数组。
- LARGE：求最大的 5 个数据并组成数组。
- SUM：将 LARGE 求得的数组进行求和。

为了便于理解，还可将公式简化成“=SUM(LARGE(B2:C11,{1,2,3,4,5}))”。若要对最小的 5 个数据进行求和运算，可输入公式“=SUM(SMALL(B2:C11,ROW(INDIRECT("1:5"))))】或【=SUM(SMALL(B2:C11,{1,2,3,4,5}))”。

023　使用数组公式对数值进行分类排序

适用版本	实用指数
2007、2010、2013、2016	★★★★☆

使用说明

使用数组公式，可以对单列中的数值进行分类，并按照从高到低或从低到高的顺序排列。

解决方法

如果要按照从高到低或从低到高的顺序排列，需要使用 LARGE 函数、INDIRECT 函数和 ROW 函数，具体操作方法如下。

第 1 步 打开素材文件（位置：素材文件\第 1 章\分类 .xlsx），❶选择存放分类结果的 B2:B10 单元格区域；❷在编辑栏中输入公式“=LARGE(A2:A10,ROW(INDIRECT("1:"&ROWS(A2:A10))))”，如下图所示。

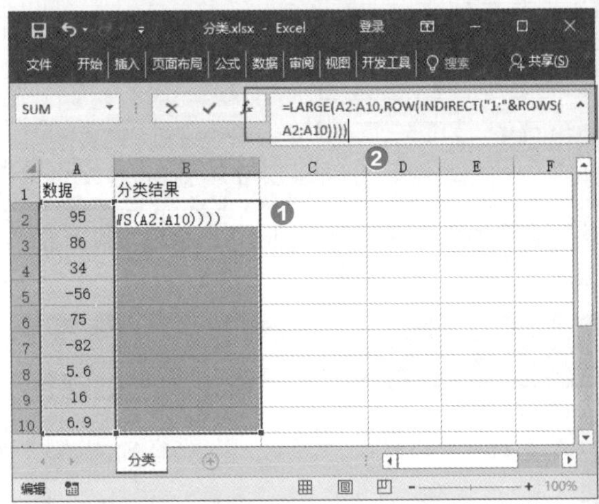

第 2 步 按【Ctrl+Shift+Enter】组合键，得出数组公式计算结果，如下图所示。

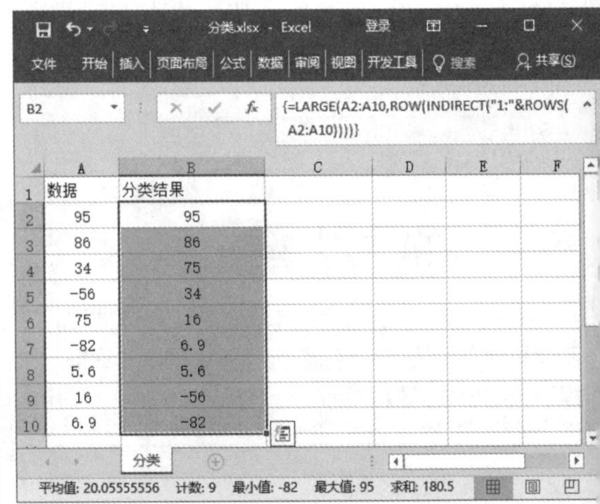

B2　{=LARGE(A2:A10,ROW(INDIRECT("1:"&ROWS(A2:A10))))}

	A	B
1	数据	分类结果
2	95	95
3	86	86
4	34	75
5	-56	34
6	75	16
7	-82	6.9
8	5.6	5.6
9	16	-56
10	6.9	-82

平均值: 20.05555556　计数: 9　最小值: -82　最大值: 95　求和: 180.5

024　使用数组按编号创建交叉数据分析表

适用版本	实用指数
2007、2010、2013、2016	★★★★☆

使用说明

交叉数据分析表是将两个不同的数据列表按照指定的方法重新组合。

解决方法

例如在【提成明细表.xlsx】中，使用交叉数据表计算员工编号为 201201 员工每天的提成金额，具体操作方法如下。

第 1 步 打开素材文件（位置：素材文件 \ 第 1 章 \ 提成明细表.xlsx），❶选择存放计算结果的 H3 单元格；❷在编辑栏中输入公式“=SUM((DAY($C$3:$C$12)=H2)*($B$3:$B$12=$F$3)*($D$3:$D$12))”，按【Ctrl+Shift+Enter】组合键确认，如下图所示。

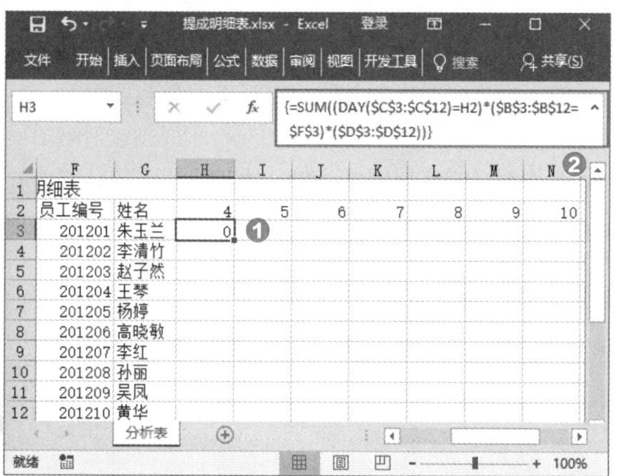

第 2 步 选择存放结果的 H3 单元格，按住鼠标左键不放，向右拖动填充公式，如下图所示。

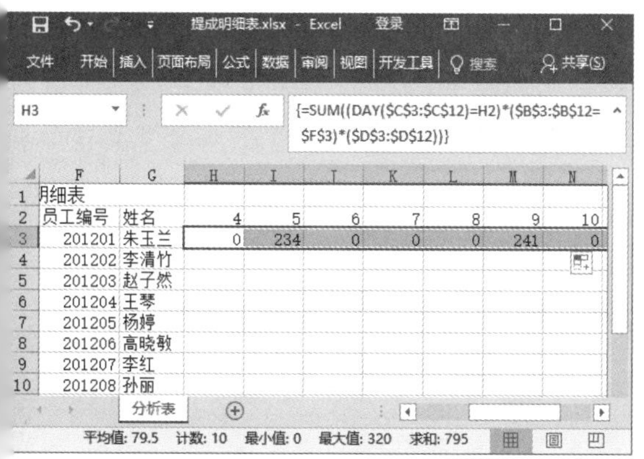

025 为指定范围内的数值分类排序

适用版本	实用指数
2007、2010、2013、2016	★★★★☆

使用说明

在 Excel 中，可以利用系统提供的排序功能对需要的单元格区域进行排序，结果会直接在数据区域中显示。如果要按数据的大小进行排序，结果值返回姓名，则可以选择数组公式进行操作。

解决方法

例如，使用数组公式，根据语文成绩按从高分到低分的条件进行排序，结果显示为姓名，具体操作方法如下。

第 1 步 打开素材文件（位置：素材文件 \ 第 1 章 \ 员工培训成绩表.xlsx），❶选择存放计算结果的 D2:D10 单元格区域；❷在编辑栏中输入公式“=INDEX($A$2:$A$12,MATCH(LARGE($B$2:$B$12,ROW()−1),$B$2:$B$12,0))”，如下图所示。

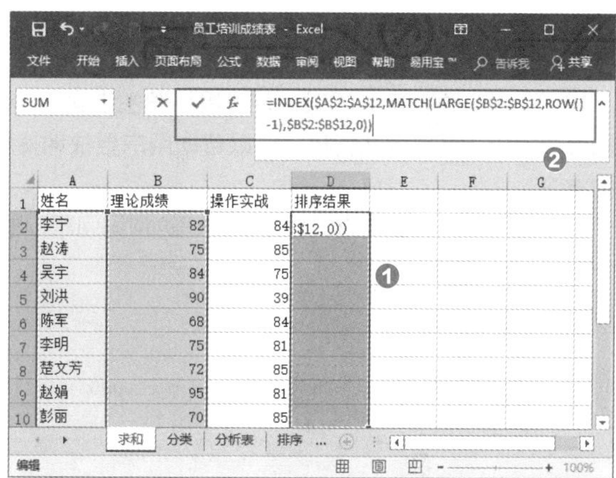

第 2 步 按【Ctrl+Shift+Enter】组合键，得出数组公式计算结果，如下图所示。

第 2 章 Excel 中公式的审核、检查与错误处理

在 Excel 中使用公式时，有时候会发生错误。此时，可以检查公式的错误到底发生在何处。Excel 会返回错误值代码，了解这些代码，可以帮助用户更快地找到错误并改正。本章将介绍公式的审核、检查与错误处理的方法。

下面列举一些公式审核与错误处理的常见问题，看看是否会处理或已掌握。

【√】公式发生错误时，想要知道是在哪一步出了问题，如何追踪引用单元格与从属单元格?

【√】在使用公式计算时，只能查看最终结果，可如果想分步查看计算结果，应该怎样操作?

【√】在计算数据时，如果公式发生了错误，怎样使用错误检查功能查看错误并改正?

【√】默认情况下，Excel 会自动检查公式，并提示错误，如果有特殊需求，怎样重新设置错误检查功能?

【√】如果公式发生了错误，不知道如何解决，怎样使用 Excel 的帮助功能获取帮助?

【√】使用公式时发生错误，应该怎样解决?

希望通过本章内容的学习，能帮助你解决以上问题，并学会 Excel 公式审核与错误处理的相关技巧。

2.1 公式审核与检查

在使用公式计算数据后，用户还可以对公式进行审核与检查，以确保计算结果正确。本节将介绍公式审核，如显示公式、公式错误检查等相关技巧。

026 追踪引用单元格与追踪从属单元格

适用版本	实用指数
2007、2010、2013、2016	★★★★☆

使用说明

追踪引用单元格是指查看当前公式是引用哪些单元格进行计算的，追踪从属单元格与追踪引用单元格相反，用于查看哪些公式引用了该单元格。

解决方法

如果要在工作表中追踪引用单元格与追踪从属单元格，具体操作方法如下。

第 1 步 打开素材文件（位置：素材文件\第 2 章\销售清单 2.xlsx），❶选中要追踪引用单元格的单元格 E3；❷单击【公式】选项卡【公式审核】组中的【追踪引用单元格】按钮，如下图所示。

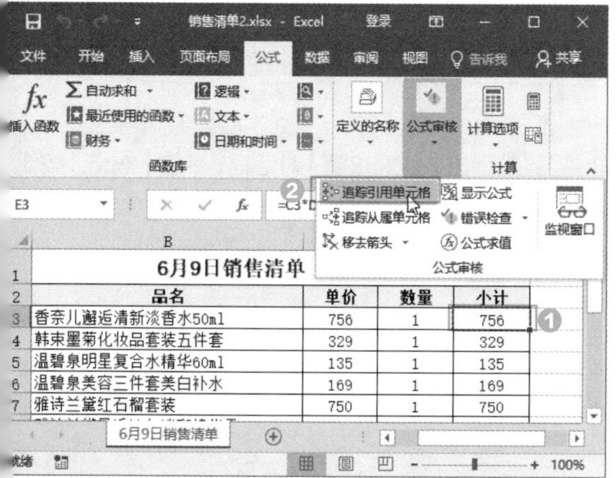

第 2 步 即可使用箭头显示数据源引用指向，如右上图所示。

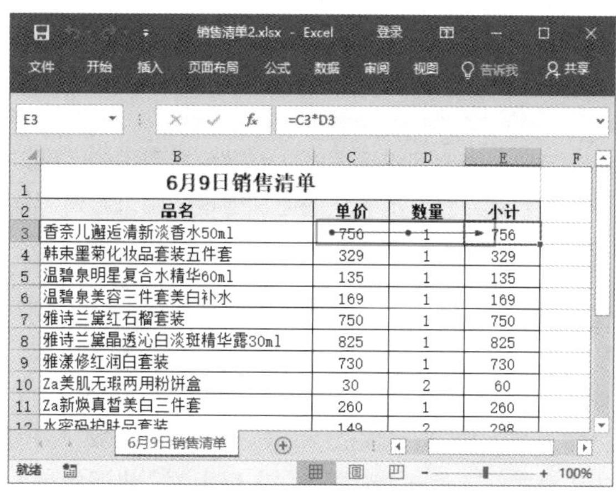

第 3 步 ❶选中追踪从属单元格的单元格 C4；❷单击【追踪从属单元格】按钮，如下图所示。

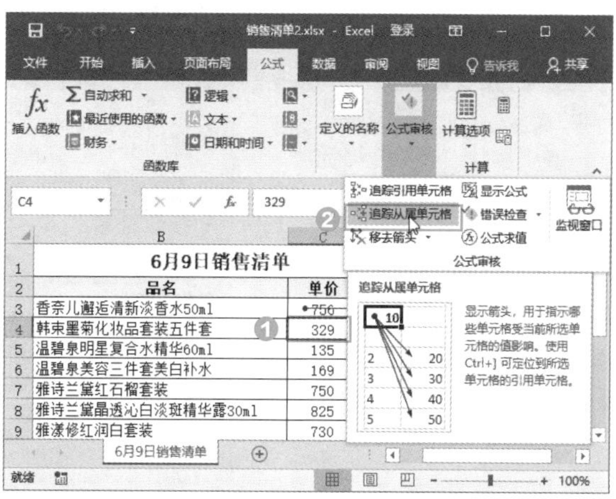

第 4 步 即可使用箭头显示受当前所选单元格影响的单元格数据从属指向，如下图所示。

6月9日销售清单

品名	单价	数量	小计
香奈儿邂逅清新淡香水50ml	756	1	756
韩束墨菊化妆品套装五件套	329	1	329
温碧泉明星复合水精华60ml	135	1	135
温碧泉美容三件套美白补水	169	1	169
雅诗兰黛红石榴套装	750	1	750
雅诗兰黛晶透沁白淡斑精华露30ml	825	1	825
雅漾修红润白套装	730	1	730
Za美肌无瑕两用粉饼盒	30	2	60
Za新焕真皙美白三件套	260	1	260
水密码护肤品套装	149	2	298
水密码防晒套装	136	1	136

027 对公式中的错误值进行追踪操作

适用版本	实用指数
2007、2010、2013、2016	★★★☆☆

使用说明

当公式中出现错误值时，可对公式引用的区域以箭头的方式显示，从而快速追踪检查引用来源是否包含错误值。

解决方法

如果要在工作表中追踪错误，具体操作方法如下。

第 1 步 打开素材文件（位置：素材文件\第 2 章\工资表 2.xlsx），❶选择包含错误值的单元格 G4；❷单击【公式】选项卡【公式审核】组中的【错误检查】下拉按钮；❸在弹出的下拉列表中选择【追踪错误】选项，如下图所示。

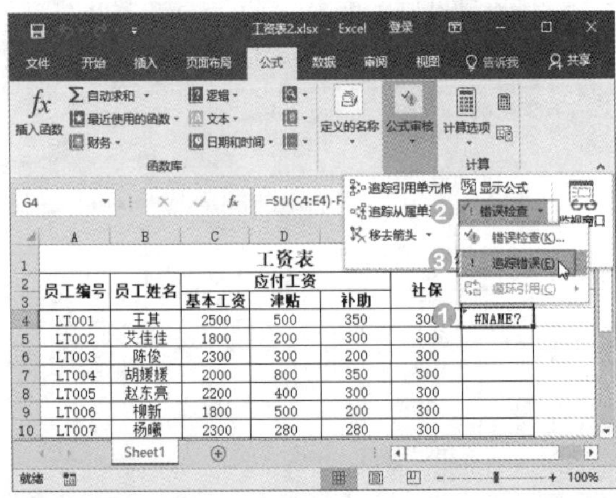

第 2 步 即可对包含错误值的单元格添加追踪效果，如下图所示。

028 使用公式求值功能查看公式分步计算结果

适用版本	实用指数
2007、2010、2013、2016	★★★☆☆

使用说明

在工作表中使用公式计算数据后，除了可以在单元格中查看最终的计算结果外，还能使用公式求值功能查看分步计算结果。

解决方法

如果要在工作表中查看分步计算结果，具体操作方法如下。

第 1 步 打开素材文件（位置：素材文件\第 2 章\工资表 3.xlsx），❶选中计算出结果的单元格 G4；❷单击【公式】选项卡【公式审核】组中的【公式求值】按钮，如下图所示。

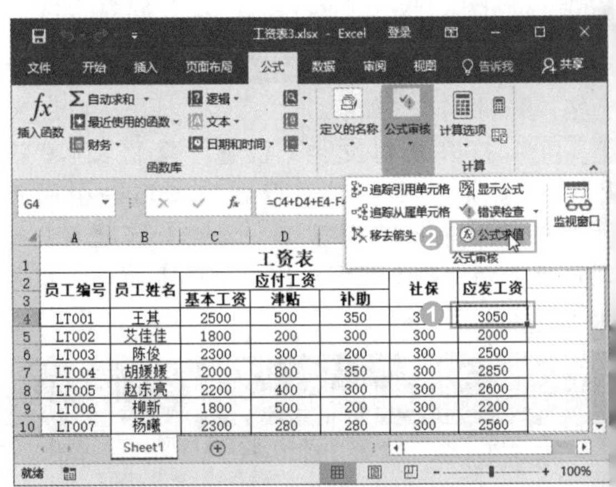

第 2 步 弹出【公式求值】对话框，单击【求值】按钮如下图所示。

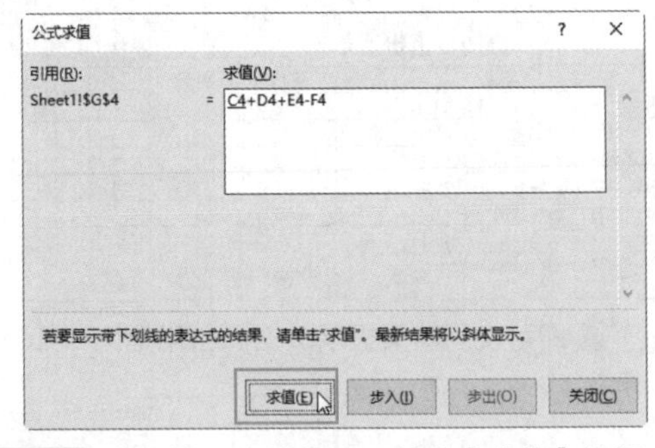

第 3 步 显示第一步的值后，单击【求值】按钮，如下图所示。

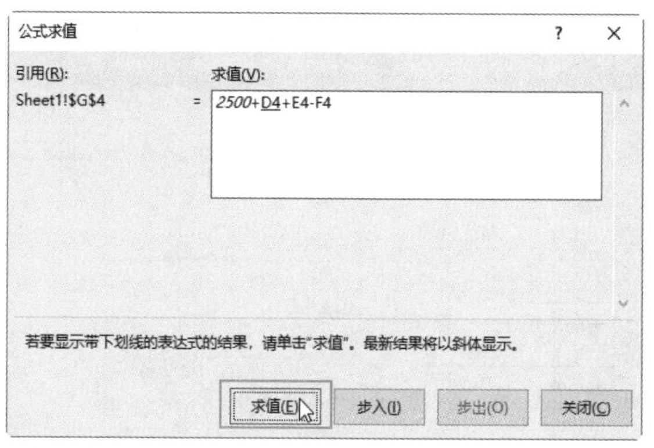

第 4 步　将显示第一次公式计算出的值，并显示第二次要计算的公式，如下图所示。

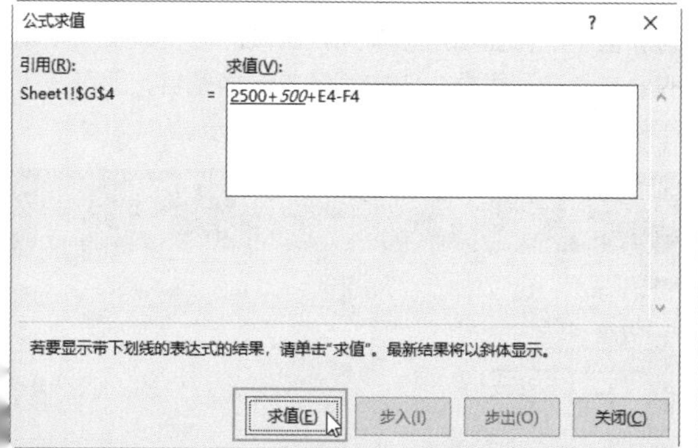

第 5 步　继续单击【求值】按钮，直到完成公式的计算，并显示最终结果后，单击【关闭】按钮关闭对话框即可。

029　用错误检查功能检查公式

适用版本	实用指数
2007、2010、2013、2016	★★★☆☆

使用说明

当公式计算结果出现错误时，可以使用错误检查功能来逐一对错误值进行检查。

解决方法

如果要使用错误检查功能检查公式，具体操作方法如下。

第 1 步　打开素材文件（位置：素材文件\第 2 章\工资表 1.xlsx），①在数据区域中选择起始单元格；②单击【公式】选项卡【公式审核】组中的【错误检查】按钮，如右上图所示。

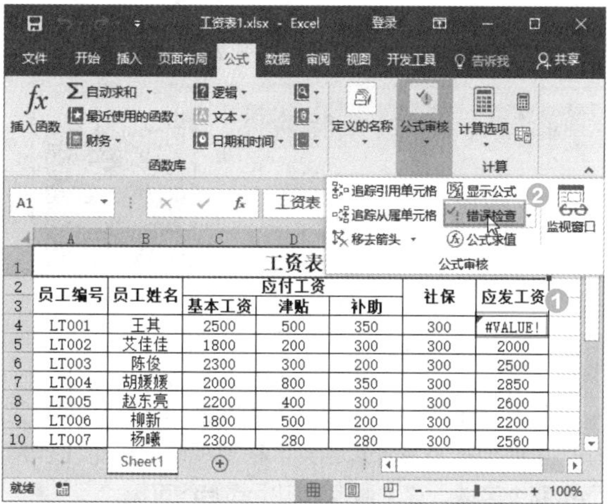

第 2 步　系统从起始单元格开始检查，当检查到错误时，会弹出【错误检查】对话框，并指出出错的单元格及错误原因。若要修改，单击【在编辑栏中编辑】按钮，如下图所示。

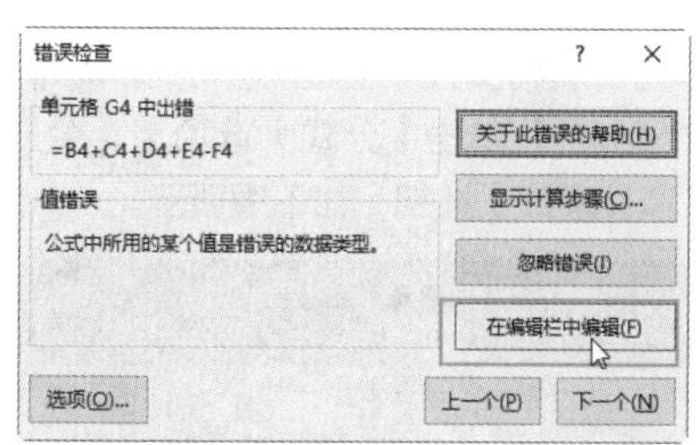

第 3 步　①在工作表的编辑栏中输入正确的公式；②在【错误检查】对话框中单击【继续】按钮，继续检查工作表中的其他错误公式，如下图所示。

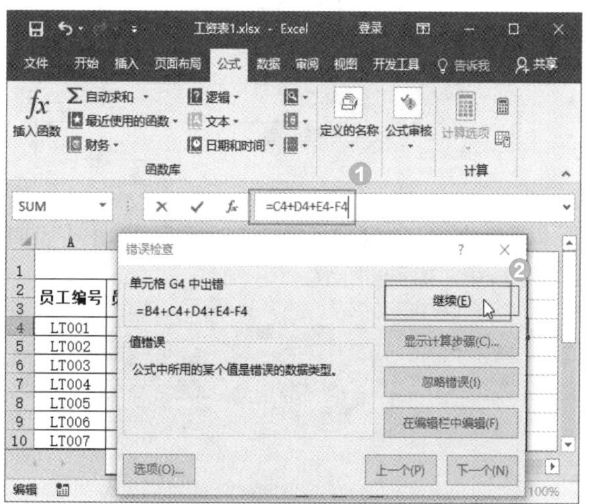

第 4 步　当完成公式的检查后，会弹出提示对话框提示完成检查，单击【确定】按钮即可，如下图所示。

030 使用【监视窗口】来监视公式及其结果

适用版本	实用指数
2007、2010、2013、2016	★★★☆☆

使用说明

在 Excel 中，可以通过【监视窗口】实时查看工作表中的公式及其计算结果。在监视时，无论工作簿显示哪个区域，该【监视窗口】都始终可见。

解决方法

如果要使用【监视窗口】监视公式及其计算结果，具体操作方法如下。

第 1 步 打开素材文件（位置：素材文件\第 2 章\销售清单 2.xlsx），单击【公式】选项卡【公式审核】组中的【监视窗口】按钮，如下图所示。

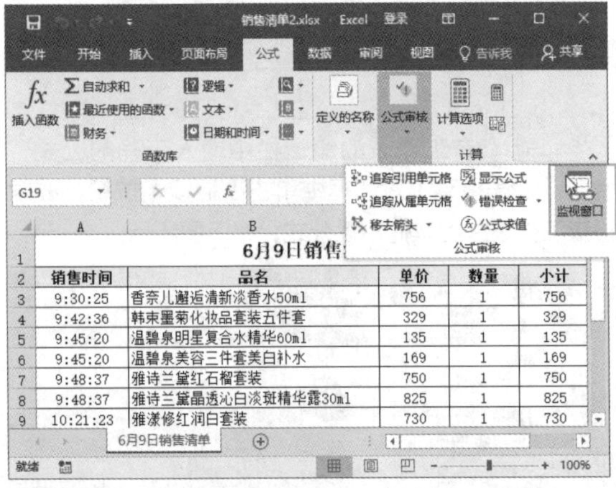

第 2 步 在打开的【监视窗口】对话框中单击【添加监视】按钮，如下图所示。

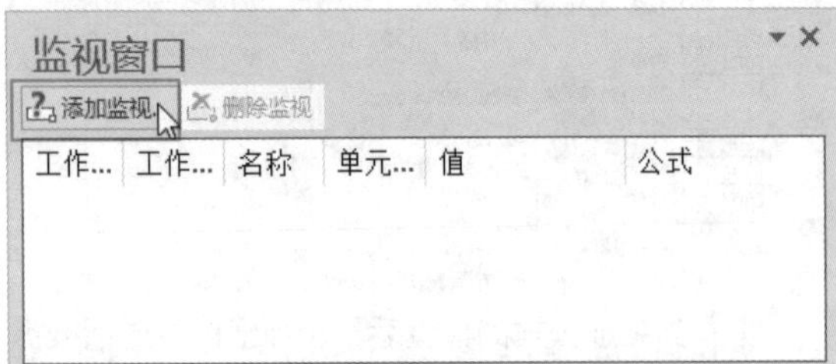

第 3 步 ❶弹出【添加监视点】对话框，将光标插入点定位到【选择您想监视其值的单元格】参数框内，在工作表中通过拖动鼠标选择需要监视的单元格区域；❷单击【添加】按钮，如右上图所示。

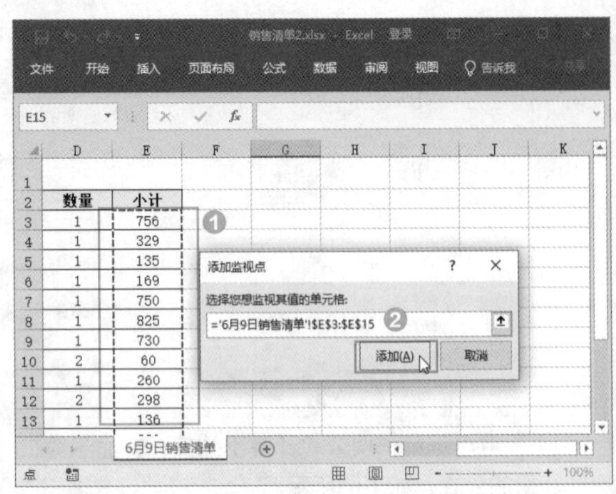

第 4 步 经过上述操作后，在【监视窗口】对话框的列表框中，将显示所选单元格区域的内容以及所使用的公式。在列表框中双击某条单元格条目，即可在工作表中选择对应的单元格，如下图所示。

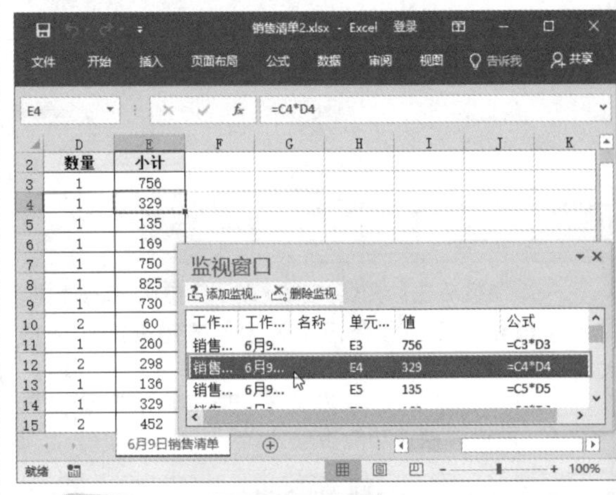

技能拓展

在【监视窗口】对话框的列表框中，选中某条单元格条目，然后单击【删除监视】按钮，可取消对该单元格的监视。

031 设置公式错误检查选项

适用版本	实用指数
2007、2010、2013、2016	★★★☆☆

使用说明

默认情况下，对工作表中的数据进行计算时，若公式中出现了错误，Excel 会在单元格中显示一些提示符号，表明错误的类型。另外，当在单元格中输入违反规则的内容时，如输入身份证号码，则单元格的左上角会出现一个绿色小三角。上述情况均是 Excel 的后台错误检查功能在起作用，根据操作需要，可以对公式的错误检查选项进行设置，以符合自己的使用习惯。

解决方法

如果要设置公式错误检查选项，具体操作方法如下。❶打开【Excel 选项】对话框，切换到【公式】选项卡；❷在【错误检查规则】栏中，设置需要的规则；❸设置完成后单击【确定】按钮即可，如下图所示。

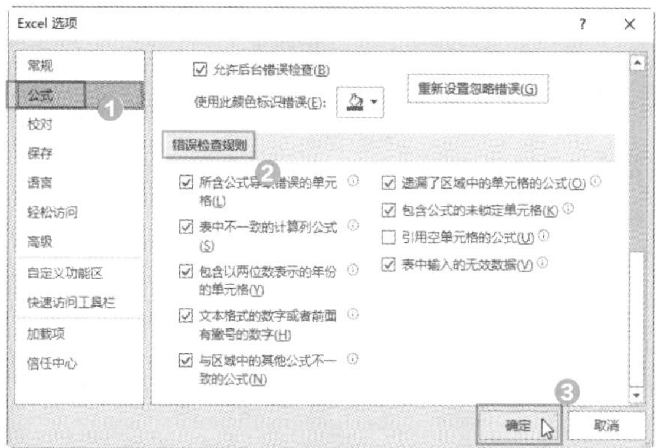

032 通过【Excel 帮助】获取错误解决方法

适用版本	实用指数
2007、2010、2013、2016	★★★☆☆

使用说明

如果在使用公式和函数计算数据的过程中出现了错误，在电脑联网的情况下，可以通过 Excel 帮助获取错误值的相关信息，以帮助解决问题。

解决方法

如果要通过【Excel 帮助】获取错误解决方法，具体操作方法如下。

第 1 步 打开素材文件（位置：素材文件 \ 第 2 章 \ 工资表 4.xlsx），❶选中显示了错误值的单元格，单击错误值提示按钮；❷在弹出的下拉列表中选择【关于此错误的帮助】选项，如下图所示。

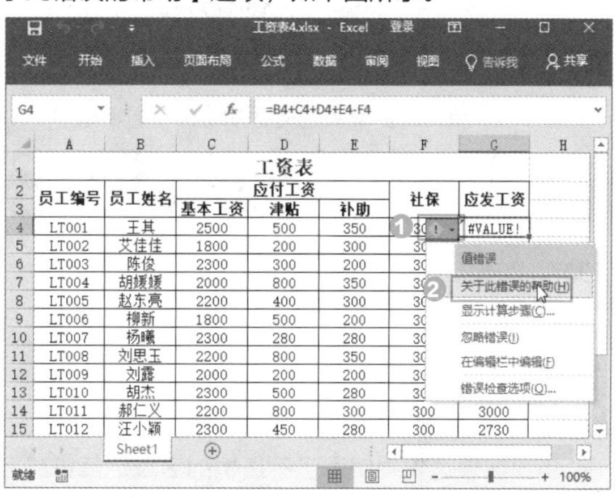

第 2 步 系统将自动打开【Excel 帮助】窗口，其中显示了该错误值的出现原因和解决方法，如下图所示。

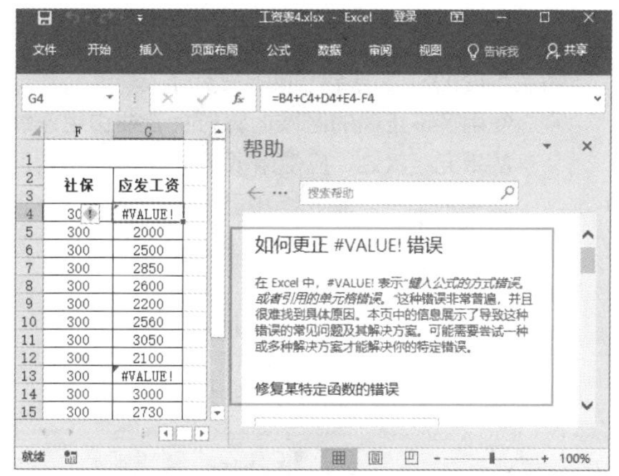

2.2 公式返回错误值的分析与解决

使用 Excel 公式时，经常会出现一些问题，如语法错误、引用错误、逻辑错误和循环引用错误等，这些问题会导致无法使用公式进行计算而返回错误值。本小节主要介绍公式出错的解决方法和相关技巧。

033 【####】错误的处理办法

适用版本	实用指数
2007、2010、2013、2016	★★★★★

使用说明

如果工作表的列宽比较窄，使单元格无法完全显示数据，或者使用了负日期或时间时，便会出现【#####】错误。

解决方法

解决【#####】错误的方法如下。

当列宽不足以显示内容时，直接调整列宽即可。

当日期和时间为负数时，可通过下面的方法来解决。

- 如果用户使用的是 1900 日期系统，那么 Excel 中的日期和时间必须为正值。
- 如果需要对日期和时间进行减法运算，应确保建立的公式是正确的。
- 如果公式正确，但结果仍然是负值，可以通过将该单元格的格式设置为非日期或时间格式来显示该值。

034 【#NULL!】错误的处理办法

适用版本	实用指数
2007、2010、2013、2016	★★★★★

使用说明

当函数表达式中使用了不正确的区域运算符或指定两个并不相交的区域的交点时，便会出现【#NULL!】错误。

解决方法

解决【#NULL！】错误的方法如下。

- 使用了不正确的区域运算符：若要引用连续的单元格区域，应使用冒号【:】分隔引用区域中的第一个单元格和最后一个单元格；若要引用不相交的两个区域，应使用联合运算符，即逗号【,】。
- 区域不相交：更改引用以使其相交。

035 【#NAME?】错误的处理办法

适用版本	实用指数
2007、2010、2013、2016	★★★★★

使用说明

当 Excel 无法识别公式中的文本时，将出现【#NAME?】错误。

解决方法

解决【#NAME?】错误的方法如下。

- 区域引用中漏掉了冒号【:】：区域引用使用冒号【:】。
- 在公式中输入文本时没有使用双引号：公式中输入的文本必须用双引号括起来，否则 Excel 会把输入的文本内容看作为名称。
- 函数名称拼写错误：更正函数拼写；若不知道正确的拼写，可打开【插入函数】对话框，插入正确的函数即可。
- 使用了不存在的名称：打开【名称管理器】对话框，查看是否有当前使用的名称，若没有，定义一个新名称即可。

036 【#NUM!】错误的处理办法

适用版本	实用指数
2007、2010、2013、2016	★★★★★

使用说明

当公式或函数中使用了无效的数值时，便会出现【#NUM!】错误。

解决方法

解决【#NUM!】错误的方法如下。

- 在需要数字参数的函数中使用了无法接受的参数：确保函数中使用的参数是数字，而不是文本、时间或货币等其他格式。
- 输入的公式所得出的数字太大或太小，无法在 Excel 中表示：更改单元格中的公式，使运算的结果介于-1*10307~1*10307之间。
- 使用了迭代的工作表函数，且函数无法得到结果：为工作表函数使用不同的起始值，或者更改 Excel 迭代公式的次数。

技能拓展

更改 Excel 迭代公式次数的方法为：打开【Excel 选项】对话框，切换到【公式】选项卡，在【计算选项】栏中勾选【启用迭代计算】复选框，在下方设置最多迭代次数和最大误差，然后单击【确定】按钮。

037 【#VALUE!】错误的处理办法

适用版本	实用指数
2007、2010、2013、2016	★★★★★

使用说明

使用的参数或操作数的类型不正确时，便会出现【#VALUE!】错误。

解决方法

解决【#VALUE!】错误的方法如下。

- 输入或编辑的是数组公式，却按【Enter】键确认：完成数组公式的输入后，按【Ctrl+Shift+Enter】组合键确认。
- 当公式需要数字或逻辑值时，却输入了文本：确保公式或函数所需的操作数或参数正确无误，且公式引用的单元格中包含有效的值。

038 【#DIV/0!】错误的处理办法

适用版本	实用指数
2007、2010、2013、2016	★★★★★

使用说明

当数字除以零 (0) 时，便会出现【#DIV/0!】错误。

解决方法

解决【#DIV/0!】错误的方法如下。

- 将除数更改为非零值。
- 作为被除数的单元格不能为空白单元格。

039 【#REF!】错误的处理办法

适用版本	实用指数
2007、2010、2013、2016	★★★★★

使用说明

当单元格引用无效时，如函数引用的单元格(区域)被删除、链接的数据不可用等，便会出现【#REF!】错误。

解决方法

解决【#REF!】错误的方法如下。

- 更改公式，或者在删除或粘贴单元格后立即单击【撤销】按钮以恢复工作表中的单元格。
- 启动使用的对象链接和嵌入 (OLE) 链接所指向的程序。
- 确保使用正确的动态数据交换 (DDE) 主题。
- 检查函数以确定参数是否引用了无效的单元格或单元格区域。

040 【#N/A】错误的处理办法

适用版本	实用指数
2007、2010、2013、2016	★★★★★

使用说明

当数值对函数或公式不可用时，便会出现【#N/A】错误。

解决方法

解决【#N/A】错误的方法如下。

- 确保函数或公式中的数值可用。
- 为工作表函数的 lookup_value 参数赋予了不正确的值：当为 MATCH、HLOOKUP、LOOKUP 或 VLOOKUP 函数的 lookup_value 参数赋予了不正确的值时，将出现【#N/A】错误。此时的解决方法是确保【lookup_value】参数值的类型正确。
- 使用函数时省略了必需的参数：当使用内置或自定义工作表函数时，若省略了一个或多个必需的函数，便会出现【#N/A】错误。此时将函数中的所有参数输入完整即可。

第 3 章 Excel 函数基础的使用技巧

在 Excel 中，函数是系统预先定义好的公式。利用函数，可以很轻松地完成各种复杂数据的计算，并简化公式的使用。本章将针对函数的应用，为读者讲解一些操作技巧。

下面列举了一些使用函数时的常见问题，看看是否会处理或已掌握。

【√】想要用的函数只记得开头的几个字母，如何使用提示功能快速输入公式?

【√】要使用函数来计算数据，可是又不知道使用哪个函数时，如何查询函数?

【√】调用函数的方法很多，怎样根据实际情况调用函数?

【√】预算报表需要计算预算总和，怎样使用 SUM 函数进行求和?

【√】每季度的销量表需要计算平均值，怎样使用 AVERAGE 函数计算平均值?

【√】公司需要对销量靠前的员工进行奖励，怎样使用 RANK 函数计算排名?

希望通过本章内容的学习，能帮助你解决以上问题，并学会更多函数基础的使用技巧。

3.1 函数的调用方法

一个完整的函数式主要由标识符、函数名称和函数参数组成。其中，标识符就是“=”，在输入公式时必须先输入“=”；函数的参数主要包括常量参数、逻辑值参数、单元格引用参数、函数式和数组参数几种类型。

使用函数进行计算前需要先了解其基本的操作，如输入公式的方法、自定义函数等，下面将进行相关的讲解。

041　在单元格中直接输入公式

适用版本	实用指数
2007、2010、2013、2016	★★★★★

使用说明

如果知道函数名称及函数的参数，可以直接在编辑栏中输入表达式，这是最常见的输入方式之一。

解决方法

如果要在单元格中直接输入表达式，具体方法如下。

第 1 步 打开素材文件（位置：素材文件\第 3 章\销售清单 .xlsx），选中要存放结果的单元格 E3，在编辑栏中输入公式“=PRODUCT(C3:D3)”（意为对单元格区域 C3:D3 中的数值进行乘积运算），如下图所示。

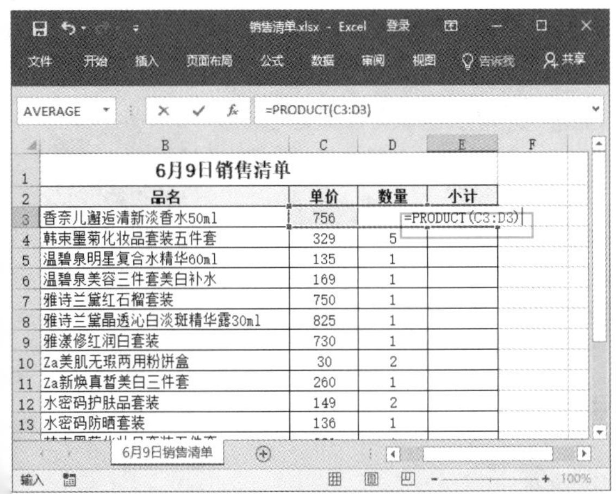

6月9日销售清单

品名	单价	数量	小计
香奈儿邂逅清新淡香水50ml	756	3	=PRODUCT(C3:D3)
韩束墨菊化妆品套装五件套	329	5	
温碧泉明星复合水精华60ml	135	1	
温碧泉美容三件套美白补水	169	1	
雅诗兰黛红石榴套装	750	1	
雅诗兰黛晶透沁白淡斑精华露30ml	825	1	
雅漾修红润白套装	730	1	
Za美肌无瑕两用粉饼盒	30	2	
Za新焕真皙美白三件套	260	1	
水密码护肤品套装	149	2	
水密码防晒套装	136	1	

第 2 步 完成输入后，单击编辑栏中的【输入】按钮 ✓，或者按【Enter】键进行确认，E3 单元格中即显示计算结果，如右上图所示。

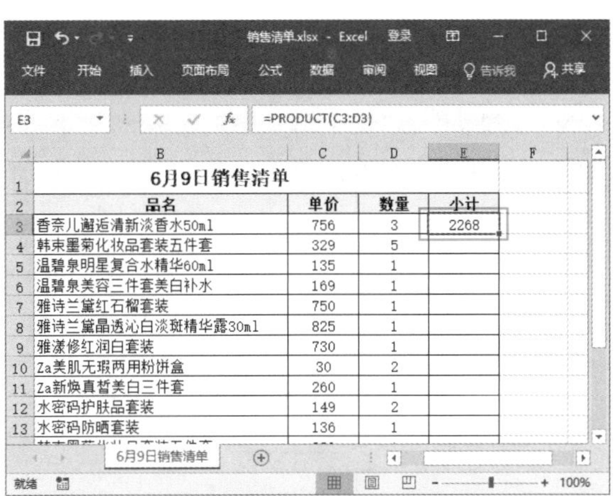

6月9日销售清单

品名	单价	数量	小计
香奈儿邂逅清新淡香水50ml	756	3	2268
韩束墨菊化妆品套装五件套	329	5	
温碧泉明星复合水精华60ml	135	1	
温碧泉美容三件套美白补水	169	1	
雅诗兰黛红石榴套装	750	1	
雅诗兰黛晶透沁白淡斑精华露30ml	825	1	
雅漾修红润白套装	730	1	
Za美肌无瑕两用粉饼盒	30	2	
Za新焕真皙美白三件套	260	1	
水密码护肤品套装	149	2	
水密码防晒套装	136	1	

第 3 步 利用填充功能向下复制表达式，即可计算出其他产品的销售金额，如下图所示。

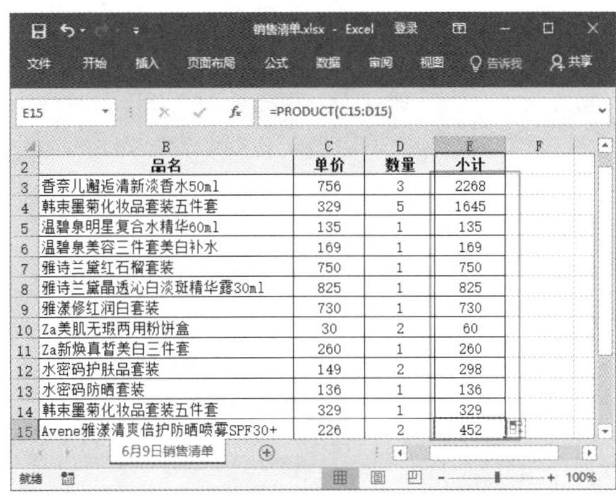

品名	单价	数量	小计
香奈儿邂逅清新淡香水50ml	756	3	2268
韩束墨菊化妆品套装五件套	329	5	1645
温碧泉明星复合水精华60ml	135	1	135
温碧泉美容三件套美白补水	169	1	169
雅诗兰黛红石榴套装	750	1	750
雅诗兰黛晶透沁白淡斑精华露30ml	825	1	825
雅漾修红润白套装	730	1	730
Za美肌无瑕两用粉饼盒	30	2	60
Za新焕真皙美白三件套	260	1	260
水密码护肤品套装	149	2	298
水密码防晒套装	136	1	136
韩束墨菊化妆品套装五件套	329	1	329
Avene雅漾清爽倍护防晒喷雾SPF30+	226	2	452

042　通过提示功能快速输入公式

适用版本	实用指数
2007、2010、2013、2016	★★★★★

使用说明

如果用户对函数并不是非常熟悉，在输入公式表达式的过程中，可以利用函数的提示功能进行输入，以保证输入正确的函数。

解决方法

如果要在工作表中利用提示功能输入公式，具体方法如下。

第 1 步 打开素材文件（位置：素材文件 \ 第 3 章 \6 月工资表 .xlsx），选中要存放结果的单元格 I3，输入“=”，然后输入公式的首字母，例如“S”，系统会自动弹出一个下拉列表。该列表中将显示所有以“S”开头的函数。找到需要的函数，将其选中，此时会出现一个浮动框，说明该函数的含义，如下图所示。

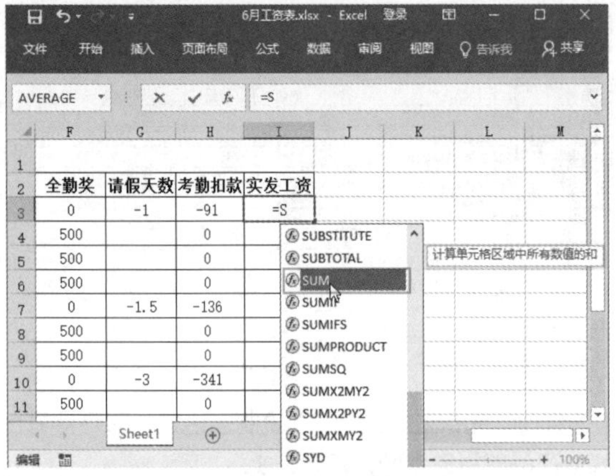

全勤奖	请假天数	考勤扣款	实发工资
0	-1	-91	=S
500		0	
500		0	
500		0	
0	-1.5	-136	
500		0	
500		0	
0	-3	-341	
500		0	

第 2 步 双击选中的函数，即可将其输入到单元格中。输入公式后，可以看到函数语法提示，如下图所示。

工资表

基本工资	岗位工资	全勤奖	请假天数	考勤扣款	实发工资
2000	500	0	-1	-91	=SUM(
1500	800	500		0	
2500	600	500		0	
1500	500	500		0	
2000	700	0	-1.5	-136	
2000	500	500		0	
2500	800	500		0	
2500	1000	0	-3	-341	
1500	500	500		0	

SUM(**number1**, [number2], ...)

第 3 步 根据提示输入计算参数，如下图所示。

工资表

部门	基本工资	岗位工资	全勤奖	请假天数	考勤扣款	实发工资
营销部	2000	500	0	-1	=SUM(D3:H3)	
市场部	1500	800	500		0	
广告部	2500	600	500		0	
市场部	1500	500	500		0	
财务部	2000	700	0	-1.5	-136	
营销部	2000	500	500		0	
广告部	2500	800	500		0	
广告部	2500	1000	0	-3	-341	

第 4 步 完成输入后，按【Enter】键即可得到计算结果，如下图所示。

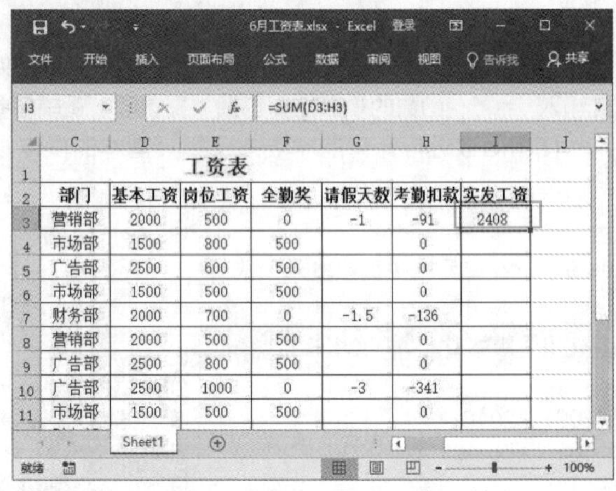

工资表

部门	基本工资	岗位工资	全勤奖	请假天数	考勤扣款	实发工资
营销部	2000	500	0	-1	-91	2408
市场部	1500	800	500		0	
广告部	2500	600	500		0	
市场部	1500	500	500		0	
财务部	2000	700	0	-1.5	-136	
营销部	2000	500	500		0	
广告部	2500	800	500		0	
广告部	2500	1000	0	-3	-341	
市场部	1500	500	500		0	

第 5 步 利用填充功能向下复制表达式，即可计算出其他员工的实发工资，如下图所示。

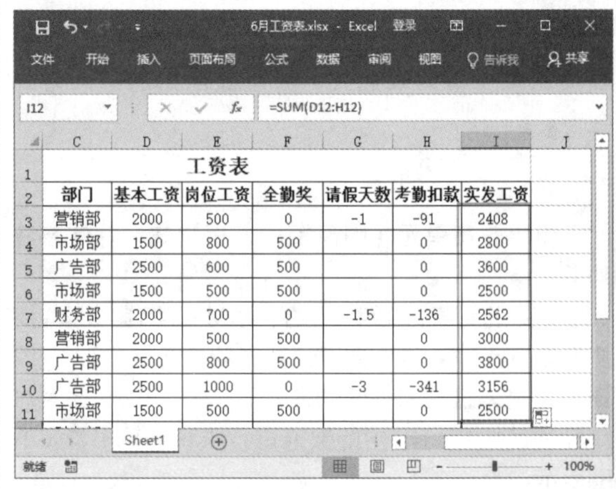

工资表

部门	基本工资	岗位工资	全勤奖	请假天数	考勤扣款	实发工资
营销部	2000	500	0	-1	-91	2408
市场部	1500	800	500		0	2800
广告部	2500	600	500		0	3600
市场部	1500	500	500		0	2500
财务部	2000	700	0	-1.5	-136	2562
营销部	2000	500	500		0	3000
广告部	2500	800	500		0	3800
广告部	2500	1000	0	-3	-341	3156
市场部	1500	500	500		0	2500

043 通过【函数库】输入公式

适用版本	实用指数
2007、2010、2013、2016	★★★★★

使用说明

在 Excel 窗口的功能区中有一个【函数库】，库中提供了各种函数，用户可以非常方便地使用。

解决方法

例如，要输入其他函数中的统计类函数，具体方法如下。

第 1 步 打开素材文件（位置：素材文件 \ 第 3 章 \8 月 5 日销售清算 .xlsx），❶选中要存放结果的单元格 B15；②在【公式】选项卡的【函数库】组中单击需要的函数类型，本例中单击【其他函数】下拉按钮 ；③在弹出的下拉列表中选择【统计】选项；④在弹出的扩展列表中单击需要的函数，本例中单击【COUNTA】，如下图所示。

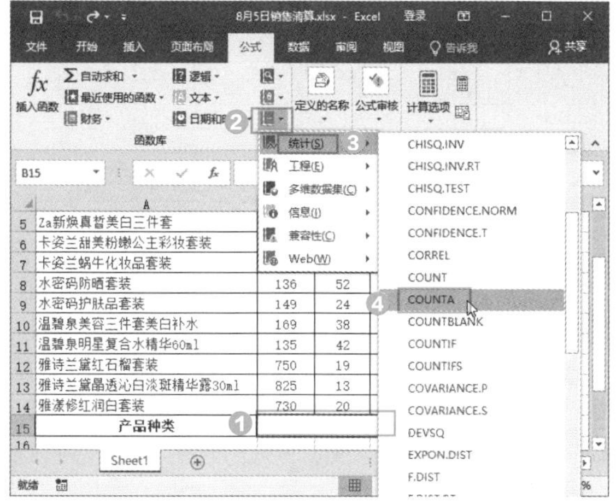

第 2 步 ①在弹出【函数参数】对话框中设置【Value 1】参数的值为 A3:A14 区域；②单击【确定】按钮，如下图所示。

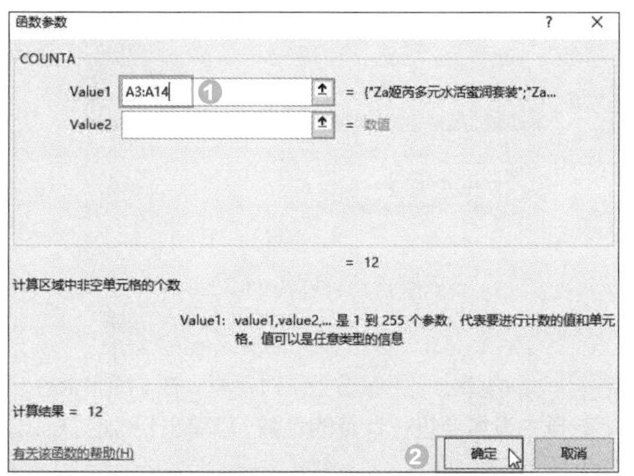

第 3 步 返回工作表即可查看计算结果，如下图所示。

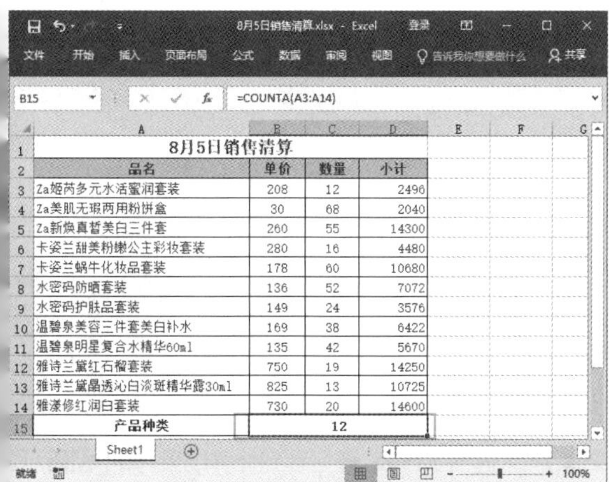

044 使用【求和按钮】输入公式

适用版本	实用指数
2007、2010、2013、2016	★★★★★

使用说明

使用函数计算数据时，求和函数、求平均值函数等函数用得非常频繁，因此 Excel 提供了【自动求和】按钮，通过该按钮可快速使用这些函数进行计算。

解决方法

例如，通过【自动求和】按钮插入平均值函数，具体方法如下。

第 1 步 打开素材文件（位置：素材文件\第 3 章\食品销售表 .xlsx），①选中要存放结果的单元格 E4；②在【公式】选项卡的【函数库】组中单击【自动求和】下拉按钮；③在弹出的下拉列表中选择【平均值】选项，如下图所示。

第 2 步 在工作表中拖动鼠标选择计算区域 B4:D4，如下图所示。

第 3 步 按【Enter】键即可得出计算结果，如下图所示。

	A	B	C	D	E
1	食品销售表				
2					单位：袋
3	书籍名称	1月销量	2月销量	3月销量	月平均销量
4	麻辣豆干	3456	4059	5077	4197.33333
5	五香豆干	4028	3408	3710	
6	香辣豆干	3492	5022	4896	
7	泡椒豆干	3585	5040	5964	
8	泡椒凤爪	4620	3680	4781	
9	五香凤爪	5100	4798	3588	
10	川味牛肉干	2978	3012	4213	
11	香辣牛肉干	3000	4356	5787	
12	五香牛肉干	4600	3289	3456	
13	香浓卤牛肉	5196	3779	2652	

第 4 步 通过填充功能向下复制函数表达式，即可计算出其他食品的月平均销量，如下图所示。

	A	B	C	D	E
1	食品销售表				
2					单位：袋
3	书籍名称	1月销量	2月销量	3月销量	月平均销量
4	麻辣豆干	3456	4059	5077	4197.33333
5	五香豆干	4028	3408	3710	3715.33333
6	香辣豆干	3492	5022	4896	4470
7	泡椒豆干	3585	5040	5964	4863
8	泡椒凤爪	4620	3680	4781	4360.33333
9	五香凤爪	5100	4798	3588	4495.33333
10	川味牛肉干	2978	3012	4213	3401
11	香辣牛肉干	3000	4356	5787	4381
12	五香牛肉干	4600	3289	3456	3781.66667
13	香浓卤牛肉	5196	3779	2652	3875.66667

045 通过【插入函数】对话框输入公式

适用版本	实用指数
2007、2010、2013、2016	★★★★★

使用说明

Excel 提供了大约 400 个函数，如果不能确定函数的正确拼写或计算参数，建议用户使用【插入函数】对话框输入公式。

解决方法

例如，要通过【插入函数】对话框输入 SUM 函数，具体方法如下。

第 1 步 打开素材文件（位置：素材文件\第 3 章\营业额统计周报表 .xlsx），❶选择要存放结果的单元格 F4；❷单击编辑栏中的【插入函数】按钮 f_x，如下图所示。

	A	B	C	D	E	F
1	营业额统计周报表					
2					日期：2018年8月3日～8月9日	
3	星期	五里店分店	南平分店	观音桥分店	沙坪坝分店	合计
4	星期一	4309	7007	5178	4504	
5	星期二	3583	9083	8066	9370	
6	星期三	4259	5859	4406	5326	
7	星期四	4608	7455	6741	6389	
8	星期五	9877	8292	9684	5097	
9	星期六	4813	8654	7154	4876	
10	星期日	8175	7438	9081	3912	

第 2 步 ❶弹出【插入函数】对话框，在【或选择类别】下拉列表中选择函数类别；❷在【选择函数】列表框中选择需要的函数，如【SUM】函数；❸单击【确定】按钮，如下图所示。

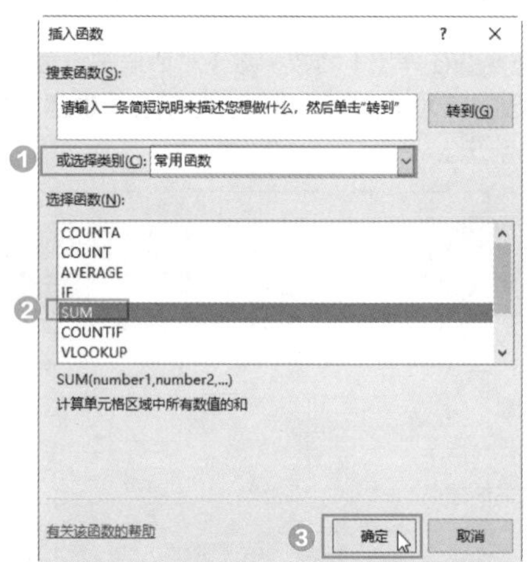

第 3 步 ❶弹出【函数参数】对话框，在【Number1】参数框中设置要进行计算的参数；❷单击【确定】按钮，如下图所示。

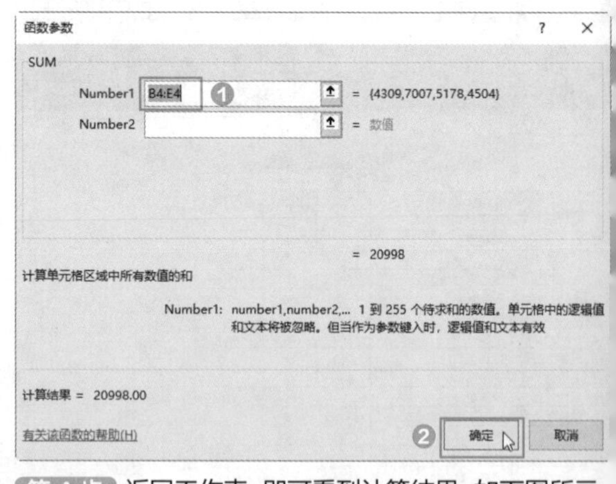

第 4 步 返回工作表，即可看到计算结果，如下图所示。

营业额统计周报表					
				日期：2018年8月3日~8月9日	
星期	五里店分店	南平分店	观音桥分店	沙坪坝分店	合计
星期一	4309	7007	5178	4504	20998.00
星期二	3583	9083	8066	9370	
星期三	4259	5859	4406	5326	
星期四	4608	7455	6741	6389	
星期五	9877	8292	9684	5097	
星期六	4813	8654	7154	4876	
星期日	8175	7438	9081	3912	

第 5 步 通过填充功能向下复制表达式，即可计算出其他时间的营业额总计，如下图所示。

营业额统计周报表					
				日期：2018年8月3日~8月9日	
星期	五里店分店	南平分店	观音桥分店	沙坪坝分店	合计
星期一	4309	7007	5178	4504	20998.00
星期二	3583	9083	8066	9370	30102.00
星期三	4259	5859	4406	5326	19850.00
星期四	4608	7455	6741	6389	25193.00
星期五	9877	8292	9684	5097	32950.00
星期六	4813	8654	7154	4876	25497.00
星期日	8175	7438	9081	3912	28606.00

技能拓展

在工作表中选择要存放结果的单元格后，切换到【公式】选项卡，单击【函数库】组中的【插入函数】按钮也可打开【插入函数】对话框。

046 不知道需要使用什么函数时应如何查询

适用版本	实用指数
2007、2010、2013、2016	★★★★★

使用说明

如果只知道函数的功能，不知道具体的函数名称，则可以通过【插入函数】对话框快速查找函数。

解决方法

例如，需要通过【插入函数】对话框快速查找【随机】函数，具体方法如下。

❶打开【插入函数】对话框，在【搜索函数】文本框中输入公式功能，如【随机】；❷单击【转到】按钮；❸在【选择函数】列表框中将显示 Excel 推荐的函数，当选择某个函数后，在列表框下方会显示该函数的作用及语法等信息，如下图所示。

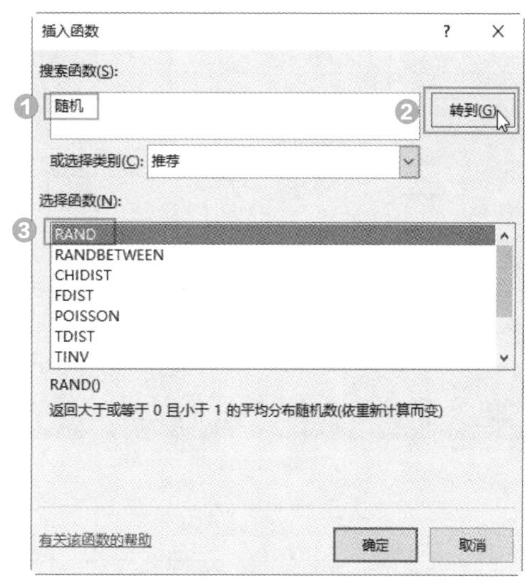

047 使用嵌套函数计算数据

适用版本	实用指数
2007、2010、2013、2016	★★★★★

使用说明

在使用函数计算某些数据时，有时一个函数并不能达到想要的结果，此时就需要使用多个函数进行嵌套。嵌套函数就是将某个函数或函数的返回值作为另一个函数的计算参数来使用。在嵌套函数中，Excel 会先计算最内层的嵌套表达式，再逐步向外计算其他表达式。

解决方法

如果要使用嵌套函数计算数据，具体方法如下。

第 1 步 打开素材文件（位置：素材文件\第 3 章\6 月工资表 .xlsx），选中要存放结果的单元格，如 D14，输入公式表达式 "=AVERAGE(IF(C3:C12="广告部",I3:I12))"。在该函数中，将先执行 IF 函数，再执行 AVERAGE 函数，用于计算部门为【广告部】的平均收入，如下图所示。

第 2 步 本例中输入的函数涉及数组，因此，完成输入后需要按【Ctrl+Shift+Enter】组合键，即可得出计算结果，如下图所示。

048 自定义函数

适用版本	实用指数
2007、2010、2013、2016	★★★★☆

使用说明

在 Excel 中，除了可以使用内置的函数进行数据计算外，还可以根据实际需要自定义函数来进行计算。

解决方法

例如，要自定义直角三角形面积函数（S），假设 a、b 为三角形两直角边，具体方法如下。

第 1 步 在工作簿中按【Alt+F11】组合键打开 VBE 编辑器。

第 2 步 ❶在标题栏单击【插入】菜单项；❷在弹出的下拉菜单中选择【模块】命令，如下图所示。

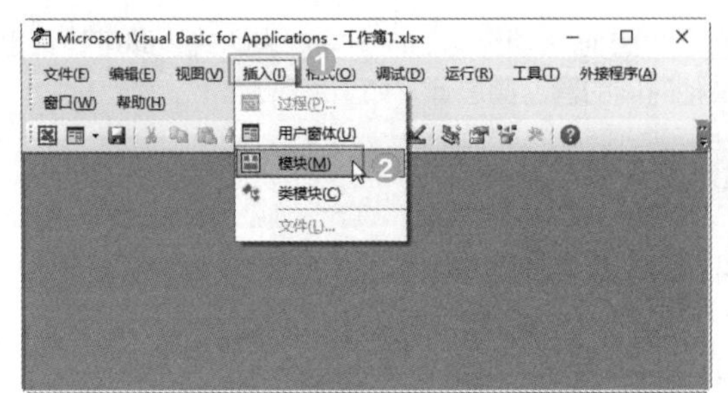

第 3 步 ❶在打开的【模块】窗口中输入如下代码；❷单击【关闭】按钮 × 关闭 VBE 编辑器即可，操作如下图所示。

```
Function S(a,b)
S = a*b/2
End Function
```

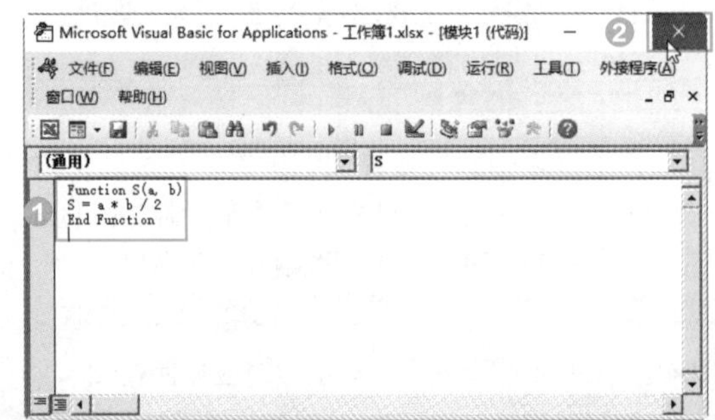

3.2 常用函数的应用

在日常事务处理中，用得最频繁的函数主要有求和函数、求平均值函数、最大值函数及最小值函数等。下面将分别介绍这些函数的使用方法。

049 使用 SUM 函数求参数的和

适用版本	实用指数
2007、2010、2013、2016	★★★★★

使用说明

SUM 函数将用户指定为参数的所有数字相加。每个参数都可以是区域、单元格引用、数组、常量、公式或另一个函数的结果。

函数语法：= SUM(number1,[number2],...])

参数说明如下。

- number1（必选）：想要相加的第一个数值参数。
- number2,,...（可选）：想要相加的 2 ～ 255 个数值参数。

解决方法

例如，在报账表中计算各小组出差经费的合计金额，具体操作方法如下。

第 1 步 打开素材文件（位置：素材文件\第 3 章\SUM 函数 .xlsx），在【报账明细】工作表中选择要存放结果的单元格 G3，输入公式“=SUM(B3:F3)”，按【Enter】键，计算出 YB01 小组的合计值，如下图所示。

第 2 步 利用填充功能向下复制公式，计算出所有小组的合计值，如下图所示。

	A	B	C	D	E	F	G
3	YB01	1200	800	5600	6000	10800	24400
4	YB02	800	600	7200	6500	10800	25900
5	YB03	900	500	8400	5800	7200	22800
6	YB04	1050	700	5600	4200	14400	25950
7	YB05	1100	600	3800	6300	7200	19000
8	YB06	1300	400	4200	2400	14400	22700
9	YB07	1250	600	1500	4800	10800	18950
10	YB08	900	400	2800	5300	7200	16600
11	YB09	1050	500	2300	2800	7200	13850
12	YB10	1300	650	3500	4200	14400	24050
13	YB11	1250	720	3600	2500	10800	18870
14	YB12	900	300	1800	3200		13400

又如，某部门记录了本月开具发票情况，现在需要分别计算其中两位员工开具发票的次数，具体操作方法如下。

第 1 步 在【重复值】工作表中选择要存放结果的单元格 A10，输入公式“=SUM(IF((A2:A7="李怡然")+(A2:A7="张小花"),1,0))”，按【Ctrl+Shift+Enter】组合键即可计算出以上两位员工开具发票总次数，如右上图所示。

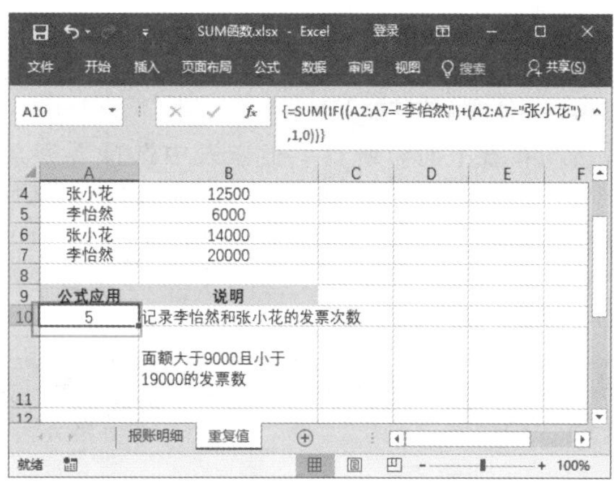

第 2 步 若需要计算面额大于 9000 且小于 19000 的发票数，可在 A11 单元格内输入公式“=SUM(IF((B2:B7<9000)+(B2:B7>19000),1,0))”，按【Ctrl+Shift+Enter】组合键即可，如下图所示。

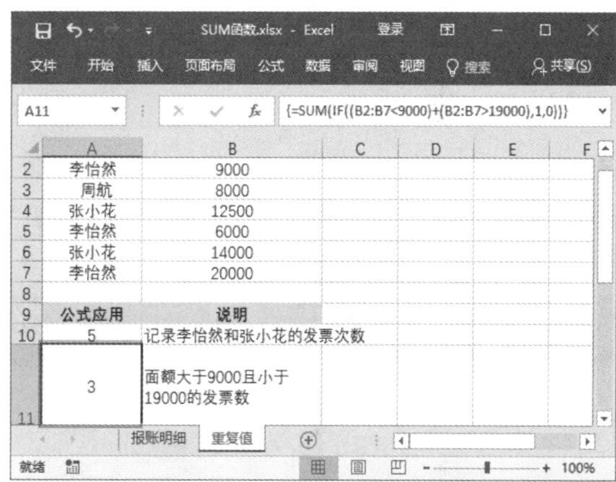

根据表格中的员工性别和所属部门，可以统计出指定部门、指定性别的员工的总人数。例如，要计算销售部的女员工人数，具体操作方法如下。

在【公司员工】工作表中选择要存放结果的单元格 E2，输入公式“=SUM((B2:B9="女")*(C2:C9="销售部"))”，按【Ctrl+Shift+Enter】组合键即可计算出销售部女员工的人数，如下图所示。

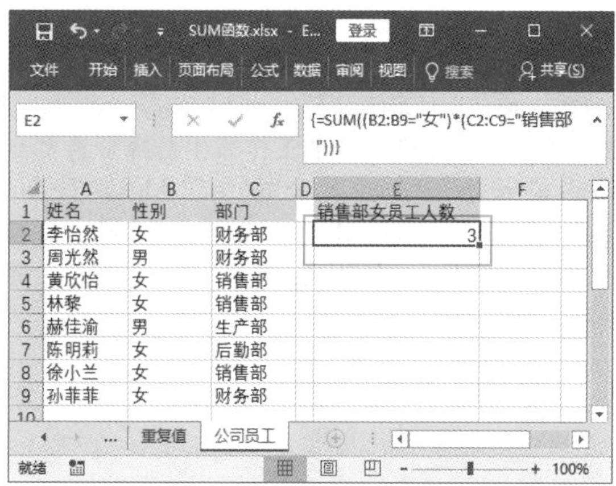

例如，在销售统计表中，分别计算每个月的销售金额，具体操作方法如下。

第 1 步 在【汇总统计】工作表中选择要存放结果的单元格 F2，输入公式“=SUM((TEXT($A$2:$A$9,"YYYYMM")=TEXT(E2,"YYYYMM"))*$C$2:$C$9)”，按【Ctrl+Shift+Enter】组合键即可计算出 6 月的销售金额，如下图所示。

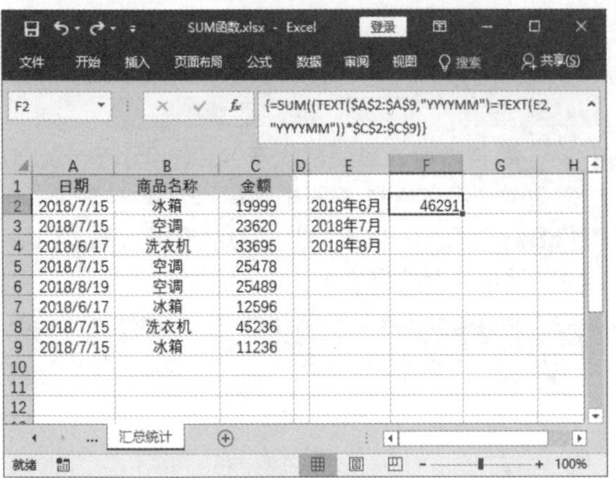

	A	B	C	D	E	F
1	日期	商品名称	金额			
2	2018/7/15	冰箱	19999		2018年6月	46291
3	2018/7/15	空调	23620		2018年7月	
4	2018/6/17	洗衣机	33695		2018年8月	
5	2018/7/15	空调	25478			
6	2018/8/19	空调	25489			
7	2018/6/17	冰箱	12596			
8	2018/7/15	洗衣机	45236			
9	2018/7/15	冰箱	11236			

第 2 步 利用填充功能向下复制公式，计算出其他月份的销售金额，如下图所示。

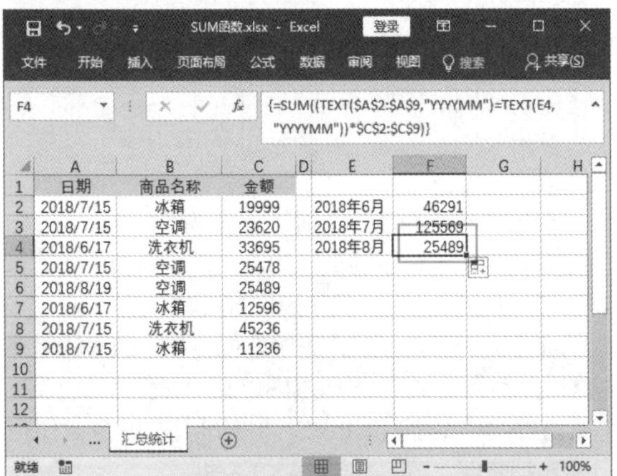

	A	B	C	D	E	F
1	日期	商品名称	金额			
2	2018/7/15	冰箱	19999		2018年6月	46291
3	2018/7/15	空调	23620		2018年7月	125569
4	2018/6/17	洗衣机	33695		2018年8月	25489
5	2018/7/15	空调	25478			
6	2018/8/19	空调	25489			
7	2018/6/17	冰箱	12596			
8	2018/7/15	洗衣机	45236			
9	2018/7/15	冰箱	11236			

又如，根据工作表记录的借款时间和对应的借款金额，统计出时长为 12 个月以内和 12 个月以上的借款金额，具体操作方法如下。

第 1 步 在【账款统计】工作表中选择要存放结果的单元格 E2，输入公式“=SUM((DATEDIF(A2:A8,TODAY(),"M")<=12)*B2:B8)”，按【Ctrl+Shift+Enter】组合键即可，如右上图所示。

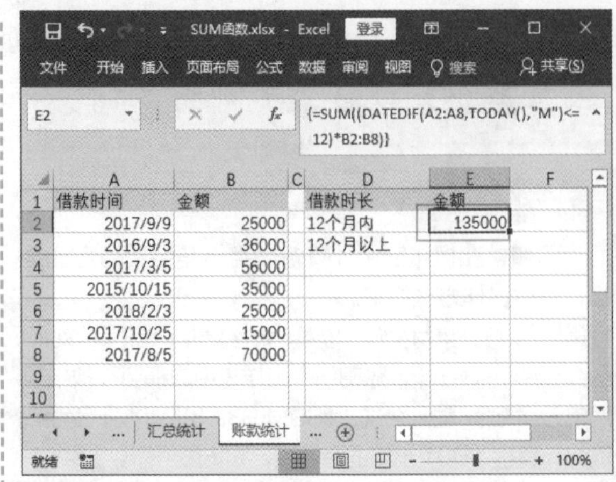

	A	B	C	D	E
1	借款时间	金额		借款时长	金额
2	2017/9/9	25000		12个月内	135000
3	2016/9/3	36000		12个月以上	
4	2017/3/5	56000			
5	2015/10/15	35000			
6	2018/2/3	25000			
7	2017/10/25	15000			
8	2017/8/5	70000			

第 2 步 选择存放结果的单元格 E3，输入公式“=SUM((DATEDIF(A2:A8,TODAY(),"M")>=12)*B2:B8)”，按【Ctrl+Shift+Enter】组合键即可，如下图所示。

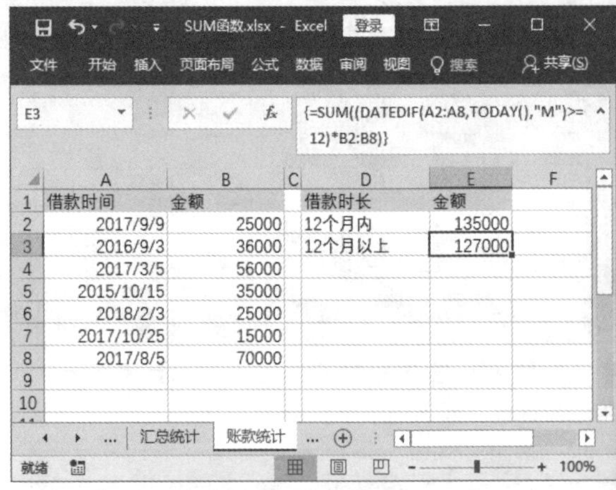

	A	B	C	D	E
1	借款时间	金额		借款时长	金额
2	2017/9/9	25000		12个月内	135000
3	2016/9/3	36000		12个月以上	127000
4	2017/3/5	56000			
5	2015/10/15	35000			
6	2018/2/3	25000			
7	2017/10/25	15000			
8	2017/8/5	70000			

温馨提示

- 如果参数是一个数组或引用，则只计算其中的数字，数组或引用中的空白单元格、逻辑值或文本将被忽略。
- 任一参数为错误值或为不能转换为数字的文本，Excel 将会显示错误。

050 使用 AVERAGE 函数返回其参数的平均值

适用版本	实用指数
2007、2010、2013、2016	★★★★★

使用说明

AVERAGE 函数用于返回参数的平均值（算术平均值）。

函数语法：= AVERAGE(number1, [number2], ...)

参数说明如下。

- number1（必选）：要计算平均值的第 1 个数字、单元格引用或单元格区域。
- number2，...（可选）：要计算平均值的其他数字、单元格引用或单元格区域，最多可包含 255 个。

解决方法

例如，在销量表中需要统计出 1—4 月份产品的日平均销量，可使用 AVERAGE 函数，为了整数显示计算后结果还需配合 ROUND 函数使用，具体操作方法如下。

第 1 步 打开素材文件（位置：素材文件 \ 第 3 章 \AVERAGE 函数 .xlsx），在【平均销量】工作表选择要存放结果的单元格 F2，输入公式“=ROUND(AVERAGE(B2:E2),0)”，按【Enter】键即可计算出第 1 种产品的平均销量，如下图所示。

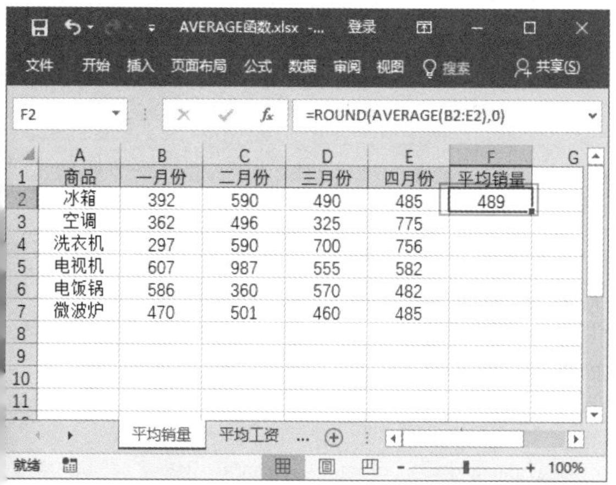

F2　=ROUND(AVERAGE(B2:E2),0)

	A	B	C	D	E	F
1	商品	一月份	二月份	三月份	四月份	平均销量
2	冰箱	392	590	490	485	489
3	空调	362	496	325	775	
4	洗衣机	297	590	700	756	
5	电视机	607	987	555	582	
6	电饭锅	586	360	570	482	
7	微波炉	470	501	460	485	

第 2 步 利用填充功能向下复制公式，计算出各种商品月的平均销量，如下图所示。

F7　=ROUND(AVERAGE(B7:E7),0)

	A	B	C	D	E	F
1	商品	一月份	二月份	三月份	四月份	平均销量
2	冰箱	392	590	490	485	489
3	空调	362	496	325	775	490
4	洗衣机	297	590	700	756	586
5	电视机	607	987	555	582	683
6	电饭锅	586	360	570	482	500
7	微波炉	470	501	460	485	479

又如，在职员工收入情况调查表中，需要统计出职位为【部门经理】的平均工资，具体操作方法如下。

在【平均工资】工作表选择要存放结果的单元格 C12，输入公式“=AVERAGE(IF(C2:C10="部门经理",D2:D10))”，按【Ctrl+Shift+Enter】组合键，即可计算出【部门经理】的平均工资，如下图所示。

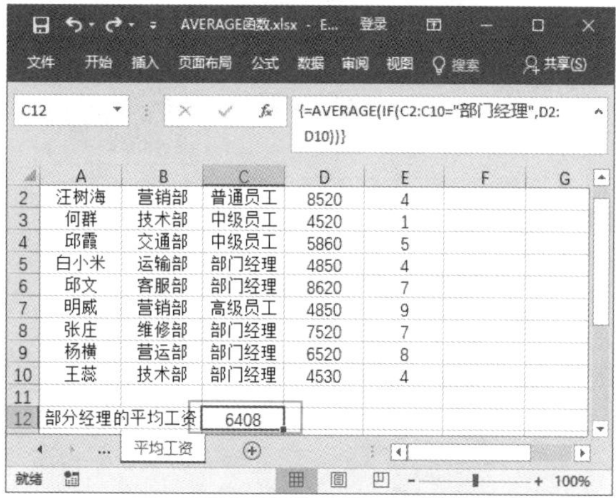

C12　{=AVERAGE(IF(C2:C10="部门经理",D2:D10))}

	A	B	C	D	E
2	汪树海	营销部	普通员工	8520	4
3	何群	技术部	中级员工	4520	1
4	邱霞	交通部	中级员工	5860	5
5	白小米	运输部	部门经理	4850	4
6	邱文	客服部	部门经理	8620	7
7	明威	营销部	高级员工	4850	9
8	张庄	维修部	部门经理	7520	7
9	杨横	营运部	部门经理	6520	8
10	王蕊	技术部	部门经理	4530	4
11					
12	部分经理的平均工资		6408		

再如，工作表中记录了员工的销售金额，其中某些单元格中的销售金额为 0，如果在求平均值的单元格区域中包含了 0 值，则 0 值也会参与到求平均值的运算。此时，可以使用公式将 0 值排除在外，具体操作方法如下。

在【销售金额】工作表选择要存放结果的单元格 E6，输入公式“=AVERAGE(IF(B2:B10<>0,B2:B10))”，按【Ctrl+Shift+Enter】组合键，即可计算出忽略 0 值的平均值，如下图所示。

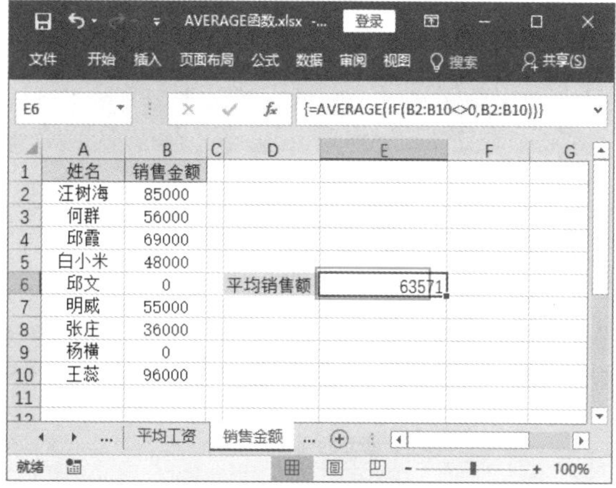

E6　{=AVERAGE(IF(B2:B10<>0,B2:B10))}

	A	B	C	D	E
1	姓名	销售金额			
2	汪树海	85000			
3	何群	56000			
4	邱霞	69000			
5	白小米	48000			
6	邱文	0		平均销售额	63571
7	明威	55000			
8	张庄	36000			
9	杨横	0			
10	王蕊	96000			

技能拓展

- 如果在 AVERAGE 函数中直接输入参数的值，那么参数必须为数值类型，即数字、文本格式的数字或逻辑值；如果是文本，则返回错误值【#VALUE!】。
- 如果使用单元格引用或数组作为 AVERAGE 函数的参数，那么参数必须为数字，其他类型的值都将被忽略。

051　使用 MAX 函数返回参数列表中的最大值

适用版本	实用指数
2007、2010、2013、2016	★★★★★

使用说明

MAX 函数用于返回一组值中的最大值。

函数语法：= MAX(number1, [number2], ...)

参数说明如下。

- number1（必选）：需要从中找出最大值的第 1 个数字参数如下。
- number2,...（可选）：需要从中找出最大值的第 2～255 个数字参数。

解决方法

例如，某公司要在下半年的销售情况统计表中统计销售额的最大值，具体操作方法如下。

打开素材文件（位置：素材文件 \ 第 3 章 \MAX 函数 .xlsx），在【最高销售额】工作表选择要存放结果的单元格 C9，输入公式“=MAX(D2:D7)”，按【Enter】键即可计算出半年内最高销售额，如下图所示。

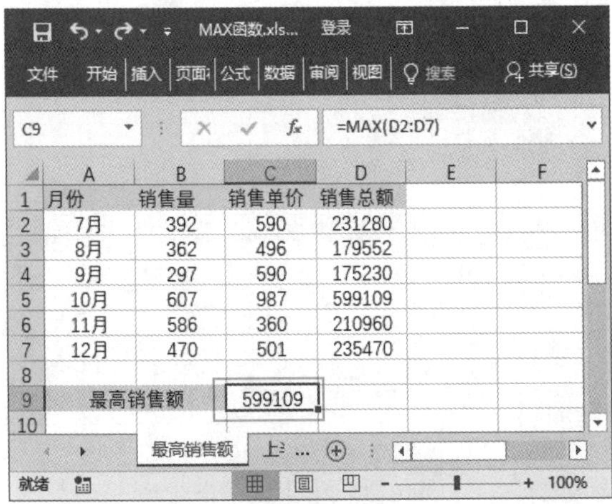

C9　=MAX(D2:D7)

	A	B	C	D
1	月份	销售量	销售单价	销售总额
2	7月	392	590	231280
3	8月	362	496	179552
4	9月	297	590	175230
5	10月	607	987	599109
6	11月	586	360	210960
7	12月	470	501	235470
8				
9	最高销售额		599109	

又如，需要在销量统计表中统计上半月产品销售的最高销量，具体操作方法如下。

在【上半月销量】工作表选择要存放结果的单元格 C11，输入公式“=MAX(IF(A2:A9>=A12,0,C2:C9))”，按【Ctrl+Shift+Enter】组合键即可在目标单元格内显示上半月最高销售量，如下图所示。

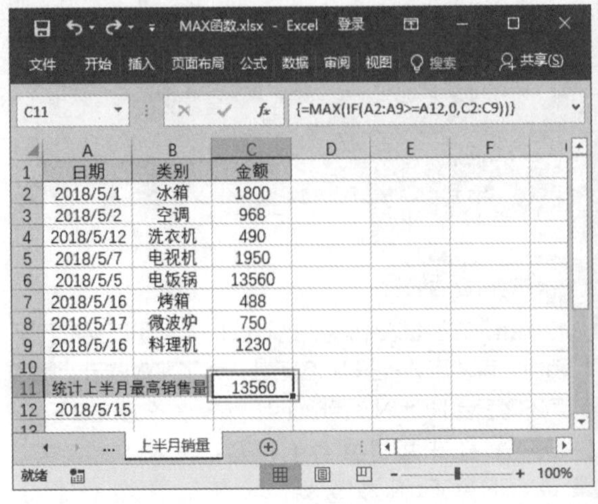

C11　{=MAX(IF(A2:A9>=A12,0,C2:C9))}

	A	B	C
1	日期	类别	金额
2	2018/5/1	冰箱	1800
3	2018/5/2	空调	968
4	2018/5/12	洗衣机	490
5	2018/5/7	电视机	1950
6	2018/5/5	电饭锅	13560
7	2018/5/16	烤箱	488
8	2018/5/17	微波炉	750
9	2018/5/16	料理机	1230
10			
11	统计上半月最高销售量		13560
12	2018/5/15		

052　使用 MIN 计算最小值

适用版本	实用指数
2007、2010、2013、2016	★★★★★

使用说明

MIN 函数与 MAX 函数的作用相反，该函数用于计算一组数值中的最小值，即对选择的单元格区域中的数据进行比较，找到最小的数值并返回到目标单元格。

函数语法：=MIN(number1,number2,...)

参数说明如下。

- number1（必选）：需要从中找出最小值的第 1 个数字参数。
- number2,...（可选）：需要从中找出最小值的 2～255 个数字参数。

解决方法

例如，使用 MIN 函数计算最低销售量，具体操作方法如下。

第 1 步 打开素材文件（位置：素材文件 \ 第 3 章 \ 销售业绩 3.xlsx），选择要存放结果的单元格 B12，输入公式“=MIN(B3:B10)”，按【Enter】键即可得出计算结果，如下图所示。

销售业绩3.xlsx - Excel

B12 =MIN(B3:B10)

	A	B	C	D	E	F	G
1	一季度销售业绩						
2	销售人员	一月	二月	三月	销售总量	平均值	销售排名
3	杨新宇	5532	2365	4266	12163	4054.333	
4	胡敏	4699	3789	5139	13627	4542.333	
5	张含	2492	3695	4592	10779	3593	
6	刘晶晶	3469	5790	3400	12659	4219.667	
7	吴欢	2851	2735	4025	9611	3203.667	
8	黄小梨	3601	2073	4017	9691	3230.333	
9	严紫	3482	5017	3420	11919	3973	
10	徐刚	2698	3462	4088	10248	3416	
11	最高销售量	5532	5790	5139			
12	最低销售量	2492					

第 2 步 通过填充功能向右复制公式，即可计算出每个月的最低销售量，如下图所示。

销售业绩3.xlsx - Excel

B12 =MIN(B3:B10)

	A	B	C	D	E	F	G
1	一季度销售业绩						
2	销售人员	一月	二月	三月	销售总量	平均值	销售排名
3	杨新宇	5532	2365	4266	12163	4054.333	
4	胡敏	4699	3789	5139	13627	4542.333	
5	张含	2492	3695	4592	10779	3593	
6	刘晶晶	3469	5790	3400	12659	4219.667	
7	吴欢	2851	2735	4025	9611	3203.667	
8	黄小梨	3601	2073	4017	9691	3230.333	
9	严紫	3482	5017	3420	11919	3973	
10	徐刚	2698	3462	4088	10248	3416	
11	最高销售量	5532	5790	5139			
12	最低销售量	2492	2073	3400			

平均值: 2655 计数: 3 求和: 7965

053 使用 RANK 函数计算排名

适用版本	实用指数
2007、2010、2013、2016	★★★★★

使用说明

RANK 函数用于返回一个数字在一组字中的排位，即将指定的数据与一组数据进行比较，将比较的名次返回到目标单元格中。

函数语法：=RANK(number,ref,order)

参数说明如下。

- number（必选）：需要找到排位的数字。
- ref（必选）：数字列表数组或对数字列表的引用。ref 中的非数．值型值将被忽略。
- order（可选）：一个数字，指明数字排位的方式。如果 order 为 0（零）或省略，Microsoft Excel 对数字的排位是基于 ref 为按照降序排列的列表，否则 Microsoft Excel 对数字的排位是基于 ref 为按照升序排列的列表。

解决方法

例如，使用 RANK 函数计算销售总量的排名，具体操作方法如下。

第 1 步 打开素材文件（位置：素材文件 \ 第 3 章 \ 销售业绩 4.xlsx），选中要存放结果的单元格 G3，输入公式"=RANK(E3,$E$3:$E$10,0)"，按【Enter】键即可得出计算结果，如下图所示。

销售业绩4.xlsx - Excel

G3 =RANK(E3,$E$3:$E$10,0)

	A	B	C	D	E	F	G
1	一季度销售业绩						
2	销售人员	一月	二月	三月	销售总量	平均值	销售排名
3	杨新宇	5532	2365	4266	12163	4054.333	3
4	胡敏	4699	3789	5139	13627	4542.333	
5	张含	2492	3695	4592	10779	3593	
6	刘晶晶	3469	5790	3400	12659	4219.667	
7	吴欢	2851	2735	4025	9611	3203.667	
8	黄小梨	3601	2073	4017	9691	3230.333	
9	严紫	3482	5017	3420	11919	3973	
10	徐刚	2698	3462	4088	10248	3416	
11	最高销售量	5532	5790	5139			
12	最低销售量	2492	2073	3400			

第 2 步 通过填充功能向下复制公式，即可计算出每位员工销售总量的排名，如下图所示。

销售业绩4.xlsx - Excel

G3 =RANK(E3,$E$3:$E$10,0)

	A	B	C	D	E	F	G
1	一季度销售业绩						
2	销售人员	一月	二月	三月	销售总量	平均值	销售排名
3	杨新宇	5532	2365	4266	12163	4054.333	3
4	胡敏	4699	3789	5139	13627	4542.333	1
5	张含	2492	3695	4592	10779	3593	5
6	刘晶晶	3469	5790	3400	12659	4219.667	2
7	吴欢	2851	2735	4025	9611	3203.667	8
8	黄小梨	3601	2073	4017	9691	3230.333	7
9	严紫	3482	5017	3420	11919	3973	4
10	徐刚	2698	3462	4088	10248	3416	6
11	最高销售量	5532	5790	5139			
12	最低销售量	2492	2073	3400			

平均值: 4.5 计数: 8 求和: 36

054 使用 COUNT 函数计算参数列表中数字的个数

适用版本	实用指数
2007、2010、2013、2016	★★★★★

使用说明

COUNT 函数用于计算包含数字的单元格以及参数列表中数字的个数。

函数语法：= COUNT(value1, [value2], ...)

参数说明如下。

- value1（必选）：要计算其中数字的个数的第 1 个项、单元格引用或区域。
- value2, ...（可选）：要计算其中数字的个数的其他项、单元格引用或区域，最多可包含 255 个。

解决方法

例如，某员工在整理数据时，需要统计指定数据中包含数字的单元格个数，具体操作方法如下。

打开素材文件（位置：素材文件\第 3 章\COUNT 函数 .xlsx），在【返回数字】工作表选择要存放结果的单元格 B9，输入公式“=COUNT(B2:B7)”，按【Enter】键即可得到计算结果，如下图所示。

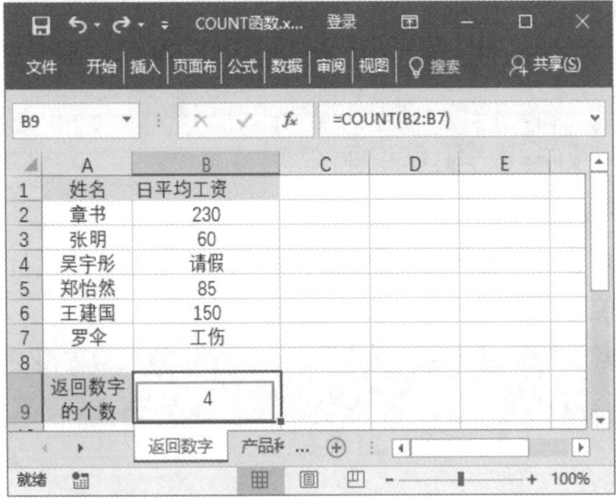

B9 =COUNT(B2:B7)

	A	B
1	姓名	日平均工资
2	章书	230
3	张明	60
4	吴宇彤	请假
5	郑怡然	85
6	王建国	150
7	罗伞	工伤
8		
9	返回数字的个数	4

又如，某商店按照销售日期统计了商品的销售记录，为了更好查看销售情况，现在需要统计出商品在该月中旬的销售种类，具体操作方法如下。

在【产品种类】工作表选择要存放结果的单元格 F1，输入公式“=COUNT(C2:C9)”，按【Ctrl+Shift+Enter】组合键，即可在目标单元格内显示产品销售种类，如下图所示。

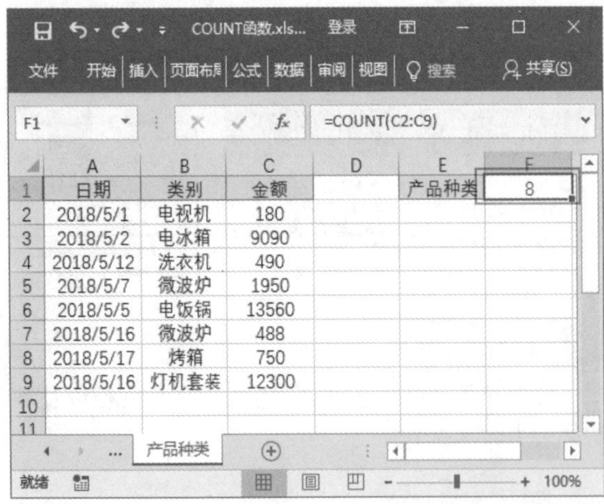

F1 =COUNT(C2:C9)

	A	B	C	D	E	F
1	日期	类别	金额		产品种类	8
2	2018/5/1	电视机	180			
3	2018/5/2	电冰箱	9090			
4	2018/5/12	洗衣机	490			
5	2018/5/7	微波炉	1950			
6	2018/5/5	电饭锅	13560			
7	2018/5/16	微波炉	488			
8	2018/5/17	烤箱	750			
9	2018/5/16	灯机套装	12300			

055 使用 PRODUCT 函数计算乘积

适用版本	实用指数
2007、2010、2013、2016	★★★★★

使用说明

PRODUCT 函数用于计算作为参数的所有数字的乘积。

函数语法：= PRODUCT(number1, [number2], ...)

参数说明如下。

- number1（必选）：要相乘的第一个数字或区域。
- number2, ...（可选）：要相乘的其他数字或单元格区域，最多可以使用 255 个参数。

解决方法

某商店在年初为了增加商品种类，需要新置一批商品展示架，在工作表中列出了各个货架的长、宽和高，现在需要计算货架的总体积，具体操作方法如下。

第 1 步 打开素材文件（位置：素材文件\第 3 章\PRODUCT 函数 .xlsx），在【货架体积】工作表中选择要存放结果的单元格 D2，输入公式“=PRODUCT(A2,B2,C2)”，按【Enter】键即可得出计算结果，如下图所示。

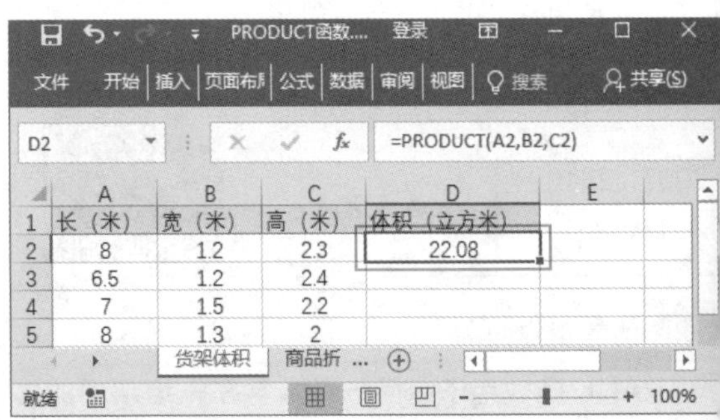

D2 =PRODUCT(A2,B2,C2)

	A	B	C	D
1	长（米）	宽（米）	高（米）	体积（立方米）
2	8	1.2	2.3	22.08
3	6.5	1.2	2.4	
4	7	1.5	2.2	
5	8	1.3	2	

第 2 步 利用填充功能向下复制公式，计算出所有货架的体积，如下图所示。

D5 =PRODUCT(A5,B5,C5)

	A	B	C	D
1	长（米）	宽（米）	高（米）	体积（立方米）
2	8	1.2	2.3	22.08
3	6.5	1.2	2.4	18.72
4	7	1.5	2.2	23.1
5	8	1.3	2	20.8

又如，某商店做年底促销，根据不同商品拟定不一样的折扣率，该店在产品的销售情况包括商品名称、销售价格、数量以及商品折扣率，现在需要计算各个商品在促销期间的销售金额，具体操作方法如下。

第 1 步 在【商品折扣】工作表中选择要存放结果的单元格 E3，输入公式“=PRODUCT(B3,C3,1–D3)”，按【Enter】键，即可计算出商品的销售金额，如下图所示。

温馨提示

在上例中，折扣的百分比作为数值进行处理，30% 作为 0.3 计算。另外，在 PRODUCT 函数中，当参数直接指定为文本和用单元格引用指定文本时，将得到不同的结果。

E3 =PRODUCT(B3,C3,1-D3)

华夏商场元旦期间销售报表				
商品名称	销售价格	数量	折扣	销售金额
SD-F大衣	¥390.00	15	30%	4095
SD-G大衣	¥420.00	12	25%	
SD-R大衣	¥298.00	13	10%	
SD-K大衣	¥369.00	14	13%	
TY羽绒服	¥458.00	20	15%	
FB羽绒服	¥589.00	16	23%	
LY羽绒服	¥688.00	27	19%	
DV羽绒服	¥789.00	15	26%	
SE羽绒服	¥589.00	34	25%	

第 2 步 利用填充功能向下复制公式，计算出所有商品的销售金额，如下图所示。

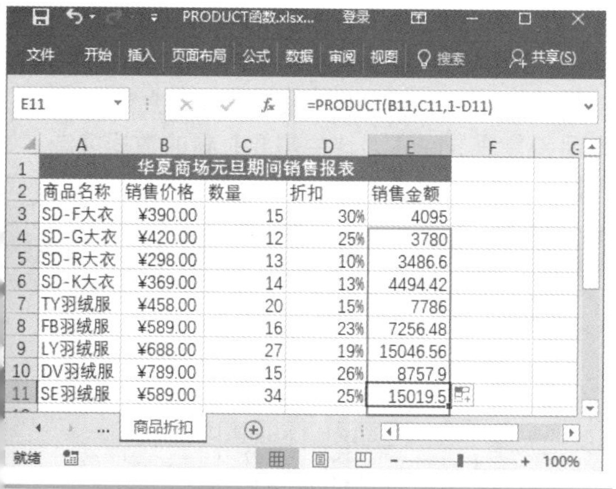

E11 =PRODUCT(B11,C11,1-D11)

华夏商场元旦期间销售报表				
商品名称	销售价格	数量	折扣	销售金额
SD-F大衣	¥390.00	15	30%	4095
SD-G大衣	¥420.00	12	25%	3780
SD-R大衣	¥298.00	13	10%	3486.6
SD-K大衣	¥369.00	14	13%	4494.42
TY羽绒服	¥458.00	20	15%	7786
FB羽绒服	¥589.00	16	23%	7256.48
LY羽绒服	¥688.00	27	19%	15046.56
DV羽绒服	¥789.00	15	26%	8757.9
SE羽绒服	¥589.00	34	25%	15019.5

056 使用 IF 函数执行条件检查

适用版本	实用指数
2007、2010、2013、2016	★★★★★

使用说明

IF 函数的功能是根据对指定的条件计算结果为 TRUE 或 FALSE，返回不同的结果。使用 IF 函数可对数值和公式执行条件检查。

函数语法：IF(logical_test,value_if_true,value_if_false)

参数说明如下：

- logical_test：表示计算结果为 TRUE 或 FALSE 的任意值或表达式。例如“B5>100”是一个逻辑表达式，若单元格 B5 中的值大于 100，则表达式的计算结果为 TRUE，否则为 FALSE。
- value_if_true：是 logical_test 参数为 TRUE 时返回的值。例如，若此参数是文本字符串“合格”，而且 logical_test 参数的计算结果为 TRUE，则返回结果“合格”；若 logical_test 为 TRUE 而 value_if_true 为空时，则返回 0（零）。
- value_if_false：是 logical_test 为 FALSE 时返回的值。例如，若此参数是文本字符串“不合格”，而 logical_test 参数的计算结果为 FALSE，则返回结果“不合格”；若 logical_test 为 FALSE 而 value_if_false 被省略，即 value_if_true 后面没有逗号，则会返回逻辑值 FALSE；若 logical_test 为 FALSE 且 value_if_false 为空，即 value_if_true 后面有逗号且紧跟着右括号，则会返回值 0（零）。

解决方法

例如，以表格中的总分为关键字，80 分以上（含 80 分）的为“录用”，其余的则为“淘汰”，具体操作方法如下。

第 1 步 打开素材文件（位置：素材文件\第 3 章\新进员工考核表 .xlsx），❶选择要存放结果的单元格 G4；❷单击【公式】选项卡【函数库】组中的【插入函数】按钮，如下图所示。

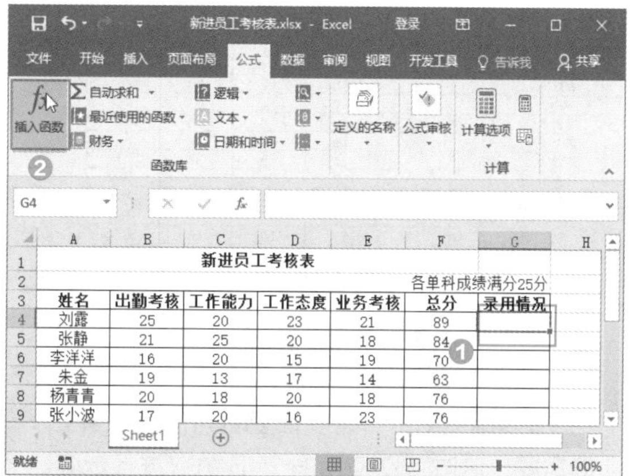

新进员工考核表						
				各单科成绩满分25分		
姓名	出勤考核	工作能力	工作态度	业务考核	总分	录用情况
刘露	25	20	23	21	89	
张静	21	25	20	18	84	
李洋洋	16	20	15	19	70	
朱金	19	13	17	14	63	
杨青青	20	18	20	18	76	
张小波	17	20	16	23	76	

第 2 步 ❶打开【插入函数】对话框，在【选择函数】列表框中选择选择【IF】函数；❷单击【确定】按钮，如下图所示。

第 3 步 ❶打开【函数参数】对话框，设置【Logical-test】为【F4>=80】，【Value-if-true】为【"录用"】，【Value-if-false】为【"淘汰"】；❷单击【确定】按钮，如下图所示。

第 4 步 利用填充功能向下复制公式，即可计算出其他员工的录用情况，如下图所示。

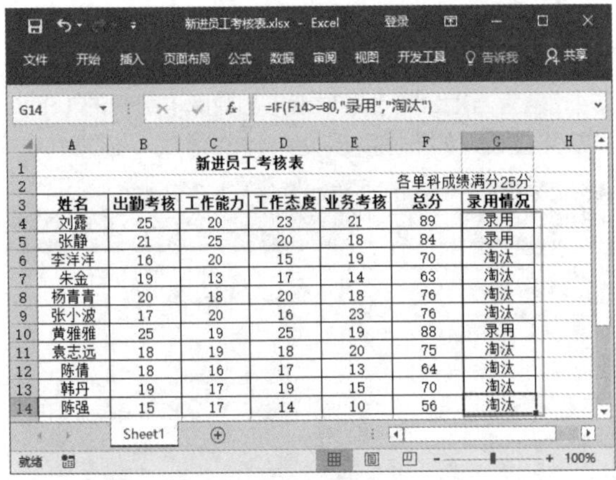

新进员工考核表

各单科成绩满分25分

姓名	出勤考核	工作能力	工作态度	业务考核	总分	录用情况
刘露	25	20	23	21	89	录用
张静	21	25	20	18	84	录用
李洋洋	16	20	15	19	70	淘汰
朱金	19	13	17	14	63	淘汰
杨青青	20	18	20	18	76	淘汰
张小波	17	20	16	23	76	淘汰
黄雅雅	25	19	25	19	88	录用
袁志远	18	19	18	20	75	淘汰
陈倩	18	16	17	13	64	淘汰
韩丹	19	17	19	15	70	淘汰
陈强	15	17	14	10	56	淘汰

技能拓展

在实际应用中，一个 IF 函数可能达不到工作的需要，这时可以使用多个 IF 函数进行嵌套。IF 函数嵌套的语法为：IF(logical_test,value_if_true,IF(logical_test,value_if_true,IF(logical_test,value_if_true,...,value_if_false)))。通俗地讲，可以理解成"如果（某条件，条件成立返回的结果，（某条件，条件成立返回的结果，（某条件，条件成立返回的结果，……，条件不成立返回的结果）））"。例如，在本例中以表格中的总分为关键字，80 分以上（含 80 分）的为"录用"，70 分以上（含 70 分）的为"有待观察"，其余的则为"淘汰"，G4 单元格的函数表达式就为"=IF(F4>=80,"录用",IF(F4>=70,"有待观察","淘汰"))"。

057 快速使用函数查询计算结果

适用版本	实用指数
2007、2010、2013、2016	★★★★★

使用说明

在工作表中选择数据后，可以在状态栏中查看计算结果。可以根据需要设置函数，从而方便地查询计算结果。

解决方法

例如，设置在状态栏中显示【最大值】和【最小值】信息，具体操作方法如下。

第 1 步 打开素材文件（位置：素材文件\第 3 章\食品销售表.xlsx），选中需要查看的数据区域，如 D4:D13 在状态栏中将显示默认计算结果，如下图所示。

食品销售表

单位：袋

书籍名称	1月销量	2月销量	3月销量	月平均销量
麻辣豆干	3456	4059	5077	
五香豆干	4028	3408	3710	
香辣豆干	3492	5022	4896	
泡椒豆干	3585	5040	5964	
泡椒凤爪	4620	3680	4781	
五香凤爪	5100	4798	3588	
川味牛肉干	2978	3012	4213	
香辣牛肉干	3000	4356	5787	
五香牛肉干	4600	3289	3456	
香浓卤牛肉	5196	3779	2652	

平均值: 4412.4 计数: 10 求和: 44124

第 2 步 ❶使用鼠标右键单击状态栏任意位置；❷在弹出的快捷菜单中分别单击【最大值】和【最小值】选项，使其呈勾选状态即可，如下图所示。

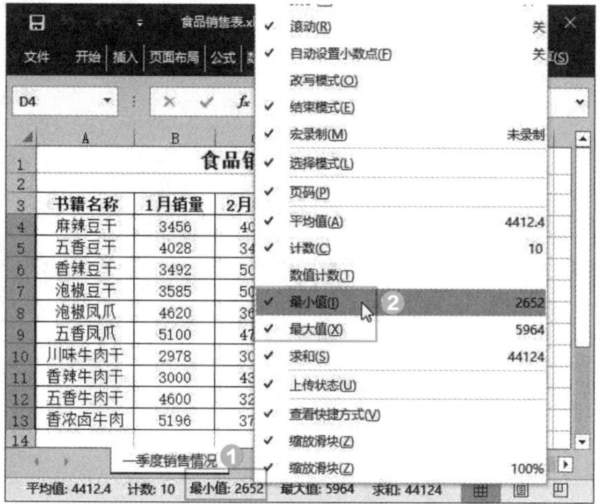

第 3 步 返回工作表中，再次选择数据区域，即可在状态栏中查看到【最大值】和【最小值】计算结果，如下图所示。

第 4 章 财务函数使用技巧

在办公应用中，财务类函数是使用比较频繁的一种函数。使用财务函数可以非常便捷地进行一般的财务计算，如计算贷款的每期付款额、计算贷款在给定期间内偿还的本金、计算给定时间内的折旧值、计算投资的未来值、计算投资的净现值等。本章将针对财务函数的应用，为读者讲解一些操作技巧。

下面列举了一些财务函数应用中的常见问题，看看是否会处理或已掌握。

【√】在银行办理零存整取的业务时，怎样计算 3 年后的总存款金额?

【√】已知初期投资金额和每年贴现率，怎样计算净现值?

【√】某人向银行贷款，在现有的贷款期限和年利率条件下，如何计算两个付款期之间累计支付的利息?

【√】某公司向银行贷款 50 万元，需要计算每月应偿还的金额，应该怎样计算?

【√】已知某债券的成交日和到期日，需要计算出该债券付息期内截止到成交日的天数，应该使用什么函数?

【√】购买了办公设备，需要计算出折旧率，怎样使用函数来计算?

希望通过本章内容的学习，能帮助你解决以上问题，并学会在 Excel 中使用财务函数的技巧。

4.1 计算本金和利息函数

本节将为读者介绍本金和利息类的财务函数，如计算贷款的每期付款额、计算贷款在给定期间内偿还的本金等。

058 使用 CUMIPMT 函数计算两个付款期之间累计支付的利息

适用版本	实用指数
2007、2010、2013、2016	★★★★★

使用说明

函数 CUMIPMT 用于计算一笔贷款在指定期间累计需要偿还的利息数额。

函数语法：=CUMIPMT(rate,nper,pv,start_period,end_period,type)

参数说明如下。

- rate（必选）：利率。
- nper（必选）：总付款期数。
- pv（必选）：现值。
- start_period（必选）：计算中的首期，付款期数从 1 开始计数。
- end_period（必选）：计算中的末期。
- type（必选）：付款时间类型。

解决方法

例如，某人向银行贷款 50 万元，贷款期限为 12 年，年利率为 9%，现计算此项贷款第一个月所支付的利息，以及第二年所支付的总利息，具体操作方法如下。

第 1 步 打开素材文件（位置：素材文件 \ 第 4 章 \ 贷款明细表 .xlsx），选择要存放第一个月支付利息的单元格 B5，输入公式 "=CUMIPMT(B4/12,B3*12,B2,1,1,0)"，按【Enter】键，即可得出计算结果，如下图所示。

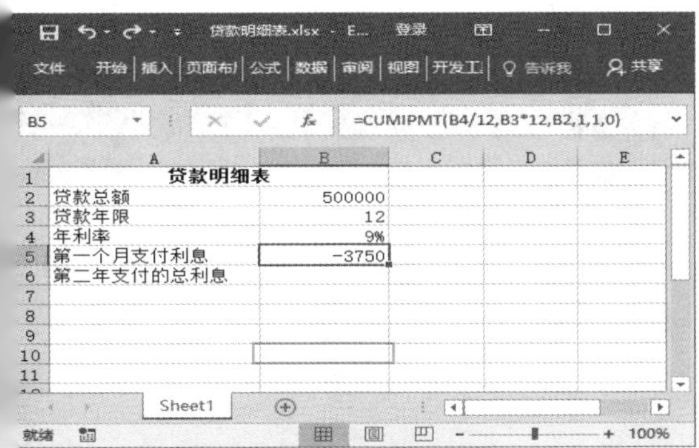

第 2 步 选择要存放第二年支付总利息结果的单元格 B6，输入公式 "=CUMIPMT(B4/12,B3*12,B2,13,24,0)"，按【Enter】键，即可得出计算结果，如下图所示。

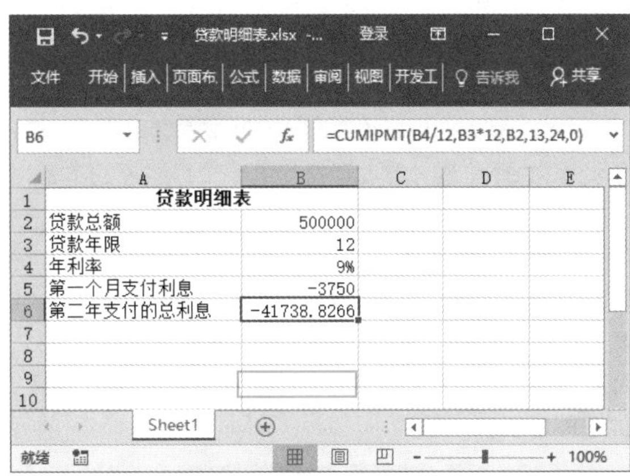

温馨提示

- 应确认所指定的 rate 和 nper 单位的一致性。例如，同样是四年期年利率为 10% 的贷款，如果按月支付，rate 应为 10%/12，nper 应为 4*12；如果按年支付，rate 应为 10%，nper 为 4。
- 如果 rate ≤ 0、nper ≤ 0 或 pv ≤ 0，函数 CUMIPMT 返回错误值【#NUM!】。
- 如果 start_period<1、end_period<1 或 start_period>end_period，函数 CUMIPMT 返回错误值【#NUM!】。
- 如果 type 不是数字 0 或 1，函数 CUMIPMT 返回错误值【#NUM!】。

059 使用 CUMPRINC 函数计算两个付款期之间累计支付的本金

适用版本	实用指数
2007、2010、2013、2016	★★★★★

使用说明

CUMPRINC 函数用于计算一笔贷款在给定期间需要累计偿还的本金数额。

函数语法：=CUMPRINC(rate,nper,pv,start_period,end_period,type)

参数说明如下。

- rate（必选）：利率。
- nper（必选）：总付款期数。
- pv（必选）：现值。
- start_period（必选）：计算中的首期，付款期数从 1 开始计数。
- end_period（必选）：计算中的末期。
- type（必选）：付款时间类型。

解决方法

例如，某人向银行贷款 50 万元，贷款期限为 12 年，年利率为 9%，现计算此项贷款第一个月偿还的本金，以及第二年偿还的总本金，具体操作方法如下。

第 1 步 打开素材文件（位置：素材文件\第 4 章\贷款明细表 1.xlsx），选择要存放第一个月偿还本金结果的单元格 B5，输入公式“=CUMPRINC(B4/12,B3*12,B2,1,1,0)”，按【Enter】键，即可得出计算结果，如下图所示。

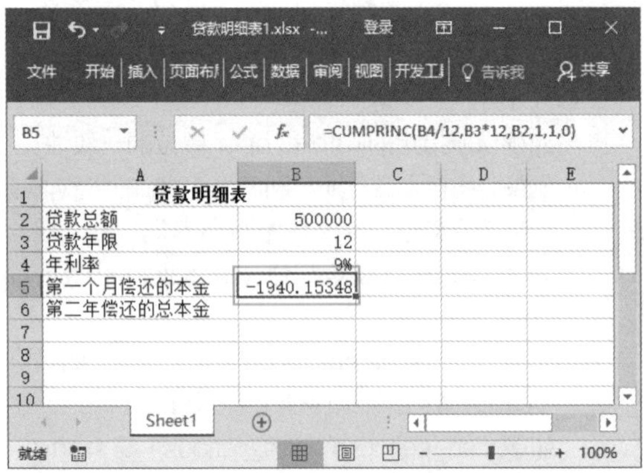

	A	B
1	贷款明细表	
2	贷款总额	500000
3	贷款年限	12
4	年利率	9%
5	第一个月偿还的本金	-1940.15348
6	第二年偿还的总本金	

第 2 步 选择要存放第二年偿还总本金结果的单元格 B6，输入公式“=CUMPRINC(B4/12,B3*12,B2,13,24,0)”，按【Enter】键，即可得出计算结果，如下图所示。

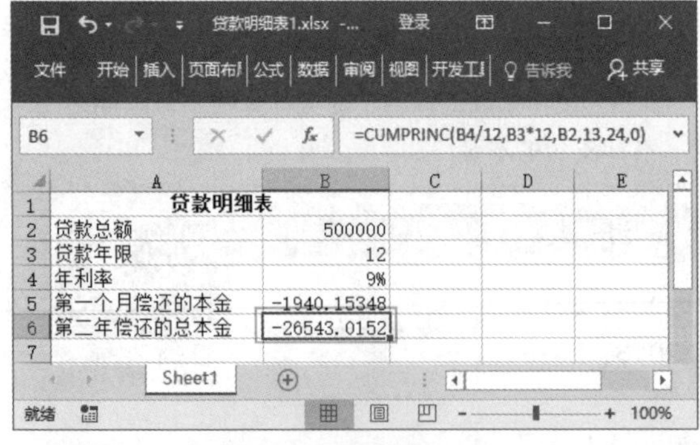

	A	B
1	贷款明细表	
2	贷款总额	500000
3	贷款年限	12
4	年利率	9%
5	第一个月偿还的本金	-1940.15348
6	第二年偿还的总本金	-26543.0152

技能拓展

在 CUMPRINC 函数中，当参数 rate ≤ 0、nper ≤ 0、pv ≤ 0、start_period<1、end_period<1、start_period>end_period，或 type 为 0 或 1 之外的任何数，则会返回错误值【#NUM!】。

060 使用 PMT 函数计算月还款额

适用版本	实用指数
2007、2010、2013、2016	★★★★☆

使用说明

PMT 函数可以基于固定利率及等额分期付款方式计算贷款的每期还款额。

函数语法：=PMT(rate,nper,pv,[fv,],[type])

参数说明如下。

- rate（必选）：贷款利率。
- nper（必选）：该项贷款的付款总数。
- pv（必选）：现值，或一系列未来付款的当前值的累积和，也称为本金。
- fv（可选）：未来值，或在最后一次付款后希望得到的现金余额，如果省略 fv，则假设其值为 0（零），也就是一笔贷款的未来值为 0。
- type（可选）：数字 0（零）或 1，用以指示各期的付款时间是在期初还是期末。

解决方法

例如，某公司因购买写字楼向银行贷款 50 万元，贷款年利率为 8%，贷款期限为 10 年（即 120 个月），现计算每月应偿还的金额，具体操作方法如下。

打开素材文件（位置：素材文件\第 4 章\写字楼贷款计算表.xlsx），选择要存放结果的单元格 B5，输入公式“=PMT(B4/12,B3,B2)”，按【Enter】键，即可得出计算结果，如下图所示。

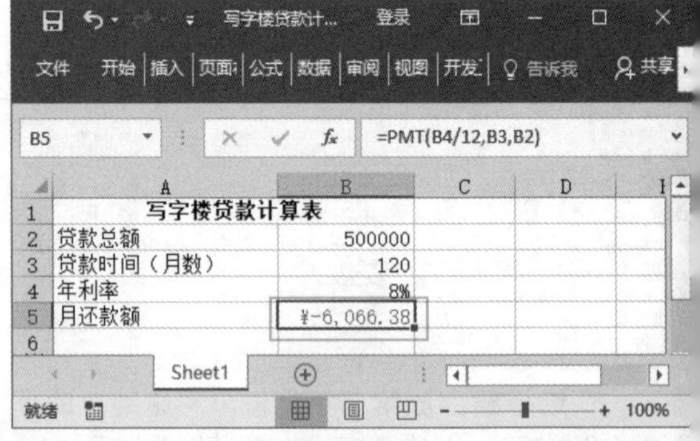

	A	B
1	写字楼贷款计算表	
2	贷款总额	500000
3	贷款时间（月数）	120
4	年利率	8%
5	月还款额	¥-6,066.38

温馨提示

- PMT 返回的支付款项包括本金和利息，但不包括税款、保留支付或某些与贷款有关的费用。
- 应确认所指定的 rate 和 nper 单位的一致性。例如，同样是四年期年利率为 12% 的贷款，如果按月支付，rate 应为 12%/12，nper 应为 4*12；如果按年支付，rate 应为 12%，nper 为 4。

061 使用 PPMT 函数计算贷款在给定期间内偿还的本金

适用版本	实用指数
2007、2010、2013、2016	★★★★☆

使用说明

PPMT 函数可以基于固定利率及等额分期付款方式返回贷款在某一给定期间内的本金偿还额。

函数语法：=PPMT(rate,per,nper,pv,[fv],[type])

参数说明如下。

- rate（必选）：各期利率。
- per（必选）：用于计算其本金数额的期数，且必须介于 1 ~ nper（付款总次数）之间。
- nper（必选）：总投资（或贷款）期，即该项投资（或贷款）的付款总期数。
- pv（必选）：现值，或一系列未来付款的当前值的累积和，也称为本金。
- fv（可选）：未来值，或在最后一次付款后可以获得的现金余额。如果省略 fv，则假设其值为 0（零），也就是一笔贷款的未来值为 0。
- type（可选）：数字 0 或 1，用以指定各期的付款时间是在期初还是期末。

解决方法

例如，假设贷款额为 500000 元，贷款期限为 15 年，年利率为 10%，现分别计算贷款第一个月和第二个月需要偿还的本金，具体操作方法如下。

第 1 步 打开素材文件（位置：素材文件 \ 第 4 章 \ 贷款明细表 2.xlsx），选择要存放结果的单元格 B5，输入公式“=PPMT(B4/12,1,B3*12,B2)”，按【Enter】键，即可得出计算结果，如右上图所示。

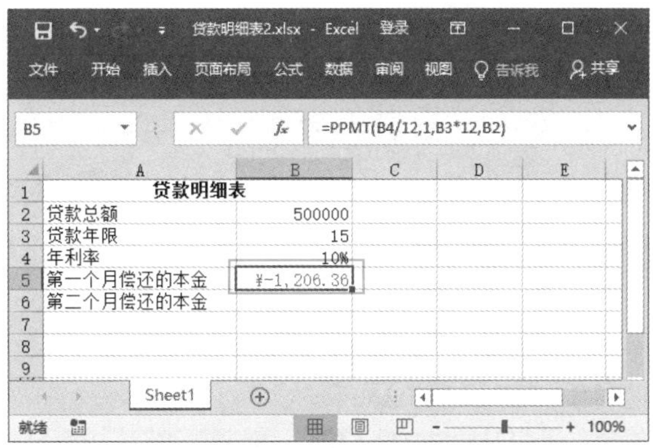

第 2 步 选择要存放结果的单元格 B6，输入公式“=PPMT(B4/12,2,B3*12,B2)”，按【Enter】键，即可得出计算结果，如下图所示。

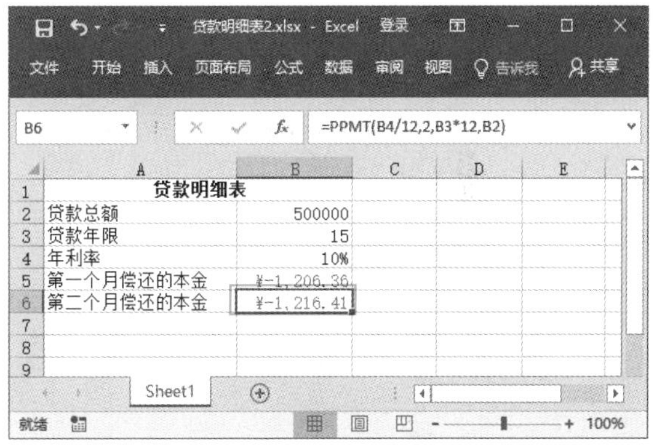

062 使用 IPMT 函数计算贷款在给定期间内支付的利息

适用版本	实用指数
2007、2010、2013、2016	★★★★☆

使用说明

如果需要基于固定利率及等额分期付款方式，返回给定期数内贷款的利息偿还额，可通过 IPMT 函数实现。

函数语法：=IPMT(rate,per,nper,pv,[fv],[type])

参数说明如下。

- rate（必选）：各期利率。
- per（必选）：用于计算其利息数额的期数，必须在 1 ~ nper 之间。
- nper（必选）：总投资期，即该项投资的付款期总数。
- pv（必选）：现值，或一系列未来付款的当前值的累积和。

- fv（可选）：未来值，或在最后一次付款后希望得到的现金余额。如果省略 fv，则假设其值为零（例如，一笔贷款的未来值即为零）。
- type（可选）：数字 0 或 1，用以指定各期的付款时间是在期初还是期末。如果省略 type，则假设其值为零。

解决方法

例如，贷款 10 万元，年利率为 8%，贷款期数为 1，贷款年限为 3 年，现要分别计算第一个月和最后一年的利息，具体操作方法如下。

第 1 步 打开素材文件（位置：素材文件 \ 第 4 章 \ 贷款明细表 3.xlsx），选择要存放结果的单元格 B6，输入公式“=IPMT(B5/12,B3*3,B4,B2)”，按【Enter】键，即可得出计算结果，如下图所示。

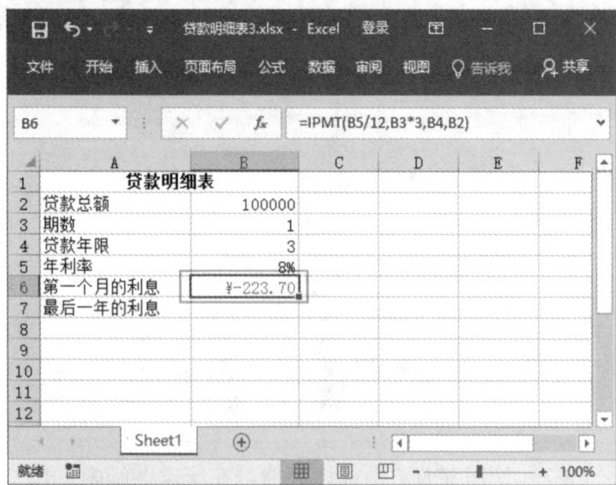

	A	B
1	贷款明细表	
2	贷款总额	100000
3	期数	1
4	贷款年限	3
5	年利率	8%
6	第一个月的利息	¥-223.70
7	最后一年的利息	

第 2 步 选择要存放结果的单元格 B7，输入公式“=IPMT(B5,3,B4,B2)”，按【Enter】键，即可得出计算结果，如下图所示。

	A	B
1	贷款明细表	
2	贷款总额	100000
3	期数	1
4	贷款年限	3
5	年利率	8%
6	第一个月的利息	¥-223.70
7	最后一年的利息	¥-2,874.32

温馨提示

- 在使用此函数时，需确认所指定的 rate 和 nper 单位的一致性。例如，同样是四年期年利率为 12% 的贷款，如果按月支付，rate 应为 12%/12，nper 应为 4*12；如果按年支付，rate 应为 12%，nper 为 4。
- 对于所有参数，支出的款项，如银行存款，表示为负数；收入的款项，如股息收入，表示为正数。

063 使用 ISPMT 函数计算特定投资期内支付的利息

适用版本	实用指数
2007、2010、2013、2016	★★★★★

使用说明

ISPMT 函数用于计算特定投资期内要支付的利息。

函数语法：=ISPMT(rate,per,nper,pv)

参数说明如下。

- rate（必选）：投资的利率。
- per（必选）：计算利息的期数，此值必须在 1～nper 之间。
- nper（必选）：投资的总支付期数。
- pv（必选）：投资的现值。对于贷款，pv 为贷款数额。

解决方法

例如，某公司需要投资某个项目，已知该投资的回报率为 18%，投资年限为 5 年，投资总额为 500 万元，现在分别计算投资期内第一个月与第一年支付的利息额，具体操作方法如下。

第 1 步 打开素材文件（位置：素材文件 \ 第 4 章 \ 投资明细 .xlsx），选择要存放结果的单元格 B4，输入公式“=ISPMT(B3/12,1,B2*12,B1)”，按【Enter】键，即可得出计算结果，如下图所示。

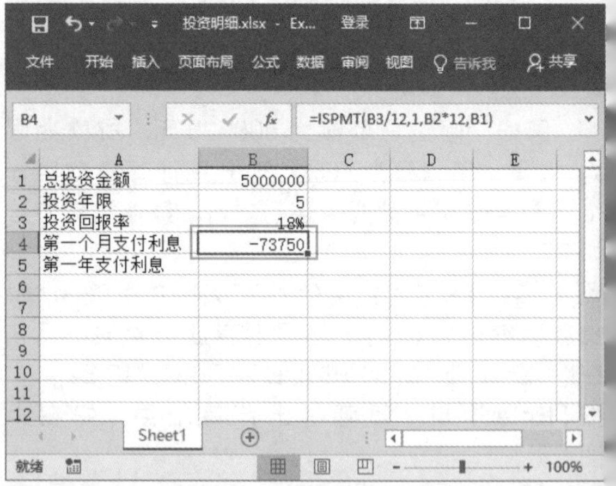

	A	B
1	总投资金额	5000000
2	投资年限	5
3	投资回报率	18%
4	第一个月支付利息	-73750
5	第一年支付利息	

第 2 步 选择要存放结果的单元格 B5，输入公式“=ISPMT(B3,1,B2,B1)”，按【Enter】键，即可得出计算结果，如下图所示。

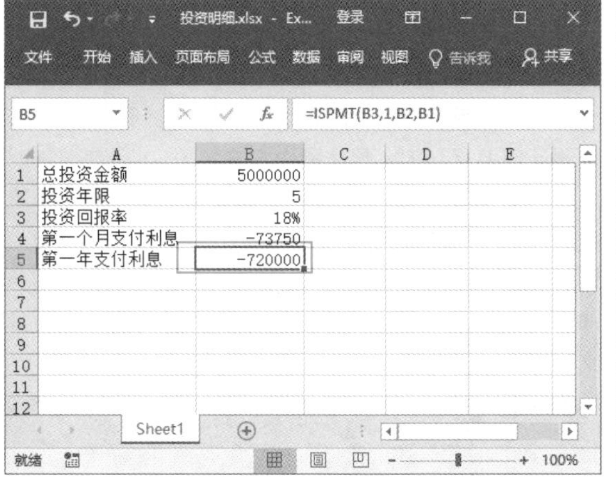

064　使用 RATE 函数计算年金的各期利率

适用版本	实用指数
2007、2010、2013、2016	

使用说明

RATE 函数用于计算年金的各期利率。

函数语法：=RATE(nper,pmt,pv,[fv,][type,][guess])

参数说明如下。

- nper（必选）：年金的付款总期数。
- pmt（必选）：各期所应支付的金额，其数值在整个年金期间保持不变。通常，pmt 包括本金和利息，但不包括其他费用或税款。如果省略 pmt，则必须包含 fv 参数。
- pv（必选）：现值，即一系列未来付款现在所值的总金额。
- fv（可选）：未来值，或在最后一次付款后希望得到的现金余额。如果省略 fv，则假设其值为 0（例如，一笔贷款的未来值即为 0）。
- type（可选）：数字 0 或 1，用以指定各期的付款时间是在期初还是期末。
- guess（可选）：预期利率，它是一个百分比值，如果省略该参数，则假设该值为 10%。

解决方法

例如，投资总额为 500 万元，每月支付 12 万元，付款期限 5 年，要分别计算每月投资利率和年投资利率，具体操作方法如下。

第 1 步 打开素材文件（位置：素材文件\第 4 章\投资明细 1.xlsx），选择要存放结果的单元格 B5，输入公式“=RATE(B4*12,B3,B2)”，按【Enter】键，即可得出计算结果，如下图所示。

第 2 步 选择要存放结果的单元格 B6，输入公式“=RATE(B4*12,B3,B2)*12”，按【Enter】键，即可得出计算结果，根据需要将数字格式设置为百分比格式，如下图所示。

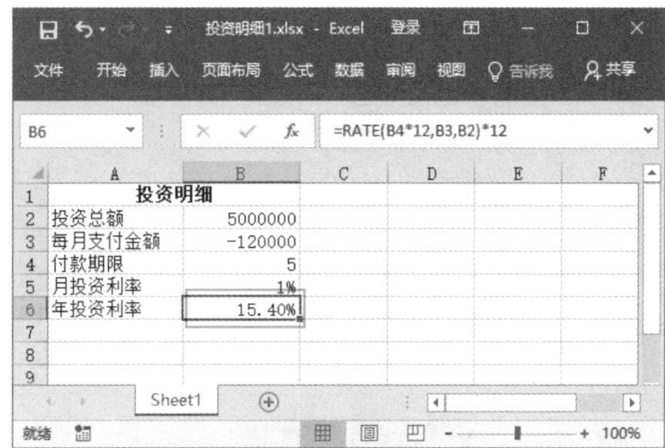

温馨提示

函数 RATE 是通过迭代法计算得出结果，可能无解或有多个解。如果在进行 20 次迭代计算后，函数 RATE 的相邻两次结果没有收敛于 0.0000001，函数 RATE 就会返回错误值【#NUM!】。

065　使用 EFFECT 函数计算有效的年利率

适用版本	实用指数
2007、2010、2013、2016	★★★★☆

使用说明

如果需要利用给定的名义年利率和每年的复利期

数计算有效的年利率，可通过 EFFECT 函数实现。

函数语法：=EFFECT(nominal_rate,npery)

参数说明如下。

- nominal_rate（必选）：名义利率。
- npery（必选）：每年的复利期数。

解决方法

例如，假设名义年利率为 8%，复利计算期数为 6，现要计算实际的年利率，具体操作方法如下。

打开素材文件（位置：素材文件 \ 第 4 章 \ 计算有效的年利率 .xlsx），选择要存放结果的单元格 B3，输入公式“=EFFECT(B1,B2)”，按【Enter】键，即可得出计算结果，根据需要将数字格式设置为百分比格式，如下图所示。

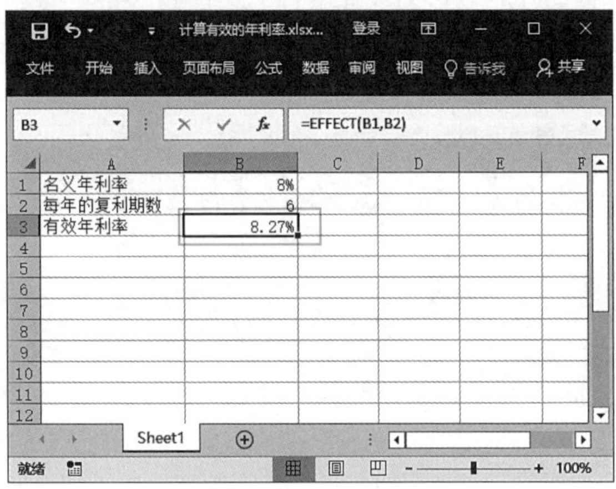

	A	B
1	名义年利率	8%
2	每年的复利期数	6
3	有效年利率	8.27%

温馨提示

- 如果函数中任一参数为非数值型，即文本值，函数 EFFECT 返回错误值【#VALUE!】。
- 如果参数 nominal_rate 小于等于 0 或参数 npery 小于 1，函数 EFFECT 将返回错误值【#NUM!】。

066 使用 NOMINAL 函数计算名义年利率

适用版本	实用指数
2007、2010、2013、2016	★★★★☆

使用说明

如果需要基于给定的实际利率和年复利期数返回名义年利率，可通过 NOMINAL 函数实现。

函数语法：=NOMINAL(effect_rate,npery)

参数说明如下。

- effect_rate（必选）：实际利率。
- npery（必选）：每年的复利期数。

解决方法

例如，假设实际利率为 12%，复利计算期数为 8，现要计算名义利率，具体操作方法如下。

打开素材文件（位置：素材文件 \ 第 4 章 \ 计算名义年利率 .xlsx），选择要存放结果的单元格 B3，输入公式“=NOMINAL(B1,B2)”，按【Enter】键，即可得出计算结果，根据需要将数字格式设置为百分比格式，如下图所示。

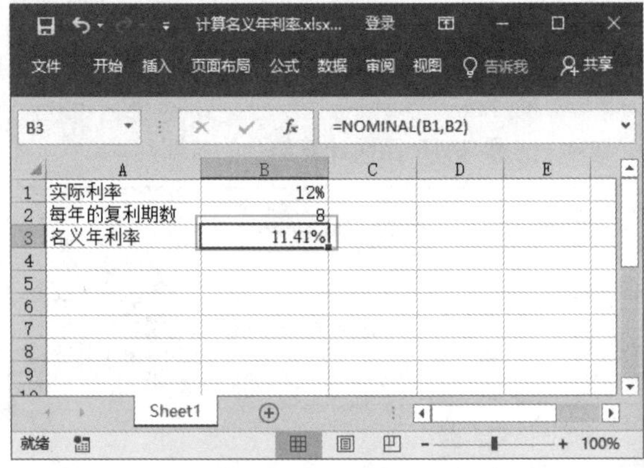

	A	B
1	实际利率	12%
2	每年的复利期数	8
3	名义年利率	11.41%

温馨提示

大多数财务机构都把利率表示为每月复利的名义利率，但在报告投资的回报或比较利率时，又常常使用年度实际回报率，以便于比较利率，因此经常需要转换利率。

表现利率常用 3 种方法：“名义利率”“年度费率”和“定期费率”。其中，名义利率是指表示出来的利率，它表示为年利率，每年计算一次复利，例如每月 6% 的 APR 复利；年度费率是每年实际支付或赚取的费率。例如，名义利率为每月 6% 的 APR 复利，如果贷款 10000 美元，则利息为 616.8 美元，费率为 6.618%；定期费率主要用于计算复利阶段的本金，通常少于一年。例如，每月 6% 的 APR 复利，表示每月的定期利率为 0.5%。使用上述任意方法表示的利率都可以转换为另外一种方法表示的利率。定期利率只是将名义利率除以指定的复利阶段，所以没有为它提供公式。

4.2 计算投资预算函数

本节将介绍投资预算的财务函数，如计算贷款的投资收益率、现金流的净现值和投资的基数等。

067 使用 FV 函数计算投资的未来值

适用版本	实用指数
2007、2010、2013、2016	★★★★★ 

使用说明

FV 函数可以基于固定利率和等额分期付款方式计算某项投资的未来值。

函数语法：=FV(rate,nper,pmt,[pv],[type])

参数说明如下。

- rate（必选）：各期利率。
- nper（必选）：年金的付款总期数。
- pmt（必选）：各期所应支付的金额，其数值在整个年金期间保持不变。通常，pmt 包括本金和利息，但不包括其他费用或税款。如果省略 pmt，则必须包括 pv 参数。
- pv（可选）：现值，或一系列未来付款的当前值的累积和。如果省略 pv，则假设其值为 0（零），并且必须包括 pmt 参数。
- type（可选）：数字 0 或 1，用以指定各期的付款时间是在期初还是期末。如果省略 type，则假设其值为 0。

例如，在银行办理零存整取的业务，每月存款 5000 元，年利率 2%，存款期限为 3 年（36 个月），计算 3 年后的总存款数，具体操作方法如下。

解决方法

打开素材文件（位置：素材文件 \ 第 4 章 \ 计算存款总额 .xlsx），选择要存放结果的单元格 B5，输入公式“=FV(B4/12,B3,B2,1)”，按【Enter】键，即可得出计算结果，如下图所示。

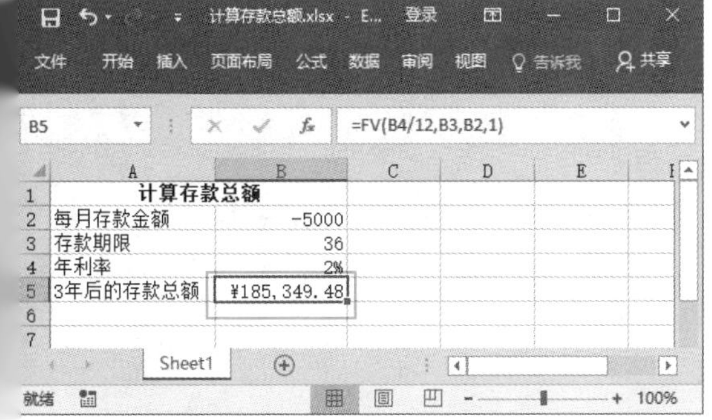

温馨提示

- 应确认所指定的 rate 和 nper 单位的一致性。例如，同样是四年期年利率为 12% 的贷款，如果按月支付，rate 应为 12%/12，nper 应为 4*12；如果按年支付，rate 应为 12%，nper 为 4。
- 对于所有参数，支出的款项，如银行存款，表示为负数；收入的款项，如股息收入，表示为正数。

068 使用 PV 函数计算投资的现值

适用版本	实用指数
2007、2010、2013、2016	★★★★☆

使用说明

使用 PV 函数可以返回某项投资的现值，现值为一系列未来付款的当前值的累积和。

函数语法：PV(rate,nper,pmt,fv,type)

参数说明如下。

- rate（必选）：各期利率。例如，当利率为 6% 时，使用 6%/4 计算一个季度的还款额。
- nper（必选）：总投资期，即该项投资的偿款期总数。
- pmt（必选）：各期所应支付的金额，其数值在整个年金期间保持不变。
- fv（可选）：未来值，或在最后一次支付后希望得到的现金余额。如果省略 fv，则假设其值为 0。
- type（可选）：数值 0 或 1，用以指定各期的付款时间是在期初还是期末。

解决方法

例如，某位员工购买了一份保险，现在每月支付 520 元，支付期限为 18 年，收益率为 7%，现计算其购买保险金的现值，具体操作方法如下。

打开素材文件（位置：素材文件 \ 第 4 章 \ 计算现值 .xlsx），选择要存放结果的单元格 B4，输入公式“=PV(B3/12,B2*12,B1,,0)”，按【Enter】键，即可得出计算结果，如下图所示。

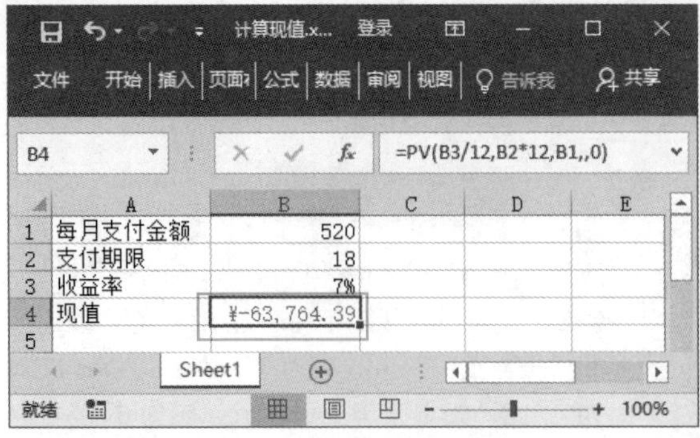

069 使用 NPV 函数计算投资净现值

适用版本	实用指数
2007、2010、2013、2016	★★★★☆

使用说明

NPV 函数可以基于一系列将来的收（正值）支（负值）现金流和贴现率计算一项投资的净现值。

函数语法：=NPV(rate,value1,[value2],...)

参数说明如下。

- rate（必选）：某一期间的贴现率。
- value1（必选）：表示现金流的第 1 个参数。
- value2（可选）：这些是代表支出及收入的第 2～254 个参数，该参数在时间上必须具有相等间隔，并且都发生在期末。NPV 使用 value1,value2, … 的顺序来解释现金流的顺序。所以务必保证支出和收入的数额按正确的顺序输入。

解决方法

例如，一年前初期投资金额为 10 万元，年贴现率为 12%，第一年收益为 20000 元，第二年收益为 55000 元，第三年收益为 72000 元，要计算净现值，具体操作方法如下。

打开素材文件（位置：素材文件\第 4 章\计算净现值.xlsx），选择要存放结果的单元格 B6，输入公式“=NPV(B5,B1,B2,B3,B4)”，按【Enter】键，即可得出计算结果，如右上图所示。

温馨提示

NPV 函数与 PV 函数的区别在于：PV 函数允许现金流在期初或期末开始，与可变的 NPV 的现金流数值不同，PV 的每一笔现金流在整个投资中必须是固定的。而 NPV 函数使用 Value1,Value2,… 的顺序来解释现金流的顺序，所以务必保证支出和收入的数额按正确的顺序输入。NPV 函数假定投资开始于 value1 现金流所在日期的前一期，并结束于最后一笔现金流的当期。该函数依据未来的现金流来进行计算。如果第一笔现金流发生在第一个周期的期初，则第一笔现金必须添加到函数 NPV 的结果中，而不应包含在 values 参数中。

（技能拓展）

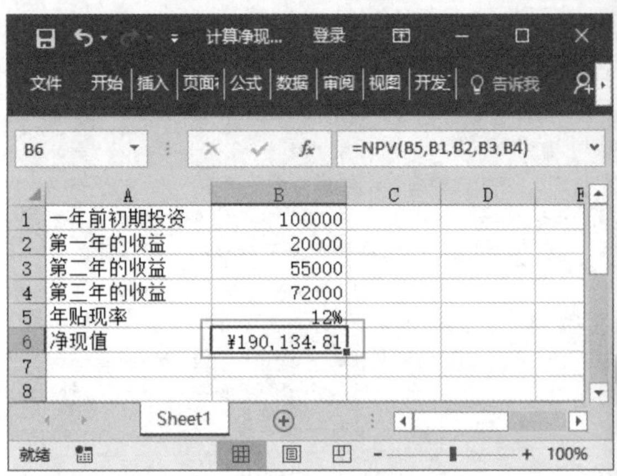

070 使用 XNPV 函数计算现金流的净现值

适用版本	实用指数
2007、2010、2013、2016	★★★★★

使用说明

XNPV 函数用于计算现金流计划的净现值。

函数语法：=XNPV(rate,values,dates)

参数说明如下。

- rate（必选）：应用于现金流的贴现率。
- values（必选）：与 dates 中的支付时间相对应的一系列现金流。首期支付是可选的，并与投资开始时的成本或支付有关。如果第一个值是成本或支付，则它必须是负值。所有后续支付都基于 365 天 / 年贴现。数值系列必须至少要包含一个正数和一个负数。
- dates（必选）：与现金流支付相对应的支付日期表。第一个支付日期代表支付表的开始日期。其他所有日期应迟于该日期，但可按任何顺序排列。

解决方法

例如，根据某项投资的年贴现率、投资额以及不同日期中预计的投资回报金额，计算出该投资项目的净现值，具体操作方法如下。

打开素材文件（位置：素材文件 \ 第 4 章 \ 计算现金流的净现值 .xlsx），选择要存放结果的单元格 C8，输入公式“=XNPV(C1,C3:C7,B3:B7)”，按【Enter】键，即可得出计算结果，如下图所示。

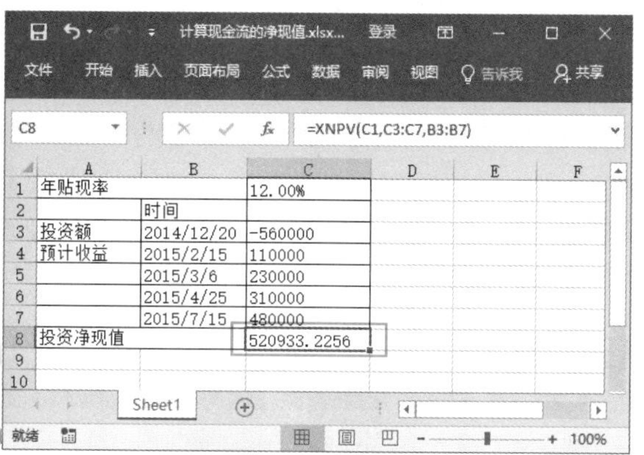

C8 =XNPV(C1,C3:C7,B3:B7)

	A	B	C
1	年贴现率		12.00%
2		时间	
3	投资额	2014/12/20	-560000
4	预计收益	2015/2/15	110000
5		2015/3/6	230000
6		2015/4/25	310000
7		2015/7/15	480000
8	投资净现值		520933.2256

温馨提示

- 在函数 XNPV 中，参数 dates 中的数值将被截尾取整。
- 如果参数 dates 中包含不合法的日期，或先于开始日期，将返回错误值【#VAIUE】。
- 如果参数 values 和 dates 中包含的参数数目不同，函数返回错误值【#NUM!】。

071 使用 NPER 函数计算投资的期数

适用版本	实用指数
2007、2010、2013、2016	★★★★☆

使用说明

如果需要基于固定利率及等额分期付款方式返回某项投资或贷款的期数，可使用 NPER 函数实现。

函数语法：NPER(rate,pmt,pv,[fv],[type])

参数说明如下。

- rate（必选）：各期利率。
- pmt（必选）：各期所应支付的金额，其数值在整个年金期间保持不变。通常，pmt 包括本金和利息，但不包括其他费用或税款。
- pv（必选）：现值，或一系列未来付款的当前值的累积和。
- fv（可选）：未来值，或在最后一次付款后希望得到的现金余额。如果省略 fv，则假设其值为 0（例如，一笔贷款的未来值即为 0）。
- type（可选）：数字 0 或 1，用以指定各期的付款时间是在期初还是期末。

解决方法

例如，某公司向债券公司借贷 3500 万元，年利率为 8%，每年需要支付 400 万元的还款金额，现在需要计算该贷款的清还年限，具体操作方法如下。

打开素材文件（位置：素材文件 \ 第 4 章 \ 计算投资的期数 .xlsx），选择要存放结果的单元格 B4，输入公式“=NPER(B3,B2,B1,,1)”，按【Enter】键，即可得出计算结果，如下图所示。

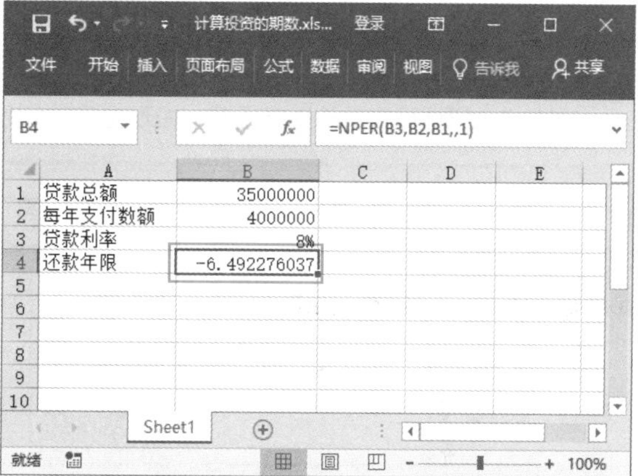

B4 =NPER(B3,B2,B1,,1)

	A	B
1	贷款总额	35000000
2	每年支付数额	4000000
3	贷款利率	8%
4	还款年限	-6.492276037

072 使用 FVSCHEDULE 函数计算某投资在利率变化下的未来值

适用版本	实用指数
2007、2010、2013、2016	★★★★★

使用说明

如果需要计算某项投资在变动或可调利率下的未来值，可通过 FVSCHEDULE 函数实现。

函数语法：=FVSCHEDULE(principal,schedule)

参数说明如下。

- principal（必选）：现值。
- schedule（必选）：要应用的利率数组。

解决方法

例如，投资 600 万元，投资期为 7 年，且 7 年投资期内利率各不相同，现在需要计算出 7 年后该投资的回收金额，具体操作方法如下。

打开素材文件（位置：素材文件\第 4 章\计算某投资在利率变化下的未来值 .xlsx），选择要存放结果的单元格 B9，输入公式“=FVSCHEDULE(B1,B2:B8)”，按【Enter】键，即可得出计算结果，如右图所示。

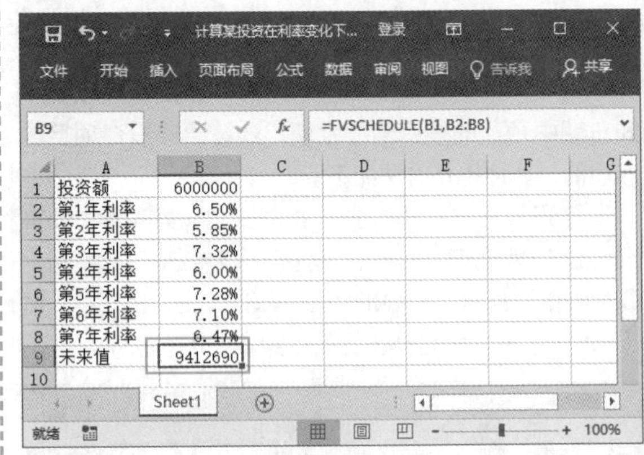

	A	B
1	投资额	6000000
2	第1年利率	6.50%
3	第2年利率	5.85%
4	第3年利率	7.32%
5	第4年利率	6.00%
6	第5年利率	7.28%
7	第6年利率	7.10%
8	第7年利率	6.47%
9	未来值	9412690

温馨提示

FVSCHEDULE 函数中的值可以是数字或空白单元格；其他任何值都将在函数 FVSCHEDULE 的运算中产生错误值 #VALUE!；空白单元格被认为是 0，没有利息。

4.3 计算收益函数

本节将介绍计算收益的财务函数，如现金流计划收益率、正负现金流在不同利率下支付的收益率等。

073 使用 IRR 函数计算一系列现金流的内部收益率

适用版本	实用指数
2007、2010、2013、2016	★★★★☆

使用说明

IRR 函数用于计算由数值代表的一组现金流的内部收益率。

函数语法：=IRR(values,guess)

参数说明如下。

- values（必选）：为数组或单元格引用，这些单元格包含用来计算内部收益率的数字。
- guess（可选）：为对函数 IRR 计算结果的估计值，如果忽略，则为 0.1（10%）。

解决方法

例如，根据提供的现金流量，计算出一系列现金流的内部收益率，具体操作方法如下。

打开素材文件（位置：素材文件\第 4 章\计算一系列现金流的内部收益率 .xlsx），选择要存放结果的单元格 B8，输入公式“=IRR(B1:B7)”，按【Enter】键，即可得出计算结果，如下图所示。

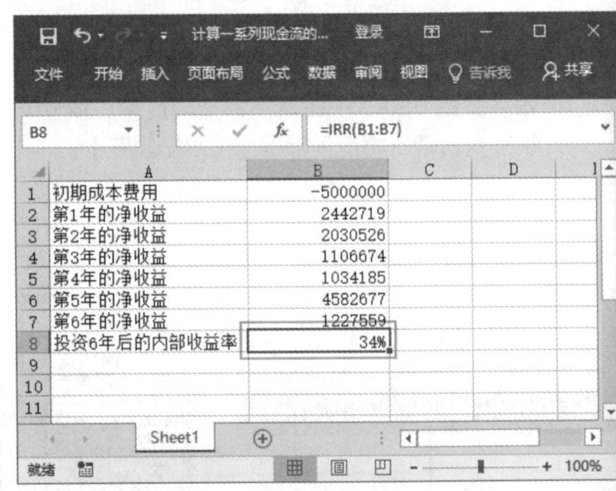

	A	B
1	初期成本费用	-5000000
2	第1年的净收益	2442719
3	第2年的净收益	2030526
4	第3年的净收益	1106674
5	第4年的净收益	1034185
6	第5年的净收益	4582677
7	第6年的净收益	1227559
8	投资6年后的内部收益率	34%

温馨提示

- 参数 Values 必须包含至少一个正值和一个负值，以计算返回的内部收益率；若所有值的符号相等，IRR 函数将返回错误值【#NUM!】。
- 函数 IRR 根据数值的顺序来解释现金流的顺序，故应确定按需要的顺序输入了支付和收入的数值。
- 如果数组或引用包含文本、逻辑值或空白单元格，这些数值将被忽略。

074 使用 XIRR 函数计算现金流计划的内部收益率

适用版本	实用指数
2007、2010、2013、2016	★★★★☆

使用说明

XIRR 函数用于计算现金流计划的内部收益率。

函数语法：XIRR(values,dates,[guess])

参数说明如下。

- values（必选）：一系列按日期对应付款计划的现金流。
- dates(必选)：是对应现金流付款的付款日期计划。
- guess（可选）：对函数 XIRR 计算结果的估计值，如果忽略，则为 0.1（10%）。

解决方法

例如，根据现金流及对应的时间，计算出在该段时间中现金流量的内部收益率，具体操作方法如下。

打开素材文件（位置：素材文件 \ 第 4 章 \ 计算现金流计划的内部收益率 .xlsx），选择要存放结果的单元格 B9，输入公式“=XIRR(B2:B8,A2:A8)”，按【Enter】键，即可得出计算结果，然后将数字格式设置为百分比格式，如下图所示。

B9 =XIRR(B2:B8,A2:A8)

	A	B
1	日期	现金流量
2	2010/7/16	-500000
3	2011/8/12	200000
4	2012/3/8	350000
5	2012/10/30	-750000
6	2013/9/9	320000
7	2014/4/9	480000
8	2015/6/30	395000
9	内部收益率	20.91%

温馨提示

- 函数 XIRR 要求至少有一个正现金流和一个负现金流，否则函数 XIRR 将返回错误值【#NUM!】。
- 如果参数 dates 中的任一数值不是合法日期，函数 XIRR 返回错误值【#VALUE!】。
- 如果参数 dates 中的任一数字先于开始日期，函数 XIRR 将返回错误值【#NUM!】。
- 如果参数 values 和 dates 所含数值的数目不同，函数 XIRR 将返回错误值【#NUM!】。
- 多数情况下，不必为函数 XIRR 的计算提供 guess 值，如果省略，guess 值假定为 0.1 (10%)。
- 函数 XIRR 与净现值函数 XNPV 密切相关。函数 XIRR 计算的收益率即为函数 XNPV = 0 时的利率。

075 使用 MIRR 函数计算正负现金流在不同利率下支付的内部收益率

适用版本	实用指数
2007、2010、2013、2016	★★★★★

使用说明

如果需要计算某一连续期间内现金流的修正内部收益率，可通过 MIRR 函数实现。

函数语法：MIRR(values,finance_rate,reinvest_rate)

参数说明如下。

- values（必选）：一个数组或对包含数字的单元格的引用。这些数值代表各期的一系列支出（负值）及收入（正值）。
- finance_rate(必选)：现金流中使用的资金支付的利率。
- reinvest_rate（必选）：将现金流再投资的收益率。

解决方法

例如，根据某公司在一段时间内现金的流动情况，现金的投资利率，现金的再投资利率，计算出内部收益率，具体操作方法如下。

打开素材文件（位置：素材文件 \ 第 4 章 \ 计算在不同利率下支付的修正内部收益率 .xlsx），选择要存放结果的单元格 B9，输入公式“=MIRR(B1:B6,B7,B8)”，按【Enter】键，即可得出计算结果，如下图所示。

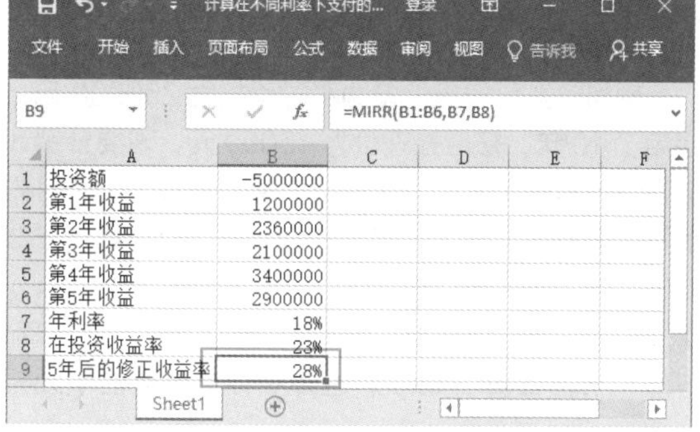

B9 =MIRR(B1:B6,B7,B8)

	A	B
1	投资额	-5000000
2	第1年收益	1200000
3	第2年收益	2360000
4	第3年收益	2100000
5	第4年收益	3400000
6	第5年收益	2900000
7	年利率	18%
8	在投资收益率	23%
9	5年后的修正收益率	28%

温馨提示

- 参数 values 中必须至少包含一个正值和一个负值才能计算修正后的内部收益率，否则函数 MIRR 会返回错误值【#DIV/0!】。
- 如果数组或引用参数包含文本、逻辑值或空白单元格，则这些值将被忽略，但包含零值的单元格将计算在内。
- 函数 MIRR 根据输入值的次序来解释现金流的次序，所以，务必按照实际的顺序输入支出和收入数额并使用正确的正负号（现金流入用正值，现金流出用负值）。

4.4 计算折旧值函数

本节将介绍折旧类的财务函数，如计算给定时间内的折旧值、计算任何时间段的折旧值等。

076 使用 DB 函数计算给定时间内的折旧值

适用版本	实用指数
2007、2010、2013、2016	★★★★★

使用说明

DB 函数使用固定余额递减法计算指定期间内某项固定资产的折旧值。

函数语法：=DB(cost,salvage,life,period,[month])

参数说明如下。

- cost（必选）：资产原值。
- salvage（必选）：资产在折旧期末的价值（有时也称为资产残值）。
- life（必选）：资产的折旧期数（有时也称作资产的使用寿命）。
- period（必选）：需要计算折旧值的期间。period 必须使用与 life 相同的单位。
- month（可选）：第一年的月份数，如省略，则假设为 12。

解决方法

例如，某打印机设备购买时价格为 250000 元，使用了 10 年，最后处理价为 15000 元，现要分别计算该设备第一年 5 个月内的折旧值、第六年 7 个月内的折旧值及第九年 3 个月内的折旧值，具体操作方法如下。

第 1 步 打开素材文件（位置：素材文件 \ 第 4 章 \ 打印机折旧计算 .xlsx），选择要存放结果的单元格 B5，输入公式“=DB(B2,B3,B4,1,5)”，按【Enter】键，即可得出计算结果，如下图所示。

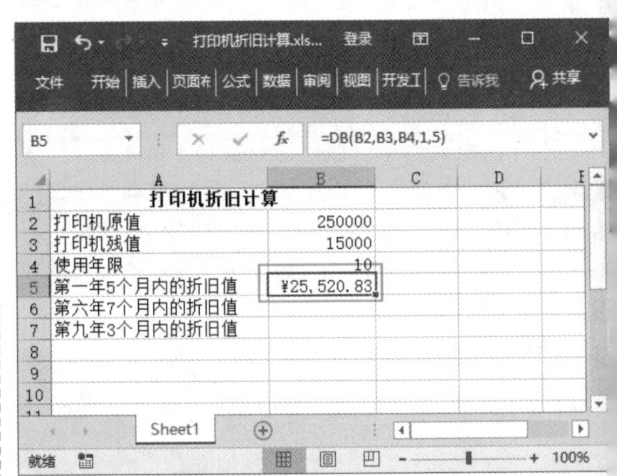

第 2 步 选择要存放结果的单元格 B6，输入公式“=DB(B2,B3,B4,6,7)”，按【Enter】键，即可得出计算结果，如下图所示。

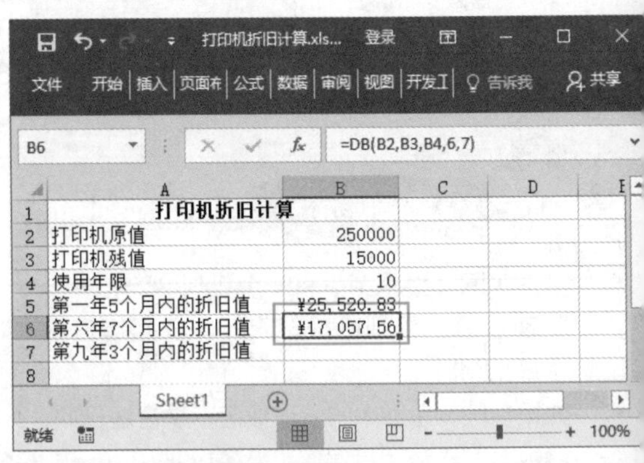

第 3 步 选择要存放结果的单元格 B7，输入公式“=DB(B2,B3,B4,9,3)”，按【Enter】键，即可得出计算结果，如下图所示。

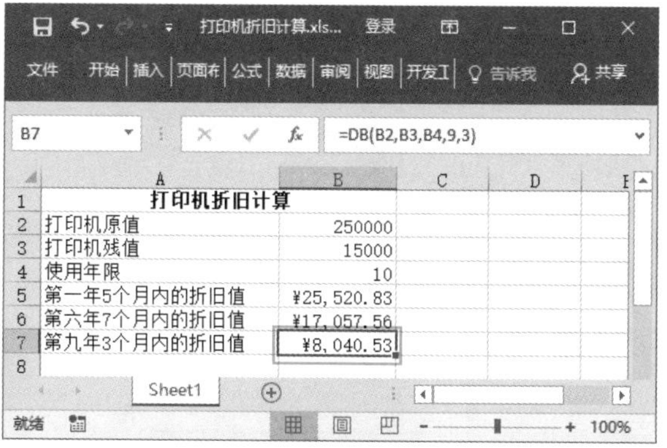

技能拓展

第 1 个周期和最后 1 个周期的折旧属于特例。对于第 1 个周期，函数 DB 的计算公式为：cost × rate × month ÷ 12；对于最后 1 个周期，函数 DB 的计算公式为：((cost- 前期折旧总值) × rate × (12-month)) ÷ 12。

077　使用 DDB 函数按双倍余额递减法计算折旧值

适用版本	实用指数
2007、2010、2013、2016	★★★☆☆

使用说明

如果要使用双倍余额递减法计算一笔资产在给定期间内的折旧值，则可通过 DDB 函数实现。

函数语法：DDB(cost,salvage,life,period,[factor])

参数说明如下。

- cost（必选）：固定资产原值。
- salvage（必选）：资产在折旧期末的价值，有时也称为资产残值，此值可以是 0。
- life（必选）：固定资产进行折旧计算的周期总数，也称固定资产的生命周期。
- period（必选）：进行折旧计算的期次。period 必须使用与 life 相同的单位。
- factor（可选）：余额递减速率。如果 factor 被省略，则采用默认值 2（双倍余额递减法）。

解决方法

例如，某打印机设备购买时价格为 250000 元，使用了 10 年，资产残值为 15000 元，现分别计算第一年、第 2 年及第 5 年的折旧值，具体操作方法如下。

第 1 步 打开素材文件（位置：素材文件 \ 第 4 章 \ 打印机折旧计算 4.xlsx），选择要存放结果的单元格 B5，输入公式“=DDB(B2,B3,B4,1)”，按【Enter】键，即可得出计算结果，如下图所示。

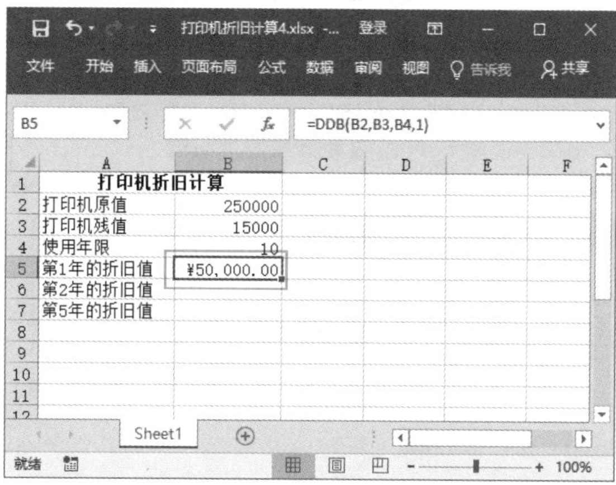

第 2 步 选择要存放结果的单元格 B6，输入公式“=DDB(B2,B3,B4,2)”，按【Enter】键，即可得出计算结果，如下图所示。

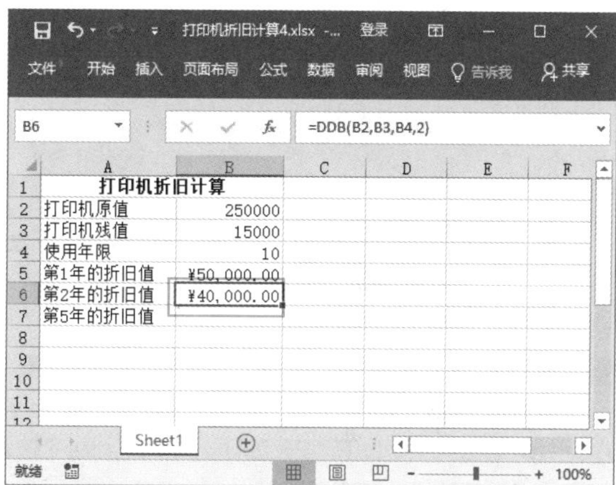

第 3 步 选择要存放结果的单元格 B7，输入公式“=DDB(B2,B3,B4,5)”，按【Enter】键，即可得出计算结果，如下图所示。

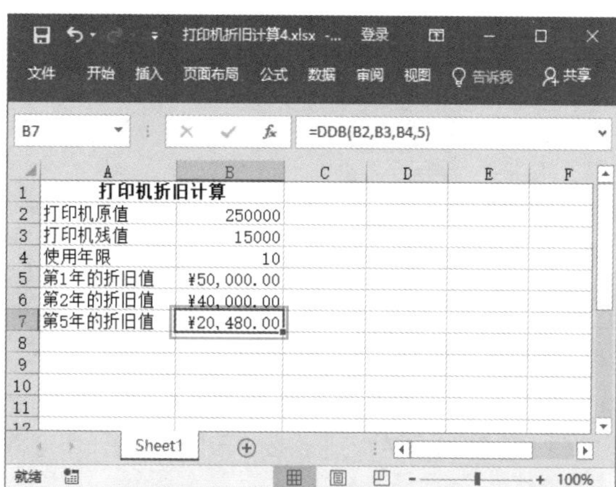

温馨提示

在 DBB 函数中所有参数都必须大于 0。

078 使用 SLN 函数计算线性折旧值

适用版本	实用指数
2007、2010、2013、2016	★★★★★

使用说明

SLN 函数用于计算某固定资产的每期限线性折旧值。

> 函数语法：=SLN(cost,salvage,life)
> 参数说明如下。
> - cost（必选）：资产原值。
> - salvage（必选）：资产在折旧期末的价值（有时也称为资产残值）。
> - life（必选）：资产的折旧期数（有时也称作资产的使用寿命）

例如，某打印机设备购买时价格为 250000 元，使用了 10 年，最后处理价为 15000 元，现要分别计算该设备每天、每月和每年的折旧值，具体操作方法如下。

第 1 步 打开素材文件（位置：素材文件 \ 第 4 章 \ 打印机折旧计算 1.xlsx），选择要存放结果的单元格 B5，输入公式“=SLN(B2,B3,B4)”，按【Enter】键，即可得出计算结果，如下图所示。

第 2 步 选择要存放结果的单元格 B6，输入公式“=SLN(B2,B3,B4*12)”，按【Enter】键，即可得出计算结果，如右上图所示。

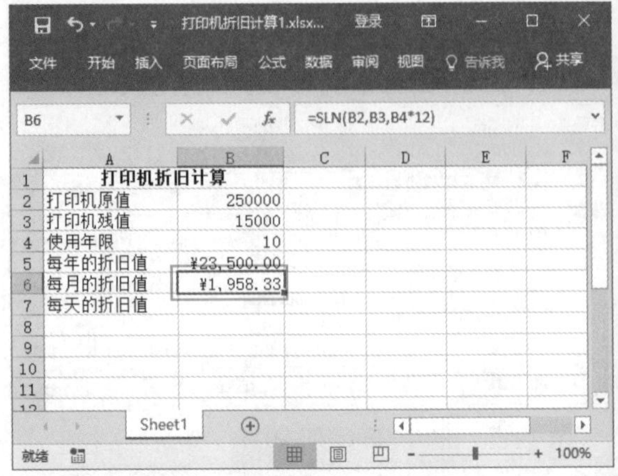

第 3 步 选择要存放结果的单元格 B7，输入公式“=SLN(B2,B3,B4*365)”，按【Enter】键，即可得出计算结果，如下图所示。

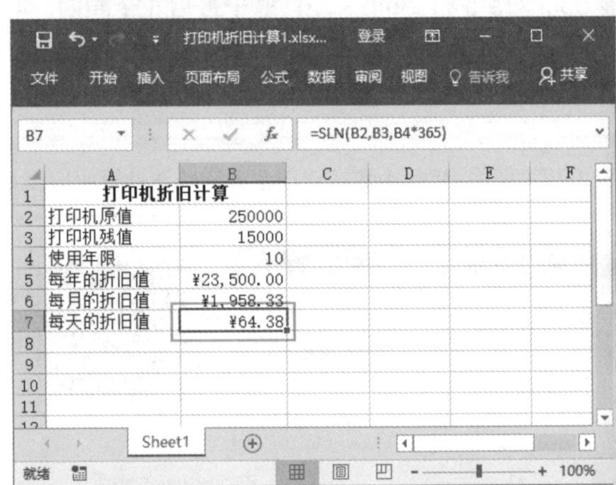

079 使用 SYD 函数按年限计算资产折旧值

适用版本	实用指数
2007、2010、2013、2016	★★★★☆

使用说明

SYD 函数用于计算某项固定资产按年限总和折旧法计算的指定期间的折旧值。

> 函数语法：=SYD(cost,salvage,life,per)
> 参数说明如下。
> - cost（必选）：资产原值。
> - salvage（必选）：资产在折旧期末的价值（有时也称为资产残值）。
> - life（必选）：资产的折旧期数（有时也称作资产的使用寿命）。
> - per（必选）：表示折旧期间，其单位与 life 相同。

解决方法

例如，某打印机设备购买时价格为 250000 元，使用了 10 年，最后处理价为 15000 元，现要分别计算该设备第一年、第五年和第九年的折旧值，具体操作方法如下。

第 1 步 打开素材文件（位置：素材文件 \ 第 4 章 \ 打印机折旧计算 2.xlsx），选择要存放结果的单元格 B5，输入公式“=SYD(B2,B3,B4,1)”，按【Enter】键，即可得出计算结果，如下图所示。

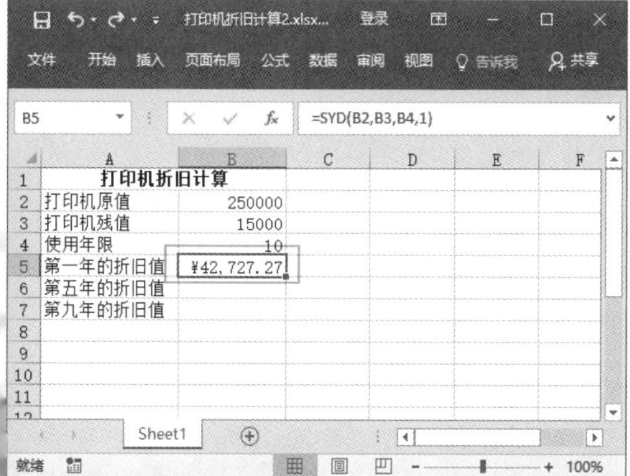

第 2 步 选择要存放结果的单元格 B6，输入公式“=SYD(B2,B3,B4,5)”，按【Enter】键，即可得出计算结果，如下图所示。

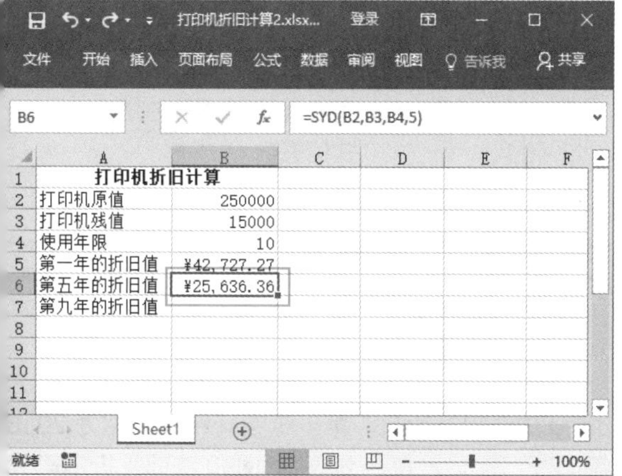

第 3 步 选择要存放结果的单元格 B7，输入公式“=SYD(B2,B3,B4,9)”，按【Enter】键，即可得出计算结果，如右上图所示。

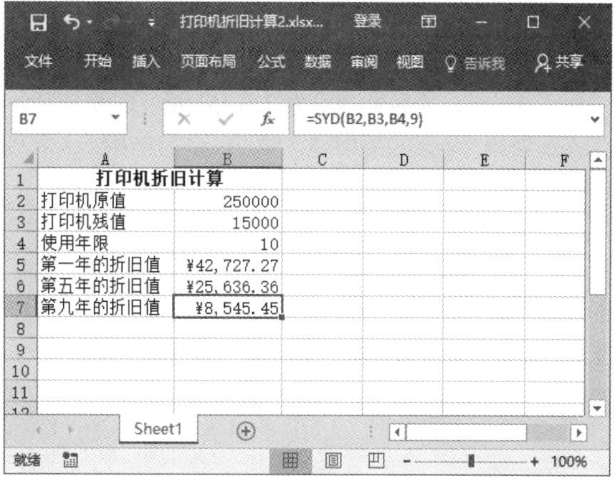

080 使用 VDB 函数计算任何时间段的折旧值

适用版本	实用指数
2007、2010、2013、2016	★★★★★

使用说明

VDB 函数用于使用双倍余额递减法或其他指定的方法，计算某固定资产在指定的任何时间内（包括部分时间）的折旧值。

函数语法：=VDB(cost,salvage,life,start_period,end_period,factor,no_switch)

参数说明如下。

- cost（必选）：资产原值。
- salvage（必选）：资产在折旧期末的价值（有时也称为资产残值）。
- life（必选）：资产的折旧期数（有时也称作资产的使用寿命）。
- start_period（必选）：进行折旧计算的起始期间，该参数必须使用与参数 life 相同的单位。
- end_period（必选）：进行折旧计算的截止期间，该参数必须使用与参数 life 相同的单位。
- factor（可选）：余额递减速率。如果 factor 被省略，则假设为 2（双倍余额递减法）。
- no_switch（可选）：逻辑值，指定当折旧值大于余额递减计算值时，是否转用直线折旧法。如果 no_switch 为 TRUE，即使折旧值大于余额递减计算值，Excel 也不转用直线折旧法；如果 no_switch 为 FALSE 或被忽略，且折旧值大于余额递减计算值时，Excel 将转用线性折旧法。

解决方法

例如，某打印机设备购买时价格为 250000 元，使用了 10 年，最后处理价为 15000 元，现要分别计算该设备第 52 天的折旧值，第 20 个月与第 50 个月间的折旧值，具体操作方法如下。

第 1 步 打开素材文件（位置：素材文件 \ 第 4 章 \ 打印机折旧计算 3.xlsx），选择要存放结果的单元格 B5，输入公式“=VDB(B2,B3,B4*365,0,1)”，按【Enter】键，即可得出计算结果，如下图所示。

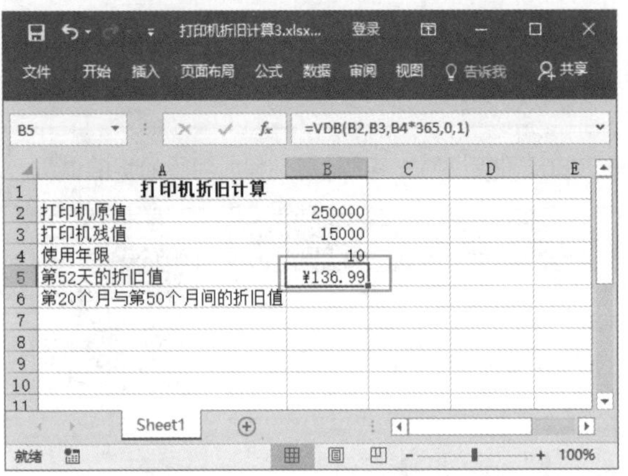

第 2 步 选择要存放结果的单元格 B6，输入公式“=VDB(B2,B3,B4*12,20,50)”，按【Enter】键，即可得出计算结果，如下图所示。

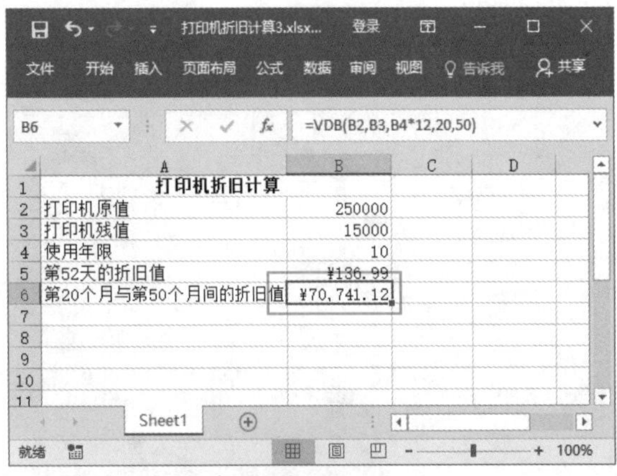

温馨提示

VDB 函数的参数中除 no_switch 参数外，其余参数都必须为正数。如果 no_switch 参数值为 TRUE，即使折旧值大于余额递减计算值，Excel 也不会转用直线折旧法；如果 no_switch 参数值为 FALSE 或被忽略，且折旧值大于余额递减计算值时，Excel 将转用线性折旧法。

081 使用 AMORLINC 函数计算每个结算期间的折旧值

适用版本	实用指数
2007、2010、2013、2016	★★★☆☆

使用说明

AMORLINC 函数用于返回每个记账期内资产分配的线性折旧，该函数为法国会计系统提供。如果某项资产是在结算期间的中期购入的，则按线性折旧法计算。

函数语法：AMORLINC(cost,date_purchased,first_period,salvage,period,rate,[basis])。

参数说明如下。

- cost（必选）：资产原值。
- date_purchased（必选）：资产购买日期。
- first_period（必选）：第一个期间结束时的日期。
- aalvage（必选）：资产在使用寿命结束时的残值。
- period（必选）：记账期。
- rate（必选）：折旧率。
- basis（可选）：要使用的年基准。basic 的取值及作用如下表所示。

参数 basic 的取值及作用

	A	B
1	basic	日期系统
2	0 或省略	360 天（NAXD 方法）
3	1	实际天数
4	3	一年 365 天
5	4	一年 360 天（欧洲方法）
6		

解决方法

例如，某公司 2018 年 5 月 10 日购入价值为 3200 法郎的打印机，第一个会计结束日期为 2018 年 12 月 31 日，资产残值为 1800 法郎，折旧率为 10%，以实际天数为年基准计算一个期间的折旧值，具体操作方法如下。

打开素材文件（位置：素材文件 \ 第 4 章 \ 打印机折旧计算 5.xlsx），选择要存放结果的单元格 B9，输入公式“=AMORLINC(B2,B4,B5,B3,B6,B7,B8)”，按【Enter】键，即可得出计算结果，如下图所示。

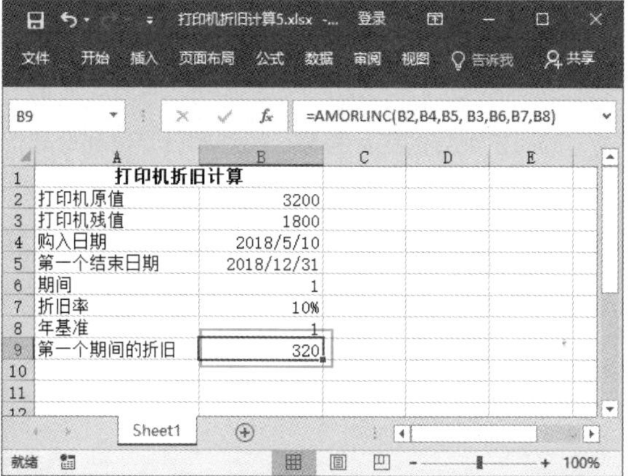

082 使用 AMORDEGRC 函数计算每个结算期间的折旧值

适用版本	实用指数
2007、2010、2013、2016	★★★☆☆

使用说明

AMORDEGRC 函数用于返回每个记账期内资产分配的线性折旧，该函数主要为法国会计系统提供，与 AMORLINC 函数相似。

温馨提示

MORLINC 函数和 AMORDEGRC 函数的区别是：函数 AMORLINC 是按照线性计算折旧，而函数 AMORDEGRC 的折旧系数则是和资产寿命有关。如果某项资产是在结算期间的中期购入，则按线性折旧法计算。

函数语法：AMORDEGRC(cost,date_purchased,first_period,salvage,period,rate,[basis])

参数说明如下。

- cost（必选）：资产原值。
- date_purchased（必选）：资产购买日期。
- first_period（必选）：第一个期间结束时的日期。
- salvage（必选）：资产在使用寿命结束时的残值。
- period（必选）：记账期。
- rate（必选）：折旧率。
- basis（可选）：要使用的年基准。

AMORDEGRC 函数返回折旧值，截止到资产生命周期的最后一个期间，或直到累计折旧值大于资产原值减去残值后的成本价。最后一个期间之前的那个期间的折旧率将增加到 50%，最后一个期间的折旧率将增加到 100%。如果资产的生命周期在 0 到 1、1 到 2、2 到 3 或 4 到 5 之间，将返回错误值【#NUM!】。折旧系数如下表所示。

折旧系数

	A	B
1	资产的生命周期（1/rate）	折旧系数
2	3 到 4 年	1.5
3	5 到 6 年	5
4	6 年以上	2.5
5		

解决方法

例如，某公司 2018 年 5 月 10 日购入价值为 3200 欧元的打印机，第一个会计结束日期为 2018 年 12 月 31 日，资产残值为 1800 欧元，折旧率为 10%，按实际天数为年基准，现在需要计算第一个期间的折旧值，具体操作方法如下。

打开素材文件（位置：素材文件 \ 第 4 章 \ 打印机折旧计算 5.xlsx），选择要存放结果的单元格 B9，输入公式“=AMORDEGRC(B2,B4,B5,B3,B6,B7,B8)”，按【Enter】键，即可得出计算结果，如下图所示。

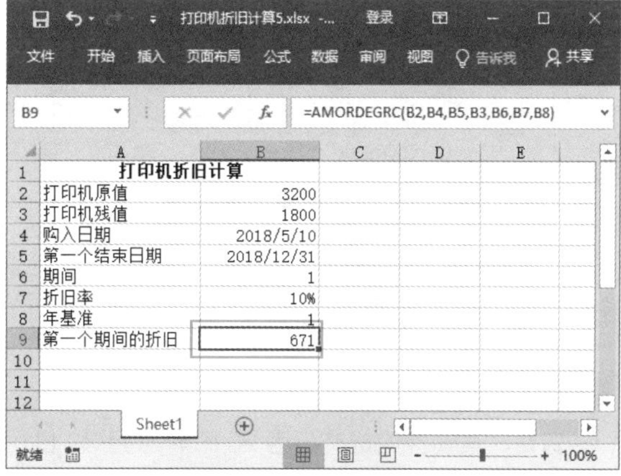

温馨提示

折旧率将在倒数第二个会计期间增长到 50%，在最后一个会计期间增长到 100%。如果资产的使用年限在 0（零）~ 1、1 ~ 2、2 ~ 3 或 4 ~ 5 之间，将返回错误值【#NUM!】。

4.5 计算证券函数

使用证券类的财务函数可以非常方便地计算定期支付利息的有价证券的应计利息、在到期日支付利息的有价证券的应计利息等，下面将分别进行讲解。

083 使用 COUPDAYS 函数计算成交日所在的付息期的天数

适用版本	实用指数
2007、2010、2013、2016	★★★★☆

使用说明

如果需要计算包含成交日在内的债券付息期的天数，可通过 COUPDAYS 函数实现。

函数语法：=COUPDAYS(settlement,maturity,frequency,[basis])

参数说明如下。

- settlement（必选）：证券的结算日，以一串日期表示。证券结算日是在发行日期之后，证券卖给购买者的日期。
- maturity（必选）：证券的到期日，以一串日期表示。到期日是证券有效期截止时的日期。
- frequency（必选）：每年付息次数。如果按年支付，则 frequency=1；如果按半年期支付，则 frequency=2；如果按季度支付，则 frequency=4。
- basis（可选）：要使用的日计数基准类型。若按照美国（NASD）30/360 为日计数基准，则 basis=0；若按照实际天使 / 实际天数为日计数基准，则 basis=1；若按照“实际天数 /360”为日计数基准，则 basis=2；若按照实际天数 /365 为日计数基准，则 basis=3；若按照欧洲 30/360 为日计数基准，则 basis=4。

解决方法

例如，某债券的成交日为 2018 年 6 月 30 日，到期日为 2018 年 12 月 31 日，按照季度付息，以“实际天数 /360”为日计数基准，现在需要计算出该债券成交日所在的付息天数，具体操作方法如下。

打开素材文件（位置：素材文件 \ 第 4 章 \ 计算成交日所在的付息期的天数 .xlsx），选择要存放结果的单元格 B5，输入公式“=COUPDAYS(B1,B2,B3,B4)”，按【Enter】键，即可得出计算结果，如右上图所示。

温馨提示

- 如果参数 settlement 或参数 maturity 不是合法日期，函数 COUPDAYS 返回错误值【#VALUE!】。
- 如果参数 frequency 不是数字 1、2 或 4，函数 COUPDAYS 返回错误值【#NUM!】。
- 如果参数 basis < 0 或 basis > 4，函数 COUPDAYS 返回错误值【#NUM!】。
- 如果参数 settlement ≥ maturity，函数 COUPDAYS 返回错误值【#NUM!】。

084 使用 COUPDAYBS 函数计算当前付息期内截止到成交日的天数

适用版本	实用指数
2007、2010、2013、2016	★★★☆☆

使用说明

如果需要计算从债券付息期开始到成交日的天数，可通过 COUPDAYBS 函数实现。

函数语法：=COUPDAYBS(settlement,maturity,frequency,[basis])

参数说明如下。

- settlement（必选）：证券的结算日。证券结算日是在发行日期之后，证券卖给购买者的日期。

- maturity（必选）：证券的到期日。到期日是证券有效期截止时的日期。
- frequency（必选）：年付息次数。如果按年支付，frequency = 1；按半年期支付，frequency = 2；按季支付，frequency = 4。
- basis（可选）：要使用的日计数基准类型。

解决方法

例如，某债券的成交日为 2018 年 6 月 18 日，到期日为 2018 年 12 月 25 日，按照季度付息，以“实际天数 /360”为日计数基准，现在需要计算出该债券付息期内截止到成交日的天数，具体操作方法如下。

打开素材文件（位置：素材文件 \ 第 4 章 \ 计算当前付息期内截止到成交日的天数 .xlsx），选择要存放结果的单元格 B5，输入公式“=COUPDAYBS(B1,B2,B3,B4)”，按【Enter】键，即可得出计算结果，如下图所示。

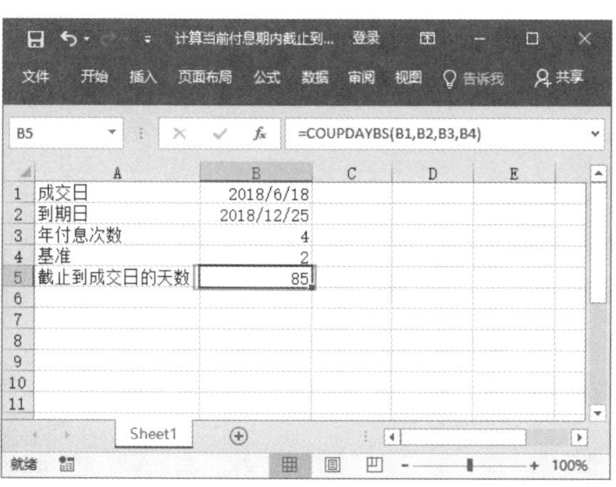

085　使用 COUPNUM 函数计算成交日和到期日之间的应付利息次数

适用版本	实用指数
2007、2010、2013、2016	★★★☆☆

使用说明

使用 COUPNUM 函数可以计算成交日和到期日之间的付息次数。

函数语法：=COUPNUM(settlement,maturity,frequency,[basis])

参数说明如下。

- settlement（必选）：证券的结算日。证券结算日是在发行日期之后，证券卖给购买者的日期。

- maturity（必选）：证券的到期日。到期日是证券有效期截止时的日期。
- frequency（必选）：年付息次数。如果按年支付，frequency = 1；按半年期支付，frequency = 2；按季支付，frequency = 4。
- basis（可选）：要使用的日计数基准类型。

解决方法

例如，某债券的成交日为 2015 年 6 月 18 日，到期日为 2018 年 12 月 25 日，按照季度付息，以【实际天数 /360】为日计数基准，现在需要计算出该债券成交日与到期日之间应付利息的次数，具体操作方法如下。

打开素材文件（位置：素材文件 \ 第 4 章 \ 计算成交日和到期日之间的应付利息次数 .xlsx），选择要存放结果的单元格 B5，输入公式“=COUPNUM(B1,B2,B3,B4)”，按【Enter】键，即可得出计算结果，如下图所示。

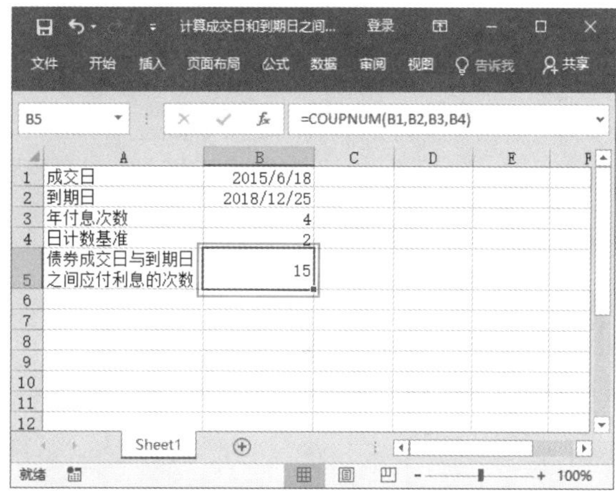

086　使用 COUPDAYSNC 函数计算从成交日到下一个付息日之间的天数

适用版本	实用指数
2007、2010、2013、2016	★★★★☆

使用说明

使用 COUPDAYSNC 函数可以计算从成交日到下一个付息日的天数。

函数语法：=COUPDAYSNC(settlement,maturity,frequency,[basis])

参数说明如下。

- settlement（必选）：证券的结算日。证券结算日是在发行日期之后，证券卖给购买者的日期。

- maturity（必选）：证券的到期日。到期日是证券有效期截止时的日期。
- frequency（必选）：年付息次数。如果按年支付，frequency = 1；按半年期支付，frequency = 2；按季支付，frequency = 4。
- basis（可选）：要使用的日计数基准类型。

解决方法

例如，某债券的成交日为 2015 年 6 月 18 日，到期日为 2018 年 12 月 25 日，按照季度付息，以“实际天数 /360”为日计数基准，现在需要计算出该债券从成交日到下一个付息日之间的天数，具体操作方法如下。

打开素材文件（位置：素材文件 \ 第 4 章 \ 计算从成交日到下一个付息日之间的天数 .xlsx），选择要存放结果的单元格 B5，输入公式“=COUPDAYSNC(B1,B2,B3,B4)”，按【Enter】键，即可得出计算结果，如下图所示。

087　使用 COUPPCD 函数计算成交日之前的上一付息日

适用版本	实用指数
2007、2010、2013、2016	★★★★☆

使用说明

使用 COUPPCD 函数可以计算在成交日之前的上一个付息日的日期。

函数语法：=COUPPCD(settlement,maturity,frequency,[basis])

参数说明如下。

- settlement（必选）：证券的结算日。证券结算日是在发行日期之后，证券卖给购买者的日期。

- maturity（必选）：证券的到期日。到期日是证券有效期截止时的日期。
- frequency（必选）：年付息次数。如果按年支付，frequency = 1；按半年期支付，frequency = 2；按季支付，frequency = 4。
- basis（可选）：要使用的日计数基准类型。

解决方法

例如，某债券的成交日为 2015 年 6 月 18 日，到期日为 2018 年 12 月 25 日，按照季度付息，以“实际天数 /360”为日计数基准，现在需要计算出成交日之前的上一付息日，具体操作方法如下。

打开素材文件（位置：素材文件 \ 第 4 章 \ 计算成交日之前的上一付息日 .xlsx），选择要存放结果的单元格 B5，输入公式“=COUPPCD(B1,B2,B3,B4)”，按【Enter】键，即可得出计算结果，然后将数字格式设置为日期，如下图所示。

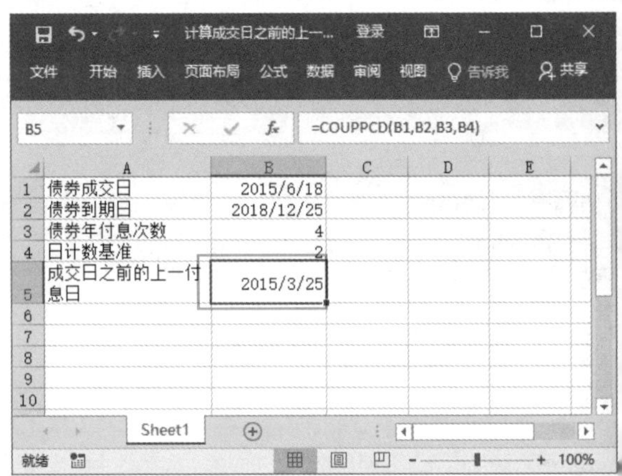

088　使用 COUPNCD 函数计算成交日之后的下一个付息日

适用版本	实用指数
2007、2010、2013、2016	★★★☆☆

使用说明

使用 COUPNCD 函数可以计算在成交日之后的下一个付息日的日期。

函数语法：=COUPNCD(settlement,maturity,frequency,[basis])。

参数说明如下。

- settlemen（必选）：有价证券的结算日。有价证券结算日在发行日之后，是有价证券卖给购买者的日期。

- maturity（必选）：有价证券的到期日。到期日是有价证券有效期截止时的日期。
- frequency（必选）：年付息次数。如果按年支付，frequency = 1；按半年期支付，frequency = 2；按季支付，frequency = 4。
- basis（可选）：要使用的日计数基准类型。

解决方法

例如，某债券的成交日为 2015 年 6 月 18 日，到期日为 2018 年 12 月 25 日，按照季度付息，以“实际天数 /360”为日计数基准，现在需要计算出成交日之后的下一付息日，具体操作方法如下。

打开素材文件（位置：素材文件 \ 第 4 章 \ 计算成交日之后的下一个付息日 .xlsx），选择要存放结果的单元格 B5，输入公式“=COUPNCD(B1,B2,B3,B4)”，按【Enter】键，即可得出计算结果，然后将数字格式设置为日期，如下图所示。

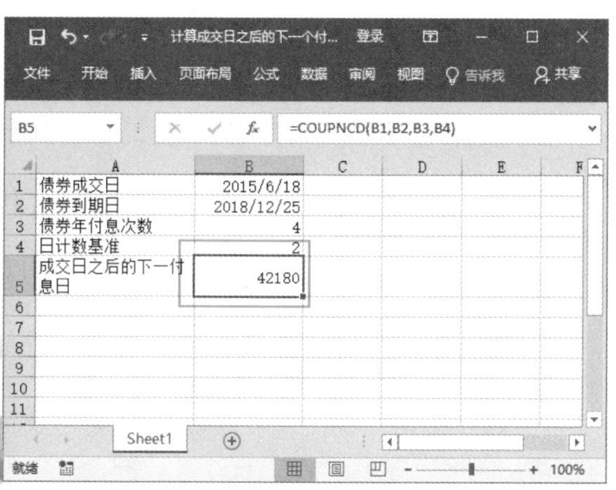

089 使用 ACCRINT 函数计算定期支付利息的有价证券的应计利息

适用版本	实用指数
2007、2010、2013、2016	★★★★☆

使用说明

使用 ACCRINT 函数可以计算定期付息的有价证券的应计利息。

函数语法：=ACCRINT(issue,first_interest,settlement,rate,par,frequency,[basis])

参数说明如下。

- issue（必选）证券的发行日。
- first_interest（必选）：证券的首次计息日。
- settlement（必选）：证券的结算日。证券结算日是在发行日期之后，证券卖给购买者的日期。
- rate（必选）：证券的年息票利率。
- par（必选）：证券的票面值。如果省略此参数，则 ACCRINT 使用 ¥1,000。
- frequency（必选）：年付息次数。如果按年支付，frequency = 1；按半年期支付，frequency = 2；按季支付，frequency = 4。
- basis（可选）：要使用的日计数基准类型。

解决方法

例如，张先生于 2018 年 6 月 18 日购买了价值 100000 元的国库券，该国库券发行日期为 2018 年 3 月 10 日，起息日为 2018 年 10 月 15 日，利率为 25%，按半年付息，以“实际天数 /360”为日计数基准，现在需要计算出该国库券到期利息额，具体操作方法如下。

打开素材文件（位置：素材文件 \ 第 4 章 \ 计算定期支付利息的有价证券的应计利息 .xlsx），选择要存放结果的单元格 B8，输入公式“=ACCRINT(B1,B2,B3,B4,B5,B6,B7)”，按【Enter】键，即可得出计算结果，如下图所示。

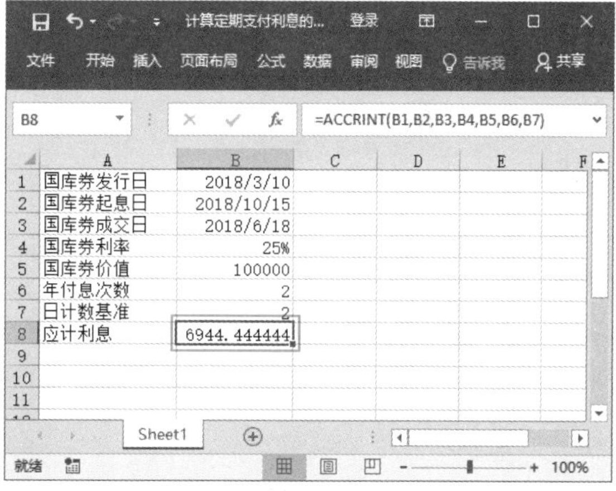

090 使用 ACCRINTM 函数计算在到期日支付利息的有价证券的应计利息

适用版本	实用指数
2007、2010、2013、2016	★★★☆☆

使用说明

使用 ACCRINTM 函数可以计算到期一次性付息的有价证券的应计利息。

函数语法：=ACCRINTM(issue,maturity,rate,par,[basis])。
参数说明如下。

- issue（必选）：证券的发行日期。
- settlement（必选）：证券的到期日。
- rate（必选）：证券的年票息率。
- par（必选）：证券的票面值。
- [basis]（可选）：要使用的日计数基准类型（0、1、2、3、4）。

解决方法

例如，张先生购买了价值 100000 元的短期国库券，该国库券发行日期为 2018 年 3 月 10 日，到期日为 2018 年 10 月 10 日，利率为 25%，以“实际天数 /360”为日计数基准，计算该债券到期利息，具体操作方法如下。

打开素材文件（位置：素材文件 \ 第 4 章 \ 计算在到期日支付利息的有价证券的应计利息 .xlsx），选择要存放结果的单元格 B6，输入公式“=ACCRINTM(B1,B2,B3,B4,B5)”，按【Enter】键，即可得出计算结果，如下图所示。

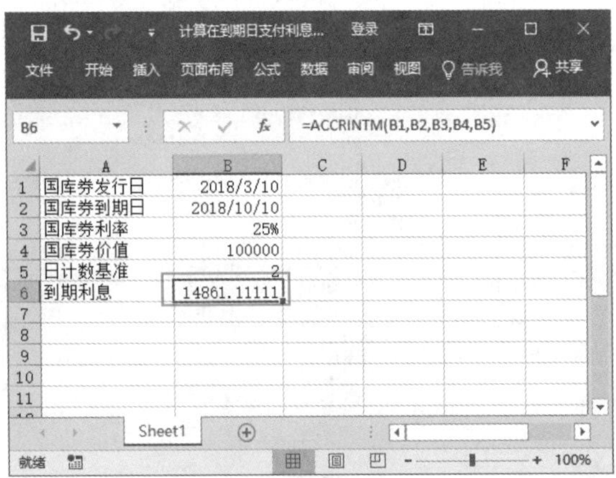

温馨提示

- 如果参数 issue 或参数 settlement 不是有效日期，函数 ACCRINTM 将返回错误值【#VALUE!】。
- 如果利率为 0 或票面价值为 0，函数 ACCRINTM 返回错误值【#NUM!】。

温馨提示

- 如果参数 basis < 0 或 basis > 4，函数 ACCRINTM 返回错误值【#NUM!】。
- 如果 issue ≥ settlement，函数 ACCRINTM 返回错误值【#NUM!】。

091 使用 DISC 函数计算有价证券的贴现率

适用版本	实用指数
2007、2010、2013、2016	★★★☆☆

使用说明

使用 DISC 函数可以返回有价证券的贴现率。

函数语法：= DISC(settlement, maturity, pr, redemption,[basis])
参数说明如下。

- settlement（必选）：有价证券的结算日。有价证券结算日在发行日之后，是有价证券卖给购买者的日期。
- maturity（必选）：有价证券的到期日。到期日是有价证券有效期截止时的日期。
- pr（必选）：有价证券的价格（按面值为 ¥100 计算）。
- redemption（必选）：有价证券的兑换值（按面值为 ¥100 计算）。
- basis（可选）：要使用的日计数基准类型。

解决方法

例如，某债券成交日期为 2017 年 10 月 8 日，到期日为 2018 年 7 月 19 日，价格为 30 元，清偿价格为 36 元，按照“实际天数 /360”为日计数基准，现在需要计算该债券的贴现率，具体操作方法如下。

打开素材文件（位置：素材文件 \ 第 4 章 \ 计算有价证券的贴现率 .xlsx），选择要存放结果的单元格 B7，输入公式“=DISC(B1,B2,B3,B4,B5)”，按【Enter】键，即可得出计算结果，如下图所示。

	A	B
1	成交日	2017/10/8
2	到期日	2018/7/19
3	有价证券价格	30
4	清偿价值	36
5	日计数基准	1
6		
7	有价证券的贴现率	21.42%

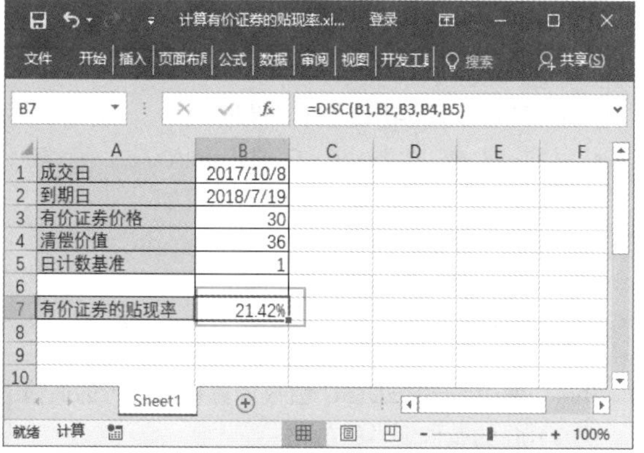

092 使用 DURATION 函数计算定期支付利息的有价证券的修正期限

适用版本	实用指数
2007、2010、2013、2016	★★★☆☆

使用说明

使用 DURATION 函数可以返回假设面值为 ¥100 的定期付息有价证券的修正期限。期限定义为一系列现金流现值的加权平均值，用于计量债券价格对于收益率变化的敏感程度。

函数语法：= DURATION(settlement, maturity, coupon, yld, frequency, [basis])

参数说明如下。

- settlement（必选）：证券的结算日。证券结算日是在发行日期之后，证券卖给购买者的日期。
- maturity（必选）：证券的到期日。到期日是证券有效期截止时的日期。
- coupon（必选）：证券的年息票利率。
- yld（必选）：证券的年收益率。
- frequency（必选）：年付息次数。如果按年支付，frequency = 1；按半年期支付，frequency = 2；按季支付，frequency = 4。
- basis（可选）：要使用的日计数基准类型。

解决方法

例如，某债券成交日为 2016 年 7 月 20 日，到期日为 2018 年 9 月 7 日，年票利率为 12%，收利率为 7%，以半年付息按照“实际天数 /360”为日计数基准，现在需要计算该债券定期支付利息的有价证券的修正期限，具体操作方法如下。

打开素材文件（位置：素材文件 \ 第 4 章 \ 计算定期支付利息的有价证券的修正期限 .xlsx），选择要存放结果的单元格 B8，输入公式“=DURATION(B1,B2,B3,B4,B5,B6)”，按【Enter】键，即可得出计算结果，如下图所示。

	A	B
1	成交日	2016年7月20日
2	到期日	2018年9月7日
3	年息票利率	12%
4	收益率	7%
5	年付息次数	2
6	日计数基准	1
7		
8	有价证券的修正期限	1.881

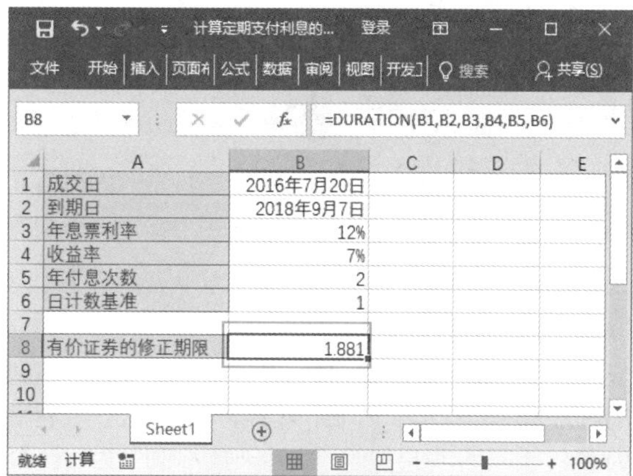

温馨提示

- 如果参数 settlement 或 maturity 不是合法日期，函数 DURATION 返回错误值【#VALUE!】。
- 如果参数 coupon<0 或 yld<0，函数 DURATION 返回错误值【#NUM!】。
- 如果参数 frequency 不是数字 1、2 或 4，函数 DURATION 返回错误值【#NUM!】。
- 如果参数 basis<0 或 basis>4，函数 DURATION 返回错误值【#NUM!】。
- 如果参数 settlement ≥ maturity，函数 DURATION 返回错误值【#NUM!】。

093 使用 PRICE 函数计算定期付息的有价证券的价格

适用版本	实用指数
2007、2010、2013、2016	★★★★☆

使用说明

PRICE 函数用于返回定期付息的面值为 ¥100 的有价证券的价格。

函数语法：= PRICE(settlement, maturity, rate, yld, redemption, frequency, [basis])

参数说明如下。

- settlement（必选）：证券的结算日。证券结算日是在发行日期之后，证券卖给购买者的日期。
- maturity（必选）：证券的到期日。到期日是证券有效期截止时的日期。
- rate（必选）：证券的年息票利率。
- yld（必选）：证券的年收益率。
- redemption（必选）：面值 ¥100 的证券的清偿价值。
- frequency（必选）：年付息次数。如果按年支付，frequency = 1；按半年期支付，frequency = 2；按季支付，frequency = 4。
- basis（可选）：要使用的日计数基准类型。

解决方法

例如，某债券成交日为 2014 年 4 月 26 日，到期日为 2018 年 7 月 11 日，年票利率为 7%，收利率为 5%，以半年付息按照“实际天数 /360”为日计数基准，现在需要计算该债券定期付息的面值为 ¥100 的有价证券的价格，具体操作方法如下。

打开素材文件（位置：素材文件\第 4 章\计算定期付息的面值 ¥100 的有价证券的价格 .xlsx），选择要存放结果的单元格 F1，输入公式“=PRICE(B1,B2,B3,B4,B5,B6,B7)”，按【Enter】键，即可得出计算结果，如下图所示。

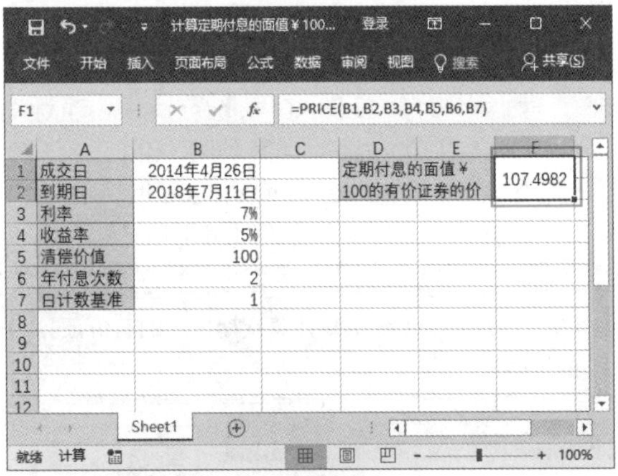

	A	B	C	D	E	F
1	成交日	2014年4月26日		定期付息的面值￥100的有价证券的价		107.4982
2	到期日	2018年7月11日				
3	利率	7%				
4	收益率	5%				
5	清偿价值	100				
6	年付息次数	2				
7	日计数基准	1				

温馨提示

- 如果参数 settlement 或 maturity 不是合法日期，函数 PRICE 返回错误值【#NUM!】。
- 如果参数 yld<0 或 rate<0，函数 PRICE 返回错误值【#NUM!】。
- 如果参数 redemption ≤ 0，函数 PRICE 返回错误值【#NUM!】。
- 如果参数 frequency0 不为 1、2 或 4，函数 PRICE 返回错误值【#NUM!】。
- 如果参数 basis<0 或 basis>4，函数 PRICE 返回错误值【#NUM!】。
- 如果参数 settlement ≥ maturity，函数 PRICE 返回错误值【#NUM!】。

094 使用 PRICEDISC 函数计算折价发行的面值为 ¥100 的有价证券的价格

适用版本	实用指数
2007、2010、2013、2016	★★★☆☆

使用说明

PRICEDISC 函数用于返回折价发行的面值 ¥100 的有价证券的价格。

函数语法：=PRICEDISC(settlement, maturity, discount, redemption, [basis])

参数说明如下。

- settlement（必选）：证券的结算日。证券结算日是在发行日期之后，证券卖给购买者的日期。
- maturity（必选）：证券的到期日。到期日是证券有效期截止时的日期。
- discount（必选）：证券的贴现率。
- redemption（必选）：面值 ¥100 的证券的清偿价值。
- basis（可选）：要使用的日计数基准类型。

解决方法

例如，某债券成交日为 2014 年 4 月 26 日，到期日为 2018 年 7 月 11 日，贴现率为 7%，清偿价值为 100，以半年付息按照“实际天数 /360”为日计数基准，现在需要计算该债券折价发行的面值为 ¥100 的有价证券的价格，具体操作方法如下。

打开素材文件（位置：素材文件\第 4 章\计算折价发行的面值 ¥100 的有价证券的价格 .xlsx），选择要存放结果的单元格 F1，输入公式“=PRICEDISC(B1,B2,B3,B4,B5)”，按【Enter】键，即可得出计算结果，如下图所示。

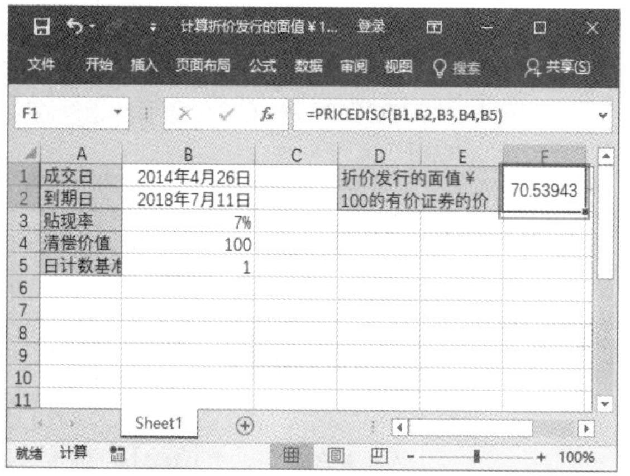

温馨提示

- 如果参数 settlement 或 maturity 不是合法日期，函数 PRICEDISC 返回错误值【#VALUE!】。
- 如果参数 discount ≤ 0 或 redemption ≤ 0，函数 PRICEDISC 返回错误值【#NUM!】。
- 如果参数 basis<0 或 basis>4，函数 PRICEDISC 返回错误值【#NUM!】。
- 如果参数 settlement ≥ maturity，函数 PRICEDISC 返回错误值【#NUM!】。

095 使用 PRICEMAT 函数计算到期付息的面值为 ¥100 的有价证券的价格

适用版本	实用指数
2007、2010、2013、2016	★★★☆☆

使用说明

PRICEMAT 函数用于返回到期付息的面值为 100 的有价证券的价格。

函数语法：=PRICEMAT(settlement, maturity, issue, rate, yld, [basis])

参数说明如下。

- settlement（必选）：证券的结算日。证券结算日是在发行日期之后，证券卖给购买者的日期。
- maturity（必选）：证券的到期日。到期日是证券有效期截止时的日期。
- issue（必选）：证券的发行日，以日期序列号表示。
- rate（必选）：证券在发行日的利率。
- yld（必选）：证券的年收益率。
- basis（可选）：要使用的日计数基准类型。

解决方法

例如，王先生于 2017 年 9 月 8 日购买了面值为 100 元的债券，债券到期日为 2021 年 1 月 7 日，发行日期为 2017 年 3 月 5 日，息票半年率为 6.13%，收益率为 8.2%，以“实际天数 /365”为日计数基准，现在需要计算该债券的发行价格，具体操作方法如下。

打开素材文件（位置：素材文件\第 4 章\计算到期付息的面值 ¥100 的有价证券的价格 .xlsx），选择要存放结果的单元格 B8，输入公式“=PRICEMAT(B1,B2,B3,B4,B5,B6)”，按【Enter】键，即可得出计算结果，如下图所示。

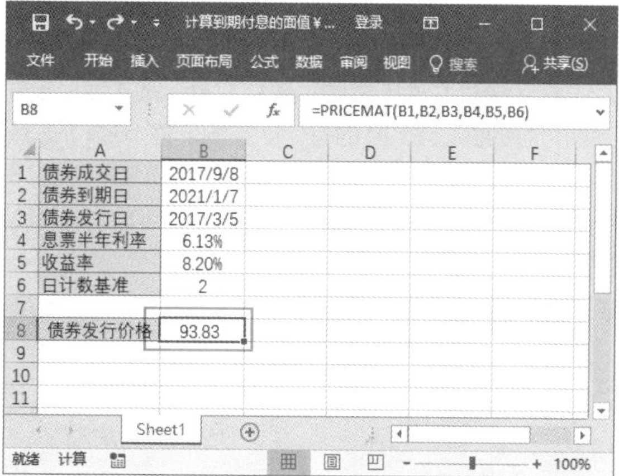

096 使用 ODDFPRICE 函数计算首期付息日不固定的面值 ¥100 的有价证券价格

适用版本	实用指数
2007、2010、2013、2016	★★★☆☆

使用说明

ODDFPRICE 函数用于返回首期付息日不固定（长期或短期）的面值 ¥100 的有价证券价格。

函数语法：= ODDFPRICE(settlement, maturity,issue, first_coupon, rate, yld, redemption, frequency, [basis])

参数说明如下。

- settlement（必选）：证券的结算日。证券结算日是在发行日期之后，证券卖给购买者的日期。
- maturity（必选）：证券的到期日。到期日是证券有效期截止时的日期。

- issue（必选）：证券的发行日。
- first_coupon（必选）：证券的首期付息日。
- rate（必选）：证券的利率。
- yld（必选）：证券的年收益率。
- redemption（必选）：面值 ¥100 的证券的清偿价值。
- frequency（必选）：年付息次数。如果按年支付，frequency = 1；按半年期支付，frequency = 2；按季支付，frequency = 4。
- basis（可选）：要使用的日计数基准类型。

解决方法

例如，王先生于 2017 年 9 月 20 日购买了面值为 100 元的债券，债券到期日为 2020 年 11 月 1 日，发行日期为 2017 年 5 月 10 日，首期付息日为 2017 年 11 月 1 日，年利率为 3%，收益率为 1.2%，以“实际天数 /365”为日计数基准，现在需要计算该债券的发行价格，具体操作方法如下。

打开素材文件（位置：素材文件 \ 第 4 章 \ 计算到期付息的面值 ¥100 的有价证券的价格 .xlsx），选择要存放结果的单元格 E3，输入公式“=ODDFPRICE (B1,B2,B3,B4,B5,B6,B7,B8,B9)”，按【Enter】键，即可得出计算结果，如下图所示。

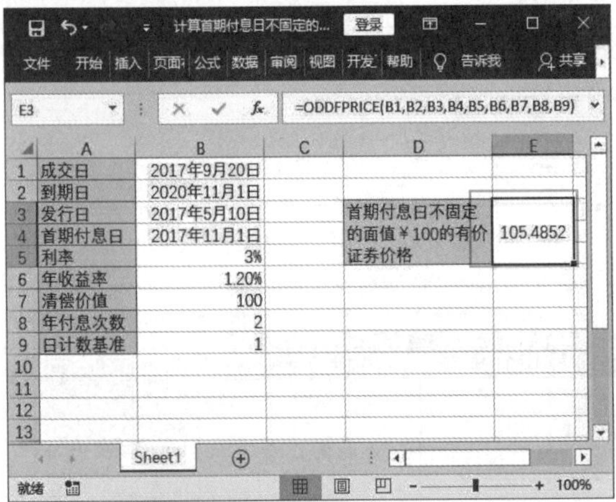

温馨提示

- 如果参数settlement、maturity、issue 或 first_coupon 不是合法日期，则 ODDFPRICE 函数将返回错误值【#VALUE!】。
- 如果参数 rate<0 或 yld<0，则 ODDFPRICE 函数返回错误值【#NUM!】
- 如果参数 basis<0 或 basis>4，则 ODDFPRICE 函数返回错误值【#NUM!】。
- 必须满足下列日期条件参数 maturity> 参数 first_coupon> 参数 settlement> 参数 issue，否则 ODDFPRICE 函数返回错误值【#NUM!】。

097 使用 ODDFYIELD 函数计算首期付息日不固定的有价证券的收益率

适用版本	实用指数
2007、2010、2013、2016	★★★☆☆

使用说明

ODDFYIELD 函数用于返回首期付息日不固定的有价证券（长期或短期）的收益率。

函数语法：= ODDFYIELD(settlement, maturity, issue, first_coupon, rate, pr, redemption, frequency, [basis])

参数说明如下。

- settlement（必选）：有价证券的结算日。有价证券结算日是在发行日之后，有价证券卖给购买者的日期。
- maturity（必选）：有价证券的到期日。到期日是有价证券有效期截止时的日期。
- issue（必选）：有价证券的发行日。
- first_coupon（必选）：有价证券的首期付息日。
- rtate（必选）：有价证券的利率。
- pr（必选）：有价证券的价格。
- redemption（必选）：有价证券的兑换值（按面值为 ¥100 计算）。
- frequency（必选）：年付息次数。如果按年支付，frequency = 1；按半年期支付，frequency = 2；按季支付，frequency = 4。
- basis（可选）：要使用的日计数基准类型。

解决方法

例如，王先生购买某债券的日期为2017年9月5日该债券到期日为 2019 年 4 月 19 日，发行日期为 201 年 4 月 19 日，首期付息日为 2018 年 4 月 19 日，付息利率为 5.86%，债券价格为 101.5 元，以半年付息，按“实际天数 /365”为日计数基准，现在需要计算出首期付息日不固定的有价证券的收益率，具体操作方法如下。

打开素材文件（位置：素材文件 \ 第 4 章 \ 计算首期付息日不固定的有价证券的收益率 .xlsx），选择要存放结果的单元格 B11，输入公式“=ODDFYIEL (B1,B2,B3,B4,B5,B6,B7,B8,B9)”，按【Enter】键即可得出计算结果，如下图所示。

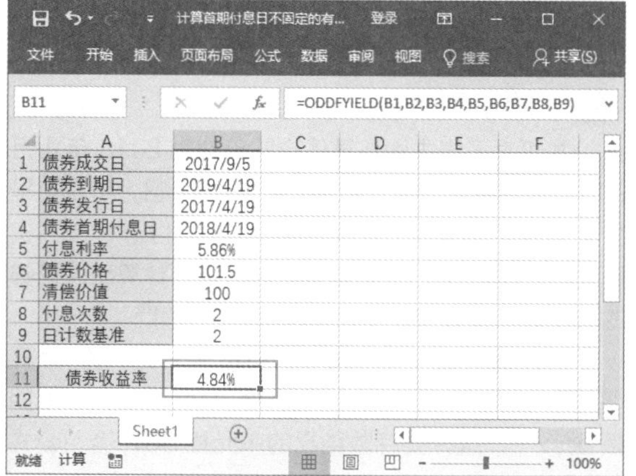

B11 =ODDFYIELD(B1,B2,B3,B4,B5,B6,B7,B8,B9)

	A	B
1	债券成交日	2017/9/5
2	债券到期日	2019/4/19
3	债券发行日	2017/4/19
4	债券首期付息日	2018/4/19
5	付息利率	5.86%
6	债券价格	101.5
7	清偿价值	100
8	付息次数	2
9	日计数基准	2
10		
11	债券收益率	4.84%

098 使用 ODDLPRICE 函数计算末期付息日不固定的面值 ¥100 的有价证券价格

适用版本	实用指数
2007、2010、2013、2016	★★★☆☆

使用说明

ODDLPRICE 函数用于返回末期付息日不固定的面值 ¥100 的有价证券（长期或短期）的价格。

函 数 语 法：= ODDLPRICE(settlement, maturity, last_interest, rate, yld, redemption, frequency, [basis])

函数参数如下。

- settlement（必选）：证券的结算日。证券结算日是在发行日期之后，证券卖给购买者的日期。
- maturity（必选）：证券的到期日。到期日是证券有效期截止时的日期。
- last_interest（必选）：证券的末期付息日。
- rate（必选）：证券的利率。
- yld（必选）：证券的年收益率。
- redemption（必选）：面值 ¥100 的证券的清偿价值。
- frequency（必选）：年付息次数。如果按年支付，frequency=1；按半年期支付，frequency=2；按季支付，frequency=4。
- basis（可选）：要使用的日计数基准类型。

解决方法

例如，王先生购买某债券的日期为 2018 年 4 月日，该债券到期日为 2020 年 7 月 20 日，末期付息日期为 2017 年 2 月 9 日，付息利率为 5.72%，清偿价值为 100 元，以 1 年付息，按实际天数 /365 为日计数基准，现在需要计算出末期付息日不固定的有价证券的价格，具体操作方法如下。

打开素材文件（位置：素材文件 \ 第 4 章 \ 计算末期付息日不固定的面值 ¥100 的有价证券价格 .xlsx），选择要存放结果的单元格 B10，输入公式“=ODDLPRICE(B1,B2,B3,B4,B5,B6,B7,B8)”，按【Enter】键，即可得出计算结果，如下图所示。

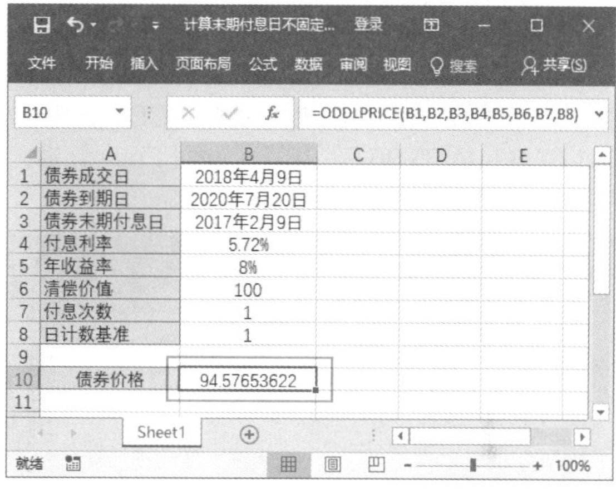

B10 =ODDLPRICE(B1,B2,B3,B4,B5,B6,B7,B8)

	A	B
1	债券成交日	2018年4月9日
2	债券到期日	2020年7月20日
3	债券末期付息日	2017年2月9日
4	付息利率	5.72%
5	年收益率	8%
6	清偿价值	100
7	付息次数	1
8	日计数基准	1
9		
10	债券价格	94.57653622

099 使用 ODDLYIELD 函数计算末期付息日不固定的有价证券的收益率

适用版本	实用指数
2007、2010、2013、2016	★★★★★

使用说明

ODDLYIELD 函数用于返回末期付息日不固定的有价证券（长期或短期）的收益率。

函 数 语 法：= ODDLYIELD(settlement, maturity, last_interest, rate, pr, redemption, frequency, [basis])

参数说明如下。

- settlement（必选）：证券的结算日。证券结算日是在发行日期之后，证券卖给购买者的日期。
- maturity（必选）：证券的到期日。到期日是证券有效期截止时的日期。
- last_interest（必选）：证券的末期付息日。
- rate（必选）：证券的利率
- pr（必选）：证券的价格。
- redemption（必选）：面值 ¥100 的证券的清偿价值。
- frequency（必选）：年付息次数。如果按年支付，frequency = 1；按半年期支付，frequency = 2；按季支付，frequency = 4。
- basis（可选）：要使用的日计数基准类型。

解决方法

例如，王先生购买某债券的日期为 2018 年 4 月 9 日，该债券到期日为 2020 年 7 月 20 日，末期付息日期为 2017 年 2 月 9 日，付息利率为 5.72%，债券价格为 107.14 元，以 1 年付息，按“实际天数 /365”为日计数基准，现在需要计算出末期付息日不固定的有价证券的收益率，具体操作方法如下。

打开素材文件（位置：素材文件 \ 第 4 章 \ 计算末期付息日不固定的有价证券的收益率 .xlsx），选择要存放结果的单元格 B10，输入公式“=ODDLYIELD(B1,B2,B3,B4,B5,B6,B7,B8)”，按【Enter】键，即可得出计算结果，如下图所示。

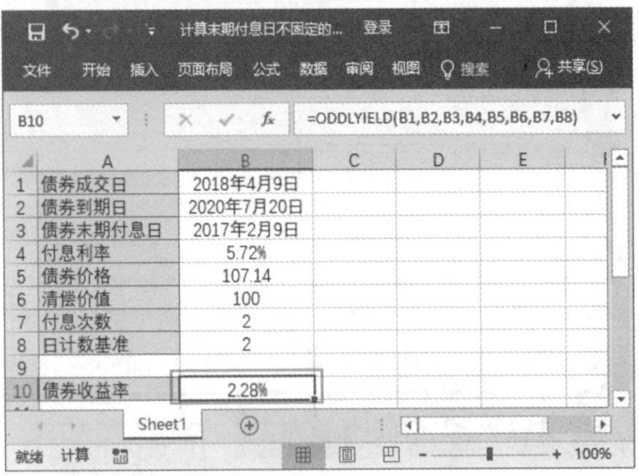

100 使用 MDURATION 函数计算假设面值为 ¥100 的有价证券的 Macauley 修正期限

适用版本	实用指数
2007、2010、2013、2016	★★★☆☆

使用说明

MDURATION 函数用于返回面值 ¥100 的有价证券的 Macauley 修正期限。

函数语法：= MDURATION(settlement, maturity, coupon, yld, frequency, [basis])

参数说明如下。

- settlement（必选）：证券的结算日。证券结算日是在发行日期之后，证券卖给购买者的日期。
- maturity（必选）：证券的到期日。到期日是证券有效期截止时的日期。
- coupon（必选）：证券的年息票利率。
- yld（必选）：证券的年收益率。
- frequency（必选）：年付息次数。如果按年支付，frequency = 1；按半年期支付，frequency = 2；按季支付，frequency = 4。
- basis（可选）：要使用的日计数基准类型。

解决方法

例如，王先生购买某债券的日期为 2018 年 4 月 9 日，该债券到期日为 2020 年 7 月 20 日，年票利率为 7.12%，收益率为 8.63%，以 1 年付息，按“实际天数 /360”为日计数基准，现在需要计算出该债券的 Macauley 修正期限，具体操作方法如下。

打开素材文件（位置：素材文件 \ 第 4 章 \ 计算假设面值为 ¥100 的有价证券的 Macauley 修正期限 .xlsx），选择要存放结果的单元格 B8，输入公式“=MDURATION(B1,B2,B3,B4,B5,B6)”，按【Enter】键，即可计算出该债券的 Macauley 修正期限，如下图所示。

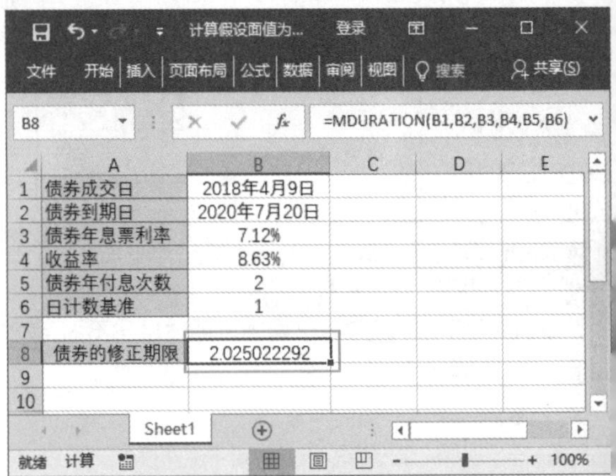

101 使用 INTRATE 函数计算一次性付息证券的利率

适用版本	实用指数
2007、2010、2013、2016	★★★★☆

使用说明

INTRATE 函数用于返回一次性付息证券的利率。

函数语法：= INTRATE(settlement, maturity, investment, redemption, [basis])

参数说明如下。

- settlement（必选）：有价证券的结算日。有价证券结算日是在发行日之后，有价证券卖给购买者的日期。
- maturity（必选）：有价证券的到期日。到期日是有价证券有效期截止时的日期。
- Investment（必选）：有价证券的投资额。

- redemption（必选）：有价证券到期时的兑换值。
- basis（可选）：要使用的日计数基准类型。

解决方法

例如，王先生购买某债券的日期为 2018 年 4 月 9 日，该债券到期日为 2019 年 7 月 20 日，债券投资金额为 150000 元，清偿价值为 180000 元，按“实际天数 /360”为日计数基准，现在需要计算出该债券一次性付息利率，具体操作方法如下。

打开素材文件（位置：素材文件 \ 第 4 章 \ 计算一次性付息证券的利率 .xlsx），选择要存放结果的单元格 B7，输入公式“=INTRATE(B1,B2,B3,B4,B5)”，按【Enter】键，即可计算出该债券一次性付息利率，如下图所示。

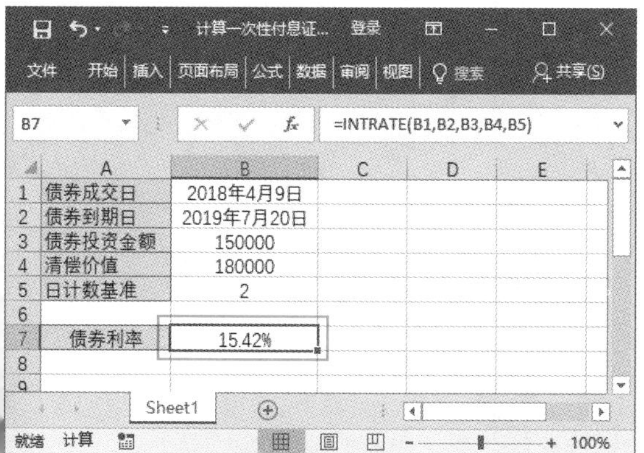

温馨提示

- 如果参数 settlement 或 maturity 不是合法日期，函数 INTRATE 返回错误值【#VALUE!】。
- 如果参数 investment ≤ 0 或参数 redemption ≤ 0，函数 INTRATE 返回错误值【#NUM!】。
- 如果参数 basis<0 或 basis>4，函数 INTRATE 返回错误值【#NUM!】。
- 如果参数 settlement ≥ maturity，函数 INTRATE 返回错误值【#NUM!】。

102 使用 RECEIVED 函数计算一次性付息的有价证券到期收回的金额

适用版本	实用指数
2007、2010、2013、2016	★★★☆☆

使用说明

RECEIVED 函数用于返回一次性付息证券在到期日收回的金额。

函数语法：= RECEIVED(settlement, maturity, investment, discount, [basis])

参数说明如下。

- settlement（必选）：证券的结算日。证券结算日是在发行日期之后，证券卖给购买者的日期。
- maturity（必选）：证券的到期日。到期日是证券有效期截止时的日期。
- Investment（必选）：证券的投资额。
- discount（必选）：证券的贴现率。
- basis（可选）：要使用的日计数基准类型。

解决方法

例如，张先生购买某债券的日期为 2018 年 4 月 9 日，该债券到期日为 2019 年 7 月 20 日，债券投资金额为 150000 元，贴现率为 5.72%，按“实际天数 / 360”为日计数基准，现在需要计算出该债券到期的总回收金额，具体操作方法如下。

打开素材文件（位置：素材文件 \ 第 4 章 \ 计算一次性付息的有价证券到期收回的金额 .xlsx），选择要存放结果的单元格 B7，输入公式“=RECEIVED(B1,B2,B3,B4,B5)”，按【Enter】键，即可计算出该债券一次性付息的有价证券到期收回的金额，如下图所示。

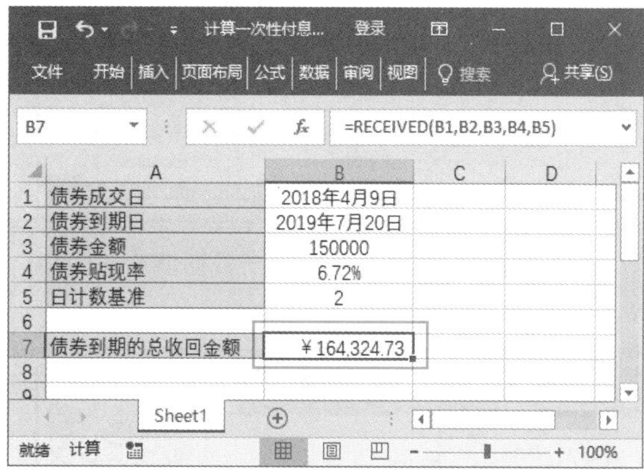

103 使用 TBILLEQ 函数计算国库券的等效收益率

适用版本	实用指数
2007、2010、2013、2016	★★★☆☆

使用说明

TBILLEQ 函数用于返回国库券的等效收益率。

函数语法：= TBILLEQ(settlement, maturity, discount)。

参数说明如下。

- settlement（必选）：国库券的结算日。即在发行日之后，国库券卖给购买者的日期。
- maturity（必选）：国库券的到期日。到期日是国库券有效期截止时的日期。
- discount（必选）：国库券的贴现率。

解决方法

例如，张先生购买国库券的日期为 2018 年 1 月 19 日，该债券到期日为 2018 年 11 月 25 日，贴现率为 11.26%，现在需要计算出该国库券的等效收益率，具体操作方法如下。

打开素材文件（位置：素材文件 \ 第 4 章 \ 计算国库券的等价债券收益 .xlsx），选择要存放结果的单元格 B5，输入公式“=TBILLEQ(B1,B2,B3)”，按【Enter】键，即可计算出该国库券的等效收益率，如下图所示。

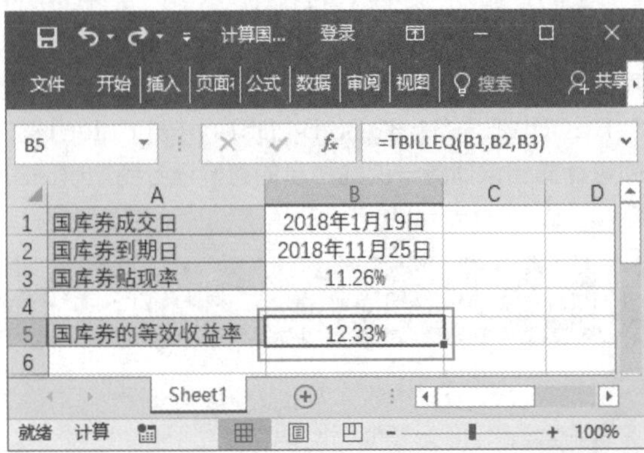

104 使用 TBILLPRICE 函数计算面值 ¥100 的国库券的价格

适用版本	实用指数
2007、2010、2013、2016	★★★☆☆

使用说明

TBILLPRICE 函数用于返回面值 ¥100 的国库券的价格。

函数语法：= TBILLPRICE(settlement, maturity, discount)

参数说明如下。

- settlement（必选）：国库券的结算日。即在发行日之后，国库券卖给购买者的日期。
- maturity（必选）：国库券的到期日。到期日是国库券有效期截止时的日期。
- discount（必选）：国库券的贴现率。

解决方法

例如，张先生购买国库券的日期为 2018 年 6 月 6 日，该债券到期日为 2018 年 12 月 25 日，贴现率为 8%，现在需要计算出该国库券的价格，具体操作方法如下。

打开素材文件（位置：素材文件 \ 第 4 章 \ 计算面值 ¥100 的国库券的价格 .xlsx），选择要存放结果的单元格 B5，输入公式“=TBILLPRICE(B1,B2,B3)”，按【Enter】键，即可计算出该债券国库券的价格，如下图所示。

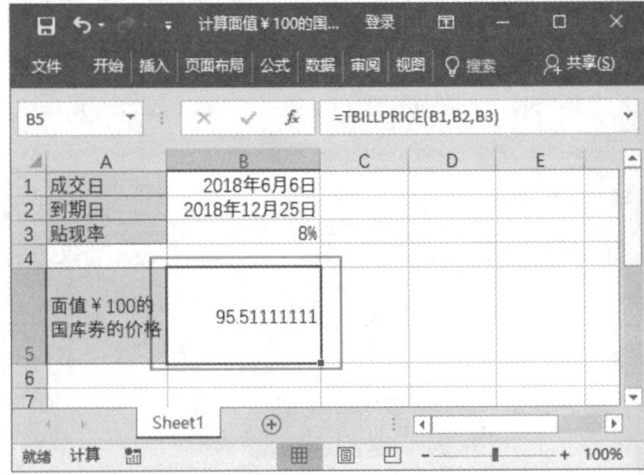

105 使用 TBILLYIELD 函数计算国库券的收益率

适用版本	实用指数
2007、2010、2013、2016	★★★☆☆

使用说明

TBILLYIELD 函数用于返回国库券的等效收益率。

函数语法：= TBILLYIELD(settlement, maturity, pr)

参数说明如下。

- settlement（必选）：国库券的结算日。即在发行日之后，国库券卖给购买者的日期。
- maturity（必选）：国库券的到期日。到期日是国库券有效期截止时的日期。
- pr（必选）：面值 ¥100 的国库券的价格。

解决方法

例如，张先生购买国库券的日期为 2018 年 6 月 6 日，该债券到期日为 2018 年 12 月 25 日，当前价格为 86 元，现在需要计算出该国库券的收益率，具体操作方法如下。

打开素材文件（位置：素材文件 \ 第 4 章 \ 计算国库券的收益率 .xlsx），选择要存放结果的单元格 B5，输入公式“= TBILLYIELD (B1,B2,B3)”，按【Enter】键，即可计算出该国库券收益率，如下图所示。

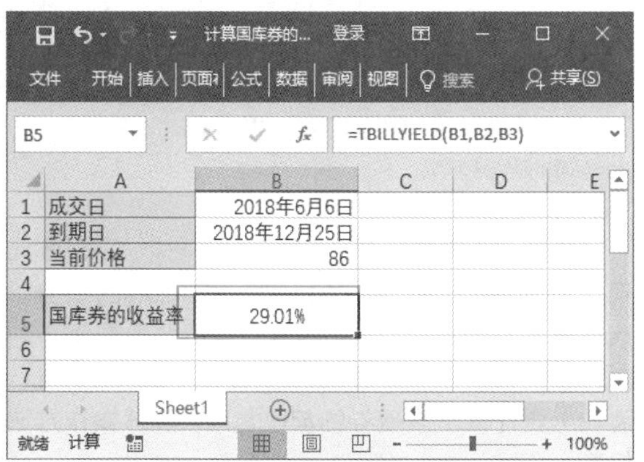

106　使用 YIELD 函数计算定期支付利息的有价证券的收益率

适用版本	实用指数
2007、2010、2013、2016	★★★☆☆

使用说明

YIELD 函数用于返回定期付息有价证券的收益率。

函数语法：= YIELD(settlement, maturity, rate, pr, redemption, frequency, [basis])

参数说明如下。

- settlement（必选）：有价证券的结算日。有价证券结算日在发行日之后，是有价证券卖给购买者的日期。
- maturity（必选）：有价证券的到期日。到期日是有价证券有效期截止时的日期。
- rate（必选）：有价证券的年息票利率。
- pr（必选）：有价证券的价格（按面值为 ¥100 计算）。
- redemption（必选）：有价证券的兑换值（按面值为 ¥100 计算）。
- frequency（必选）：年付息次数。如果按年支付，frequency = 1；按半年期支付，frequency = 2；按季支付，frequency = 4。
- basis 可选。要使用的日计数基准类型。

解决方法

例如，张先生在 2018 年 2 月 19 日以 102.1 元购买了 2019 年 12 月 25 日到期的 ¥100 的债券，息票半年利率为 6.35%，按半年付息，以“实际天数 /365”为日计数基准，现在需要计算出该债券的收益率，具体操作方法如下。

打开素材文件（位置：素材文件 \ 第 4 章 \ 计算定期支付利息的有价证券的收益率 .xlsx），选择要存放结果的单元格 B9，输入公式“=YIELD(B1,B2,B5,B3,B4,B6,B7)”，按【Enter】键，即可计算出该债券收益率，如下图所示。

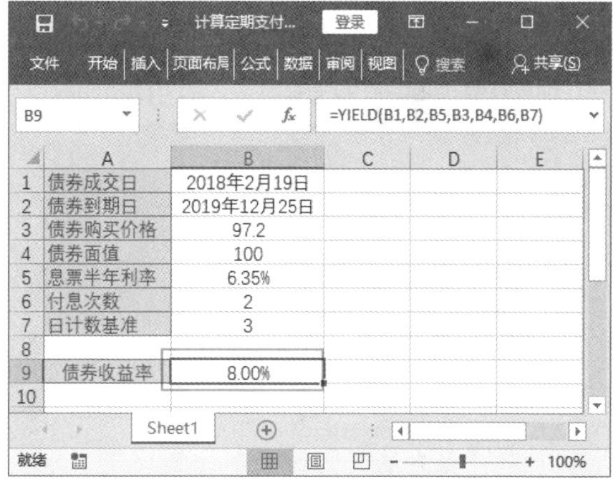

107　使用 YIELDDISC 函数计算折价发行的有价证券的年收益率

适用版本	实用指数
2007、2010、2013、2016	★★★☆☆

使用说明

YIELDDISC 函数用于返回折价发行的有价证券的年收益率。

函数语法：= YIELDDISC(settlement, maturity, pr, redemption, [basis])

参数说明如下。

- settlement（必选）：有价证券的结算日。有价证券结算日在发行日之后，是有价证券卖给购买者的日期。
- maturity（必选）：有价证券的到期日。到期日是有价证券有效期截止时的日期。

- pr（必选）：有价证券的价格（按面值为 ¥100 计算）。
- redemption（必选）：有价证券的兑换值（按面值为 ¥100 计算）。
- basis（可选）：要使用的日计数基准类型。

解决方法

例如，张先生在 2017 年 12 月 25 日以 87.6 元购买了 2019 年 3 月 8 日到期的 ¥100 的债券，按半年付息，以“实际天数 /365”为日计数基准，现在需要计算出该债券的年收益率，具体操作方法如下。

打开素材文件（位置：素材文件 \ 第 4 章 \ 计算折价发行的有价证券的年收益率 .xlsx），选择要存放结果的单元格 B7，输入公式“=YIELDDISC(B1,B2,B3,B4,B5)”，按【Enter】键，即可计算出该债券的年收益率，如下图所示。

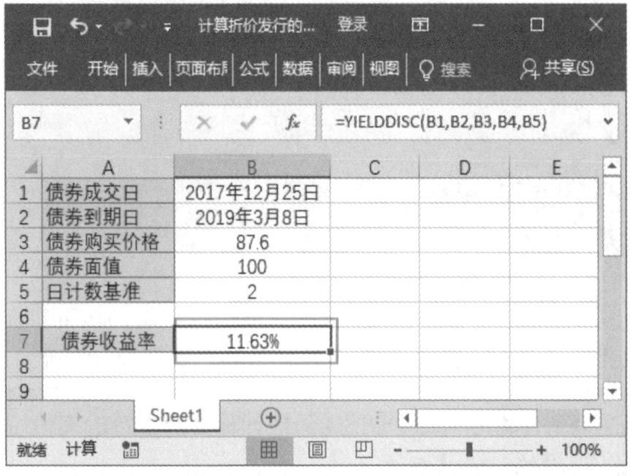

	A	B
1	债券成交日	2017年12月25日
2	债券到期日	2019年3月8日
3	债券购买价格	87.6
4	债券面值	100
5	日计数基准	2
6		
7	债券收益率	11.63%

108 使用 YIELDMAT 函数计算到期付息的有价证券的年收益率

适用版本	实用指数
2007、2010、2013、2016	★★★☆☆

使用说明

YIELDMAT 函数用于返回到期付息的有价证券的年收益率。

函数语法：= YIELDMAT(settlement, maturity, issue, rate, pr, [basis])

参数说明如下。

- settlement（必选）：有价证券的结算日。有价证券结算日在发行日之后，是有价证券卖给购买者的日期。
- maturity（必选）：有价证券的到期日。到期日是有价证券有效期截止时的日期。
- Issue（必选）：有价证券的发行日，以时间序列号表示。
- rate（必选）：有价证券在发行日的利率。
- pr（必选）：有价证券的价格（按面值为 ¥100 计算）。
- basis（可选）：要使用的日计数基准类型。

解决方法

例如，张先生在 2018 年 3 月 8 日以 108.96 元卖出了 2020 年 10 月 21 日到期的 ¥100 的债券，该债券发行日期为 2017 年 6 月 4 日，息票半年利率为 6.97%，以“实际天数 /365”为日计数基准，现在需要计算出该债券的年收益率，具体操作方法如下。

打开素材文件（位置：素材文件 \ 第 4 章 \ 计算到期付息的有价证券的年收益率 .xlsx），选择要存放结果的单元格 B8，输入公式“=YIELDMAT(B1,B2,B3,B4,B5,B6)”，按【Enter】键，即可计算出该到期付息的有价证券的年收益率，如下图所示。

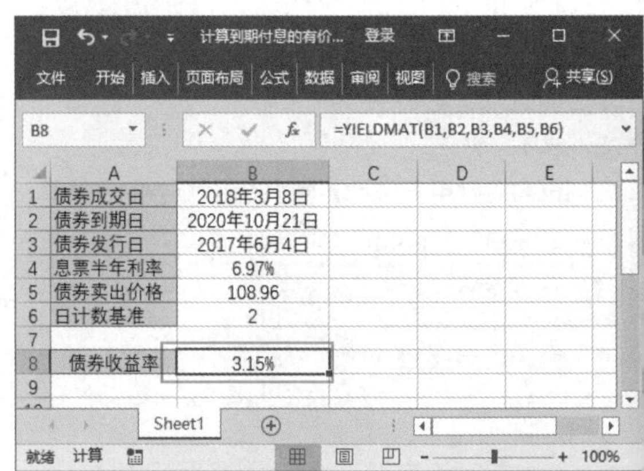

	A	B
1	债券成交日	2018年3月8日
2	债券到期日	2020年10月21日
3	债券发行日	2017年6月4日
4	息票半年利率	6.97%
5	债券卖出价格	108.96
6	日计数基准	2
7		
8	债券收益率	3.15%

第 5 章 逻辑函数使用技巧

逻辑函数可根据不同的条件进行不同的处理。条件式中使用比较运算符（ >,< ,= ）指定逻辑式，并用逻辑值表示结果。本章将针对逻辑函数的应用，为读者介绍一些操作技巧

下面列举了一些逻辑函数应用中的常见问题，看看是否会处理或已掌握。

【√】在成绩考核表中，要判断成绩是否合格，应该使用什么函数?

【√】在产品质量检查表中，要检查产品的质量是否达到标准，应该使用什么函数?

【√】在需要判断是否满足多个条件时，应该使用什么函数?

【√】如果需要筛选出不符合条件的数据，应该怎样操作?

【√】如果要找到指定的任意一个条件的数据，应该怎样操作?

【√】当公式发生错误时，应该使用什么函数来判断错误类型?

希望通过本章内容的学习，能帮助你解决以上问题，并学会在 Excel 中使用逻辑函数的技巧。

5.1 返回逻辑值函数

通过测试某个条件，直接返回逻辑值 TRUE 或 FALSE 的函数只有两个——TRUE 函数和 FALSE 函数。掌握这两个函数的使用技巧，可以使一些计算变得更简便。下面就来介绍其具体的使用技巧。

109 使用 TRUE 函数计算选择题的分数

适用版本	实用指数
2007、2010、2013、2016	★★★★★

使用说明

TRUE 函数用于返回逻辑值 TURE，可以直接在单元格或公式中使用，一般配合其他函数使用。

函数语法：= TRUE()
参数说明：该函数不需要参数。

解决方法

例如，要在【计算选择题得分 .xlsx】中自动计算选择题成绩，可这样操作：当试卷答案与标准答案相同时，返回 TRUE，否则返回 FALSE。如果要返回答案的分值，则需要先判断答案是否正确，当答案为 TRUE 时，返回标准答案的分值，否则结果为 0。在【得分】列返回各题的分值后，在 G2 单元格中计算出选择题的总分数。具体操作方法如下。

第 1 步 打开素材文件（位置：素材文件 \ 第 5 章 \ 计算选择题得分 .xlsx），选择 E2 单元格，输入公式“=IF(C2=D2,TRUE(),FALSE)”，按【Enter】键，然后利用填充功能向下复制公式，如下图所示。

E2 =IF(C2=D2,TRUE(),FALSE)

选择题	分值	试卷答案	标准答案	判断结果	得分	总分统计
1	1	B	B	TRUE		
2	1	B	A	FALSE		
3	1	A	A	TRUE		
4	1	C	C	TRUE		
5	1	D	C	FALSE		
6	1	B	B	TRUE		
7	1	A	A	TRUE		
8	1	C	A	FALSE		
9	1	D	D	TRUE		
10	1	C	C	TRUE		
11	1	A	B	FALSE		
12	1	A	A	TRUE		
13	1	C	D	FALSE		
14	1	D	D	TRUE		

第 2 步 选择 F2 单元格，输入公式“=IF(E2=TRUE,B2,0)”，按【Enter】键，然后利用填充功能向下复制公式，如下图所示。

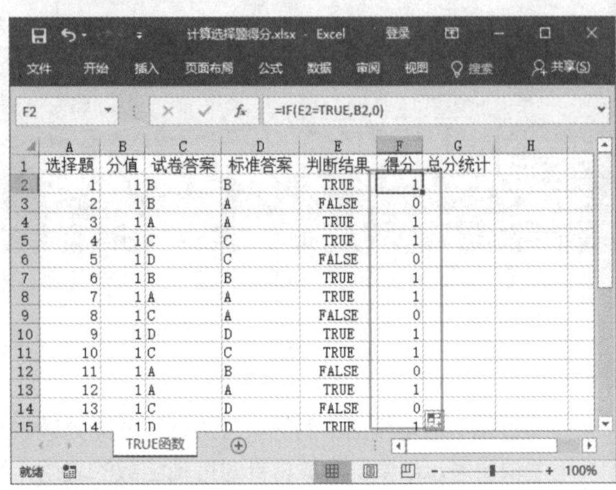

F2 =IF(E2=TRUE,B2,0)

选择题	分值	试卷答案	标准答案	判断结果	得分	总分统计
1	1	B	B	TRUE	1	
2	1	B	A	FALSE	0	
3	1	A	A	TRUE	1	
4	1	C	C	TRUE	1	
5	1	D	C	FALSE	0	
6	1	B	B	TRUE	1	
7	1	A	A	TRUE	1	
8	1	C	A	FALSE	0	
9	1	D	D	TRUE	1	
10	1	C	C	TRUE	1	
11	1	A	B	FALSE	0	
12	1	A	A	TRUE	1	
13	1	C	D	FALSE	0	
14	1	D	D	TRUE	1	

第 3 步 选择 G2 单元格，输入公式“=SUM(F2:F27)”，按【Enter】键，计算出选择题的总分为 16.5，然后利用填充功能向下复制公式即可，如下图所示。

G2 =SUM(F2:F27)

选择题	分值	试卷答案	标准答案	判断结果	得分	总分统计
1	1	B	B	TRUE	1	16.5
2	1	B	A	FALSE	0	15.5
3	1	A	A	TRUE	1	15.5
4	1	C	C	TRUE	1	14.5
5	1	D	C	FALSE	0	13.5
6	1	B	B	TRUE	1	13.5
7	1	A	A	TRUE	1	12.5
8	1	C	A	FALSE	0	11.5
9	1	D	D	TRUE	1	11.5
10	1	C	C	TRUE	1	10.5
11	1	A	B	FALSE	0	9.5
12	1	A	A	TRUE	1	9.5
13	1	C	D	FALSE	0	8.5
14	1	D	D	TRUE	1	8.5
15	1	B	A	FALSE	0	7.5
16	1.5	AB	AB	TRUE	1.5	7.5

110 使用 FALSE 函数判断产品密度是否正确

适用版本	实用指数
2007、2010、2013、2016	★★★★☆

使用说明

FALSE 函数也可以直接在单元格或公式中使用，一般配合其他函数使用。

函数语法：=FALSE()
参数说明：该函数不需要参数。

解决方法

例如，在判断产品密度是否正确时，规定只有小于 0.1368 的数据为正确值，否则为错误值。这就需要对产品密度与标准密度进行比较。可结合使用 IF 函数和 FALSE 函数来计算，判断产品密度是否正确。具体操作方法如下。

第 1 步 打开素材文件（位置：素材文件 \ 第 5 章 \ 判断产品密度是否正确 .xlsx），选择单元格 C2，输入公式“=IF(A2>$B$2,FALSE(),TRUE)”，按【Enter】键，如左下图所示。

第 2 步 选择存放计算结果的 C2 单元格，按住鼠标左键不放向下拖动填充公式，如右下图所示。

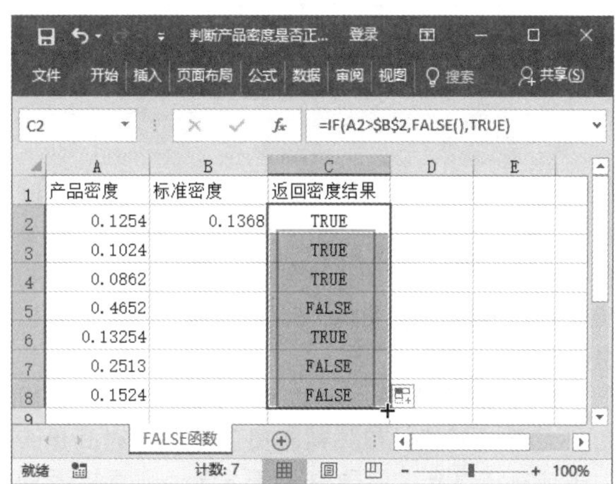

5.2 条件判断函数

逻辑函数的返回值不一定全部是逻辑值，有时还可以利用它判断区域的交集、并集等。

111 使用 AND 函数判断多个条件是否同时成立

适用版本	实用指数
2007、2010、2013、2016	★★★★★

使用说明

AND 函数用于判断多个条件是否同时成立，如果所有条件成立，则返回 TRUE，如果其中任意一个条件不成立，则返回 FALSE。

函数语法：= AND(logical1, [logical2], ...)
参数说明如下。

- logical1（必选）：表示待检验的第 1 个条件。
- logical2,…（可选）：表示第 2 ~ 255 个待检验条件。

解决方法

例如，使用 AND 函数判断用户是否能申请公租房，具体操作方法如下。

第 1 步 打开素材文件（位置：素材文件 \ 第 5 章 \AND 函数 .xlsx），在【申请公租房】工作表中选中要存放结果的单元格 F3，输入公式“=AND(B3>1,C3>6,D3<3000, E3<13)”，按【Enter】键，即可得出计算结果，如下图所示。

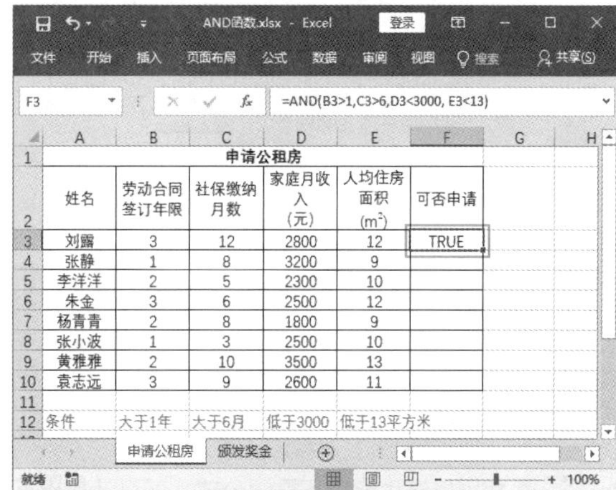

第 2 步 利用填充功能向下复制公式，即可计算出其

他用户是否有资格申请公租房，如下图所示。

F10 =AND(B10>1,C10>6,D10<3000, E10<13)

申请公租房					
姓名	劳动合同签订年限	社保缴纳月数	家庭月收入（元）	人均住房面积（m²）	可否申请
刘露	3	12	2800	12	TRUE
张静	1	8	3200	9	FALSE
李洋洋	2	5	2300	10	FALSE
朱金	3	6	2500	12	FALSE
杨青青	2	8	1800	9	TRUE
张小波	1	3	2500	10	FALSE
黄雅雅	2	10	3500	13	FALSE
袁志远	3	9	2600	11	TRUE
条件	大于1年	大于6月	低于3000	低于13平方米	

又如，公司决定为销售业绩优秀的公司老员工颁发优秀员工奖。要求在公司工作时间满 3 年以上（包含 3 年），全年销售业绩达到 800000 元。已知公司所有员工名单及相关资料，现需要根据条件判断员工是否应该颁发奖金。

针对上述情况，可以结合使用 AND 函数和 IF 函数来解决。首先判断员工的工作时间是否大于或等于 3 年，如果是小于 3 年，则直接返回 FALSE。然后判断员工的全年销售业绩是否达到 800000 元，如果没有达到则返回 FALSE。再进一步在 IF 函数中进行判断，当满足上述两个条件时，返回“颁发”，否则返回空文本。具体操作方法如下。

第 1 步 打开素材文件（位置：素材文件\第 5 章\AND 函数 .xlsx），在【颁发奖金】工作表中选中要存放结果的单元格 E2，输入公式“=IF(AND(C2 > =3, D2 > =800000), " 颁发 ", "")”，按【Enter】键，即可得出计算结果，如下图所示。

E2 =IF(AND(C2>=3,D2>=800000),"颁发","")

姓名	部门	工作时间	2018年销售额总计	颁发奖金
郭旭东	销售部	5.3	370000	
陈丹	销售部	2	3000030	
张峰	销售部	3	1203400	
华西子	销售部	6.1	80236	
周顺受	销售部	0.3	500045	
向斯通	销售部	6.3	1000034	
刘秀	销售部	3.6	4677000	
张花鲁	销售部	8.5	9004500	
欣想	销售部	4.2	15003450	
余加	销售部	5.5	349850	
康斯容	销售部	0.6	8002036	
张伟	销售部	4	1030892	
蒋钦	销售部	3	14003078	

第 2 步 利用填充功能向下复制公式，即可计算出其他员工是否应该颁发奖金，如右上图所示。

E16 =IF(AND(C16>=3,D16>=800000),"颁发","")

姓名	部门	工作时间	2018年销售额总计	颁发奖金
郭旭东	销售部	5.3	370000	
陈丹	销售部	2	3000030	
张峰	销售部	3	1203400	颁发
华西子	销售部	6.1	80236	
周顺受	销售部	0.3	500045	
向斯通	销售部	6.3	1000034	颁发
刘秀	销售部	3.6	4677000	颁发
张花鲁	销售部	8.5	9004500	颁发
欣想	销售部	4.2	15003450	颁发
余加	销售部	5.5	349850	
康斯容	销售部	0.6	8002036	
张伟	销售部	4	1030892	颁发
蒋钦	销售部	3	14003078	颁发
蔡嘉年	销售部	0.4	4003211	
朱笑笑	销售部	1	8003498	

温馨提示

- 如果 AND 函数的参数是直接输入的非逻辑值，AND 函数将会返回错误值【#VALUE!】。
- 如果函数参数为数组或单元格引用，AND 函数会自动忽略其中包含的文本或空单元格。
- AND 函数的参数可以是逻辑值 TURE 或 FALSE，或者是可以转换为逻辑值的表达式。在执行逻辑判断时，数值 0=FALSE，所有非 0 数值 =TRUE。

112 使用 NOT 函数对逻辑值求反

适用版本	实用指数
2007、2010、2013、2016	★★★★★

使用说明

NOT 函数用于对参数的逻辑值求反：如果逻辑值为 FALSE，NOT 函数返回 TRUE；如果逻辑值为 TRUE，NOT 函数返回 FALSE。

函数语法：=NOT(logical)

参数说明如下。

logical（必选）：一个计算结果可以为 TRUE 或 FALSE 的值或表达式。

解决方法

例如，在【应聘名单 .xlsx】中，使用 NOT 函数将学历为“大专”的人员淘汰掉（即返回 FALSE），具体操作方法如下。

第 1 步 打开素材文件（位置：素材文件\第 5 章\NOT

函数 .xlsx），在【应聘名单】工作表选中要存放结果的单元格 F3，输入公式“=NOT(D3=" 大专 ")”，按【Enter】键，即可得出计算结果，如下图所示。

F3　=NOT(D3="大专")

	A	B	C	D	E	F
1	应聘名单					
2	姓名	年龄	工作经验（年）	学历	求职意向	筛选
3	刘露	25	2	本科	财务	TRUE
4	张静	28	3	本科	销售	
5	李洋洋	29	4	大专	设计	
6	朱金	26	2	大专	后勤	
7	杨青青	27	3	本科	财务	
8	张小波	32	5	硕士	财务总监	
9	黄雅雅	30	6	本科	销售主管	

第 2 步 利用填充功能向下复制公式，即可计算出其他人员的筛选情况，如下图所示。

F9　=NOT(D9="大专")

	A	B	C	D	E	F
1	应聘名单					
2	姓名	年龄	工作经验（年）	学历	求职意向	筛选
3	刘露	25	2	本科	财务	TRUE
4	张静	28	3	本科	销售	TRUE
5	李洋洋	29	4	大专	设计	FALSE
6	朱金	26	2	大专	后勤	FALSE
7	杨青青	27	3	本科	财务	TRUE
8	张小波	32	5	硕士	财务总监	TRUE
9	黄雅雅	30	6	本科	销售主管	TRUE

又如，在员工职业技能培训表中，根据评价标准，使用 IF 函数、MAX 函数和 NOT 函数返回评价结果，具体操作方法如下。

第 1 步 在【技能培训】工作表中选中要存放结果的单元格 F3，输入公式“=IF(NOT(MAX(C3:E3)<$I$3)," 优 秀 ",IF(NOT(MAX(C3:E3)<$I$4)," 及 格 "," 不 及 格 "))”，按【Enter】键，即可得出计算结果，如下图所示。

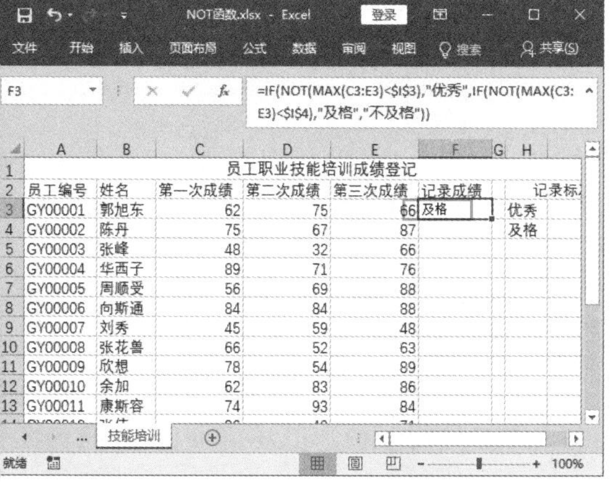

F3　=IF(NOT(MAX(C3:E3)<$I$3),"优秀",IF(NOT(MAX(C3:E3)<$I$4),"及格","不及格"))

	A	B	C	D	E	F	H
1	员工职业技能培训成绩登记						
2	员工编号	姓名	第一次成绩	第二次成绩	第三次成绩	记录成绩	记录标
3	GY00001	郭旭东	62	75	66	及格	优秀
4	GY00002	陈丹	75	67	87		及格
5	GY00003	张峰	48	32	66		
6	GY00004	华西子	89	71	76		
7	GY00005	周顺受	56	69	88		
8	GY00006	向斯通	84	84	88		
9	GY00007	刘秀	45	59	48		
10	GY00008	张花兽	66	52	63		
11	GY00009	欣想	78	54	89		
12	GY00010	余加	62	83	86		
13	GY00011	康斯容	74	93	84		

第 2 步 利用填充功能向下复制公式，如下图所示。

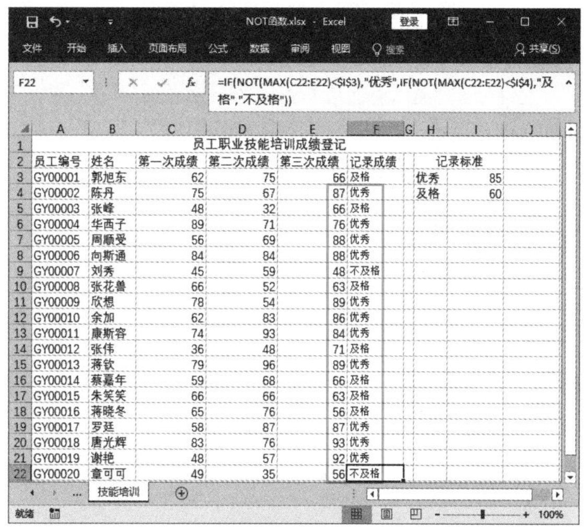

F22　=IF(NOT(MAX(C22:E22)<$I$3),"优秀",IF(NOT(MAX(C22:E22)<$I$4),"及格","不及格"))

	A	B	C	D	E	F	H	I
1	员工职业技能培训成绩登记							
2	员工编号	姓名	第一次成绩	第二次成绩	第三次成绩	记录成绩	记录标准	
3	GY00001	郭旭东	62	75	66	及格	优秀	85
4	GY00002	陈丹	75	67	87	优秀	及格	60
5	GY00003	张峰	48	32	66	及格		
6	GY00004	华西子	89	71	76	优秀		
7	GY00005	周顺受	56	69	88	优秀		
8	GY00006	向斯通	84	84	88	优秀		
9	GY00007	刘秀	45	59	48	不及格		
10	GY00008	张花兽	66	52	63	及格		
11	GY00009	欣想	78	54	89	优秀		
12	GY00010	余加	62	83	86	优秀		
13	GY00011	康斯容	74	93	84	优秀		
14	GY00012	张伟	36	48	71	及格		
15	GY00013	蒋钦	79	96	89	优秀		
16	GY00014	蔡嘉年	59	68	66	及格		
17	GY00015	朱笑笑	66	66	63	及格		
18	GY00016	蒋晓冬	65	76	56	及格		
19	GY00017	罗廷	58	87	87	优秀		
20	GY00018	唐光辉	83	76	93	优秀		
21	GY00019	谢艳	48	57	92	优秀		
22	GY00020	章可可	49	35	56	不及格		

113　使用 OR 函数判断指定的任一条件为真，即返回真

适用版本	实用指数
2007、2010、2013、2016	★★★★★

使用说明

OR 函数用于判断多个条件中是否至少有一个条件成立。在其参数组中，任何一个参数逻辑值为 TURE，则返回 TURE；若所有参数逻辑值为 FLASE，则返回 FLASE。

函数语法：=OR(logical1,[logical2],...)

参数说明如下。

- logical1（必选）：表示待检验的第 1 个条件。
- logical2（可选）：表示第 2 ～ 255 个待检验条件。

解决方法

例如，在新进员工考核表中，员工的各项考核 >17 分即为达标，现在使用 OR 函数检查哪些员工的考核成绩都未达标，具体操作方法如下。

第 1 步 打开素材文件（位置：素材文件\第 5 章\OR 函数 .xlsx），在【达标情况】工作表中选中要存放结果的单元格 F4，输入公式“=OR(B4>17,C4>17,D4>17, E4>17)”，按【Enter】键，即可得出计算结果，如下图所示。

F4 =OR(B4>17,C4>17,D4>17, E4>17)

新进员工考核表					
				各单科成绩满分25分	
姓名	出勤考核	工作能力	工作态度	业务考核	达标情况
刘露	25	20	23	21	TRUE
张静	21	25	20	18	
李洋洋	16	20	15	19	
朱金	19	13	17	14	
杨青青	20	18	20	18	
张小波	17	15	14	13	
黄雅雅	25	19	25	19	
袁志远	18	19	18	20	
陈倩	16	15	17	13	
韩丹	19	17	19	15	
陈强	15	17	14	10	

第 2 步 利用填充功能向下复制公式，即可计算出其他员工的达标情况，如下图所示。

F14 =OR(B14>17,C14>17,D14>17, E14>17)

新进员工考核表					
				各单科成绩满分25分	
姓名	出勤考核	工作能力	工作态度	业务考核	达标情况
刘露	25	20	23	21	TRUE
张静	21	25	20	18	TRUE
李洋洋	16	20	15	19	TRUE
朱金	19	13	17	14	TRUE
杨青青	20	18	20	18	TRUE
张小波	17	15	14	13	FALSE
黄雅雅	25	19	25	19	TRUE
袁志远	18	19	18	20	TRUE
陈倩	16	15	17	13	FALSE
韩丹	19	17	19	15	TRUE
陈强	15	17	14	10	FALSE

又如，在员工职业技能培训成绩登记表中，根据评价标准，使用 IF 函数和 OR 函数返回评价结果，具体操作方法如下。

第 1 步 在【培训成绩】工作表中选中要存放结果的单元格 F3，输入公式“=IF(OR(C3>=$I$3,D3>=$I$3,E3>=$I$3),"优秀",IF(OR(C3>=$I$4,D3=$I$4,E3>=$I$4),"及格","不及格"))”，按【Enter】键，即可得出计算结果，如下图所示。

F3 =IF(OR(C3>$I$3,D3>=$I$3,E3>=$I$3),"优秀",IF(OR(C3>=$I$4,D3=$I$4,E3>=$I$4),"及格","不及格"))

员工职业技能培训成绩登记								
员工编号	姓名	第一次成绩	第二次成绩	第三次成绩	记录成绩		记录标准	
GY00001	郭旭东	62	75	66	及格		优秀	85
GY00002	陈丹	75	67	87			及格	60
GY00003	张峰	48	32	66				
GY00004	华西子	89	71	76				
GY00005	周顺受	56	69	88				
GY00006	向斯通	84	84	88				
GY00007	刘秀	45	59	48				
GY00008	张花兽	66	52	63				
GY00009	欣想	78	54	89				
GY00010	余加	62	83	86				
GY00011	康斯容	74	93	84				
GY00012	张伟	36	48	71				
GY00013	蒋钦	79	96	89				
GY00014	蔡嘉年	59	68	66				
GY00015	朱笑笑	66	66	63				

第 2 步 利用填充功能向下复制公式，即可计算出其他员工的评价结果，如下图所示。

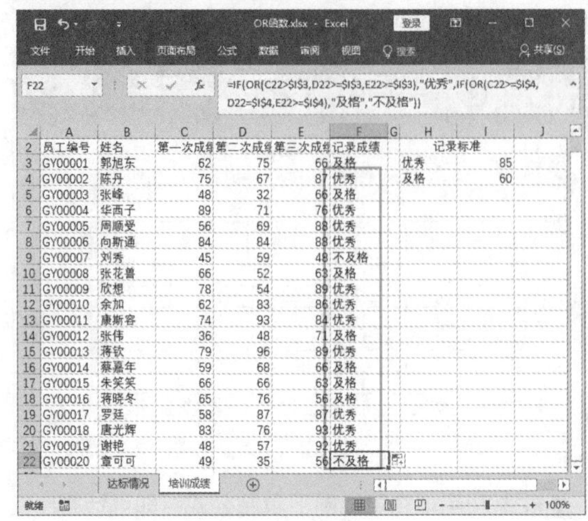

F22 =IF(OR(C22>$I$3,D22>=$I$3,E22>=$I$3),"优秀",IF(OR(C22>=$I$4,D22=$I$4,E22>=$I$4),"及格","不及格"))

员工编号	姓名	第一次成绩	第二次成绩	第三次成绩	记录成绩		记录标准	
GY00001	郭旭东	62	75	66	及格		优秀	85
GY00002	陈丹	75	67	87	优秀		及格	60
GY00003	张峰	48	32	66	及格			
GY00004	华西子	89	71	76	优秀			
GY00005	周顺受	56	69	88	优秀			
GY00006	向斯通	84	84	88	优秀			
GY00007	刘秀	45	59	48	不及格			
GY00008	张花兽	66	52	63	及格			
GY00009	欣想	78	54	89	优秀			
GY00010	余加	62	83	86	优秀			
GY00011	康斯容	74	93	84	优秀			
GY00012	张伟	36	48	71	及格			
GY00013	蒋钦	79	96	89	优秀			
GY00014	蔡嘉年	59	68	66	及格			
GY00015	朱笑笑	66	66	63	及格			
GY00016	蒋晓冬	65	76	56	及格			
GY00017	罗廷	58	87	87	优秀			
GY00018	唐光辉	83	76	93	优秀			
GY00019	谢艳	48	57	92	优秀			
GY00020	章可可	49	35	56	不及格			

温馨提示

- 参数可以是逻辑值，如 TRUE 或 FALSE，或包含逻辑值的数组。
- 如果参数为数组或引用参数，则其中包含文本或空白单元格这些值将被忽略。
- 如果指定的区域中不包含逻辑值，函数 OR 将返回错误值【#VALUE!】。

114 用 IFERROR 函数判断公式结果

适用版本	实用指数
2007、2010、2013、2016	★★★★☆

使用说明

IFERROR 函数用于检查公式的计算结果是否错误，如果错误，将返回指定的值；否则返回公式的结果。

函数语法：= IFERROR (value, value_if_error)

参数说明如下。

- value（必选）：检查是否存在错误的参数。
- value_if_error（必选）：公式的计算结果错误时要返回的值。计算得到的错误类型有：#N/A、#VALUE!、#REF!、#DIV/0!、#NUM!、#NAME? 和 #NULL!。

解决方法

当工作表中的公式发生计算错误时，如果希望使用指定的值替换错误值，可以使用 IFERROR 函数来预先指定。例如，当结果值错误时，返回结果为“公式出错”，具体操作方法如下。

第 1 步 打开素材文件（位置：素材文件 \ 第 5 章 \ 用文字代替公式返回错误值 .xlsx），选择要存放结果的单元格 B2，输入公式“= IFERROR (A2, "公式出错")”，按【Enter】键，即可得出计算结果，如下图所示。

第 2 步 利用填充功能向下复制公式即可，如下图所示。

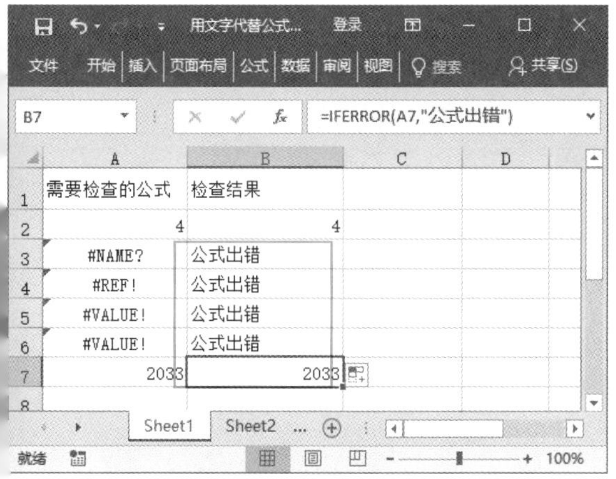

温馨提示

- 如果 value 或 value_if_error 是空单元格，则 IFERROR 将其视为空字符串值 ("")。
- 如果 value 中使用了数组公式，则 IFERROR 为 value 中指定区域的每个单元格返回一个结果数组。

115 用 IFNA 函数返回指定内容

适用版本	实用指数
2007、2010、2013、2016	★★☆☆☆

使用说明

使用 IFNA 函数时，如果公式返回错误值【#N/A】，则结果返回指定内容；否则返回公式的结果。

函数语法：=XOR(logical1, [logical2],…)。

参数说明如下。

- logical1（必选）：要检验的第 1 个条件，可为 TRUE 或 FALSE，且可为逻辑值、数组或引用。
- logical2（可选）：要检验的第 2 ~ 254 个条件。

解决方法

在使用 VLOOKUP 函数查找数据时，如果找不到要查找的数据，将返回错误值【#N/A】。使用 IFNA 函数，可以在单元格中返回【#N/A】错误值时显示指定字符，具体操作方法如下。

打开素材文件（位置：素材文件 \ 第 5 章 \IFNA.xlsx），选择要存放结果的单元格 B9，输入公式“=IFNA(VLOOKUP("SEATTLE",$B$1:$B$7,), " 没有找到 ")”，按【Enter】键，即可在单元格中显示指定内容，如下图所示。

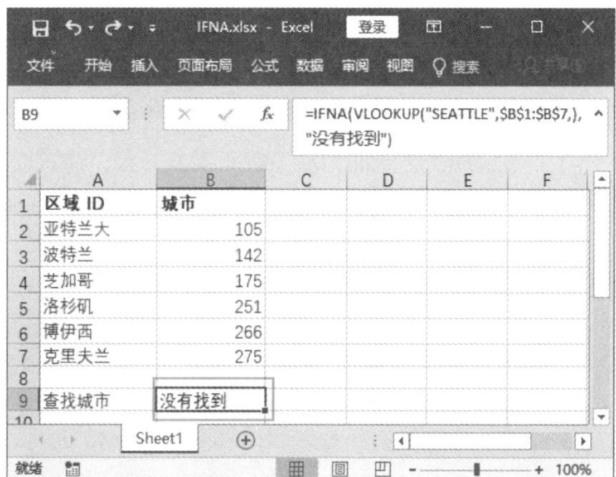

第 6 章
文本函数使用技巧

Excel 在处理文本方面也有很强的功能。Excel 提供了一些专门用于处理文本的函数。这些函数的主要功能包括截取、查找或搜索文本中的某个特殊字符，转换文本格式，以及获取关于文本的其他信息。本章介绍 Excel 函数在处理文本方面的应用技巧。

下面列举了一些文本函数应用中的常见问题，看看是否会处理或已掌握。

【√】对于有规律的文本，如果需要从文本中提取字符，应该使用什么函数?

【√】工作表中的不同单元格分别记录了区号和电话号码，如果要将单元格中的内容合并，应该使用什么函数?

【√】工作表中的字符全角和半角均有，如果要将全角转换为半角，应该怎样操作?

【√】公司外贸部需要将数字转换为带美元符号的文本，应该使用哪个函数?

【√】公司员工增加，员工编号需要升级，应该使用哪个函数?

【√】在编辑工作表的过程中，如果数据中插入了无法打印的字符，应该如何将其删除?

希望通过本章内容的学习，能帮助你解决以上问题，并学会在 Excel 中使用文本函数的技巧。

6.1 返回字符或字符编码函数

掌握字符或字符编码函数，可以方便地在字符与字符编码之间转换。下面介绍一些常用的字符编码函数的使用技巧。

116　使用 CHAR 函数返回数字对应的字符编码

适用版本	实用指数
2007、2010、2013、2016	★★★★☆

使用说明

函数 CHAR 用于返回与 ANSI 字符编码对应的字符。

> 函数语法：= CHAR(number)
> 参数说明如下。
> number（必选）：介于 1 ～ 255 之间，用于指定所需字符的数字（ANSI 字符编码）。如果包含小数，则截尾取整，即只保留整数参加计算。

解决方法

例如，某员工在编辑一项数据时，需要将数字转换为字符编码，具体操作方法如下。

第 1 步 打开素材文件（位置：素材文件 \ 第 6 章 \ 返回数字对应的字符代码 .xlsx），选择单元格 B2，输入公式“=CHAR(A2)”，按【Enter】键，即可得出计算结果，如下图所示。

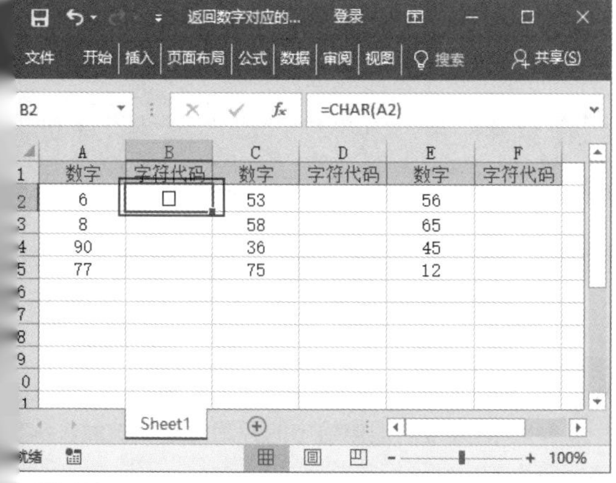

	A	B	C	D	E	F
1	数字	字符代码	数字	字符代码	数字	字符代码
2	6	□	53		56	
3	8		58		65	
4	90		36		45	
5	77		75		12	

第 2 步 将公式复制到其他单元格即可，如右上图所示。

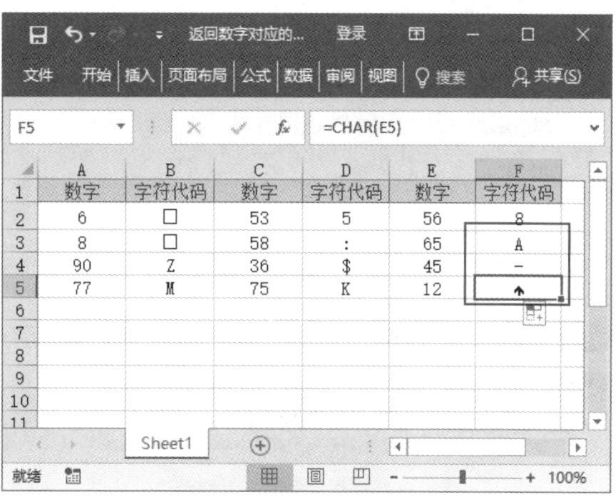

	A	B	C	D	E	F
1	数字	字符代码	数字	字符代码	数字	字符代码
2	6	□	53	5	56	8
3	8	□	58	:	65	A
4	90	Z	36	$	45	-
5	77	M	75	K	12	[illegible]

温馨提示

计算机中的每个字符都有与其对应的编码。例如，大写字母 A 的编码为 65，空格的编码为 32。用户可以通过编码来输入实际的字母、数字以及其他字符，只要输入某个字符对应的编码即可得到该字符。这些字符的集合称为 ANSI 字符集，而每个字符对应的编码称为 ANSI 字符编码。

117　使用 CODE 函数返回字符编码对应的数字

适用版本	实用指数
2007、2010、2013、2016	★★★★☆

使用说明

CODE 函数用于返回文本字符串中第一个字符的数字代码，返回的代码对应于电脑当前使用的字符集。

> 函数语法：= CODE(text)
> 参数说明如下。
> text（必选）：要得到其第一个字符的文本。

解决方法

例如，某员工在编辑一项数据时，需要将字符编码转换为数字，具体操作方法如下。

第 1 步 打开素材文件（位置：素材文件 \ 第 6 章 \ CODE 函数 .xlsx），在【返回数字】工作表中选择单元格 B2，输入公式“=CODE(A2)”，按【Enter】键，即可得出计算结果，如下图所示。

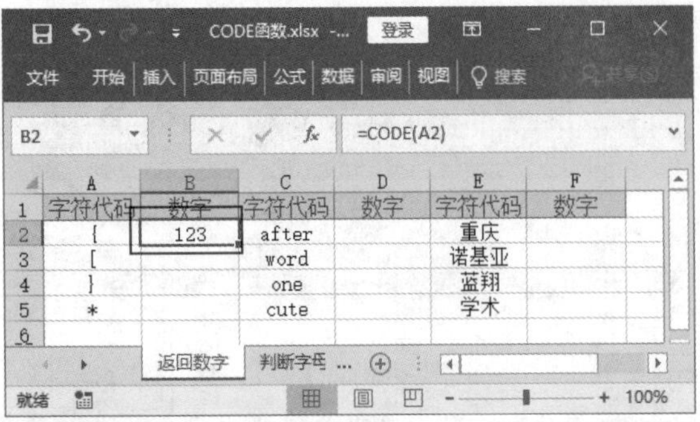

第 2 步 将公式复制到其他单元格即可，如下图所示。

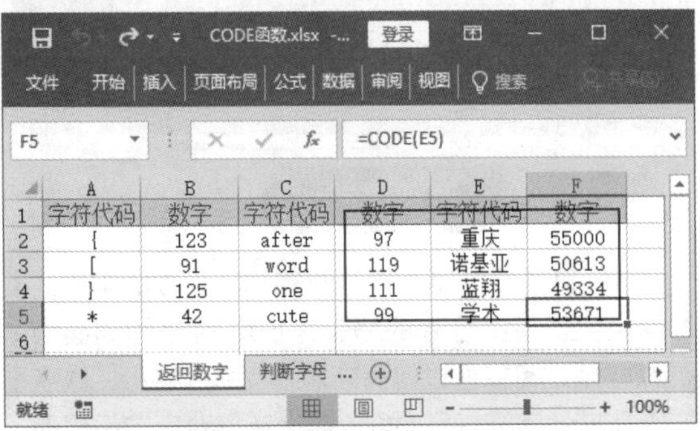

又如，要判断 A 列中每个单元格的第一个字符是否为字母，需要判断单元格中文本是否满足以下两个条件：大写字母对应的 ANSI 字符编码在 65 ～ 90 之间，小写字母对应的 ANSI 字符编码在 97 ～ 122 之间。此时可以配合使用 CODDE、AND、OR 和 IF 函数来解决，具体操作方法如下。

第 1 步 在【判断字母】工作表选择中 B2 单元格，输入公式“=IF(OR(AND(CODE(A1)>64,CODE(A1)<91),AND(CODE(A1)>96,CODE(A1)<123)),"是字母","非字母")”，按【Enter】键，即可得出计算结果，如下图所示。

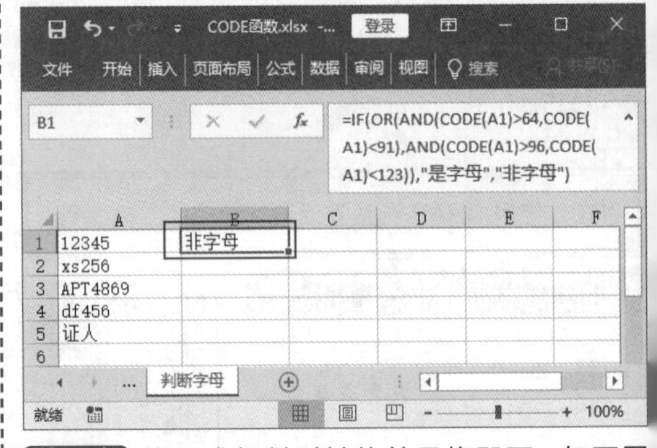

第 2 步 将公式复制到其他单元格即可，如下图所示。

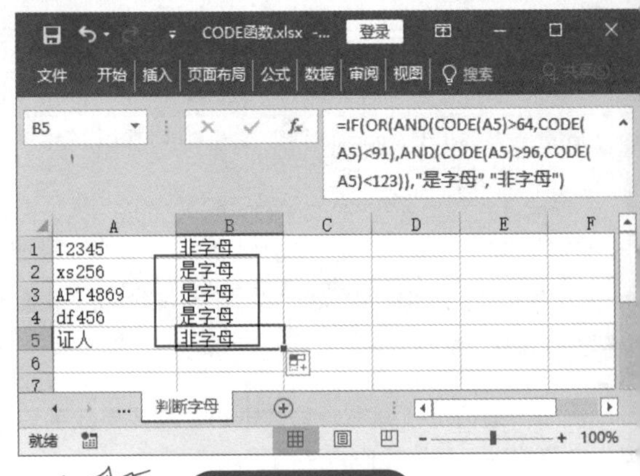

温馨提示

CODE 和 CHAR 函数在 Windows 系统中只能处理 ANSI 字符串，在 Macintosh 系统中可以处理 Macintosh 字符集的字符串，但不能处理双字节的 Unicode 字符串。

6.2 返回文本内容函数

从原有文本中截取并返回一部分用于形成新的文本是常见的文本运算。掌握返回文本内容函数的相关应用技能，可以提高编辑工作表的效率。下面介绍一些常用的返回文本内容函数的使用技巧。

118 使用 MID 函数从文本指定位置起提取指定个数的字符

适用版本	实用指数
2007、2010、2013、2016	★★★★☆

使用说明

MID 函数可以根据给出的开始位置和长度，从文本字符串的中间返回字符串。

函数语法：=MID(text,start_num, num_chars)

参数说明如下。

- text（必选）：包含要提取的字符串的文本、字符串，或是对含有要提取的字符串单元格的引用。
- start_num（必选）：要提取的第一个字符的位置。
- num_chars（必选）：要从第一个字符位置开始提取字符的个数。

解决方法

例如，产品编码中包含了产品的类别编码和序号，如要将 A 列产品中的类别编码分离出来，可以使用 MID 函数。具体操作方法如下。

第 1 步 打开素材文件（位置：素材文件\第 6 章\MID 函数 .xlsx），在【产品编码】工作表中选中要存放结果的单元格 C2，输入公式“=MID(A2,1,3)”，按【Enter】键，即可得到计算结果，如下图所示。

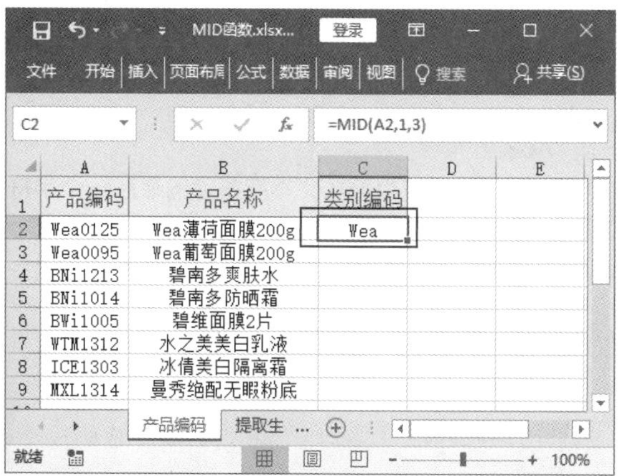

第 2 步 利用填充功能向下复制公式，即可得出其他单元格中的类别编码，如下图所示。

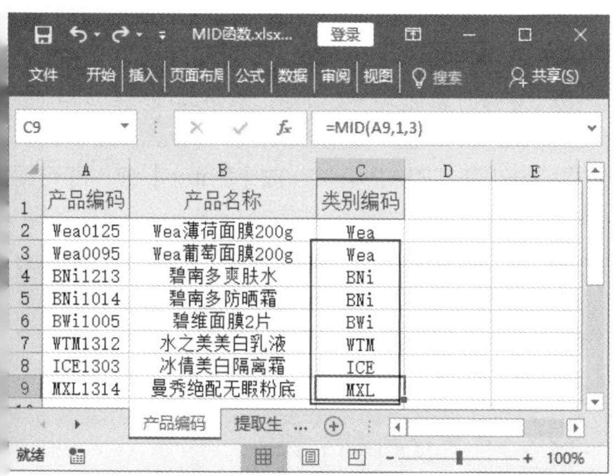

又如，要根据员工的身份证号码提取出完整的出生日期，此时可以配合使用 MID 函数以及 LEN 函数、IF 函数和 TEXT 函数来实现。具体操作方法如下。

第 1 步 在【提取生日】工作表中选中要存放结果的单元格 C2，输入公式“=TEXT(IF(LEN(B2)=15,"19"&MID(B2,7,6),MID(B2,7,8)),"0000 年 00 月 00 日")”，按【Enter】键，即可得到计算结果，如下图所示。

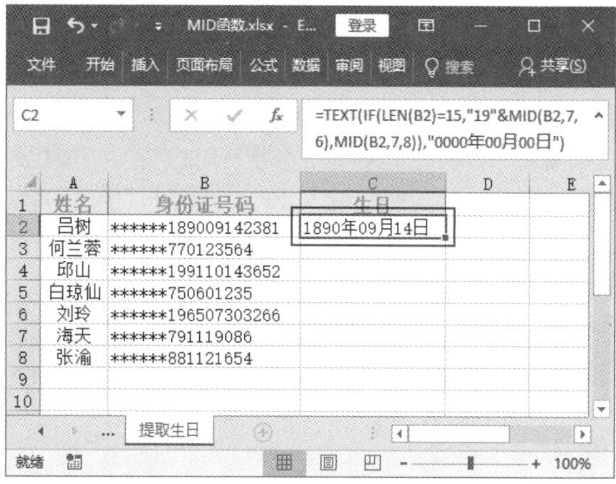

第 2 步 利用填充功能向下复制公式即可，如下图所示。

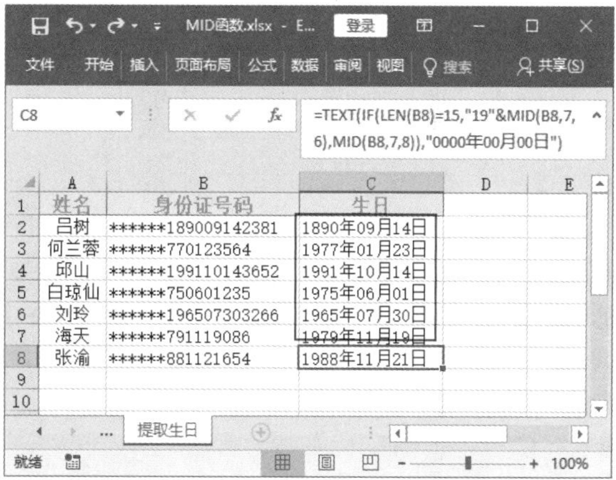

119 使用 RIGHT 函数从文本右侧起提取指定个数的字符

适用版本	实用指数
2007、2010、2013、2016	★★★★☆

使用说明

RIGHT 函数用于从一个文本字符串的最后一个字符起，返回指定个数的字符。

函数语法：=RIGHT(text,[num_chars])

参数说明如下。

- text（必选）：表示从中提取 1 个或多个字符的参数，参数可以是文本、数字、单元格以及数组。
- num_chars（可选）：表示要提取字符的个数。如果忽略，则为 1。

解决方法

例如，利用 RIGHT 函数将员工的名字提取出来，具体操作方法如下。

第 1 步 打开素材文件（位置：素材文件 \ 第 6 章 \ 员工档案表 .xlsx），姓名有 3 个字符时的操作：选中要存放结果的单元格 F3，输入公式“=RIGHT(A3,2)”，按【Enter】键，即可得到计算结果。将该公式复制到其他需要计算的单元格，如下图所示。

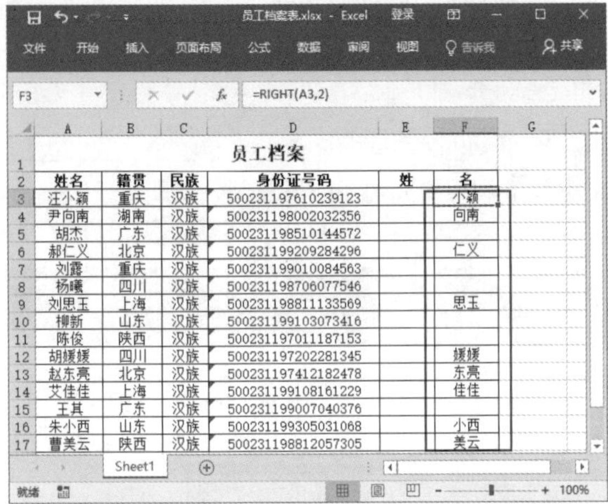

第 2 步 姓名有 2 个字符时的操作：选中要存放结果的单元格 F5，输入公式“=RIGHT(A5,1)”，按【Enter】键，即可得到计算结果。将该公式复制到其他需要计算的单元格，如下图所示。

温馨提示

参数num_chars必须大于或等于0，如果小于0，将会返回错误值【#VALUE!】。当参数 num_chars 大于或等于 0 时返回值有以下几种情况。

- 如果参数 num_chars 大于 0，RIGHT 函数会根据其值提取指定个数的字符。
- 如果参数 num_chars 等于 0，RIGHT 函数将返回空文本。
- 如果参数 num_chars 省略，则默认提取指定个数的字符。
- 如果参数 num_chars 大于文本总体长度，则 RIGHT 函数将返回全部文本。

120 使用 RIGHTB 函数从文本右侧起提取指定字节数的字符

适用版本	实用指数
2007、2010、2013、2016	★★★★☆

使用说明

RIGHTB 函数用于从文本字符串的最后一个字符开始返回指定字节数的字符。全角字符包含 2 个字节；半角字符是 1 个字节，句号、逗号、空格也包括在内。

函数语法：=RIGHTB(text,[num_bytes])

参数说明如下。

- text（必选）：要提取字符的文本字符串。
- num_bytes（可选）：要提取的字节数。如果忽略，则为 1。

解决方法

例如，要使用 RIGHTB 函数提取参会公司名称，具体操作方法如下。

第 1 步 打开素材文件（位置：素材文件 \ 第 6 章 \ 参会公司 .xlsx），选中要存放结果的单元格 C2，输入公式“=RIGHTB(A2,4)”，按【Enter】键，即可得到计算结果，如下图所示。

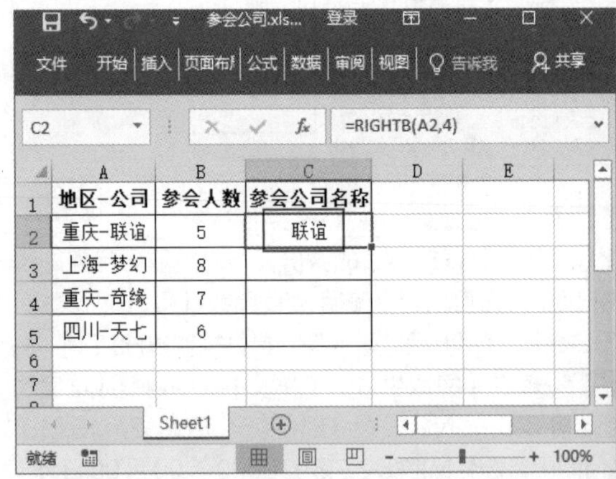

第 2 步 利用填充功能向下复制公式，即可将其他参会公司名称提取出来，如下图所示。

C5 =RIGHTB(A5,4)

	A	B	C
1	地区-公司	参会人数	参会公司名称
2	重庆-联谊	5	联谊
3	上海-梦幻	8	梦幻
4	重庆-奇缘	7	奇缘
5	四川-天七	6	天七

121　使用 LEFT 函数从文本左侧起提取指定个数的字符

适用版本	实用指数
2007、2010、2013、2016	★★★★☆

使用说明

LEFT 函数是用于一个文本字符串的第一个字符开始，返回指定个数的字符。

函数语法：=LEFT(text,[num_chars])

参数说明如下。

- text（必选）：要提取字符的文本字符串。
- num_chars（可选）：指定需要提取的字符数，如果忽略，则为 1。

解决方法

例如，利用 LEFT 函数将员工的姓氏提取出来，具体操作方法如下。

第 1 步 打开素材文件（位置：素材文件 \ 第 6 章 \ 员工档案表 1.xlsx），选中要存放结果的单元格 E3，输入公式“=LEFT(A3,1)”，按【Enter】键，即可得到计算结果，如下图所示。

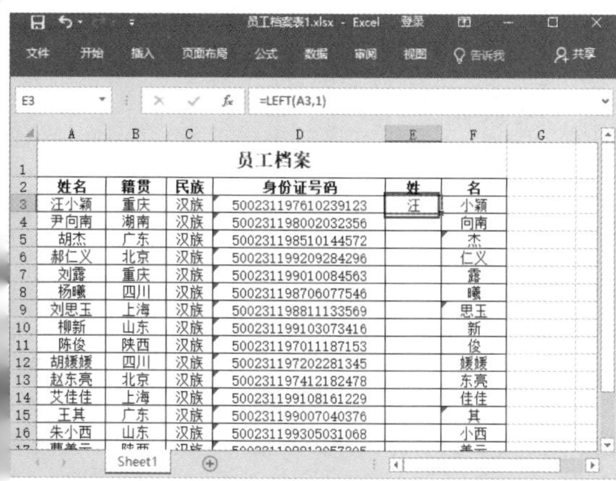

E3 =LEFT(A3,1)

员工档案

姓名	籍贯	民族	身份证号码	姓	名
汪小颖	重庆	汉族	500231197610239123	汪	小颖
尹向南	湖南	汉族	500231198002032356		向南
胡杰	广东	汉族	500231198510144572		杰
郝仁义	北京	汉族	500231199209284296		仁义
刘露	重庆	汉族	500231199010084563		露
杨曦	四川	汉族	500231198706077546		曦
刘思玉	上海	汉族	500231198811133569		思玉
柳新	山东	汉族	500231199103073416		新
陈俊	陕西	汉族	500231197011187153		俊
胡媛媛	四川	汉族	500231197202281345		媛媛
赵东亮	北京	汉族	500231197412182478		东亮
艾佳佳	上海	汉族	500231199108161229		佳佳
王其	广东	汉族	500231199007040376		其
朱小西	山东	汉族	500231199305031068		小西

第 2 步 利用填充功能向下复制公式，即可将所有员工的姓氏提取出来，如下图所示。

E17 =LEFT(A17,1)

员工档案

姓名	籍贯	民族	身份证号码	姓	名
汪小颖	重庆	汉族	500231197610239123	汪	小颖
尹向南	湖南	汉族	500231198002032356	尹	向南
胡杰	广东	汉族	500231198510144572	胡	杰
郝仁义	北京	汉族	500231199209284296	郝	仁义
刘露	重庆	汉族	500231199010084563	刘	露
杨曦	四川	汉族	500231198706077546	杨	曦
刘思玉	上海	汉族	500231198811133569	刘	思玉
柳新	山东	汉族	500231199103073416	柳	新
陈俊	陕西	汉族	500231197011187153	陈	俊
胡媛媛	四川	汉族	500231197202281345	胡	媛媛
赵东亮	北京	汉族	500231197412182478	赵	东亮
艾佳佳	上海	汉族	500231199108161229	艾	佳佳
王其	广东	汉族	500231199007040376	王	其
朱小西	山东	汉族	500231199305031068	朱	小西
曹美云	陕西	汉族	500231198812057305	曹	美云

温馨提示

参数 num_chars 必须大于或等于 0；如果小于 0，将会返回错误值【#VALUE!】。当参数 num_chars 大于或等于 0 时返回值有以下几种情况。

- 如果参数 num_chars 大于 0，LEFT 函数会根据其值提取指定个数的字符。
- 如果参数 num_chars 等于 0，LEFT 函数将返回空文本。
- 如果参数 num_chars 省略，则默认提取指定个数的字符。
- 如果参数 num_chars 大于文本总体长度，则 LEFT 函数将返回全部文本。

122　使用 LEFTB 函数从文本左侧起提取指定字节数的字符

适用版本	实用指数
2007、2010、2013、2016	★★★★☆

使用说明

如果需要从字符串第一个字符开始返回指定字节数的字符，可通过 LEFTB 函数来实现。

函数语法：=LEFTB(text,[num_bytes])

参数说明如下。

- text（必选）：要提取字符的文本字符串。
- num_bytes（可选）：要提取的字节数，如果忽略，则为 1。

解决方法

例如，要根据地址提取所在城市，具体操作方法如下。

第 1 步 打开素材文件（位置：素材文件\第 6 章\员工基本信息 .xlsx），选中要存放结果的单元格 D3，输入公式“=LEFTB(C3,6)”，按【Enter】键，即可得到计算结果，如下图所示。

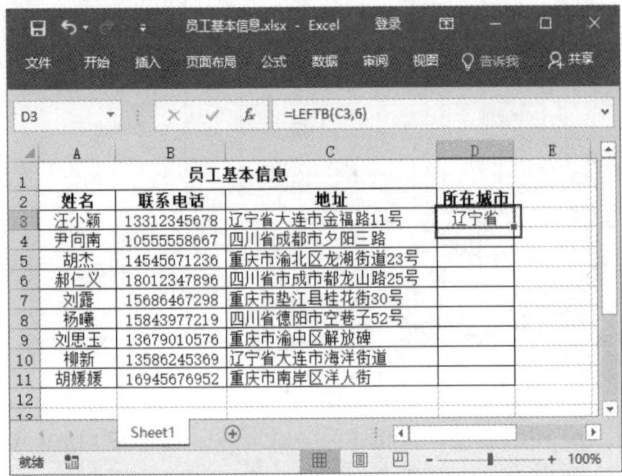

D3 =LEFTB(C3,6)

姓名	联系电话	地址	所在城市
汪小颖	13312345678	辽宁省大连市金福路11号	辽宁省
尹向南	10555558667	四川省成都市夕阳三路	
胡杰	14545671236	重庆市渝北区龙湖街道23号	
郝仁义	18012347896	四川省市成市都龙山路25号	
刘露	15686467298	重庆市垫江县桂花街30号	
杨曦	15843977219	四川省德阳市空巷子52号	
刘思玉	13679010576	重庆市渝中区解放碑	
柳新	13586245369	辽宁省大连市海洋街道	
胡媛媛	16945676952	重庆市南岸区洋人街	

第 2 步 利用填充功能向下复制公式，即可将所有员工的所在城市提取出来，如下图所示。

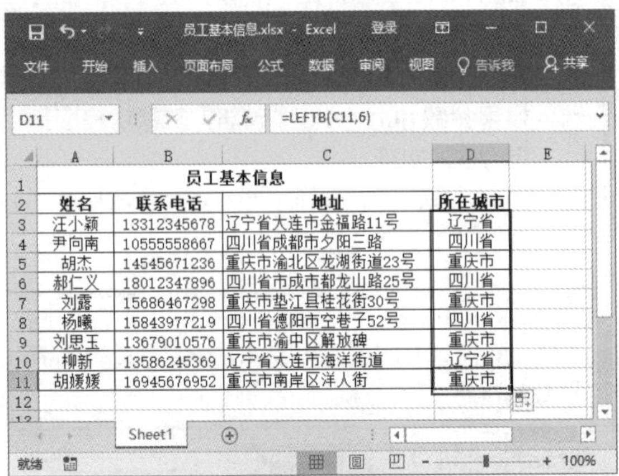

D11 =LEFTB(C11,6)

姓名	联系电话	地址	所在城市
汪小颖	13312345678	辽宁省大连市金福路11号	辽宁省
尹向南	10555558667	四川省成都市夕阳三路	四川省
胡杰	14545671236	重庆市渝北区龙湖街道23号	重庆市
郝仁义	18012347896	四川省市成市都龙山路25号	四川省
刘露	15686467298	重庆市垫江县桂花街30号	重庆市
杨曦	15843977219	四川省德阳市空巷子52号	四川省
刘思玉	13679010576	重庆市渝中区解放碑	重庆市
柳新	13586245369	辽宁省大连市海洋街道	辽宁省
胡媛媛	16945676952	重庆市南岸区洋人街	重庆市

温馨提示

通常情况下，1 个中文字符占 2 个字节，1 个英文字符占 1 个字节。

123 使用 LEN 函数计算数值的位数

适用版本	实用指数
2007、2010、2013、2016	★★★☆☆

使用说明

LEN 函数用于返回从文本左侧开始指定的字符个数。

函数语法：= LEN(text)

参数说明如下。

text(必选)：表示要计算长度的文本。该参数可以是文本、数字、单元格以及数组。

解决方法

例如，要计算文本中包含的数字个数，具体操作方法如下。

第 1 步 打开素材文件（位置：素材文件\第 6 章\LEN 函数 .xlsx），在【数字个数】工作表中选中要存放结果的单元格 B2，输入公式“=LEN(A2)*2-LENB(A2)”，按【Enter】键，即可得到计算结果，如下图所示。

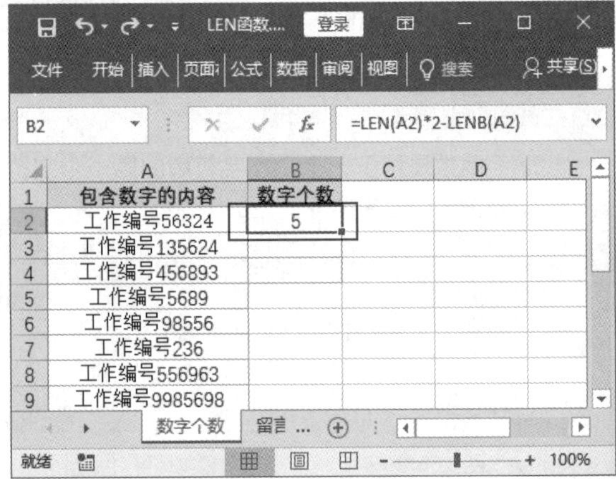

B2 =LEN(A2)*2-LENB(A2)

包含数字的内容	数字个数
工作编号56324	5
工作编号135624	
工作编号456893	
工作编号5689	
工作编号98556	
工作编号236	
工作编号556963	
工作编号9985698	

第 2 步 利用填充功能向下复制公式，即可得出相应单元格所包含的数字个数，如下图所示。

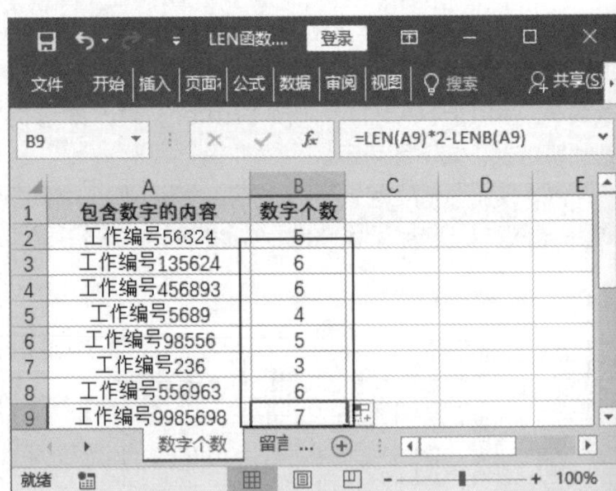

B9 =LEN(A9)*2-LENB(A9)

包含数字的内容	数字个数
工作编号56324	5
工作编号135624	6
工作编号456893	6
工作编号5689	4
工作编号98556	5
工作编号236	3
工作编号556963	6
工作编号9985698	7

又如，在制作网络留言系统时，为了保证网络传输速度，要求用户在个人信息展示板中编辑个人信息时不超过 80 个字符，并在编辑信息时，显示出还可

以输入的字符个数。对此可以使用 LEN 函数统计已经输入的字符个数，再通过减法计算还能输入的字符个数。具体操作方法如下。

第 1 步 在【留言板】工作表中选中要存放结果的单元格 A9，输入公式"="还可以输入"&(80-LEN(A1)&"个字符")"，按【Enter】键，即可得到计算结果，如下图所示。

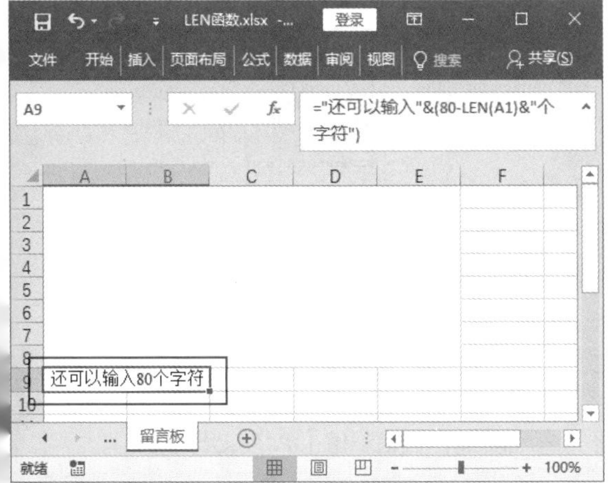

第 2 步 操作完成后，在 A1 单元格中输入文本内容时，在 A9 单元格中返回还可以输入的文本字符数，如下图所示。

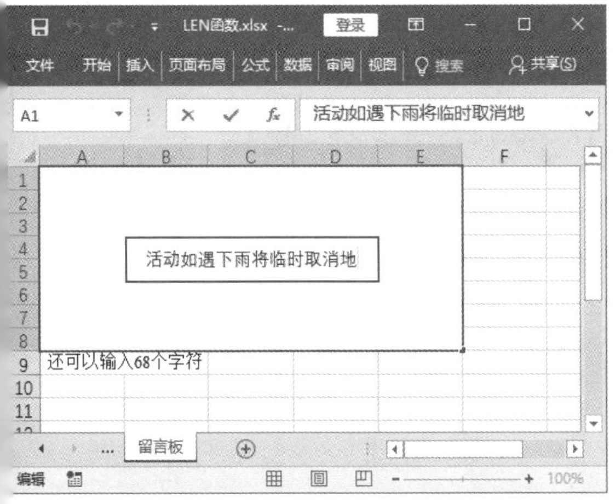

124 使用 LENB 函数返回字符串的字节数

适用版本	实用指数
2007、2010、2013、2016	★★★☆☆

使用说明

LENB 函数用于返回指定字符串的字节数。

函数语法：= LENB(text)

参数说明如下。

text(必选)：表示从中提取字符的文本，该参数可以是文本。数字单元格引用以及数组。

解决方法

例如，要返回字符串的字节数，具体操作方法如下。

第 1 步 打开素材文件（位置：素材文件 \ 第 6 章 \ 返回字符串的字节数 .xlsx），选中要存放结果的单元格 D2，输入公式"=LENB(C2)"，按【Enter】键，即可得到计算结果，如下图所示。

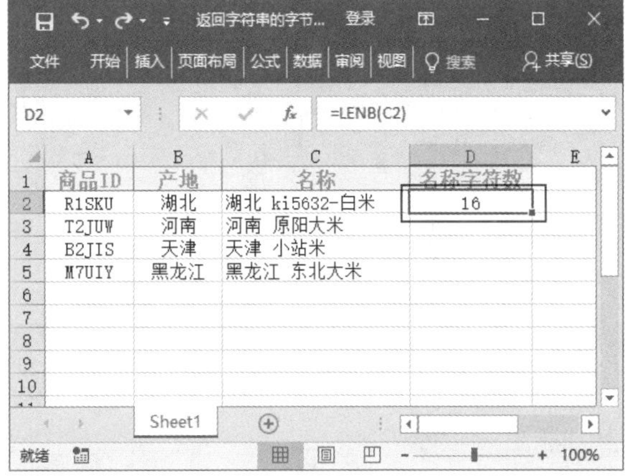

第 2 步 利用填充功能向下复制公式，即可计算出所有结果，如下图所示。

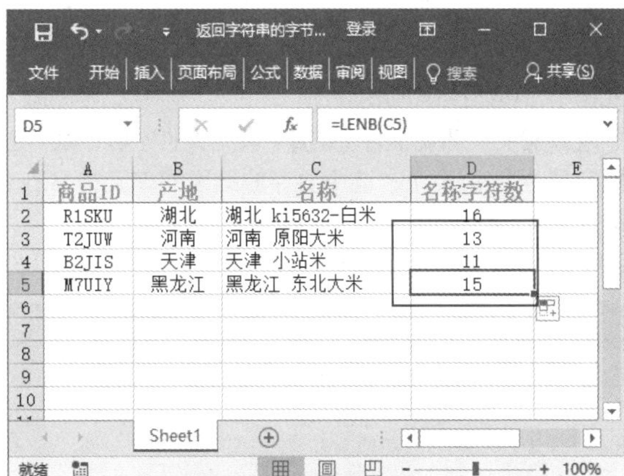

温馨提示

- 当单元格内字符串包含半角字符时，半角字符计为 1 个字节。
- 单元格内的换行符按 1 个字节计算；当单元格内的字符串被转换为多行时，LENB 函数返回值为【字节数 + 行数 −1】。

125 使用 MIDB 函数从文本指定位置起提取指定字节数的字符

适用版本	实用指数
2007、2010、2013、2016	★★★★★

使用说明

MIDB 函数用于返回文本字符串中从指定位置开始的特定数目的字符，只不过是以字节为单位来计算的，即全角字符为 2 个字节，半角字符为 1 个字节，汉字为 2 个字节。

函数语法：= MIDB(text,start_num,num_bytes)

参数说明如下。

- text（必选）：从中提取字符的文本字符串或包含文本的列。该参数可以是文本、数字、单元格引用以及数组。
- start_num（必选）：表示要提取的第一个字符的位置，位置从 1 开始。
- num_bytes（必选）：表示要从第一个字符位置开始提取字符的个数，按字节计算。

解决方法

例如，某员工在公司年会后得到一份各个部门的获奖人员名单，如下图所示。A 列单元格中同时包含了部门名称和人员姓名，中间以冒号分隔。该员工需要将 A 列中获奖的人员姓名完整提取到 B 列相应的单元格中，具体操作方法如下。

第 1 步 打开素材文件（位置：素材文件 \ 第 6 章 \ 提取完整姓名 .xlsx），选中要存放结果的单元格 B2，输入公式 “=MIDB(A2,FIND("：",A2)*2,LEN(A2))”，按【Enter】键，即可得到计算结果，如下图所示。

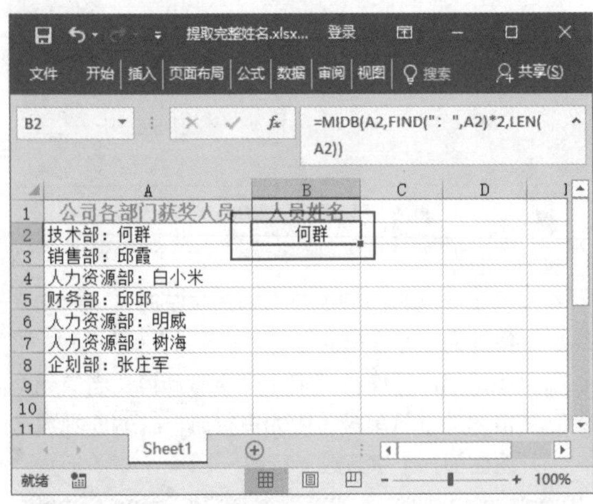

第 2 步 利用填充功能向下复制公式，即可得出所有人员的完整姓名，如下图所示。

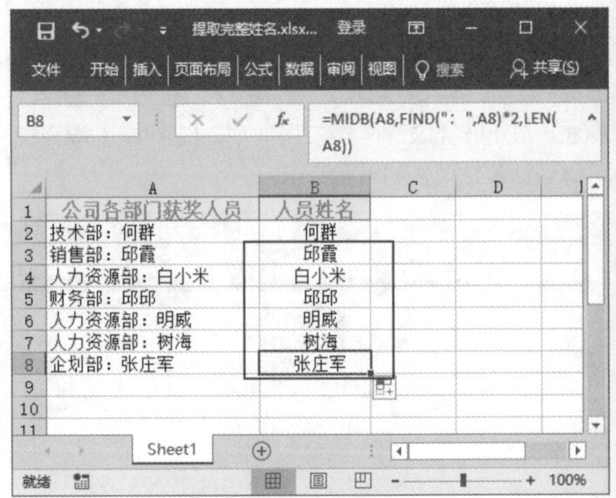

温馨提示

- 如果参数 start_num 是负数，MIDB 函数将返回错误值【#VALUE!】。
- 如果参数 start_num 小于 1，MIDB 函数将返回错误值【#VALUE!】。
- 如果参数 start_num 大于文本总体长度，MIDB 函数将返回空文本。

126 使用 REPT 函数评定销售等级

适用版本	实用指数
2007、2010、2013、2016	★★★★☆

使用说明

REPT 函数可以按照给定次数重复显示文本。

函数语法：= REPT(text，number_times)

参数说明如下。

- text（必选）：表示需要重复显示的文本。
- number_times（必选）：指定重复显示文本的次数；如果指定次数是小数，则将被截尾取整。

解决方法

例如，某公司为了激励员工，将员工的销售业绩分为多个级别，并根据销售等级设置一定的奖励提成。会准确地判定员工的月销售等级，具体操作方法如下。

第 1 步 打开素材文件（位置：素材文件 \ 第 6 章 \ 为考评结果标明等级 .xlsx），选中要存放结果的单元格 C3，输入公式 “=IF(B3<5,REPT

(" ",3),IF(B3<10,REPT(" ",5),REPT(" ",8)))"，按【Enter】键，即可得到计算结果，如下图所示。

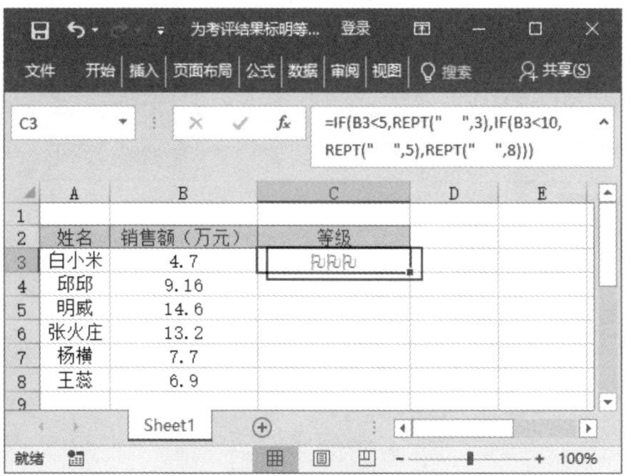

第 2 步 利用填充功能向下复制公式即可，如下图所示。

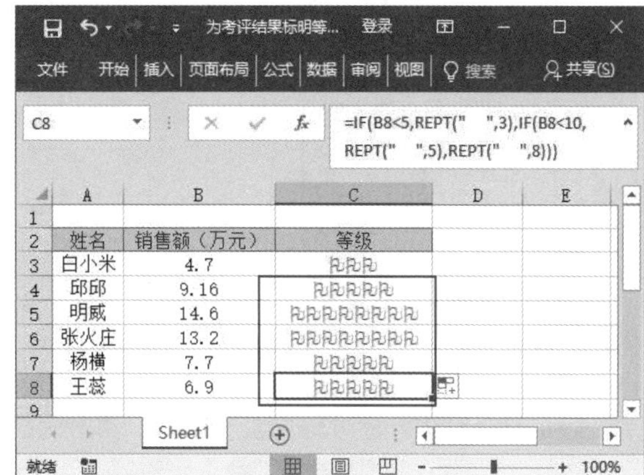

温馨提示

- 如果参数 number_times 为 0，REPT 函数将返回空文本。
- REPT 函数结果的字符个数只能在 0 ～ 32767 之间，否则将返回错误值【#VALUE!】。

6.3 合并文本函数

使用合并文本函数，可以将多个单元格中的数据合并为一个单元格。下面介绍一些常用的合并文本函数的使用技巧。

127 使用 CONCATENATE 函数将多个文本合并

适用版本	实用指数
2007、2010、2013、2016	★★★★☆

使用说明

CONCATENATE 函数用于将两个或多个文本合并为一个整体。

函数语法：= CONCATENATE(text1, [text2],...)

参数说明如下。

- text1（必选）：表示要合并的第一个文本项，该参数还可以是数字或单元格引用。
- text2,…（可选）：表示其他文本项，最多为 255 项，项与项之间必须用逗号隔开；该参数还可以是数字或单元格引用。

解决方法

例如，把区号与号码分开输入的电话号码合并为一个，具体操作方法如下。

第 1 步 打开素材文件（位置：素材文件 \ 第 6 章 \ 将多个文本合并到一处 .xlsx），切换到【电话号码】工作表，选中要存放结果的单元格 C2，输入公式"=CONCATENATE(A2,"-",B2)"，按【Enter】键，即可得到计算结果，如下图所示。

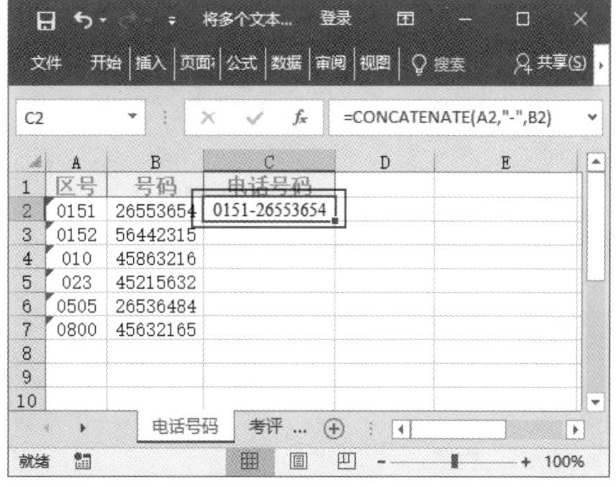

第 2 步 利用填充功能向下复制公式，即合并其他文本，如下图所示。

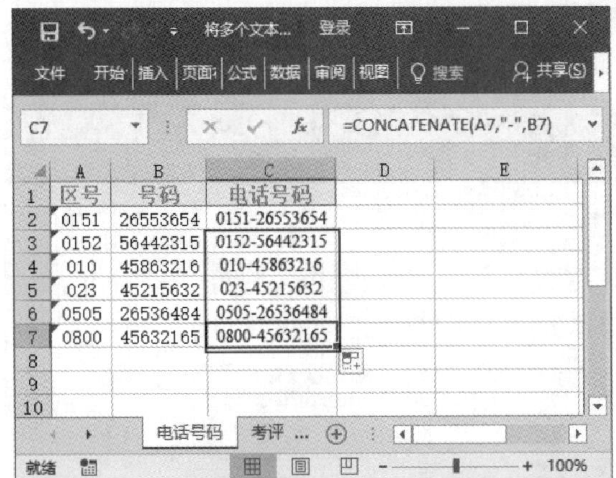

又如，某公司在年底对员工进行考核后，得出员工各项考核成绩，现在需要根据员工各项考核成绩评定员工的等级为【优秀】或【一般】，具体操作方法如下。

第1步 切换到【考评成绩】工作表，选中要存放结果的单元格 E2，输入公式“=CONCATENATE(SUM(B2:D2),"/",IF(SUM(B2:D2)>230,"优秀","一般"))”，按【Enter】键，即可得到计算结果，如下图所示。

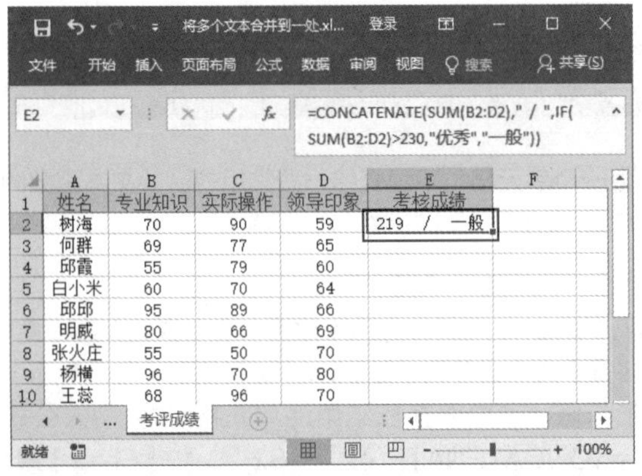

第2步 利用填充功能向下复制公式，即可显示出其他员工的考核等级，如下图所示。

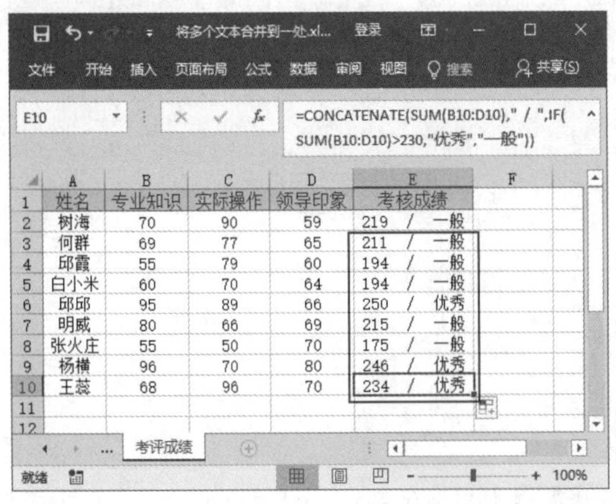

128 使用 PHONETIC 函数合并单元格内容

适用版本	实用指数
2007、2010、2013、2016	★★★★☆

使用说明

PHONETIC 函数用于对 3 个或多个单元格内容合并。

函数语法：= PHONETIC(reference)

参数说明如下。

reference（必选）：需要合并的文本字符串或对单个单元格或包含 furigana 文本字符串的单元格区域的引用。

解决方法

例如，某员工统计出商品的产地、名称以及 ID，现在需要将这 3 条信息合并到一个单元格中，具体操作方法如下。

第1步 打开素材文件（位置：素材文件\第 6 章\合并单元格内容 .xlsx），选中要存放结果的单元格 D2，输入公式“=PHONETIC(A2:C2)”，按【Enter】键，即可得到计算结果，如下图所示。

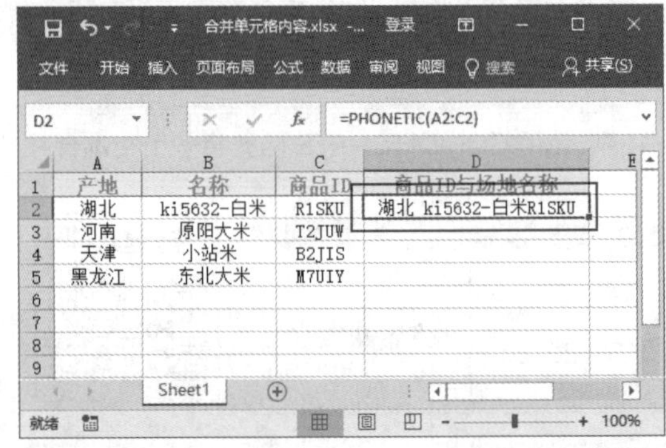

第2步 利用填充功能向下复制公式，即可对其他单元格数据进行计算，如下图所示。

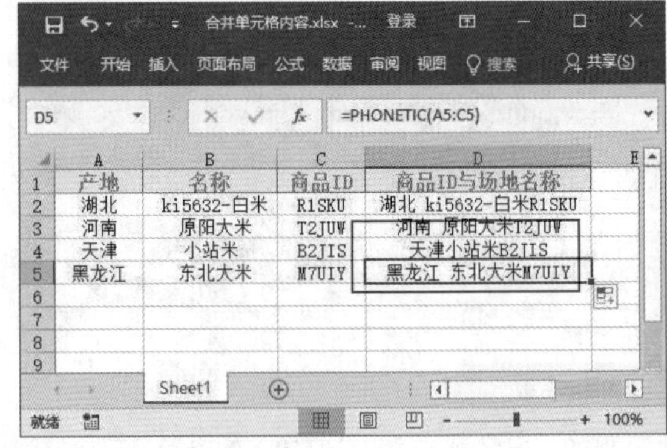

温馨提示

用 PHONETIC 函数合并两个单元格内容时，在目标单元格内将默认显示左边单元格中的值。例如，在单元格内输入公式“=PHONETIC（A1:B1)”，目标单元格只显示 A1 的值。

6.4 转换文本格式函数

利用转换文本格式函数，可以快速修改表格中某种形式的文本格式，提高表格编辑的效率。针对转换文本函数的应用，下面介绍一些常用的操作技巧。

129　使用 ASC 函数将全角字符转换为半角字符

适用版本	实用指数
2007、2010、2013、2016	★★★☆☆

使用说明

ASC 函数用于将文本中的全角字符转化为半角字符。

函数语法：= ASC(text)
参数说明如下。
text（必选）：表示要转换的文本。

解决方法

例如，某员工在登记产品编号时，商品名称录成了全角字符，此时需要将该商品名称转换为半角字符，具体操作方法如下。

第 1 步 打开素材文件（位置：素材文件\第 6 章\将全角字符转换为半角字符 .xlsx），在【全角转半角】工作表中选中要存放结果的单元格 D2，输入公式“=ASC(C2)”，按【Enter】键，即可得到计算结果，如下图所示。

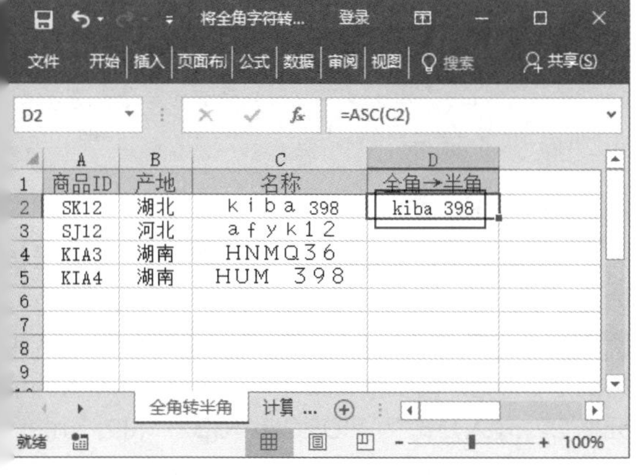

第 2 步 利用填充功能向下复制公式，即可完成转换，如下图所示。

	A	B	C	D
1	商品ID	产地	名称	全角→半角
2	SK12	湖北	ｋｉｂａ 398	kiba 398
3	SJ12	河北	ａｆｙｋ１２	afyk12
4	KIA3	湖南	ＨＮＭＱ３６	HNMQ36
5	KIA4	湖南	ＨＵＭ　３９８	HUM 398

又如，单元格中含有汉字以及全角、半角的英文字母，现在需要计算单元格中的字母个数，具体操作方法如下。

第 1 步 在【计算字母】工作表中选中要存放结果的单元格 B2，输入公式“=LEN(ASC(A2))*2–LENB(ASC(A2))”，按【Enter】键，即可得出相应的字符个数，如下图所示。

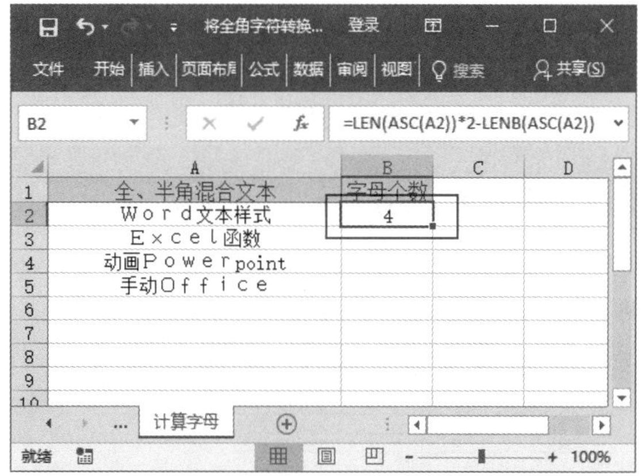

第 2 步 利用填充功能向下复制公式即可，如下图所示。

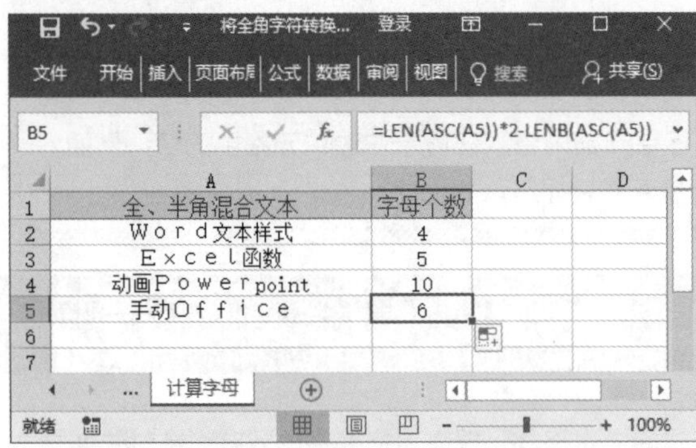

B5 =LEN(ASC(A5))*2-LENB(ASC(A5))

	A	B
1	全、半角混合文本	字母个数
2	Ｗｏｒｄ文本样式	4
3	Ｅｘｃｅｌ函数	5
4	动画Ｐｏｗｅｒpoint	10
5	手动Ｏｆｆｉｃｅ	6

130　使用 RMB 函数将数字转换为带人民币符号 ¥ 的文本

适用版本	实用指数
2007、2010、2013、2016	★★★☆☆

使用说明

RMB 函数用于根据货币格式，将数字转换成指定小数位数的文本，并应用货币格式。该函数使用的货币格式为：（$#,##0.00_）或 ($#,##0.00)。

函数语法：=RMB(number,[decimals])

参数说明如下。

- number（必选）：表示要转换成人民币格式的数字。
- decimals（可选）：指定小数点右边的位数。如果必要，数字将四舍五入；如果忽略，decimals 的值为 2。

解决方法

例如，使用 RMB 函数为产品价格添加货币符号，具体操作方法如下。

第 1 步 打开素材文件（位置：素材文件 \ 第 6 章 \ 商品价格信息 .xlsx），选中要存放结果的单元格 C3，输入公式“=RMB(B3*6.39,2)”，按【Enter】键，即可得到计算结果，如下图所示。

C3 =RMB(B3*6.39,2)

	A	B	C
1	商品价格信息		
2	商品名称	进口单价（美元）	本地单价（元）
3	雅培	$56.23	¥359.31
4	美赞臣	$43.66	
5	加州宝宝金盏花洗发沐浴2合1	$21.13	
6	金盏花沐浴露	$20.00	
7	小蜜蜂儿童洗发沐浴露二合一	$18.78	
8	加州宝宝金盏花面霜	$19.56	
9	艾维诺婴儿天然燕麦舒缓润肤乳	$14.08	
10	童年时光婴幼儿童宝宝鱼油DHA软胶囊	$24.72	
11	Ddrops婴儿专用液态维生素D3	$21.60	

第 2 步 利用填充功能向下复制公式即可，如下图所示。

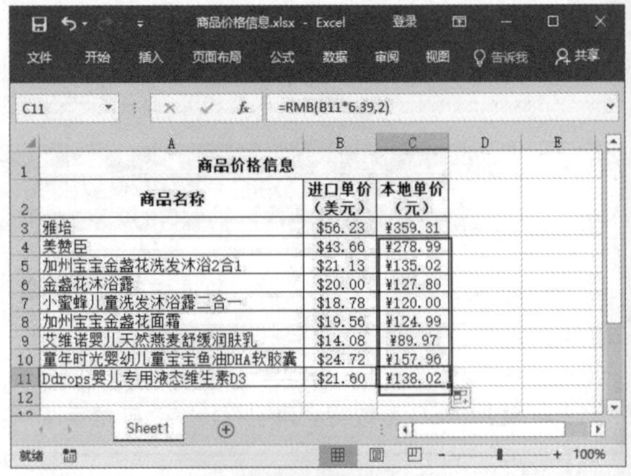

C11 =RMB(B11*6.39,2)

	A	B	C
1	商品价格信息		
2	商品名称	进口单价（美元）	本地单价（元）
3	雅培	$56.23	¥359.31
4	美赞臣	$43.66	¥278.99
5	加州宝宝金盏花洗发沐浴2合1	$21.13	¥135.02
6	金盏花沐浴露	$20.00	¥127.80
7	小蜜蜂儿童洗发沐浴露二合一	$18.78	¥120.00
8	加州宝宝金盏花面霜	$19.56	¥124.99
9	艾维诺婴儿天然燕麦舒缓润肤乳	$14.08	¥89.97
10	童年时光婴幼儿童宝宝鱼油DHA软胶囊	$24.72	¥157.96
11	Ddrops婴儿专用液态维生素D3	$21.60	¥138.02

温馨提示

要为已经输入的数据添加人民币符号 ¥，还可以为这些数据所在的单元格设置单元格格式，即在【设置单元格格式】对话框的【数字】选项卡中的【分类】列表框中选择【货币】选项，然后在其右侧选择【¥】货币。

131　使用 WIDECHAR 函数将半角字符转换为全角字符

适用版本	实用指数
2007、2010、2013、2016	★★★☆☆

使用说明

WIDECHAR 函数用于将半角字符转换为全角字符。

函数语法：= WIDECHAR(text)

参数说明如下。

text（必选）：表示半角字符或对包含要更改的半角字符的单元格的引用。

解决方法

例如，要将商品名称转换为全角字符，具体操作方法如下。

第 1 步 打开素材文件（位置：素材文件 \ 第 6 章 \ 转换商品名称为全角字符 .xlsx），选中要存放结果的单元格 C2，输入公式“=WIDECHAR(B2)”，按【Enter】键，即可得到计算结果，如下图所示。

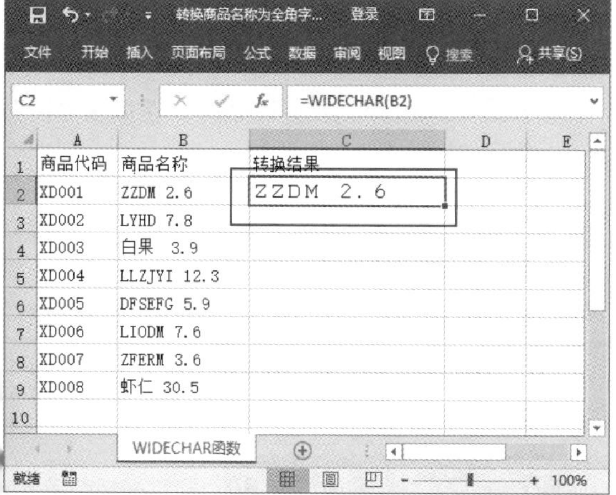

第 2 步 利用填充功能向下复制公式即可，如下图所示。

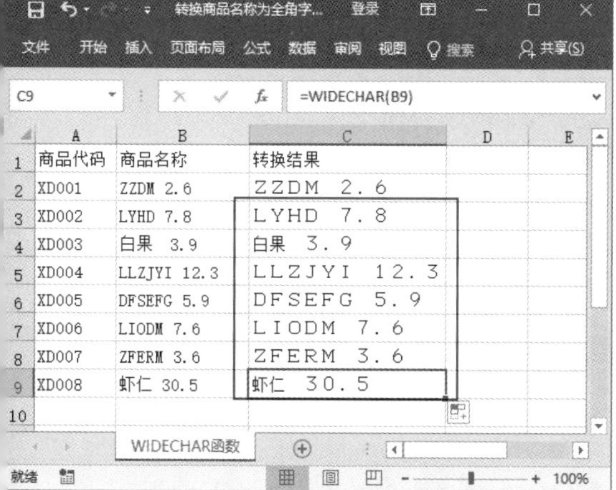

132　使用 BAHTTEXT 函数将数值转换为泰语文本

适用版本	实用指数
2007、2010、2013、2016	★★★☆☆

使用说明

BAHTTEXT 函数用于将数字转换为泰语文本并添加后缀【泰铢】。

函数语法：= BAHTTEXT(number)

参数说明如下。

number（必选）：表示要转换成泰语文本的数字。

解决方法

例如，某公司在做对外贸易时，需要将各商品的价格转换为泰铢格式，具体操作方法如下。

第 1 步 打开素材文件（位置：素材文件 \ 第 6 章 \ 将数值转换为泰语文本 .xlsx），选中要存放结果的单元格 C2，输入公式“=BAHTTEXT(B2)”，按【Enter】键，即可得到计算结果，如下图所示。

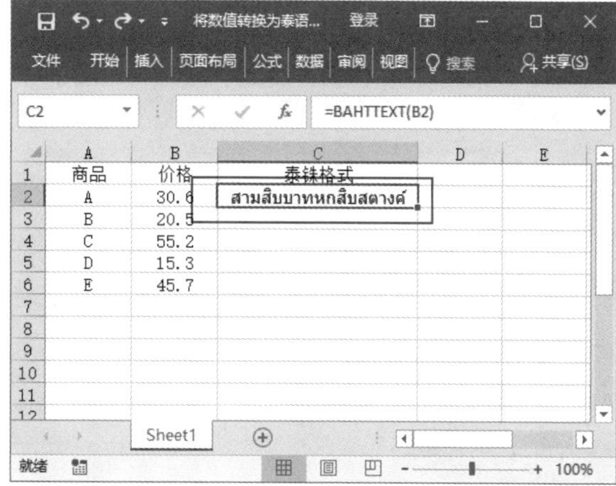

第 2 步 利用填充功能向下复制公式即可，如下图所示。

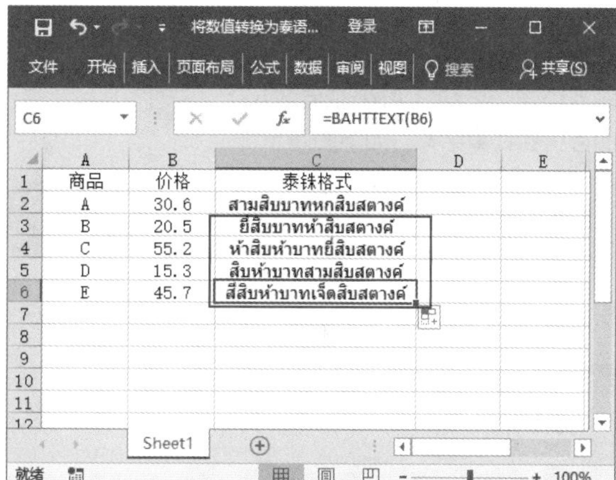

温馨提示

- 参数 number 的值必须是数字，否则函数将返回错误值【#VALUE!】。
- 参数 number 的值既可以直接引用数字，也可以指定单元格。
- 参数引用的单元格可以为空白单元格，但是直接引用的数字不能为空。

133　使用 DOLLAR 函数将数字转换为带美元符号 $ 的文本

适用版本	实用指数
2007、2010、2013、2016	★★★★★

使用说明

DOLLAR 函数用于根据货币格式，将数字转换成指定小数位数的文本，并应用货币格式。其中函数的名称以及其应用的货币符号取决于操作系统中的语言设置。该函数使用的货币格式是：（$#,##0.00_）或 ($#,##0.00)。

函数语法：= DOLLAR(number,[decimals])
参数说明如下。

- number（必选）：表示要转换的数字。该参数可以是数字，也可以是指定的单元格。
- decimals（可选）：表示以十进制数表示的小数位数。如果省略该参数，则表示保留两位小数。如果参数为负数，则表示在小数点左侧进行四舍五入。

解决方法

例如，要将商品的本地单价转换成以美元标示的出口单价，具体操作方法如下。

第 1 步 打开素材文件（位置：素材文件\第 6 章\美元出口单价 .xlsx），选中要存放结果的单元格 C2，输入公式“=DOLLAR(B2/6.83,2)”，按【Enter】键，即可得到计算结果，如下图所示。

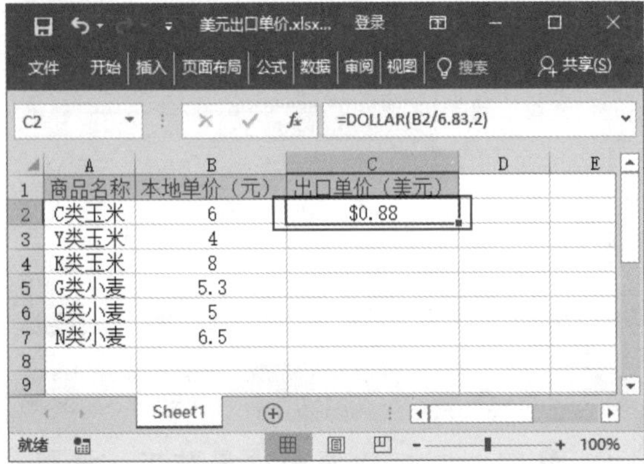

第 2 步 利用填充功能向下复制公式，即可对其他单元格数据进行计算，如下图所示。

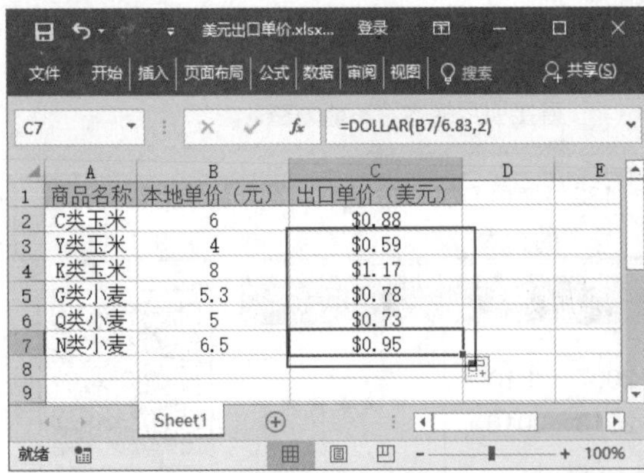

温馨提示

- 参数 number 的值必须是数字，否则函数将返回错误值【#VALUE!】。
- 通过设置单元格的数字格式设置的价格为数字形式，而通过函数 DOLLAR 设置的价格是文本形式。

134 使用 NUMBERSTRING 函数将数值转换为大写汉字

适用版本	实用指数
2007、2010、2013、2016	★★★★★

使用说明

NUMBERSTRING 函数用于将数值转换为中文大写汉字，可以展现 3 种不同的大写方式。此函数仅支持正整数，不支持有小数的数字。

函数语法：= NUMBERSTRING(value,[type])
参数说明如下。

- value（必选）：表示要转换为大写汉字的数值。
- type（可选）：表示返回结果的类型，有 1～3 三个参数可供选择，分别符合中国人不同的大写方式。例如，当函数为 NUMBERSTRING"123,1" 时，返回值为“一百二十三”；当函数为 NUMBERSTRING "123,2" 时，返回值为“壹佰贰拾叁”；当函数为 NUMBERSTRING "123,3" 时，返回值为“一二三”。

解决方法

例如，某出版社统计出某商品从开始销售到现在的总销量，并计算出总的销售额，现在需要将该销售金额转换为大写汉字形式，具体操作方法如下。

第 1 步 打开素材文件（位置：素材文件\第 6 章\总销量统计 .xlsx），选中要存放结果的单元格 C2，输入公式“=NUMBERSTRING(C2,2)”，按【Enter】键，即可得到计算结果，如下图所示。

第 2 步 利用填充功能向下复制公式，即可对其他单元格数据进行计算，如下图所示。

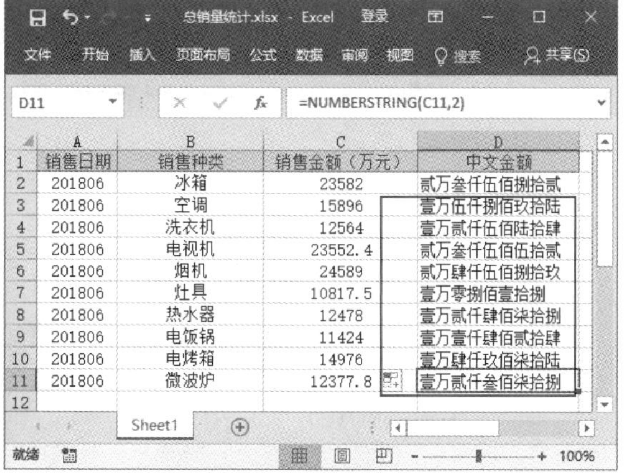

温馨提示

- 在该函数中，所有参数都必须为数值（数字、文本格式的数字或逻辑值）；如果该参数为文本，将返回错误值【#VALUE!】。
- 如果参数 type 省略，NUMBERSTRING 也将返回错误值【#VALUE!】。
- NUMBERSTRING 为隐藏函数，所以在使用该函数时，只能手工输入。

135 使用 T 函数将指定内容转换为文本

适用版本	实用指数
2007、2010、2013、2016	★★★★☆

使用说明

T 函数用于将指定内容转换为文本。

函数语法：= T(value)

参数说明如下。

value（必选）表示要进行转换的内容。

解决方法

例如，早期的留言板中，只允许用户提交纯文本的留言内容。因此，在验证用户提交的信息时，如果发现有文本以外的内容，就会提示用户【您只能输入文本信息】。具体操作方法如下。

第 1 步 打开素材文件（位置：素材文件\第 6 章\将参数转换为文本 .xlsx），选中要存放结果的单元格 A1，输入公式 “=IF(T(A2)="","您只能输入文本信息","正在提交你的留言")”，按【Enter】键，即可看到在 A1 单元格中显示出【您只能输入文本信息】，如下图所示。

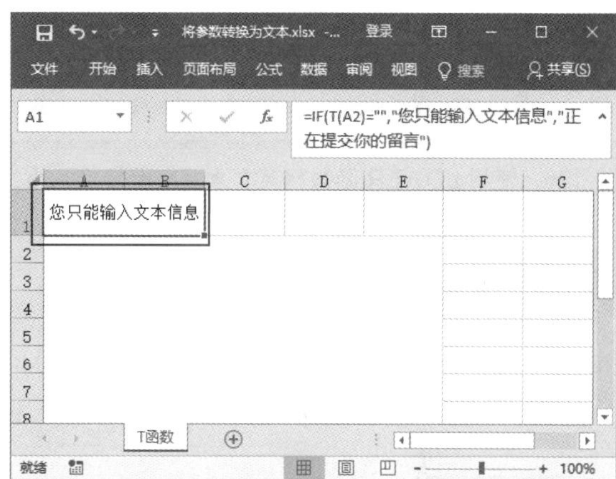

第 2 步 在 A2 单元格中输入留言内容，如下图所示。

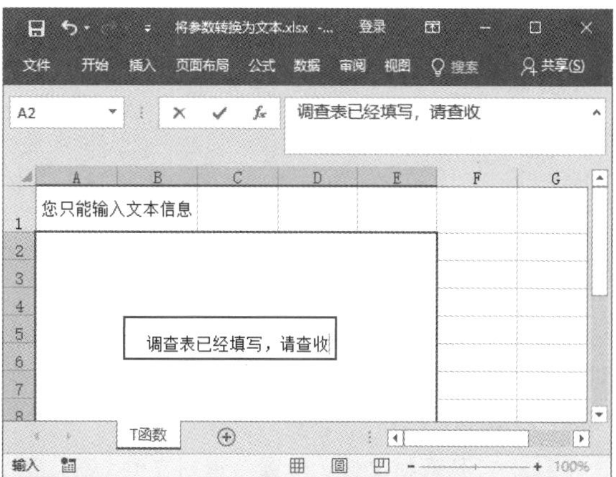

第 3 步 在 A1 单元格中显示【正在提交你的留言】，如下图所示。

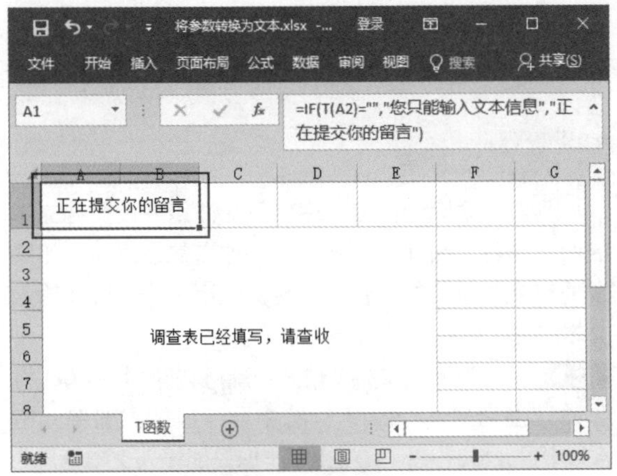

温馨提示

使用 T 函数转换格式时，数值和日期将会转换为空文本。如果转换前的文本包含有其他格式，转换后文本格式被取消。

136 使用 LOWER 函数将英文大写字母转换为小写字母

适用版本	实用指数
2007、2010、2013、2016	★★★★★

使用说明

LOWER 函数用于将文本字符串中的大写字母转换为小写字母。

函数语法：= LOWER(text)

参数说明如下。

text（必选）：表示要转换为小写字母的文本字符串。

解决方法

例如，某企业登录系统只能接收小写密码，因此对于用户输入的所有密码都需要将其转换为小写，具体操作方法如下。

第 1 步 打开素材文件（位置：素材文件 \ 第 6 章 \ 转换密码大小写 .xlsx），选中要存放结果的单元格 B2，输入公式“=LOWER(A2)”，按【Enter】键，即可得到计算结果，如右上图所示。

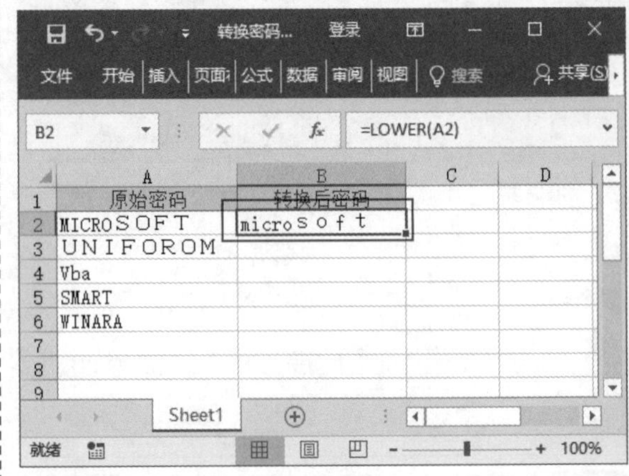

第 2 步 利用填充功能向下复制公式，即可对其他单元格数据进行计算，如下图所示。

温馨提示

- LOWER 函数只能转换一个单元格的文本字符串，而不能转换单元格区域。
- LOWER 函数只能转换英文字符，而不能转换数字等非英文字符。
- LOWER 函数只能转换半角英文字符，而不能转换全角英文字符。

137 使用 UPPER 函数将文本转换为大写字母

适用版本	实用指数
2007、2010、2013、2016	★★★★★

使用说明

UPPER 函数用于将英文小写字母转换为大写字母。

函数语法：= UPPER(text)

参数说明如下。

text（必选）：表示要转换为大写字母的文本字符串。

解决方法

例如，要让每个单元格中文本的首字母大写，其他保持不变，具体操作方法如下。

第 1 步 打开素材文件（位置：素材文件\第 6 章\将英文首写字母转换为大写 .xlsx），选中要存放结果的单元格 B1，输入公式“=UPPER(LEFT(A1,1))&LOWER(RIGHT(A1,LEN(A1)-1))”，按【Enter】键，即可将文本的首字母转换为大写，如下图所示。

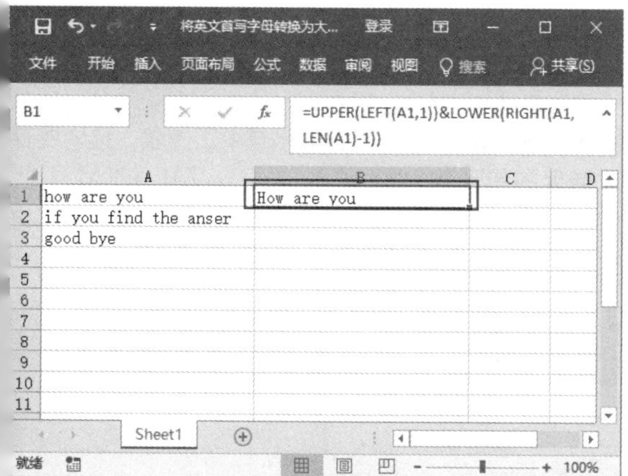

第 2 步 利用填充功能向下复制公式，即可转换其他单元格数据，如下图所示。

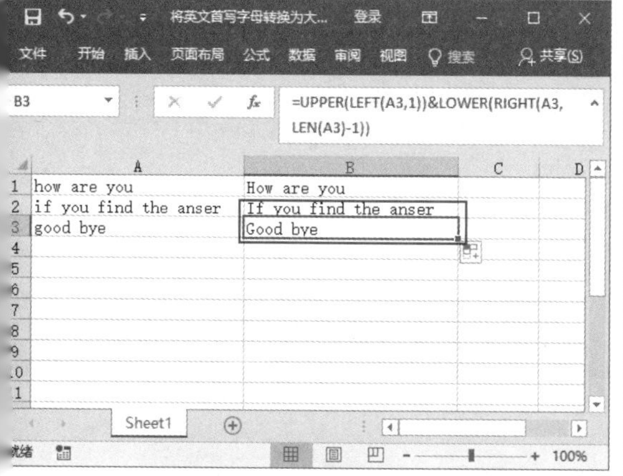

温馨提示

UPPER 函数只能转换一个单元格内的文本字符串，而不能转换单元格区域；并且该函数只能转换英文字符，不能转换数字以及非英文字符。

138 使用 PROPER 函数将文本中每个单词的首字母转换为大写

适用版本	实用指数
2007、2010、2013、2016	★★★★☆

使用说明

PROPER 函数用于将文本字符串中的每个英文单词的第一个字母改为大写，而将其他字母改为小写。

函数语法：= PROPER(text)

参数说明如下。

text（必选）：表示要转换为首字母大小写的文本。

解决方法

例如，需要将员工的拼音姓名转换为首字母大写的形式，具体操作方法如下。

第 1 步 打开素材文件（位置：素材文件\第 6 章\将每个单词的首字母转换为大写 .xlsx），选中要存放结果的单元格 C2，输入公式“=PROPER(B2)”，按【Enter】键，即可将姓名拼音的首字母转换为大写，如下图所示。

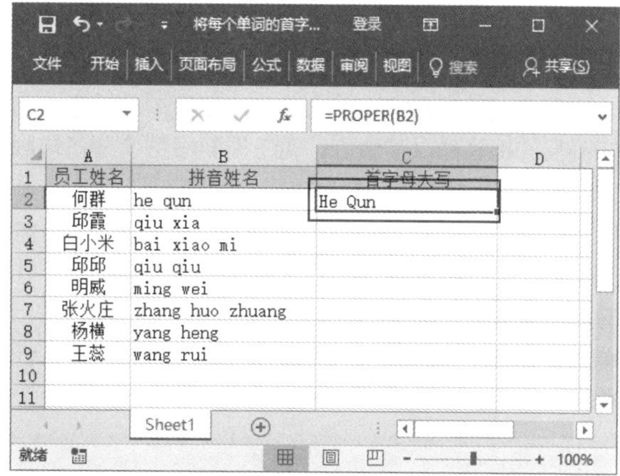

第 2 步 利用填充功能向下复制公式，即可转换其他单元格数据，如下图所示。

温馨提示

PROPER 函数并不能转换单元格区域的文本，只能转换单个单元格的文本；并且该函数只能转换英文字母，转换后的文本不区分全角和半角。

	A	B	C
1	员工姓名	拼音姓名	首字母大写
2	何群	he qun	He Qun
3	邱霞	qiu xia	Qiu Xia
4	白小米	bai xiao mi	Bai Xiao Mi
5	邱邱	qiu qiu	Qiu Qiu
6	明威	ming wei	Ming Wei
7	张火庄	zhang huo zhuang	Zhang Huo Zhuang
8	杨横	yang heng	Yang Heng
9	王蕊	wang rui	Wang Rui

139　使用 VALUE 函数将数值由文本格式转换为数字格式

适用版本	实用指数
2007、2010、2013、2016	★★★★☆

使用说明

VALUE 函数用于将单元格中的数字由文本格式转换为普通数字格式。

函数语法：= VALUE(text)

参数说明如下。

text（必选）：表示文本格式的数字。

解决方法

例如，某店面统计出当月几种商品的总销量，已知商品的销售额以及单价，现在需要根据这些已知数据计算出商品的销量，具体操作方法如下。

第 1 步 打开素材文件（位置：素材文件 \ 第 6 章 \ 将文本格式的数字转换为普通数字 .xlsx），切换到【计算产品销量】工作表，选中要存放结果的单元格 D2，输入公式“=VALUE(B2)/C2”，按【Enter】键，计算第 1 种商品的销量，如下图所示。

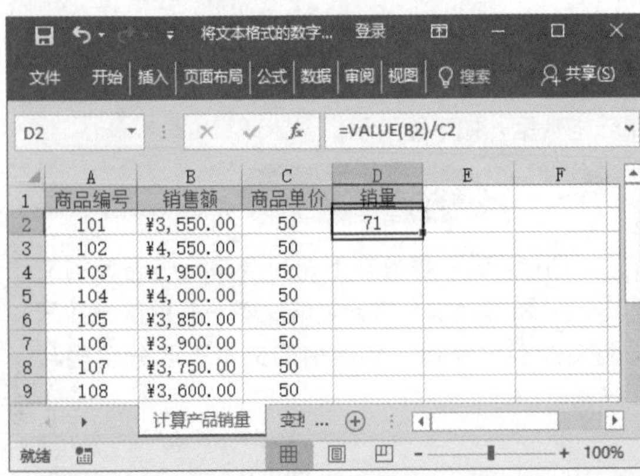

	A	B	C	D
1	商品编号	销售额	商品单价	销量
2	101	¥3,550.00	50	71
3	102	¥4,550.00	50	
4	103	¥1,950.00	50	
5	104	¥4,000.00	50	
6	105	¥3,850.00	50	
7	106	¥3,900.00	50	
8	107	¥3,750.00	50	
9	108	¥3,600.00	50	

第 2 步 利用填充功能向下复制公式，即可对其他单元格数据进行计算，如下图所示。

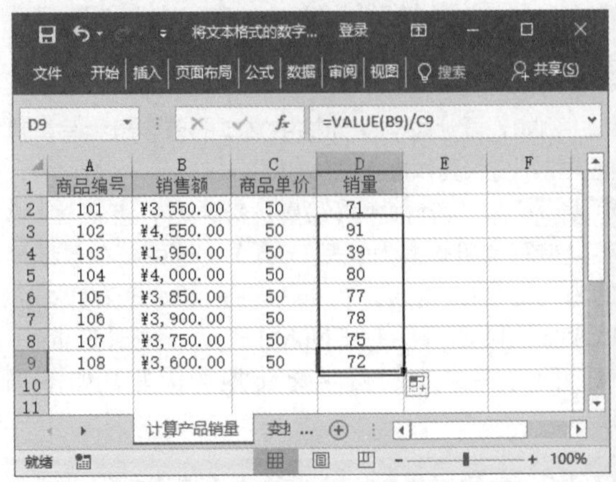

	A	B	C	D
1	商品编号	销售额	商品单价	销量
2	101	¥3,550.00	50	71
3	102	¥4,550.00	50	91
4	103	¥1,950.00	50	39
5	104	¥4,000.00	50	80
6	105	¥3,850.00	50	77
7	106	¥3,900.00	50	78
8	107	¥3,750.00	50	75
9	108	¥3,600.00	50	72

又如，要将文本格式的字符转换为数字格式，具体操作方法如下。

第 1 步 切换到【变换数值格式】工作表，选中要存放结果的单元格 B2，输入公式“=VALUE(A2)”，按【Enter】键，即可将数值由文本格式转换为数字格式，如下图所示。

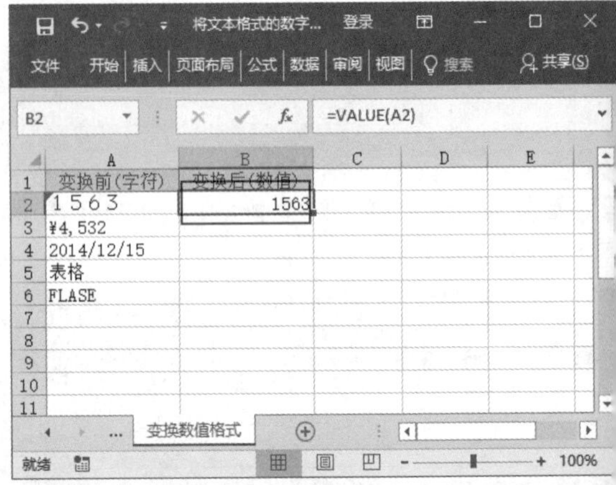

	A	B
1	变换前(字符)	变换后(数值)
2	1563	1563
3	¥4,532	
4	2014/12/15	
5	表格	
6	FLASE	

第 2 步 利用填充功能向下复制公式，即可转换其他单元格中的数据，如下图所示。

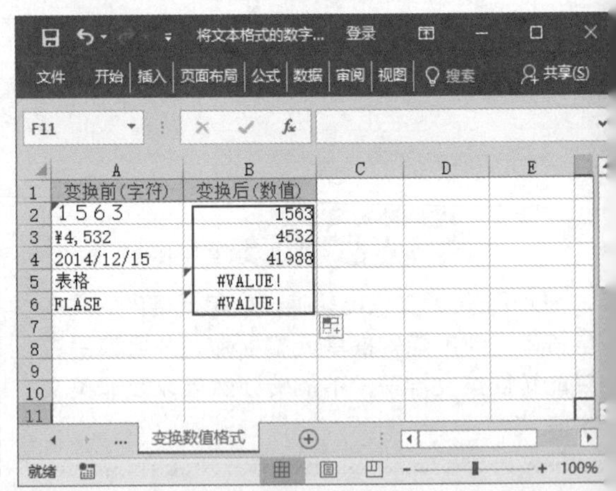

	A	B
1	变换前(字符)	变换后(数值)
2	1563	1563
3	¥4,532	4532
4	2014/12/15	41988
5	表格	#VALUE!
6	FLASE	#VALUE!

温馨提示

如果 text 参数不是 Excel 中可识别的常数、日期或时间格式，则函数 VALUE 将返回错误值【#VALUE!】。通常情况下，并不需要在公式中使用 VALUE 函数，Excel 可以自动在需要时将文本转换为数字。提供此函数是为了与其他电子表格程序兼容。

140　使用 TEXT 函数进行多样化格式设置

适用版本	实用指数
2007、2010、2013、2016	★★★★☆

使用说明

TEXT 函数用于将单元格中的数值转换成指定格式显示的文本，因为转换后的数值是文本，因此不能作为数字参加计算。这个函数的价值比较含糊，但在需要以可读性更高的格式显示数字或需要合并数字、文本或符号时，此函数非常有用。

函数语法：= TEXT(value,format_ text)

参数说明如下。

- value（必选）：表示要设置格式的数字，该参数可以是具体的数值或指定单元格。
- format_ text（必选）：表示转换后的文本字符串中的数字格式。数值格式的取值在【设置单元格格式】对话框的【数字】选项卡中进行设置。

在转换文本时，有关数字格式的准则如下。

（1）显示小数位和有效位：若要设置分数或含有小数点的数字的格式，要在 format_text 参数中包含下表所示占位符、小数点和千位分隔符。

占位符说明

占　位　符	说　　明
0（零）	如果数字的位数少于格式中 0 的数量，则显示非有效 0。例如，如果输入 8.9，但要将其显示为 8.90，则使用格式 #.00
#	按照与 0（零）相同的规则执行操作，但是如果输入的数字在小数点任一侧的位数均少于格式中 # 符号的数量，Excel 不会显示多余的零。例如，如果自定义格式为 #.## 且在单元格中输入了 8.9，则会显示数字 8.9

续表

占　位　符	说　　明
?	按照与 0（零）相同的规则执行操作，但是对于小数点任一侧的非有效零，Excel 会加上空格，使得小数点在列中对齐。例如，自定义格式 0.0? 会对齐列中数字 8.9 和 88.99 的小数点
.（句点）	在数字中显示小数点

温馨提示

如果数字小数点右侧的位数大于格式中的占位符数，该数字会四舍五入到与占位符具有相同小数点位数的数字。如果小数点左侧的位数大于占位符数，Excel 会显示多余的位数。如果格式仅在小数点左侧含有数字符号 (#)，小于 1 的数字会以小数点开头，如 ".47"。

数字格式准则使用示例如下表所示。

数字格式准则使用示例

显　示　内　容	显　示　格　式	使用此格式
1235.59	1235.6	"####.#"
8.5	8.50	"#.00"
0.531	0.5	"0.# "
121235.568	12.0 1235.57	"#.0#"
45.398 105.65 2.5	45.398 105.65（小数点对齐） 2.5	"???.???"
5.25 5.5	5 1/4 5 5/10（分数对齐）	"# ???/ "

（2）,（逗号）：在数字中显示千位分隔符。如果格式中含有被数字符号 (#) 或 0（零）包围起来的逗号，Excel 会分隔千位。占位符后的逗号会以 1,000 为单位计量数字。例如，如果 format_text 参数为 "#,###.0,"，Excel 会将数字 12,200,000 显示为 12,200.0。

逗号格式准则使用示例如下表所示。

逗号格式准则使用示例

显　示　内　容	显　示　格　式	使用此格式
1235.59	1235.6	"####.#"
8.5	8.50	"#.00"
0.531	0.5	"0.# "
12 1235.568	12.0 1235.57	"#.0#"

（3）显示小时、分钟和秒：若要显示时间格式（如小时、分钟和秒），可在 format_text 参数中使用下表所示代码。

显示小时、分钟和秒

代　码	作　用
H	将小时显示为不带前导零的数字
[h]	以小时为单位显示经过的时间。如果使用了公式，该公式返回小时数超过 24 的时间，应使用类似于 [h]:mm:ss 的数字格式
hh	根据需要将小时显示为带前导零的数字。如果格式含有 AM 或 PM，则基于 12 小时制显示小时；否则，基于 24 小时制显示小时
m	将分钟显示为不带前导零的数字（m 或 mm 代码必须紧跟在 h 或 hh 代码之后或紧跟在 ss 代码之前；否则，Excel 会显示月份而不是分钟）
[m]	以分钟为单位显示经过的时间。如果所用的公式返回的分钟数超过 60，使用类似于 [mm]:ss 的数字格式
mm	根据需要将分钟显示为带前导零的数字 .
s	将秒显示为不带前导零的数字
[s]	以秒为单位显示经过的时间。如果所用的公式返回的秒数超过 60，应使用类似于 [ss] 的数字格式
ss	根据需要将秒显示为带前导零的数字。如果要显示秒的小数部分，应使用类似于 h:mm:ss.00 的数字格式。

温馨提示

如果是用 12 小时制来显示时间，当时间介于午夜和中午之间时，Excel 会使用 AM、am、A 或 a 表示时间；时间介于中午和午夜之间时，Excel 会使用 PM、pm、P 或 p 表示时间。

时间格式准则使用示例如下表所示。

时间格式准则使用示例

显　示　内　容	显　示　格　式	使用此格式
Hours	0 - 23	"####.#"
Hours	00 - 23	"#.00"

续表

显　示　内　容	显　示　格　式	使用此格式
分钟	0 - 59	"0.# "
分钟	00 - 59	"#.0#"
秒	.65	
秒	15.0	
时间	8.5	"#.##"
时间	45.398	"???.???（小数点对齐）"
时间	105.65	
时间	2.5	
经过的时间（小时和分钟）	5 1/4	"## ???/（分数对齐）"
Hours	5 5/10	

解决方法

例如，某公司统计了员工 11 月份的工资，现需要将其转换为货币数字格式，具体操作方法如下。

第 1 步 打开素材文件（位置：素材文件 \ 第 6 章 \ 多样化格式设置函数 .xlsx），切换到【工资格式】工作表，选中要存放结果的单元格 C2，输入公式"=TEXT(B2,"¥#0.00")"，按【Enter】键，即可将 B2 单元格中数值转换为货币类型的数字格式，并显示在 C2 单元格中，如下图所示。

第 2 步 利用填充功能向下复制公式，即可转换其他单元格数据，如下图所示。

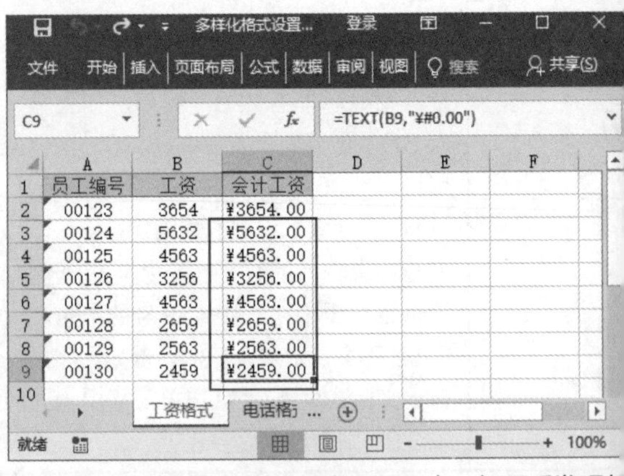

又如，某员工收到一份电话号码表，打开后发现其

格式并不符合电话号码的正规格式，现在需要将这 11 个数字转换为正规格式的电话号码，具体操作方法如下。

第 1 步 切换到【电话格式】工作表，选中要存放结果的单元格 B2，输入公式 "=TEXT(A2,"(0000)0000-0000")"，按【Enter】键，即可得到正规格式的电话号码，如下图所示。

第 2 步 利用填充功能向下复制公式，即可转换其他单元格数据，如下图所示。

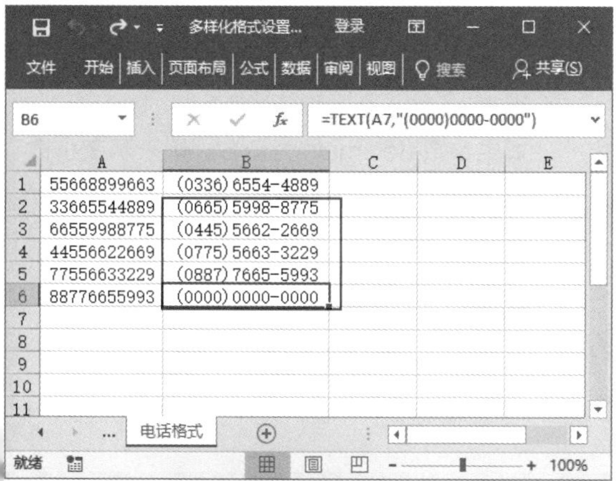

温馨提示

- 使用 TEXT 函数与通过【设置单元格格式】对话框设置数字格式的效果是一样的，不过使用 TEXT 函数无法对单元格内容设置字体颜色。
- 通过【设置单元格格式】对话框设置数字格式后，单元格中仍为数字；而通过 TEXT 函数设置的数字将转换为文本格式。

141 使用 FIXED 函数将数字按指定的小数位数取整

适用版本	实用指数
2007、2010、2013、2016	★★★☆☆

使用说明

FIXED 函数用于将数值按指定的小数位数四舍五入。它利用句号和逗号，以小数格式对该数进行格式设置，并以文本形式返回。

函数语法：= FIXED(number,decimals,no_ commas)

参数说明如下。

- number（必选）：表示要四舍五入的数值。该参数可以是具体的数值，也可以是指定单元格。
- decimals（可选）：表示以十进制数表示的小数位数。
- no_ commas（可选）：逻辑值。值为 TRUE 时，表示函数返回的结果中不包含千分位分隔符；值为 FALSE 或省略时，表示函数返回的结果中可以包含千分位分隔符。

解决方法

如果要对小数位数根据需要取整，具体操作方法如下。

第 1 步 打开素材文件（位置：素材文件\第 6 章\按指定的小数位数取整 .xlsx），切换到【取整】工作表，选中要存放结果的单元格 B2，输入公式 "=FIXED(A2,2)"，按【Enter】键，即可显示将数值四舍五入到小数点右边第 2 位后的结果，如下图所示。

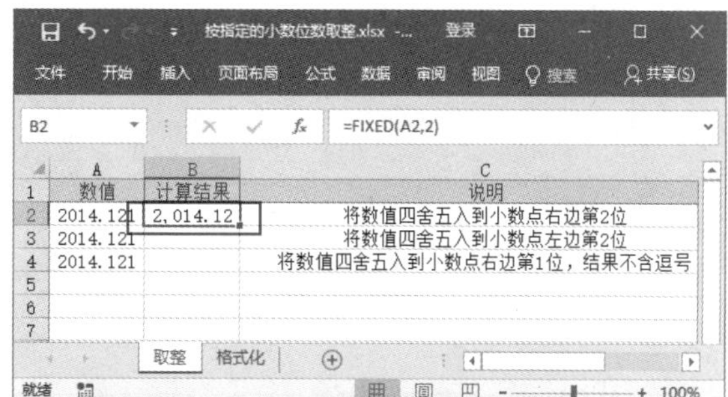

第 2 步 选中要存放结果的单元格 B3，输入公式 "=FIXED(A3,-2)"，按【Enter】键，即可显示将数值四舍五入到小数点左边第 2 位后的结果，如下图所示。

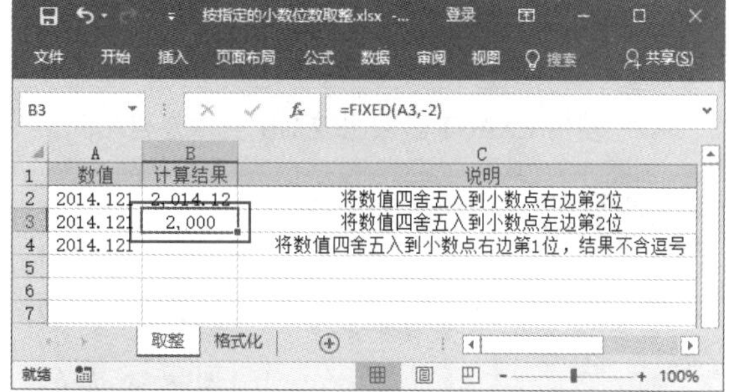

第 3 步 选中要存放结果的单元格 B4，输入公式 "=FIXED(A4,2,TRUE)"，按【Enter】键，即可将数值四舍五入到小数点右边第 2 位，且所显示结果不含逗号，如下图所示。

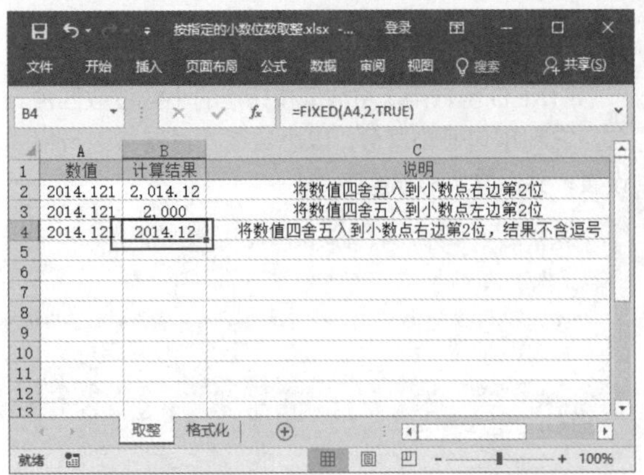

	A	B	C
1	数值	计算结果	说明
2	2014.121	2,014.12	将数值四舍五入到小数点右边第2位
3	2014.121	2,000	将数值四舍五入到小数点左边第2位
4	2014.121	2014.12	将数值四舍五入到小数点右边第2位，结果不含逗号

如果要为数据添加千分位分隔符并添加两位小数，具体操作方法如下。

第 1 步 切换到【格式化】工作表，选中要存放结果的单元格 C2，输入公式“=FIXED(B2,2,FALSE)”，按【Enter】键，即可将 B2 数值取整到相应的 C2 中，如下图所示。

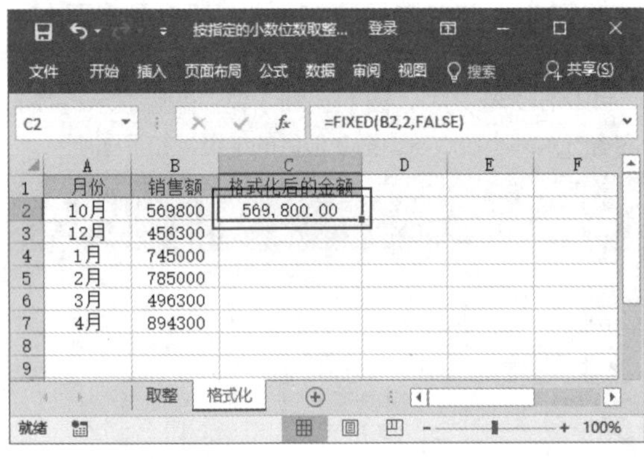

	A	B	C
1	月份	销售额	格式化后的金额
2	10月	569800	569,800.00
3	12月	456300	
4	1月	745000	
5	2月	785000	
6	3月	496300	
7	4月	894300	

温馨提示

如果将公式简化为 =FIXED（B2），所得结果也与公式 =FIXED(B2,2,FALSE) 结果相同。

第 2 步 利用填充功能向下复制公式，即可转换其他单元格数据，如下图所示。

	A	B	C
1	月份	销售额	格式化后的金额
2	10月	569800	569,800.00
3	12月	456300	456,300.00
4	1月	745000	745,000.00
5	2月	785000	785,000.00
6	3月	496300	496,300.00
7	4月	894300	894,300.00

温馨提示

- 如果省略 decimals 参数，则表示保留两位小数。
- 如果参数 decimals 为负数，则表示在小数点左侧进行四舍五入计算。
- 参数 number 的值必须是数字，否则 FIXED 函数将返回错误值【#VALUE!】。
- 参数 number 的数字个数不能超过 15 个，否则会出现转换错误。

6.5 查找与替换文本函数

使用文本函数中的查找与替换文本函数，可以快速查找字符或文本在表格中的位置并进行替换。下面介绍一些常用的查找与替换文本的技巧。

142 使用 EXACT 函数比较两个文本是否相同

适用版本	实用指数
2007、2010、2013、2016	★★★★☆

使用说明

EXACT 函数用于比较两个字符串是否完全相同，如果完全相同则返回 TRUE，如果不同则返回 FALSE。

函数语法：= EXACT(text1,text2)

参数说明如下。

- text1（必选）：表示要比较的第一个文本字符串。使用函数时，该参数可以直接输入字符串，也可以指定单元格。
- text2（必选）：表示要比较的第二个文本字符串。使用函数时，该参数可以直接输入字符串，也可以指定单元格。

解决方法

例如，某公司需要采购一批商品，现有两个经销商报价，采购部门需要比较两个经销商的报价是否一致，具体操作方法如下。

第 1 步 打开素材文件（位置：素材文件 \ 第 6 章 \ 比较文本是否相同 .xlsx），在【商品报价】工作表中选中要存放结果的单元格 D3，输入公式“=EXACT(B3,C3)”，按【Enter】键，即可得到计算结果，如下图所示。

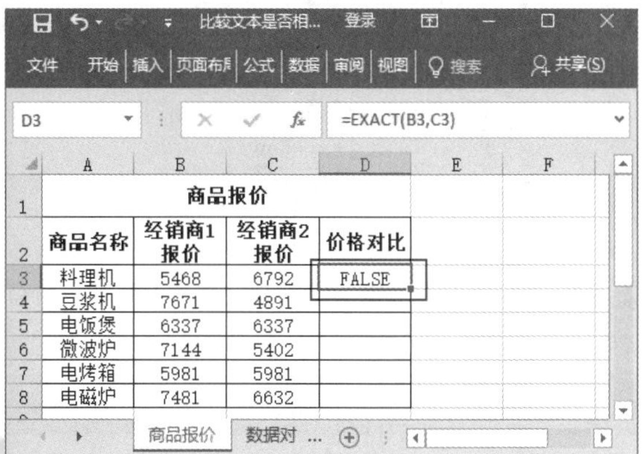

商品名称	经销商1报价	经销商2报价	价格对比
料理机	5468	6792	FALSE
豆浆机	7671	4891	
电饭煲	6337	6337	
微波炉	7144	5402	
电烤箱	5981	5981	
电磁炉	7481	6632	

第 2 步 利用填充功能向下复制公式，即可对其他商品的报价进行对比，如下图所示。

D8　=EXACT(B8,C8)

商品名称	经销商1报价	经销商2报价	价格对比
料理机	5468	6792	FALSE
豆浆机	7671	4891	FALSE
电饭煲	6337	6337	TRUE
微波炉	7144	5402	FALSE
电烤箱	5981	5981	TRUE
电磁炉	7481	6632	FALSE

又如，某员工录入数据后想比较是否与原始数据相同，具体操作方法如下。

第 1 步 在【数据对比】工作表中选中要存放结果的单元格 C2，输入公式“=IF(EXACT(A2,B2),"正确","有误")”，按【Enter】键，如果完全相同则显示为“正确”，否则显示为“有误”，如下图所示。

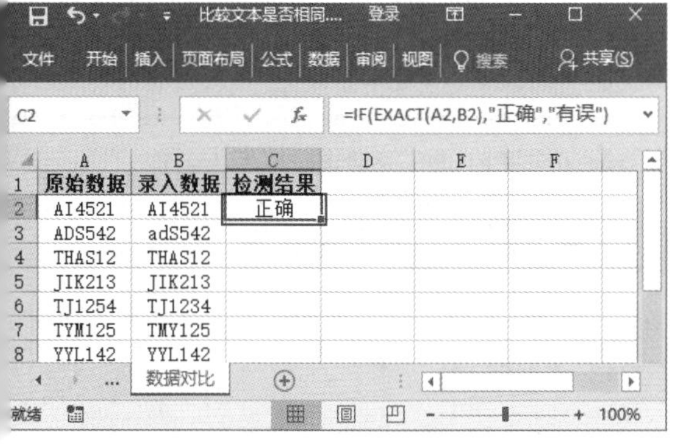

原始数据	录入数据	检测结果
AI4521	AI4521	正确
ADS542	adS542	
THAS12	THAS12	
JIK213	JIK213	
TJ1254	TJ1234	
TYM125	TMY125	
YYL142	YYL142	

第 2 步 利用填充功能向下复制公式，即可查看所有数据比较结果，如下图所示。

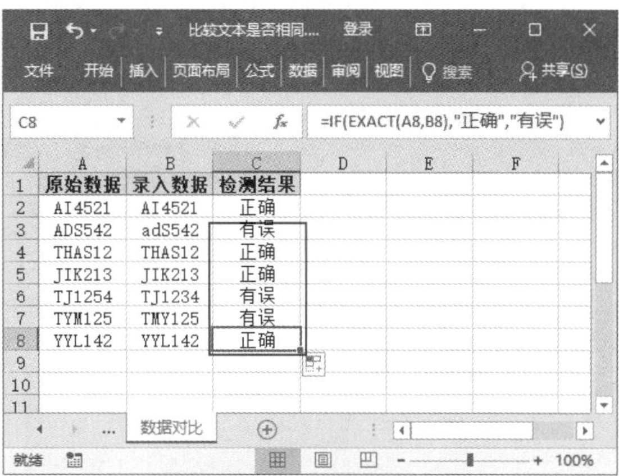

原始数据	录入数据	检测结果
AI4521	AI4521	正确
ADS542	adS542	有误
THAS12	THAS12	正确
JIK213	JIK213	正确
TJ1254	TJ1234	有误
TYM125	TMY125	有误
YYL142	YYL142	正确

温馨提示

EXCAT 函数区分字符的大小写，即如果两个相同的字符一个是大写、一个是小写，函数结果也会返回 FALSE。

143　使用 FIND 函数判断员工所属部门

适用版本	实用指数
2007、2010、2013、2016	★★★★★

使用说明

FIND 函数用于查找一个文本字符串在另一个文本字符串中第一次出现的位置。根据查找出的位置符号，就可以对该字符进行修改、删除等。

函数语法：= FIND(find_ text,within_ text,[start_ num])

参数说明如下。

- find_ text（必选）：表示要查找的文本。
- within_ text（必选）：表示要在其中查找文本的文本字符串。
- start_ num（可选）：文本第一次出现的起始位置。

解决方法

例如，某公司统计出员工的部门编号和销量信息，需要根据部门编号判断出员工所属部门，若编号的第一个字母为 A 则为 A 部门，编号第一个字母为 B 则为 B 部门，具体操作方法如下。

第 1 步 打开素材文件（位置：素材文件 \ 第

6 章 \FIND 函数 .xlsx），在【判断部门】工作表中选中要存放结果的单元格 C2，输入公式“=IF(ISNUMBER(FIND("A",A2)),"A 部门","B 部门")”，按【Enter】键，即可得到计算结果，如下图所示。

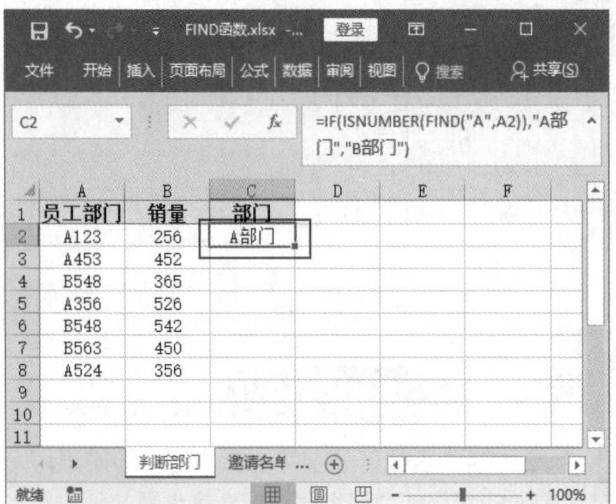

第 2 步 利用填充功能向下复制公式，即可查看所有员工所在部门，如下图所示。

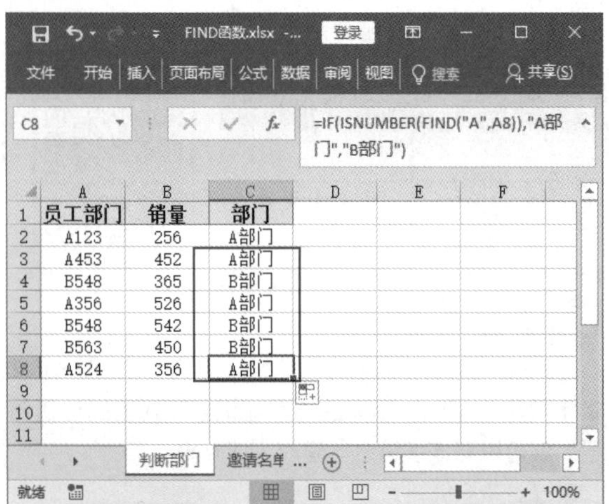

又如，在举办大型会议前，通常需要为每位受邀者发送邀请函。公司客服经理在向每位受邀者发出邀请函后，都会在工作表中做好记录。由于邀请函的数量比较多，整个工作持续了好几天才完成。为确定邀请函都发送到了受邀者手中，最后还需要核对要邀请的人员名单。此时就可以使用 FIND 函数来检查。具体操作方法如下。

第1步 在【邀请名单】工作表中选中要存放结果的单元格 F3，输入公式“=IF(ISERROR(FIND(B3,$G$4)),"未邀请","已邀请")”，按【Enter】键，即可得到计算结果，如右上图所示。

第 2 步 利用填充功能向下复制公式，即可查看所有人的邀请信息，如下图所示。

温馨提示

- 如果查找不到结果，那么 FIND 函数将返回错误值【#VALUE!】。
- 参数 start_ num 可以为 0 ~ within_ text 字符串长度之间的任意数值，如果该参数的值小于 0 或大于文本总长度，都将返回错误值【#VALUE!】省略该参数，函数默认返回值为 1。
- 使用 FIND 函数时，参数 find_ text 不能使用通配符。

144 使用 FINDB 函数提取联系人名称

适用版本	实用指数
2007、2010、2013、2016	★★★★☆

使用说明

FINDB 函数与 FIND 函数的功能基本相同，都是用于在第 2 个文本字符串中定位第 1 个文本字符串，并返回第 1 个文本字符串的起始位置；只是 FIND 函数是面向单字节字符集的语言，而 FINDB 函数是面向使用双字节字符集的语言。

函数语法：= FINDB (find_text,within_text,[start_num])

参数说明如下。

- find_ text（必选）：表示要查找的文本。
- within_ text（必选）：表示要在其中查找文本的文本字符串。
- start_ num（可选）：文本第一次出现的起始位置，并以字节计算。

解决方法

例如，某公司在年底为了激励员工，设置了年终奖。A 列为各个部门统计出的获奖名单，包括所属部门以及人员姓名，现在需要将获奖人员姓名单独提取到 B 列中，具体操作方法如下。

第 1 步 打开素材文件（位置：素材文件 \ 第 6 章 \ 提取联系人名称 .xlsx），选中要存放结果的单元格 B2，输入公式 “=MIDB(A2,FINDB(": ",A2)+1,LEN(A2))”，按【Enter】键，即可得到计算结果，如下图所示。

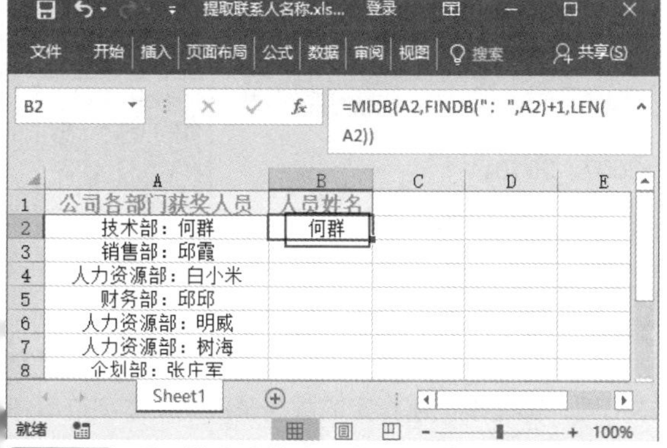

第 2 步 利用填充功能向下复制公式，即可提取出所有获奖人员姓名，如下图所示。

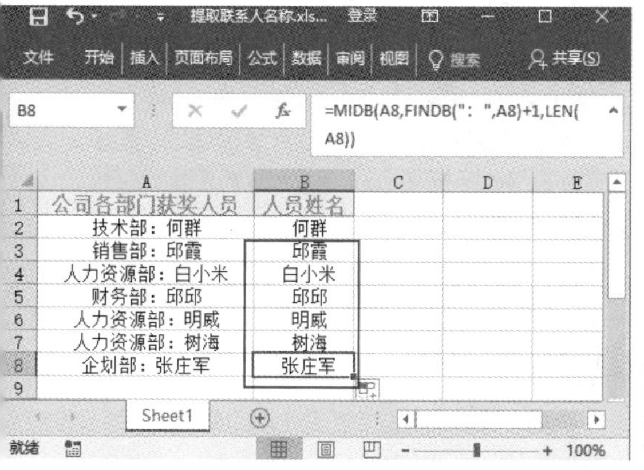

温馨提示

使用 FIND 函数和 FINDB 函数时需要注意：FIND 与 FINDB 函数区分大小写并且不允许使用通配符；如果 find_text 参数为空文本，则 FIND 函数会匹配搜索字符串中的首字符，即返回的编号为 start_num 或 1；如果在 within_text 中找不到相应的 find_text 文本，或者 start_num 小于等于 0 或大于 within_text 的长度，则 FIND 和 FINDB 函数会返回错误值【#VALUE!】。

145 使用 REPLACE 函数以字符为单位按指定位置进行替换

适用版本	实用指数
2007、2010、2013、2016	★★★★★

使用说明

REPLACE 函数可以使用其他文本字符串按指定位置替换某文本字符串中的部分文本。如果知道替换文本的位置，但不知道该文本，就可以使用该函数。

函数语法：= REPLACE(old_text, start_num, num_chars, new_text)

参数说明如下。

- old_text（必选）：表示要替换其部分字符的文本。
- start_num（必选）：要替换字符的位置。
- num_chars（必选）：要替换字符的个数。
- new_text（必选）：用于替换字符的文本。

温馨提示

在 Excel 中使用【查找和替换】对话框也可以进行替换操作。

解决方法

例如，某企业在举行抽奖活动时，考虑到中奖者隐私，需要屏蔽中奖号码的后几位数，具体操作方法如下。

第 1 步 打开素材文件（位置：素材文件 \ 第 6 章 \ 根据指定位置进行替换 .xlsx），切换到【抽奖名单】工作表，选中要存放结果的单元格 C2，输入公式 “=REPLACE(B2,8,4,"XXXX")”，按【Enter】键，即可得到计算结果，如下图所示。

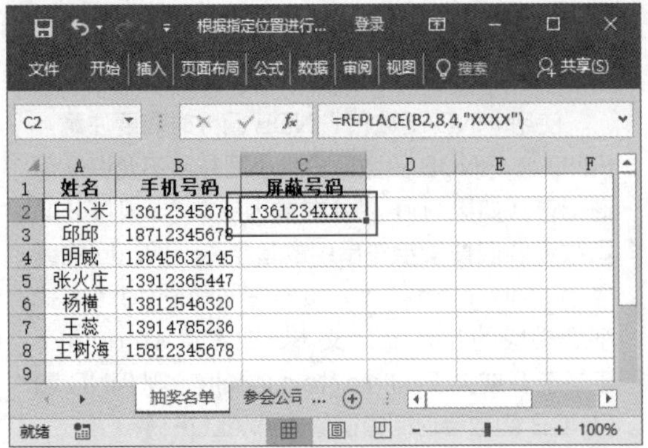

第 2 步 利用填充功能向下复制公式，即可将完成其他单元格的替换，如下图所示。

C8 =REPLACE(B8,8,4,"XXXX")

	A	B	C
1	姓名	手机号码	屏蔽号码
2	白小米	13612345678	1361234XXXX
3	邱邱	18712345678	1871234XXXX
4	明威	13845632145	1384563XXXX
5	张火庄	13912365447	1391236XXXX
6	杨横	13812546320	1381254XXXX
7	王蕊	13914785236	1391478XXXX
8	王树海	15812345678	1581234XXXX

又如，某参会名单中，用“-”符号分隔地区、公司、代表的姓名，现在需要提取其中的地区和公司名称，具体操作方法如下。

第 1 步 切换到【参会公司】工作表，选中要存放结果的单元格 C2，输入公式“=LEFT(REPLACE(A2,3,1,""),FIND("-",REPLACE(A2,3,1,""))-1)”，按【Enter】键，即可得到计算结果，如下图所示。

C2 =LEFT(REPLACE(A2,3,1,""),FIND("-",REPLACE(A2,3,1,""))-1)

	A	B	C
1	地区-公司	参会人数	参会公司名称
2	重庆-澄西-何群	12	重庆澄西
3	上海-天启-邱霞	10	
4	北京-万发-白小米	13	
5	南京-博艾广业-邱邱	15	
6	成都-奈实-明威	16	
7	广西-连和-张火庄	20	
8	广东-欧缇-杨横	19	
9	天津-万石金业-王蕊	10	

第 2 步 利用填充功能向下复制公式，即可提取出其他地区与公司名称，如右上图所示。

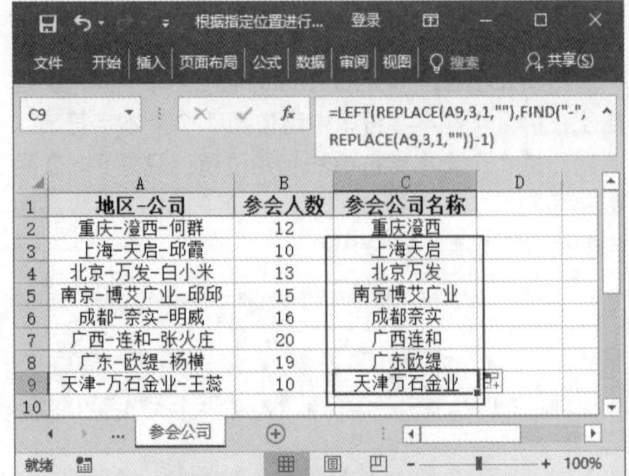

温馨提示

- 使用 REPLACE 函数时，参数 start_num 或 num_chars 必须是大于 0 的数字，否则函数将返回错误值【#VALUE!】。
- 如果参数 num_chars 被忽略，则相当于在参数 start_num 字符间插入新的字符。
- 在实际应用，譬如升级电话号码、身份证号码时，REPLACE 函数十分实用。

146 使用 REPLACEB 函数将员工编号位数升级

适用版本	实用指数
2007、2010、2013、2016	★★★★★

使用说明

REPLACEB 函数与 REPLACE 函数的功能基本相同，都是根据所指定的数目替换某文本字符串中的部分文本，常用于不清楚需要替换的字符的情况；只是 REPLACE 是以字符为单位，REPLACEB 函数则以字节为单位进行替换。

函数语法：= REPLACEB(old_text, start_num, num_bytes, new_text)

参数说明如下。

- old_text（必选）：表示要替换其部分字符的文本。
- start_num（必选）：要替换字符的位置。
- num_bytes（必选）：要替换字符的字节数。
- new_text（必选）：用于替换字符的文本。

解决方法

例如，某公司在成立初期使用的员工编号为 5 位数，现在由于人员扩充，需要更新员工编号，具体操作方法如下。

第 1 步 打开素材文件（位置：素材文件 \ 第 6 章 \ 员工编号 .xlsx），选中要存放结果的单元格 C2，输入公式“=REPLACEB(B2,5,0,8)”，按【Enter】键，即可将原有员工编号的 5 位数字替换为 6 位数字，如下图所示。

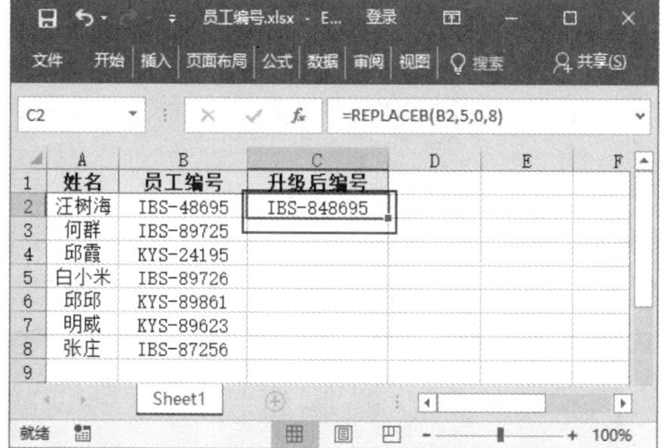

第 2 步 利用填充功能向下复制公式即可，如下图所示。

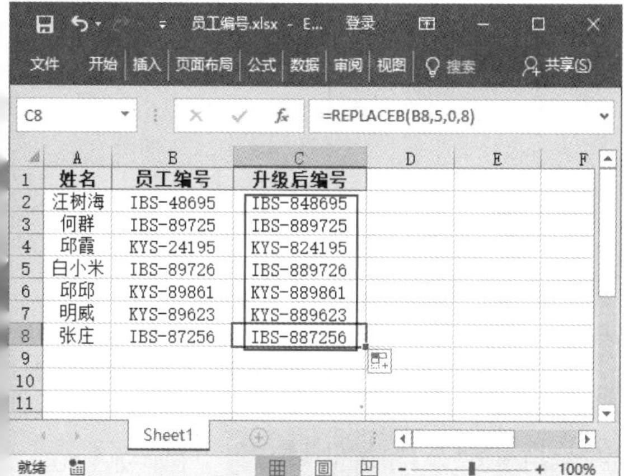

温馨提示

- 使用 REPLACEB 函数时，参数 start_ num 或 num_bytes 必须是大于 0 的数字，否则函数将返回错误值【#VALUE!】。
- 如果参数 num_bytes 被忽略，则相当于在参数 start_num 字符间插入新的字符。

147 使用 SEARCH 函数查找文本中的空格

适用版本	实用指数
2007、2010、2013、2016	★★★☆☆

使用说明

SEARCH 函数可在第二个文本字符串中查找第一个文本字符串，并返回第一个文本字符串起始位置的编号，该编号从第二个文本字符串的第一个字符算起。

函数语法：= SEARCH(find_text,within_text,[start_num])

参数说明如下。

- find_text（必选）：要查找的文本。
- within_text（必选）：要在其中搜索参数值的文本。
- start_num（可选）：参数中从它开始搜索的字符编号。

解决方法

例如，A 列为电话号码，其中区号与号码之间以空格相隔，现在需要计算该空格在字符串中出现的起始位置，具体操作方法如下。

第 1 步 打开素材文件（位置：素材文件 \ 第 6 章 \ 查找文本中空格符 .xlsx），选中要存放结果的单元格 B2，输入公式“=SEARCH(" ",A2,1)”，按【Enter】键，即可得到 A 列中空格所在位置，如下图所示。

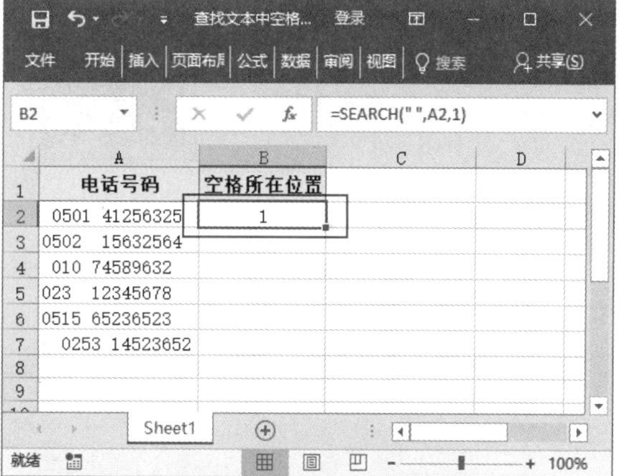

第 2 步 利用填充功能向下复制函数即可，如下图所示。

温馨提示

- 如果找不到值，则返回错误值【#VALUE!】。
- 如果省略了 start_num 参数，则假设其值为 1。
- 如果参数 start_num 的值不大于 0（零）或大于 within_text 参数的长度，则返回错误值【#VALUE!】。
- 可以在 find_text 参数中使用通配符（包括问号 (?) 和星号 (*)）。问号匹配任意单个字符；星号匹配任意一串字符。如果要查找实际的

温馨提示

问号或星号，则在该字符前输入波形符 (~)。

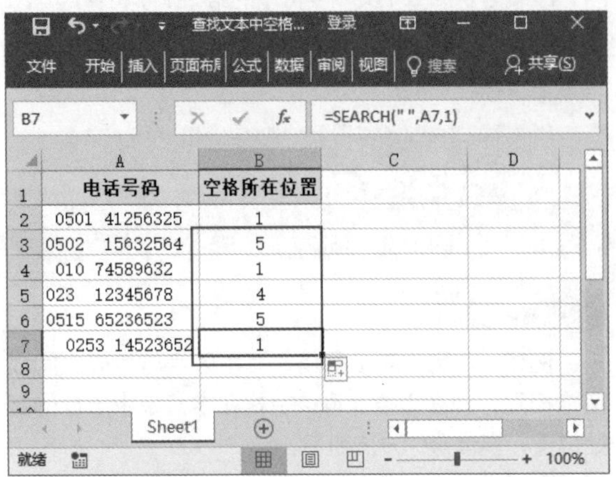

148　使用 SEARCHB 函数分别计算不同商品折后价格

适用版本	实用指数
2007、2010、2013、2016	★★★★☆

使用说明

SEARCHB 函数用来在第二个文本中查找第一个文本，并返回第一个文本的起始位置。

函数语法：= SEARCHB(find_text,within_text,[start_num])

参数说明如下。

- find_text（必选）：要查找的文本。
- within_text（必选）：要在其中搜索参数值的文本。
- start_num（可选）：参数中从它开始搜索的字符编号，按字节计算。

解决方法

例如，某商场统计了 A 和 B 两种商品的销售单价。现在举办促销活动，需要将 A 商品的销售单价更改为原价格的 70%，B 商品价格保持不变，计算两种商品的实际价格。具体操作方法如下。

第 1 步 打开素材文件（位置：素材文件 \ 第 6 章 \ 商品销售价格 .xlsx），选中要存放结果的单元格 C2，输入公式“=IF(ISERROR(SEARCHB("B",A2)),B2*0.7,B2)”，按【Enter】键，即可得到实际定价，如右上图所示。

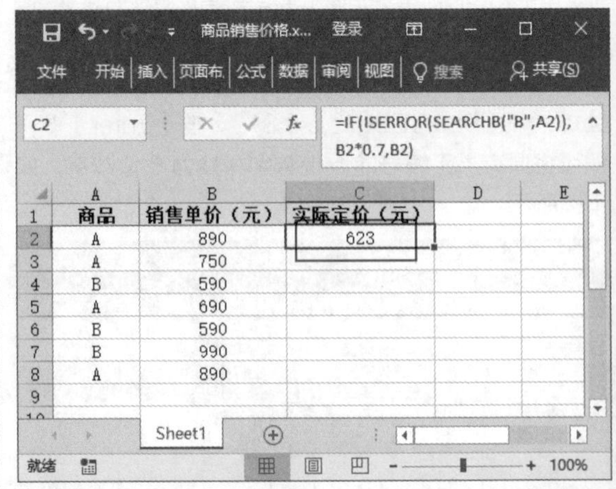

第 2 步 利用填充功能向下复制公式即可，如下图所示。

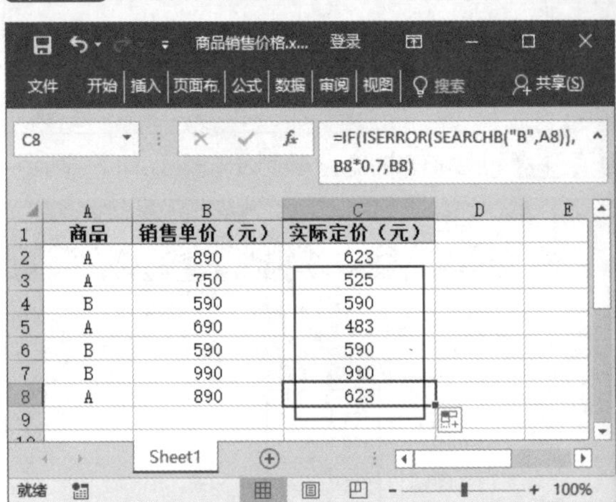

149　使用 SUBSTITUTE 函数格式化客户单位名称

适用版本	实用指数
2007、2010、2013、2016	★★★☆☆

使用说明

SUBSTITUTE 函数用于替换字符串中的指定文本。如果知道要替换的字符，但不知道其位置，就可以使用这个函数。

函数语法：= SUBSTITUTE(text, old_text, new_text, [instance_num])

参数说明如下。

- text（必选）：要替换其中字符的文本，或对含有文本（要替换其中字符）的单元格的引用。
- old_text（必选）：要替换的旧文本。
- new_text（必选）：用于替换的文本。

- instance_num（可选）：用来指定要替换第几次出现的 old_text。如果指定了 instance_num，则只有满足要求的 old_text 被替换；否则会将 Text 中出现的每一处 old_text 都更改为 new_text。

解决方法

例如，A 列单元格为部门名称及管理人员的姓名，两者间以“—”相连，现在需要将“—”更改为“：”，具体操作方法如下。

第 1 步 打开素材文件（位置：素材文件 \ 第 6 章 \ 客户单位名称 .xlsx），选中要存放结果的单元格 B2，输入公式“=SUBSTITUTE(A2,"—","：")”，按【Enter】键，如下图所示。

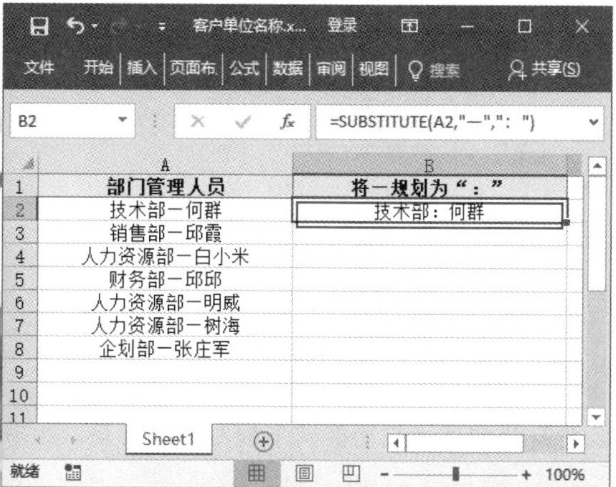

第 2 步 利用填充功能向下复制公式即可，如下图所示。

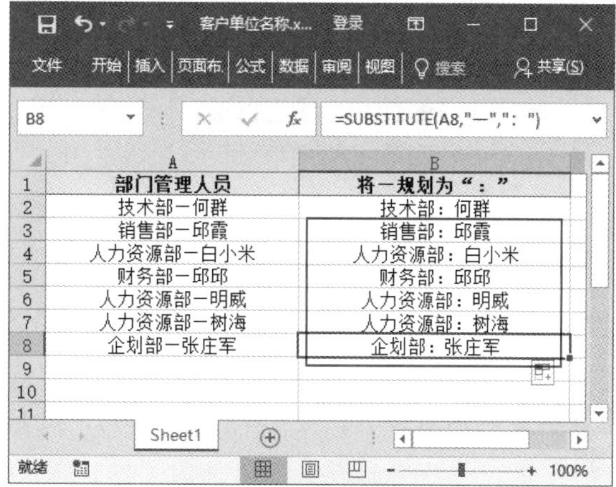

温馨提示

- 在文本字符串中用 new_text 替代 old_text。如果需要在某一文本字符串中替换指定的文本，使用函数 SUBSTITUTE；如果需要在某一文本字符串中替换指定位置处的任意文本，使用函数 REPLACE。
- 如果文本中找不到需要替换的旧文本，那么函数将不进行任何替换。

6.6 删除文本中的字符函数

在文本函数中，有一类函数专门用于删除文本中的字符。通过这些函数，可以快速一次性删除同类型不需要的字符。下面介绍一些常用的删除文本中的字符函数的使用技巧。

150　使用 CLEAN 函数删除无法打印的字符

适用版本	实用指数
2007、2010、2013、2016	★★★★☆

使用说明

CLEAN 函数用于删除文本中不能打印的字符，不能打印的字符包括文本中 7 位 ASCII 码的前 32 个非打印字符（值为 0 ~ 31）。

函数语法：= CLEAN(text)

参数说明如下。

text（必选）：要从中删除非打印字符的任何工作表信息。

解决方法

如果要删除文本中的非打印字符，具体操作方法如下。

第 1 步 打开素材文件（位置：素材文件 \ 第 6 章 \ 删除非打印的字符 .xlsx），选中要存放结果的单元格 B2，输入公式“=CLEAN(A2)”，按【Enter】键，如下图所示。

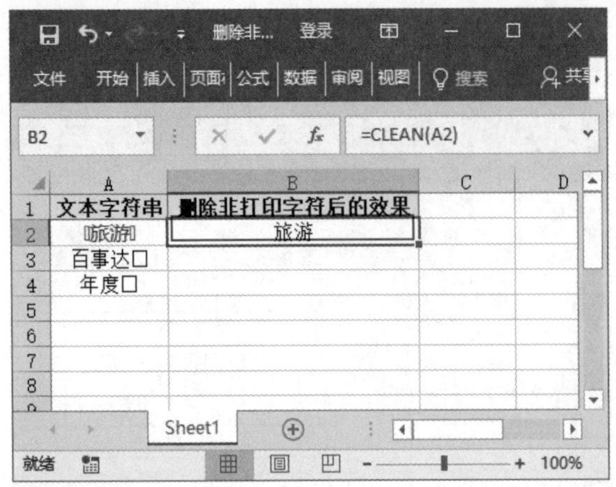

第 2 步 利用填充功能向下复制公式即可，如下图所示。

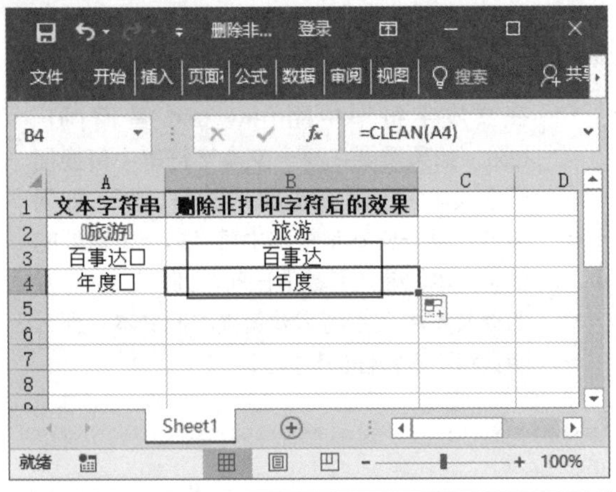

151 使用 TRIM 函数删除文本中的多余空格

适用版本	实用指数
2007、2010、2013、2016	★★★★☆

使用说明

TRIM 函数用于删除单词之间的单个空格，或清除文本中所有的空格，以及从其他应用程序中获取的文本中带有的不规则空格。

函数语法：= TRIM(text)

参数说明如下。

text（必选）：要删除其中空格的文本。

解决方法

如果要删除文本中的多余空格，具体操作方法如下。

第 1 步 打开素材文件（位置：素材文件 \ 第 6 章 \ 删除文本空行 .xlsx），选中要存放结果的单元格 C1，输入公式“=TRIM(CLEAN(A1))”，按【Enter】键，如下图所示。

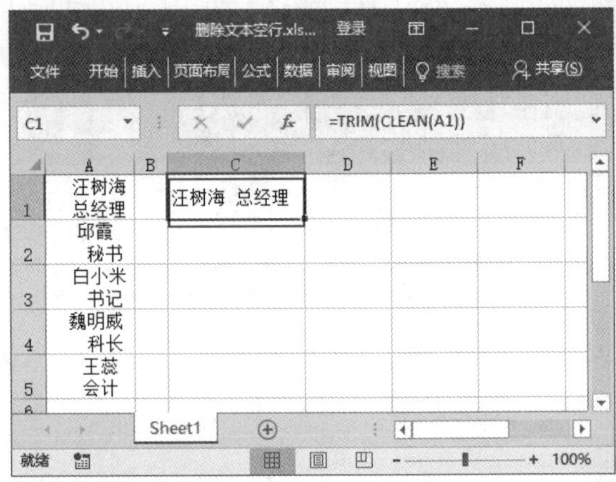

第 2 步 利用填充功能向下复制函数即可，如下图所示。

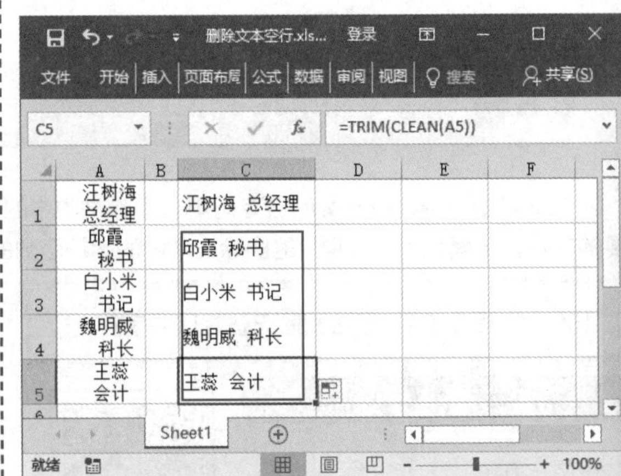

第 7 章
日期与时间函数使用技巧

在使用 Excel 处理日期和时间时，初学者可能经常会失败。为了避免出现错误，除了要掌握如何将单元格格式设置为日期和时间格式外，还需要掌握日期和时间函数的应用技巧。本章主要针对日期和时间函数的应用，为读者介绍一些操作技巧。

下面列举了一些日期与时间函数应用中的常见问题，看看是否会处理或已掌握。

【√】在工作中，经常需要在工作表中输入当前时间，如何使用函数快速输入?

【√】在分析数据时，怎样才能从记录有开始时间和结束时间的数据中，计算出花费的小时数、分钟数和秒数?

【√】要计算两个时间之间的工作日有多少天，使用什么函数?

【√】怎样快速计算出工作表中记录的两个时间之间的相差天数?

【√】已知借款时间和还款时间，怎样快速计算出借款的天数?

【√】在记录的一组日期中，怎样快速计算出该时间到月底的天数?

希望通过本章内容的学习，能帮助你解决以上问题，并学会在 Excel 中使用日期与时间函数的技巧。

7.1 返回当前的日期、时间

本节将介绍返回当前的日期和时间函数，如使用函数快速填写制表时间、统计员工在职天数、转换日期格式等。

152 使用 NOW 函数返回当前日期和时间的序列号

适用版本	实用指数
2007、2010、2013、2016	★★★★★

使用说明

NOW 函数用于返回当前日期和时间的序列号。

> 函数语法：= NOW()
> 参数说明：该函数没有参数。

解决方法

例如，需要在工作表中填写当前日期和时间，具体操作方法如下。

打开素材文件（位置：素材文件 \ 第 7 章 \NOW 函数 .xlsx），在【员工信息登记表】工作表中选择存放结果的单元格 B19，输入公式“=NOW()”，按【Enter】键，即可显示当前日期和时间，如下图所示。

B19 =NOW()

	A	B	C	D	E
6	0004	郝仁义	营销部	18012347896	500231123456784266
7	0005	刘露	销售部	15686467298	500231123456784563
8	0006	杨曦	项目组	15843977219	500231123456787596
9	0007	刘思玉	财务部	13679010576	500231123456783579
10	0008	柳新	财务部	13586245369	500231123456783466
11	0009	陈俊	项目组	16945676952	500231123456787103
12	0010	胡媛媛	行政部	13058695996	500231123456781395
13	0011	赵东亮	人力资源	13182946695	500231123456782468
14	0012	艾佳佳	项目组	15935952955	500231123456781279
15	0013	王其	行政部	15666626966	500231123456780376
16	0014	朱小西	财务部	13688595699	500231123456781018
17	0015	曹美云	营销部	13946962932	500231123456787305
18					
19	制表时间	2018/5/21 9:10			
20					

又如，某校需要统计老师的入职与离职情况，并计算出在职天数，具体操作方法如下。

第1步 在【教师在职天数】工作表中选择要存放结果的单元格 D2，输入公式“= IF(C2<>"",C2−B2,NOW()−B2)”，按【Enter】键，即可得出计算结果，如右上图所示。

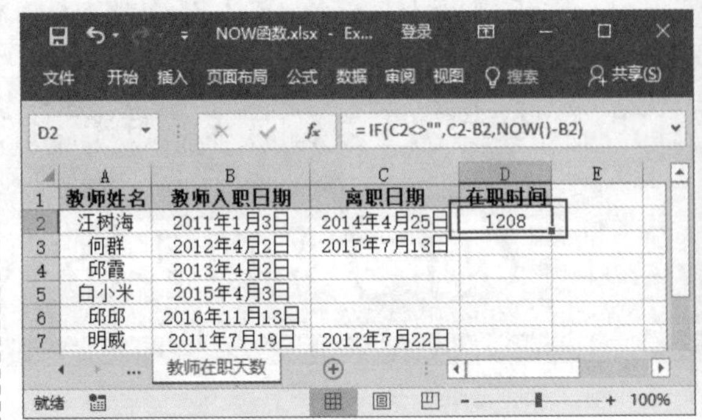

D2 = IF(C2<>"",C2-B2,NOW()-B2)

	A	B	C	D
1	教师姓名	教师入职日期	离职日期	在职时间
2	汪树海	2011年1月3日	2014年4月25日	1208
3	何群	2012年4月2日	2015年7月13日	
4	邱霞	2013年4月2日		
5	白小米	2015年4月3日		
6	邱邱	2016年11月13日		
7	明威	2011年7月19日	2012年7月22日	

第 2 步 利用填充功能向下复制公式，即可计算出各个老师在职天数，如下图所示。

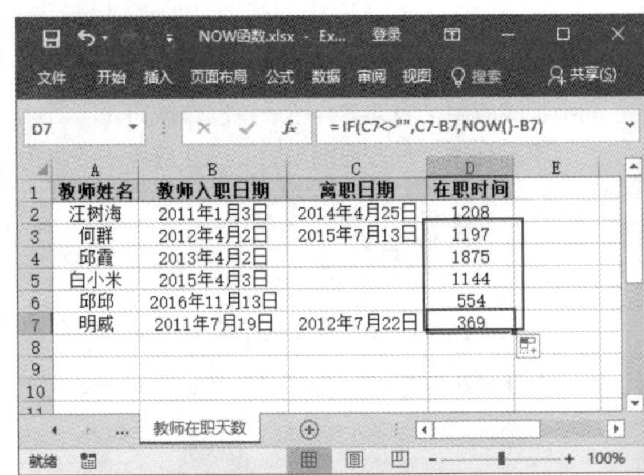

D7 = IF(C7<>"",C7-B7,NOW()-B7)

	A	B	C	D
1	教师姓名	教师入职日期	离职日期	在职时间
2	汪树海	2011年1月3日	2014年4月25日	1208
3	何群	2012年4月2日	2015年7月13日	1197
4	邱霞	2013年4月2日		1875
5	白小米	2015年4月3日		1144
6	邱邱	2016年11月13日		554
7	明威	2011年7月19日	2012年7月22日	369

温馨提示

- NOW 函数的结果仅在计算工作表或运行含有该函数的宏时才改变，它并不会持续更新。
- NOW 函数返回的是 Windows 系统设置中已经设置好的时间，所以只要是系统的日期和时间设置无误，也就相当于 NOW 返回的是当前的日期和时间。

153 使用 TODAY 函数返回今天日期的序列号

适用版本	实用指数
2007、2010、2013、2016	★★★★★

使用说明

TODAY 函数用于返回当前日期的序列号。序列号是 Excel 日期和时间计算使用的日期－时间代码。

> 函数语法：= TODAY()
> 参数说明：该函数没有参数。

解决方法

例如，在统计试用期员工到期人数时，需要需要显示出当前日期，而公司规定，试用期为 3 个月，即 90 天，现在需要根据员工从入职至今的时间，计算出员工是否到试用期，具体操作方法如下。

第 1 步 打开素材文件（位置：素材文件 \ 第 7 章 \ 统计试用期 .xlsx），选择要存放结果的单元格 F4，输入公式“= TODAY()”，按【Enter】键，即可得出计算结果，如下图所示。

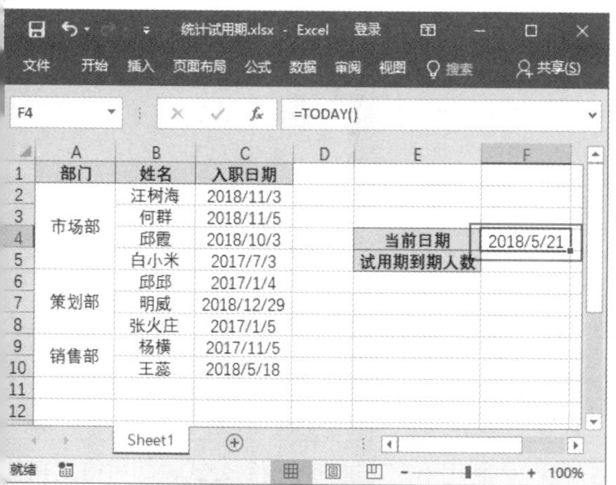

温馨提示

在【常规】格式的单元格内输入“=TODAY()”公式并按【Enter】键后，Excel 会以普通的日期格式显示出当前的日期；如果需要显示出与日期相对应的序列号，则需要将单元格格式再次设置为【常规】。

第 2 步 选择要存放结果的单元格 F5，输入公式“=COUNTIF(C2:C10,"<"&TODAY()−90)”，按【Enter】键，即可显示出试用期到期人数，如右上图所示。

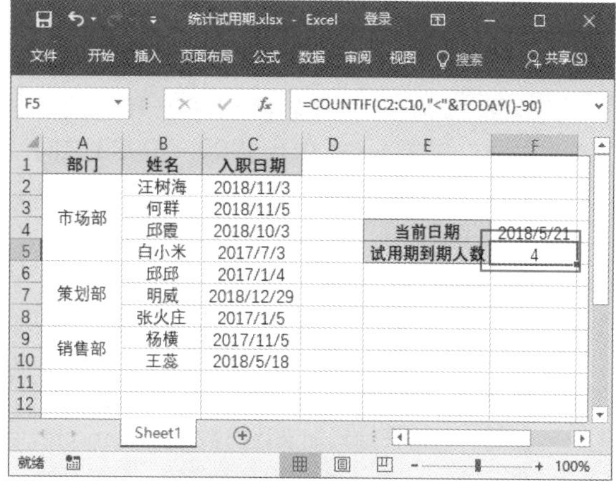

温馨提示

选中单元格，直接按【Ctrl+;】和【Ctrl+Shift+;】组合键可快速输入当前日期和当前时间，但是重新打开工作表时，并不会自动更新。

154 使用 DATE 函数将数值转换为日期格式

适用版本	实用指数
2007、2010、2013、2016	★★★★★

使用说明

DATE 函数用于返回表示特定日期的连续序列号。

> 函数语法：= DATE(year,month,day)
> 参数说明如下。
> - year（必选）：表示年的数字，该参数的值可以包含一到四位数字。
> - month（必选）：一个正整数或负整数，表示一年中从 1 ～ 12 月（一月到十二月）的各个月。
> - day（必选）：一个正整数或负整数，表示一月中从 1 ～ 31 日的各天。

解决方法

如果要使用 DATE 函数返回日期，具体操作方法如下。

温馨提示

- 如果 year 介于 0（零）～ 1899 之间（包含这两个值），则 Excel 会将该值与 1900 相加来计算年份，例如，DATE(108,1,2) 将

温馨提示

返回 2008 年 1 月 2 日 (1900+108) 的序列号；如果 year 介于 1900 ~ 9999 之间（包含这两个值），则 Excel 将使用该数值作为年份。例如，DATE(2008,1,2) 将返回 2008 年 1 月 2 日的序列号。

- 如果 year 小于 0 或大于等于 10000，则 Excel 将返回错误值【#NUM!】。
- 如果 month 大于 12，则 month 从指定年份的一月份开始累加该月份数；如果 month 小于 1，则 month 从指定年份的一月份开始递减该月份数，然后再加上 1 个月。例如，DATE(2008,-3,2) 返回 2007 年 9 月 2 日的序列号。
- 如果 day 大于指定月份的天数，则 day 从指定月份的第 1 天开始累加该天数。例如，DATE(2008,1,35) 返回 2008 年 2 月 4 日的序列号；如果 day 小于 1，则 day 从指定月份的第 1 天开始递减该天数，然后再加上 1 天。例如，DATE(2008,1,-15) 返回 2007 年 12 月 16 日的序列号。

第 1 步 打开素材文件（位置：素材文件\第 7 章\DATE 函数 .xlsx），在【返回指定日期】工作表选中要存放结果的单元格 B5，输入公式“=DATE($A$2,$A$3,A5)”，按【Enter】键，即可得到计算结果，如下图所示。

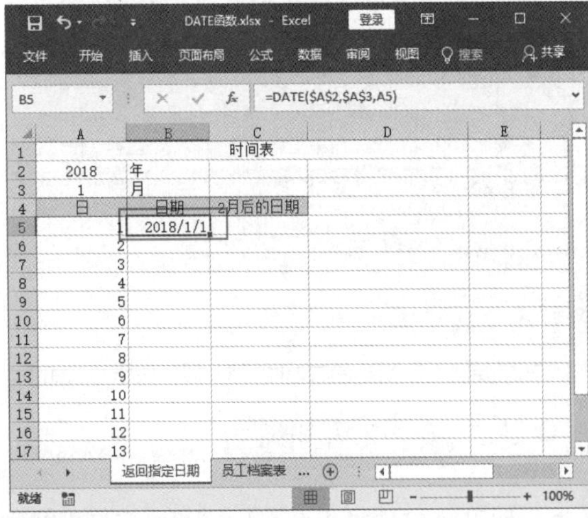

第 2 步 利用填充功能向下复制公式，即可在其他单元格内显示出相应的日期，如右上图所示。

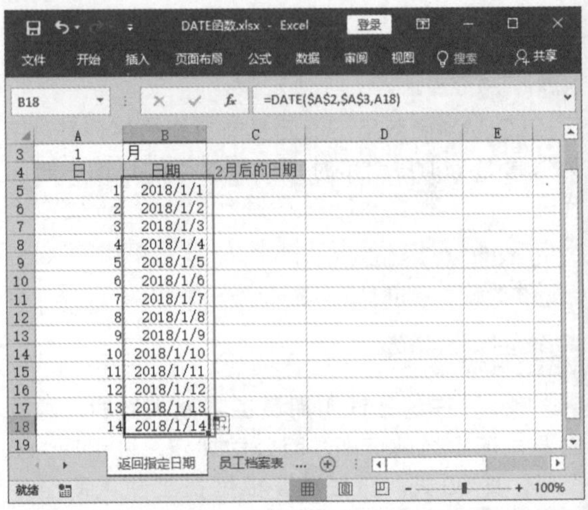

第 3 步 若需要显示两个月后的日期，则在 month 参数上加上 2 即可，方法是：选中要存放结果的单元格 C5，输入公式“=DATE($A$2,$A$3+2,A5)”，按【Enter】键，即可得到计算结果，如下图所示。

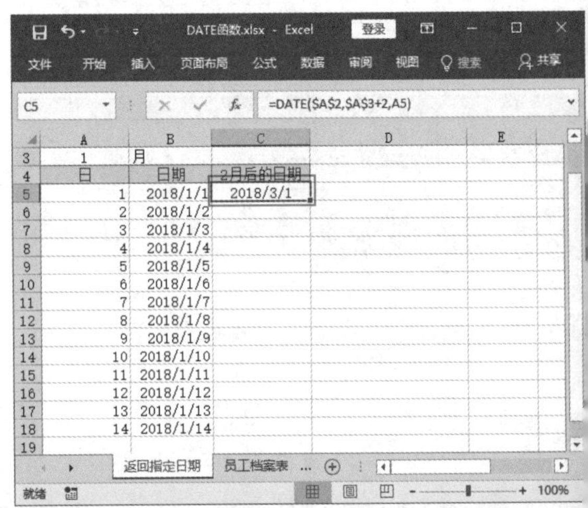

第 4 步 利用填充功能向下复制公式，即可得到其他相应的结果，如下图所示。

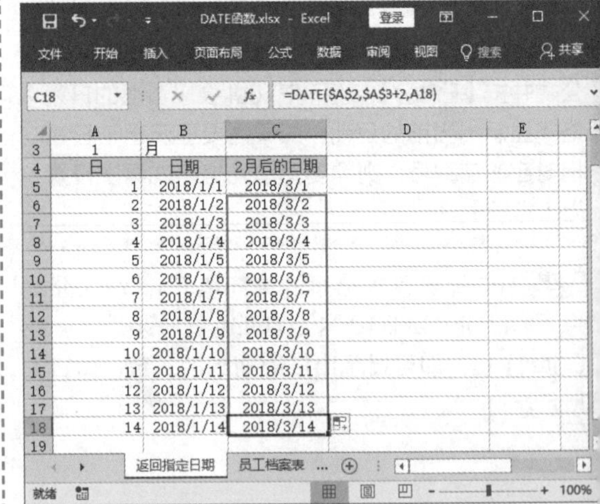

温馨提示

为避免出现意外结果，建议对 year 参数使用 4 位数字例如，如果只使用【07】，将返回【1907】。

又如，在员工档案表中，需要将年、月、日单元格的内容组合起来，具体操作方法如下。

第 1 步 在【员工档案表】工作表选中要存放结果的单元格 J2，输入公式“=DATE(G3,H3,I3)”，按【Enter】键，即可得到计算结果，然后将数字格式设置为日期格式，如下图所示。

第 2 步 利用填充功能向下复制公式，即可得到其他相应的结果，如下图所示。

温馨提示

使用 DATE 函数将日期组合起来，默认情况下为短日期格式，如果用户需要其他格式，则可对单元格的格式进行自定义。

155 使用 TIME 函数返回当前时间的序列号

适用版本	实用指数
2007、2010、2013、2016	★★★☆☆

使用说明

TIME 函数用于返回某一特定时间的小数值。如果在输入公式前，单元格的格式为【常规】，则结果将设为时间格式。函数 TIME 返回的小数值为 0（零）～ 0.99999999 之间的数值，代表从 0:00:00(0:00:00AM) ～ 23:59:59(11:59:59 P.M.) 之间的时间。

函数语法：= TIME (hour,minute,second)

参数说明如下。

- hour（必选）：0（零）～ 32767 之间的数值，代表小时。任何大于 23 的数值将除以 24，其余数将视为小时。
- minute（必选）：0 ～ 32767 之间的数值，代表分钟。任何大于 59 的数值将被转换为小时和分钟。
- second（必选）：0 ～ 32767 之间的数值，代表秒。任何大于 59 的数值将被转换为分钟和秒。

解决方法

例如，某员工在整理表格时需要显示出指定时间，具体操作方法如下。

第 1 步 打开素材文件（位置：素材文件\第 7 章\TIME 函数.xlsx），在【显示指定时间】工作表中选择存放结果的单元格 B1，输入公式“=TIME("7","15","14")”，按【Enter】键，即可得出对应的小时、分钟和秒数，如下图所示。

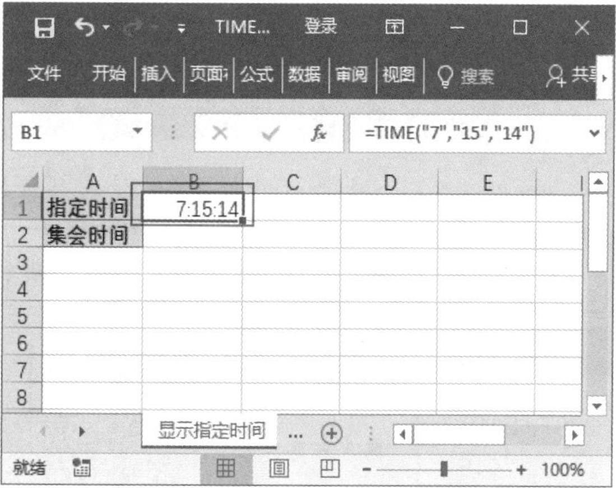

第 2 步 选择要存放结果的单元格 B2，输入公式“=TEXT(NOW(),"hh:mm")+TIME(6,10,0)”，按【Enter】键，即可得出从现在开始，6 小时 10 分钟以后的时间，如下图所示。

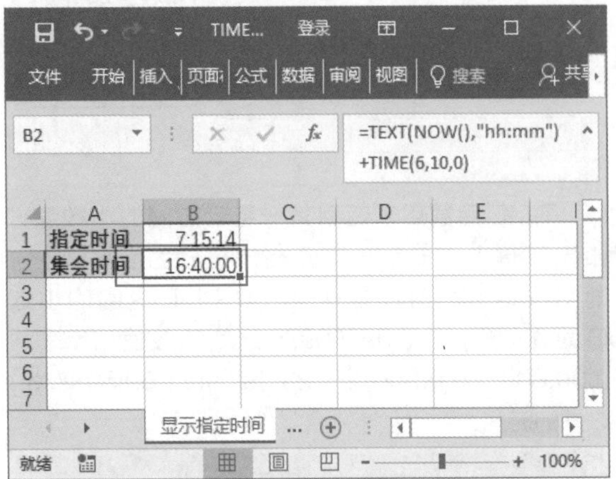

又如，某公司上班考勤是按每天 8 小时计算的，由于公司的时间比较灵活，员工上班时间不固定，因此可以使用 TIME 函数计算员工下班的时间，具体操作方法如下。

第 1 步 在【考勤表】工作表中选择存放结果的单元格 D3，输入公式“=C3+TIME (8,0,0)”，按【Enter】键，即可计算出第 1 位员工的下班时间，如右上图所示。

第 2 步 利用填充功能向下复制公式，即可得到所有员工的下班时间，如下图所示。

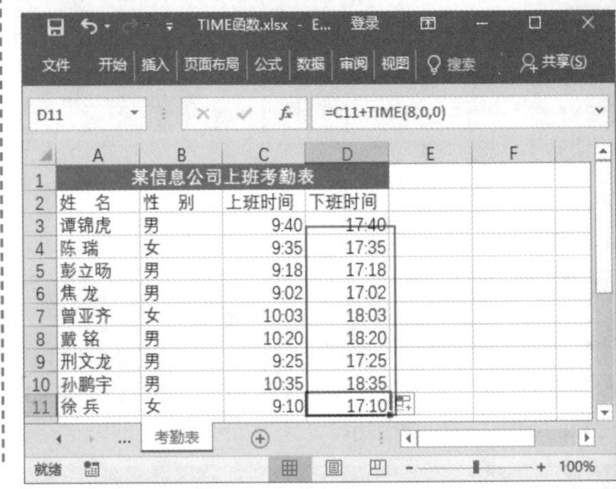

温馨提示

- 对于参数 hour 来说，任何大于 23 的数值将除以 24，其余数将视为小时；对于参数 minute 来说，任何大于 59 的数值将被转换为小时和分钟；对于参数 second 来说，任何大于 59 的数值将被转换为分钟和秒。
- 所有参数都可以是直接输入数字的单元格或单元格引用，且都必须为数值类型，如果是文本类型，函数将返回错误值【#VALUE!】。

7.2 返回日期和时间的某个部分

本节将为读者介绍返回日期和时间的某个部分使用的函数，如返回一周中的几天、实践中的小时等。

156 使用 WEEKDAY 函数将序列号转换为星期日期

适用版本	实用指数
2007、2010、2013、2016	★★★★★

使用说明

WEEKDAY 函数用于返回某日期为星期几。默认情况下，返回值为 1 ~ 7 之间的整数。

函数语法：= WEEKDAY (serial_number,[return_type])

参数说明如下。

- serial_number（必选）：一个序列号，代表尝试查找的那一天的日期。

- return_type（可选）：用于确定返回值类型的数字。
- 若为 1 或忽略：返回数字 1（星期日）～数字 7（星期六）。
- 若为 2：返回数字 1（星期一）～数字 7（星期日）。
- 若为 3：返回数字 0（星期一）～数字 6（星期日）。
- 若为 11：返回数字 1（星期一）～数字 7（星期日）。
- 若为 12：返回数字 1（星期二）到数字 7（星期一）。
- 若为 13：返回数字 1（星期三）～数字 7（星期二）。
- 若为 14：返回数字 1（星期四）～数字 7（星期三）。
- 若为 15：返回数字 1（星期五）～数字 7（星期四）。
- 若为 16：返回数字 1（星期六）～数字 7（星期五）。
- 若为 17：返回数字 1（星期日）7。

解决方法

例如，某员工在整理表格时，需要显示出指定时间，具体操作方法如下。

打开素材文件（位置：素材文件\第 7 章\WEEKDAY 函数 .xlsx），在【确定星期日】工作表中选择存放结果的单元格 B1，输入公式“=DATE(YEAR(TODAY()),5,14-WEEKDAY(DATE(YEAR(TODAY()),4,30),2))”，按【Enter】键，即可显示出今年 5 月份的第二个星期日的具体日期，如下图所示。

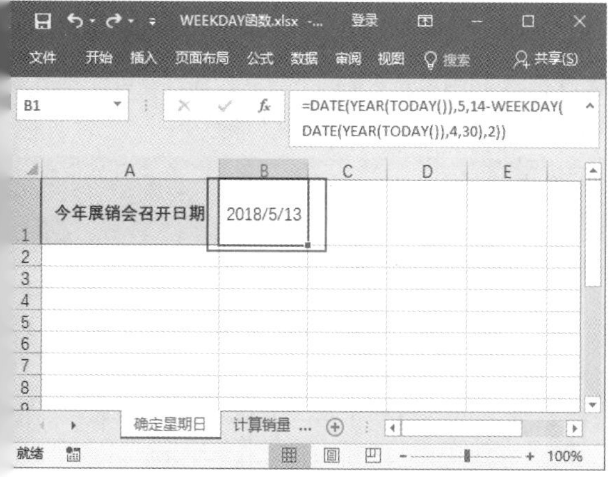

又如，某公司需要计算出星期一总销量，具体操作方法如下。

在【计算销量】工作表中选择存放结果的单元格 E3，输入公式“=SUM(IF(WEEKDAY(A2:A14,1)=1,B2:B14))”，按【Ctrl+Shift+Enter】键，即可判断出星期一产品的总销量，如右上图所示。

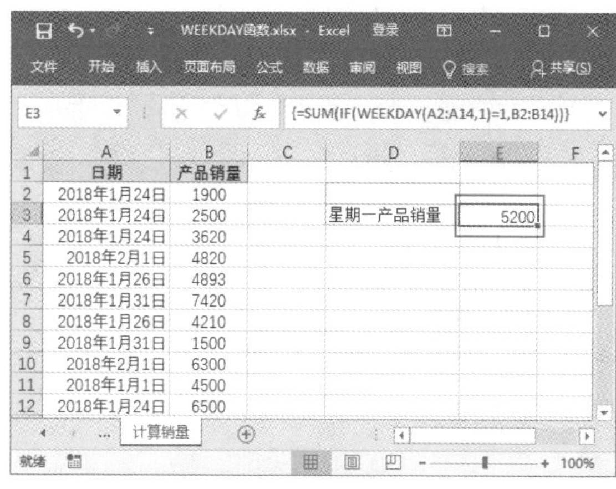

温馨提示

- 参数 serial_number 表示的日期应使用 DATE 函数输入，或者将日期作为其他公式或函数的结果输入；如果日期以文本形式输入，将返回错误值【#VALUE!】。
- 如果参数 serial_number 的值不在当前日期基数值范围内，则返回【#NUM!】错误。
- 如果参数 return_type 的值不在上表指定的范围内，则返回【#NUM!】错误。

157　使用 HOUR 函数返回小时数值

适用版本	实用指数
2007、2010、2013、2016	★★★★★

使用说明

HOUR 函数用于返回时间值的小时数，其返回值的范围为 0(0:00A.M) ~ 23(11:00P.M) 之间的整数

函数语法：= HOUR(serial_number)

参数说明如下。

serial_number（必选）：表示一个时间值，其中包含要查找的小时。

解决方法

例如，在【实验记录 .xlsx】中，计算各实验阶段所用的小时数，具体操作方法如下。

第 1 步 打开素材文件（位置：素材文件\第 7 章\实验记录 .xlsx），选中要存放结果的单元格 D4，输入公式“=HOUR(C4−B4)”，按【Enter】键，即可计算出第 1 阶段所用的小时数，如下图所示。

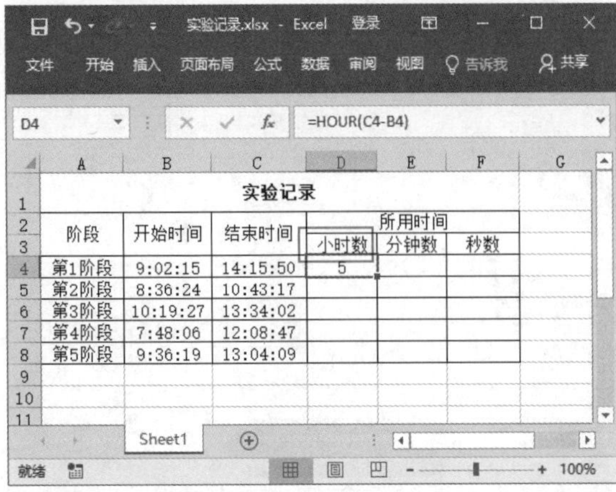

第 2 步 利用填充功能向下复制公式，即可计算出其他实验阶段所用的小时数，如下图所示。

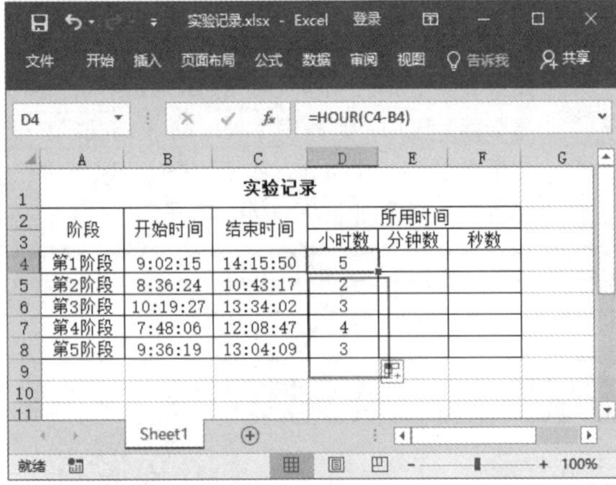

温馨提示

- 参数必须为数值类型，即数字、文本格式的数字或表达式，如果为文本型，函数将返回错误值【#VALUE!】。
- 当参数 serial_number 的值大于 24 时，HOUR 函数将提取实际小时与 24 的差值，如，小时为 30，那么 HOUR 函数的返回值为 6。

158 使用 MINUTE 函数返回分钟数值

适用版本	实用指数
2007、2010、2013、2016	★★★★★

使用说明

MINUTE 函数用于返回时间值的分钟数，其返回值为一个介于 0 ~ 59 之间的整数。

函数语法：= MINUTE(serial_number)

参数说明如下。

serial_number（必选）：一个时间值，其中包含要查找的分钟。

解决方法

如果要计算各实验阶段所用的分钟数，具体操作方法如下。

第 1 步 打开素材文件（位置：素材文件 \ 第 7 章 \ 实验记录 1.xlsx），选中要存放结果的单元格 E4，输入公式“=MINUTE(C4−B4)”，按【Enter】键，即可计算出第 1 阶段所用的分钟数，如下图所示。

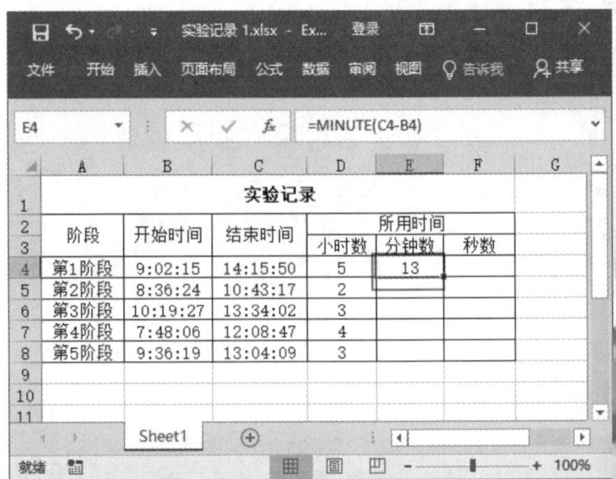

第 2 步 利用填充功能向下复制公式，即可计算出其他实验阶段所用的分钟数，如下图所示。

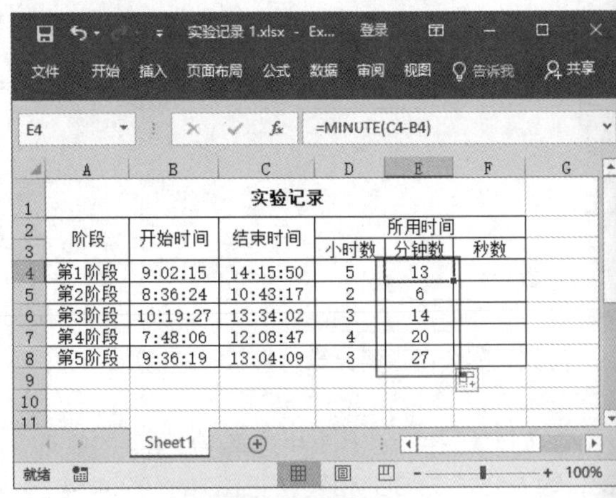

温馨提示

当参数 serial_number 的值大于 60 时，

温馨提示

MINUTE 函数将提取实际分钟数与 60 的差值，如，分钟数为 75，那么 MINUTE 函数的返回值为 15。

159 使用 SECOND 函数返回秒值

适用版本	实用指数
2007、2010、2013、2016	★★★★☆

使用说明

SECOND 函数用于返回时间值的秒数，返回的秒数为 0 ~ 59 之间的整数。

函数语法：= SECOND(serial_number)

参数说明如下。

serial_number（必选）：表示一个时间值，其中包含要查找的秒数。

解决方法

如果要计算各实验阶段所用的秒数，具体操作方法如下。

第 1 步 打开素材文件（位置：素材文件 \ 第 7 章 \ 实验记录 2.xlsx），选中要存放结果的单元格 F4，输入公式“=SECOND(C4-B4)”，按【Enter】键，即可计算出第 1 阶段所用的秒数，如下图所示。

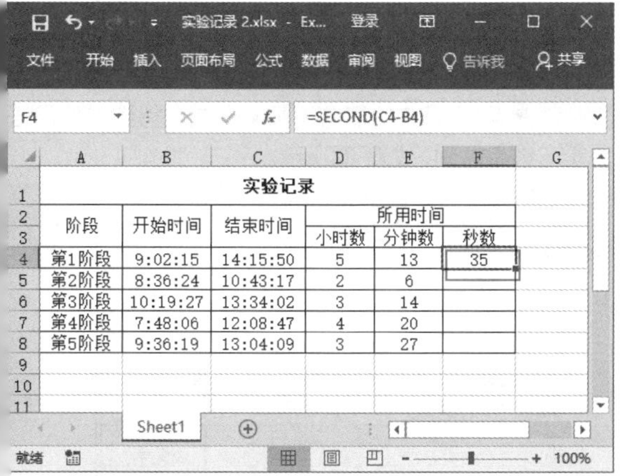

F4 =SECOND(C4-B4)

实验记录					
阶段	开始时间	结束时间	所用时间		
			小时数	分钟数	秒数
第1阶段	9:02:15	14:15:50	5	13	35
第2阶段	8:36:24	10:43:17	2	6	
第3阶段	10:19:27	13:34:02	3	14	
第4阶段	7:48:06	12:08:47	4	20	
第5阶段	9:36:19	13:04:09	3	27	

第 2 步 利用填充功能向下复制公式，即可计算出其他实验阶段所用的秒数，如右上图所示。

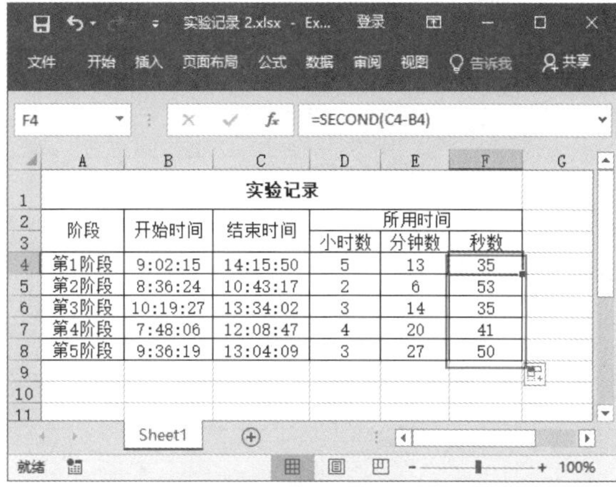

F4 =SECOND(C4-B4)

实验记录					
阶段	开始时间	结束时间	所用时间		
			小时数	分钟数	秒数
第1阶段	9:02:15	14:15:50	5	13	35
第2阶段	8:36:24	10:43:17	2	6	53
第3阶段	10:19:27	13:34:02	3	14	35
第4阶段	7:48:06	12:08:47	4	20	41
第5阶段	9:36:19	13:04:09	3	27	50

温馨提示

当参数 serial_number 的值大于 60 时，SECOND 函数将提取实际秒数与 60 的差值，如秒数为 73，那么 SECOND 函数的返回值为 13。

160 使用 NETWORKDAYS 函数返回两个日期间的全部工作日数

适用版本	实用指数
2007、2010、2013、2016	★★★★★

使用说明

NETWORKDAYS 函数用于计算两个日期之间的工作日天数，工作日不包括周末和专门指定的假期。

函数语法：= NETWORKDAYS(start_date, end_date, [holidays])

参数说明如下。

- start_date（必选）：代表开始的日期。
- end_date（必选）：代表终止的日期。
- holidays（可选）：不在工作日历中的一个或多个日期所构成的可选区域。

解决方法

例如，在【项目耗费时间 .xlsx】中，计算各个项目所用工作日天数，具体操作方法如下。

第 1 步 打开素材文件（位置：素材文件 \ 第 7 章 \ 项目耗费时间 .xlsx），选中要存放结果的单元格 E3，输入公式“=NETWORKDAYS(B3,C3,D3)”，按【Enter】键，即可计算出【项目】1 所用的工作日天数，然后利用填充功能向下复制函数，计算出【项目 2】和【项目 3】所用的工作日天数，如下图所示。

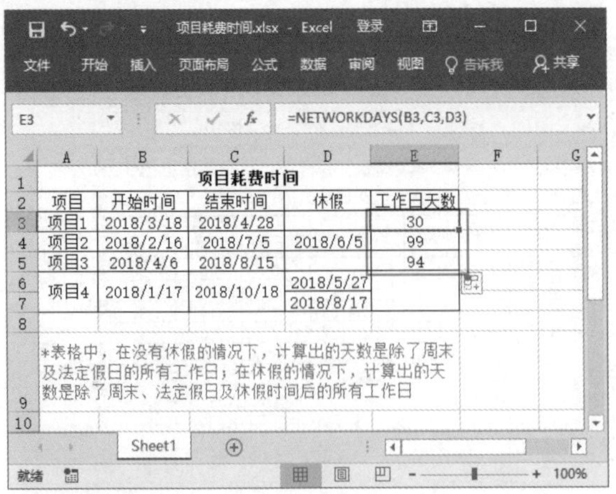

	A	B	C	D	E
1	项目耗费时间				
2	项目	开始时间	结束时间	休假	工作日天数
3	项目1	2018/3/18	2018/4/28		30
4	项目2	2018/2/16	2018/7/5	2018/6/5	99
5	项目3	2018/4/6	2018/8/15		94
6	项目4	2018/1/17	2018/10/18	2018/5/27	
7				2018/8/17	
8					
9	*表格中，在没有休假的情况下，计算出的天数是除了周末及法定假日的所有工作日；在休假的情况下，计算出的天数是除了周末、法定假日及休假时间后的所有工作日				

第 2 步 选中单元格 E6，输入公式“=NETWORKDAYS(B5,C5,D6:D7)”，按【Enter】键，计算出【项目 4】所用的工作日天数，如下图所示。

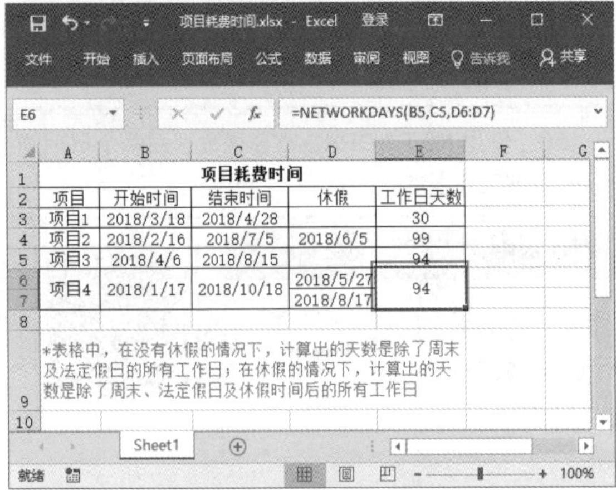

	A	B	C	D	E
1	项目耗费时间				
2	项目	开始时间	结束时间	休假	工作日天数
3	项目1	2018/3/18	2018/4/28		30
4	项目2	2018/2/16	2018/7/5	2018/6/5	99
5	项目3	2018/4/6	2018/8/15		94
6	项目4	2018/1/17	2018/10/18	2018/5/27	94
7				2018/8/17	
8					
9	*表格中，在没有休假的情况下，计算出的天数是除了周末及法定假日的所有工作日；在休假的情况下，计算出的天数是除了周末、法定假日及休假时间后的所有工作日				

温馨提示

- 如果任何参数为无效的日期值，则函数 NETWORKDAYS 将返回错误值【#VALUE!】。
- 如果省略参数 holidays，则表示除固定双休日之外，没有其他任何节假日。

161 使用 WORKDAY 函数返回若干工作日之前或之后的日期

适用版本	实用指数
2007、2010、2013、2016	★★★☆☆

使用说明

WORKDAY 函数用于返回在某日期（起始日期）之前或之后、与该日期相隔指定工作日的某一日期的日期值。工作日不包括周末和专门指定的假日。

函数语法：= WORKDAY(start_date, days, [holidays])

参数说明如下。

- start_date（必选）：代表开始的日期。
- days（必选）：start_date 之前或之后不含周末及节假日的天数。days 为正值将生成未来日期；为负值生成过去日期。
- holidays（可选）：一个可选列表，其中包含需要从工作日历中排除的一个或多个日期。该列表可以是包含日期的单元格区域，也可以是由代表日期的序列号所构成的数组常量。

解决方法

例如，在【员工实习时间表 .xlsx】计算员工的实习结束时间，具体操作方法如下。

第 1 步 打开素材文件（位置：素材文件 \ 第 7 章 \ 员工实习时间表 .xlsx），选中要存放结果的单元格 E3，输入公式“=WORKDAY(B3,C3,D3)”，按【Enter】键即可得出计算结果，然后将数字格式设置为日期格式，如下图所示。

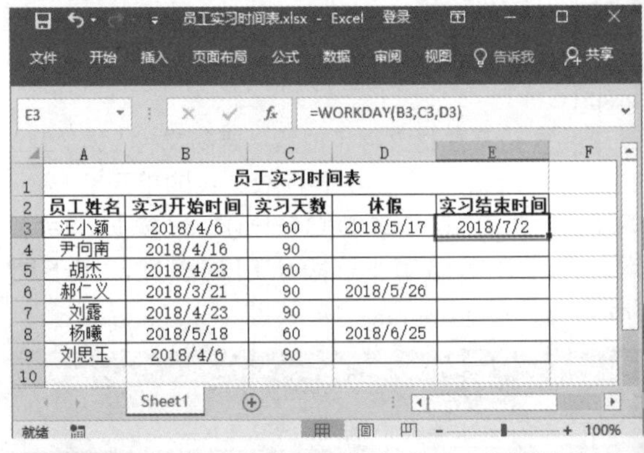

	A	B	C	D	E
1	员工实习时间表				
2	员工姓名	实习开始时间	实习天数	休假	实习结束时间
3	汪小颖	2018/4/6	60	2018/5/17	2018/7/2
4	尹向南	2018/4/16	90		
5	胡杰	2018/4/23	60		
6	郝仁义	2018/3/21	90	2018/5/26	
7	刘露	2018/4/23	90		
8	杨曦	2018/5/18	60	2018/6/25	
9	刘思玉	2018/4/6	90		

第 2 步 利用填充功能向下复制公式，得到其他员工的实习结束时间，如下图所示。

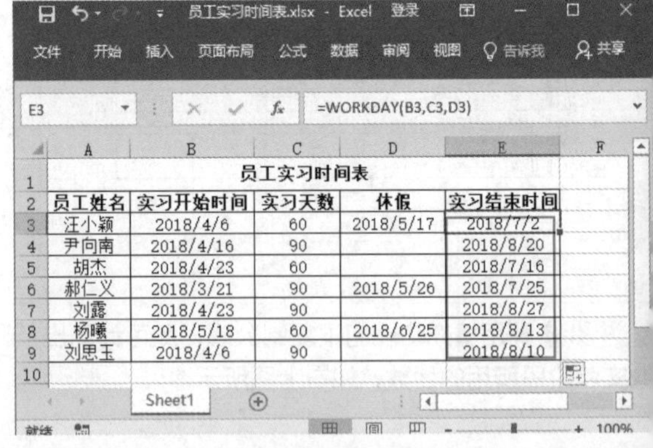

	A	B	C	D	E
1	员工实习时间表				
2	员工姓名	实习开始时间	实习天数	休假	实习结束时间
3	汪小颖	2018/4/6	60	2018/5/17	2018/7/2
4	尹向南	2018/4/16	90		2018/8/20
5	胡杰	2018/4/23	60		2018/7/16
6	郝仁义	2018/3/21	90	2018/5/26	2018/7/25
7	刘露	2018/4/23	90		2018/8/27
8	杨曦	2018/5/18	60	2018/6/25	2018/8/13
9	刘思玉	2018/4/6	90		2018/8/10

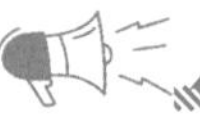

温馨提示

- 参数应使用 DATE 函数输入日期，或者作为其他公式或函数的结果输入。例如，使用函数 DATE(2008,5,23) 输入 2008 年 5 月 23 日。如果日期以文本形式输入，则返回错误值【#VALUE!】。
- 如果任何参数为非法日期值，则函数 WORKDAY 将返回错误值【#VALUE! 】。
- 如果参数 start_date 加参数 days 产生非法日期值，函数 WORKDAY 返回错误值【#NUM!】。
- 如果参数 days 不是整数，将截尾取整。

162 使用 YEAR 函数返回年份

适用版本	实用指数
2007、2010、2013、2016	★★★★★

使用说明

YEAR 函数用于返回日期的年份值，是介于 1900~9999 之间的数字。

函数语法：= YEAR(serial_number)

参数说明如下。

serial_number（必选）：为一个日期值，其中包含要查找年份的日期。

解决方法

例如，要统计员工进入公司的年份，具体操作方法如下。

第 1 步 打开素材文件（位置：素材文件 \ 第 7 章 \ 员工入职时间登记表 .xlsx），选中要存放结果的单元格 C3，输入公式“=YEAR(B3)”，按【Enter】键即可得到计算结果，如下图所示。

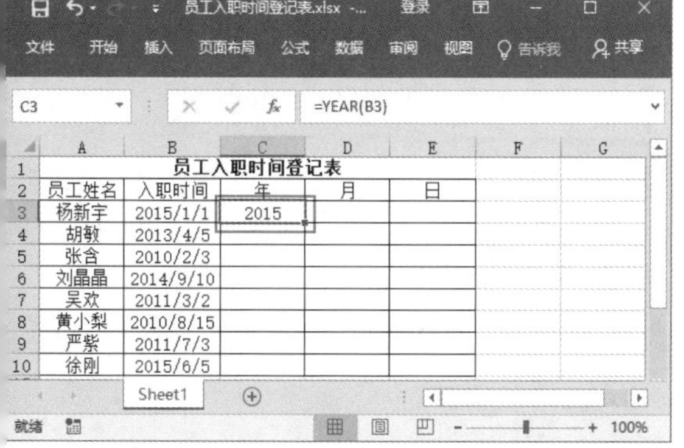

第 2 步 利用填充功能向下复制函数，可得到所有员工入职年份，如下图所示。

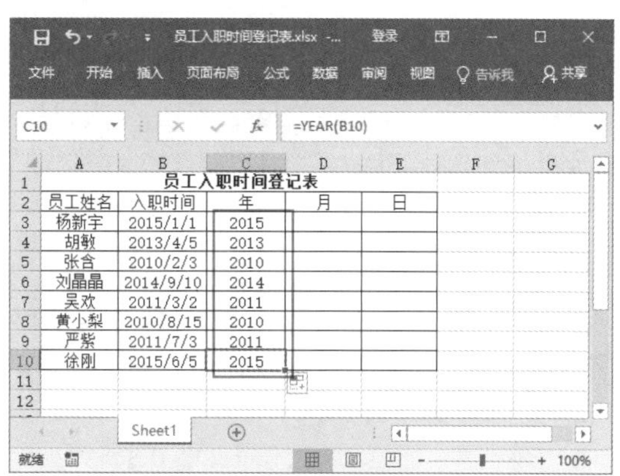

温馨提示

在 Excel 中，不论提供的日期值以何种格式显示，YEAR、MONTH 和 DAY 函数返回的值都是 Gregorian 值。例如，如果提供日期的显示格式是回历（回历：伊斯兰教国家 / 地区使用的农历。），则 YEAR、MONTH 和 DAY 函数返回的值将是与等价的 Gregorian 日期相关联的值。

163 使用 MONTH 函数返回月份

适用版本	实用指数
2007、2010、2013、2016	★★★★☆

使用说明

MONTH 函数用于返回指定日期中的月份值，是介于 1~12 之间的数字。

函数语法：=MONTH(seial_number)

参数说明如下。

serial_number（必选）：一个日期值，其中包含要查找月份的日期。

解决方法

例如，要统计员工进入公司的月份，具体操作方法如下。

第 1 步 打开素材文件（位置：素材文件 \ 第 7 章 \ 员工入职时间登记表 1.xlsx），选中要存放结果的单元格 D3，输入公式“=MONTH(B3)”，按【Enter】键，即可得到计算结果，如下图所示。

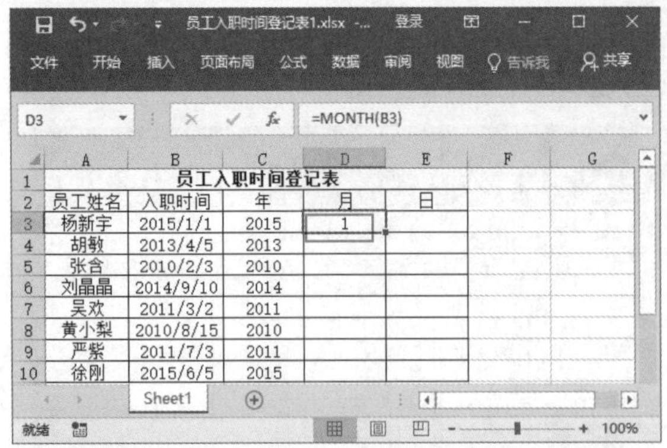

第 2 步 利用填充功能向下复制公式，即可得到所有员工入职月份，如下图所示。

164 使用 DAY 函数返回某天数值

适用版本	实用指数
2007、2010、2013、2016	★★★☆☆

使用说明

DAY 函数用于返回一个月中的第几天的数值，是介于 1~31 之间的数字。

函数语法：= DAY(serial_number)

参数说明如下。

serial_number（必选）：要查找的那一天的日期。

解决方法

例如，要统计员工进入公司的天数，具体操作方法如下。

第 1 步 打开素材文件（位置：素材文件\第 7 章\员工入职时间登记表 2.xlsx），选中要存放结果的单元格 E3，输入公式"=DAY(B3)"，按【Enter】键，即可得到计算结果，如下图所示。

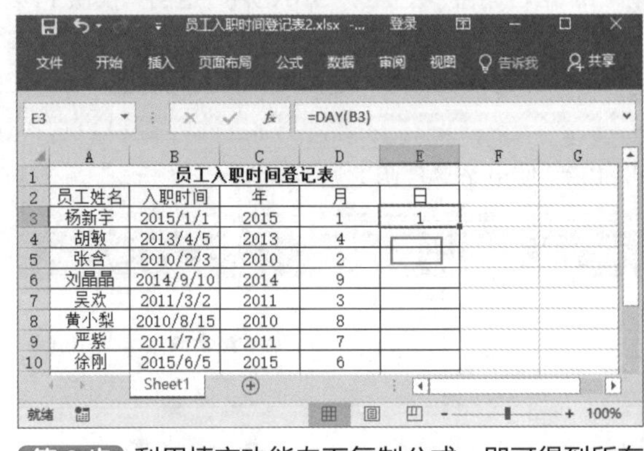

第 2 步 利用填充功能向下复制公式，即可得到所有员工进入公司的天数，如下图所示。

7.3 文本与日期格式间的转换

掌握文本与日期、时间格式的基本转换方法，可以更方便地进行日期、时间的计算。下面介绍一些常用的使用技巧。

165 使用 DATEVALUE 函数将文本格式的日期转换为序列号

适用版本	实用指数
2007、2010、2013、2016	★★★★☆

使用说明

DATEVALUE 函数用于将文本格式的日期转换为 Excel 识别日期的序列号。

函数语法：= DATEVALUE(date_text)

参数说明如下。

Date_text（必选）：表示文本格式的日期，或者是对表示为文本格式日期所在单元格的引用。

解决方法

例如，某公司记录了 2016 年 11 月到 2017 年 11 月销售商品时签订订单日期，现在需要计算出当月签订订单日期与上月签订订单日期之间的间隔天数，具体操作方法如下。

第 1 步 打开素材文件（位置：素材文件\第 7 章\订单日期.xlsx），选中要存放结果的单元格 D3，输入公式“=DATEVALUE(A3&B3&C3)-DATEVALUE(A2&B2&C2)”，按【Enter】键，即可计算出日期之间相差的天数，如下图所示。

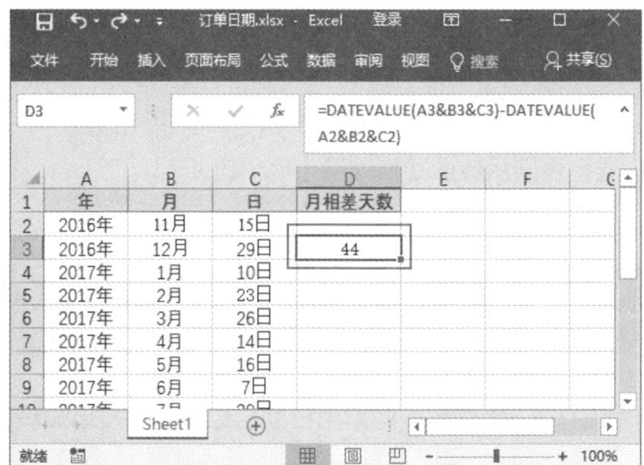

第 2 步 利用填充功能向下复制公式，即可得出所有结果，如下图所示。

温馨提示

- 参数 date_text 必须表示 1900 年 1 月 1 日到 9999 年 12 月 31 日之间的某个日期，如果参数 date_text 的值超出上述范围，则函数 DATEVALUE 将返回 错误值【#VALUE!】。

温馨提示

- 如果省略参数 date_text 中的年份部分，则函数 DATEVALUE 会使用计算机内置时钟的当前年份。参数 date_text 中的时间信息将被忽略。

166 使用 TIMEVALUE 函数将文本格式的时间转换为序列号

适用版本	实用指数
2007、2010、2013、2016	★★★★☆

使用说明

TIMEVALUE 函数用于返回由文本字符串所代表的小数值。该小数值为 0 ~ 0.99999999 之间的数值，代表从 0:00:00 (0:00:00 AM) 到 23:59:59 (11:59:59 PM) 之间的时间。

函数语法：= TIMEVALUE(time_text)

参数说明如下。

time_text（必选）：一个文本字符串，代表以任意一种 Microsoft Excel 时间格式表示的时间。

解决方法

例如，需要将时间换算为小数值，具体操作方法如下。

打开素材文件（位置：素材文件\第 7 章\TIMEVALUE 函数.xlsx），在【转换小数值】工作表中选择存放结果的单元格 B2，输入公式“=TIMEVALUE("10:14:59")”，按【Enter】键，即可将时间转换为小数值，如下图所示。

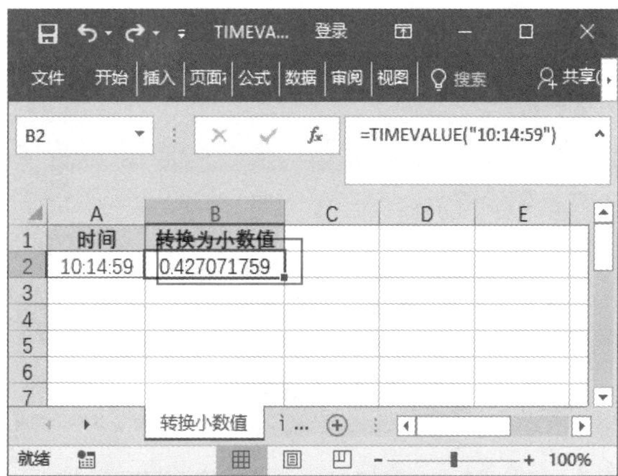

又如，某公司员工每加班 1 小时加班费为 100，现在要计算每个员工的加班费，具体操作方法如下。

第 1 步 在【计算加班费】工作表中选择存放结果的单元格 C2，输入公式“=ROUND(TIMEVALUE(SUBSTITUTE(SUBSTITUTE(B2,"min",""),"h",":"))*24*100,0)”，按【Enter】键，计算出第一位员工的加班费，如下图所示。

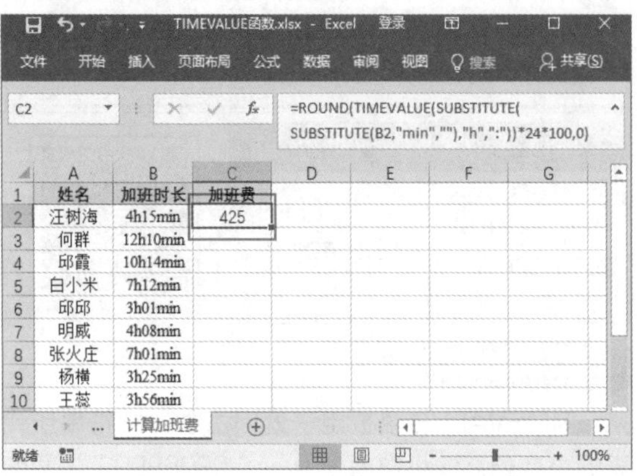

第 2 步 利用填充功能向下复制公式，即可计算出各个员工应得加班费用，如下图所示。

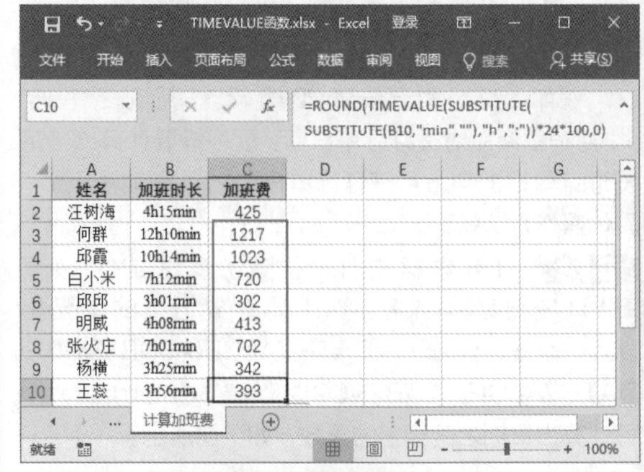

温馨提示

参数必须为文本格式，且时间必须加上双引号，否则函数返回错误值【#VALUE!】。

7.4 其他日期函数

除了以上函数，还有许多实用的日期函数可以应用于日常工作。下面介绍一些常用日期函数的使用技巧知识。

167 使用 DAYS360 函数计算某公司借款的总借款天数

适用版本	实用指数
2007、2010、2013、2016	★★★★★

使用说明

DAYS360 函数用于按照 1 年 360 天的算法（每个月以 30 天计，1 年共计 12 个月）返回两日期间相差的天数。

函数语法：= DAYS360(start_date,end_date,[method])

参数说明如下。

- start_date（必选）：计算期间天数的开始日期。
- end_date（必选）：计算期间天数的结束日期。
- method（可选）：一个逻辑值，它指定在计算中是采用欧洲方法还是美国方法。

温馨提示

- 欧洲算法：如果起始日期或终止日期为某一个月的 31 号，将认为其等于本月的 30 号。
- 美国算法：如果起始日期是某一个月的最后一天，则等于同月的 30 号。如果终止日期是某一个月的最后一天，并且起始日期早于 30 号，则终止日期等于下一个月的 1 号；否则，终止日期等于本月的 30 号。

解决方法

例如，工作表中记录了多年的借贷情况，现在需要计算借款日期与还款日期的天数，具体操作方法如下。

第 1 步 打开素材文件（位置：素材文件 \ 第 7 章 \ 借款天数 .xlsx），选中要存放结果的单元格 C2，输入公式“=DAYS360(A2,B2,FALSE)”，按【Enter】键，即可计算日期之间相差的天数，如下图所示。

C2 =DAYS360(A2,B2,FALSE)

借款日期	还款日期	借款天数
2011/9/5	2018/5/15	2410
2016/7/8	2018/5/3	
2014/4/1	2018/1/4	

第 2 步 利用填充功能向下复制公式，即可得出所有结果，如下图所示。

C4 =DAYS360(A4,B4,FALSE)

借款日期	还款日期	借款天数
2011/9/5	2018/5/15	2410
2016/7/8	2018/5/3	655
2014/4/1	2018/1/4	1353

168 使用 DATEDIF 函数计算两个日期之间的差值

适用版本	实用指数
2007、2010、2013、2016	★★★★★

使用说明

DATEDIF 函数用于计算两个日期间的年数、月数和天数的差值。

函数语法：= DAYDIF(start_date,end_date,[unit])

参数说明如下。

- start_date（必选）：时间段内的第一个日期或开始日期。
- end_date（必选）时间段内的最后一个日期或的结束日期。
- unit（可选）：所需信息的返回类型。

温馨提示

- 欧洲算法：如果起始日期或终止日期为某一个月的 31 号，都将认为其等于本月的 30 号。
- 美国算法：如果起始日期是某一个月的最后一天，则等于同月的 30 号。如果终止日期是某一个月的最后一天，并且起始日期早于 30 号，则终止日期等于下一个月的 1 号；否则，终止日期等于本月的 30 号。

解决方法

例如，工作表中记录了内部员工的借贷情况，现在需要计算员工向公司借款的天数，具体操作方法如下。

第 1 步 打开素材文件（位置：素材文件 \ 第 7 章 \DATEDIF 函数 .xlsx），在【借款天数】工作表中选中要存放结果的单元格 E2，输入公式 “=DATEDIF(C2,D2,"D")”，按【Enter】键，即可计算出借款的天数，如下图所示。

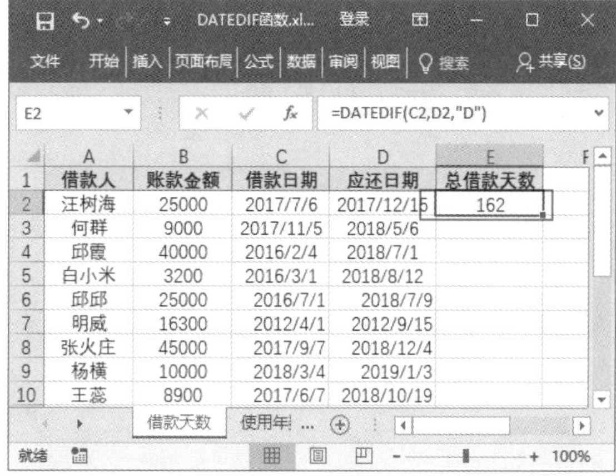

E2 =DATEDIF(C2,D2,"D")

借款人	账款金额	借款日期	应还日期	总借款天数
汪树海	25000	2017/7/6	2017/12/15	162
何群	9000	2017/11/5	2018/5/6	
邱霞	40000	2016/2/4	2018/7/1	
白小米	3200	2016/3/1	2018/8/12	
邱邱	25000	2016/7/1	2018/7/9	
明威	16300	2012/4/1	2012/9/15	
张火庄	45000	2017/9/7	2018/12/4	
杨横	10000	2018/3/4	2019/1/3	
王蕊	8900	2017/6/7	2018/10/19	

第 2 步 利用填充功能向下复制公式，即可得出所有结果，如下图所示。

E10 =DATEDIF(C10,D10,"D")

借款人	账款金额	借款日期	应还日期	总借款天数
汪树海	25000	2017/7/6	2017/12/15	162
何群	9000	2017/11/5	2018/5/6	182
邱霞	40000	2016/2/4	2018/7/1	878
白小米	3200	2016/3/1	2018/8/12	894
邱邱	25000	2016/7/1	2018/7/9	738
明威	16300	2012/4/1	2012/9/15	167
张火庄	45000	2017/9/7	2018/12/4	453
杨横	10000	2018/3/4	2019/1/3	305
王蕊	8900	2017/6/7	2018/10/19	499

又如，记录了办公用品的购买时间，如果要计算使用年数，具体操作方法如下。

第 1 步 在【使用年数】工作表中选中要存放结果的单元格 C2，输入公式 “=DATEDIF(B2,TODAY(),"Y")”，按【Enter】键，即可计算出办公用品的使用函数，如下图所示。

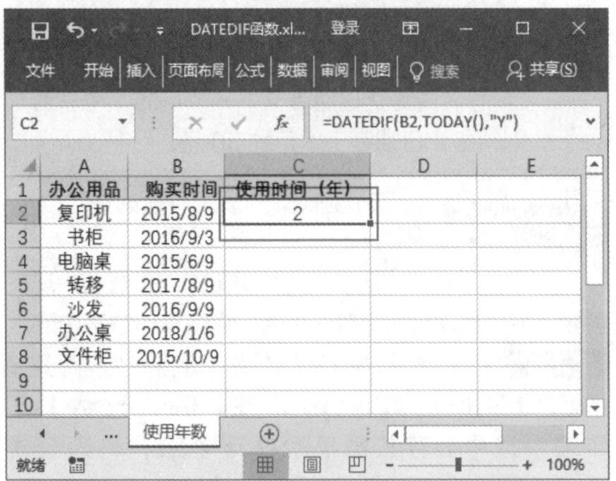

	A	B	C	D	E
1	办公用品	购买时间	使用时间（年）		
2	复印机	2015/8/9	2		
3	书柜	2016/9/3			
4	电脑桌	2015/6/9			
5	转移	2017/8/9			
6	沙发	2016/9/9			
7	办公桌	2018/1/6			
8	文件柜	2015/10/9			

第 2 步 利用填充功能向下复制公式，即可得出所有结果，如下图所示。

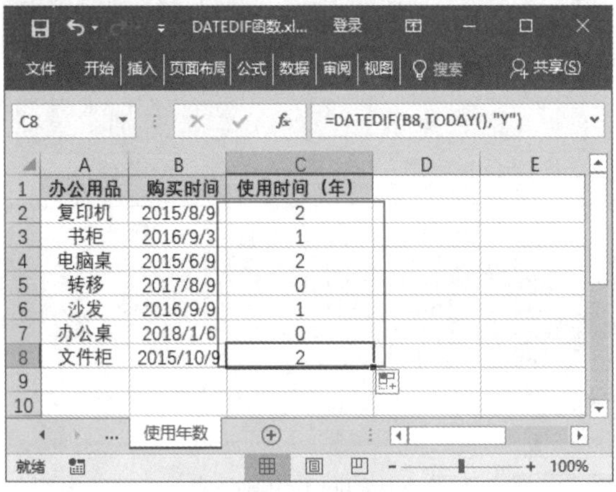

	A	B	C	D	E
1	办公用品	购买时间	使用时间（年）		
2	复印机	2015/8/9	2		
3	书柜	2016/9/3	1		
4	电脑桌	2015/6/9	2		
5	转移	2017/8/9	0		
6	沙发	2016/9/9	1		
7	办公桌	2018/1/6	0		
8	文件柜	2015/10/9	2		

温馨提示

DATEDIF 函数是 Excel 隐藏函数，在【帮助】和【插入公式】里面没有，只能手工输入。

169 使用 EDATE 函数计算还款日期

适用版本	实用指数
2007、2010、2013、2016	★★★★☆

使用说明

EDATE 函数用于返回表示某个日期的序列号，该日期与指定日期 (start_date) 相隔（之前或之后）指示的月份数。

函数语法：= EDATE(start_date, months)

参数说明如下。

- start_date（必选）：代表开始的日期。
- months（必选）：start_date 之前或之后的月份数。months 为正值将生成未来日期；为负值将生成过去日期。

解决方法

如果要计算还款日期，具体操作方法如下。

第 1 步 打开素材文件（位置：素材文件 \ 第 7 章 \ 个人借贷 .xlsx），选中要存放结果的单元格 E3，输入公式"=TEXT(EDATE(C3,D3), "yyyy-mm-dd")"，按【Enter】键，即可得到计算结果，如下图所示。

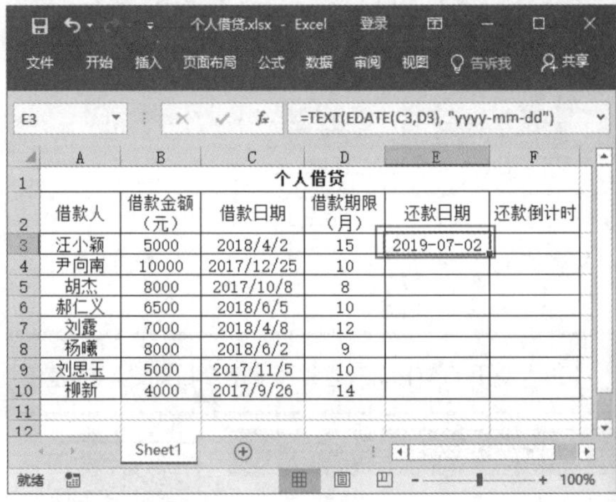

借款人	借款金额（元）	借款日期	借款期限（月）	还款日期	还款倒计时
汪小颖	5000	2018/4/2	15	2019-07-02	
尹向南	10000	2017/12/25	10		
胡杰	8000	2017/10/8	8		
郝仁义	6500	2018/6/5	10		
刘露	7000	2018/4/8	12		
杨曦	8000	2018/6/2	9		
刘思玉	5000	2017/11/5	10		
柳新	4000	2017/9/26	14		

第 2 步 利用填充功能向下复制公式，即可计算出其他人员的还款日期，如下图所示。

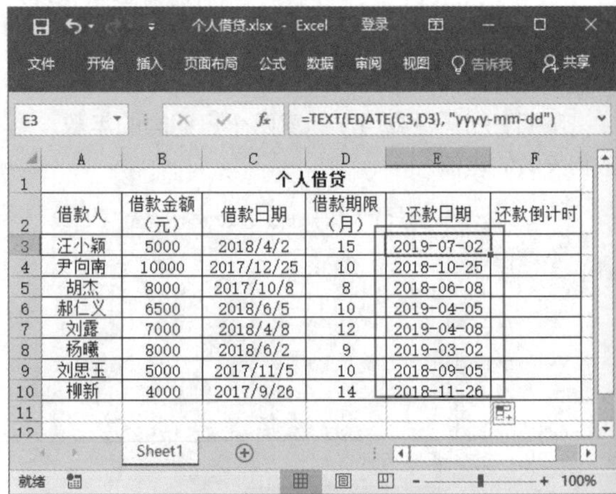

借款人	借款金额（元）	借款日期	借款期限（月）	还款日期	还款倒计时
汪小颖	5000	2018/4/2	15	2019-07-02	
尹向南	10000	2017/12/25	10	2018-10-25	
胡杰	8000	2017/10/8	8	2018-06-08	
郝仁义	6500	2018/6/5	10	2019-04-05	
刘露	7000	2018/4/8	12	2019-04-08	
杨曦	8000	2018/6/2	9	2019-03-02	
刘思玉	5000	2017/11/5	10	2018-09-05	
柳新	4000	2017/9/26	14	2018-11-26	

温馨提示

- 如果参数 start_date 不是有效日期，函数 EDATE 将返回错误值【#VALUE!】。
- 如果参数 months 不是整数，将截尾取整。

170 使用 DATESTRING 函数将日期转换成文本格式

适用版本	实用指数
2007、2010、2013、2016	★★★☆☆

使用说明

DATESTRING 函数用于将指定日期的序列号转换成文本格式日期。

> 函数语法：= DATESTRING(serial_number)
> 参数说明如下。
> serial_number（必选）：表示要转换为文本格式的日期。

解决方法

如果要计算员工还款日期并将其转换为文本格式，具体操作方法如下。

第 1 步 打开素材文件（位置：素材文件 \ 第 7 章 \ 计算还款日期 .xlsx），选中要存放结果的单元格 E2，输入公式“=DATESTRING(EDATE(C2,LEFT(D2,LEN(D2))))”，按【Enter】键，即可得到计算结果，如下图所示。

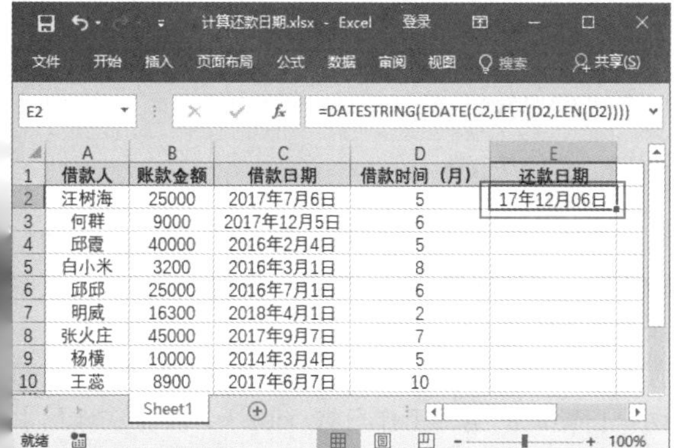

	A	B	C	D	E
1	借款人	账款金额	借款日期	借款时间（月）	还款日期
2	汪树海	25000	2017年7月6日	5	17年12月06日
3	何群	9000	2017年12月5日	6	
4	邱霞	40000	2016年2月4日	5	
5	白小米	3200	2016年3月1日	8	
6	邱邱	25000	2016年7月1日	6	
7	明威	16300	2018年4月1日	2	
8	张火庄	45000	2017年9月7日	7	
9	杨横	10000	2014年3月4日	5	
10	王蕊	8900	2017年6月7日	10	

第 2 步 利用填充功能向下复制公式，即可得到其他人员的还款日期的文本格式，如下图所示。

	A	B	C	D	E
1	借款人	账款金额	借款日期	借款时间（月）	还款日期
2	汪树海	25000	2017年7月6日	5	17年12月06日
3	何群	9000	2017年12月5日	6	18年06月05日
4	邱霞	40000	2016年2月4日	5	16年07月04日
5	白小米	3200	2016年3月1日	8	16年11月01日
6	邱邱	25000	2016年7月1日	6	17年01月01日
7	明威	16300	2018年4月1日	2	18年06月01日
8	张火庄	45000	2017年9月7日	7	18年04月07日
9	杨横	10000	2014年3月4日	5	14年08月04日
10	王蕊	8900	2017年6月7日	10	18年04月07日

温馨提示

该函数是一个隐藏函数，无法通过【插入函数】找到该函数，只能手动输入。

171 使用 EOMONTH 函数返回指定月份的最后一天

适用版本	实用指数
2007、2010、2013、2016	★★★☆☆

使用说明

EOMONTH 函数用于返回某个月份最后一天的序列号，该月份与 start_date 相隔（之后或之后）指示的月份数。

> 函数语法：= EOMONTH(start_date, months)
> 参数说明如下。
> - start_date（必选）：代表开始日期的日期。
> - months（必选）：start_date 之前或之后的月份数。months 为正值将生成未来日期；为负值将生成过去日期。

解决方法

例如，工作表中记录了产品生产的开始日期，其中产品生产结束日期为当月月底，现在需要计算产品的生产耗时天数，具体操作方法如下。

第 1 步 打开素材文件（位置：素材文件 \ 第 7 章 \ 返回指定月份的最后一天 .xlsx），在【生产天数】工作表中选中要存放结果的单元格 C2，输入公式“=EOMONTH(B2,0)−B2”，按【Enter】键，即可快速计算出指定日期到月底的天数，如下图所示。

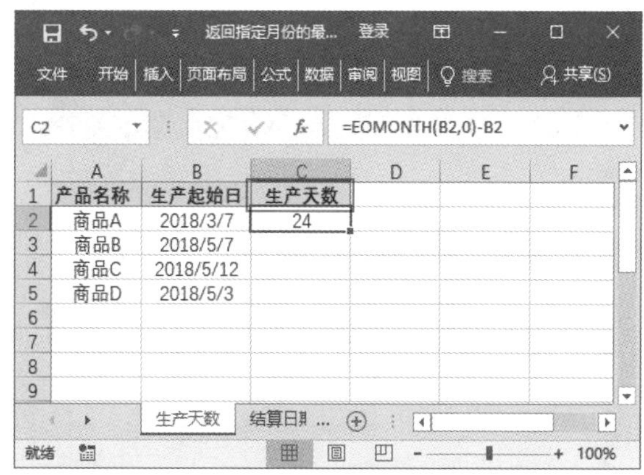

	A	B	C
1	产品名称	生产起始日	生产天数
2	商品A	2018/3/7	24
3	商品B	2018/5/7	
4	商品C	2018/5/12	
5	商品D	2018/5/3	

第 2 步 利用填充功能向下复制公式，即可计算出所

有商品从指定日期到月底的天数，如下图所示。

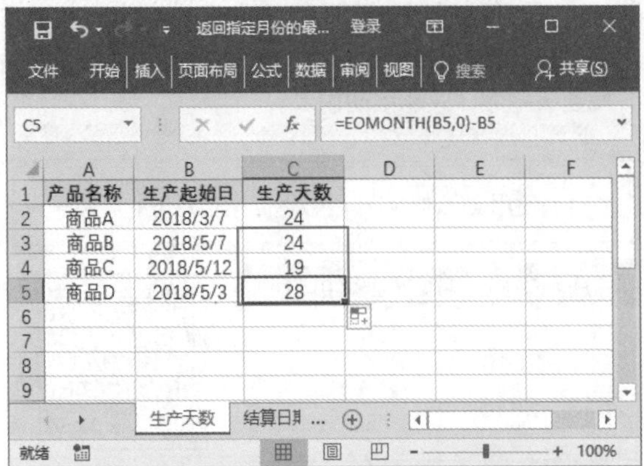

	A	B	C
1	产品名称	生产起始日	生产天数
2	商品A	2018/3/7	24
3	商品B	2018/5/7	24
4	商品C	2018/5/12	19
5	商品D	2018/5/3	28

又如，工作表中记录了某公司员工的离职情况，现在需要统计出该公司员工的工资结算日期。另外，公司规定，工资结算在每月 9 号进行，现在需要计算员工工资结算日期，具体操作方法如下。

第 1 步 在【结算日期】工作表中选中要存放结果的单元格 C2，输入公式“=TEXT(EOMONTH(B2,0)+9,"yyyy 年 m 月 d 日")”，按【Enter】键，即可快速计算出员工工资结算日期，如下图所示。

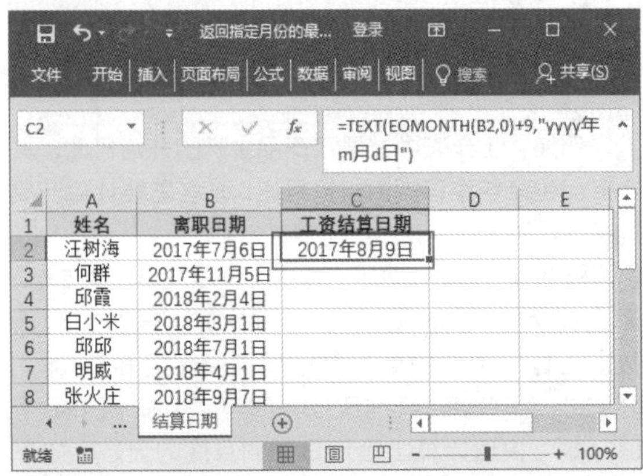

	A	B	C
1	姓名	离职日期	工资结算日期
2	汪树海	2017年7月6日	2017年8月9日
3	何群	2017年11月5日	
4	邱霞	2018年2月4日	
5	白小米	2018年3月1日	
6	邱邱	2018年7月1日	
7	明威	2018年4月1日	
8	张火庄	2018年9月7日	

第 2 步 利用填充功能向下复制公式，即可计算出所有结果，如下图所示。

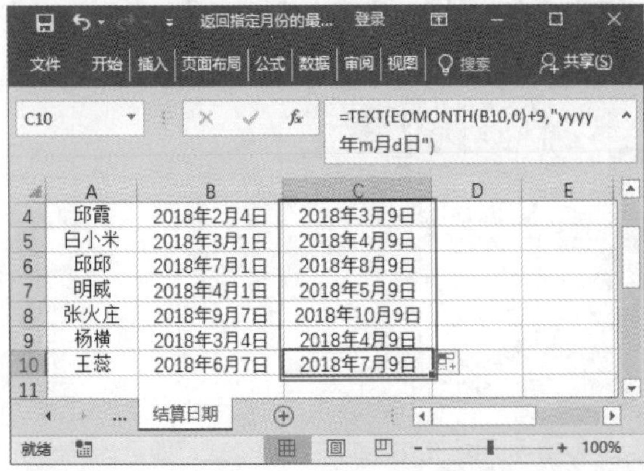

	A	B	C
4	邱霞	2018年2月4日	2018年3月9日
5	白小米	2018年3月1日	2018年4月9日
6	邱邱	2018年7月1日	2018年8月9日
7	明威	2018年4月1日	2018年5月9日
8	张火庄	2018年9月7日	2018年10月9日
9	杨横	2018年3月4日	2018年4月9日
10	王蕊	2018年6月7日	2018年7月9日

温馨提示

- 如果参数 start_date 为非法日期值，函数 EOMONTH 返回错误值【#NUM!】。
- 如果参数 start_date 和参数 months 产生非法日期值，则函数 EOMONTH 返回错误值【#NUM!】。

172 使用 NETWORKDAYS 函数返回两个日期间的全部工作日数

适用版本	实用指数
2007、2010、2013、2016	★★★★☆

使用说明

NETWORKDAYS 函数用于返回两个日期间完整的工作日数值。工作日不包括周末和专门指定的假期。

函数语法：= NETWORKDAYS(start_date, end_date, [holidays])

参数说明如下。

- start_date（必选）：代表开始的日期。
- end_date（必选）：代表终止的日期。
- holidays（可选）：不在工作日中的一个或多个所构成的可选区域。

解决方法

例如，某公司会在每年 5 月 1 日举行庆典活动，如果要计算从现在到下一庆典还有几个工作日，具体操作方法如下。

打开素材文件（位置：素材文件 \ 第 7 章 \ 返回两个日期间的全部工作日数 .xlsx），在【庆典日】工作表中选中要存放结果的单元格 A2，输入公式“=NETWORKDAYS(TODAY(),DATE(YEAR(TODAY())+(TODAY()>DATE(YEAR(TODAY()),5,1)),5,1))”，按【Enter】键，即可快速计算出从现在到下一庆典日的工作日天数，如下图所示。

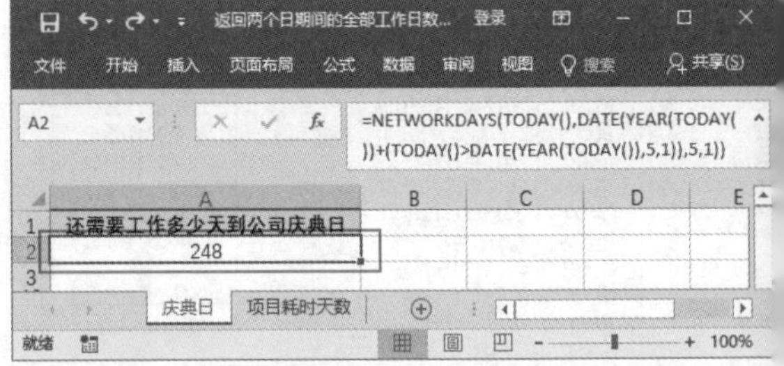

	A
1	还需要工作多少天到公司庆典日
2	248

又如，某公司开发某项目，预算了开始时间、结

束时间和休假时间，现在要计算各个项目所用工作日天数，具体操作方法如下。

第 1 步　在【项目耗费天数】工作表中选中要存放结果的单元格 E3，输入公式“=NETWORKDAYS(B3,C3,D3)”，按【Enter】键，即可计算出项目 1 所用的工作日天数，然后利用填充功能向下复制公式，计算出项目 2 和项目 3 所用的工作日天数，如下图所示。

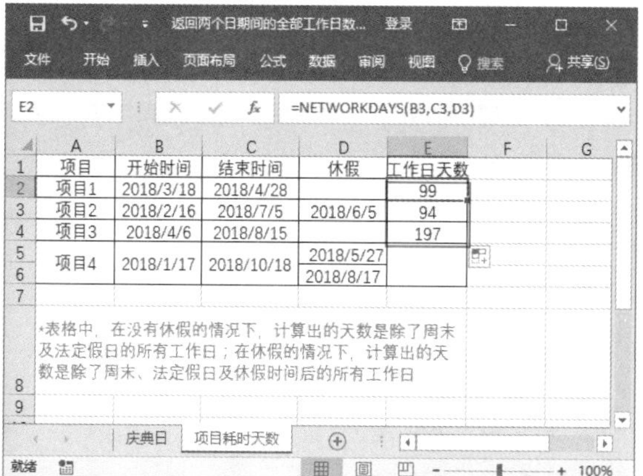

项目	开始时间	结束时间	休假	工作日天数
项目1	2018/3/18	2018/4/28		99
项目2	2018/2/16	2018/7/5	2018/6/5	94
项目3	2018/4/6	2018/8/15		197
项目4	2018/1/17	2018/10/18	2018/5/27 2018/8/17	

*表格中，在没有休假的情况下，计算出的天数是除了周末及法定假日的所有工作日；在休假的情况下，计算出的天数是除了周末、法定假日及休假时间后的所有工作日

第 2 步　选中单元格 E6，输入公式“=NETWORKDAYS(B5,C5,D6:D7)”，按【Enter】键，计算出项目 4 所用的工作日天数，如下图所示。

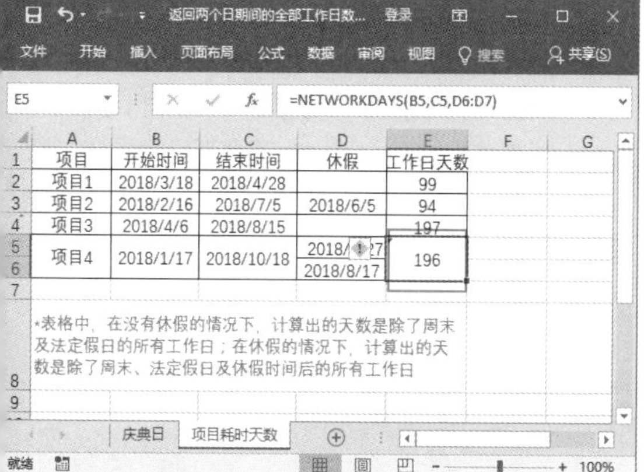

项目	开始时间	结束时间	休假	工作日天数
项目1	2018/3/18	2018/4/28		99
项目2	2018/2/16	2018/7/5	2018/6/5	94
项目3	2018/4/6	2018/8/15		197
项目4	2018/1/17	2018/10/18	2018/5/27 2018/8/17	196

*表格中，在没有休假的情况下，计算出的天数是除了周末及法定假日的所有工作日；在休假的情况下，计算出的天数是除了周末、法定假日及休假时间后的所有工作日

温馨提示

- 如果任何参数为无效的日期值，则函数 NETWORKDAYS 将返回错误值【#VALUE!】。
- 如何省略参数 holidays，则表示除固定双休日之外，没有其他任何节假日。

173　使用 NETWORKDAYS.INTL 函数计算项目耗时工作天数

适用版本	实用指数
2007、2010、2013、2016	★★★★★

使用说明

NETWORKDAYS.INTL 函数用于返回两个日期之间的所有工作日数。使用参数指示哪些天是周末，以及有多少天是周末，周末和任何指定为假期的日期不被视为工作日。

函数语法：= NETWORKDAYS.INTL(start_date, end_date, [weekend], [holidays])

参数说明如下。

- start_date（必选）：代表开始的日期。
- end_date（必选）：代表终止的日期。
- weekend（可选）：表示介于 start_date 和 end_date 之间但又不包括在所有工作日中的周末日，可以为数值或字符串，用于指定周末时间。该参数的取值及作用如下表所示。
- holidays（可选）：一个包含一个或多个日期的可选集合，这些日期将从工作日中排除。假期应该是包含日期的单元格区域，也可以是代表这些日期的序列值的数组常量。假期中的日期或序列值的顺序可以是任意的。

参数 weekend 的取值及作用

周末数	周末日
1 或省略	星期六、星期日
2	星期日、星期一
3	星期一、星期二
4	星期二、星期三
5	星期三、星期四
6	星期四、星期五
11	仅星期日
12	仅星期一
13	仅星期二
14	仅星期三
15	仅星期四
16	仅星期五

解决方法

例如，某公司开发某一项目，预计项目开始日期为 2017 年 2 月 6 日，项目完成日为 2018 年 10 月 2 日，并列出假期安排，现在需要计算该项目需要花多少工作日，又因为项目安排比较紧，因此规定每周只有周日一天休息，具体操作方法如下。

打开素材文件（位置：素材文件 \ 第 7 章 \ 项目耗

时天数 .xlsx），选中要存放结果的单元格 B9，输入公式“=NETWORKDAYS.INTL(B2,B3,11,B5:B7)”，按【Enter】键，即可得到计算结果，如下图所示。

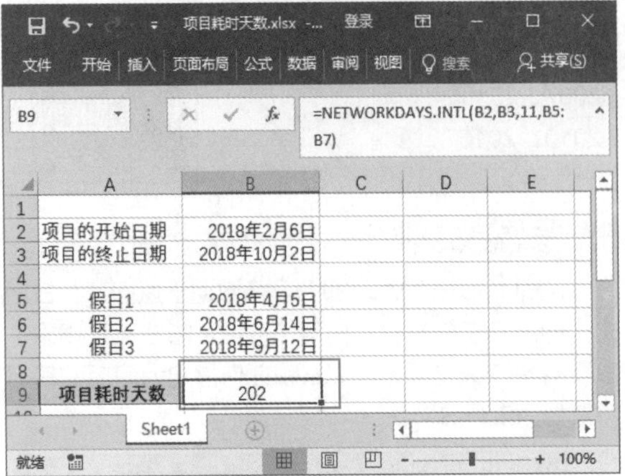

温馨提示

- 如果参数 start_date 晚于参数 end_date，则返回值为负数，数量将是所有工作日的数量。
- 如果参数 start_date 在当前日期基准值的范围之外，则函数 NETWORKDAYS.INTL 返回错误值【#NUM!】。
- 如果参数 end_date 在当前日期基准值的范围之外，则函数 NETWORKDAYS.INTL 返回错误值【#NUM!】。
- 如果参数 weekend 字符串的长度无效或包含无效字符，则函数 NETWORKDAYS.INTL 返回错误值【#VALUE!】。

174 使用 WEEKNUM 函数计算某日期为一年中的第几周

适用版本	实用指数
2007、2010、2013、2016	★★★★☆

使用说明

WEEKNUM 函数用于返回特定日期的周数。例如，包含 1 月 1 日的周为该年的第 1 周，其编号为 1。

函数语法：= WEEKNUM(serial_number,[return_type])

参数说明如下。

- serial_number（必选）：代表一周中的日期。
- return_type（可选）：一数字，确定星期从哪一天开始。默认值为 1。表 5-3 列出该参数的取值及作用。

解决方法

例如，杨某使用工作表记录了收入情况，为了更好地查看计算收入情况，现在需要计算该月第 1 周的收入总金额，具体操作方法如下。

打开素材文件（位置：素材文件 \ 第 7 章 \ 计算收入 .xlsx），选中要存放结果的单元格 D2，输入公式“=SUM((WEEKNUM(A2:A11*1,1)−WEEKNUM(YEAR(A2:A11)&"−"&MONTH(A2:A11)&"−1")+1=1)*B2:B11)”，按【Enter】键，即可显示该月第 1 周收入情况，如下图所示。

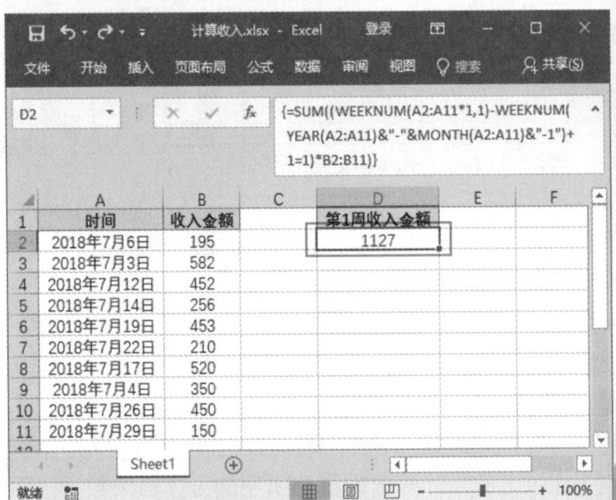

温馨提示

- 如果参数 serial_number 不在当前日期基数值范围内，则返回【#NUM!】错误值。
- 如果参数 return_type 不在指定范围内，则返回【#NUM!】错误值。

175 使用 WORKDAY.INTL 函数计算若干个工作日之后日期

适用版本	实用指数
2007、2010、2013、2016	★★★☆☆

使用说明

WORKDAY.INTL 函数用于返回指定的若干个工作日之前或之后的日期的序列号。周末参数指明周末有几天以及是哪几天。周末和指定为节假日的任何日子将不会被算作工作日。

函数语法：= WORKDAY.INTL(start_date, days, [weekend], [holidays])

参数说明如下。

- start_date（必选）：开始日期（将被截尾取整）。
- days（必选）：start_date 之前或之后的工作日的天数。正值表示未来日期；负值表示过去日期；零值表示开始日期。day-offset 将被截尾取整。
- weekend（可选）：指示一周中属于周末的日子和不作为工作日的日子。weekend 是一个用于指定周末日子的周末数字或字符串。
- holidays（可选）：一组可选的日期，表示要从工作日日历中排除的一个或多个日期。holidays 应是一个包含相关日期的单元格区域，或者是一个由表示这些日期的序列值构成的数组常量。

解决方法

例如，某公司在 2018 年 2 月 26 日与 B 公司签订合同，合约规定交货日期为 99 天以后，现在需要计算出实际工作日所对应的项目提交日期，具体操作方法如下。

打开素材文件（位置：素材文件 \ 第 7 章 \ 计算交货日期 .xlsx），选中要存放结果的单元格 D2，输入公式"=WORKDAY.INTL(B1,B2,1,B5:B10)"，按【Enter】键，即可计算出该项目的具体交货日期，如下图所示。

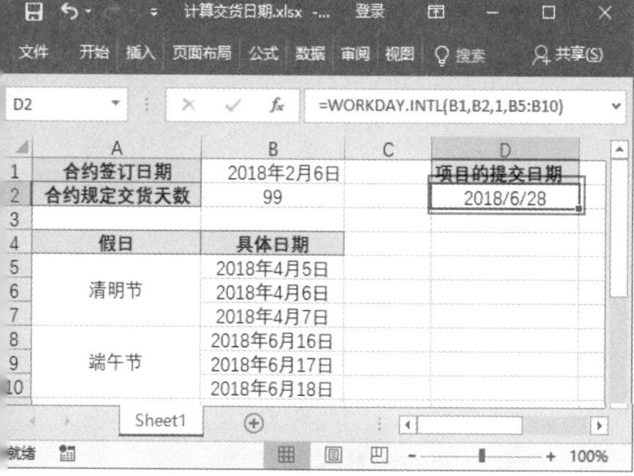

温馨提示

- 如果参数 start_date 超出了当前日期基值的范围，则函数 WORKDAY.INTL 将返回错误值【#NUM!】。
- 如果参数 holidays 中的任何日期超出了当前日期基值的范围，则函数 WORKDAY.INTL 将返回错误值【#NUM!】。
- 如果参数 start_date 加上参数 day-offset 得到一个无效日期，则函数 WORKDAY.INTL 将返回错误值【#NUM!】。
- 如果周末字符串的长度无效或包含无效字符，则函数 WORKDAY.INTL 将返回错误值【#VALUE!】。

176 使用 YEARFRAC 函数计算日期之间天数占全年天数的百分比

适用版本	实用指数
2007、2010、2013、2016	★★★☆☆

使用说明

YEARFRAC 函数返回起始日期和结束日期之间的天数占全年天数的百分比。使用 YEARFRAC 函数可判别某一特定条件下全年效益或债务的比例。

函数语法：= YEARFRAC(start_date, end_date, [basis])

参数说明如下。

- start_date（必选）：代表开始的日期。
- end_date（必选）：代表终止的日期。
- basis（可选）：要使用的日计数基准类型。

解决方法

例如，工作表记录了在员工在 14 年上半年的请假情况，现在需要计算该公司员工请假时间占全年工作时间的百分比数，具体操作方法如下。

第 1 步 打开素材文件（位置：素材文件 \ 第 7 章 \ 计算请假比例 .xlsx），选中要存放结果的单元格 D2，输入公式"=YEARFRAC(B2,C2,3)"，按【Enter】键，即可计算出该员工请假百分比，如下图所示。

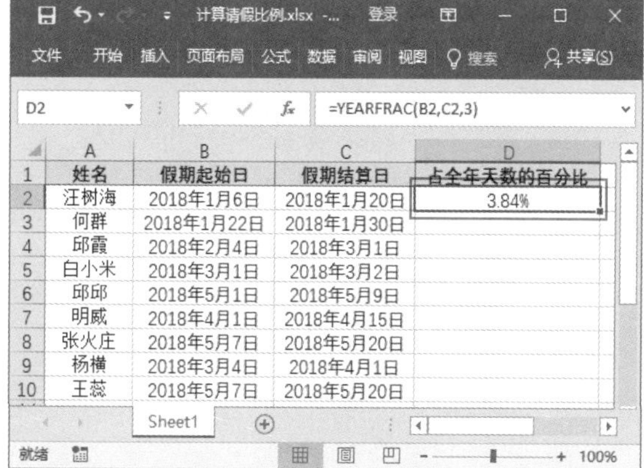

第 2 步 利用填充功能向下复制公式，即可得出所有结果，如下图所示。

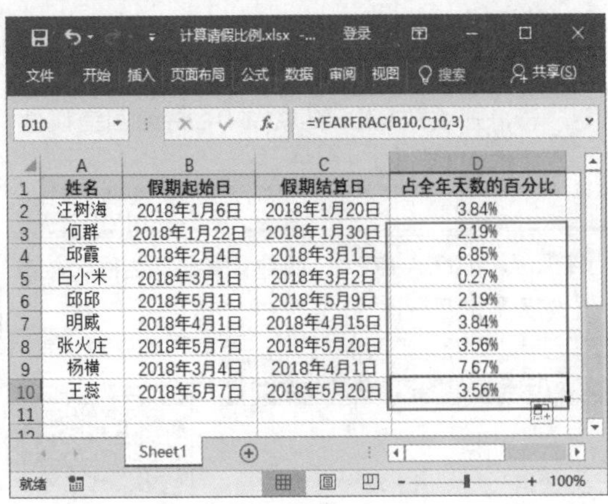

D10 =YEARFRAC(B10,C10,3)

姓名	假期起始日	假期结算日	占全年天数的百分比
汪树海	2018年1月6日	2018年1月20日	3.84%
何群	2018年1月22日	2018年1月30日	2.19%
邱霞	2018年2月4日	2018年3月1日	6.85%
白小米	2018年3月1日	2018年3月2日	0.27%
邱邱	2018年5月1日	2018年5月9日	2.19%
明威	2018年4月1日	2018年4月15日	3.84%
张火庄	2018年5月7日	2018年5月20日	3.56%
杨横	2018年3月4日	2018年4月1日	7.67%
王蕊	2018年5月7日	2018年5月20日	3.56%

温馨提示

- 所有参数将被截尾取整。
- 如果参数 start_date 或参数 end_date 不是有效日期，则函数 YEARFRAC 将返回错误值【#VALUE!】。
- 如果参数 basis 小于 0 或参数 basis 大于 4，则函数YEARFRAC返回错误值【#NUM!】。

第 8 章 查找与引用函数使用技巧

查找和引用是 Excel 提供的一项重要功能，相应的函数比较多，主要用于查找单元格区域内的数值并进行相应的操作。掌握这些函数的应用技巧，可在不知道数据具体位置的情况下快速进行查找并引用。本章主要介绍查找和引用函数的相关技巧。

下面列举了一些查找与引用函数应用中的常见问题，看看是否会处理或已掌握。

【√】在制作好的员工培训成绩表中，如何输入编号查询相关信息?

【√】在员工信息表中，如何根据姓名查询身份证号码?

【√】怎样使用函数制作工资条?

【√】在制作销售表时，将产品名称与月份搞反了，可以使用什么函数来转置行列?

【√】在大型表格中，如何快速统计产品区域的数目?

【√】在销售工作表中，应该怎样统计符合条件的数据?

希望通过本章内容的学习，能帮助你解决以上问题，并学会在 Excel 中使用查找与引用函数的技巧。

8.1 查找数据函数

掌握查找函数的相关技能技巧，可以实现对一些特定值的搜索，并可根据情况采用最合适的方式。下面介绍一些常用的查找表中数据的技巧。

177 使用 CHOOSE 函数根据序号从列表中选择对应的内容

适用版本	实用指数
2007、2010、2013、2016	★★★★★

使用说明

CHOOSE 函数可以使用 index_num 返回数值参数列表中的数值，使用该函数最多可以根据索引号从 254 个数值中选择一个。使用 CHOOSE 函数可以直接返回 value 给定的单元格。如果需要在单元格区域中对按返回的单元格数据进行求和，则需要同时使用 SUM 函数和 CHOOSE 函数。

> 函数语法：= CHOOSE(index_num,value1,[value2],…)
>
> 参数说明如下。
>
> - index_num（必选）：指定所选定的值参数。必须为 1 ～ 254 之间的数字，或者为公式或对包含 1 ～ 254 之间某个数字的单元格的引用。如果 index_num 为 1，函数 CHOOSE 返回 value1；如果为 2，函数 CHOOSE 返回 value2，以此类推。
> - value1（必选）：表示第 1 个数值参数。
> - value2,…（可选）：这些值参数的个数介于 2 ～ 254 之间，函数 CHOOSE 基于 index_num 从这些值参数中选择一个数值或一项要执行的操作。参数可以为数字、单元格引用、已定义名称、公式、函数或文本。

解决方法

例如，某公司在年底对员工进行了考核，现在需要根据考核成绩判断员工是否合格，其中总成绩大于等于 140 为合格，反之则为不合格，具体操作方法如下。

第 1 步 打开素材文件（位置：素材文件 \ 第 8 章 \CHOOSE 函数 .xlsx），在【考核成绩】工作表中选择要存放结果的单元格 E2，输入公式 “=CHOOSE(IF(D2>=140,1,2)," 合格 "," 不合格 ")”，按【Enter】键，即可判定员工考核情况，如右上图所示。

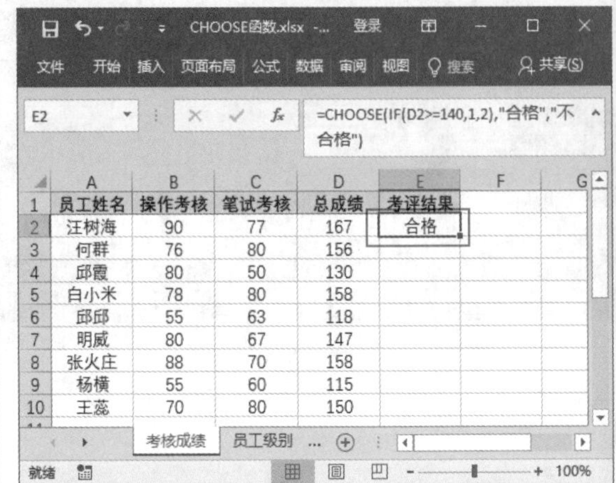

E2 =CHOOSE(IF(D2>=140,1,2),"合格","不合格")

	A	B	C	D	E
1	员工姓名	操作考核	笔试考核	总成绩	考评结果
2	汪树海	90	77	167	合格
3	何群	76	80	156	
4	邱霞	80	50	130	
5	白小米	78	80	158	
6	邱邱	55	63	118	
7	明威	80	67	147	
8	张火庄	88	70	158	
9	杨横	55	60	115	
10	王蕊	70	80	150	

第 2 步 利用填充功能向下复制公式，计算出其他员工的考核情况，如下图所示。

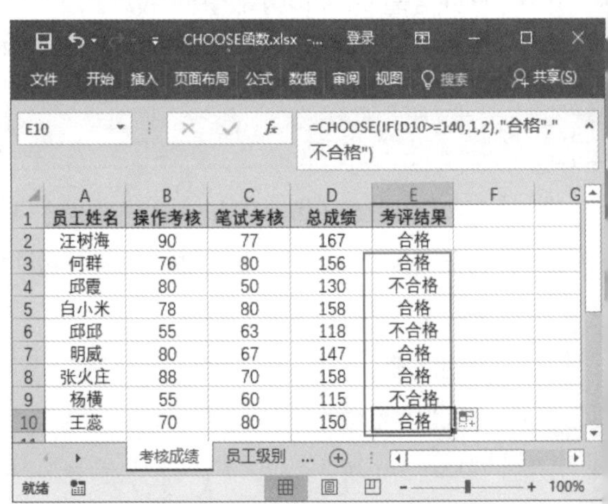

E10 =CHOOSE(IF(D10>=140,1,2),"合格","不合格")

	A	B	C	D	E
1	员工姓名	操作考核	笔试考核	总成绩	考评结果
2	汪树海	90	77	167	合格
3	何群	76	80	156	合格
4	邱霞	80	50	130	不合格
5	白小米	78	80	158	合格
6	邱邱	55	63	118	不合格
7	明威	80	67	147	合格
8	张火庄	88	70	158	合格
9	杨横	55	60	115	不合格
10	王蕊	70	80	150	合格

又如，某公司在年底根据员工全年的销售额考评销售员的等级，当销售额大于 200000 元时，销售等级为 A 级别，当总销售额在 130000 ～ 150000 元之间时为 B 级别，当总销售额在 100000 ～ 130000 元之间时为 C 级别，当总销售额小于 130000 元时为 D 级别，具体操作方法如下。

第 1 步 在【员工级别】工作表中选择要存放结果的单元格 E2，输入公式 “=CHOOSE(IF(D2>200000,1,IF(D2>=130000,2,IF(D2>=100000,3,4)))," A 级别 "," B 级别 "," C 级别 "," D 级别 ")”，按【Enter】键，即可判定员工的销售级别，如下图所示。

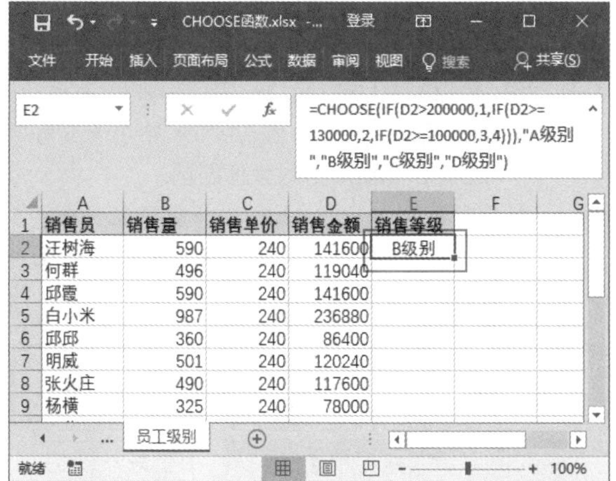

第 2 步 利用填充功能向下复制公式，计算出其他员工的销售级别，如下图所示。

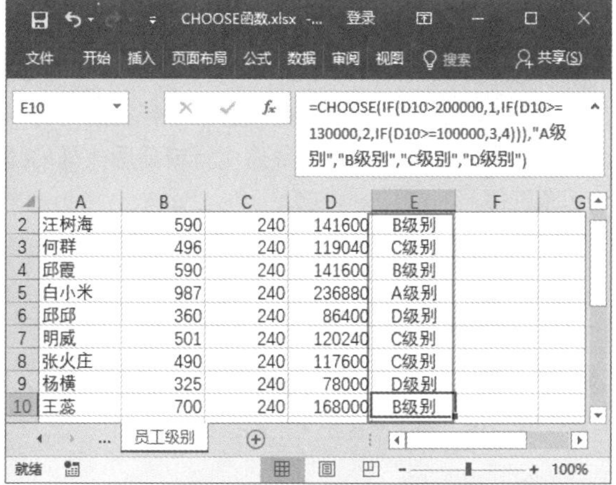

温馨提示

- 如果 index_num 小于 1 或大于列表中最后一个值的序号，函数 CHOOSE 返回错误值【#VALUE!】。
- 如果参数 index_num 为小数，则在使用前将被截尾取整。
- 函数 CHOOSE 基于 index_num 从这些值参数中选择一个数值或一项要执行的操作。参数可以为数字、单元格引用、已定义名称、公式、函数或文本。

178 使用 LOOKUP 函数在向量中查找值

适用版本	实用指数
2007、2010、2013、2016	★★★★★

使用说明

使用 LOOKUP 函数在单行区域或单列区域（称为“向量”）中查找值，然后返回第二个单行区域或单列区域中相同位置的值

函数语法：= LOOKUP(lookup_value, lookup_vector,[result_vector])

参数说明如下。

- lookup_value（必选）：LOOKUP 在第 1 个向量中搜索的值。lookup_value 可以是数字、文本、逻辑值、名称或对值的引用。
- lookup_vector（必选）：只包含 1 行或 1 列的区域。lookup_vector 中的值可以是文本、数字或逻辑值。
- result_vector（可选）：只包含 1 行或 1 列的区域。result_vector 参数必须与 lookup_vector 大小相同。

解决方法

例如，根据姓名查找身份证号，具体操作方法如下。打开素材文件（位置：素材文件\第 8 章\LOOKUP 函数 1.xlsx），在【查找身份证号】工作表中选择要存放结果的单元格 B11，输入公式“=LOOKUP(A11, A2:A8,B2:B8)”，按【Enter】键，即可得到 A11 单元格中员工姓名对应的身份证号码，如下图所示。

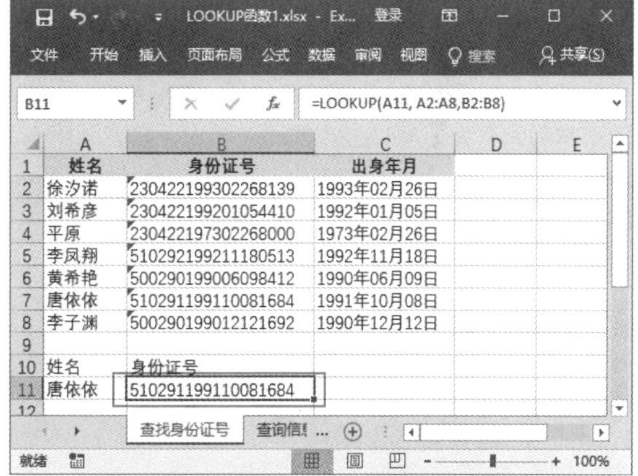

又如，某公司记录了员工年底销售情况，分别有员工编号、员工姓名、员工销售额以及销售排名等信息。若通过肉眼一个一个查找相关信息需要耗费大量时间，为了方便查找各类数据，可使用 LOOKUP 函数来查找，具体操作方法如下。

第 1 步 在【查询信息】工作表中选择要存放结果的单元格 G4，输入公式“=LOOKUP($G$3,$A$2:$A$10,B$2:B$6)”，按下【Enter】键，即可得到编号为【AP102】的员工姓名，如下图所示。

第 2 步 选择单元格 G5，输入公式“=LOOKUP($G$3,$A$2:$A$10,C$2:C$10)”，按【Enter】键，即可得到编号为【AP102】的员工总销售额，如下图所示。

第 3 步 选择单元格 G6，输入公式“=LOOKUP($G$3,$A$2:$A$10,D$2:D$10)”，按【Enter】键，即可得到编号为【AP102】的员工名次，如下图所示。

温馨提示

- 参数 lookup_vector 中的值必须以升序排列：...,−2, −1, 0, 1, 2, ..., A−Z, FALSE, TRUE；否则，LOOKUP 可能无法返回正确的值。其中大写文本和小写文本是等同的。

温馨提示

- 如果 LOOKUP 函数找不到 lookup_value，则它与 lookup_vector 中小于或等于 lookup_value 的最大值匹配。
- 如果参数 lookup_value 小于参数 lookup_vector 中的最小值，则 LOOKUP 会返回【#N/A】错误值。

179 使用 LOOKUP 函数在数组中查找值

适用版本	实用指数
2007、2010、2013、2016	★★★★★

使用说明

使用 LOOKUP 函数在数组的第 1 行或第 1 列中查找指定的值，并返回数组最后 1 行或最后 1 列内同一位置的值。

函数语法：= LOOKUP(lookup_value, array)

参数说明如下。

- lookup_value（必选）：在数组中搜索的值。该参数可以是数字、文本、逻辑值、名称或对值的引用。
- array（必选）：包含要与 lookup_value 进行比较的文本、数字或逻辑值的单元格区域。

解决方法

例如，在某班级学生期末成绩表中，为了更好地统计学生成绩情况，现在需要提取单个学生信息，具体操作方法如下。

第 1 步 打开素材文件（位置：素材文件\第 8 章\LOOKUP 函数 2.xlsx），在【查询成绩】工作表中选择要存放结果的单元格 B9，输入公式“=LOOKUP(B8,A2:B6)”，按【Enter】键，即可得出学生姓名，如下图所示。

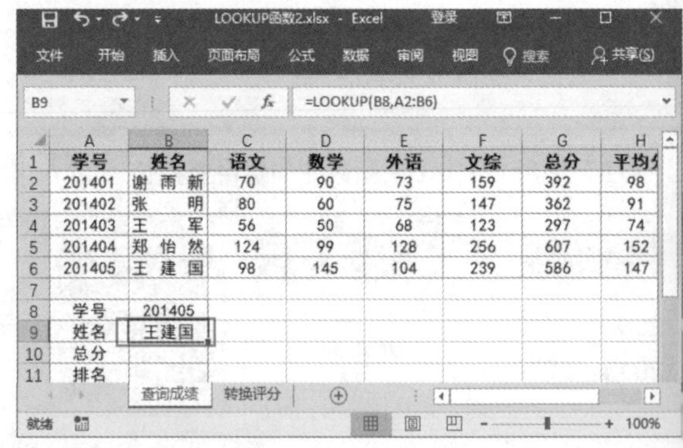

第 2 步 选择要存放结果的单元格 B10，输入公式“=LOOKUP(B8,A2:G6)”，按【Enter】键，即可得出学生总分，如下图所示。

B10 =LOOKUP(B8,A2:G6)

	A	B	C	D	E	F	G	H
1	学号	姓名	语文	数学	外语	文综	总分	平均分
2	201401	谢雨新	70	90	73	159	392	98
3	201402	张明	80	60	75	147	362	91
4	201403	王军	56	50	68	123	297	74
5	201404	郑怡然	124	99	128	256	607	152
6	201405	王建国	98	145	104	239	586	147
7								
8	学号	201405						
9	姓名	王建国						
10	总分	586						
11	排名							

第 3 步 选择要存放结果的单元格 B11，输入公式“=LOOKUP(B8,A2:I6)”，按【Enter】键，即可得出学生排名，如下图所示。

B11 =LOOKUP(B8,A2:I6)

	A	B	C	D	E	F	G	H
1	学号	姓名	语文	数学	外语	文综	总分	平均分
2	201401	谢雨新	70	90	73	159	392	98
3	201402	张明	80	60	75	147	362	91
4	201403	王军	56	50	68	123	297	74
5	201404	郑怡然	124	99	128	256	607	152
6	201405	王建国	98	145	104	239	586	147
7								
8	学号	201405						
9	姓名	王建国						
10	总分	586						
11	排名	2						

又如，某比赛规定评委评分时使用 A、B、C、D 和 E 这 5 个标准。现在需要将评分字母转换为得分，其中 A 为 10 分，B 为 9 分，C 为 8 分，D 为 7 分以及 E 为 6 分。要计算选手的平均分，具体操作方法如下。

第 1 步 在【转换评分】工作表中选择要存放结果的单元格 E2，输入公式“=AVERAGE(LOOKUP(B2:D2,{"A","B","C","D","E"},{10,9,8,7,6}))”，按下【Ctrl+Shift+Enter】键，即可得到该选手的平均分，如下图所示。

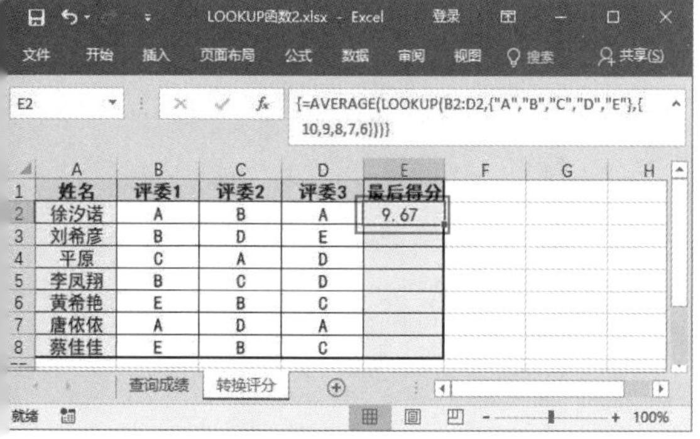

E2 {=AVERAGE(LOOKUP(B2:D2,{"A","B","C","D","E"},{10,9,8,7,6}))}

	A	B	C	D	E
1	姓名	评委1	评委2	评委3	最后得分
2	徐汐诺	A	B	A	9.67
3	刘希彦	B	D	E	
4	平原	C	A	D	
5	李凤翔	B	C	D	
6	黄希艳	E	B	C	
7	唐依依	A	D	A	
8	蔡佳佳	E	B	C	

第 2 步 用填充功能向下复制公式，即可得到所有选手的平均分了，如下图所示。

E8 {=AVERAGE(LOOKUP(B8:D8,{"A","B","C","D","E"},{10,9,8,7,6}))}

	A	B	C	D	E
1	姓名	评委1	评委2	评委3	最后得分
2	徐汐诺	A	B	A	9.67
3	刘希彦	B	D	E	7.33
4	平原	C	A	D	8.33
5	李凤翔	B	C	D	8.00
6	黄希艳	E	B	C	7.67
7	唐依依	A	D	A	9.00
8	蔡佳佳	E	B	C	7.67

温馨提示

- 如果函数 LOOKUP 找不到 lookup_value 的值，它会使用数组中小于或等于 lookup_value 的最大值。
- 如果参数 lookup_value 的值小于第 1 行或第 1 列中的最小值（取决于数组维度），LOOKUP 会返回【#N/A】错误值。
- 如果数组包含宽度比高度大的区域（列数多于行数），LOOKUP 会在第 1 行中搜索 lookup_value 的值。
- 如果数组是正方的或者高度大于宽度（行数多于列数），LOOKUP 会在第 1 列中进行搜索。
- 数组中的值必须以升序排列：...,−2, −1, 0, 1, 2, ..., A−Z, FALSE,TRUE；否则，LOOKUP 无法返回正确的值。其中大写文本和小写文本是等同的。

180 使用 HLOOKUP 函数查找数组的首行，并返回指定单元格的值

适用版本	实用指数
2007、2010、2013、2016	★★★★★

使用说明

HLOOKUP 函数用于在表格或数值数组的首行查找指定的数值，并在表格或数组中指定行的同一列中返回一个数值。HLOOKUP 中的 H 代表“行”。

函数语法：= HLOOKUP(lookup_value, table_array, row_index_num, [range_lookup])

参数说明如下。

- lookup_value（必选）：需要在表的第 1 行中进行查找的数值。该参数可以为数值、引用或文本字符串。
- table_array（必选）：需要在其中查找数据的信息表。使用对区域或区域名称的引用。该参数第 1 行的数值可以为文本、数字或逻辑值。
- row_index_num（必选）：table_array 中待返回的匹配值的行序号。该参数为 1 时，返回第 1 行的某数值，该参数为 2 时，返回第 2 行中的数值，以此类推。
- range_lookup（可选）：逻辑值，指明函数查找时是精确匹配，还是近似匹配。如果为 TRUE 或省略，则返回近似匹配值。也就是说，如果找不到精确匹配值，则返回小于 lookup_value 的最大数值。如果 range_lookup 为 FALSE，函数 HLOOKUP 将查找精确匹配值，如果找不到，则返回错误值【#N/A】。

解决方法

例如，要在学生成绩表中查询姓名为“张明”的学生的数学成绩，具体操作方法如下。

打开素材文件（位置：素材文件\第 8 章\HLOOKUP 函数 .xlsx），在【查找信息】工作表中选择要存放结果的单元格 B9，输入公式“=HLOOKUP(" 数学 ",A1:F7,3)”，按【Enter】键，即可得到张明的数学成绩为“60”，如下图所示。

B9 =HLOOKUP("数学",A1:F7,3)

学生姓名	语文	数学	外语	理综	总成绩
章书	70	90	73	159	392
张明	80	60	75	147	362
吴宇彤	56	50	68	123	297
郑怡然	124	99	128	256	607
王建国	98	145	104	239	586
蔡佳佳	101	94	89	186	470
查找信息	60				

又如，要在销量表中查看商品在某月的具体销量，具体操作方法如下。

在【查看销量】工作表的 B9、B10 单元格内输入查找商品的名称和具体时间，然后 B11 单元格内输入公式“=HLOOKUP(B10,A1:E7,MATCH(B9,A1:A7,0))”，完成后按【Enter】键，即可计算该商品在指定时间内的销量，如右上图所示。

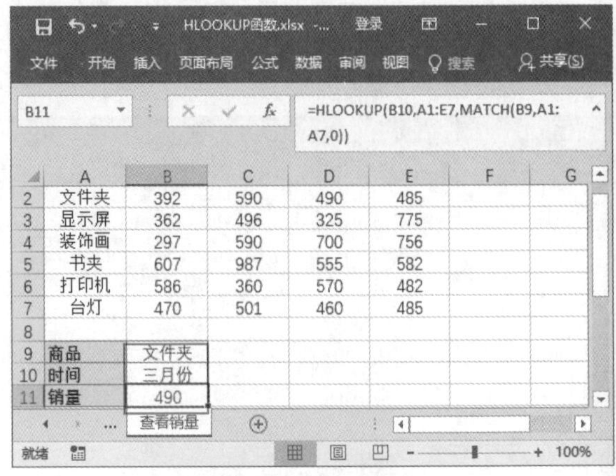
B11 =HLOOKUP(B10,A1:E7,MATCH(B9,A1:A7,0))

	B	C	D	E
文件夹	392	590	490	485
显示屏	362	496	325	775
装饰画	297	590	700	756
书夹	607	987	555	582
打印机	586	360	570	482
台灯	470	501	460	485
商品	文件夹			
时间	三月份			
销量	490			

温馨提示

在工作表中查找数据时，制作的数据源不能发生改变，如果对单元格、行或列进行更改，查找出的值就会出现错误。

181 使用 VLOOKUP 函数在区域或数组的列中查找数据

适用版本	实用指数
2007、2010、2013、2016	★★★★☆

使用说明

VLOOKUP 函数用于搜索某个单元格区域的第 1 列，然后返回该区域相同行任何单元格中的值。

函数语法：= VLOOKUP(lookup_value, table_array, col_index_num, [range_lookup])

参数说明如下。

- lookup_value（必选）：在表格或区域的第 1 列中搜索的值。该参数可以是值或引用。
- table_array（必选）：包含数据的单元格区域。可以使用对区域（如 A2:D8）或区域名称的引用。这些值可以是文本、数字或逻辑值。
- col_index_num（必选）：table_array 参数中必须返回的匹配值的列号。该参数为 1 时，返回第 1 列中的值；该参数为 2 时，返回第 2 列中的值，以此类推。
- range_lookup（可选）：一个逻辑值，指定希望 VLOOKUP 查找精确匹配值还是近似匹配值，如果参数 range_lookup 为 TRUE 或被省略，则返回精确匹配值或近似匹配值。如果找不到精确匹配值，则返回小于 lookup_value 的最大值。

解决方法

例如，在销量表中需要根据单元格 B9 中的值查找相应的总销量，具体操作方法如下。

打开素材文件（位置：素材文件\第 8 章\VLOOKUP 函数 .xlsx），在【查找销量】工作表中选择要存放结果的单元格 B10，输入公式“=VLOOKUP(B9,A1:F7,6,FALSE)”，按【Enter】键，即可查看该商品总销量，如下图所示。

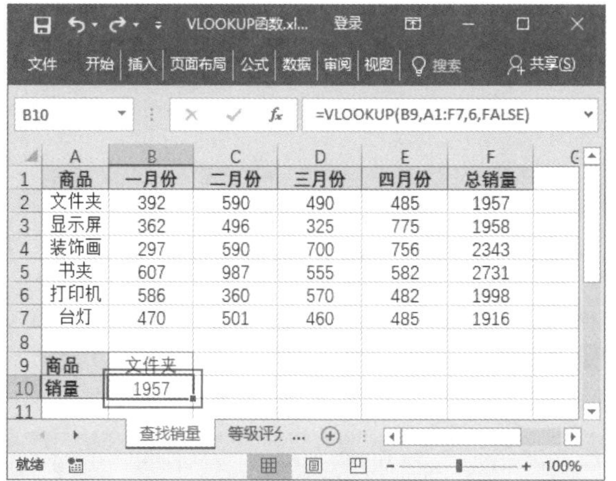

> **温馨提示**
>
> 上图公式中 VLOOKUP 函数的第 4 参数 FLASE 为精确查找，如果函数找不到相应的值，则返回错误值【#N/A！】。

又如，某学校规定学生的综合得分：60 分以下为 D 级，60 分（包含 60）至 80 分为 C 级，80 分（包含 80）至 90 分为 B 级，90 分（包含 90）以上为 A 级，现在需要将学生的得分转换为等级评价，具体操作方法如下。

第 1 步 在【等级评分】工作表中选择要存放结果的单元格 C2，输入公式“=VLOOKUP(B2,{0,"D";60,"C";80,"B";90,"A"},2)”，按【Enter】键，即可计算出第一位学生的评分等级，如下图所示。

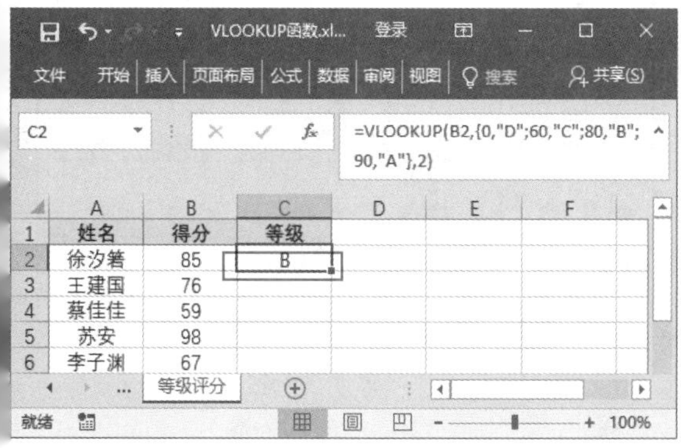

第 2 步 用填充功能向下复制公式，即可得到所有学生的得分等级，如下图所示。

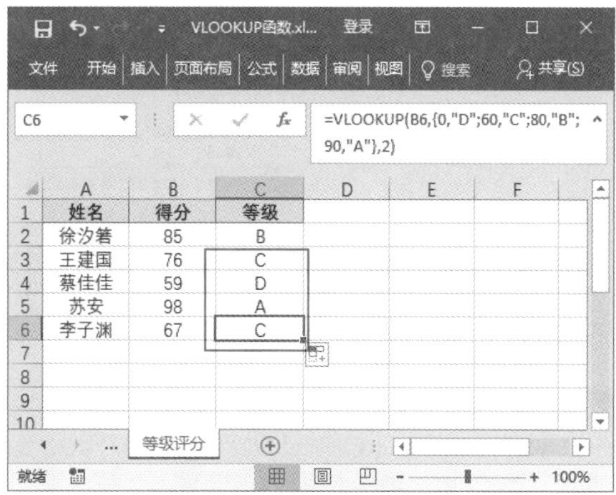

> **温馨提示**
>
> 公式中将评定规则设置为一个常量数组，再将其作为函数的查找区域。在常量数组中，设置常量数组的行列数时需要注意分号和逗号的使用，也可将评定规则的数据输入到单元格区域，再在公式中引用该函数作为查找区域即可。

又如，在【员工工资表 .xlsx】中制作工资条，具体方法如下。

第 1 步 打开素材文件（位置：素材文件\第 8 章\员工工资表 .xlsx），新建一个名为【工资条】的工作表，将【Sheet1】工作表中的表头复制到【工资条】工作表中，并将标题修改为【工资条】，添加相应的边框线，在 A3 单元格输入第 1 个工号，如下图所示。

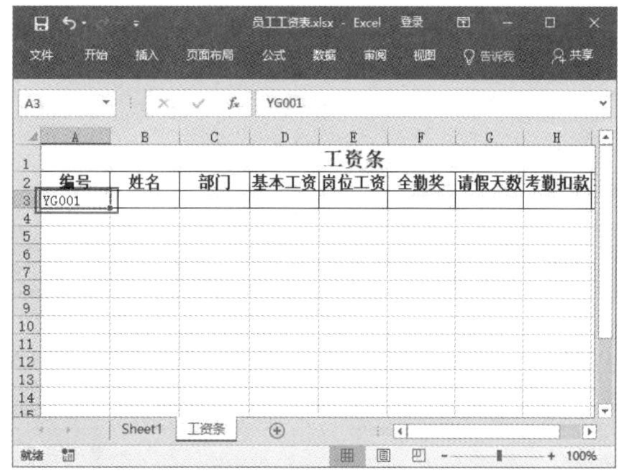

第 2 步 ❶切换到【Sheet1】工作表，选择工资表中的数据区域；❷单击【公式】选项卡【定义的名称】组中的【定义名称】按钮，如下图所示。

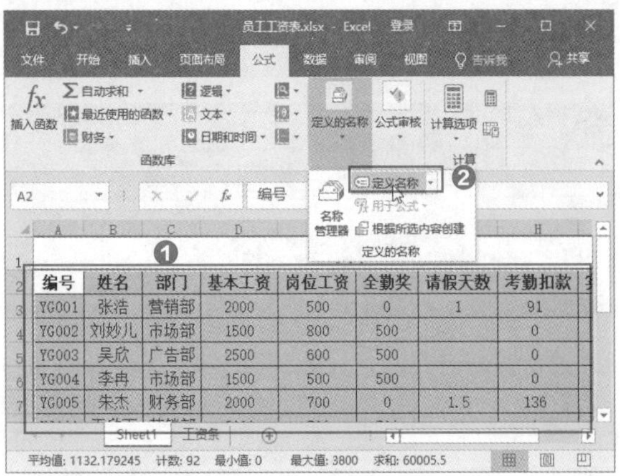

第 3 步 弹出【新建名称】对话框，❶在【名称】文本框中输入名称“工资表”；❷单击【确定】按钮，如下图所示。

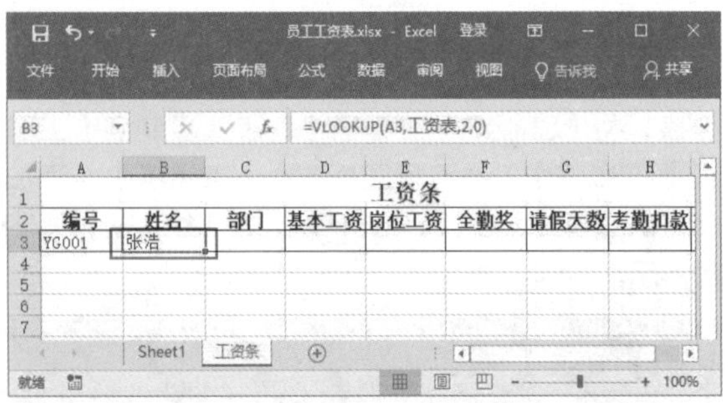

第 4 步 切换到【工资条】工作表，选择 B3 单元格，输入公式“=VLOOKUP(A3,工资表,2,0)”，按【Enter】键，即可在 B3 单元格中显示【Sheet1】工作表中与 A3 单元格相匹配的第 2 列内容，即员工姓名，如下图所示。

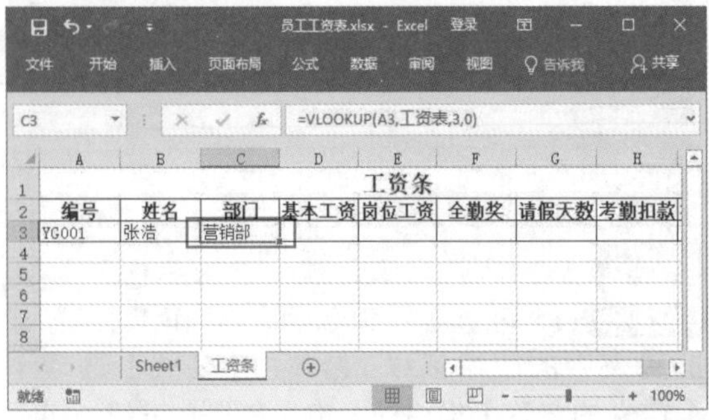

第 5 步 在 C3 单元格中输入公式“=VLOOKUP(A3,工资表,3,0)”，按【Enter】键，显示【Sheet1】工作表中第 3 列的内容，如下图所示。

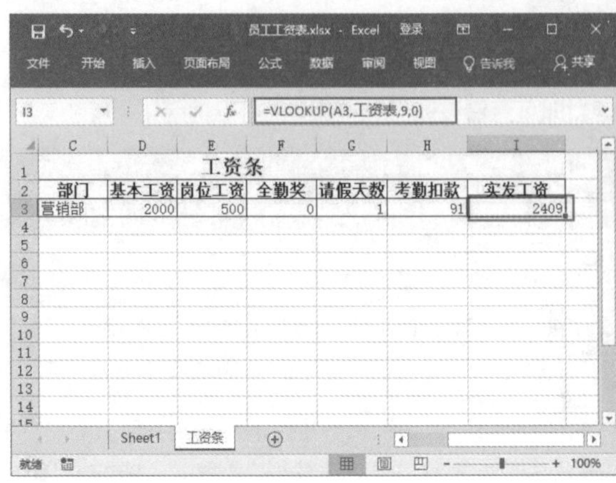

第 6 步 参照上述操作方法，在其他单元格中输入相应的公式得到相匹配的值，本例中因为【Sheet1】工作表中将数字的小数位数设置为了【0】，因此【工资条】工作表中也要进行设置，如下图所示。

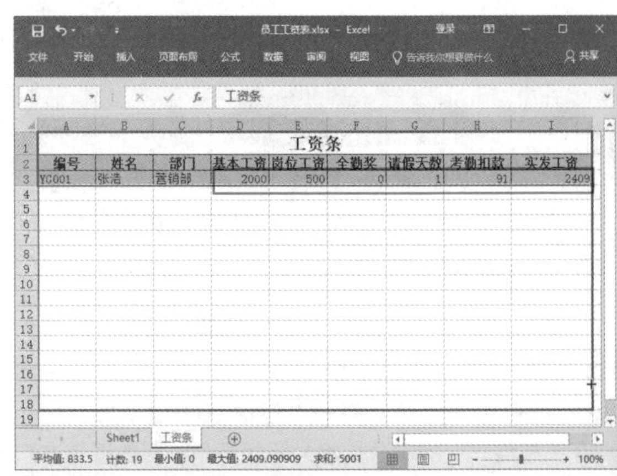

第 7 步 选择单元格区域 A3:I3，利用填充功能向下拖动鼠标，如下图所示。

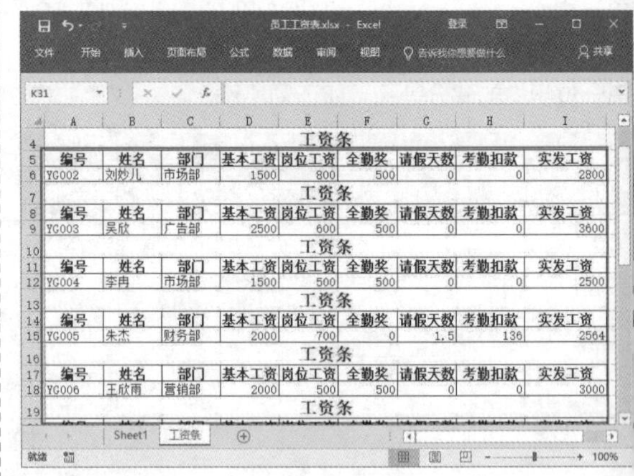

第 8 步 拖动到合适位置后释放鼠标，即可完成工资条的制作，如下图所示。

182 使用 MATCH 函数在引用或数组中查找值

适用版本	实用指数
2007、2010、2013、2016	★★★★☆

使用说明

MATCH 函数用于在单元格区域中搜索指定项，然后返回该项在单元格区域中的相对位置。

> 函数语法：= MATCH(lookup_value, lookup_array, [match_type])
>
> 参数说明如下。
>
> - lookup_value（必选）：需要在 lookup_array 中查找的值。例如，如果要在电话簿中查找某人的电话号码，则应该将姓名作为查找值，但实际上需要的是电话号码。该参数可以为值（数字、文本或逻辑值）或对数字、文本或逻辑值的单元格引用。
> - lookup_array（必选）：要搜索的单元格区域。
> - match_type（可选）：数字 -1、0 或 1。match_type 参数指定 Excel 如何在 lookup_array 中查找 lookup_value 的值。此参数的默认值为 1。

解决方法

例如，需要根据参赛姓名查询成绩，具体操作方法如下。

打开素材文件（位置：素材文件 \ 第 8 章 \ MATCH 函数 .xlsx），在【比赛成绩】工作表中选择要存放结果的单元格 B12，输入公式“=INDEX(A2:B10,MATCH(A12,A2:A10,0),2)”，按【Enter】键，即可查询单元格 A12 内相应的成绩，如下图所示。

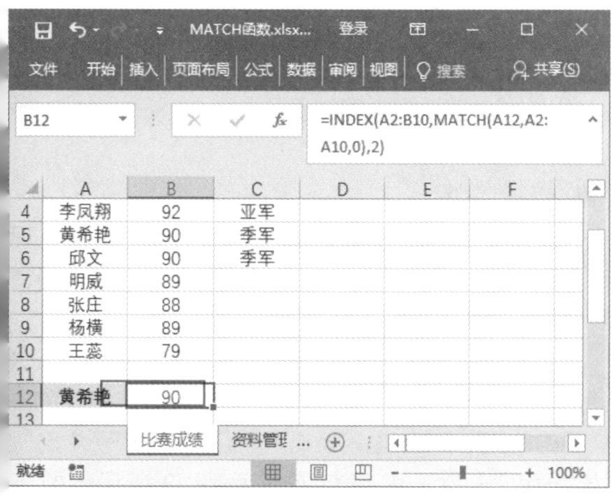

又如，需要根据员工姓名查询其所在部门，具体操作方法如下。

在【资料管理】工作表中选择要存放结果的单元格 H4，输入公式“=INDEX(A1:E10,MATCH(H3,A1:A10,0),MATCH("部门",A1:E1,0))”，按【Enter】键，即可查询 H3 单元格内相应的部门，如下图所示。

	A	B	C	D	E	F	G	H
1	姓名	部门	职位	月薪	工龄			
2	汪树海	营销部	普通员工	8520	4			
3	何群	技术部	中级员工	4520	1		姓名	邱霞
4	邱霞	交通部	中级员工	5860	5		所在部门	交通部
5	白小米	运输部	部门经理	4850	4			
6	邱文	客服部	部门经理	8620	7			
7	明威	营销部	高级员工	4850	9			
8	张庄	维修部	部门经理	7520	7			
9	杨横	营运部	部门经理	6520	8			
10	王蕊	技术部	部门经理	4530	4			

温馨提示

- MATCH 函数会返回 lookup_array 中匹配值的位置而不是匹配值本身。例如，MATCH("b",{"a","b","c"},0) 会返回 2，即“b”在数组 {"a","b","c"} 中的相对位置。
- 查找文本值时，MATCH 函数不区分大小写字母。
- 如果 MATCH 函数查找匹配项不成功，它会返回错误值【#N/A】。
- 如果 match_type 参数为 0 且查找值为文本字符串，可以在 lookup_value 参数中使用通配符（问号【?】和星号【*】）。问号匹配任意单个字符；星号匹配任意一串字符。如果要查找实际的问号或星号，请在该字符前输入波形符【~】。

183 使用 INDEX 函数在引用中查找值

适用版本	实用指数
2007、2010、2013、2016	★★★★☆

使用说明

INDEX 函数用于返回指定的行与列交叉处的单元格引用。如果引用由不连续的选定区域组成，可以选择某一选定区域。

> 函数语法：= INDEX(reference, row_num, [column_num], [area_num])

参数说明如下。

- reference（必选）：对一个或多个单元格区域的引用。
- row_num（必选）：引用中某行的行号，函数从该行返回一个引用。
- column_num（可选）：引用中某列的列标，函数从该列返回一个引用。
- area_num（可选）：选择引用中的一个区域，以从中返回 row_num 和 column_num 的交叉区域。选中或输入的第 1 个区域序号为 1，第 2 个为 2，以此类推。如果省略 area_num，则函数 INDEX 使用区域 1。

解决方法

例如，需要根据员工姓名查询其工资收入，具体操作方法如下。

打开素材文件（位置：素材文件 \ 第 8 章 \ INDEX 函数 .xlsx），在【查找工资】工作表中选择要存放结果的单元格 H5，输入公式“=INDEX(D2:D10,MATCH(H3&H4,A2:A10 & B2:B10,0))”，按【Ctrl+Shift+Enter】键，即可查询 H3 单元格内相应的工资收入，如下图所示。

H5　{=INDEX(D2:D10,MATCH(H3&H4,A2:A10 & B2:B10,0))}

	A	B	C	D	E	F	G	H
1	姓名	部门	职位	月薪	工龄			
2	汪树海	营销部	普通员工	8520	4			
3	何群	技术部	中级员工	4520	1		姓名	邱文
4	邱霞	交通部	中级员工	5860	5		所在部门	客服部
5	白小米	运输部	部门经理	4850	4		员工工资	8620
6	邱文	客服部	部门经理	8620	7			
7	明威	营销部	高级员工	4850	9			
8	张庄	维修部	部门经理	7520	7			
9	杨横	营运部	部门经理	6520	8			
10	王蕊	技术部	部门经理	4530	4			

又如，假设学生资料表中奇数行用来存放学号，偶数行用来存放姓名，现在需要单独提取学生姓名，具体操作方法如下。

第 1 步 在【提取姓名】工作表中选择要存放结果的单元格 D2，输入公式“=INDEX(B:B,ROW()*2)&" "”，按下【Enter】键，即可提取第 1 位学生的姓名，如下图所示。

D2　=INDEX(B:B,ROW()*2)&""

	A	B	C	D
1	学号	8697		姓名
2	姓名	苏安		李玉
3	学号	8679		
4	姓名	李玉		
5	学号	8645		
6	姓名	徐汐箸		
7	学号	8862		
8	姓名	王建国		
9	学号	8763		
10	姓名	李子渊		

第 2 步 用填充功能向下复制公式，即可得到所有学生的姓名，如下图所示。

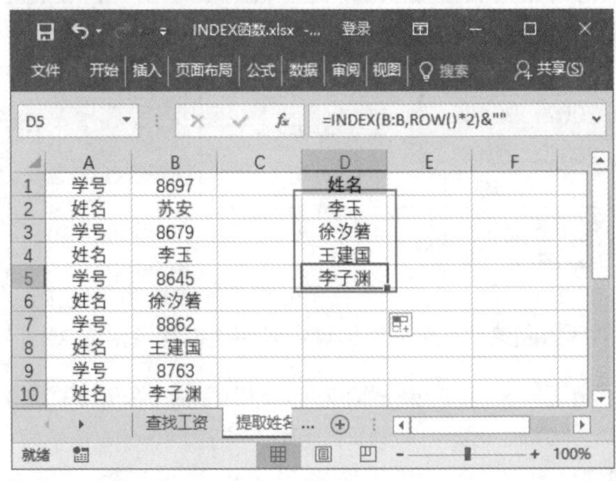

D5　=INDEX(B:B,ROW()*2)&""

	A	B	C	D
1	学号	8697		姓名
2	姓名	苏安		李玉
3	学号	8679		徐汐箸
4	姓名	李玉		王建国
5	学号	8645		李子渊
6	姓名	徐汐箸		
7	学号	8862		
8	姓名	王建国		
9	学号	8763		
10	姓名	李子渊		

184　使用 INDEX 函数在数组中查找值

适用版本	实用指数
2007、2010、2013、2016	★★★☆☆

使用说明

INDEX 函数用于返回表格或数组中的元素值，此元素由行号和列号的索引值给定。

函数语法：= INDEX(array, row_num, [column_num])

参数说明如下。

- array（必选）：单元格区域或数组常量。
- row_num（必选）：选择数组中的某行，函数从该行返回数值。如果省略 row_num，则必须有 column_num。
- column_num（可选）：选择数组中的某列，函数从该列返回数值。如果省略 column_num，则必须有 row_num。

解决方法

例如，工作表中记录了第 1 季度商品的销量，现在需要根据单元格 B9 中的值查找商品在四月份的销量，具体操作方法如下。

打开素材文件（位置：素材文件 \ 第 8 章 \ INDEX 函数 1.xlsx），在【查看销量】工作表中选择要存放结果的单元格 B10，输入公式“=INDEX(A2:F7,1,5)”，按【Enter】键，即可查看该商品总销量，如下图所示。

B10 =INDEX(A2:F7,1,5)

	A	B	C	D	E	F
1	商品	一月份	二月份	三月份	四月份	总销量
2	文件夹	392	590	490	485	1957
3	显示屏	362	496	325	775	1958
4	装饰画	297	590	700	756	2343
5	书夹	607	987	555	582	2731
6	打印机	586	360	570	482	1998
7	台灯	470	501	460	485	1916
8						
9	商品	文件夹				
10	四月销量	485				

又如，在成绩表中计算某个得分区间内的人员个数，本例以外语成绩 70 ～ 100 分之间的学生人数为例，具体操作方法如下。

在【查看成绩】工作表中选择要存放结果的单元格 D10，输入公式“=INDEX(FREQUENCY(D2:D7,{70,100}),2)”，按【Enter】键，即可得到此工作表中外语成绩在 70 ～ 100 分之间的人数结果，如下图所示。

D10 =INDEX(FREQUENCY(D2:D7,{70,100}),2)

	A	B	C	D	E	F
2	章书	70	90	73	159	392
3	张明	80	60	75	147	362
4	吴宇彤	56	50	68	123	297
5	郑怡然	124	99	128	256	607
6	王建国	98	145	104	239	586
7	蔡佳佳	101	94	89	186	470
8						
9						
10	在70分到100分之间的人数			3		

8.2 引用数据函数

通过引用函数可以标识工作表中的单元格或单元格区域，指明公式中所使用的数据的位置。因此，掌握引用函数的相关技能技巧，可以返回引用单元格中的数值和其他属性。下面介绍一些常用的引用函数的使用技巧。

185 使用 ADDRESS 函数返回指定行号和列号对应的单元格地址

适用版本	实用指数
2007、2010、2013、2016	★★★★★

使用说明

ADDRESS 函数用于在给出指定行数和列数的情况下获取工作表单元格的地址。

函数语法：= ADDRESS(row_num, column_num, [abs_num], [a1], [sheet_text])

参数说明如下。

- row_num（必选）：一个数值，指定在单元格引用中使用的行号。
- column_num（必选）：一个数值，指定在单元格引用中使用的列号。
- abs_num(必选)：一个数值，指定返回的引用类型。
- a1（可选）：一个逻辑值，指定 A1 或 R1C1 引用样式。在 A1 样式中，列和行将分别按字母和数字顺序添加标签。在 R1C1 引用样式中，列和行均按数字顺序添加标签。
- sheet_text（可选）：一个文本值，指定用作外部引用的工作表的名称。

解决方法

例如，某公司要在年底考核情况表中，找到平均成绩最高的员工以给予特别奖励，具体操作方法如下。

打开素材文件（位置：素材文件\第 8 章\ADDRESS 函数 .xlsx），在【最大值】工作表中选择要存放结果的单元格 E2，输入公式“=ADDRESS(MAX(IF(B2:B11=MAX(B2:B11),ROW(2:11))),2)”，按【Ctrl+Shift+Enter】键，即可显示出成绩最高的单元格地址，如下图所示。

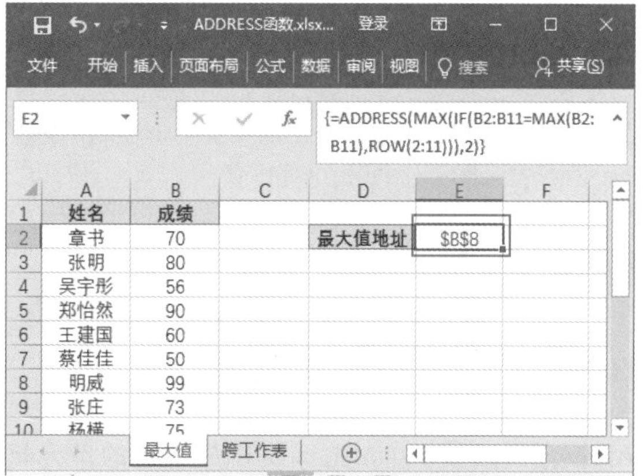

E2 {=ADDRESS(MAX(IF(B2:B11=MAX(B2:B11),ROW(2:11))),2)}

	A	B	C	D	E
1	姓名	成绩			
2	章书	70		最大值地址	$B$8
3	张明	80			
4	吴宇彤	56			
5	郑怡然	90			
6	王建国	60			
7	蔡佳佳	50			
8	明威	99			
9	张庄	73			
10	杨横	75			

又如，要跨工作表返回某个指定单元格的值，具体操作方法如下。

在【跨工作表】工作表中选择要存放结果的单元格 B2，输入公式“=INDIRECT(ADDRESS(7,2,1,1,B1))”，按【Enter】键，即可返回需要的值，如下图所示。

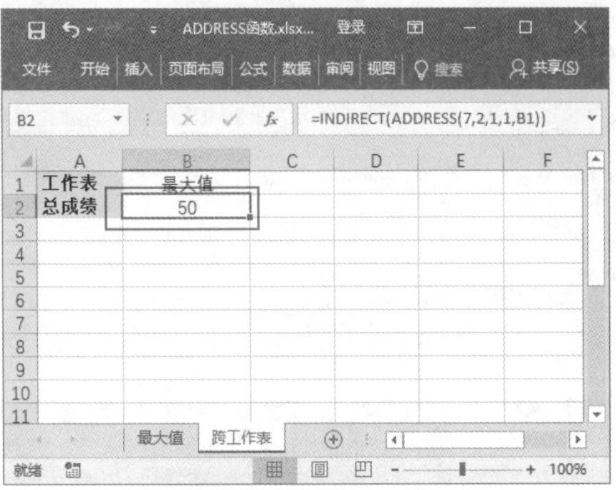

温馨提示

在公式中先使用 ADDRESS 函数返回所选工作表（即单元格 B1 中返回的工作表）中第 7 行 2 列的单元格数据，然后将该数据作为 INDIRECT 函数的参数，其返回值将指向单元格中数据。

186 使用 AREAS 函数返回引用中涉及的区域个数

适用版本	实用指数
2007、2010、2013、2016	★★★☆☆

使用说明

AREAS 函数用于返回引用中包含的区域个数。区域表示连续的单元格区域或某个单元格。

> 函数语法：= AREAS(reference)
> 参数说明如下。
> reference（必选）：对某个单元格或单元格区域的引用，也可以引用多个区域。

解决方法

例如，某员工在操作表格时需要统计引用单元格区域的个数，具体操作方法如下。

打开素材文件（位置：素材文件\第 8 章\AREAS 函数 .xlsx），选择要存放结果的单元格 D1，输入公式“=AREAS((A3:B9,D3:E6))”，按【Enter】键，即可得出引用区域的个数，如下图所示。

温馨提示

在上述公式中使用了多个区域的引用，所以需要使用括号将区域括起来，否则公式会发生错误。

187 使用 COLUMN 函数返回引用的列号

适用版本	实用指数
2007、2010、2013、2016	★★★☆☆

使用说明

COLUMN 函数用于返回指定单元格引用的列号。

> 函数语法：= COLUMN([reference])
> 参数说明如下。
> reference（可选）：要返回其列号的单元格或单元格区域。

解决方法

例如，要在进货单中返回当前单元格所在列号和提货日期单元格列号，具体操作方法如下。

第 1 步 打开素材文件（位置：素材文件\第 8 章\COLUMN 函数 .xlsx），在【返回行数和列号】工作表中选择要存放结果的单元格 E18，输入公式“=COLUMN()”，按【Enter】键，即可显示单元格所在列数，如下图所示。

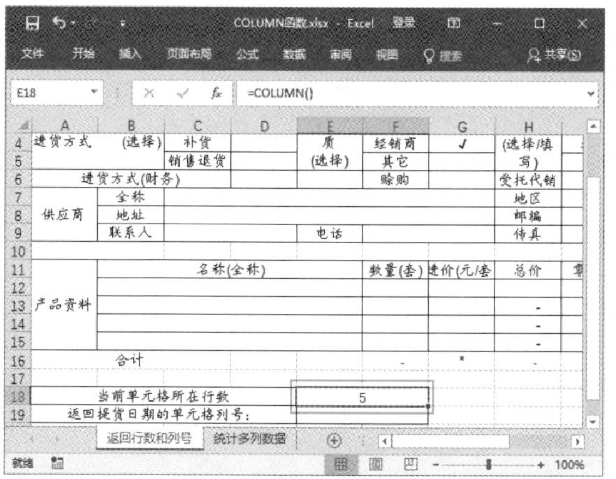

第2步 选择要存放结果的单元格E19，输入公式“=COLUMN(L3)”，按【Enter】键，返回提货日期L列的列号为12，如下图所示。

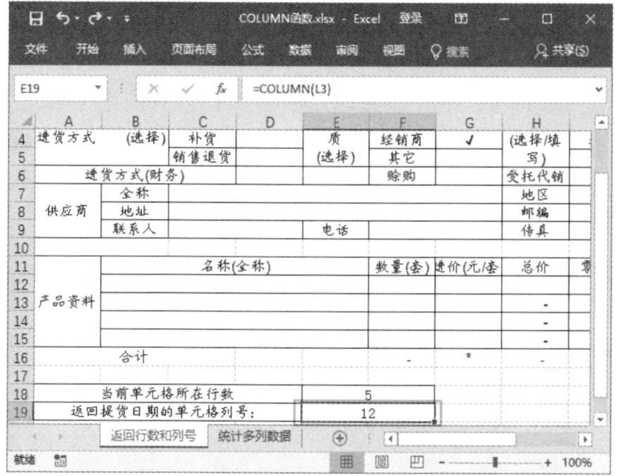

又如，需要在销量表中统计出各分区的年商品的总销量，具体操作方法如下。

在【统计多列数据】工作表中选择要存放结果的单元格C10，输入公式“=SUM(IF(MOD(COLUMN(A:F),2)=0,A2:F8))”，按【Ctrl+Shift+Enter】键，即可显示各区域总销量，如下图所示。

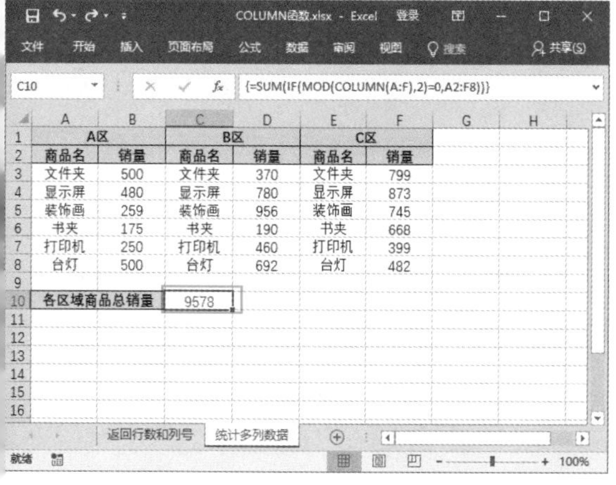

188 使用COLUMNS函数返回数据区域包含的列数

适用版本	实用指数
2007、2010、2013、2016	★★★☆☆

使用说明

COLUMNS函数用于返回数组或引用包含的列数。

函数语法：= COLUMNS(array)

参数说明如下。

array（必选）：需要得到其列数的数组、数组公式或对单元格区域的引用。

解决方法

例如，在输入的产品表中，使用COLUMNS函数计算出输入产品的区域列数是多少，具体操作方法如下。

打开素材文件（位置：素材文件\第8章\COLUMNS函数.xlsx），选择要存放结果的单元格E2，输入公式“=COLUMNS(A2:D13)”，按【Enter】键，即可计算出包含的列数为4，如下图所示。

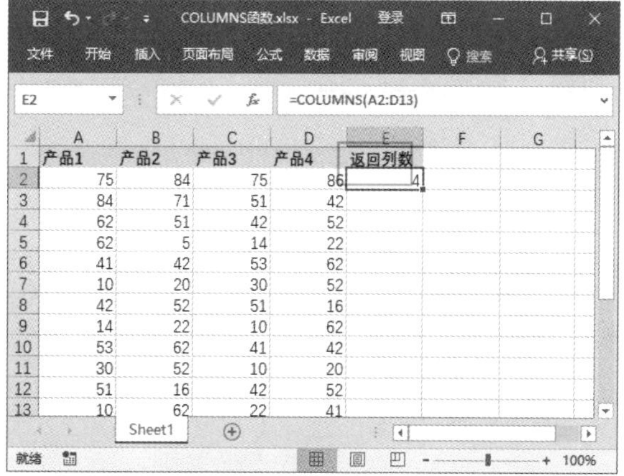

温馨提示

COLUMN函数和COLUMNS函数都是用于返回列数值，COLUMN函数主要用于返回引用单元格所在的列号，而COLUMNS函数用于返回引用单元格区域的总列数。

189 使用 ROW 函数返回引用的行号

适用版本	实用指数
2007、2010、2013、2016	★★★★☆

使用说明

ROW 函数用于返回引用的行号。

函数语法：= ROW([reference])

参数说明如下。

reference（可选）：需要得到其行号的单元格或单元格区域。

解决方法

例如，用户需要对选中的区域的奇数行添加底纹，可以通过条件格式的方法进行操作，具体操作方法如下。

第 1 步 打开素材文件（位置：素材文件\第 8 章\ROW 函数 .xlsx），❶选择 A2:F9 单元格区域；❷单击【开始】选项卡【样式】组中的【条件格式】下拉按钮；❸在弹出的下拉列表中选择【新建规则】选项，如下图所示。

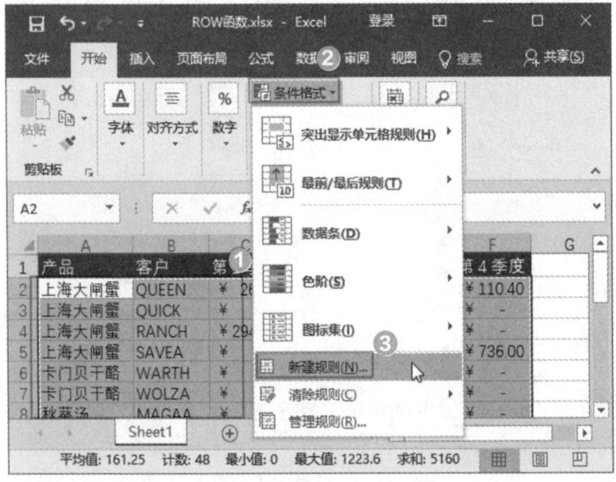

第 2 步 ❶打开【新建格式规则】对话框，在【选择规则类型】列表框中选择【使用公式确定要设置格式的单元格】选项；❷在【为符合此公式的值设置格式】框中输入公式【=MOD(ROW(),2)=1】；❸单击【格式】按钮，如右上图所示。

技能拓展

如果用户需要为选择的单元格区域偶数行添加底纹，则需要在【新建规则】对话框中输入公式【=MOD(ROW(),2)=0】。

第 3 步 ❶打开【设置单元格格式】对话框，在【填充】选项卡的【背景色】栏中选择需要的颜色；❷单击【确定】按钮，关闭【设置单元格格式】对话框，如下图所示。

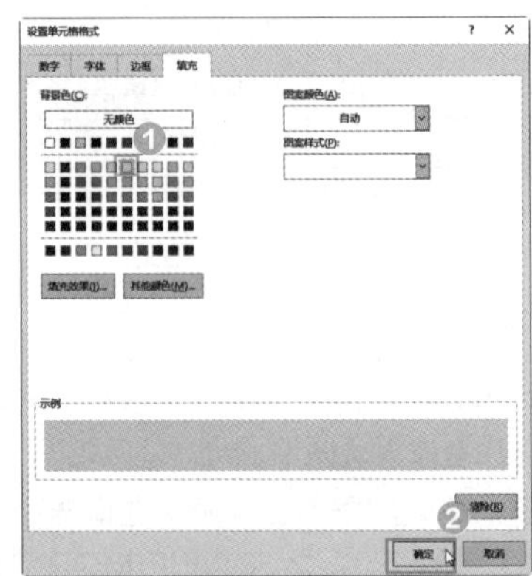

第 4 步 返回【新建格式规则】对话框，单击【确定】按钮关闭对话框，即可查看最终效果，如下图所示。

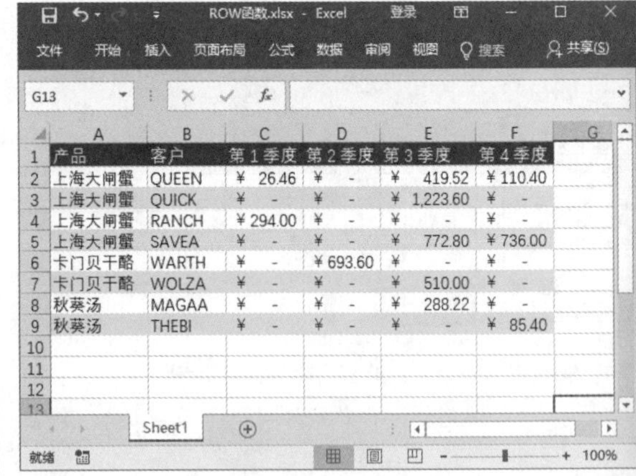

	A	B	C	D	E	F
1	产品	客户	第 1 季度	第 2 季度	第 3 季度	第 4 季度
2	上海大闸蟹	QUEEN	¥ 26.46	¥ -	¥ 419.52	¥ 110.40
3	上海大闸蟹	QUICK	¥ -	¥ -	¥ 1,223.60	¥ -
4	上海大闸蟹	RANCH	¥ 294.00	¥ -	¥ -	¥ -
5	上海大闸蟹	SAVEA	¥ -	¥ -	¥ 772.80	¥ 736.00
6	卡门贝干酪	WARTH	¥ -	¥ 693.60	¥ -	¥ -
7	卡门贝干酪	WOLZA	¥ -	¥ -	¥ 510.00	¥ -
8	秋葵汤	MAGAA	¥ -	¥ -	¥ 288.22	¥ -
9	秋葵汤	THEBI	¥ -	¥ -	¥ -	¥ 85.40

190 使用 ROWS 函数返回引用中的行数

适用版本	实用指数
2007、2010、2013、2016	★★★☆☆

使用说明

ROWS 函数用于返回引用或数组的行数。

函数语法：= ROWS(array)

参数说明如下。

array（必选）：需要得到其行数的数组、数组公式或对单元格区域的引用。

解决方法

例如，在输入的产品表中，使用 ROWS 函数计算出输入产品的区域行数，具体操作方法如下。

打开素材文件（位置：素材文件 \ 第 8 章 \ROWS 函数 .xlsx），在【区域行数】工作表中选择要存放结果的单元格 E2，输入公式“=ROWS(A2:D13)”，按【Enter】键，即可计算出公式中包含的行数为 12，如下图所示。

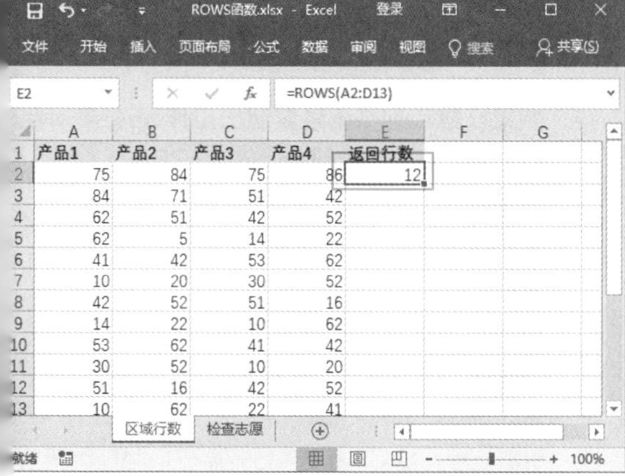

E2 =ROWS(A2:D13)

	A	B	C	D	E
1	产品1	产品2	产品3	产品4	返回行数
2	75	84	75	86	12
3	84	71	51	42	
4	62	51	42	52	
5	62	5	14	22	
6	41	42	53	62	
7	10	20	30	52	
8	42	52	51	16	
9	14	22	10	62	
10	53	62	41	42	
11	30	52	10	20	
12	51	16	42	52	
13	10	62	22	41	

又如，假设每个考生需要填写 9 个志愿且不能重复，现在需要检查区域中的志愿是否和前面的重复，具体操作方法如下。

第 1 步 在【检查志愿】工作表中选择要存放结果的单元格 D2，输入公式“=MATCH(C2,$C$2:$C$10,)<>ROWS($2:2)”，按【Enter】键，公式将返回对第一个志愿是否与前面的志愿相重复进行判断的逻辑值，如右上图所示。

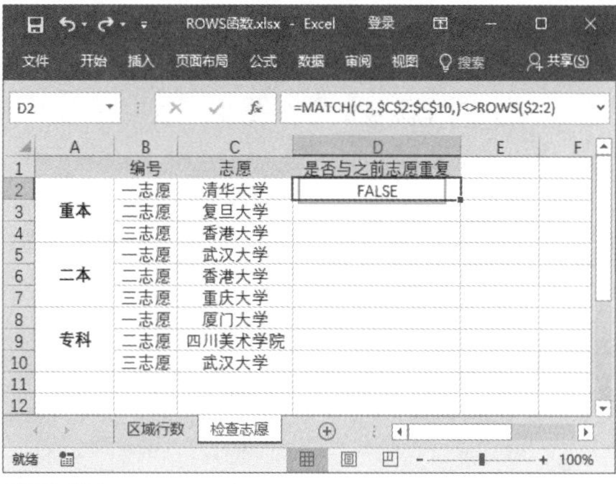

D2 =MATCH(C2,$C$2:$C$10,)<>ROWS($2:2)

	A	B	C	D
1		编号	志愿	是否与之前志愿重复
2	重本	一志愿	清华大学	FALSE
3		二志愿	复旦大学	
4		三志愿	香港大学	
5	二本	一志愿	武汉大学	
6		二志愿	香港大学	
7		三志愿	重庆大学	
8	专科	一志愿	厦门大学	
9		二志愿	四川美术学院	
10		三志愿	武汉大学	

第 2 步 用填充功能向下复制公式，即可得到所有填写的志愿是否与前面的志愿重复的逻辑结果。其中【FALSE】表示无重复，【TRUE】表示有重复，如下图所示。

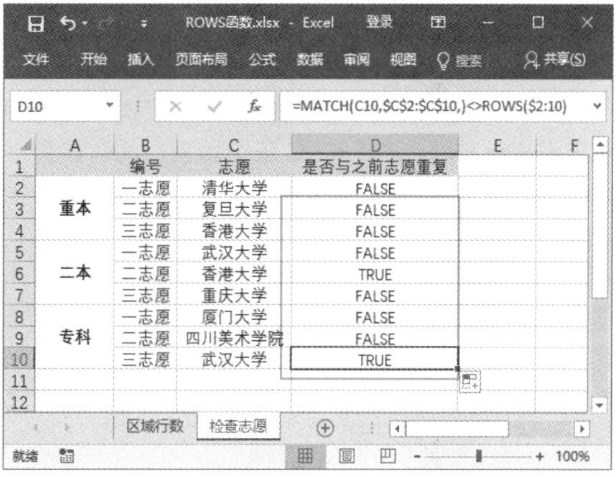

D10 =MATCH(C10,$C$2:$C$10,)<>ROWS($2:10)

	A	B	C	D
1		编号	志愿	是否与之前志愿重复
2	重本	一志愿	清华大学	FALSE
3		二志愿	复旦大学	FALSE
4		三志愿	香港大学	FALSE
5	二本	一志愿	武汉大学	FALSE
6		二志愿	香港大学	TRUE
7		三志愿	重庆大学	FALSE
8	专科	一志愿	厦门大学	FALSE
9		二志愿	四川美术学院	FALSE
10		三志愿	武汉大学	TRUE

191 使用 OFFSET 函数从给定引用中返回引用偏移量

适用版本	实用指数
2007、2010、2013、2016	★★★☆☆

使用说明

OFFSET 函数以指定的引用为参照系，通过给定偏移量得到新的引用。返回的引用可以为一个单元格或单元格区域，并可以指定返回的行数或列数。

函数语法：= OFFSET(reference, rows, cols, [height], [width])

参数说明如下。

- reference（必选）：作为偏移量参照系的引用区域。reference 必须为对单元格或相邻单元格区域的引用；否则，OFFSET 返回错误值【#VALUE!】。
- rows（必选）：相对于偏移量参照系的左上角单元格，上（下）偏移的行数。如果使用 5 作为参数 rows，则说明目标引用区域的左上角单元格比 reference 低 5 行。行数可为正数（代表在起始引用的下方）或负数（代表在起始引用的上方）。
- cols（必选）：相对于偏移量参照系的左上角单元格，左（右）偏移的列数。如果使用 5 作为参数 cols，则说明目标引用区域的左上角的单元格比 reference 靠右 5 列。列数可为正数（代表在起始引用的右边）或负数（代表在起始引用的左边）。
- height（可选）：高度，即所要返回的引用区域的行数。height 必须为正数。
- width（可选）：宽度，即所要返回的引用区域的列数。width 必须为正数。

解决方法

例如，某公司年底考核成绩统计，其中 A 列为员工姓名 ,B 列为与之相对应的考核成绩，C 列根据员工前三名成绩分列出 A、B、C 三个级别，此时需要查找成绩表中等级为“C”级别相应的考核成绩，具体操作方法如下。

打开素材文件（位置：素材文件\第 8 章\OFFSET 函数 .xlsx），在【考试成绩】工作表中选择要存放结果的单元格 F2，输入公式“=OFFSET(A1,MATCH("C",C2:C8,0),1)”，按【Enter】键，即可计算出其成绩为 90，如下图所示。

F2 =OFFSET(A1,MATCH("C",C2:C8,0),1)

	A	B	C	D	E	F
1	姓名	考核成绩	等级		等级	C
2	章书	97	A		考核成绩	90
3	张明	85				
4	吴宇彤	92	B			
5	郑怡然	92	B			
6	王建国	90	C			
7	罗伞	89				
8	蔡佳佳	70				

又如，某公司一年内某类产品的总销量，其中 A 列为销售月份，B 列为与之相应的销量，现在需要对每月的销量累积求和，并求出产品的总销量，具体操作方法如下。

第 1 步 在【累积销量】工作表中选择要存放结果的单元格 C2，输入公式“=SUM(OFFSET($B$2,0,0,ROW()-1))”，按【Enter】键，即可计算出该月的销量，如下图所示。

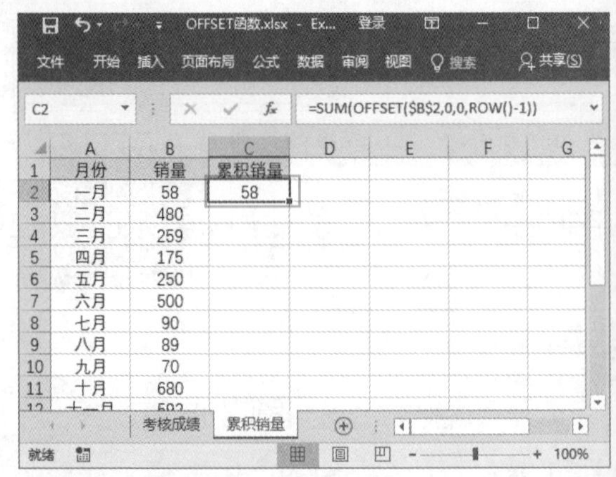
C2 =SUM(OFFSET($B$2,0,0,ROW()-1))

	A	B	C
1	月份	销量	累积销量
2	一月	58	58
3	二月	480	
4	三月	259	
5	四月	175	
6	五月	250	
7	六月	500	
8	七月	90	
9	八月	89	
10	九月	70	
11	十月	680	

第 2 步 用填充功能向下复制公式，即可计算出每月销量的累计，如下图所示。

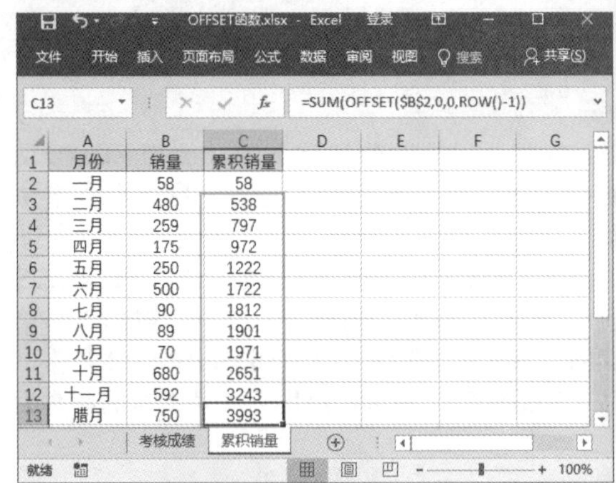
C13 =SUM(OFFSET($B$2,0,0,ROW()-1))

	A	B	C
1	月份	销量	累积销量
2	一月	58	58
3	二月	480	538
4	三月	259	797
5	四月	175	972
6	五月	250	1222
7	六月	500	1722
8	七月	90	1812
9	八月	89	1901
10	九月	70	1971
11	十月	680	2651
12	十一月	592	3243
13	腊月	750	3993

温馨提示

- 如果行数和列数偏移量超出工作表边缘，函数 OFFSET 将返回错误值【#REF!】。
- 如果省略参数 height 或参数 width，则假设其高度或宽度与 reference 相同。
- 函数 OFFSET 实际上并不移动任何单元格或更改选定区域，它只是返回一个引用。函数 OFFSET 可用于任何需要将引用作为参数的函数。例如，公式 SUM(OFFSET(C2,1,2,3,1)) 将计算比单元格 C2 靠下 1 行并靠右 2 列的 3 行 1 列的区域的总值。

192 使用 TRANSPOSE 函数将行转置成列

适用版本	实用指数
2007、2010、2013、2016	★★★☆☆

使用说明

TRANSPOSE 函数可返回转置单元格区域，即将行单元格区域转置成列单元格区域，还可以转置数组或工作表上单元格区域的垂直和水平方向。

> 函数语法：= TRANSPOSE(array)
> 参数说明如下。
> array（必选）：需要进行转置的数组或工作表上的单元格区域。所谓数组的转置就是，将数组的第 1 行作为新数组的第 1 列，数组的第 2 行作为新数组的第 2 列，以此类推。

解决方法

例如，如果在制作销售表时，将产品名称与月份内容输入相反了，可以使用 TRANSPOSE 函数进行转置操作，快速地将行列表示的内容交换，具体操作方法如下。

第 1 步 打开素材文件（位置：素材文件\第 8 章\TRANSPOSE 函数 .xlsx），选择存放转置的 A15:M19 单元格区域，在 A15 单元格中输入公式“=TRANSPOSE(A1:F13)”，如下图所示。

第 2 步 按【Ctrl+Shift+Enter】组合键确认，则产品名称和月份进行了转置，如下图所示。

> **温馨提示**
> 若需要转换的内容中包含日期数据，则需要将目的单元格设置为日期格式才能显示出正确的日期，否则将显示日期序列号。

193 使用 INDIRECT 函数返回由文本值指定的引用

适用版本	实用指数
2007、2010、2013、2016	★★★★☆

使用说明

INDIRECT 函数用于返回由文本字符串指定的引用。此函数立即对引用进行计算并显示其内容。

> 函数语法：= INDIRECT(ref_text, [a1])
> 参数说明如下。
> - ref_text（必选）：对单元格的引用，此单元格包含 A1 样式的引用、R1C1 样式的引用、定义为引用的名称或对作为文本字符串的单元格的引用。
> - a1（可选）：一个逻辑值，用于指定包含在单元格 ref_text 中的引用的类型。

解决方法

例如，在一张工作表中，已知店铺代码和门市位置，引用方式为 TRUE，要求返回 E5 单元格的内容，具体操作方法如下。

打开素材文件（位置：素材文件\第 8 章\INDIRECT 函数 .xlsx），在【返回指定字符】工作表中选择要存放结果的单元格 B9，输入公式“=INDIRECT(B1,B2)”，按【Enter】键，即可得出返回单元格 E5 的内容，如下图所示。

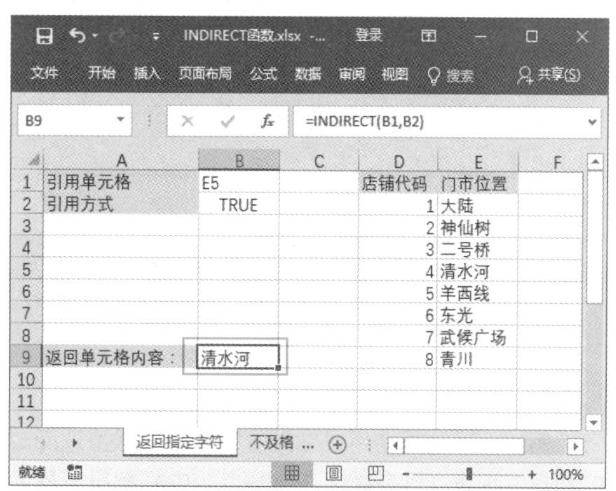

又如，班级的成绩调查表，现在需要根据已知数据统计成绩不及格的人数，具体操作方法如下。

在【不及格人数】工作表中选择要存放结果的单元格 C11，输入公式“=SUM(COUNTIF(INDIRECT({"C2:C9","F2:F9"}),"<60"))”，按【Enter】键，即可计算出不及格的人数，如下图所示。

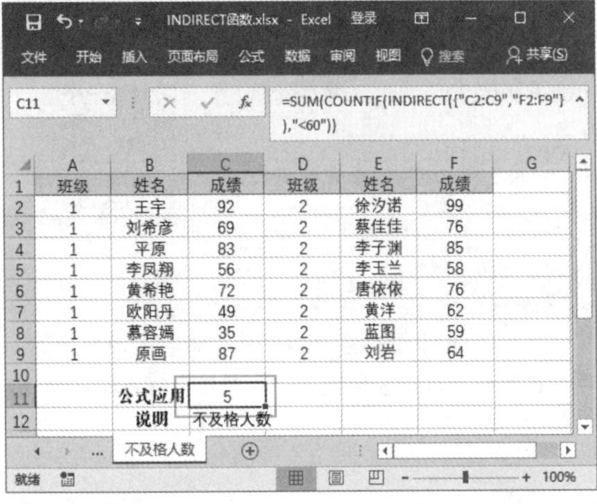

194 使用 GETPIVOTDATA 函数提取数据透视表中数据

适用版本	实用指数
2007、2010、2013、2016	★★★★★

使用说明

GETPIVOTDATA 函数用于返回存储在数据透视表中的数据。

函数语法：= GETPIVOTDATA(data_field, pivot_table, [field1, item1, field2, item2], ...)

参数说明如下。

- data_field（必选）：包含要检索的数据的字段的名称，用引号引起来。
- pivot_table(必选)：在数据透视表中对任何单元格、单元格区域或命名的单元格区域的引用。此信息用于决定哪个数据透视表包含要检索的数据。
- field1, Item1, field2, Item2, ...（可选）：1 ～ 126 对用于描述要检索的数据的字段名和项名称，可以按任何顺序排列。字段名和项名称（而不是日期和数字）用引号引起来。

解决方法

例如，某公司使用一二月份销售的数据整理而成的数据透视表，现在需要在该数据表内根据员工姓名和销售产品名称查找与之相应的销售额，具体操作方法如下。

打开素材文件（位置：素材文件\第 8 章\GETPIVOTDATA 函数 .xlsx），选择要存放结果的单元格 I3，输入公式“=GETPIVOTDATA("销售额",A1,H1,I1,H2,I2)”，按【Enter】键，即可得到结果，如下图所示。

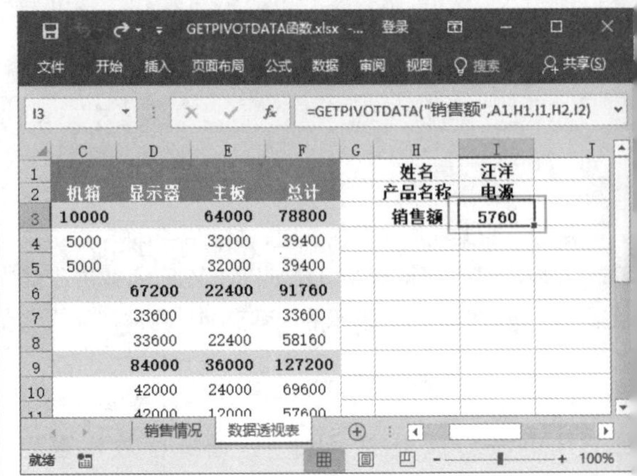

195 使用 HYPERLINK 函数为指定邮箱添加超链接

适用版本	实用指数
2007、2010、2013、2016	★★★☆☆

使用说明

HYPERLINK 函数用于创建快捷方式或跳转，用以打开存储在网络服务器、Intranet 或 Internet 中的文档。

函数语法：= HYPERLINK(link_location, [friendly_name])

参数说明如下。

- link_location（必选）：要打开的文档的路径和文件名。link_location 可以指向文档中的某个位置。
- friendly_name（可选）：单元格中显示的跳转文本或数字值。friendly_name 显示为蓝色并带有下划线。如果省略 friendly_name，单元格会将 link_location 显示为跳转文本。

解决方法

例如，某员工在制作公司安排，整理顾客信息时需要为顾客电子邮箱添加超链接，顾客邮箱为【happy2018@163.com】，具体操作方法如下。

打开素材文件（位置：素材文件\第 8 章\HYPERLINK 函数 .xlsx），选择要存放结果的单元格 B3，输入公式“=HYPERLINK("mailto:happy2018@163.com","邮箱地址")”，按【Enter】键即可，如下图所示。

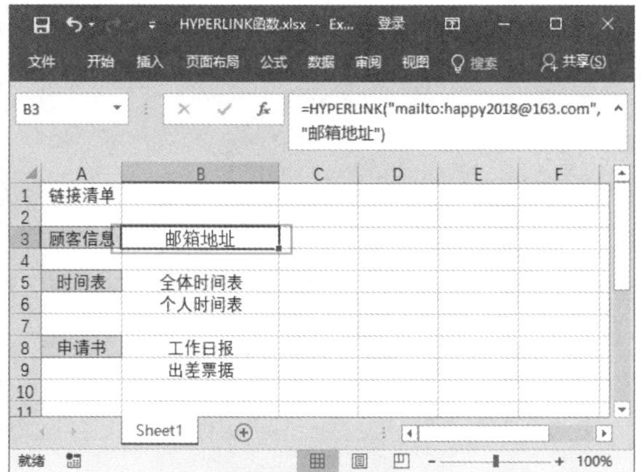

温馨提示

在 link_location 参数中需要包含【mailto:】文本内容，否则在单击链接时将提示【无法打开指定文件】。

196 使用 RTD 函数快速表示时间

适用版本	实用指数
2007、2010、2013、2016	★★★☆☆

使用说明

RTD 函数用于从支持 COM 自动化的程序中检索实时数据。

函数语法：= RTD(progID, server, topic1, [topic2], ...)

参数说明如下。

- progID（必选）：已安装在本地计算机上经过注册的 COM 自动化加载项的 progID 名称，该名称用引号引起来。
- server（必选）：运行加载项的服务器的名称。如果没有服务器，程序将在本地计算机上运行，那么该参数为空白；否则，用引号【""】将服务器的名称引起来。
- topic1（必选）：第 1 个参数，代表一个唯一的实时数据。
- topic2, ...（可选）：第 2 ～ 253 个参数，这些参数放在一起代表一个唯一的实时数据。

解决方法

例如，某员工在制作公司安排时需要快速的显示当下时间，具体操作方法如下。

打开素材文件（位置：素材文件\第 8 章\RTD 函数 .xlsx），选择要存放结果的单元格 B2，输入公式“=RTD("excelrtd.rtdfunctions",,B1,D1)”，按【Enter】键即可，如下图所示。

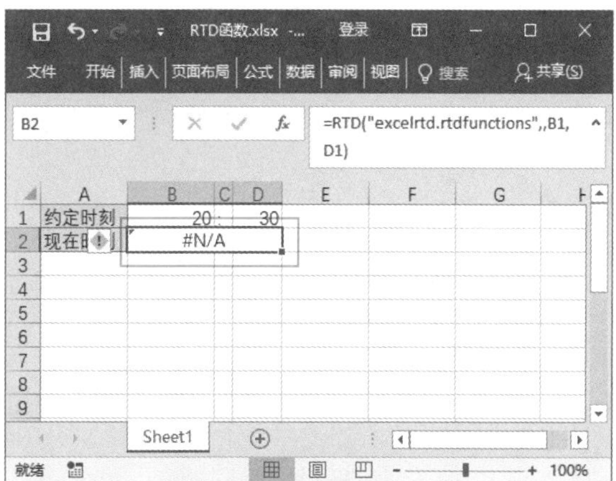

温馨提示

上述公式的结果为错误值【#N/A】，其原因是在本地计算机上并未创建和注册 RTD COM 自动化加载宏的原因。有关该服务器的更多内容可参看微软官网。

- 必须在本地计算机上创建并注册 RTD COM 自动化加载宏。如果未安装实时数据服务器，则在试图使用 RTD 函数时将在单元格中出现一则错误消息。
- 如果服务器继续更新结果，那么与其他函数不同，RTD 公式将在 Microsoft Excel 处于自动计算模式时进行更改。

第 9 章 数学与三角函数使用技巧

Excel 中提供的数学和三角函数基本上包含了平时经常使用的各种数学公式和三角函数，使用这些函数，可以完成各种常见的数学运算和数据舍入等。本章主要针对数学和三角函数的应用，为读者介绍一些操作技巧。

下面列举了一些数学与三角函数应用中的常见问题，看看是否会处理或已掌握。

【√】对于公司的促销商品，如何根据销量和折扣率，计算出销售总额？

【√】人事工作需要掌握每一位员工的考核情况，如何统计员工考核成绩的波动情况？

【√】新年团拜会为了活跃气氛，需要随机抽取十个员工发放奖励，可以使用什么函数来完成？

【√】使用什么函数可以轻松地计算最大公约数和最小公倍数？

【√】想要对数字进行四舍五入，应该怎样操作？

【√】怎样使用函数将数据上舍或下舍到特定的数额？

【√】怎样使用函数计算角度或弧度的正弦值、反正弦值、余弦值、正切值？

【√】怎样使用函数计算圆的面积和周长？

希望通过本章内容的学习，能帮助你解决以上问题，并学会在 Excel 中使用数学与三角函数的技巧。

9.1 常规计算函数

使用常规数学计算函数可以在工作表中快速处理常见的数学运算，如取绝对值、开方等。下面就来学习这些常用的数学计算函数的使用技巧。

197　使用 SUMPRODUCT 函数返回对应的数组元素的乘积和

适用版本	实用指数
2007、2010、2013、2016	★★★★★

使用说明

SUMPRODUCT 函数用于在给定的几组数组中，将数组间对应的元素相乘，并返回乘积之和。

> 函数语法：= SUMPRODUCT(array1, [array2], [array3], ...)
> 参数说明如下。
> - array1（必选）：其相应元素需要进行相乘并求和的第一个数组参数。
> - array2, array3,..（可选）：第 2 ～ 255 个数组参数，其相应元素需要进行相乘并求和。

解决方法

例如，某商店做年底促销，根据不同商品拟定不一样的折扣率，该店在一天之内产品的销量情况如下表所示，表中列出了商品名称、商品单价、商品数量以及商品折扣率，现在需要计算所有商品在促销期间的总销售额，具体操作方法如下。

打开素材文件（位置：素材文件\第 9 章\SUMPRODUCT 函数 .xlsx），在【商品总额】工作表中选择要存放结果的单元格 C9，输入公式“=SUMPRODUCT(B2:B7,C2:C7,(1-D2:D7))”，按【Enter】键，即可计算出在促销期间商品的营业总额，如下图所示。

C9　=SUMPRODUCT(B2:B7,C2:C7,(1-D2:D7))

	A	B	C	D
1	商品名	单价	数量	折扣率
2	文件夹	4545	20	30%
3	显示屏	70	20	20%
4	装饰画	25	6	34%
5	书夹	4520	3	12%
6	打印机	488	4	5%
7	台灯	29	10	15%
8				
9	商品总金额		78,883	

又如，需要在员工信息登记表中统计出市场部女员工人数，具体操作方法如下。

在【计算人数】工作表中选择要存放结果的单元格 F2，输入公式“=SUMPRODUCT((B2:B9=" 女 ")*1,(C2:C9=" 市场部 ")*1)”，按【Enter】键，即可计算出市场部的女员工人数，如下图所示。

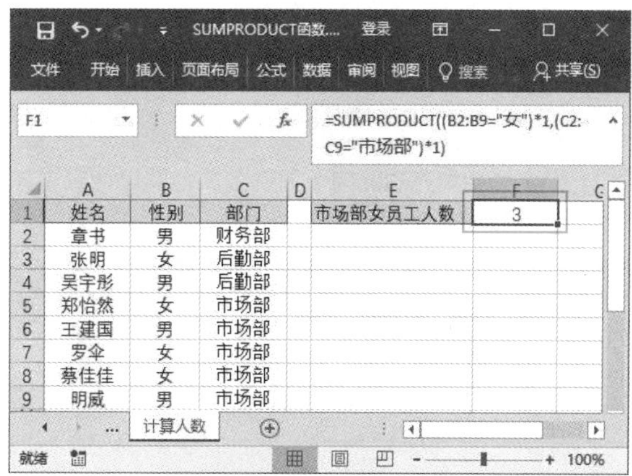

F1　=SUMPRODUCT((B2:B9="女")*1,(C2:C9="市场部")*1)

	A	B	C	D	E	F
1	姓名	性别	部门		市场部女员工人数	3
2	章书	男	财务部			
3	张明	女	后勤部			
4	吴宇彤	男	后勤部			
5	郑怡然	女	市场部			
6	王建国	男	市场部			
7	罗伞	女	市场部			
8	蔡佳佳	女	市场部			
9	明威	男	市场部			

温馨提示

- 数组参数必须具有相同的维数，否则函数 SUMPRODUCT 将返回错误值【#VALUE!】。
- 函数 SUMPRODUCT 将非数值型的数组元素作为 0 处理。

198　使用 ABS 函数返回数字的绝对值

适用版本	实用指数
2007、2010、2013、2016	★★★★★

使用说明

ABS 函数用于返回数字的绝对值，绝对值没有符号。

> 函数语法：= ABS(number)
> 参数说明如下。
> number（必选）：需要计算其绝对值的实数。

解决方法

例如，在销量情况表中，需要比较两位员工的销量，并计算出销量之间的差值，具体操作方法如下。

第 1 步 打开素材文件(位置：素材文件\第 9 章\ABS 函数 .xlsx)，在【计算销量】工作表中选择要存放结果的单元格 D2，输入公式“=ABS(B2-C2)”，按下【Enter】键，即可计算出差值，如下图所示。

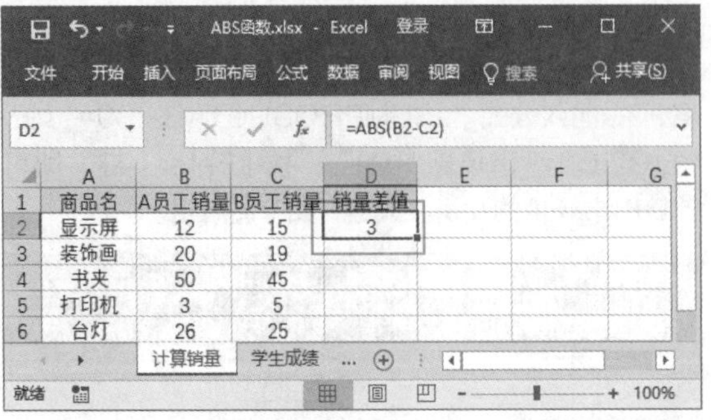

D2　=ABS(B2-C2)

	A	B	C	D
1	商品名	A员工销量	B员工销量	销量差值
2	显示屏	12	15	3
3	装饰画	20	19	
4	书夹	50	45	
5	打印机	3	5	
6	台灯	26	25	

第 2 步 利用填充功能向下复制公式，即可计算出其他商品的销量差，如下图所示。

D6　=ABS(B6-C6)

	A	B	C	D
1	商品名	A员工销量	B员工销量	销量差值
2	显示屏	12	15	3
3	装饰画	20	19	1
4	书夹	50	45	5
5	打印机	3	5	2
6	台灯	26	25	1

又如，为了及时掌握学生的学习情况，班主任会定期对学生多次的考试成绩进行具体分析，现在需要统计出学生在这两次考试中成绩波动情况，具体操作方法如下。

第 1 步 在【学生成绩】工作表中选择要存放结果的单元格 D2，输入公式“=IF(C2>B2,"进步","退步")&ABS(C2-B2)&"分"”，按【Enter】键，即可计算出成绩波动情况，如下图所示。

D2　=IF(C2>B2,"进步","退步")&ABS(C2-B2)&"分"

	A	B	C	D
1	姓名	上月测试	本月测试	波动情况
2	章书	580	582	进步2分
3	张明	452	469	
4	吴宇彤	600	562	
5	郑怡然	485	459	
6	王建国	495	485	
7	罗伞	520	480	
8	蔡佳佳	560	600	

第 2 步 利用填充功能向下复制公式，即可得到所有学生成绩波动情况，如右上图所示。

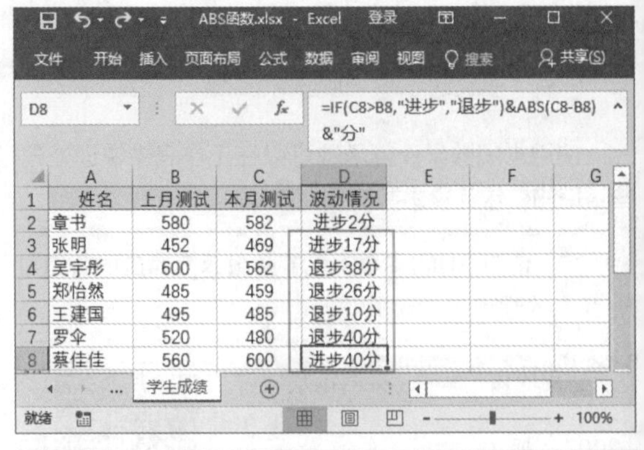

D8　=IF(C8>B8,"进步","退步")&ABS(C8-B8)&"分"

	A	B	C	D
1	姓名	上月测试	本月测试	波动情况
2	章书	580	582	进步2分
3	张明	452	469	进步17分
4	吴宇彤	600	562	退步38分
5	郑怡然	485	459	退步26分
6	王建国	495	485	退步10分
7	罗伞	520	480	退步40分
8	蔡佳佳	560	600	进步40分

199 使用 SIGN 函数获取数值的符号

适用版本	实用指数
2007、2010、2013、2016	★★★★★

使用说明

SIGN 函数用于返回数字的符号，当数字为正数时返回 1，为零时返回 0，为负数时返回 -1。

函数语法：= SIGN(number)

参数说明如下。

number（必选）：任意实数。

解决方法

例如，根据员工在月初时定的销售任务量，在月底统计时进行对比，刚好完成和超出任务量的表示完成目标任务，否则为未完成目标任务。在判断员工是否完成目标时，需要先计算出数值的符号，然后根据数值结果进行判断，具体操作方法如下。

第 1 步 打开素材文件(位置：素材文件\第 9 章\SIGN 函数 .xlsx)，选择要存放结果的单元格 D3，输入公式“=B3-C3”，按【Enter】键，即可得出计算结果，如下图所示。

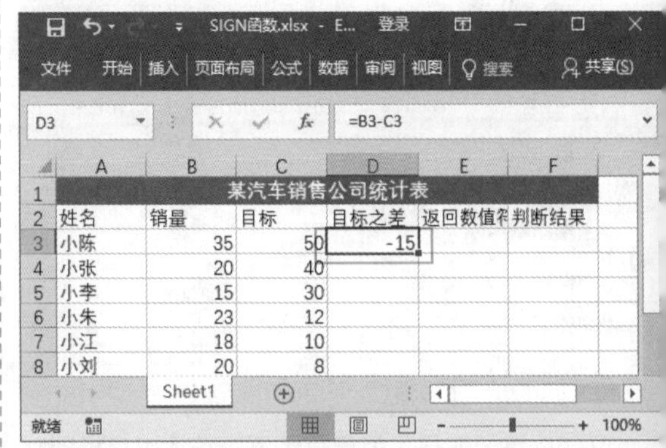

D3　=B3-C3

	A	B	C	D	E	F
1	某汽车销售公司统计表					
2	姓名	销量	目标	目标之差	返回数值符号	判断结果
3	小陈	35	50	-15		
4	小张	20	40			
5	小李	15	30			
6	小朱	23	12			
7	小江	18	10			
8	小刘	20	8			

第 2 步 利用填充功能向下复制公式，如下图所示。

第 3 步 选择要存放结果的单元格 E3，输入公式“=SIGN(D3)”，按【Enter】键，即可得到结果，如下图所示。

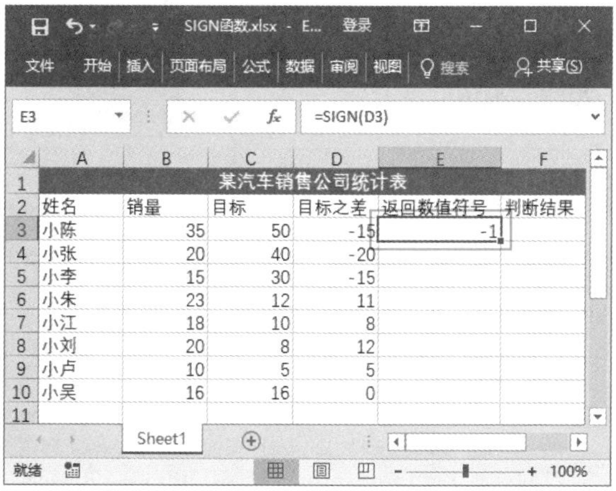

SIGN函数.xlsx - E... 登录

E3 =SIGN(D3)

	A	B	C	D	E	F
1	某汽车销售公司统计表					
2	姓名	销量	目标	目标之差	返回数值符号	判断结果
3	小陈	35	50	-15	-1	
4	小张	20	40	-20		
5	小李	15	30	-15		
6	小朱	23	12	11		
7	小江	18	10	8		
8	小刘	20	8	12		
9	小卢	10	5	5		
10	小吴	16	16	0		
11						

第 4 步 利用填充功能向下复制公式，如下图所示。

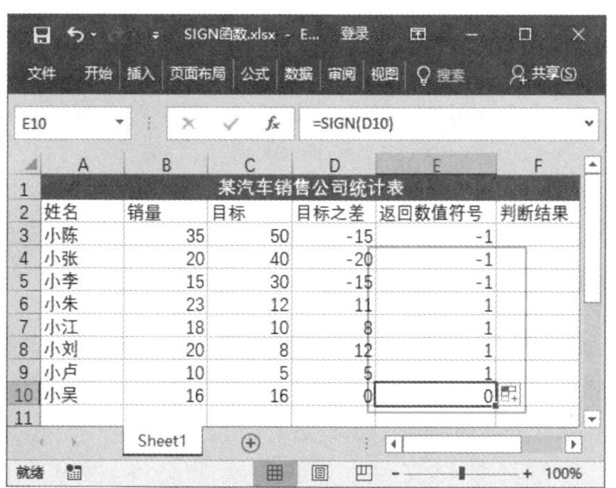

第 5 步 选择要存放结果的单元格 F3，输入公式“=IF(E3>=0," 完成目标任务 "," 未完成任务 ")”，按【Enter】键，即可得到计算结果，如右上图所示。

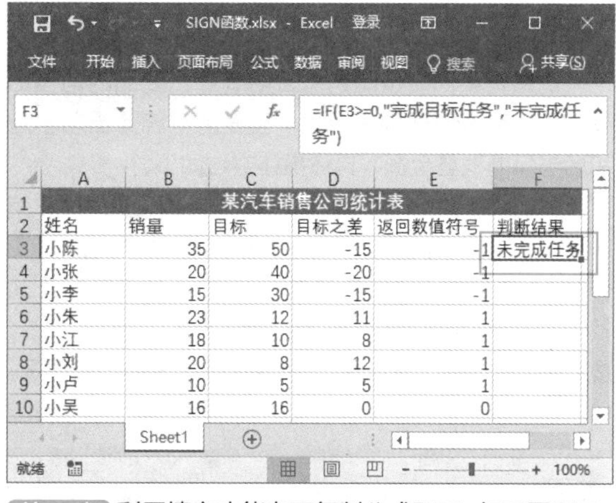

第 6 步 利用填充功能向下复制公式即可，如下图所示。

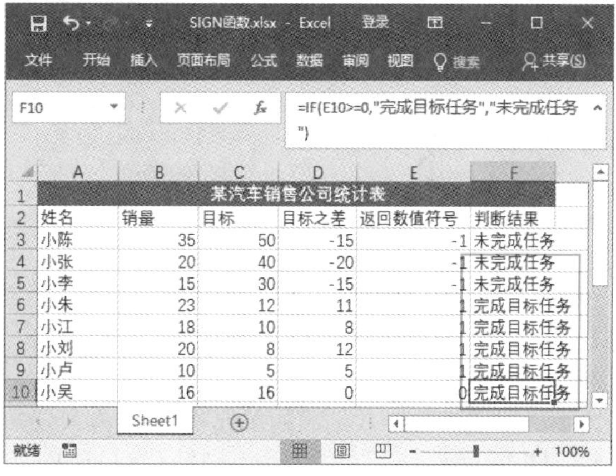

200 使用 SUMIF 函数按给定条件对指定单元格求和

适用版本	实用指数
2007、2010、2013、2016	★★★★★

使用说明

SUMIF 函数用于对区域中符合指定条件的数据求和。

函数语法：= SUMIF(range, criteria, [sum_range])

参数说明如下。

- range（必选）：用于条件计算的单元格区域。每个区域中的单元格都必须是数字或名称、数组或包含数字的引用。空值和文本值将被忽略。
- criteria（必选）：用于确定对哪些单元格求和的条件，其形式可以为数字、表达式、单元格引用、文本或函数。例如，条件可以表示为 32、">32"、B5、32、"32""苹果 " 或 TODAY()。
- sum_range（可选）：要求和的实际单元格。如果 sum_range 参数被省略，Excel 会对在 range 参数中指定的单元格（即应用条件的单元格）求和。

解决方法

例如，某商店按照销售日期统计了商品的销售记录，为了更好查看销售情况，现在需要统计出前半月和后半月的销售金额，具体操作方法如下。

第 1 步 打开素材文件（位置：素材文件\第 9 章\SUMIF 函数 .xlsx），在【统计销量】工作表中选择要存放结果的单元格 F4，输入公式“=SUMIF(A2:A11,"<=2018-5-15",C2:C11)”，按【Enter】键，即可计算出该商品前半月的销售情况，如下图所示。

F4　=SUMIF(A2:A11,"<=2018-5-15",C2:C11)

	A	B	C	D	E	F
1	日期	类别	金额			
2	2018/5/1	文件夹	180			
3	2018/5/2	显示屏	9090			
4	2018/5/12	装饰画	490		前半月销售金额	25270
5	2018/5/7	书夹	1950			
6	2018/5/5	打印机	13560		后半月销售金额	
7	2018/5/16	台灯	488			
8	2018/5/17	灯座	750			
9	2018/5/16	书架	12300			
10	2018/5/28	玻璃纸	560			
11	2018/5/24	香薰	230			

第 2 步 选择要存放结果的单元格 F6，输入公式“=SUMIF(A2:A11,"<=2015-5-15",C2:C11)”，按【Enter】键，即可计算出该商品后半月的销售情况，如下图所示。

F6　=SUMIF(A2:A11,">2014-5-15",C2:C11)

	A	B	C	D	E	F
1	日期	类别	金额			
2	2018/5/1	文件夹	180			
3	2018/5/2	显示屏	9090			
4	2018/5/12	装饰画	490		前半月销售金额	25270
5	2018/5/7	书夹	1950			
6	2018/5/5	打印机	13560		后半月销售金额	39598
7	2018/5/16	台灯	488			
8	2018/5/17	灯座	750			
9	2018/5/16	书架	12300			
10	2018/5/28	玻璃纸	560			
11	2018/5/24	香薰	230			

又如，需要统计营销部员工工资的总金额，具体操作方法如下。

在【工资总额】工作表中选择要存放结果的单元格 F2，输入公式“=SUMIF(B2:B10,"营销部",C2:C10)”，按【Enter】键，即可计算出营销部工资总额，如右上图所示。

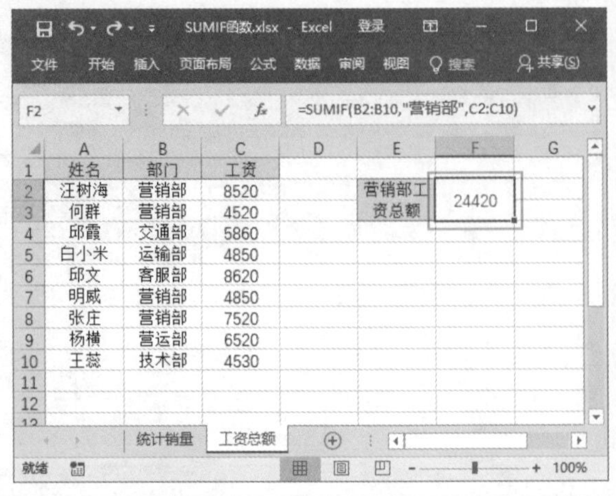

F2　=SUMIF(B2:B10,"营销部",C2:C10)

	A	B	C	D	E	F
1	姓名	部门	工资			
2	汪树海	营销部	8520		营销部工资总额	24420
3	何群	营销部	4520			
4	邱霞	交通部	5860			
5	白小米	运输部	4850			
6	邱文	客服部	8620			
7	明威	营销部	4850			
8	张庄	营销部	7520			
9	杨横	营运部	6520			
10	王蕊	技术部	4530			

201　使用 SUMIFS 函数对一组给定条件的单元格求和

适用版本	实用指数
2007、2010、2013、2016	★★★★★

使用说明

SUMIFS 函数用于对区域中满足多个条件的单元格求和。

函数语法：= SUMIFS(sum_range, criteria_range1, criteria1, [criteria_range2, criteria2], ...)

参数说明如下。

- sum_range（必选）：对一个或多个单元格求和，包括数字或包含数字的名称、区域或单元格引用，忽略空白和文本值。
- criteria_range1（必选）：在其中计算关联条件的第一个区域。
- criteria1（必选）：条件的形式为数字、表达式、单元格引用或文本，可用来定义将对 criteria_range1 参数中的哪些单元格求和。例如，条件可以表示为 32、">32"、B4、"苹果"或"32"。
- criteria_range2,criteria2,...（可选）：附加的区域及其关联条件。最多允许 127 个区域/条件对。

解决方法

例如，某商店按照销售日期统计了商品的销售记录，为了更好查看销售情况现在需要统计出商品在该月中旬的销售金额，具体操作方法如下。

打开素材文件（位置：素材文件\第 9 章\SUMIFS 函数 .xlsx），选择要存放结果的单元格 F4，输入公式“=SUMIFS(C2:C9,A2:A9,">2018-5-10",A2:A9,"<2018-5-20")”，按【Enter】

键，即可计算出该商品在该月中旬的销售情况，如下图所示。

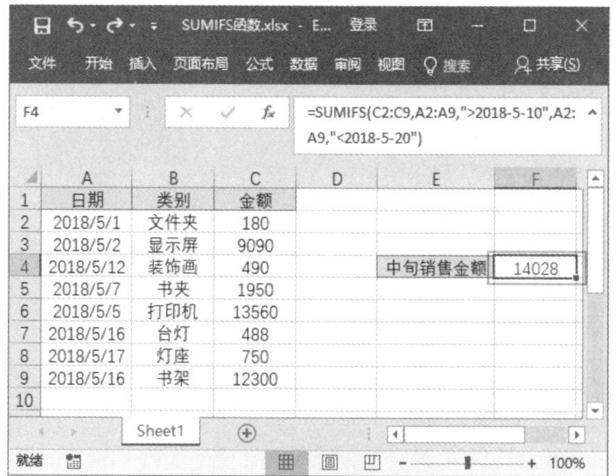

温馨提示

与 SUMIF 函数中的区域和条件参数不同，SUMIFS 函数中每个 criteria_range 参数包含的行数和列数必须与 sum_range 参数相同。

202 使用 SUMSQ 函数求参数的平方和

适用版本	实用指数
2007、2010、2013、2016	★★★★★

使用说明

SUMSQ 函数用于返回参数的平方和。

函数语法：= SUMSQ(number1, [number2], ...)

参数说明如下。

- number1（必选）：表示求平方和的第 1 个数字。
- number2, ...（可选）：表示求平方和的第 2 ～ 255 个数字。也可以用单一数组或对某个数组的引用来代替用逗号分隔的参数。

解决方法

例如，在编辑数据表时，需要计算参数的平方和，具体操作方法如下。

第 1 步 打开素材文件（位置：素材文件 \ 第 9 章 \ SUMSQ 函数 .xlsx），选择要存放结果的单元格 D2，输入公式“=SUMSQ(A2,B2)”，按【Enter】键，即可得出计算值，如右上图所示。

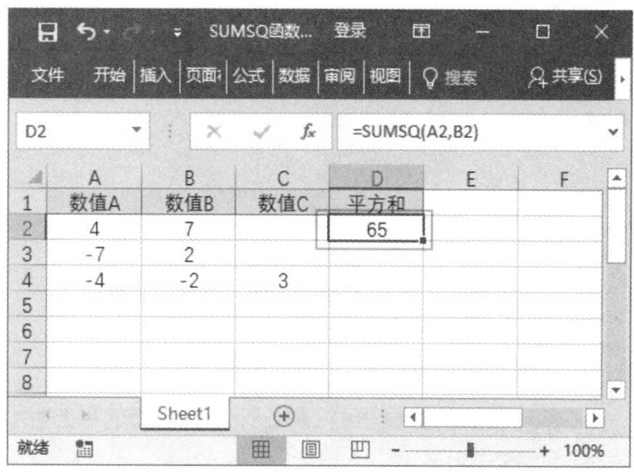

第 2 步 利用填充功能向下复制公式即可，如下图所示。

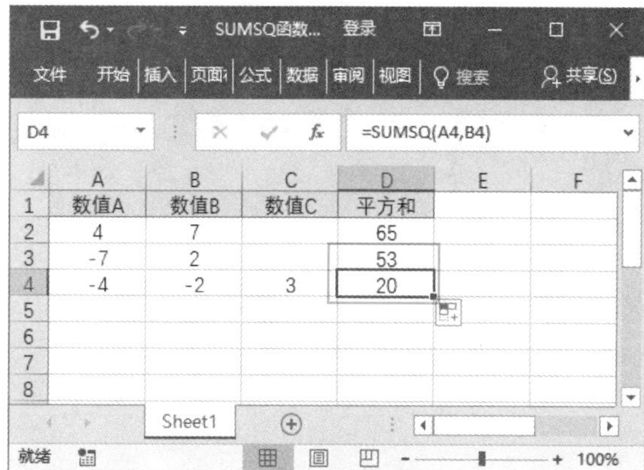

温馨提示

- 参数可以是数字或者是包含数字的名称、数组或引用。
- 逻辑值和直接输入到参数列表中代表数字的文本被计算在内。
- 如果参数是一个数组或引用，则只计算其中的数字。数组或引用中的空白单元格、逻辑值、文本或错误值将被忽略。
- 如果参数为错误值或不能转换为数字的文本，将会导致错误。

203 使用 SUMXMY2 函数返回两个数组中对应值差的平方和

适用版本	实用指数
2007、2010、2013、2016	★★★★☆

使用说明

SUMXMY2 函数用于返回两数组中对应数值之差的平方和。

> 函数语法：= SUMXMY2(array_x, array_y)
> 参数说明如下。
> - array_x（必选）：第一个数组或数值区域。
> - array_y（必选）：第二个数组或数值区域。

解决方法

例如，在编辑数据表时，需要计算参数差的平方和，具体操作方法如下。

第 1 步 打开素材文件（位置：素材文件 \ 第 9 章 \ SUMXMY2 函数 .xlsx），选择要存放结果的单元格 C2，输入公式“=SUMXMY2(A2,B2)”，按【Enter】键，即可得出计算值，如下图所示。

	A	B	C
1	数值A	数值B	平方差
2	4	7	9
3	-7	2	
4	-4	-2	

第 2 步 利用填充功能向下复制公式即可，如下图所示。

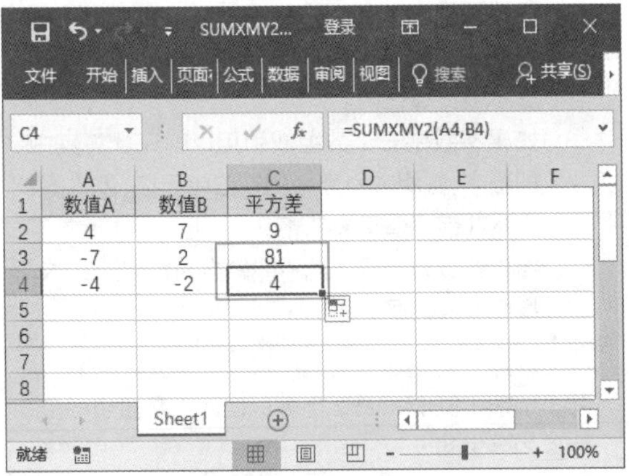

温馨提示

如果参数 array_x 和参数 array_y 的元素数目不同，函数 SUMXMY2 将返回错误值【#N/A】。

204 使用 SUMX2MY2 函数求参数对应值平方差之和

适用版本	实用指数
2007、2010、2013、2016	★★★★☆

使用说明

SUMX2MY2 函数用于返回两数组中对应数值的平方差之和。

> 函数语法：= SUMX2MY2(array_x, array_y)
> 参数说明如下。
> - array_x（必选）：第一个数组或数值区域。
> - array_y（必选）：第二个数组或数值区域。

解决方法

例如，在编辑数据表时，需要计算参数对应值平方差之和，具体操作方法如下。

打开素材文件（位置：素材文件 \ 第 9 章 \ SUMX2MY2 函数 .xlsx），选择要存放结果的单元格 D2，输入公式“=SUMX2MY2(A2:A8,B2:B8)”，按【Enter】键，即可计算出参数对应值平方差之和，如下图所示。

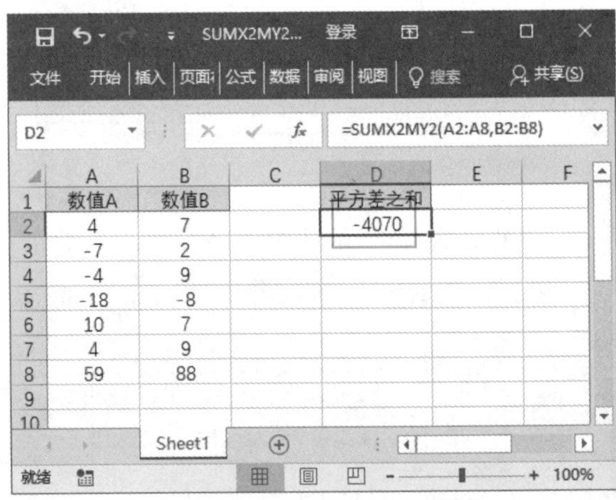

205 使用 SUMX2PY2 函数求参数对应值的平方和之和

适用版本	实用指数
2007、2010、2013、2016	★★★★☆

使用说明

SUMX2PY2 函数用于返回两数组中对应数值的平方和之和，平方和之和在统计计算中经常使用。

函数语法：= SUMX2PY2(array_x, array_y)

参数说明如下。

- array_x（必选）：第一个数组或数值区域。
- array_y（必选）：第二个数组或数值区域。

解决方法

例如，在编辑数据表时，需要计算参数对应值平方和之和，具体操作方法如下。

打开素材文件（位置：素材文件\第 9 章\SUMX2PY2 函数 .xlsx），选择要存放结果的单元格 C2，输入公式“=SUMX2PY2(A2:A8,B2:B8)”，按【Enter】键，即可计算出参数对应值的平方和之和，如下图所示。

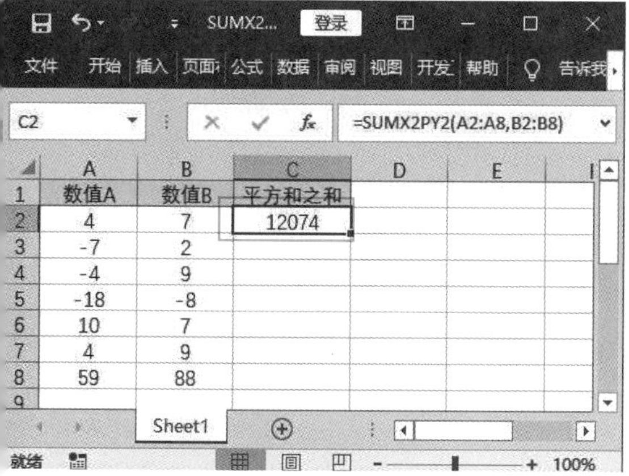

C2 =SUMX2PY2(A2:A8,B2:B8)

	A	B	C
1	数值A	数值B	平方和之和
2	4	7	12074
3	-7	2	
4	-4	9	
5	-18	-8	
6	10	7	
7	4	9	
8	59	88	

206 使用 SERIESSUM 函数返回基于公式的幂级数的和

适用版本	实用指数
2007、2010、2013、2016	★★★★☆

使用说明

SERIESSUM 函数用于返回基于以下公式的幂级数之和：SERIES（x,n.m.a）a1xn+a2x(n+m)+a3x(n+m)+…aixn+(i−1)m。

函数语法：= SERIESSUM(x, n, m, coefficients)

参数说明如下。

- x（必选）：幂级数的输入值。
- n（必选）：x 的首项乘幂。
- m（必选）：级数中每一项的乘幂 n 的步长增加值。
- coefficients（必选）：一系列与 x 各级乘幂相乘的系数。coefficients 值的数目决定了幂级数的项数。

解决方法

例如，将自然对数的底 e 带入公式，求它的近似值，具体操作方法如下。

打开素材文件（位置：素材文件\第 9 章\SERIESSUM 函数 .xlsx），选择要存放结果的单元格 E5，输入公式“=SERIESSUM(E2,E3,E4,B2:B12)”，按【Enter】键，即可计算出自然对数的底数 e 的近似值，如下图所示。

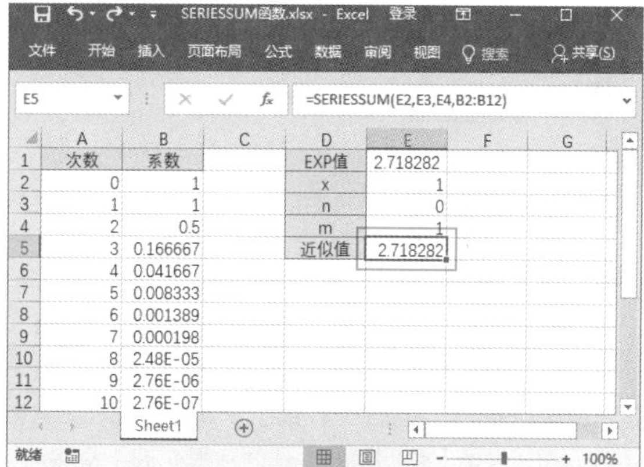

E5 =SERIESSUM(E2,E3,E4,B2:B12)

	A	B	C	D	E
1	次数	系数		EXP值	2.718282
2	0	1		x	1
3	1	1		n	0
4	2	0.5		m	1
5	3	0.166667		近似值	2.718282
6	4	0.041667			
7	5	0.008333			
8	6	0.001389			
9	7	0.000198			
10	8	2.48E-05			
11	9	2.76E-06			
12	10	2.76E-07			

温馨提示

如果任一参数为非数值型，函数 SERIESSUM 将返回错误值【#VALUE!】。

207 使用 GCD 函数计算最大公约数

适用版本	实用指数
2007、2010、2013、2016	★★★★★

使用说明

使用 GCD 函数可以计算两个或两个以上正数的最大公约数。

函数语法：= GCD (number1,[number2],…)

参数说明如下。

- number1（必选）：数值的个数可以为 1 ～ 255 个，如果任意数值为非整数，则截尾取整。
- number2,…（可选）：数值的个数可以为 1 ～ 255 个，如果任意数值为非整数，则截尾取整。

解决方法

如果要使用 GCD 函数计算最大公约数，具体方法如下。

打开素材文件（位置：素材文件\第 9 章\计算最大公约数 .xlsx），选中要存放结果的单元格 B6，输入公式“=GCD(B1:B5)”，按【Enter】键，即可得出计算结果，如下图所示。

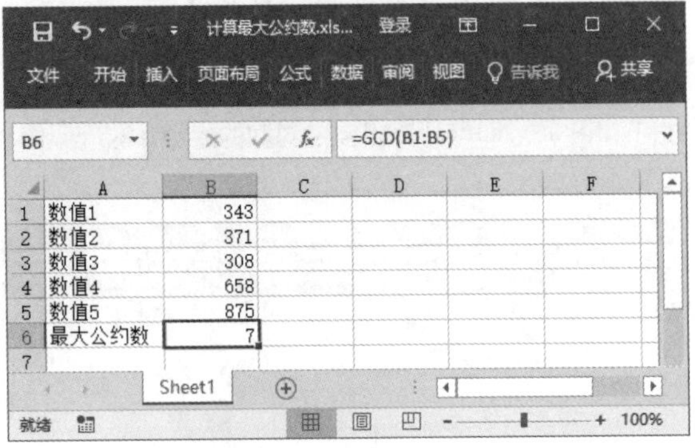

温馨提示

使用 GCD 函数时，需要注意：若任一参数为非数值型，则 GCD 函数将返回错误值【#VALUE!】；若任一参数小于零，则 GCD 函数返回错误值【#NUM!】；任何数都能被 1 整除；若 GCD 函数的参数大于或等于 253，则 GCD 函数返回错误值【#NUM!】。

208 使用 LCM 函数计算最小公倍数

适用版本	实用指数
2007、2010、2013、2016	★★★★☆

使用说明

使用 LCM 函数可以返回整数的最小公倍数

函数语法：= LCM (number1,[number2],…)。

参数说明如下。

- number1（必选）：数值的个数可以为 1 ～ 255 个，如果任意数值为非整数，则截尾取整。
- number2,…（可选）：数值的个数可以为 1 ～ 255 个，如果任意数值为非整数，则截尾取整。

解决方法

如果要使用 LCM 函数计算最小公倍数，具体方法如下。

打开素材文件（位置：素材文件\第 9 章\计算最小公倍数 .xlsx），选中要存放结果的单元格 B6，输入公式“=LCM(B1:B5)”，按【Enter】键，即可得出计算结果，如下图所示。

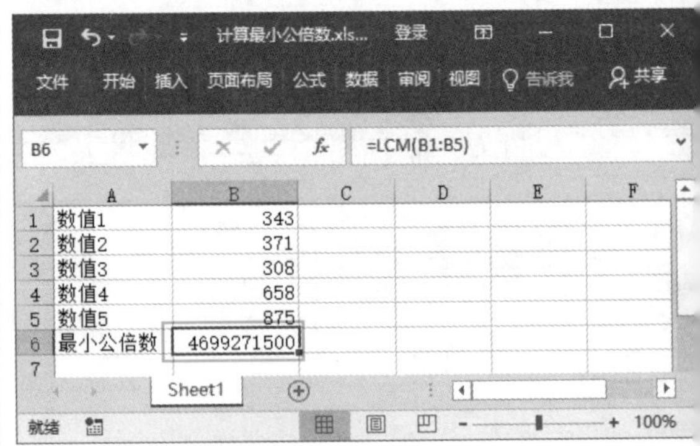

温馨提示

使用 LCM 函数时，需要注意：如果任一参数为非数值型，则 LCM 函数返回错误值【#VALUE!】；如果任一参数小于 0，则 LCM 函数返回错误值【#NUM!】。如果 LCM(a,b)>=253，则 LCM 函数返回错误值【#NUM!】。

9.2 数据舍入函数

Excel 提供了多种取舍函数可以很方便地完成对各种数字的取舍运算。下面介绍一些常用的使用技巧。

209 使用 ROUND 函数对数据进行四舍五入

适用版本	实用指数
2007、2010、2013、2016	★★★★★

使用说明

ROUND 函数可按指定的位数对数值进行四舍五入。

函数语法：= ROUND(number, num_digits)

参数说明如下。

- number（必选）：要四舍五入的数字。
- num_digits（必选）：位数，按此位数对 number 参数进行四舍五入。

解决方法

例如，希望对数据进行四舍五入，并只保留两位小数，具体方法如下。

第 1 步 打开素材文件（位置：素材文件 \ 第 9 章 \ 四舍五入 .xlsx），选中要存放结果的单元格 B2，输入公式“=ROUND(A2,2)”，按【Enter】键，即可得到计算结果，如下图所示。

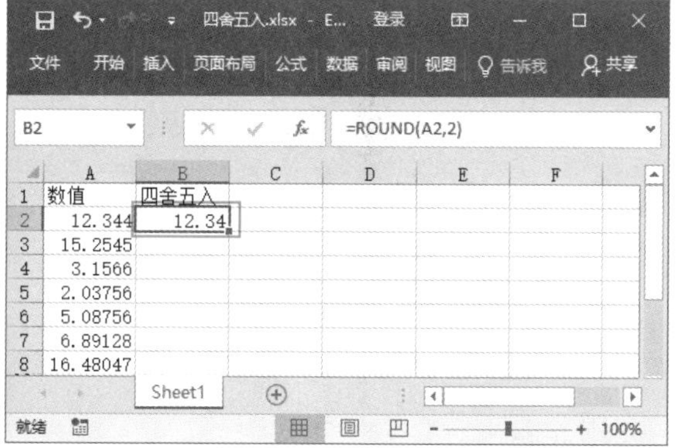

第 2 步 利用填充功能向下复制公式，即可对其他数据进行计算，如下图所示。

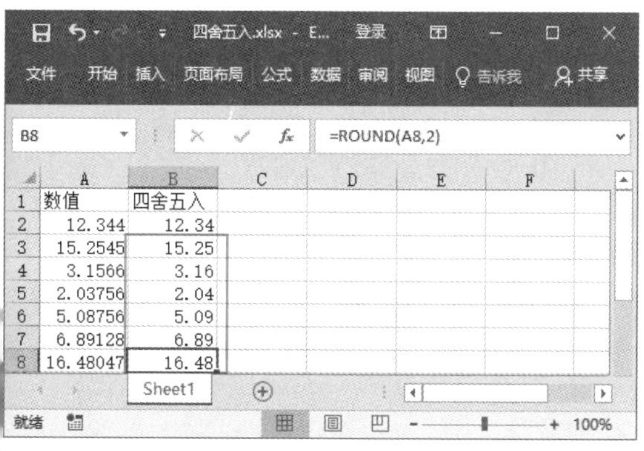

210 使用 QUOTIENT 函数计算除法的整数部分

适用版本	实用指数
2007、2010、2013、2016	★★★★☆

使用说明

QUOTIENT 函数用于返回商的整数部分，该函数可用于舍掉商的小数部分。

函数语法：= QUOTIENT (numerator,denominator)

参数说明如下。

- numerator（必选）：被除数。
- denominator（必选）：除数。

解决方法

例如，要计算在预算内能够购买的商品数量，具体方法如下。

第 1 步 打开素材文件（位置：素材文件 \ 第 9 章 \ 办公设备采购预算 .xlsx），选中要存放结果的单元格 D3，输入公式“=QUOTIENT(B3,C3)”，按【Enter】键，即可得到计算结果，如下图所示。

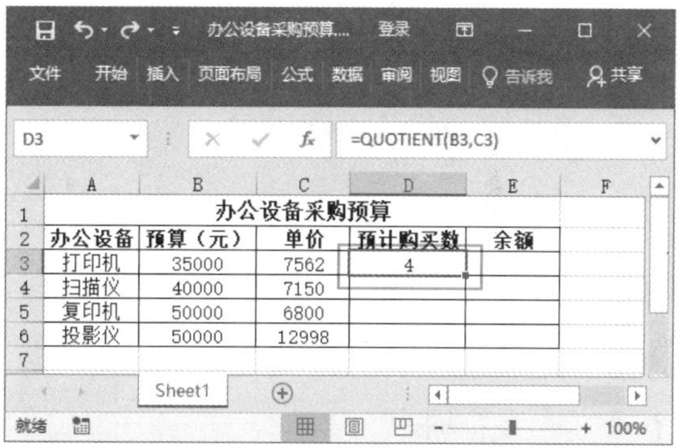

第 2 步 利用填充功能向下复制公式，即可对其他数据进行计算，如下图所示。

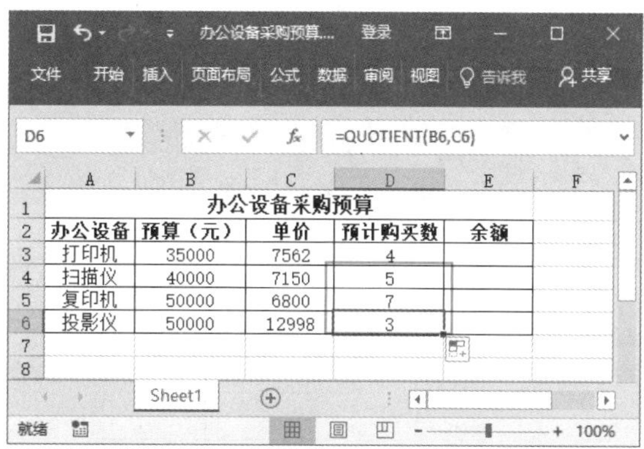

211 使用 MOD 函数计算除法的余数

适用版本	实用指数
2007、2010、2013、2016	★★★★☆

使用说明

MOD 函数用于返回两数相除的余数，结果的正负号与除数相同。例如分子为 8，分母为 3，公式为【8/3】，用 8 除以 3 得整除数 2，余数 2，即 MOD 函数返回余数 2。

> 函数语法：= MOD(number, divisor)
> 参数说明如下。
> - number（必选）：被除数。
> - divisor（必选）：除数。

解决方法

例如，计算用预算费用购买办公设备后所剩余额，具体方法如下。

第 1 步 打开素材文件（位置：素材文件\第 9 章\办公设备采购预算 1.xlsx），选中要存放结果的单元格 E3，输入公式“=MOD(B3,C3)”，按【Enter】键，即可得到计算结果，如下图所示。

办公设备采购预算				
办公设备	预算（元）	单价	预计购买数	余额
打印机	35000	7562	4	4752
扫描仪	40000	7150	5	
复印机	50000	6800	7	
投影仪	50000	12998	3	

第 2 步 利用填充功能向下复制公式，即可对其他数据进行计算，如下图所示。

办公设备采购预算				
办公设备	预算（元）	单价	预计购买数	余额
打印机	35000	7562	4	4752
扫描仪	40000	7150	5	4250
复印机	50000	6800	7	2400
投影仪	50000	12998	3	11006

又如，要计算出各种面额的钞票需要的张数，具体方法如下。

第 1 步 打开素材文件（位置：素材文件\第 9 章\发放工资 .xlsx），选中要存放结果的单元格 C3，输入公式“=INT(B3/$C$2)”，按【Enter】键，即可得到计算结果，如下图所示。

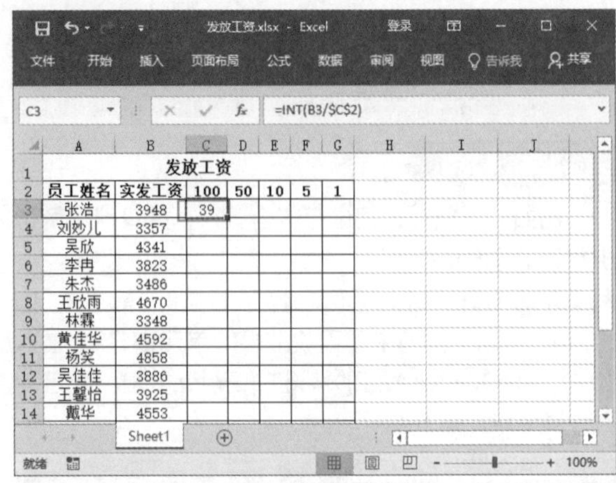

第 2 步 利用填充功能向下复制公式，即可对其他数据进行计算，如下图所示。

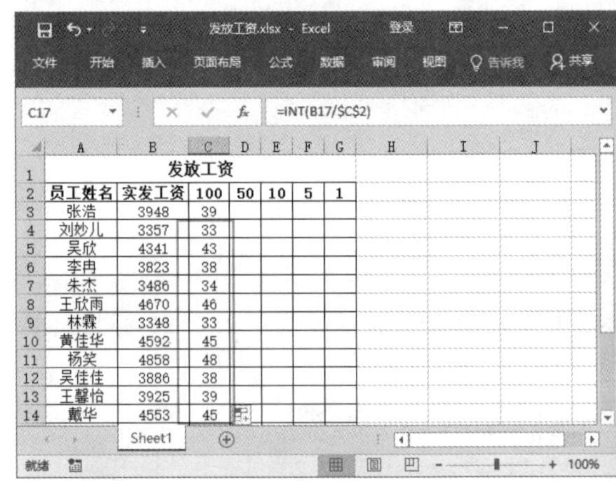

第 3 步 选中 D3 单元格，输入公式“=INT(MOD(B3,$C$2)/$D$2)”，按【Enter】键得出计算结果，然后利用填充功能向下复制公式即可，如下图所示。

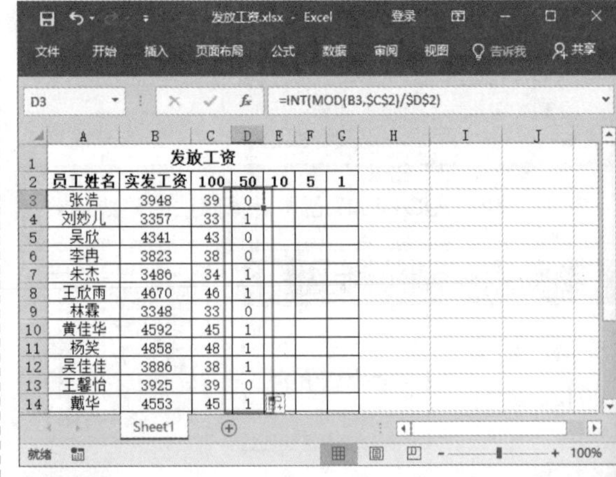

发放工资						
员工姓名	实发工资	100	50	10	5	1
张浩	3948	39	0			
刘妙儿	3357	33	1			
吴欣	4341	43	0			
李冉	3823	38	0			
朱杰	3486	34	1			
王欣雨	4670	46	1			
林霖	3348	33	0			
黄佳华	4592	45	1			
杨笑	4858	48	1			
吴佳佳	3886	38	1			
王馨怡	3925	39	0			
戴华	4553	45	1			

第 4 步 选中 E3 单元格，输入公式“=INT(MOD(B3,$D$2)/$E$2)”，按【Enter】键

得出计算结果，然后利用填充功能向下复制公式即可，如下图所示。

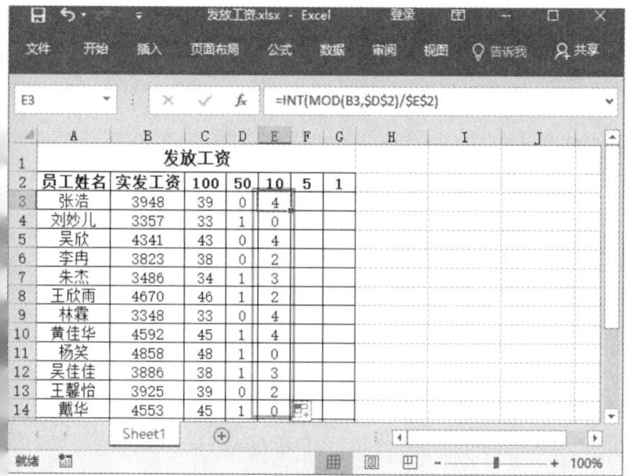

E3　=INT(MOD(B3,$D$2)/$E$2)

发放工资						
员工姓名	实发工资	100	50	10	5	1
张浩	3948	39	0	4		
刘妙儿	3357	33	1	0		
吴欣	4341	43	0	4		
李冉	3823	38	0	2		
朱杰	3486	34	1	3		
王欣雨	4670	46	1	2		
林霖	3348	33	0	4		
黄佳华	4592	45	1	4		
杨笑	4858	48	1	0		
吴佳佳	3886	38	1	3		
王馨怡	3925	39	0	2		
戴华	4553	45	1	0		

第 5 步　选中 F3 单元格，输入公式“=INT(MOD(B3,$E$2)/$F$2)”，按【Enter】键得出计算结果，然后利用填充功能向下复制公式即可，如下图所示。

F3　=INT(MOD(B3,$E$2)/$F$2)

发放工资						
员工姓名	实发工资	100	50	10	5	1
张浩	3948	39	0	4	1	
刘妙儿	3357	33	1	0	1	
吴欣	4341	43	0	4	0	
李冉	3823	38	0	2	0	
朱杰	3486	34	1	3	1	
王欣雨	4670	46	1	2	0	
林霖	3348	33	0	4	1	
黄佳华	4592	45	1	4	0	
杨笑	4858	48	1	0	1	
吴佳佳	3886	38	1	3	1	
王馨怡	3925	39	0	2	1	
戴华	4553	45	1	0	0	

第 6 步　选中 G3 单元格，输入公式“=INT(MOD(B3,$F$2)/$G$2)”，按【Enter】键得出计算结果，然后利用填充功能向下复制公式即可，如下图所示。

G3　=INT(MOD(B3,$F$2)/$G$2)

发放工资						
员工姓名	实发工资	100	50	10	5	1
张浩	3948	39	0	4	1	3
刘妙儿	3357	33	1	0	1	2
吴欣	4341	43	0	4	0	1
李冉	3823	38	0	2	0	3
朱杰	3486	34	1	3	1	1
王欣雨	4670	46	1	2	0	0
林霖	3348	33	0	4	1	3
黄佳华	4592	45	1	4	0	2
杨笑	4858	48	1	0	1	3
吴佳佳	3886	38	1	3	1	1
王馨怡	3925	39	0	2	1	0
戴华	4553	45	1	0	0	3

温馨提示

- 参数为指定数值以外的文本时，则返回错误值【#VALUE!】。
- 如果参数 divisor 为零，函数 MOD 将返回错误值【#DIV/0!】。

212　使用 INT 函数将数字向下舍入到最接近的整数

适用版本	实用指数
2007、2010、2013、2016	★★★★★

使用说明

使用 INT 函数可以将数字向下舍入到最接近的整数。

函数语法：= INT(number)

参数说明如下。

number（必选）：需要进行向下舍入取整的实数

解决方法

例如，使用 INT 函数对产品的销售额进行取整，具体方法如下。

第 1 步　打开素材文件（位置：素材文件\第 9 章\厨房小家电销售情况 1.xlsx），选中要存放结果的单元格 D3，输入公式“=INT(C3)”，按【Enter】键，即可得到计算结果，如下图所示。

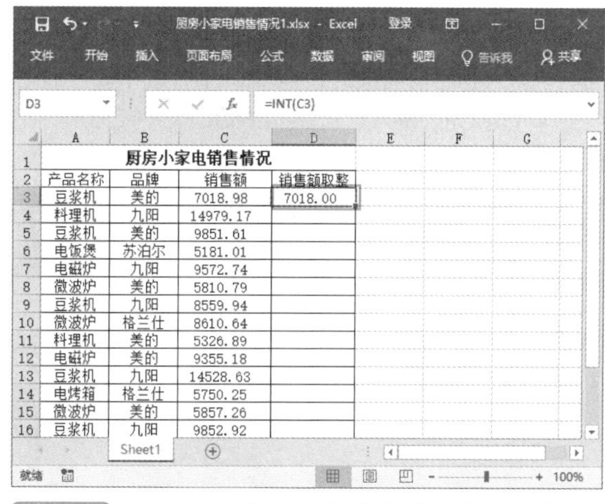

D3　=INT(C3)

厨房小家电销售情况			
产品名称	品牌	销售额	销售额取整
豆浆机	美的	7018.98	7018.00
料理机	九阳	14979.17	
豆浆机	美的	9851.61	
电饭煲	苏泊尔	5181.01	
电磁炉	九阳	9572.74	
微波炉	美的	5810.79	
豆浆机	九阳	8559.94	
微波炉	格兰仕	8610.64	
料理机	美的	5326.89	
电磁炉	美的	9355.18	
豆浆机	九阳	14528.63	
电烤箱	格兰仕	5750.25	
微波炉	美的	5857.26	
豆浆机	九阳	9852.92	

第 2 步　利用填充功能向下复制公式，即可对其他数据进行计算，如下图所示。

	A	B	C	D
1	厨房小家电销售情况			
2	产品名称	品牌	销售额	销售额取整
3	豆浆机	美的	7018.98	7018.00
4	料理机	九阳	14979.17	14979.00
5	豆浆机	美的	9851.61	9851.00
6	电饭煲	苏泊尔	5181.01	5181.00
7	电磁炉	九阳	9572.74	9572.00
8	微波炉	美的	5810.79	5810.00
9	豆浆机	九阳	8559.94	8559.00
10	微波炉	格兰仕	8610.64	8610.00
11	料理机	美的	5326.89	5326.00
12	电磁炉	美的	9355.18	9355.00
13	豆浆机	九阳	14528.63	14528.00
14	电烤箱	格兰仕	5750.25	5750.00
15	微波炉	美的	5857.26	5857.00
16	豆浆机	九阳	9852.92	9852.00

213　使用 MROUND 函数返回一个舍入到所需倍数的数字

适用版本	实用指数
2007、2010、2013、2016	★★★★☆

使用说明

使用 MROUND 函数可以返回一个舍入到所需倍数的数字。

函数语法：= MROUND(number, multiple)

参数说明如下。

- number（必选）：要舍入的值。
- multiple（必选）：要将数值 number 舍入到的倍数。

解决方法

如果要使用MROUND函数计算数据，具体方法如下。

第 1 步 打开素材文件（位置：素材文件 \ 第 9 章 \ 返回一个舍入到所需倍数的数字 .xlsx），选中要存放结果的单元格 C2，输入公式“=MROUND(A2,B2)”，按【Enter】键，即可得到计算结果，如下图所示。

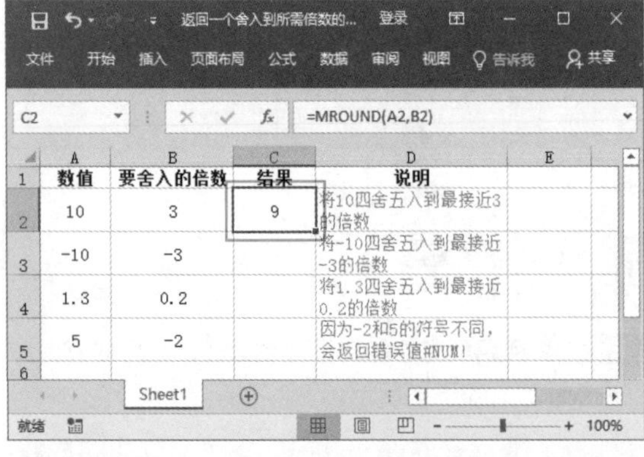

	A	B	C	D
1	数值	要舍入的倍数	结果	说明
2	10	3	9	将10四舍五入到最接近3的倍数
3	-10	-3		将-10四舍五入到最接近-3的倍数
4	1.3	0.2		将1.3四舍五入到最接近0.2的倍数
5	5	-2		因为-2和5的符号不同，会返回错误值#NUM!

第 2 步 利用填充功能向下复制公式，即可对其他数据进行计算，如下图所示。

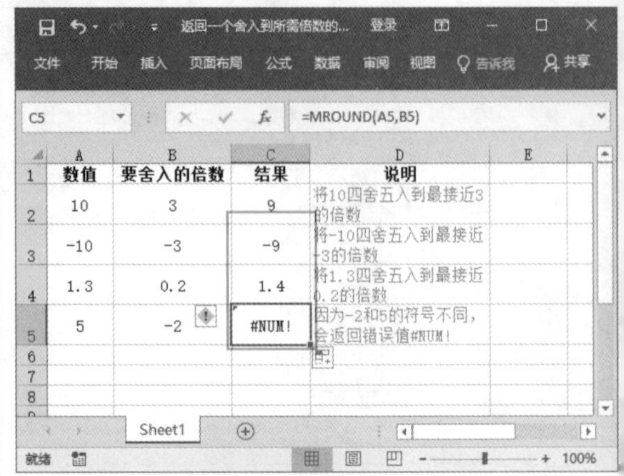

	A	B	C	D
1	数值	要舍入的倍数	结果	说明
2	10	3	9	将10四舍五入到最接近3的倍数
3	-10	-3	-9	将-10四舍五入到最接近-3的倍数
4	1.3	0.2	1.4	将1.3四舍五入到最接近0.2的倍数
5	5	-2	#NUM!	因为-2和5的符号不同，会返回错误值#NUM!

温馨提示

如果数值 number 除以基数的余数大于或等于基数的一半，则函数 MROUND 向远离零的方向舍入。

214　使用 TRUNC 函数返回数字的整数部分

适用版本	实用指数
2007、2010、2013、2016	★★★☆☆

使用说明

TRUNC 函数用于将数字的小数部分截去，返回整数，或者保留指定位数的小数。

函数语法：= TRUNC(number, [num_digits])

参数说明如下。

- number（必选）：需要截尾取整的数字。
- num_digits（可选）：用于指定取整精度的数字。num_digits 参数的默认值为 0（零）。

解决方法

例如，在【厨房小家电销售情况 2.xlsx】中，计算出产品销售额，要求不保留小数，具体方法如下。

第 1 步 打开素材文件（位置：素材文件 \ 第 9 章 \ 厨房小家电销售情况 2.xlsx），选中要存放结果的单元格 F3，输入公式“=TRUNC(D3*E3)”，按【Enter】键，即可得到计算结果，如下图所示。

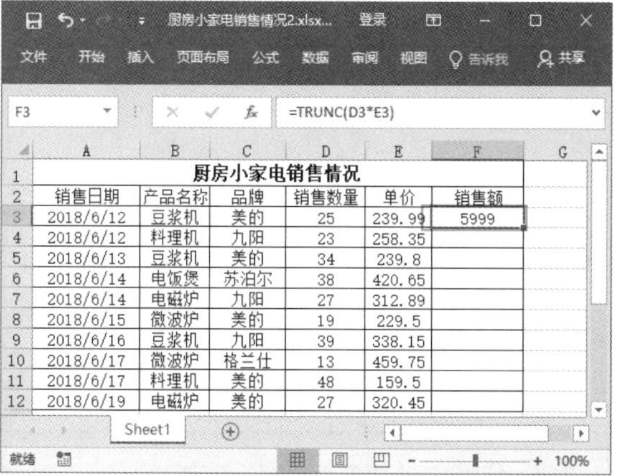

第 2 步 利用填充功能向下复制公式，即可对其他数据进行计算，如下图所示。

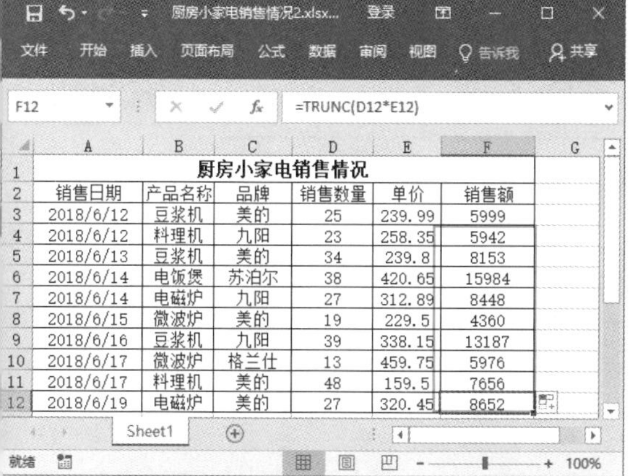

215　使用 ODD 函数将数字向上舍入为最接近的奇数

适用版本	实用指数
2007、2010、2013、2016	★★★☆☆ 

使用说明

使用 ODD 函数可以将数字向上舍入为最接近的奇数。

函数语法：= ODD(number)

参数说明如下。

number（必选）：要舍入的值。下图列出了参数取值与函数的返回值。

参数 number 的取值与 ODD 函数返回值

取　值	函数返回值
1.5	将 1.5 向上舍入到最近的奇数 (3)
3	将 3 向上舍入到最近的奇数 (3)
2	将 2 向上舍入到最近的奇数 (3)
–1	将 –1 向上舍入到最近的奇数 (–1)
–2	将 –2 向上舍入到最近的奇数 (–3)

解决方法

如果要使用 ODD 函数将数字向上舍入为最接近的奇数，具体方法如下。

第 1 步 打开素材文件（位置：素材文件 \ 第 9 章 \ 将数字向上舍入为最接近的奇数 .xlsx），选中要存放结果的单元格 B2，输入公式“=ODD(A2)”，按【Enter】键，即可得到计算结果，如下图所示。

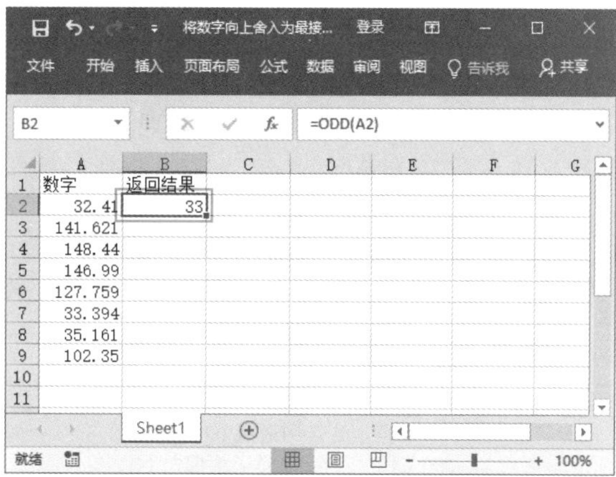

第 2 步 利用填充功能向下复制公式，即可对其他数据进行计算，如下图所示。

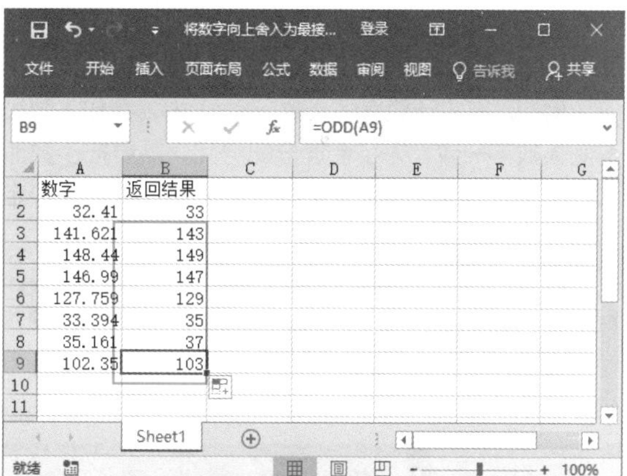

温馨提示

- 如果参数 number 为非数值参数，函数 ODD 将返回错误值【#VALUE!】。
- 无论数字符号如何，都按远离 0 的方向向上舍入。如果参数 number 恰好是奇数，则不须进行任何舍入处理。

216 使用 EVEN 函数将数字向上舍入到最接近的偶数

适用版本	实用指数
2007、2010、2013、2016	★★★☆☆

使用说明

如果需要返回某个数字沿绝对值增大方向取整后最接近的偶数，可以通过 EVEN 函数实现。

> 函数语法：= EVEN(number)
> 参数说明如下。
> number（必选）：要舍入的值。下表列出了参数取值与函数的返回值。

参数 number 的取值与 EVEN 函数返回值

取　值	函数返回值
1.5	将 1.5 向上舍入到最接近的偶数 (2)
3	将 3 向上舍入到最接近的偶数 (4)
2	将 2 向上舍入到最接近的偶数 (2)
−1	将 −1 向上舍入到最接近的偶数 (−2)
1.5	将 1.5 向上舍入到最接近的偶数 (2)

解决方法

例如，在【计算房间人数 .xlsx】中，参加人数和房间人数不一致，为了合理分配房间，需要把参数加人数向上舍入到最接近偶数的房间人数，以此来决定房间分配，具体方法如下。

第 1 步 打开素材文件（位置：素材文件 \ 第 9 章 \ 计算房间人数 .xlsx），选中要存放结果的单元格 E2，输入公式“=EVEN(D2)”，按【Enter】键，即可得到计算结果，如下图所示。

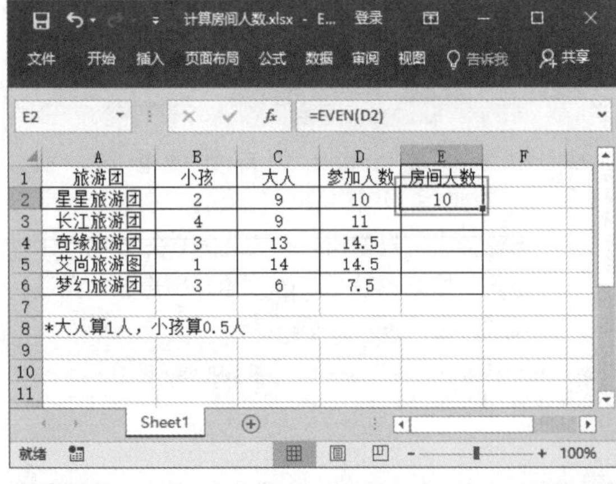

E2　=EVEN(D2)

	A	B	C	D	E
1	旅游团	小孩	大人	参加人数	房间人数
2	星星旅游团	2	9	10	10
3	长江旅游团	4	9	11	
4	奇缘旅游团	3	13	14.5	
5	艾尚旅游图	1	14	14.5	
6	梦幻旅游团	3	6	7.5	
8	*大人算1人，小孩算0.5人				

第 2 步 利用填充功能向下复制公式，即可对其他数据进行计算，如右上图所示。

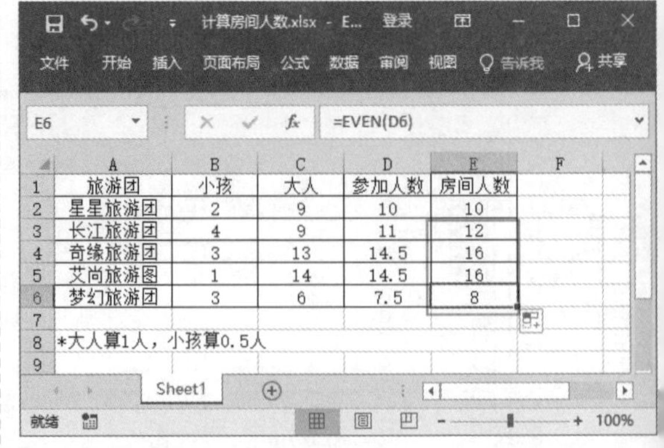

E6　=EVEN(D6)

	A	B	C	D	E
1	旅游团	小孩	大人	参加人数	房间人数
2	星星旅游团	2	9	10	10
3	长江旅游团	4	9	11	12
4	奇缘旅游团	3	13	14.5	16
5	艾尚旅游图	1	14	14.5	16
6	梦幻旅游团	3	6	7.5	8
8	*大人算1人，小孩算0.5人				

217 使用 CEILING 函数按条件向上舍入

适用版本	实用指数
2007、2010、2013、2016	★★★☆☆

使用说明

CEILING 函数用于将数值向上舍入（沿绝对值增大的方向）为最接近数值的倍数。

> 函数语法：= CEILING(number, significance)
> 参数说明如下。
> - number（必选）：要舍入的值。
> - significance（必选）：要舍入到的倍数。

解决方法

例如，在【通话明细 .xlsx】中，计算通话费用，具体方法如下。

第 1 步 打开素材文件（位置：素材文件 \ 第 9 章 \ 通话明细 .xlsx），选中要存放结果的单元格 E3，输入公式“=CEILING(CEILING(C3/7,1) *D3,0.1)”，按【Enter】键，即可得到计算结果，如下图所示。

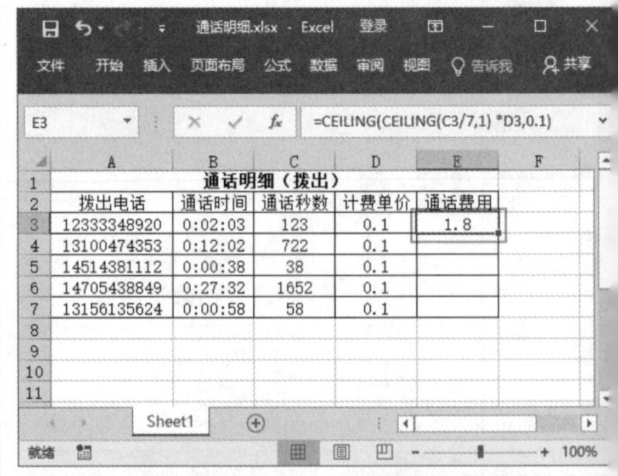

E3　=CEILING(CEILING(C3/7,1) *D3,0.1)

	A	B	C	D	E
1	通话明细（拨出）				
2	拨出电话	通话时间	通话秒数	计费单价	通话费用
3	12333348920	0:02:03	123	0.1	1.8
4	13100474353	0:12:02	722	0.1	
5	14514381112	0:00:38	38	0.1	
6	14705438849	0:27:32	1652	0.1	
7	13156135624	0:00:58	58	0.1	

温馨提示

计算通话费用时，一般以 7 秒为单位，不足 7 秒也按 7 秒计算。

第 2 步 利用填充功能向下复制公式，即可计算出其他通话的通话费用，如下图所示。

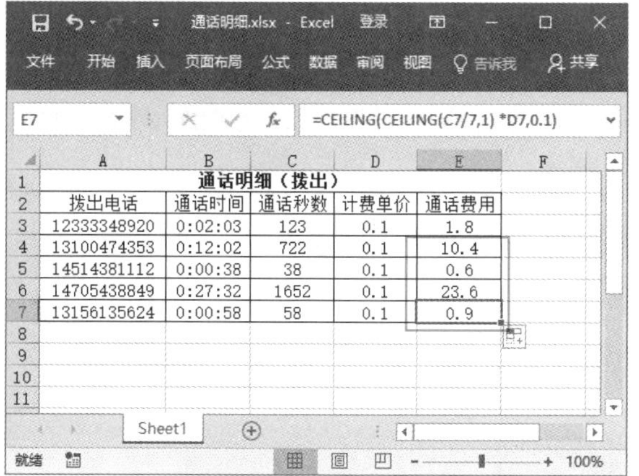

通话明细（拨出）				
拨出电话	通话时间	通话秒数	计费单价	通话费用
12333348920	0:02:03	123	0.1	1.8
13100474353	0:12:02	722	0.1	10.4
14514381112	0:00:38	38	0.1	0.6
14705438849	0:27:32	1652	0.1	23.6
13156135624	0:00:58	58	0.1	0.9

温馨提示

- 如果参数为非数值型，CEILING 返回错误值【#VALUE!】。
- 无论数字符号如何，都按远离 0 的方向向上舍入。如果数字已经为 significance 的倍数，则不进行舍入。
- 如果参数 number 和参数 significance 都为负，则对值按远离 0 的方向进行向下舍入。
- 如果参数 number 为负，参数 significance 为正，则对值按朝向 0 的方向进行向上舍入。

218　使用 ROUNDUP 函数向绝对值增大的方向舍入数字

适用版本	实用指数
2007、2010、2013、2016	★★★☆☆

使用说明

ROUNDUP 函数用于将数字朝着远离 0（零）的方向将数字进行向上舍入。

函数语法：= ROUNDUP(number, num_digits)

参数说明如下。

- number（必选）：需要向上舍入的任意实数。
- num_digits（必选）：四舍五入后的数字的位数。

解决方法

例如，需要将任意数值位数向上四舍五入，具体操作方法如下。

第 1 步 打开素材文件（位置：素材文件\第 9 章\ROUNDUP 函数 .xlsx），在【向上舍入】工作表中选择要存放结果的单元格 C2，输入公式 “=ROUNDUP($A$2,B2)”，按【Enter】键，如下图所示。

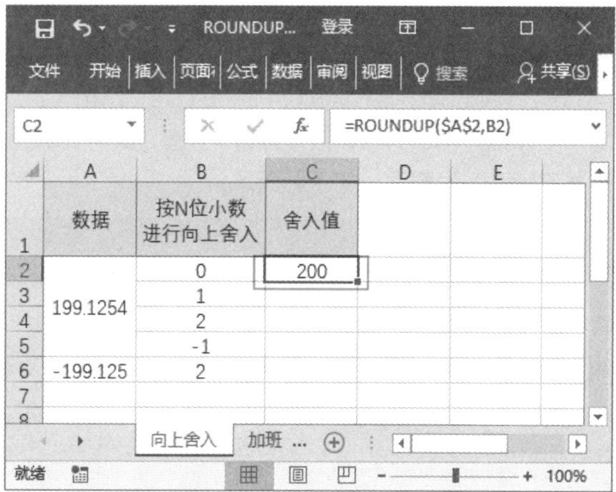

数据	按N位小数进行向上舍入	舍入值
199.1254	0	200
	1	
	2	
	-1	
-199.125	2	

第 2 步 利用填充功能向下填充到 C5 单元格，计算出相同数据舍入不同的数字位数后结果，如下图所示。

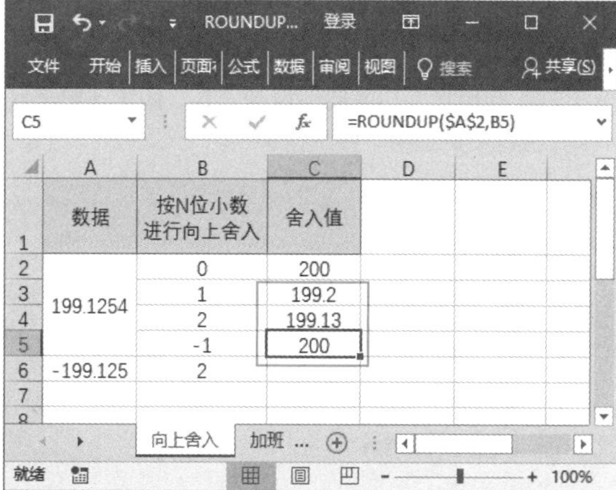

数据	按N位小数进行向上舍入	舍入值
199.1254	0	200
	1	199.2
	2	199.13
	-1	200
-199.125	2	

第 3 步 选择要存放结果的单元格 C6，输入公式 “=ROUNDUP(A6,B6)”，按【Enter】键，即可计算数据舍入后值，如下图所示。

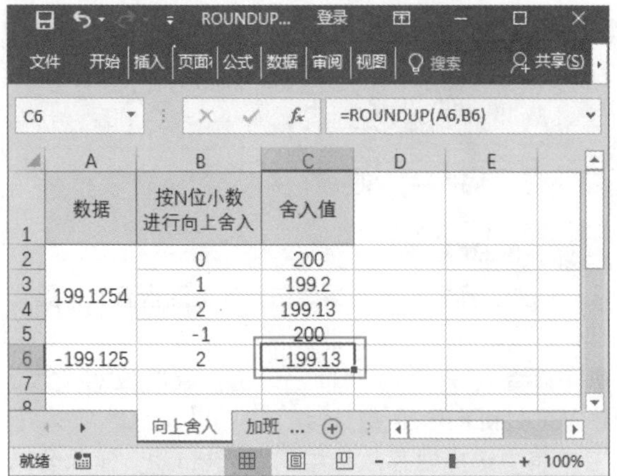

又如，某公司需要根据加班记录表计算每个员工的加班费，具体操作方法如下。

第 1 步 在【加班费用】工作表中选择要存放结果的单元格 C2，输入公式“=ROUNDUP(TIMEVALUE(SUBSTITUTE(SUBSTITUTE(B2,"min",""),"h","":"))*24*100,1)”，按【Enter】键，即可计算出该员工应得加班费用，如下图所示。

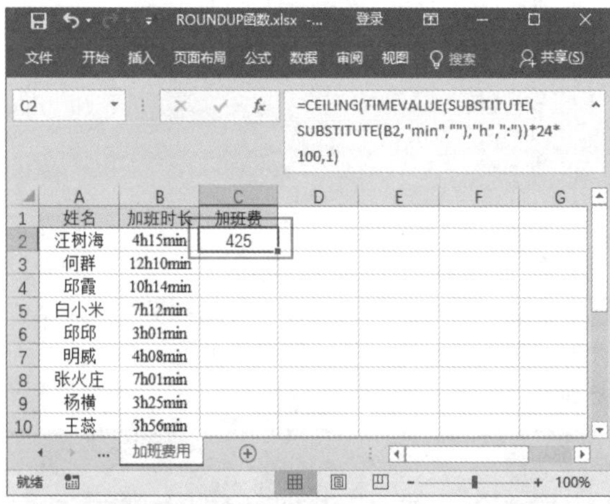

第 2 步 利用填充功能向下复制公式，即可计算出各个员工应得加班费用，如下图所示。

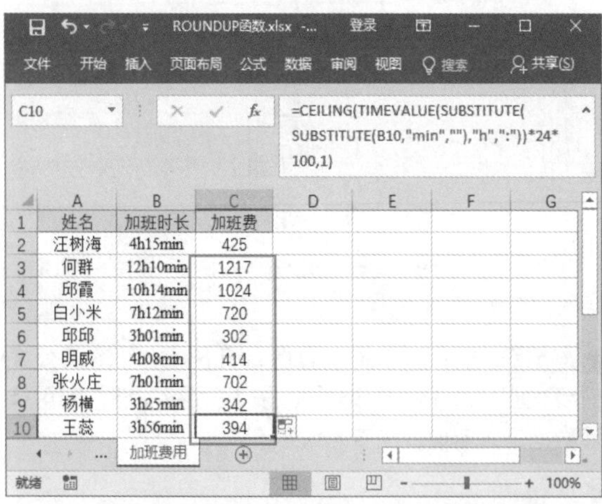

> **温馨提示**
>
> - 如果常参数 num_digits 大于 0，则 ROUNDUP 函数将向上舍入到指定的小数位。
> - 如果参数 num_digits 等于 0，则 ROUNDUP 函数将向上舍入到最接近的整数。
> - 如果参数 num_digits 小于 0，则 ROUNDUP 函数将在小数点左侧向上进行舍入。

219 使用 ROUNDDOWN 函数向绝对值减小的方向舍入数字

适用版本	实用指数
2007、2010、2013、2016	★★★☆☆

使用说明

ROUNDDOWN 函数用于将数字朝着 0（零）的方向将数字进行向下舍入。

> 函数语法：= ROUNDDOWN(number, num_digits)
>
> 参数说明如下。
>
> - number（必选）：需要向下舍入的任意实数。
> - num_digits（必选）：四舍五入后的数字的位数。

解决方法

如果要使用 ROUNDDOWN 函数向绝对值减小的方向舍入数字，具体方法如下。

第 1 步 打开素材文件（位置：素材文件\第 9 章\向绝对值减小的方向舍入数字 .xlsx），选中要存放结果的单元格 C2，输入公式“=ROUNDDOWN(A2,B2)”，按【Enter】键，即可得到计算结果，如下图所示。

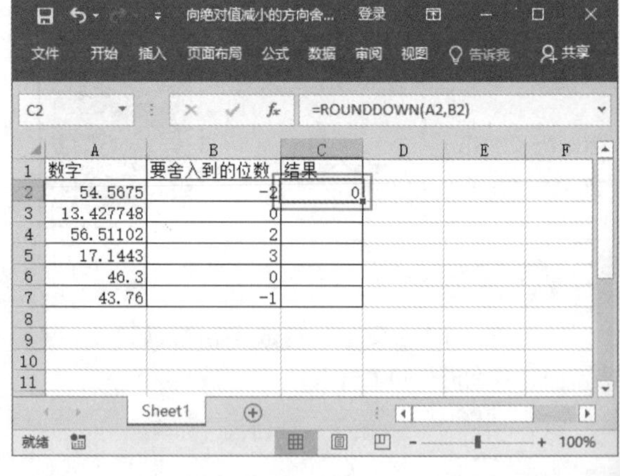

第 2 步 利用填充功能向下复制公式，即可对其他数据进行计算，如下图所示。

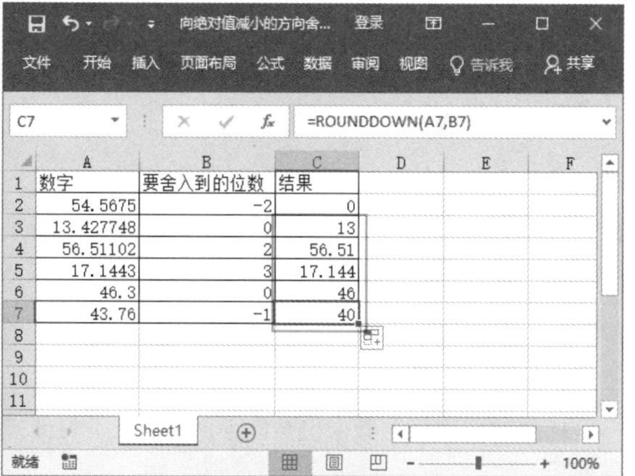

	A	B	C
1	数字	要舍入到的位数	结果
2	54.5675	-2	0
3	13.427748	0	13
4	56.51102	2	56.51
5	17.1443	3	17.144
6	46.3	0	46
7	43.76	-1	40

温馨提示

函数 ROUNDDOWN 和函数 ROUND 功能相似，不同之处在于函数 ROUNDDOWN 总是向下舍入数字。

220　使用 FLOOR 函数向绝对值减小的方向舍入数字

适用版本	实用指数
2007、2010、2013、2016	★★★☆☆

使用说明

FLOOR 函数用于将 number 向下舍入（向 0 的方向）到最接近的 significance 的倍数。

函数语法：= FLOOR(number, significance)

参数说明如下。

- number（必选）：要舍入的数值。
- significance（必选）：要舍入到的倍数。

解决方法

例如，假设公司规定，每超过 3500 元提成 260 元，剩余金额若小于 3500 元时则忽略不计，现在要计算员工的销售提成，具体方法如下。

第 1 步 打开素材文件（位置：素材文件 \ 第 9 章 \ 员工销售提成结算 .xlsx），选中要存放结果的单元格 E3，输入公式“=FLOOR(D3,3500)/3500*260”，按【Enter】键，即可得到计算结果，如右上图所示。

	A	B	C	D	E
1	员工销售提成结算				
2	员工姓名	销量	单价	销售总额	销售提成
3	张浩	39	710	27690	1820
4	刘妙儿	33	855	28215	
5	吴欣	45	776	34920	
6	李冉	50	698	34900	
7	朱杰	56	809	45304	
8	王欣雨	32	629	20128	
9	林霖	37	640	23680	
10	黄佳华	47	703	33041	
11	杨笑	65	681	44265	
12	吴佳佳	45	645	29025	

温馨提示

如果 number 为正数，则数值向下舍入，并朝零的方向调整；如果 number 为负数，则数值沿绝对值减小的方向向下舍入；如果 number 正好是 significance 的倍数，则不进行舍入。

第 2 步 利用填充功能向下复制公式，即可对其他数据进行计算，如下图所示。

	A	B	C	D	E
1	员工销售提成结算				
2	员工姓名	销量	单价	销售总额	销售提成
3	张浩	39	710	27690	1820
4	刘妙儿	33	855	28215	2080
5	吴欣	45	776	34920	2340
6	李冉	50	698	34900	2340
7	朱杰	56	809	45304	3120
8	王欣雨	32	629	20128	1300
9	林霖	37	640	23680	1560
10	黄佳华	47	703	33041	2340
11	杨笑	65	681	44265	3120
12	吴佳佳	45	645	29025	2080

221　使用 FLOOR.MATH 函数将数据向下取舍求值

适用版本	实用指数
2013、2016	★★★★☆

使用说明

FLOOR.MATH 函数用于将数字向下舍入为最接近的整数或最接近的指定基数的倍数。

函数语法：= FLOOR.MATH(number, significance, mode)

参数说明如下。

- number（必选）：要向下舍入的数字。
- significance（可选）：要舍入到的倍数。
- mode（可选）：舍入负数的方向（接近或远离 0）。

解决方法

如果要使用 FLOOR.MATH 函数计算数据，具体方法如下。

第 1 步 打开素材文件（位置：素材文件 \ 第 9 章 \ FLOOR.MATH 函数 .xlsx），选中要存放结果的单元格 D2，输入公式“=FLOOR.MATH(A2,B2,C2)”，按【Enter】键，即可得到计算结果，如下图所示。

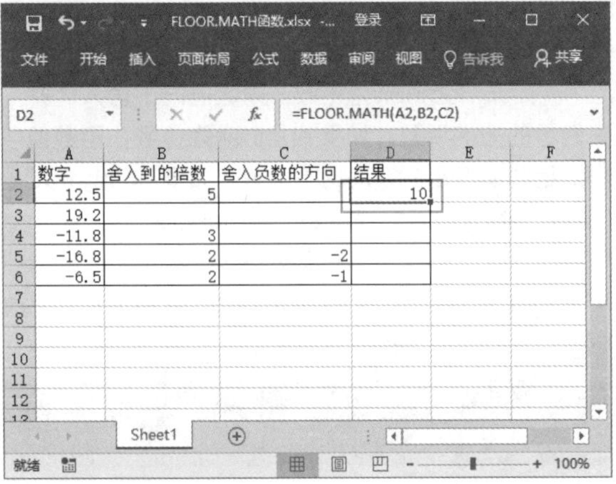

数字	舍入到的倍数	舍入负数的方向	结果
12.5	5		10
19.2			
-11.8	3		
-16.8	2	-2	
-6.5	2	-1	

第 2 步 利用填充功能向下复制公式，即可对其他数据进行计算，如下图所示。

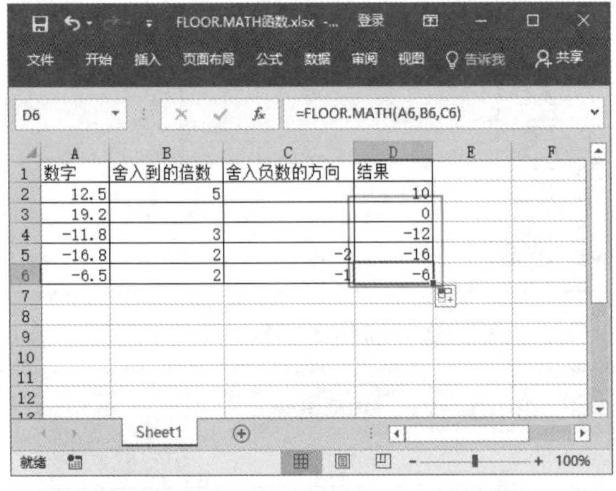

数字	舍入到的倍数	舍入负数的方向	结果
12.5	5		10
19.2			0
-11.8	3		-12
-16.8	2	-2	-16
-6.5	2	-1	-6

222 使用 FLOOR.PRECISE 函数将数据向下取舍求值

适用版本	实用指数
2013、2016	★★★☆☆

使用说明

FLOOR.PRECISE 函数用于返回一个数字，该数字向下舍入为最接近的整数或最接近 significance 的倍数。无论该数字的符号如何，该数字都向下舍入，但是，如果该数字有效位为零，则将返回零。

函数语法：= FLOOR.PRECISE(number, [significance])

参数说明如下。

- number（必选）：要进行舍入计算的值。
- significance（可选）：要将数字舍入的倍数，如果忽略该参数，则其默认值为 1。

解决方法

如果需要将任意数值位数向下四舍五入，具体方法如下。

第 1 步 打开素材文件（位置：素材文件 \ 第 9 章 \ FLOOR.PRECISE 函数 .xlsx），选中要存放结果的单元格 C2，输入公式“=FLOOR.PRECISE(A2,B2)”，按【Enter】键，即可得到计算结果，如下图所示。

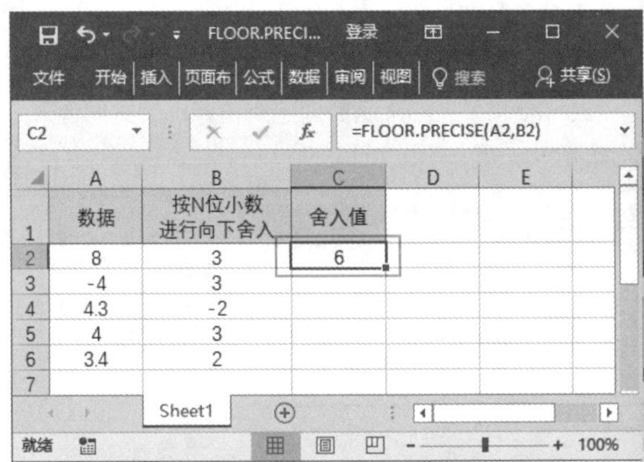

数据	按N位小数进行向下舍入	舍入值
8	3	6
-4	3	
4.3	-2	
4	3	
3.4	2	

第 2 步 利用填充功能向下复制公式，即可对其他数据进行计算，如下图所示。

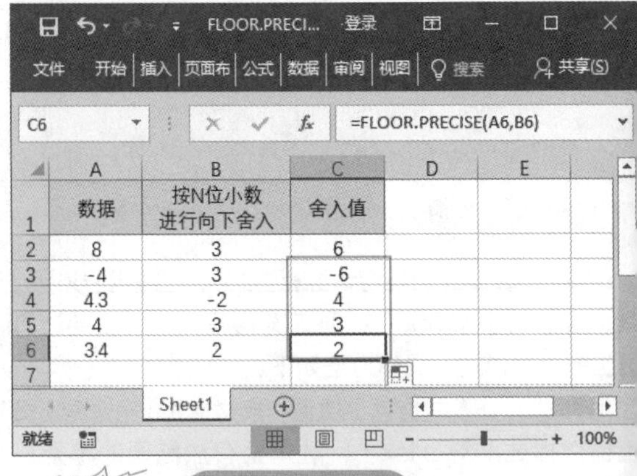

数据	按N位小数进行向下舍入	舍入值
8	3	6
-4	3	-6
4.3	-2	4
4	3	3
3.4	2	2

温馨提示

由于使用了倍数的绝对值，因此无论 number

温馨提示

和 significance 的符号是什么，FLOOR.PRECISE 函数都返回算术最小值。

223 使用 CEILING.MATH 函数将数据向上舍取求值

适用版本	实用指数
2013、2016	★★★☆☆

使用说明

CEILING.MATH 函数用于将数字向上舍入为最接近的整数或最接近指定基数的倍数。

函数语法：= CEILING.MATH(number, [significance], [mode])

参数说明如下。

- number（必选）：数字必须小于 9.99E+307 并大于 -2.229E-308。
- significance（可选）：要将 number 舍入的倍数。
- mode（可选）：对于负数，控制 number 是按朝向 0 还是远离 0 的方向舍入。

解决方法

如果要使用 CEILING.MATH 函数计算数据，具体方法如下。

第 1 步 打开素材文件（位置：素材文件 \ 第 9 章 \ CEILING.MATH 函数 .xlsx），选中要存放结果的单元格 D2，输入公式“=CEILING.MATH(A2,B2,C2)”，按【Enter】键，即可得到计算结果，如下图所示。

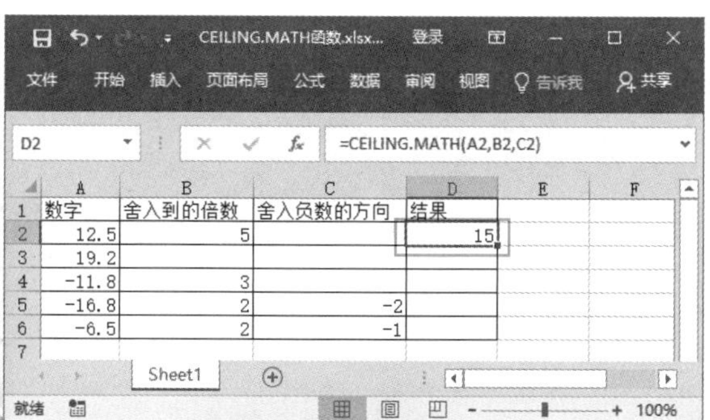

温馨提示

Excel 2007 中没有 CEILING.MATH 函数，2010 中的 CEILING.PRECISE 函数与 CEILING.MATH 函数的功能相同。

第 2 步 利用填充功能向下复制公式，即可对其他数据进行计算，如下图所示。

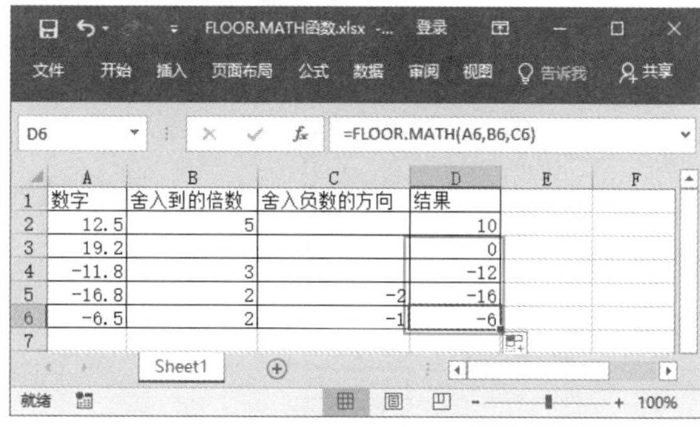

224 使用 CEILING.PRECISE 函数将数据向上舍入求值

适用版本	实用指数
2013、2016	★★★☆☆

使用说明

CEILING.PRECISE 函数用于将数字向上舍入为最接近的整数或最接近的指定基数的倍数。

函数语法：= CEILING.PRECISE(number, [significance])

参数说明如下。

- number（必选）：要进行舍入计算的值。
- significance（可选）：要将数字舍入的倍数。如果忽略该参数，则其默认值为 1。

解决方法

如果需要将任意数值数据向上舍入求值，具体方法如下。

第 1 步 打开素材文件（位置：素材文件 \ 第 9 章 \ CEILING.PRECISE 函数 .xlsx），选中要存放结果的单元格 C2，输入公式“=CEILING.PRECISE(A2,B2)”，按【Enter】键，即可得到计算结果，如下图所示。

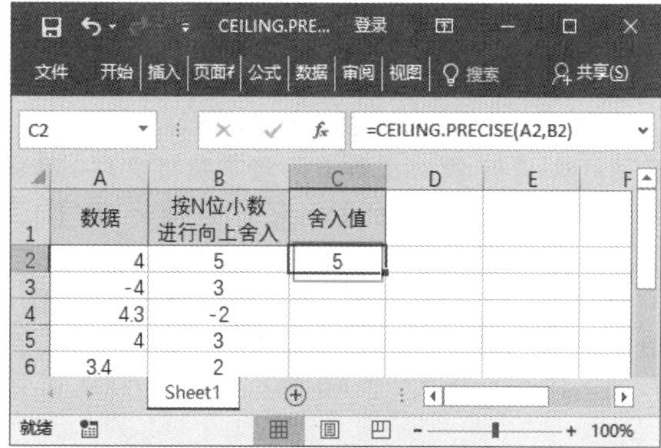

第 2 步 利用填充功能向下复制公式，即可对其他数据进行计算，如下图所示。

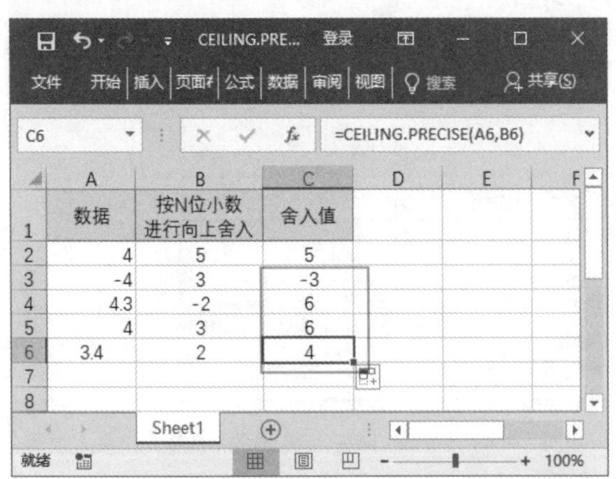

	A	B	C
1	数据	按N位小数进行向上舍入	舍入值
2	4	5	5
3	-4	3	-3
4	4.3	-2	6
5	4	3	6
6	3.4	2	4

温馨提示

- 如果参数为非数值型，CEILING.PRECISE 函数将返回错误值【#VALUE!】。
- 无论 number 参数和 significance 参数的符号如何，CEILING.PRECISE 函数都将对 number 按数值增大的方向进行舍入。如果数字已经为 significance 的倍数，则不进行舍入。

9.3 指数与对数函数

在 Excel 中，还专门提供有进行指数与对数计算的函数，掌握这些函数的相关技能技巧，可以提高指数与对数运算的速度。下面介绍一些常用的使用技巧。

225 使用 POWER 函数返回数的乘幂

适用版本	实用指数
2007、2010、2013、2016	★★★★★

使用说明

POWER 函数用于返回给定数字的乘幂。

函数语法：= POWER(number, power)

参数说明如下。

- number（必选）：底数，可以为任意实数。
- power（必选）：指数，底数按该指数次幂乘方。

解决方法

例如，当指数 × 固定为 3，底数 a 发生变化，求 3 次函数"$y=a^3$"，具体操作方法如下。

第 1 步 打开素材文件（位置：素材文件 \ 第 9 章 \POWER 函数 .xlsx），在【指数不变】工作表中选择要存放结果的单元格 C2，输入公式"=POWER(A2,$B$2)"，按【Enter】键即可得出计算结果，如右上图所示。

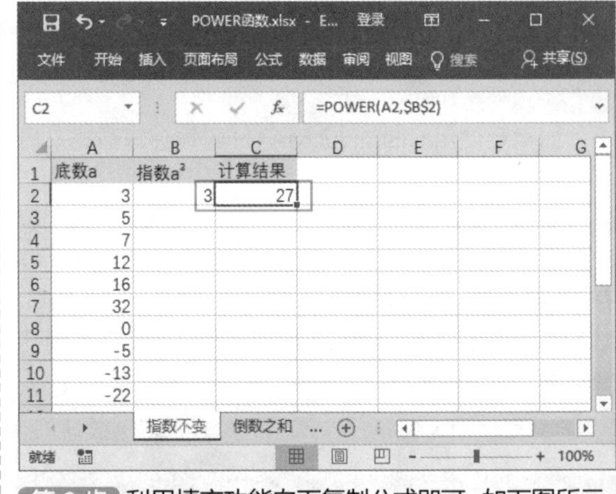

	A	B	C
1	底数a	指数a³	计算结果
2	3	3	27
3	5		
4	7		
5	12		
6	16		
7	32		
8	0		
9	-5		
10	-13		
11	-22		

第 2 步 利用填充功能向下复制公式即可，如下图所示。

C11 =POWER(A11,$B$2)

	A	B	C
1	底数a	指数a³	计算结果
2	3	3	27
3	5		125
4	7		343
5	12		1728
6	16		4096
7	32		32768
8	0		0
9	-5		-125
10	-13		-2197
11	-22		-10648

又如，需要计算数据区域内所有数值的倒数之和，具体操作方法如下。

在【倒数之和】工作表中选择要存放结果的单元格 D1，输入公式“=SUM(POWER(A2:A11,−1))”，按【Ctrl+Shift+Enter】组合键，即可计算区域内倒数之和，如下图所示。

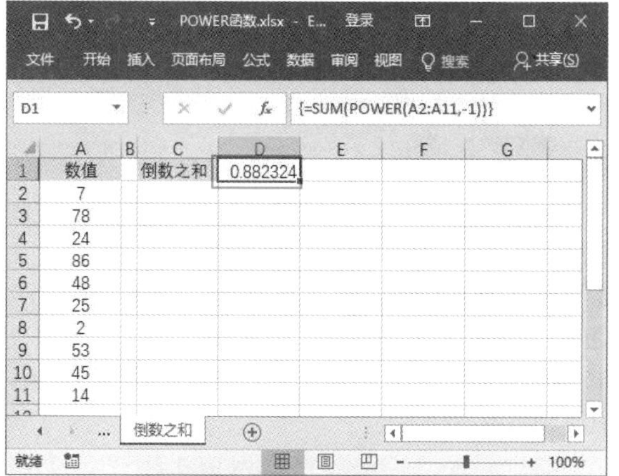

	A	B	C	D
1	数值		倒数之和	0.882324
2	7			
3	78			
4	24			
5	86			
6	48			
7	25			
8	2			
9	53			
10	45			
11	14			

温馨提示

- 参数可为任意实数，当参数 POWER 的值为小数时，表示计算开方；当参数 number 取值小于 0 且参数 power 为小数时，POWER 函数将返回错误值。
- 可以用“^”运算符代替函数 POWER 来表示对底数乘方的幂次，例如 5^2。

226　使用 EXP 函数计算 e 的 n 次方

适用版本	实用指数
2007、2010、2013、2016	★★★★★

使用说明

EXP 函数用于返回 e 的 n 次幂。常数 e 等于 2.71828182845904，是自然对数的底数。

> 函数语法：=EXP(number)
> 参数说明如下。
> number（必选）：应用于底数 e 的指数。

解决方法

例如，需要计算底数 e 的 n 次方，具体操作方法如下。

第 1 步 打开素材文件（位置：素材文件\第 9 章\EXP 函数 .xlsx），选择要存放结果的单元格 B2，输入公式“=EXP(A2)”，按【Enter】键即可得出计算结果，如下图所示。

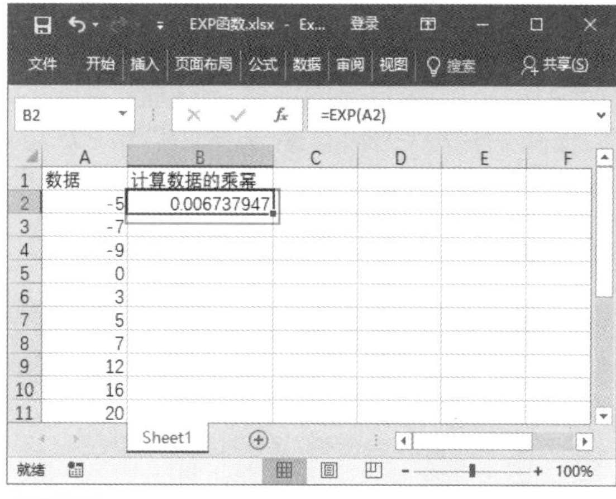

	A	B
1	数据	计算数据的乘幂
2	-5	0.006737947
3	-7	
4	-9	
5	0	
6	3	
7	5	
8	7	
9	12	
10	16	
11	20	

第 2 步 利用填充功能向下复制公式即可，如下图所示。

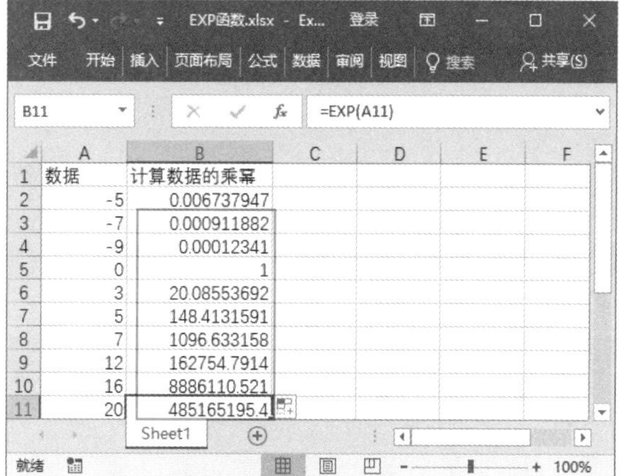

	A	B
1	数据	计算数据的乘幂
2	-5	0.006737947
3	-7	0.000911882
4	-9	0.00012341
5	0	1
6	3	20.08553692
7	5	148.4131591
8	7	1096.633158
9	12	162754.7914
10	16	8886110.521
11	20	485165195.4

温馨提示

若需要计算以其他常数为底的幂，则需要使用指数操作符【^】。

227　使用 LN 函数返回数字的自然对数

适用版本	实用指数
2007、2010、2013、2016	★★★★★

使用说明

LN 函数用于返回一个数的自然对数。自然对数以常数项 e (2.71828182845904) 为底。

函数语法：= LN(number)
参数说明如下。
number（必选）：想要计算其自然对数的正实数。

解决方法

例如，需要计算任意数的自然数对数值，具体操作方法如下。

第 1 步 打开素材文件（位置：素材文件\第 9 章\LN 函数.xlsx），选择要存放结果的单元格 B2，输入公式“=LN(A2)”，按【Enter】键即可得出计算结果，如下图所示。

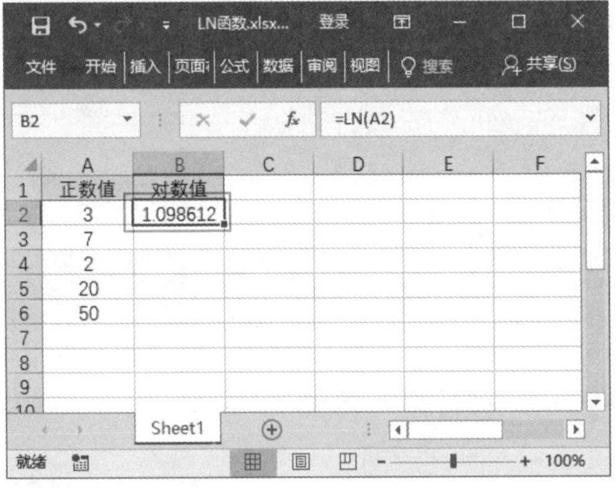

第 2 步 利用填充功能向下复制公式即可，如下图所示。

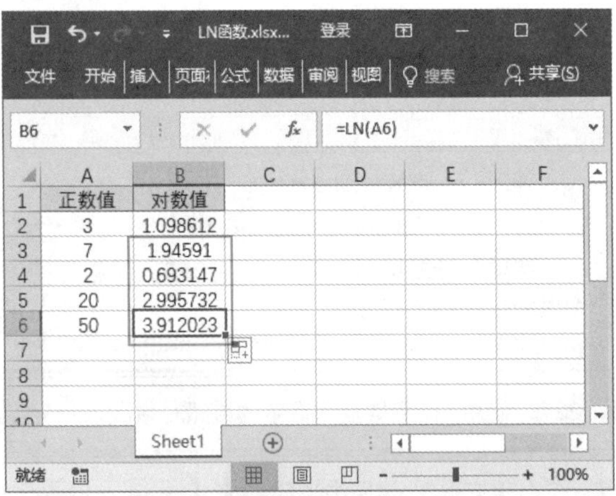

228 使用 LOG 函数计算指定正数值和底数的对数值

适用版本	实用指数
2007、2010、2013、2016	★★★★★

使用说明

LOG 函数用于按所指定的底数，返回一个数的对数。

函数语法：= LOG(number, [base])
参数说明如下。
- number（必选）：想要计算其对数的正实数。
- base（可选）：对数的底数。如果省略底数，假定其值为 10。

解决方法

例如，需要计算指定正数值和底数的对数值，具体操作方法如下。

第 1 步 打开素材文件（位置：素材文件\第 9 章\LOG 函数.xlsx），选择要存放结果的单元格 C2，输入公式“=LOG(A2,B2)”，按【Enter】键即可得出计算值，如下图所示。

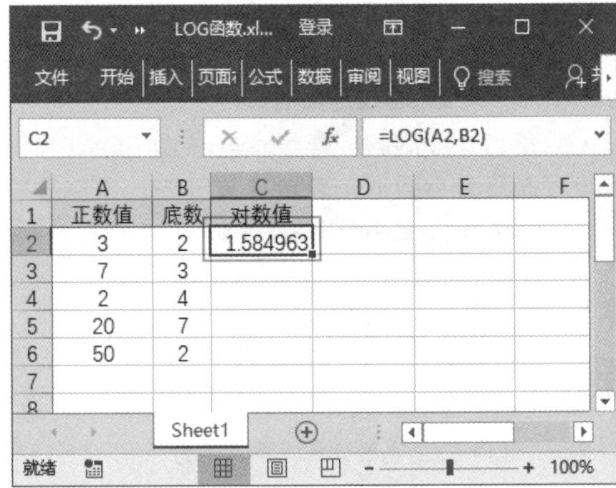

第 2 步 利用填充功能向下复制公式即可，如下图所示。

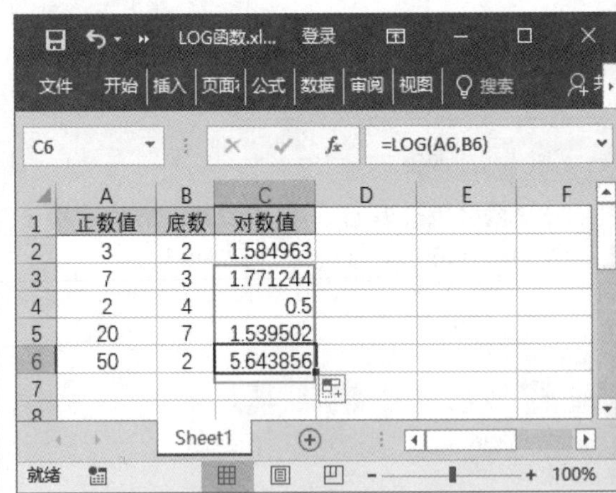

229 使用 LOG10 函数计算以 10 为底的对数

适用版本	实用指数
2007、2010、2013、2016	★★★☆☆

使用说明

LOG10 函数用于返回以 10 为底的对数。

> 函数语法：= LOG10(number)
> 参数说明如下。
> number（必选）：想要计算其常用对数的正实数。

解决方法

例如，需要计算任意正数值以 10 为底数的对数值，具体操作方法如下。

第 1 步 打开素材文件（位置：素材文件 \ 第 9 章 \ LOG10 函数 .xlsx），选择要存放结果的单元格 B2，输入公式“=LOG10(A2)”，按【Enter】键即可得出计算值，如右上图所示。

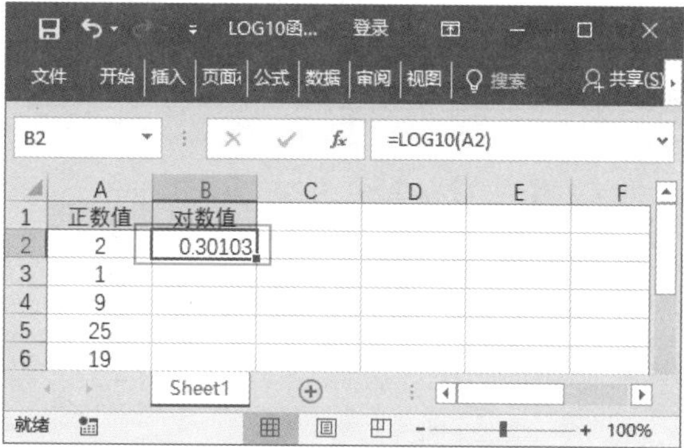

第 2 步 利用填充功能向下复制公式即可，如下图所示。

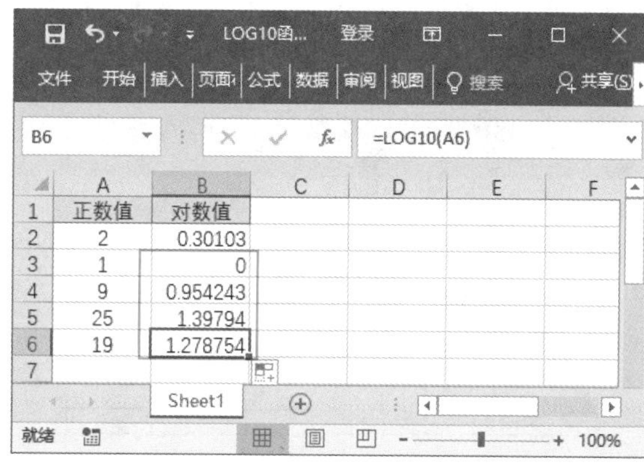

9.4 阶乘、矩阵与随机数

在 Excel 中提供了计算阶乘、矩阵和随机数的函数，熟练使用这些函数可以快速进行计算数据。下面介绍这些常用函数的使用技巧。

230 使用 COMBIN 函数返回给定数目对象的组合数

适用版本	实用指数
2007、2010、2013、2016	★★★★☆

使用说明

COMBIN 函数用于计算从给定数目的对象集合中提取若干对象的组合数。利用函数 COMBIN 可以确定一组对象所有可能的组合数。

> 函数语法：= COMBIN(number, number_chosen)
> 参数说明如下。
> - number（必选）：项目的数量。
> - number_chosen（必选）：每一组合中项目的数量。

解决方法

例如，在【联谊比赛时间表 .xlsx】中计算各项比赛预计完成时间，具体操作方法如下。

第 1 步 打开素材文件（位置：素材文件 \ 第 9 章 \ 联谊比赛时间表 .xlsx），选中要存放结果的单元格 B7，输入公式“=COMBIN(B3,B4)*B5/B6/60”，按【Enter】键，即可得出计算结果，如下图所示。

温馨提示

本例中，先使用 COMBIN 函数计算出比赛项目需要进行的总比赛场数，然后乘以单局时间，再除以同时进行的比赛场次，得出的结果为预计的总时间，单位为分钟，如果需要转换为小时，必须除以 60。

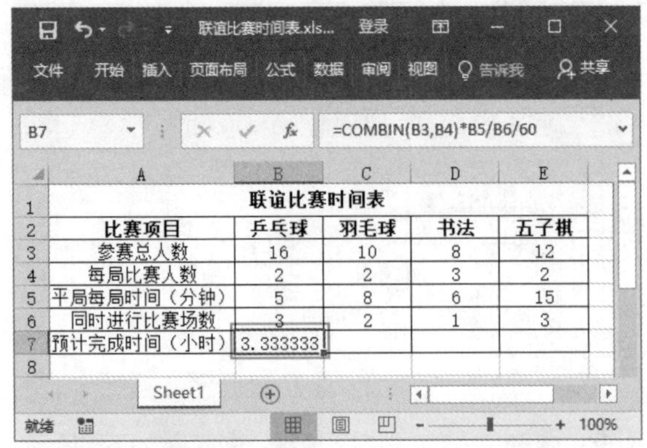

第 2 步 利用填充功能向右复制公式，即可计算出其他比赛项目的预计完成时间，如下图所示。

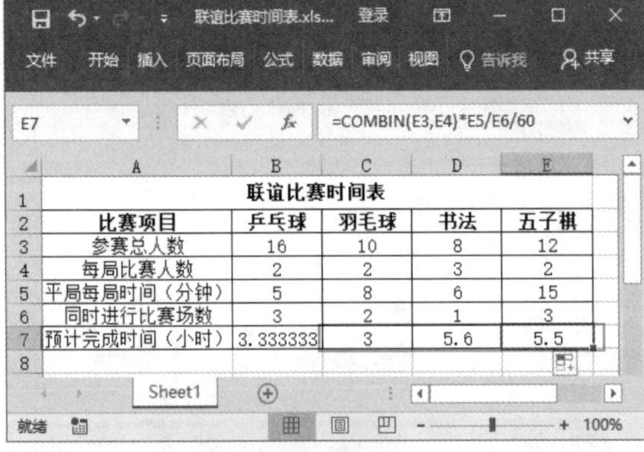

温馨提示

- 如果参数中包含小数，则该数字参数将被截尾取整，保留整数部分。
- 如果参数 number<0、参数 number_chosen<0 或参数 number< 参数 number_chosen，COMBIN 函数将返回错误值【#NUM!】。
- 不论其内部顺序，对象组合是对象整体的任意集合或子集。组合与排列不同，排列数与对象内部顺序有关。

231 使用 FACT 函数返回数字的阶乘

适用版本	实用指数
2007、2010、2013、2016	★★★★☆

使用说明

FACT 函数用于返回某数的阶乘，一个数的阶乘为小于及等于该数的正整数的积，如 4 的阶乘为 4x3x2x1。

函数语法：= FACT(number)

参数说明如下。

number（必选）：要计算其阶乘的非负数。如果 number 不是整数，则截尾取整。

解决方法

如果使用 FACT 函数计算数字的阶乘，具体操作方法如下。

第 1 步 打开素材文件（位置：素材文件 \ 第 9 章 \ 计算阶乘 .xlsx），选中要存放结果的单元格 B2，输入公式"=FACT(A2)"，按【Enter】键即可得出计算结果，如下图所示。

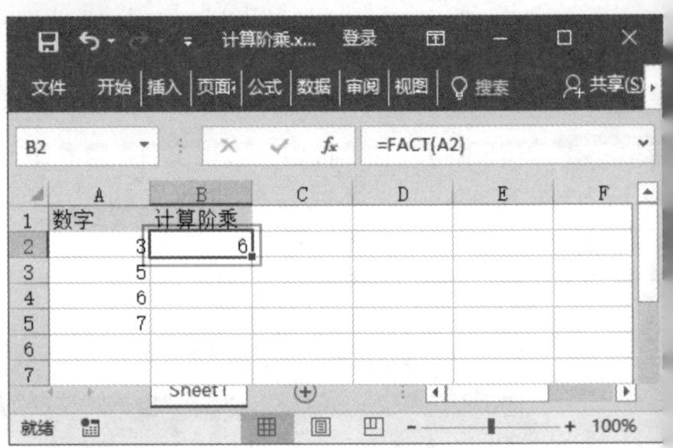

第 2 步 利用填充功能向下复制公式，即可计算出其他数字的阶乘，如下图所示。

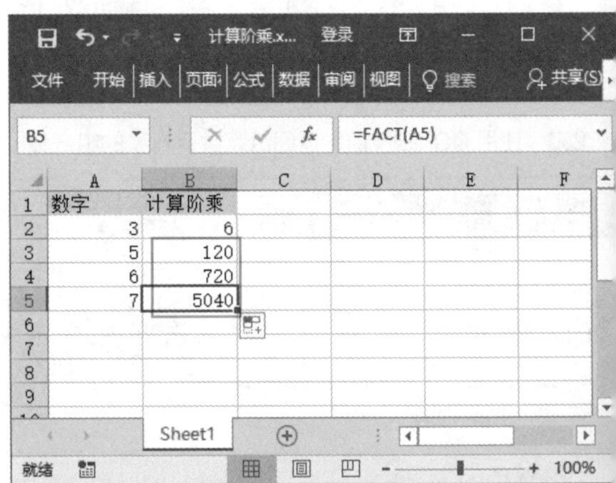

232 使用 FACTDOUBLE 函数返回数字的双倍阶乘

适用版本	实用指数
2007、2010、2013、2016	★★★★☆

使用说明

FACTDOUBLE 函数用于返回数字的双倍阶乘。

> 函数语法：= FACTDOUBLE(number)
> 参数说明如下。
> number（必选）：要计算其双倍阶乘的数值。如果 number 不是整数，则截尾取整。

解决方法

例如，需要计算 1 ~ 50 间偶数的乘积，具体操作方法如下。

打开素材文件（位置：素材文件\第 9 章\FACTDOUBLE 函数 .xlsx），选中要存放结果的单元格 B1，输入公式"=FACTDOUBLE(50)"，按【Enter】键，即可显示出 1 ~ 50 间偶数的乘积，如下图所示。

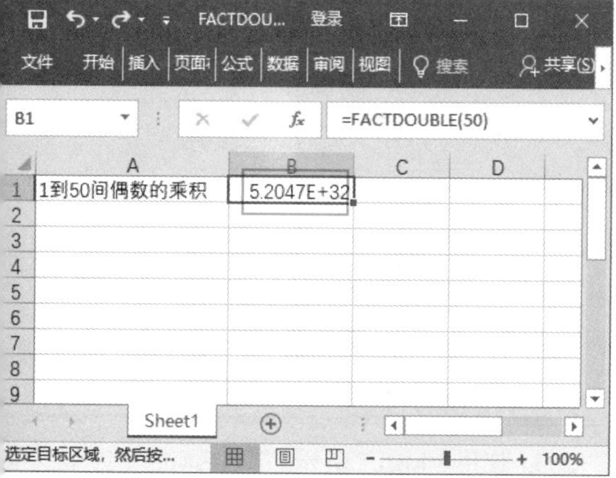

233 使用 MULTINOMIAL 函数返回一组数字的多项式

适用版本	实用指数
2007、2010、2013、2016	★★★★☆

使用说明

MULTINOMIAL 函数用于返回参数和的阶乘与各参数阶乘乘积的比值。

> 函数语法：= MULTINOMIAL(number1, [number2], ...)
> 参数说明如下。
> - number1（必选）：要计算的第 1 个数字，该参数可以是直接输入的数字或单元格引用。
> - number2（可选）：要计算的第 2 ~ 255 个数字，该参数可以是直接输入的数字或单元格引用。

解决方法

例如，需要计算参数和的阶乘与各参数阶乘乘积的比值，具体操作方法如下。

打开素材文件（位置：素材文件\第 9 章\MULTINOMIAL 函数 .xlsx），选中要存放结果的单元格 B2，输入公式"=MULTINOMIAL(A2,A3,A4)"，按【Enter】键即可得出计算结果，如下图所示。

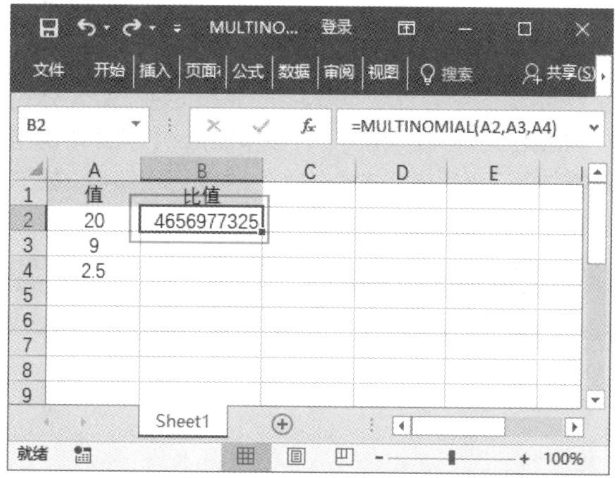

234 使用 MDETERM 函数计算二次元方程组

适用版本	实用指数
2007、2010、2013、2016	★★★★☆

使用说明

MDETERM 函数用于返回一个数组的矩阵行列式的值。

> 函数语法：= MDETERM(array)
> 参数说明如下。
> array（必选）：行数和列数相等的数值数组。

解决方法

如果需要计算二次元方程组，具体方法如下。

第 1 步 打开素材文件（位置：素材文件\第 9 章\MDETERM 函数 .xlsx），选中要存放结果的单元格 G2，输入公式"=MDETERM(E2:F3)"，按【Enter】键即可得出计算结果，然后将公式填充到 G4 单元格，如下图所示。

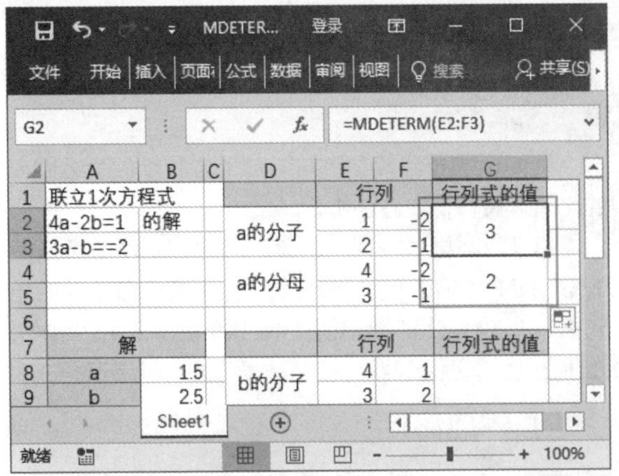

第 2 步 选中要存放结果的单元格 G8，输入公式“=MDETERM(E8:F9)”，按【Enter】键即可得出计算结果，然后将公式填充到 G11 单元格即可，如下图所示。

G8 =MDETERM(E8:F9)

	A	B	C	D	E	F	G	H
1	联立1次方程式				行列		行列式的值	
2	4a-2b=1	的解		a的分子	1	-2	3	
3	3a-b==2				2	-1		
4				a的分母	4	-2	2	
5					3	-1		
6								
7	解				行列		行列式的值	
8	a	1.5		b的分子	4	1	5	
9	b	2.5			3	2		
10				b的分母	4	-2	2	
11					3	-1		

温馨提示

函数 MDETERM 的精确度可达 16 位有效数字，因此，运算结果因位数的取舍可能会导致某些微小误差。例如，奇异矩阵的行列式的值可能与零存在 1E-16 的误差。

235 使用 MINVERSE 函数计算多元联立方程组

适用版本	实用指数
2007、2010、2013、2016	★★★☆☆

使用说明

MINVERSE 函数用于返回数组中存储的矩阵的逆距阵。

函数语法：= MINVERSE(array)

参数说明如下。

array（必选）：行数和列数相等的数值数组。

解决方法

例如，需要在工作表中计算 A2 到 A4 单元格区域中 a、b、c 的值，具体操作方法如下。

打开素材文件（位置：素材文件\第 9 章\MINVERSE 函数 .xlsx），选中要存放结果的单元格区域 B6：B8，输入公式“=MMULT(MINVERSE(D2:F4),G2:G4)”，按【Ctrl+Shift+Enter】组合键即可得出计算结果，如下图所示。

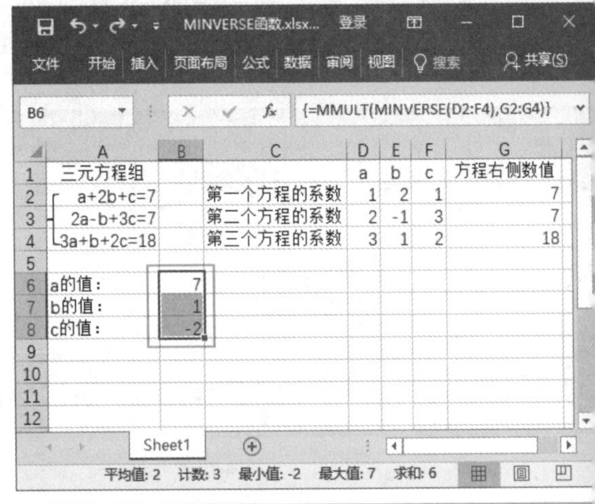

236 使用 MMULT 函数计算商店商品销售量

适用版本	实用指数
2007、2010、2013、2016	★★★☆☆

使用说明

MMULT 函数用于返回两个数组的矩阵乘积。结果矩阵的行数与 array1 的行数相同，矩阵的列数与 array2 的列数相同。

函数语法：= MMULT(array1, array2)

参数说明如下。

array1, array2（必选）：要进行矩阵乘法运算的两个数组。

解决方法

例如，要计算商品的最大销售量，具体方法如下。

打开素材文件（位置：素材文件\第 9 章\MMULT 函数 .xlsx），选中要存放结果的单元格 E1，输入公式“=MAX(MMULT(N(A2:A10="装饰画"),TRANSPOSE((B2:B10)*(A2:A10="装饰画"))))”，按【Ctrl+Shift+Enter】组合键，即可得到指定商品的最大销售量，如下图所示。

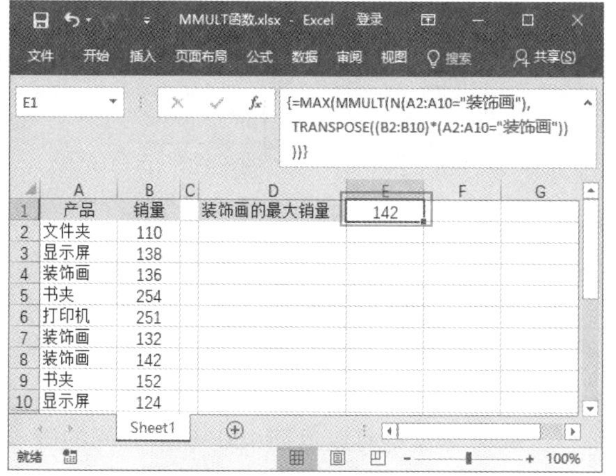

温馨提示

- array1 参数的列数必须与 array2 参数的行数相同，而且两个数组中都只能包含数值。
- array1 参数和 array2 参数可以是单元格区域、数组常量或引用。
- 当任意单元格为空或包含文字、或 array1 的列数与 array2 的行数不相等的情况下 MMULT 函数返回错误值【#VALUE!】。
- 对于返回结果为数组的公式必须以数组公式的形式输入，即按【Ctrl+Shift+Enter】组合键结束。

237　使用 RAND 函数制作随机抽取表

适用版本	实用指数
2007、2010、2013、2016	★★★★★

使用说明

RAND 函数用于返回大于等于 0 及小于 1 的随机实数，每次计算工作表时都将返回一个新的随机实数。

函数语法：= RAND()

参数说明：该函数没有参数。

解决方法

例如，公司有 230 位员工，随机抽出 24 位员工参加技能考试，具体操作方法如下。

第 1 步 打开素材文件（位置：素材文件\第 9 章\随机抽取 .xlsx），选择放置 24 个编号的单元格区域 A3:D8，将数字格式设置为“数值”，并将小数位数设置为 0。

第 2 步 保持单元格区域的选中状态，在编辑栏中输入公式“=1+RAND()*230”，如下图所示。

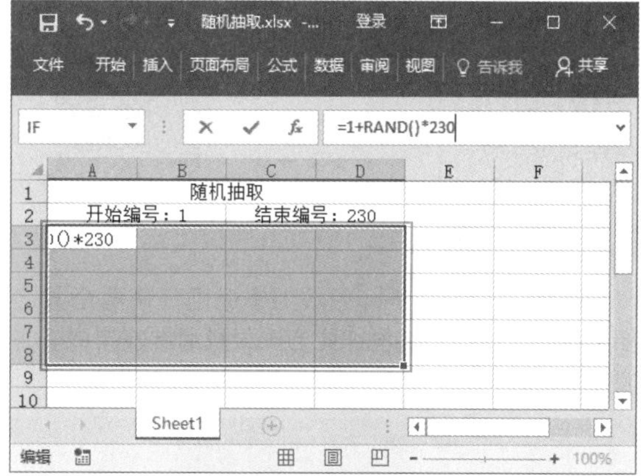

技能拓展

使用随机函数计算数据时，为了防止表格中的数据自动重算，建议将计算方式设置为【手动】。方法为：切换到【公式】选项卡，在【计算】组中单击【计算选项】按钮，在弹出的下拉列表中选择【手动】选项即可。

第 3 步 按【Ctrl+Enter】组合键确认，即可得到 1~230 之间的 24 个随机编号，如下图所示。

温馨提示

- 如果需要生成 a 与 b 之间的随机实数，则可使用公式【RAND()*(b-a)+a】。
- 如果要使用函数 RAND 生成一随机数，并且使之不随单元格计算而改变，可以在编辑栏中输入【=RAND()】，保持编辑状态，然后按 F9 键，将公式永久性地改为随机数。

238 使用 RANDBETWEEN 函数返回两个指定数之间的一个随机数

适用版本	实用指数
2007、2010、2013、2016	★★★★☆

使用说明

RANDBETWEEN 函数用于返回任意两个数之间的一个随机数，每次计算工作表时都将返回一个新的随机实数。

函数语法：=RANDBETWEEN(bottom,top)

参数说明如下。

- bottom（必选）：函数 RANDBETWEEN 能返回的最小整数。
- top（必选）：RANDBETWEEN 函数能返回的最大整数。

解决方法

例如，公司有 850 位员工，需要随机抽出编号在 150~680 之间的 36 位员工参加培训，具体操作方法如下。

第 1 步 打开素材文件（位置：素材文件\第 9 章\随机抽取 1.xlsx），选择放置 36 个编号的单元格区域 A3:08，输入公式“=RANDBETWEEN(150,680)”，如下图所示。

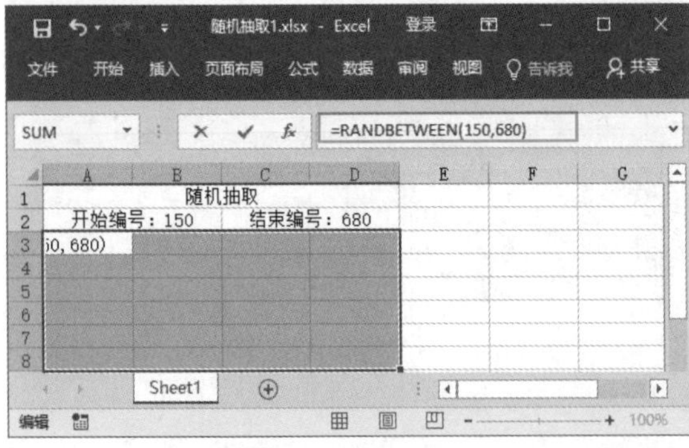

第 2 步 按【Ctrl+Enter】组合键确认，即可得到 150~680 之间的 36 个随机编号，如下图所示。

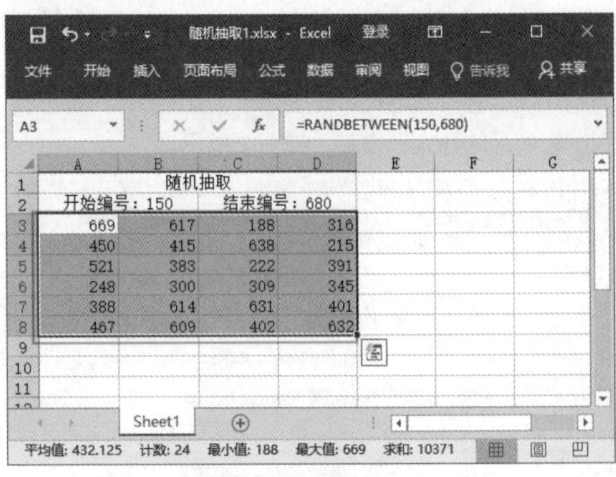

温馨提示

- 若输入公式“=RANDBETWEEN(150,680)*2”，则可以返回 150~680 之间的随机偶数；若输入公式“=RANDBETWEEN(150,680)*2-1”，则可以输入 150~680 之间的随机奇数。
- 在单元格中返回随机数后，按 F9 键，可重新计算，并得出新的随机数。

又如，许多公司年底会有一个抽奖活动，如果希望通过 Excel 随机抽取员工姓名，且男女各一名，具体操作方法如下。

第 1 步 打开素材文件（位置：素材文件\第 9 章\随机抽取员工姓名.xlsx），选择 B12 单元格，输入公式“=INDEX(A:A,SMALL(IF($B$2:$B$11="男",ROW($2:$11),4^8),RANDBETWEEN(1,COUNTIF($B$2:$B$11,"男"))))”，按【Ctrl+Shift+Enter】组合键，将随机抽取一名男员工，如下图所示。

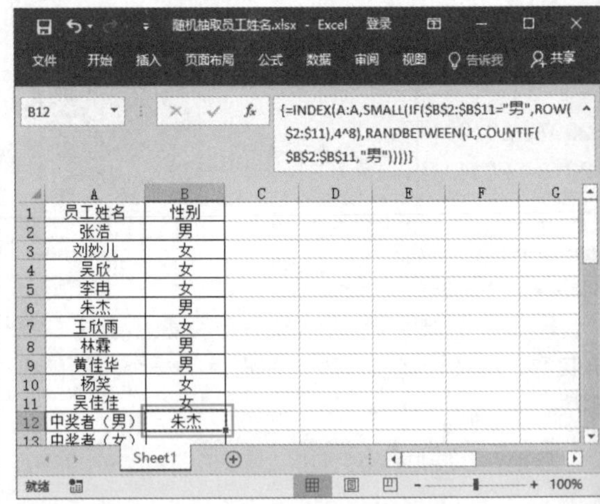

第 2 步 选中要存放结果的单元格 B13，输入公式“=INDEX(A:A,SMALL(IF($B$2:$B$11=" 女 ",ROW($2:$11),4^8),RANDBETWEEN(1,COUNTIF($B$2:$B$11," 女 "))))”，按【Ctrl+Shift+Enter】组合键，将随机抽取一名女员工，如右图所示。

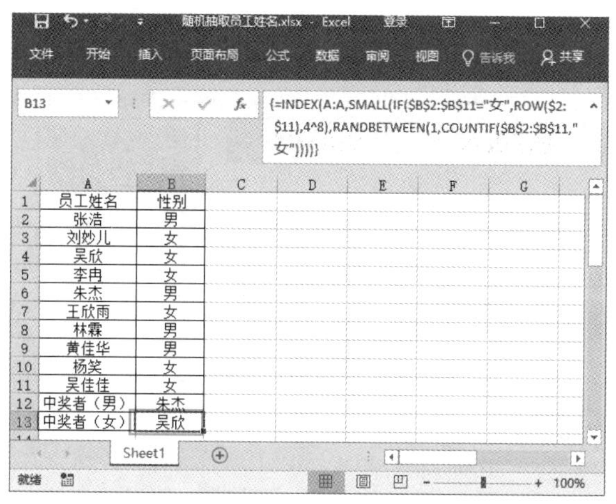

9.5 三角函数计算

Excel 提供了三角函数和反三角函数，使用这些函数可计算出对应的三角函数和反三角函数数值，主要包括计算角度或弧度的正弦值、反正弦值、余弦值、正切值等。下面介绍这些函数的使用技巧。

239 使用 RADIANS 函数将指定角度转换为弧度

适用版本	实用指数
2007、2010、2013、2016	★★★★☆

使用说明

RADIANS 函数用于将角度转换为弧度。

函数语法：= RADIANS(angle)

参数说明如下。

angle（必选）：需要转换成弧度的角度。该参数可以为数字或单元格引用。

解决方法

如果需要计算指定角度的弧度值，具体操作方法如下。

第 1 步 打开素材文件（位置：素材文件 \ 第 9 章 \RADIANS 函数 .xlsx），选中要存放结果的单元格 B2，输入公式“=RADIANS(A2)”，按【Enter】键，即可得出计算结果，如右上图所示。

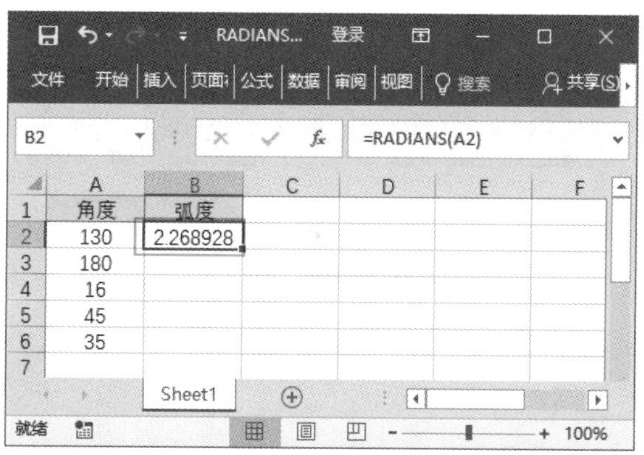

第 2 步 利用填充功能向下填充公式，即可计算出其他指定角度的弧度值，如下图所示。

B6 =RADIANS(A6)

角度	弧度
130	2.268928
180	3.141593
16	0.279253
45	0.785398
35	0.610865

240 使用 DEGREES 函数将弧度转换为度

适用版本	实用指数
2007、2010、2013、2016	★★★★☆

使用说明

DEGREES 函数用于将弧度转换为度。

函数语法：= DEGREES(angle)

参数说明如下。

angle（必选）：待转换的弧度角，该参数可以为数字或单元格引用。

解决方法

例如，已知图形的弧长和半径，需要计算出弧长对应的角度，具体方法如下。

第 1 步 打开素材文件（位置：素材文件\第 9 章\DEGREES 函数.xlsx），选中要存放结果的单元格 C2，输入公式"=ROUND(DEGREES(A2/B2),2)"，按【Enter】键，即可得出计算结果，如下图所示。

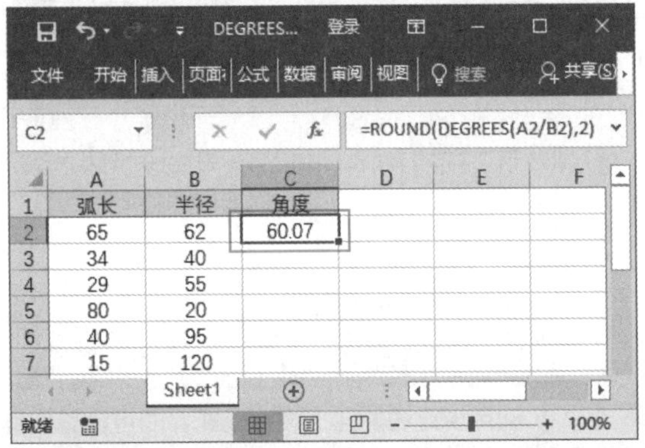

第 2 步 利用填充功能向下填充公式，即可计算出相应的图形角度，如下图所示。

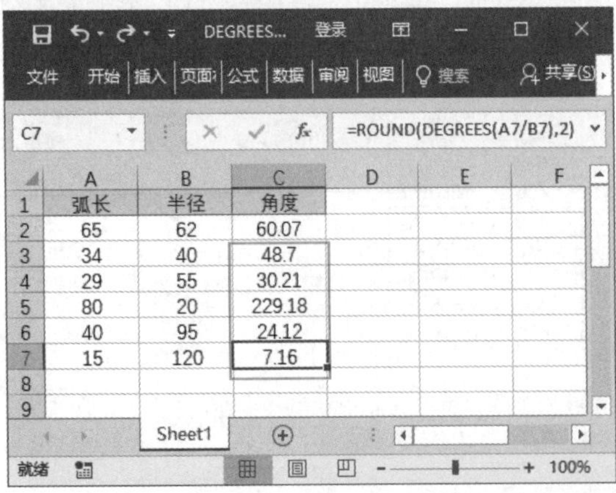

241 使用 SIN 函数计算指定角度的正弦值

适用版本	实用指数
2007、2010、2013、2016	★★★★☆

使用说明

SIN 函数用于返回给定角度的正弦值。

函数语法：= SIN(number)

参数说明如下。

number（必选）：需要求正弦的角度，以弧度表示。

解决方法

如果需要计算指定角度对应的正弦值，可使用 SIN 函数来实现，若单位是度，则还需要先使用 RADIANS 函数将度数转换为弧度，再使用 SIN 函数计算出正弦值，具体操作方法如下。

第 1 步 打开素材文件（位置：素材文件\第 9 章\SIN 函数.xlsx），选中要存放结果的单元格 B2，输入公式"=SIN(RADIANS(A2))"，按【Enter】键，即可得出计算结果，如下图所示。

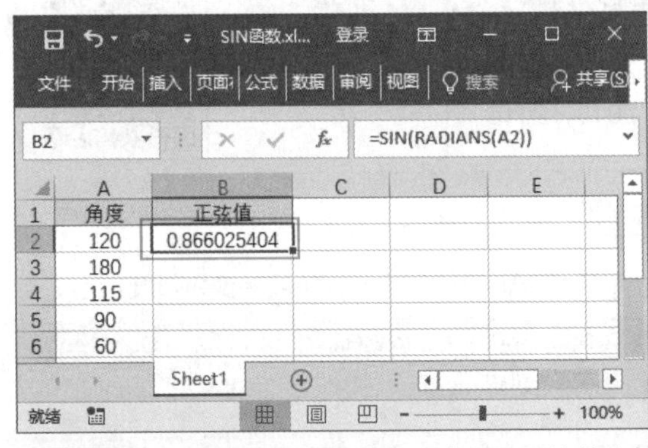

第 2 步 利用填充功能向下填充公式，即可计算出其他指定角度的正弦值，如下图所示。

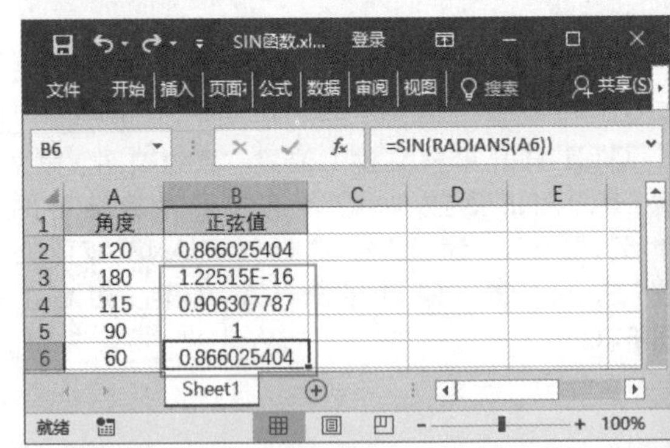

242　使用 ASIN 函数计算相应的反正弦值

适用版本	实用指数
2007、2010、2013、2016	★★★★☆

使用说明

ASIN 函数用于返回参数的反正弦值。反正弦值为一个角度，该角度的正弦值即等于此函数的 number 参数。返回的角度值将以弧度表示，范围为 -pi/2 ~ pi/2。

> 函数语法：= ASIN(number)
> 参数说明如下。
> number（必选）：所需的角度正弦值，必须介于 -1 和 1 之间。

解决方法

例如，表格中列出了角度和正弦值，需要计算出对应反正弦值，具体操作方法如下。

第 1 步 打开素材文件（位置：素材文件 \ 第 9 章 \ASIN 函数 .xlsx），选中要存放结果的单元格 C2，输入公式“=ASIN(B2)”，按【Enter】键，即可得出计算结果，如下图所示。

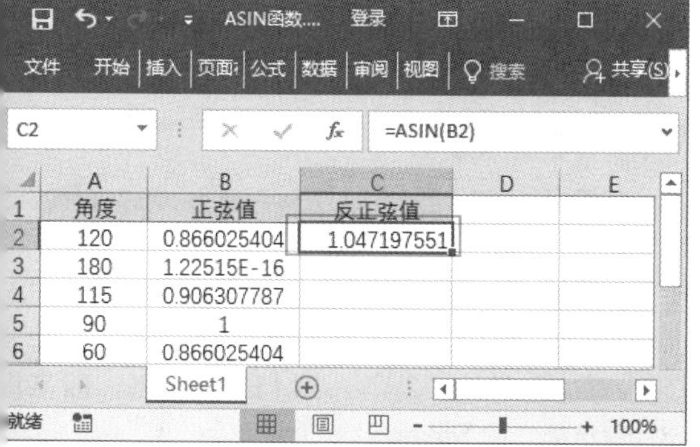

	A	B	C
1	角度	正弦值	反正弦值
2	120	0.866025404	1.047197551
3	180	1.22515E-16	
4	115	0.906307787	
5	90	1	
6	60	0.866025404	

第 2 步 利用填充功能向下填充公式，即可计算出相应的反正弦值，如下图所示。

	A	B	C
1	角度	正弦值	反正弦值
2	120	0.866025404	1.047197551
3	180	1.22515E-16	1.22515E-16
4	115	0.906307787	1.134464014
5	90	1	1.570796327
6	60	0.866025404	1.047197551

温馨提示

- 若需要用度表示反正弦值，则需要将结果再乘以 180/PI( ) 或使用用 DEGREES 函数表示。
- number 参数的值必须介于 -1 和 1 之间，否则函数将返回错误值【#NUM!】。

243　使用 SINH 函数计算实数的双曲正弦值

适用版本	实用指数
2007、2010、2013、2016	★★★★☆

使用说明

SINH 函数用于返回某一数字的双曲正弦值。

> 函数语法：= SINH(number)
> 参数说明如下。
> number（必选）：任意实数。

解决方法

如果要计算任意实数的双曲正弦值，具体操作方法如下。

第 1 步 打开素材文件（位置：素材文件 \ 第 9 章 \SINH 函数 .xlsx），选中要存放结果的单元格 B2，输入公式“=SINH(A2)”，按【Enter】键，即可得出计算结果，如下图所示。

	A	B
1	实数	双曲正弦值
2	-2	-3.626860408
3	1	
4	0	
5	5	
6	13	

第 2 步 利用填充功能向下填充公式，即可计算出相应的双曲正弦值，如下图所示。

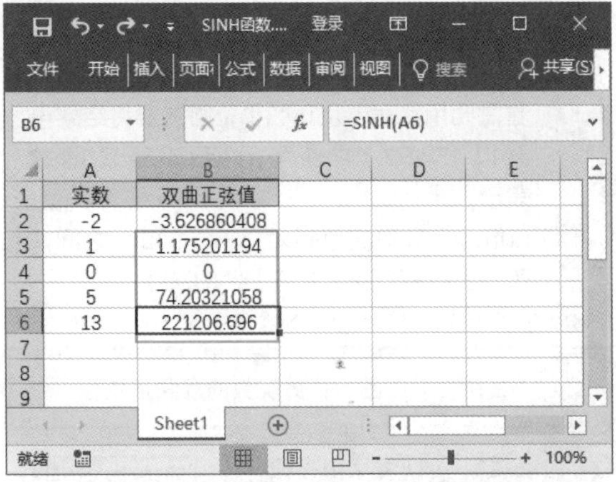

244 使用 ASINH 函数计算实数的反双曲正弦值

适用版本	实用指数
2007、2010、2013、2016	★★★★☆

使用说明

ASINH 函数用于返回参数的反双曲正弦值。

函数语法：= ASINH(number)
参数说明如下。
number（必选）：任意实数。

解决方法

如果要计算任意实数的反双曲正弦值，具体操作方法如下。

第 1 步 打开素材文件（位置：素材文件 \ 第 9 章 \ASINH 函数 .xlsx），选中要存放结果的单元格 B2，输入公式“=ASINH(A2)”，按【Enter】键，即可得出计算结果，如下图所示。

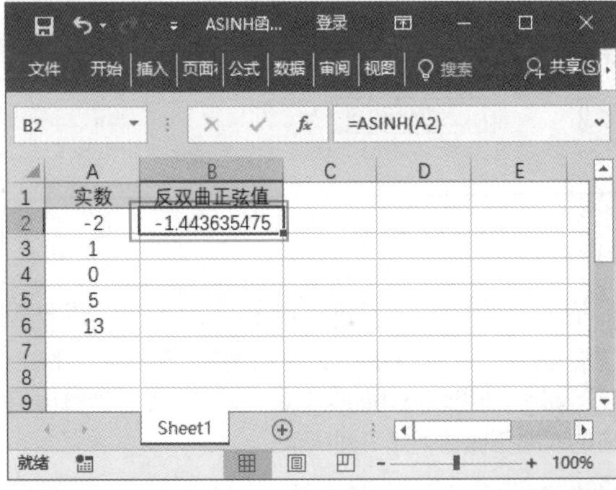

第 2 步 利用填充功能向下填充公式，即可计算出相应的反双曲正弦值，如下图所示。

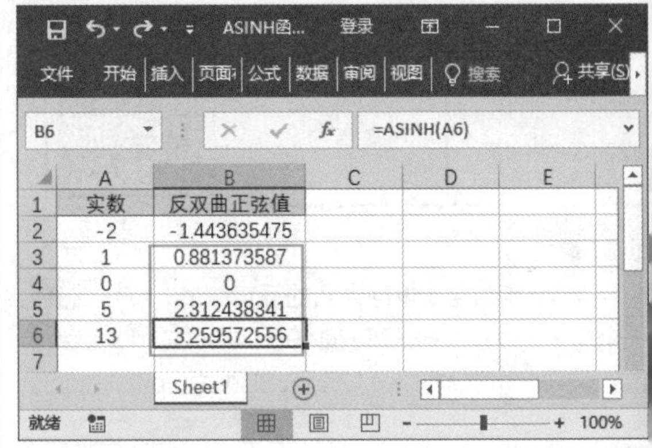

245 使用 COS 函数计算角度对应的余弦值

适用版本	实用指数
2007、2010、2013、2016	★★★★☆

使用说明

COS 函数用于返回给定角度的余弦值。

函数语法：= COS(number)
参数说明如下。
number（必选）：想要求余弦的角度，以弧度表示。

解决方法

如果要计算指定角度对应的余弦值，具体操作方法如下。

第 1 步 打开素材文件（位置：素材文件 \ 第 9 章 \COS 函数 .xlsx），选中要存放结果的单元格 B2，输入公式“=COS (RADIANS(A2))”，按【Enter】键，即可得出计算结果，如下图所示。

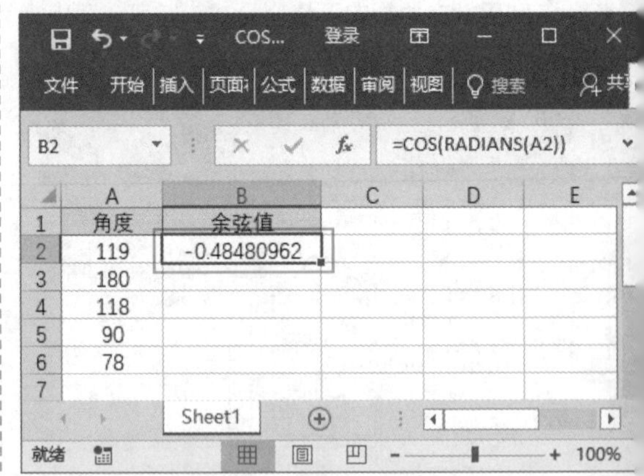

第 2 步 利用填充功能向下填充公式，即可计算出其他指定角度的余弦值，如下图所示。

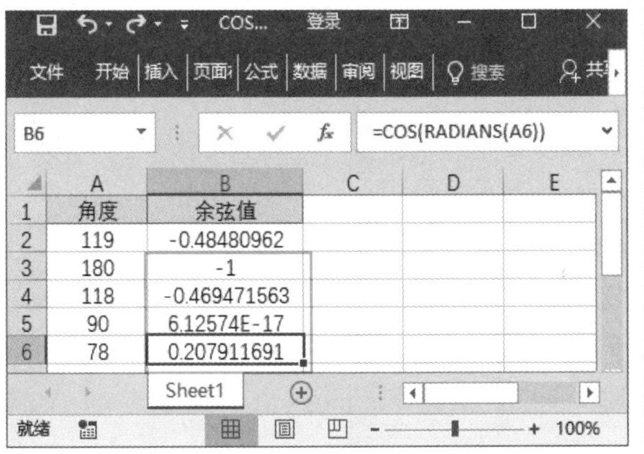

B6　=COS(RADIANS(A6))

	A	B
1	角度	余弦值
2	119	-0.48480962
3	180	-1
4	118	-0.469471563
5	90	6.12574E-17
6	78	0.207911691

246　使用 ACOS 函数计算数字对应的反余弦值

适用版本	实用指数
2007、2010、2013、2016	★★★☆☆

使用说明

ACOS 函数用于返回数字的反余弦值。反余弦值是角度，它的余弦值为数字。返回的角度值以弧度表示，范围是 0 ~ pi。

> 函数语法：= ACOS(number)
> 参数说明如下。
> number（必选）：所需的角度余弦值，必须介于 -1 和 1 之间。

解决方法

例如，已知一组余弦值，使用 ACOS 函数计算出反余弦值，具体操作方法如下。

第 1 步 打开素材文件（位置：素材文件 \ 第 9 章 \ACOS 函数 .xlsx），选中要存放结果的单元格 B2，输入公式"=ACOS(A2)"，按【Enter】键，即可得出计算结果，如下图所示。

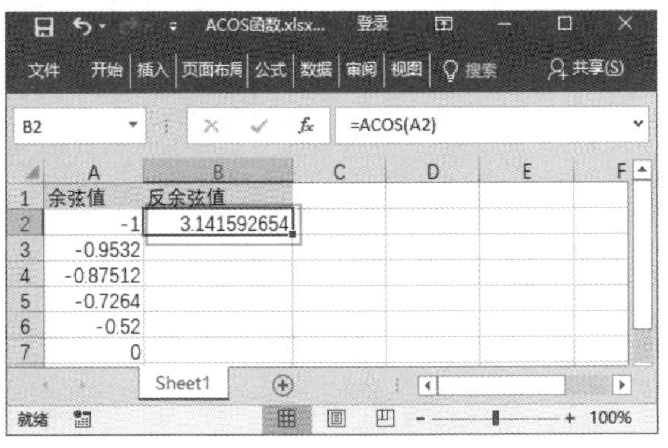

B2　=ACOS(A2)

	A	B
1	余弦值	反余弦值
2	-1	3.141592654
3	-0.9532	
4	-0.87512	
5	-0.7264	
6	-0.52	
7	0	

第 2 步 利用填充功能向下填充公式，即可计算出其他指定角度的反余弦值，如下图所示。

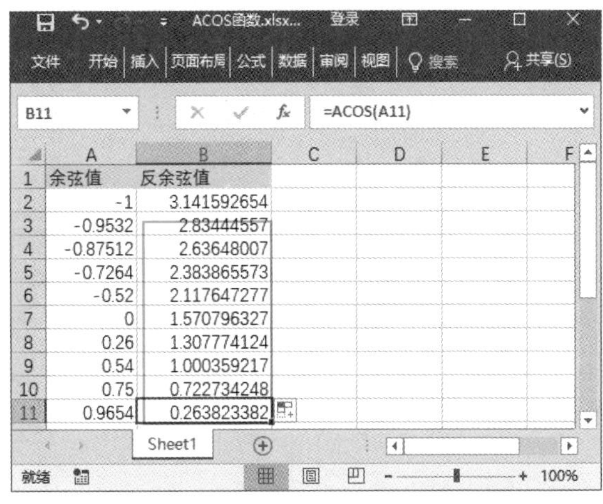

B11　=ACOS(A11)

	A	B
1	余弦值	反余弦值
2	-1	3.141592654
3	-0.9532	2.83444557
4	-0.87512	2.63648007
5	-0.7264	2.383865573
6	-0.52	2.117647277
7	0	1.570796327
8	0.26	1.307774124
9	0.54	1.000359217
10	0.75	0.722734248
11	0.9654	0.263823382

247　使用 COSH 函数计算数字的双曲余弦值

适用版本	实用指数
2007、2010、2013、2016	★★★☆☆

使用说明

COSH 函数用于返回数字的双曲余弦值。

> 函数语法：= COSH(number)
> 参数说明如下。
> number（必选）：想要求双曲余弦的任意实数。

解决方法

已知一组数据，使用 COSH 函数计算出数值的双曲余弦值，具体操作方法如下。

第 1 步 打开素材文件（位置：素材文件 \ 第 9 章 \ COSH 函数 .xlsx），选中要存放结果的单元格 B2，输入公式"=COSH(A2)"，按【Enter】键，即可得出计算结果，如下图所示。

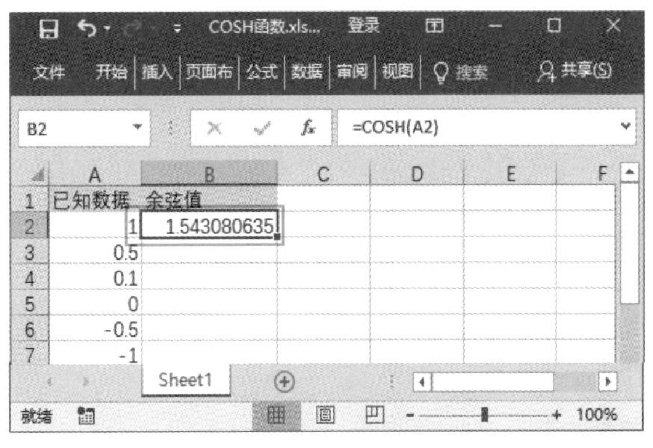

B2　=COSH(A2)

	A	B
1	已知数据	余弦值
2	1	1.543080635
3	0.5	
4	0.1	
5	0	
6	-0.5	
7	-1	

第 2 步 利用填充功能向下填充公式，即可计算出相应的双曲余弦值，如下图所示。

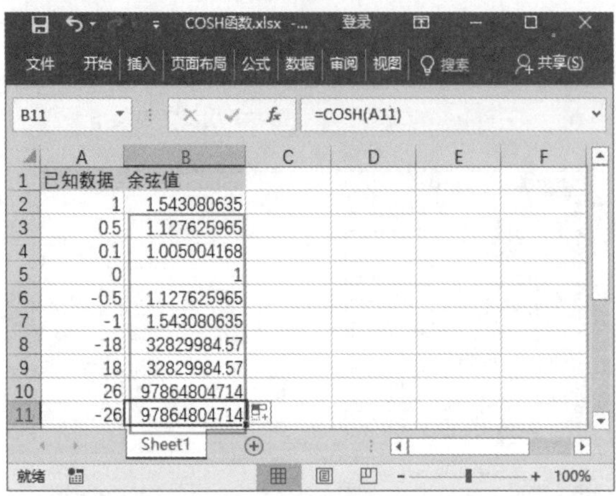

248 使用 ACOSH 函数计算数字的反双曲余弦值

适用版本	实用指数
2007、2010、2013、2016	★★★☆☆

使用说明

ACOSH 函数用于返回 number 参数的反双曲余弦值。参数必须大于或等于 1。

函数语法：= ACOSH(number)
参数说明如下。
number（必选）：大于等于 1 的任意实数。

解决方法

已知一组数据，使用 ACOSH 函数计算出反双曲余弦值，具体操作方法如下。

第 1 步 打开素材文件（位置：素材文件\第 9 章\ACOSH 函数 .xlsx），选中要存放结果的单元格 B2，输入公式“=ACOSH(A2)”，按【Enter】键，即可得出计算结果，如下图所示。

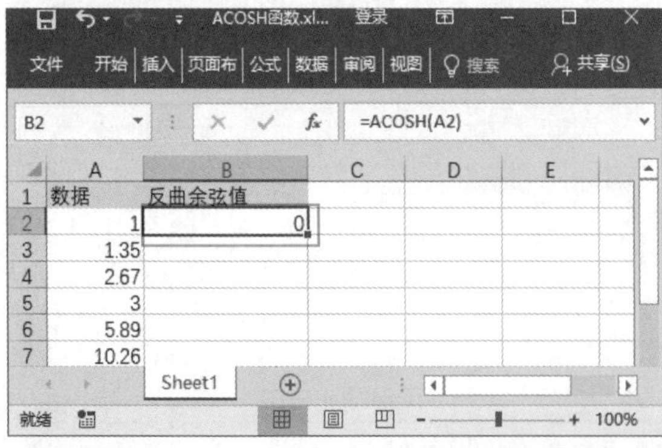

第 2 步 利用填充功能向下填充公式，即可计算出相应的反双曲余弦值，如下图所示。

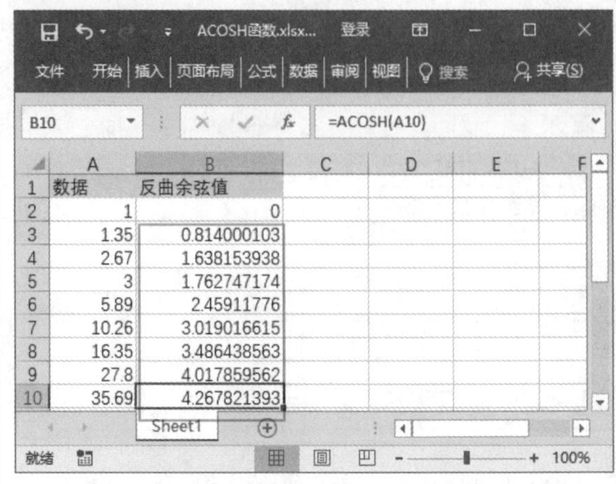

249 使用 TAN 函数计算给定角度的正切值

适用版本	实用指数
2007、2010、2013、2016	★★★☆☆

使用说明

TAN 函数用于返回给定角度的正切值。

函数语法：= TAN(number)
参数说明如下。
number（必选）：想要求正切的角度，以弧度表示。

解决方法

已知一组数据，使用 TAN 函数计算出数值的正切值，具体方法如下。

第 1 步 打开素材文件（位置：素材文件\第 9 章\TAN 函数 .xlsx），选中要存放结果的单元格 B2，输入公式“=TAN(A2)”，按【Enter】键，即可得出计算结果，如下图所示。

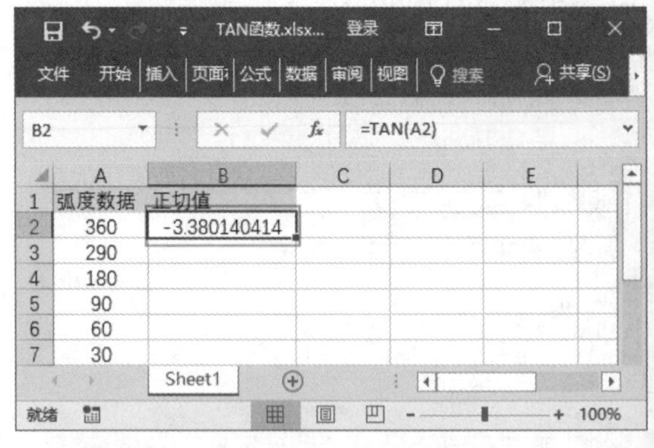

第 2 步 利用填充功能向下填充公式，即可计算出指定角度的正切值，如下图所示。

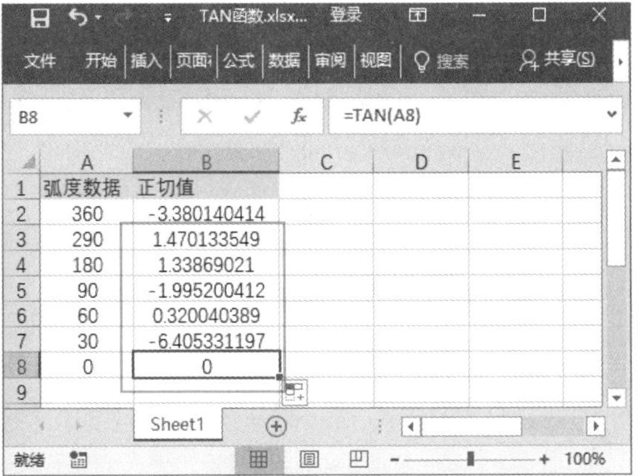

	A	B
1	弧度数据	正切值
2	360	-3.380140414
3	290	1.470133549
4	180	1.33869021
5	90	-1.995200412
6	60	0.320040389
7	30	-6.405331197
8	0	0

250 使用 ATAN 函数计算数字的反正切值

适用版本	实用指数
2007、2010、2013、2016	★★★☆☆

使用说明

ATAN 函数用于返回反正切值。反正切值为角度，其正切值即等于 number 参数值。返回的角度值将以弧度表示，范围为 -pi/2 ~ pi/2。

> 函数语法：= ATAN(number)
> 参数说明如下。
> number（必选）：所需的角度正切值。

解决方法

已知一组弧度数据，使用 ATAN 函数计算出数值的反正切值，具体操作方法如下。

第 1 步 打开素材文件（位置：素材文件 \ 第 9 章 \ATAN 函数 .xlsx），选中要存放结果的单元格 B2，输入公式“=ATAN(A2)”，按【Enter】键，即可得出计算结果，如下图所示。

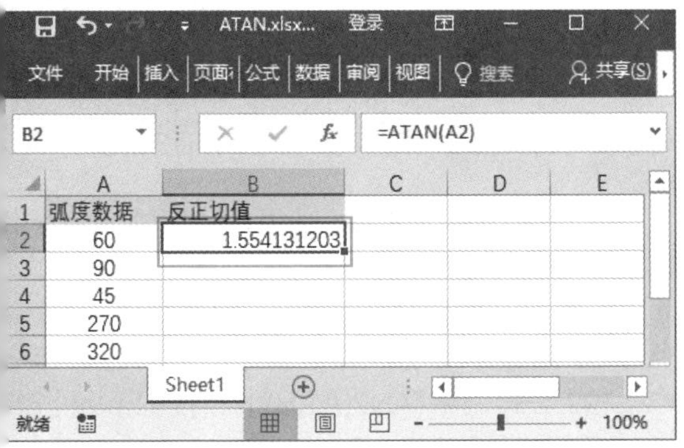

	A	B
1	弧度数据	反正切值
2	60	1.554131203
3	90	
4	45	
5	270	
6	320	

第 2 步 利用填充功能向下填充公式，即可计算出相应的反正切值，如下图所示。

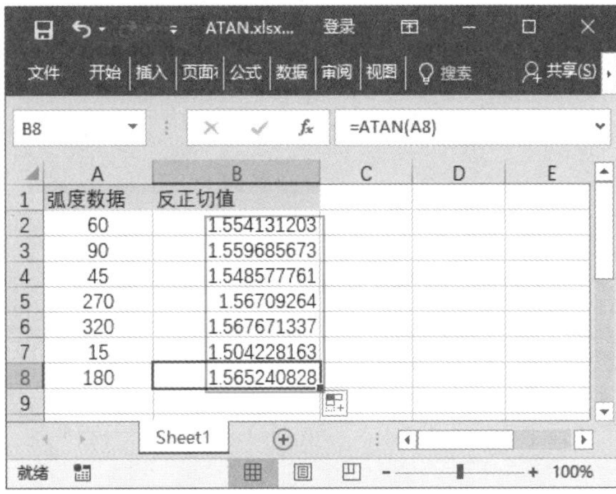

	A	B
1	弧度数据	反正切值
2	60	1.554131203
3	90	1.559685673
4	45	1.548577761
5	270	1.56709264
6	320	1.567671337
7	15	1.504228163
8	180	1.565240828

251 使用 TANH 函数计算数字的双曲正切值

适用版本	实用指数
2007、2010、2013、2016	★★★☆☆

使用说明

TANH 函数用于返回某一数字的双曲正切值。

> 函数语法：= TANH(number)。
> 参数说明如下。
> number（必选）：任意实数。

解决方法

已知一组数据，使用 TANH 函数计算出数值的双曲正切值，具体操作方法如下。

第 1 步 打开素材文件（位置：素材文件 \ 第 9 章 \TANH 函数 .xlsx），选中要存放结果的单元格 B2，输入公式“=TANH(A2)”，按【Enter】键，即可得出计算结果，如下图所示。

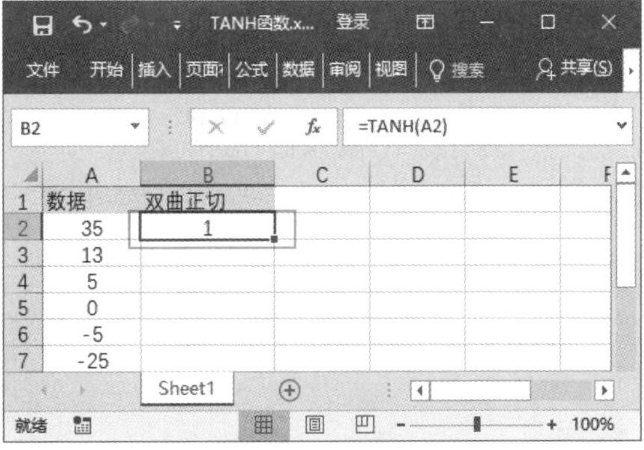

	A	B
1	数据	双曲正切
2	35	1
3	13	
4	5	
5	0	
6	-5	
7	-25	

第 2 步 利用填充功能向下填充公式，即可计算出相应的双曲正切值，如下图所示。

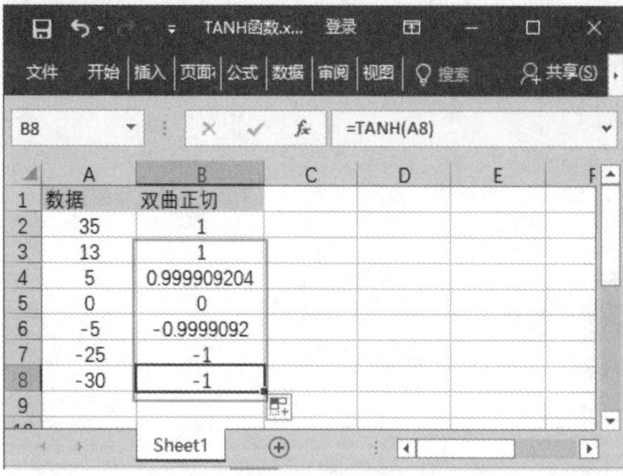

252 使用 ATANH 函数计算数字的反双曲正切值

适用版本	实用指数
2007、2010、2013、2016	★★★☆☆

使用说明

ATANH 函数用于返回参数的反双曲正切值，参数必须介于 −1 和 1 之间（除去 −1 和 1）。

函数语法：= ATANH(number)

参数说明如下。

number（必选）：-1 ～ 1 之间的任意实数。

解决方法

已知一组数据，使用 ATANH 函数计算出数值的反双曲正切值，具体操作方法如下。

第 1 步 打开素材文件（位置：素材文件 \ 第 9 章 \ATANH 函数 .xlsx），选中要存放结果的单元格 B2，输入公式“=ATANH(A2)”，按【Enter】键，即可得出计算结果，如下图所示。

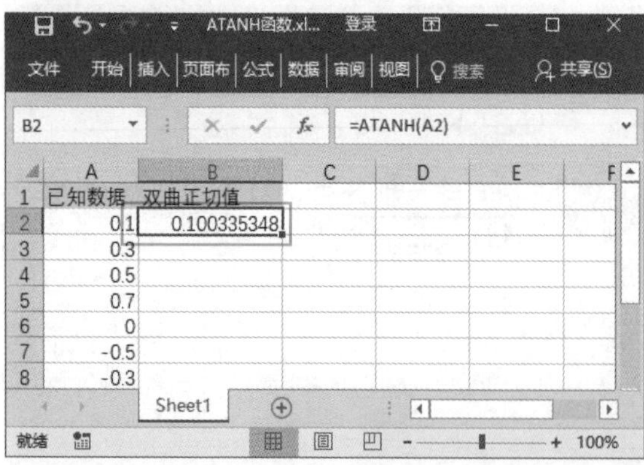

第 2 步 利用填充功能向下填充公式，即可计算出相应的反双曲正切值，如下图所示。

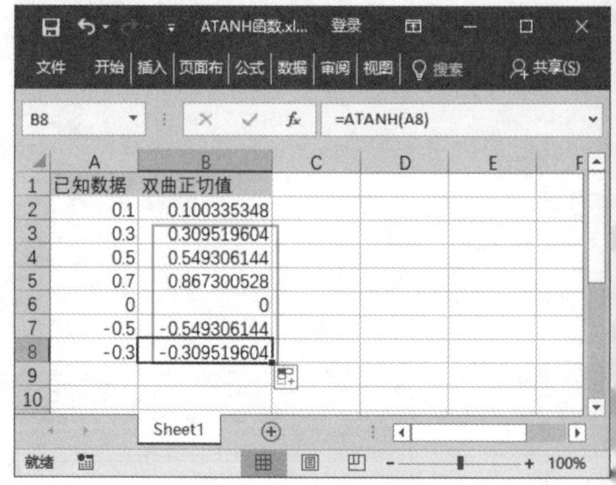

253 使用 ATAN2 函数计算指定坐标的反正切值

适用版本	实用指数
2007、2010、2013、2016	★★★☆☆

使用说明

ATAN2 函数用于返回给定的 X 及 Y 坐标值的反正切值。反正切的角度值等于 X 轴与通过原点和给定坐标点的直线之间的夹角。

函数语法：= ATAN2(x_num, y_num)

参数说明如下。

- x_num（必选）：点的 x 坐标。
- y_num（必选）：点的 y 坐标。

温馨提示

结果为正，表示从 X 轴逆时针旋转的角度；结果为负，表示从 X 轴顺时针旋转的角度。ATAN2(a,b) 等于 ATAN(b/a)，除非 ATAN2 值为零。当参数 x_num 和 y_num 都为零时，函数 ATAN2 返回错误值【#DIV/0!】。

解决方法

已知一组 X 和 Y 数值，使用 ATAN2 函数计算出数值的反双曲正弦值，具体操作以方法如下。

第 1 步 打开素材文件（位置：素材文件 \ 第 9 章 \ATAN2 函数 .xlsx），选中要存放结果的单元格 C2，输入公式“=ATAN2(A2,B2)”，按【Enter】键，即可得出计算结果，如下图所示。

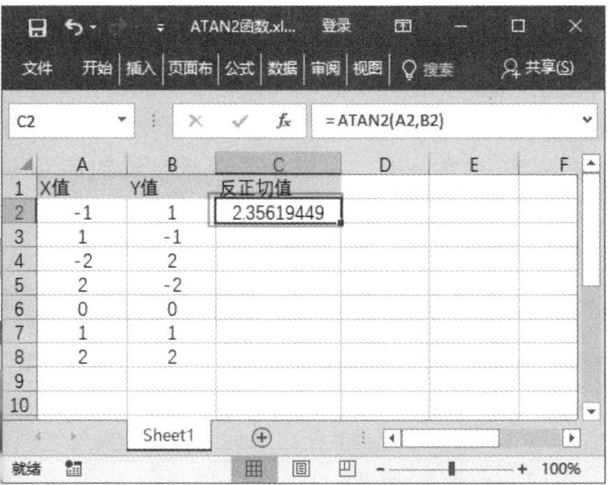

第 2 步 利用填充功能向下填充公式，即可计算出相应的反正切值，如下图所示。

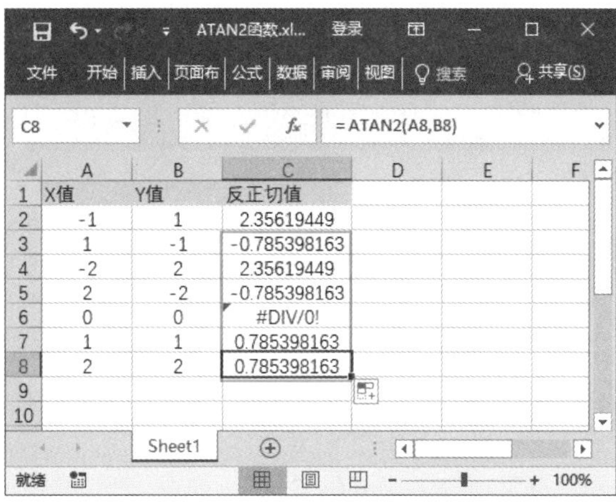

9.6 其他计算函数

在 Excel 中，除了以上介绍的函数外，还有一些在工作中比较实用的函数。下面介绍一些其他计算函数的用技巧。

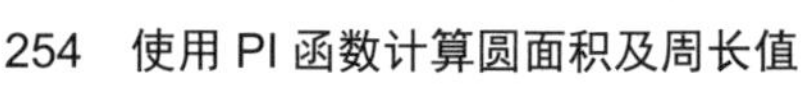

254　使用 PI 函数计算圆面积及周长值

适用版本	实用指数
2007、2010、2013、2016	★★★★★

使用说明

PI 函数用于返回数字 3.14159265358979，即数学常量 pi，精确到小数点后 14 位。

函数语法：= PI()

参数说明：该函数没有参数。

解决方法

在计算圆周长和圆面积时需要使用到圆周率，计算公式分别为【2πr】和【πr^2】。在 Excel 中，使用系数 PI 代表圆周率，因此 PI 函数经常被使用。本例中已知圆的半径值，使用 PI 函数计算出圆的面积及周长，具体操作方法如下。

第 1 步 打开素材文件（位置：素材文件 \ 第 9 章 \PI 函数 .xlsx），选中要存放结果的单元格 B2，输入公式“=PI()*(A2^2)”，按【Enter】键，即可得出计算结果，如右上图所示。

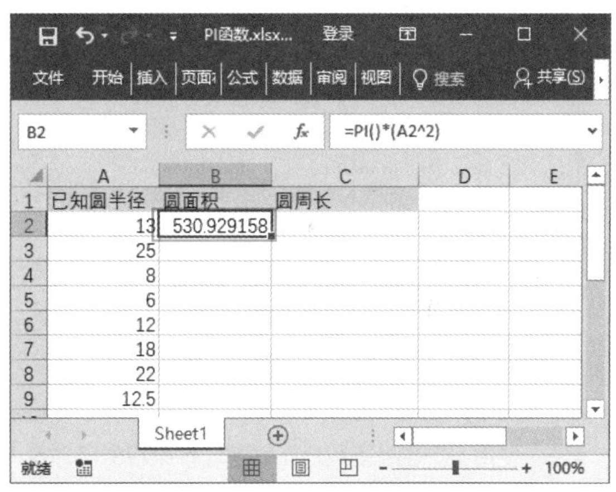

第 2 步 利用填充功能向下填充公式，即可计算出相应的圆面积，如下图所示。

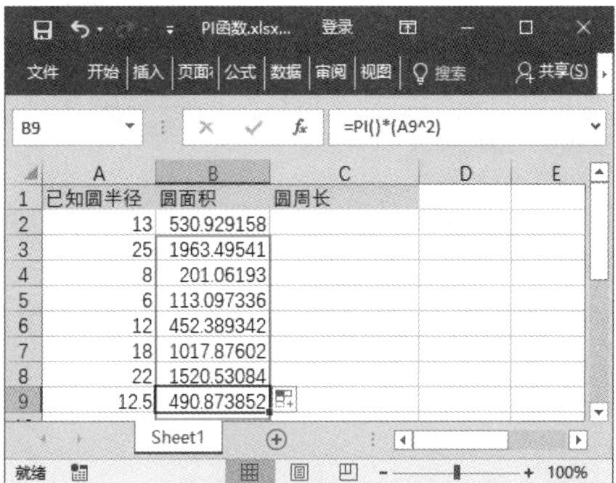

第 3 步 选中要存放结果的单元格 C2，输入公式“=2*PI()*(A2^2)”，按【Enter】键，即可得出计算结果，如下图所示。

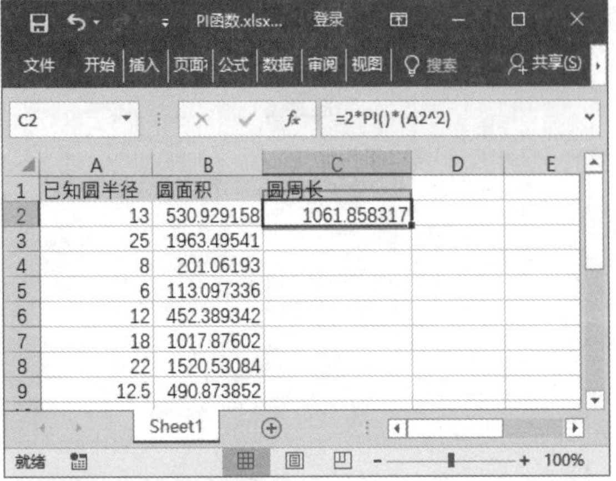

	A	B	C
1	已知圆半径	圆面积	圆周长
2	13	530.929158	1061.858317
3	25	1963.49541	
4	8	201.06193	
5	6	113.097336	
6	12	452.389342	
7	18	1017.87602	
8	22	1520.53084	
9	12.5	490.873852	

第 4 步 利用填充功能向下填充公式，即可计算出相应的圆周长，如下图所示。

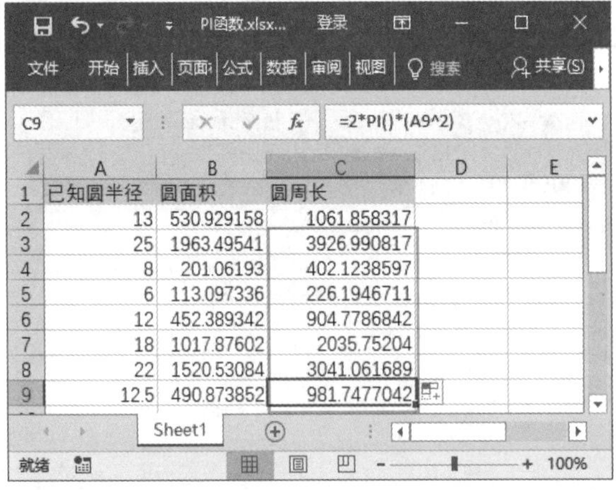

	A	B	C
1	已知圆半径	圆面积	圆周长
2	13	530.929158	1061.858317
3	25	1963.49541	3926.990817
4	8	201.06193	402.1238597
5	6	113.097336	226.1946711
6	12	452.389342	904.7786842
7	18	1017.87602	2035.75204
8	22	1520.53084	3041.061689
9	12.5	490.873852	981.7477042

255 使用 SQRTPI 函数计算数据与 pi 乘积的平方根

适用版本	实用指数
2007、2010、2013、2016	★★★★★

使用说明

SQRTPI 函数用于计算某数与 pi 的乘积的平方根。

函数语法：= SQRTPI (number)
参数说明如下。
number（必选）：表示与 pi 相乘的数。

解决方法

例如，用户需要快速计算出一组数据与 pi 乘积的平方根，具体方法如下。

第 1 步 打开素材文件（位置：素材文件\第 9 章\SQRTPI 函数 .xlsx），选中要存放结果的单元格 B2，输入公式“=SQRTPI(A2)”，按【Enter】键，即可得出计算结果，如下图所示。

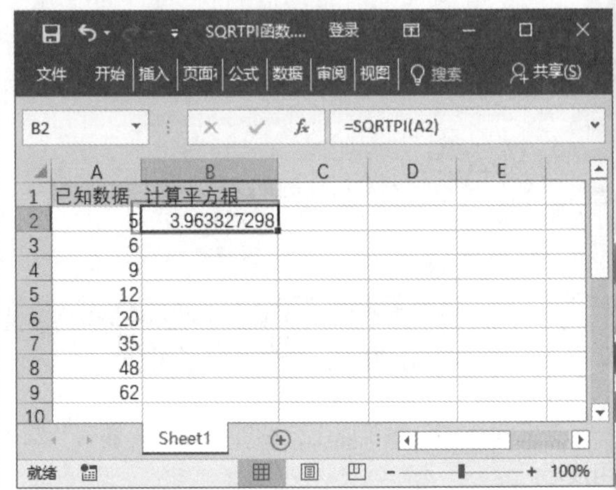

	A	B
1	已知数据	计算平方根
2	5	3.963327298
3	6	
4	9	
5	12	
6	20	
7	35	
8	48	
9	62	

第 2 步 利用填充功能向下填充公式，即可计算出其他数据的平方根，如下图所示。

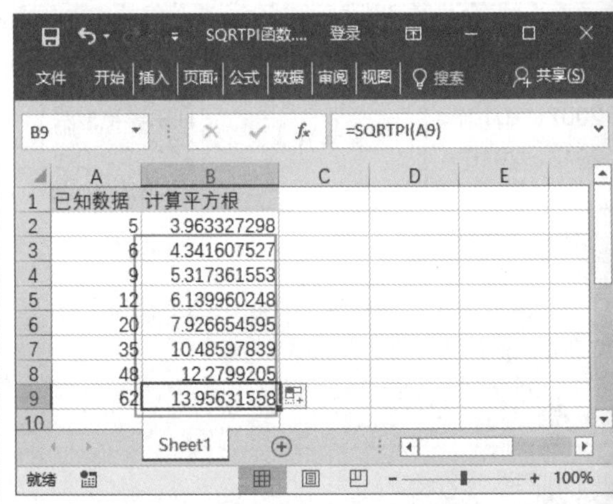

	A	B
1	已知数据	计算平方根
2	5	3.963327298
3	6	4.341607527
4	9	5.317361553
5	12	6.139960248
6	20	7.926654595
7	35	10.48597839
8	48	12.2799205
9	62	13.95631558

256 使用 SQRT 函数返回正平方根

适用版本	实用指数
2007、2010、2013、2016	★★★★★

使用说明

SQRT 函数用于计算数值的正平方根。

函数语法：= SQRT (number)

参数说明如下。

number（必选）：要计算平方根的数。

解决方法

根据圆面积的相关知识，某圆面积 S 和其半径 r 满足下面的关系式 $S=\pi r^2$，公式中的 π 为常数。现在已知一组圆的面积，求该圆的半径值，具体操作方法如下。

第 1 步 打开素材文件（位置：素材文件 \ 第 9 章 \SQRT 函数 .xlsx），选中要存放结果的单元格 B2，输入公式“=SQRT(A2/PI())”，按【Enter】键，即可得出计算结果，如下图所示。

B2 =SQRT(A2/PI())

	A	B
1	已知圆面积	计算圆半径
2	240	8.740387445
3	360	
4	180	
5	120	
6	450	
7	260	

第 2 步 利用填充功能向下填充公式，即可计算出其他圆的半径，如下图所示。

B9 =SQRT(A9/PI())

	A	B
1	已知圆面积	计算圆半径
2	240	8.740387445
3	360	10.7047447
4	180	7.569397566
5	120	6.180387232
6	450	11.96826841
7	260	9.097283683
8	150	6.909882989
9	420	11.56244577

257 使用 AGGREGATE 函数返回列表或数据库中的聚合数据

适用版本	实用指数
2007、2010、2013、2016	★★★☆☆

使用说明

AGGREGATE 函数用于返回列表或数据库中的合计。

函数语法：= AGGREGATE(function_num, options, ref1, [ref2], …)

参数说明如下。

- function_num（必选）：一个介于 1 ～ 19 之间的数字，关于该参数的取值情况如下表所示。

function_num 参数取值

function_num 取值	对应函数	function_num 取值	对应函数
1	AVERACE	11	VAR.P
2	COUNT	12	MEDIAN
3	COUNTA	13	MODE.SNGL
4	MAX	14	LARGE
5	MIN	15	SMALL
6	PRODUCT	16	PERCENTILE.INC
7	STDEV.S	17	QUARTILE.INC
8	STDEV.P	18	PERCENTILE.EXC
9	SUM	19	
10	VAR.S		

- options（必选）：一个数值，决定在函数的计算区域内要忽略哪些值。关于该参数的取值情况如下表所示。

options 参数取值

options 取值	作用
0 或省略	忽略嵌套 SUBTOTAL 和 AGGREGATE 函数
1	忽略隐藏行、嵌套 SUBTOTAL 和 AGGREGATE 函数
2	忽略错误值、嵌套 SUBTOTAL 和 AGGREGATE 函数
3	忽略隐藏行、错误值、嵌套 SUBTOTAL 和 AGGREGATE 函数
4	忽略空值
5	忽略隐藏行
6	忽略错误值
7	忽略隐藏行和错误值

- ref1（必选）：函数的第 1 个数值参数，这些函数使用要为其计算聚合值的多个数值参数。
- ref2,…（可选）：要为其计算聚合值的 2 ～ 253 个数值参数。

解决方法

例如，某商店做年底促销，根据不同商品拟定不一样的折扣率，该店在一天之内产品的销量情况如下图所示。表中列出了商品名称、商品单价、商品数量以及商品折扣率，现在需要计算各个商品在促销期间的折扣总额，具体操作方法如下。

第1步 打开素材文件（位置：素材文件\第9章\AGGREGATE 函数.xlsx），在【商品折扣】工作表中选中要存放结果的单元格 E3，输入公式“=AGGREGATE(6,7,B3:D3)”，按【Enter】键，即可得出计算结果，如下图所示。

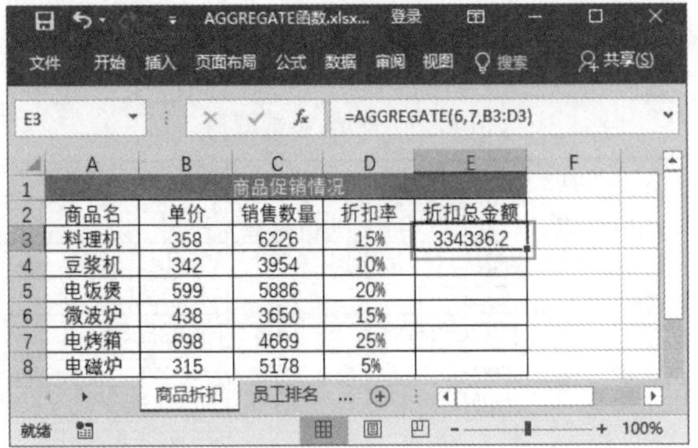

	A	B	C	D	E
1	商品促销情况				
2	商品名	单价	销售数量	折扣率	折扣总金额
3	料理机	358	6226	15%	334336.2
4	豆浆机	342	3954	10%	
5	电饭煲	599	5886	20%	
6	微波炉	438	3650	15%	
7	电烤箱	698	4669	25%	
8	电磁炉	315	5178	5%	

第2步 利用填充功能向下复制公式，即可得到其他数据计算结果，如下图所示。

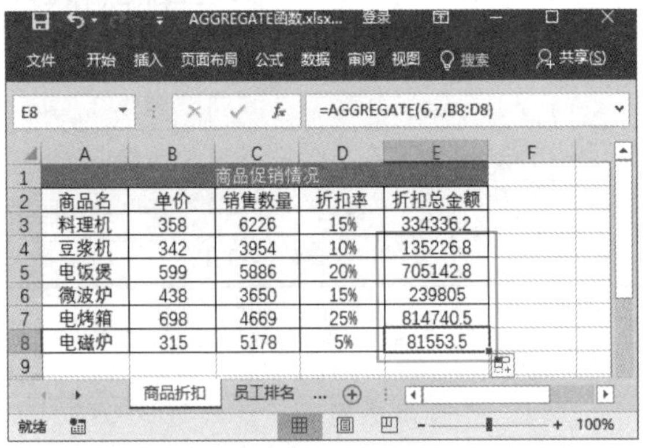

	A	B	C	D	E
1	商品促销情况				
2	商品名	单价	销售数量	折扣率	折扣总金额
3	料理机	358	6226	15%	334336.2
4	豆浆机	342	3954	10%	135226.8
5	电饭煲	599	5886	20%	705142.8
6	微波炉	438	3650	15%	239805
7	电烤箱	698	4669	25%	814740.5
8	电磁炉	315	5178	5%	81553.5

又如，要在员工考核成绩中统计考核成绩排在第1位的员工姓名，具体操作方法如下。

在【员工排名】工作表中选中要存放结果的单元格 C18，输入公式“=INDEX(A3:A17,MATCH(AGGREGATE(14,7,C3:C17,1),C3:C17,0))”，按【Enter】键，即可计算出排名第1的员工，如下图所示。

C18　=INDEX(A3:A17,MATCH(AGGREGATE(14,7,C3:C17,1),C3:C17,0))

	A	B	C
7	朱杰	人事部	84
8	王欣雨	公关部	88
9	林霖	财务部	95
10	黄佳华	公关部	93
11	杨笑	人事部	89
12	吴佳佳	公关部	76
13	王馨怡	人事部	77
14	戴华	销售部	88
15	刘阳	财务部	94
16	张静	销售部	91
17	胡雪	公关部	88
18	成绩排名第1的员工		林霖

温馨提示

- 对于使用数组的函数，ref1 可以是一个数组或数组公式，也可以是对要为其计算聚合值的单元格区域的引用。当 function_num 参数的值为 14~19 时，ref2 为必选的第 2 个参数。
- 如果 AGGREGATE 函数的第 2 引用参数为必选，但未提供或有 1 个或多个引用是三维引用，函数将返回【#VALUE!】错误。
- 如果 AGGREGATE 函数的引用中包含 SUBTOTAL 和 AGGREGATE 函数，函数将忽略这两个函数。

258 使用 SUBTOTAL 函数返回列表或数据库中的分类汇总

适用版本	实用指数
2007、2010、2013、2016	★★★★★

使用说明

如果需要返回一个数据列表或数据库中的分类汇总，可通过 SUBTOTAL 函数实现。

函数语法：=SUBTOTAL(function_num,ref1,[ref2],...])

参数说明如下。

- function_num（必选）：1～11（包含隐藏值）或 101～111（忽略隐藏值）之间的数字，用于指定使用何种函数在列表中进行分类汇总计算。关于该参数的取值情况如下表所示。

function_num 参数取值

funtion_num（包含隐藏值）	funtion_num（忽略隐藏值）	函　数
1	101	AVERAGE
2	102	COUNT
3	103	COUNTA
4	104	MAX
5	105	MIN
6	106	PRODUCT
7	107	STDEV
8	108	STDEVP
9	109	SUM
10	110	VAR
11	111	VARP

- ref1（必选）：要对其进行分类汇总计算的第一个命名区域或引用。
- ref2,…（可选）：要对其进行分类汇总计算的第 2～254 个命名区域或引用。

解决方法

如果要计算产品加工的总耗时，具体操作方法如下。

第 1 步 打开素材文件（位置：素材文件\第 9 章\产品加工耗时 .xlsx），选中要存放结果的单元格 B9，输入公式"=SUBTOTAL(109,B4:B7)"，按【Enter】键，即可得到计算结果，然后将数字格式设置为时间格式，如下图所示。

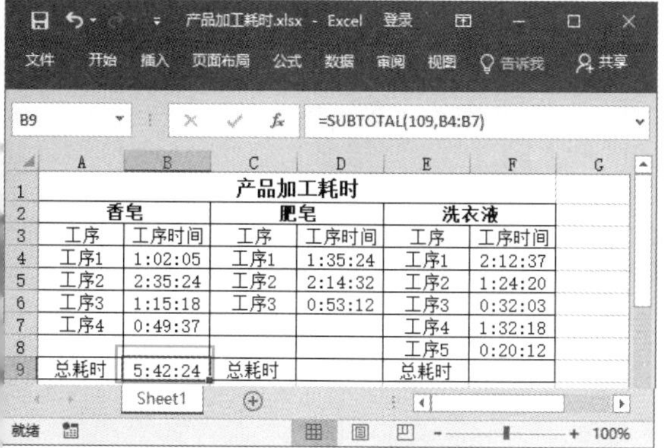

第 2 步 参照上述方法，分别对在 D9、F9 单元格中输入公式并得出计算结果，如下图所示。

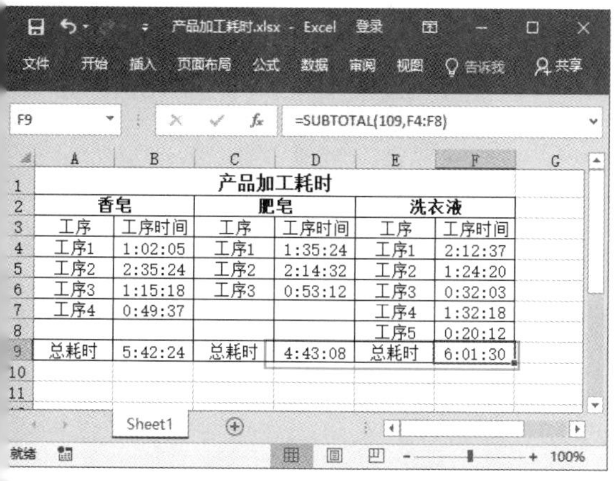

259 使用 ROMAN 函数将阿拉伯数字转换为文本式罗马数字

适用版本	实用指数
2007、2010、2013、2016	★★★☆☆

使用说明

ROMAN 函数用于将阿拉伯数字转换为文本形式的罗马数字。

函数语法：= ROMAN(number, [form])

参数说明如下。

- number（必选）：需要转换的阿拉伯数字。
- form（可选）：一数字，指定所需的罗马数字类型。罗马数字的样式范围可以从经典到简化，随着 form 值的增加趋于简单。关于该参数的取值与转换类型如下表所示。

form 取值与转换类型

form 取值	转 换 类 型
0 或省略	经典
1	更简化
2	比 1 更简化
3	比 2 更简化
4	简化
TRUE	经典

解决方法

如果需要将普通数字转换为罗马数字格式，具体操作方法如下。

第 1 步 打开素材文件（位置：素材文件\第 9 章\ROMAN 函数 .xlsx），在【转换数字】工作表中选中要存放结果的单元格 B2，输入公式"=ROMAN(A2,2)"，按【Enter】键即可实现转换，如下图所示。

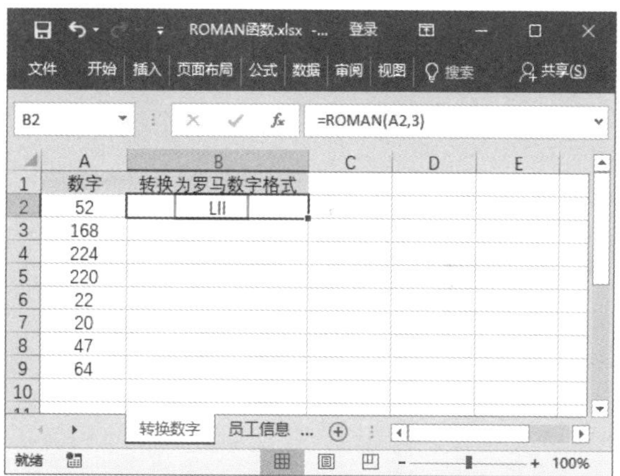

第 2 步 利用填充功能向下复制公式，即可对其他数字进行转换，如下图所示。

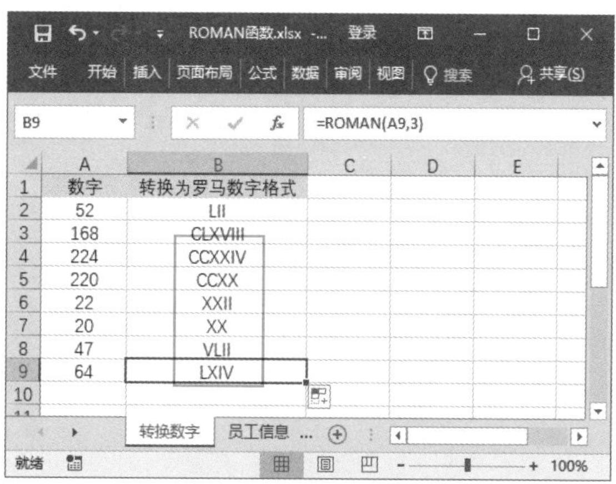

如果要使用函数输入员工编号，具体操作方法如下。

第 1 步 在【员工信息】工作表中选中要存放结果的单元格 A3，输入公式“=ROMAN(ROW()-2,3)”，按【Enter】键，即可输入当前员工的员工编号，如下图所示。

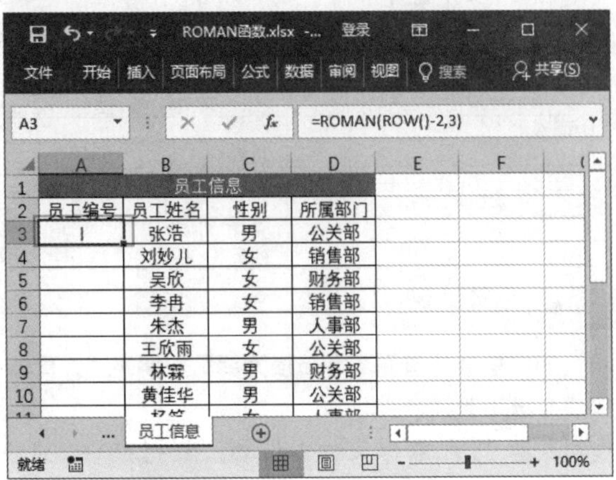

第 2 步 利用填充功能向下复制公式，即可输入其他员工的员工编号，如下图所示。

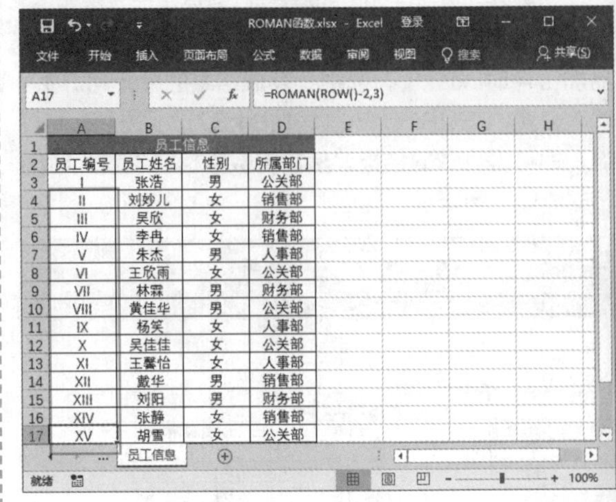

第 10 章
统计函数使用技巧

统计函数是 Excel 中使用频率最高的一类函数，从简单的计数与求和，到多区域中多种条件下的计数与求和，都要应用到这些函数。本章主要针对统计函数的应用，为读者介绍一些操作技巧。

下面列举了一些统计函数应用中的常见问题，看看是否会处理或已掌握。

【√】在年度销量报告表中，怎样计算每月的平均销量?

【√】在信息登记表中，怎样统计单元格的个数?

【√】某公司的年终销售报表中，需要提取最大销售额，应该使用什么函数?

【√】在各分店的销量报表中，怎样排序?

【√】在统计投票结果时，使用什么函数可以快速统计出最高票数?

【√】某公司记录了员工的工龄与销量，使用什么函数可以计算出未来工龄的销量?

希望通过本章内容的学习，能帮助你解决以上问题，并学会在 Excel 中使用统计函数的技巧。

10.1 平均值计算函数

在实际工作中，计算数值的平均数的应用非常广泛，如计算学科的平均成绩、某时间段内商品的平均价格等都离不开平均值函数的运用。本节主要介绍条件平均值类的函数相关技巧知识。

260 使用 AVERAGEA 函数计算参数中非空值的平均值

适用版本	实用指数
2007、2010、2013、2016	★★★★★

使用说明

AVERAGEA 函数用于计算参数列表中数值的平均值（算术平均值）。

函数语法：= AVERAGEA(value1, [value2], ...)

参数说明如下。

- value1（必选）：要计算平均值的第 1 个单元格、单元格区域或值。
- value2,…（可选）：要计算平均值的其他数字、单元格引用或单元格区域，最多可包含 255 个。

解决方法

例如，某公司对部分员工的获奖情况进行了记录，其中有些员工没有得到奖金。现在需要统计该公司员工领取奖金的平均值，可以使用 AVERAGE 和 AVERAGEA 函数表计算。具体操作方法如下。

第 1 步 打开素材文件（位置：素材文件 \ 第 10 章 \AVERAGEA 函数 .xlsx），在【平均工资】工作表选择要存放结果的单元格 C18，输入公式“=AVERAGE(D2:D16)”，按【Enter】键，即可计算出所有数值单元格的平均奖金，如下图所示。

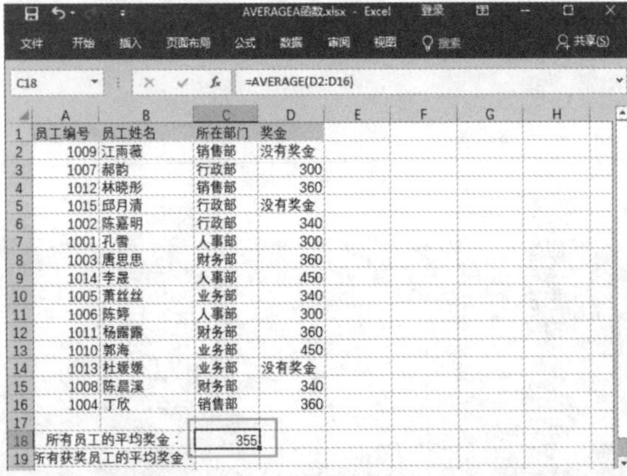

C18 =AVERAGE(D2:D16)

员工编号	员工姓名	所在部门	奖金
1009	江雨薇	销售部	没有奖金
1007	郝韵	行政部	300
1012	林晓彤	销售部	360
1015	邱月清	行政部	没有奖金
1002	陈嘉明	行政部	340
1001	孔雪	人事部	300
1003	唐思思	财务部	360
1014	李晟	人事部	450
1005	萧丝丝	业务部	340
1006	陈婷	人事部	300
1011	杨露露	财务部	360
1010	郭海	业务部	450
1013	杜媛媛	业务部	没有奖金
1008	陈晨溪	财务部	340
1004	丁欣	销售部	360
所有员工的平均奖金：		355	
所有获奖员工的平均奖金：			

第 2 步 选择要存放结果的单元格 C19，输入公式“=AVERAGEA(D2:D16)”，按【Enter】键，即可计算出所选区域内单元格的平均奖金，如下图所示。

C19 =AVERAGEA(D2:D16)

员工编号	员工姓名	所在部门	奖金
1009	江雨薇	销售部	没有奖金
1007	郝韵	行政部	300
1012	林晓彤	销售部	360
1015	邱月清	行政部	没有奖金
1002	陈嘉明	行政部	340
1001	孔雪	人事部	300
1003	唐思思	财务部	360
1014	李晟	人事部	450
1005	萧丝丝	业务部	340
1006	陈婷	人事部	300
1011	杨露露	财务部	360
1010	郭海	业务部	450
1013	杜媛媛	业务部	没有奖金
1008	陈晨溪	财务部	340
1004	丁欣	销售部	360
所有员工的平均奖金：		355	
所有获奖员工的平均奖金：		284	

温馨提示

针对不是数值类型的单元格，AVERAGE 函数会将其忽略，不参与计算；而 AVERAGEA 函数则将其视为数值 0，并参与计算。

又如，某比赛规定评委评分是使用 A、B、C、D 和 E 这 5 个标准。现在需要将评分字母转换为得分，其中 A 为 10 分，B 为 9 分，C 为 8 分，D 为 7 分，E 为 6 分。要计算选手的平均分，具体操作方法如下。

第 1 步 在【最后得分】工作表选择要存放结果的单元格 E2，输入公式“=ROUND(AVERAGEA(LOOKUP(B3:D3,{"A","B","C","D","E"},{10,9,8,7,6})),2)”，按【Ctrl+Shift+Enter】键，即可得到计算结果，如下图所示。

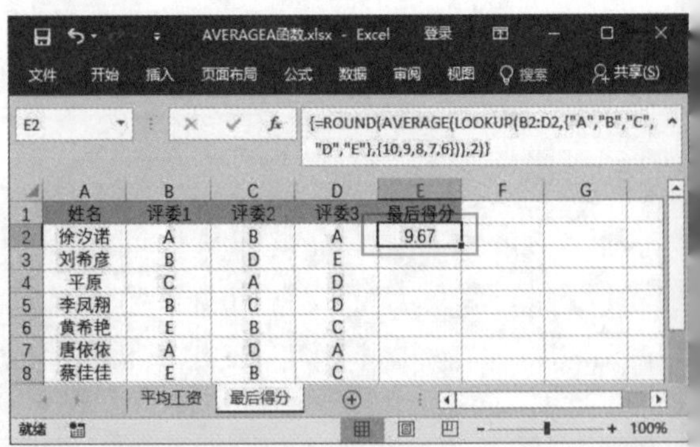

E2 {=ROUND(AVERAGE(LOOKUP(B2:D2,{"A","B","C","D","E"},{10,9,8,7,6})),2)}

姓名	评委1	评委2	评委3	最后得分
徐汐诺	A	B	A	9.67
刘希彦	B	D	E	
平原	C	A	D	
李凤翔	B	C	D	
黄希艳	E	B	C	
唐依依	A	D	A	
蔡佳佳	E	B	C	

第 2 步 利用填充功能向下复制公式，即可得到所有选手的平均分，如下图所示。

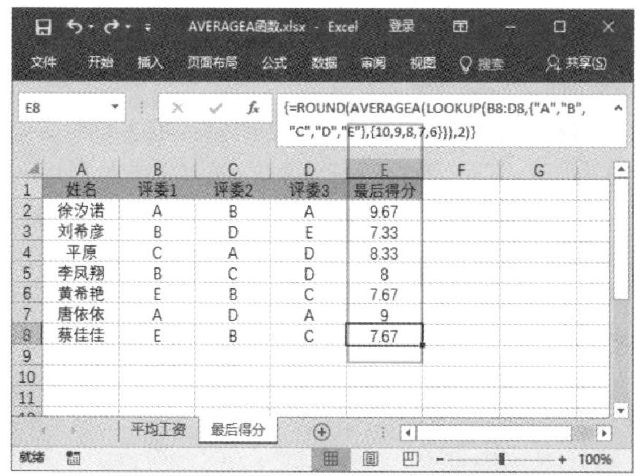

261 使用 AVERAGEIF 函数计算指定条件的平均值

适用版本	实用指数
2007、2010、2013、2016	★★★★★

使用说明

AVERAGEIF 函数返回某个区域内满足给定条件的所有单元格的平均值（算术平均值）。

函数语法：= AVERAGEIF (range,criteria,[average_range])

参数说明如下。

- range（必选）：要计算平均值的一个或多个单元格，其中包括数字或包含数字的名称、数组或引用。
- criteria（必选）：数字、表达式、单元格引用或文本形式的条件，用于定义要对哪些单元格计算平均值。例如，条件可以表示为 32、"32"">32"" 苹果 " 或 B4。
- average_range（可选）：要计算平均值的实际单元格集。如果忽略，则使用 range。

解决方法

在日常工作中，如果要对数据区域按给定的条件计算平均值，可以使用 AVERAGEIF 函数。具体操作方法如下。

打开素材文件（位置：素材文件\第 10 章\AVERAGEIF 函数 .xlsx），选择要存放结果的单元格 B19，输入公式“=AVERAGEIF(C2:C16,A19,E2:E16)”，按【Enter】键，即可计算出所有性别为【男】的平均奖金，如右上图所示。

温馨提示

- 如果参数 average_range 中的单元格为空单元格，或区域中包含逻辑 TRUE 或 FALSE，AVERAGEIF 将忽略它。
- 如果参数 range 为空值或文本值，或区域中没有满足条件的单元格，则 AVERAGEIF 会返回【#DIV0!】错误值。
- 如果条件中的单元格为空单元格，AVERAGEIF 就会将其视为 0 值。
- 可以在条件中使用通配符，即问号【?】和星号【*】。问号匹配任一单个字符；星号匹配任一字符序列。如果要查找实际的问号或星号，则需要在字符前输入波形符【~】。

262 使用 AVERAGEIFS 函数计算多条件平均值

适用版本	实用指数
2007、2010、2013、2016	★★★★★

使用说明

AVERAGEIFS 函数用于返回满足多重条件的所有单元格的平均值（算术平均值）。

函数语法：= AVERAGEIFS (average_range,criteria_range1,criteria1,[criteria_range2,criteria2],...)

参数说明如下。

- average_range（必选）：要计算平均值的一个或多个单元格，其中包括数字或包含数字的名称、数组或引用。
- criteria_range1（必选）：在其中计算关联条件的 1 个区域。
- criteria_range2（可选）：在其中计算关联条件的 2 ～ 127 个区域。

- criteria1（必选）：数字、表达式、单元格引用或文本形式的 1 ～ 127 个条件，用于定义将对哪些单元格求平均值。例如，条件可以表示为 32、"32"、">32"、" 苹果 " 或 B4。
- criteria2（可选）：数字、表达式、单元格引用或文本形式的 2 ～ 127 个条件，用于定义将对哪些单元格求平均值。

解决方法

使用 AVERAGEIFS 函数在【平均奖金】表中计算出符合条件的平均奖金，如性别为【男】，所在部门为【业务部】，具体操作方法如下。

打开素材文件（位置：素材文件\第 10 章\AVERAGEIFS 函数 .xlsx），选择要存放结果的单元格 C19，输入公式“=AVERAGEIFS(E2:E16,C2:C16,A19,D2:D16,B19)”，按【Enter】键，即可计算出符合条件的员工平均奖金，如下图所示。

	A	B	C	D	E
1	员工编号	员工姓名	性别	所在部门	奖金
2	1009	江雨薇	女	销售部	没有奖金
3	1007	郝韵	男	行政部	300
4	1012	林晓彤	女	销售部	360
5	1015	邱月清	男	行政部	没有奖金
6	1002	陈嘉明	男	行政部	340
7	1001	孔雪	女	人事部	300
8	1003	唐思思	女	财务部	360
9	1014	李晟	男	人事部	450
10	1005	萧丝丝	女	业务部	340
11	1006	陈婷	女	人事部	300
12	1011	杨露露	女	财务部	360
13	1010	郭海	男	业务部	450
14	1013	杜媛媛	女	业务部	没有奖金
15	1008	陈晨溪	男	业务部	340
16	1004	丁欣	女	销售部	360
17					
18	性别	所在部门	平均奖金		
19	男	业务部	395		

263 使用 AVEDEV 函数计算绝对偏差平均值

适用版本	实用指数
2007、2010、2013、2016	★★★★☆

使用说明

AVEDEV 函数用于返回一组数据与其均值的绝对偏差的平均值，AVEDEV 用于评测这组数据的离散度。

函数语法：= AVEDEV(number1, [number2], ...)

参数说明如下。

- number1（必选）：用于计算绝对偏差平均值的第 1 组参数，该参数可以直接输入的数字、单元格引用或数组。
- number2（可选）：用于计算绝对偏差平均值的第 2 ～ 225 个组参数，该参数可以直接输入的数字、单元格引用或数组。

解决方法

在一组数据中，要求返回数据与其均值的绝对偏差的平均值，可使用 AVEDEV 函数，具体操作方法如下。

打开素材文件（位置：素材文件\第 10 章\AVEDEV 函数 .xlsx），在【绝对偏差】工作表选择要存放结果的单元格 E1，输入公式“=AVEDEV(A2:A6)”，按【Enter】键即可，如下图所示。

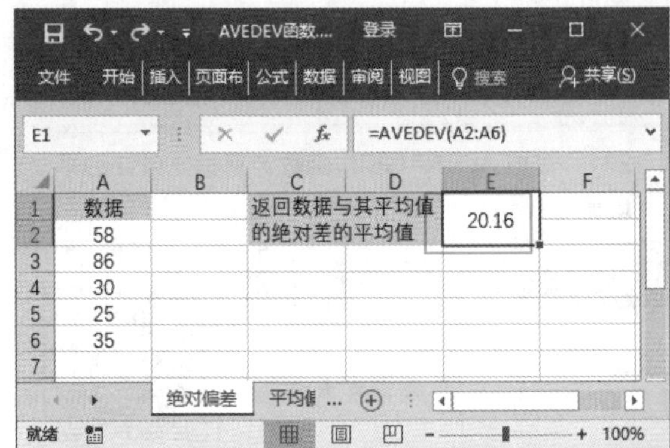

	A
1	数据
2	58
3	86
4	30
5	25
6	35

例如，某公司在年内对员工进行考核，现在需要计算该组数据的平均偏差，具体操作方法如下。

在【平均偏差】工作表选择要存放结果的单元格 C9，输入公式“=AVEDEV(B2:D7)”，按【Enter】键即可，如下图所示。

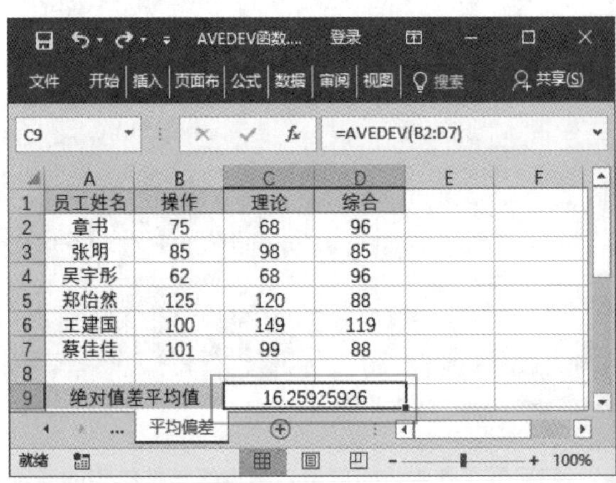

	A	B	C	D
1	员工姓名	操作	理论	综合
2	章书	75	68	96
3	张明	85	98	85
4	吴宇彤	62	68	96
5	郑怡然	125	120	88
6	王建国	100	149	119
7	蔡佳佳	101	99	88
8				
9	绝对值差平均值		16.25925926	

264 使用 GEOMEAN 函数计算几何平均值

适用版本	实用指数
2007、2010、2013、2016	★★★★☆

使用说明

GEOMEAN 函数用于返回正数数组或区域的几何平均值。

函数语法：= GEOMEAN(number1, [number2], ...)

参数说明如下。

- number1（必选）：用于计算几何平均值的第 1 组参数，也可以用单一数组或对某个数组的引用来代替用逗号分隔的参数。
- number2,...（可选）：用于计算几何平均值的第 2 ～ 255 组参数，也可以用单一数组或对某个数组的引用来代替用逗号分隔的参数。

解决方法

在销售数量统计表中，需要根据下半年各月的销售额，返回下半年销售额的几何平均值，具体操作方法如下。

打开素材文件（位置：素材文件\第 10 章\GEOMEAN 函数.xlsx），选择要存放结果的单元格 D9，输入公式"=GEOMEAN(D2:D7)"，按【Enter】键，即可计算出下半年销售额的几何平均值，如下图所示。

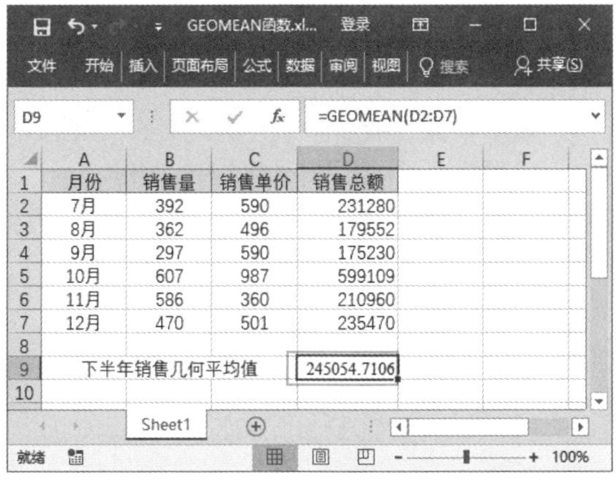

265 使用 HARMEAN 函数返回调和平均值

适用版本	实用指数
2007、2010、2013、2016	★★★★☆

使用说明

HARMEAN 函数用于返回数据集合的调和平均值。调和平均值与倒数的算术平均值互为倒数。

函数语法：= HARMEAN(number1, [number2], ...)

参数说明如下。

- number1（必选）：用于计算几何平均值的第 1 组参数，也可以用单一数组或对某个数组的引用来代替用逗号分隔的参数。
- number2（可选）：用于计算几何平均值的第 2 ～ 255 组参数，也可以用单一数组或对某个数组的引用来代替用逗号分隔的参数。

解决方法

在销售额统计表中，需要根据下半年各月的销售额，返回下半年每月的平均销售额，具体操作方法如下。

打开素材文件（位置：素材文件\第 10 章\HARMEAN 函数.xlsx），选择要存放结果的单元格 D9，输入公式"= HARMEAN (D2:D7)"，按【Enter】键，即可计算出下半年（7—12 月）每月平均销售额，如下图所示。

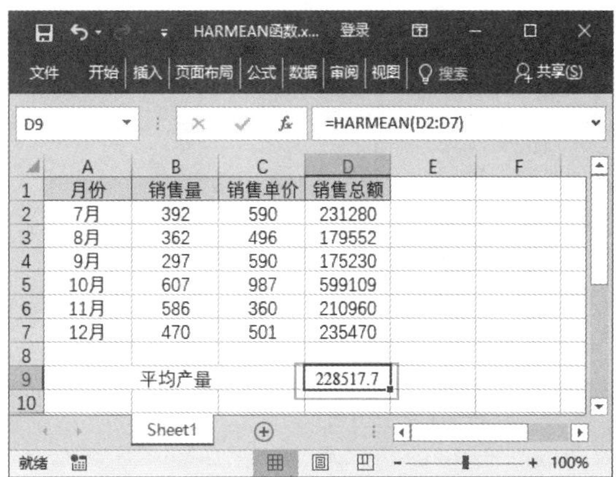

266 使用 TRIMMEAN 函数返回数据集的内部平均值

适用版本	实用指数
2007、2010、2013、2016	★★★☆☆

使用说明

TRIMMEAN 函数用于返回数据集的内部平均值。函数 TRIMMEAN 先从数据集的头部和尾部除去一定百分比的数据点，然后再求平均值。当希望在分析中剔除一部分数据的计算时，可以使用此函数。

函数语法：= TRIMMEAN(array, percent)

参数说明如下。

- array（必选）：需要进行整理并求平均值的数组或数值区域。
- percent（必选）：计算时所要除去的数据点的比例，例如，如果 percent = 0.2，在 20 个数据点的集合中，就要除去 4 个数据点（20x0.2）：头部除去 2 个，尾部除去 2 个。

解决方法

例如，某公司举行技能比赛，4 为评委分别对进入决赛的 9 名参赛人员进行打分，各参赛人员的得分情况如下表，计分人员需要根据计分结果计算出各参赛人员的最后得分，具体操作方法如下。

第 1 步 打开素材文件（位置：素材文件\第 10 章\TRIMMEAN 函数 .xlsx），在【最后得分】工作表中选择要存放结果的单元格 F2，输入公式"=ROUND(TRIMMEAN(A2:E2,0.4),2)"，按【Enter】键，即可得出计算结果，如下图所示。

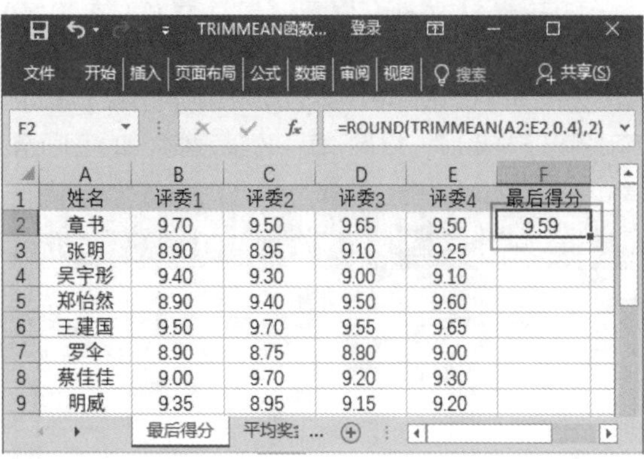

第 2 步 利用填充功能向下复制公式，计算出参赛人员的最终得分，如下图所示。

又如在奖金表中去掉一个最高奖金和最低奖金后计算平均值，具体操作方法如下。

在【平均工资】工作表中选择要存放结果的单元格 D15，输入公式"=TRIMMEAN(E2:E13,4/12)"，按【Enter】键，即可计算出除去最高和最低奖金的平均奖金，如下图所示。

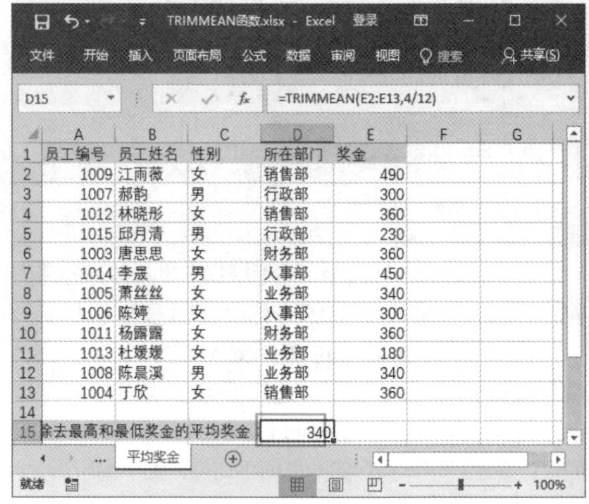

温馨提示

- 如果参数 percent 小于 0 或大于 1，函数 TRIMMEAN 返回错误值【#NUM!】。
- 函数 TRIMMEAN 将除去的数据点数目向下舍入为最接近的 2 的倍数。如果 percent=0.1，30 个数据点的 10% 等于 3 个数据点。函数 TRIMMEAN 将对称地在数据集的头部和尾部各除去一个数据。

10.2 数目统计函数

对表格中的数据进行计数统计是 Excel 用户经常要处理的问题，Excel 提供了几个常用的基本计数函数，通过这些函数能够帮助用户实现一些简单的统计需求。本节主要介绍数目统计类函数的相关技巧。

267 使用 COUNTA 函数计算参数列表中值的个数

适用版本	实用指数
2007、2010、2013、2016	★★★★★

使用说明

COUNTA 函数用于计算区域中不为空的单元格的个数。

函数语法：= COUNTA(value1, [value2], ...)

参数说明如下。

- value1（必选）：表示要计数的值的第 1 个参数。

- value2,…（可选）：表示要计数的值的其他参数，最多可包含 255 个参数。

解决方法

例如，某员工在整理数据时需要统计指定数据中包含数字的单元格值的个数，具体操作方法如下。

打开素材文件（位置：素材文件\第 10 章\COUNTA 函数 .xlsx），在【统计个数】工作表中选择要存放结果的单元格 B8，输入公式“=COUNTA(A2:A6)”，按【Enter】键，即可得到计算结果，如下图所示。

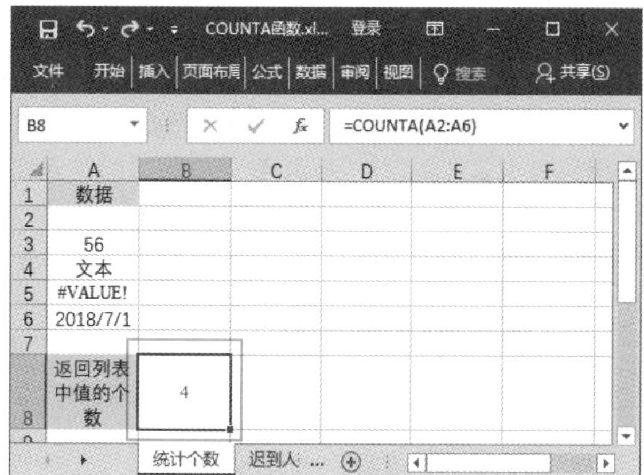

又如，公司管理人员在整理员工考勤表时，需要统计当月迟到的人数，可使用 COUNTA 函数进行统计，具体操作方法如下。

在【产品种类】工作表中选择要存放结果的单元格 E1，输入公式“=COUNTA(A2:A6)”，按【Enter】键，即可显示出员工的迟到人数，如下图所示。

温馨提示

单元格统计函数的功能是统计满足某些条件的单元格的个数。由于在 Excel 中单元格是存储数据和信息的基本单元，因此统计单元格的个数，实质上就是统计满足某些条件的单元格数量。COUNTA 函数可以对包含任何类型信息的单元格进行计数，包括错误值和空文本。如果只对包含数字的单元格进行计数，就需要使用 COUNT 函数。

268　使用 COUNTIF 函数计算参数列表中值的个数

适用版本	实用指数
2007、2010、2013、2016	★★★★★

使用说明

COUNTIF 函数用于对区域中满足单个指定条件的单元格进行计数。

函数语法：= COUNTIF(range, criteria)

参数说明如下。

- range（必选）：要对其进行计数的一个或多个单元格，其中包括数字或名称、数组或包含数字的引用。空值和文本值将被忽略。
- criteria（必选）：用于定义将对哪些单元格进行计数的数字、表达式、单元格引用或文本字符串。例如，条件可以表示为 32、">32"、B4、"苹果"或"32"。

解决方法

例如，某员工在整理数据时，需要统计指定数据区域中包含数字的单元格的个数，具体操作方法如下。

打开素材文件（位置：素材文件\第 10 章\COUNTIF 函数 .xlsx），在【销售记录】工作表中选择要存放结果的单元格 F1，输入公式“=COUNTIF(A2:A9,"<2018-5-15")”，按【Enter】键，即可得到计算结果，如下图所示。

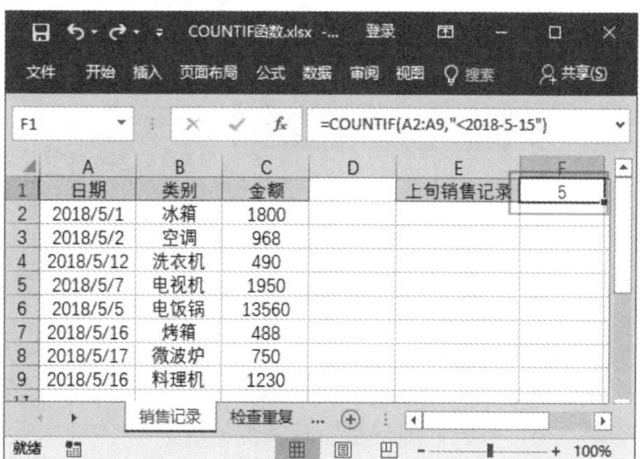

又如，某公司计划开发新产品，需要提前做一份市场调查，以便对顾客需求进行详细了解。为了统计出受访者人数，现在需要对该编号进行整理及检查编号是否有重复，以提高调查结果的精确率，具体操作方法如下。

第1步 在【检查重复】工作表中选择要存放结果的单元格B2，在编辑栏输入公式“=IF((COUNTIF($A$3:$A$9,A2))>1,"已重复","")”，按【Enter】键即可，如下图所示。

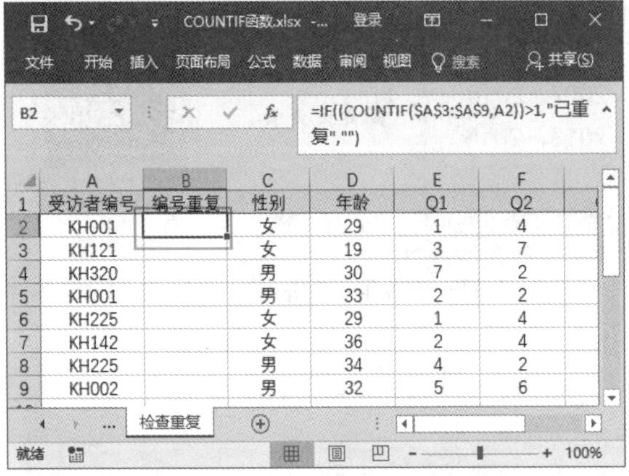

第2步 将公式向下填充，即可查看所有数据的重复情况，如下图所示。

269 使用 COUNTIFS 函数进行多条件统计

适用版本	实用指数
2007、2010、2013、2016	★★★★☆

使用说明

COUNTIFS 函数用于将条件应用于跨多个区域的单元格，并统计出符合所有条件的次数。

函数语法：=COUNTIFS(criteria_range1, criteria1,[criteria_range2,criteria2]…)

参数说明如下。

- criteria_range1（必选）：在其中计算关联条件的第 1 个区域。
- criteria1（必选）：表示要进行判断的第 1 个条件，条件的形式为数字、表达式、单元格引用或文本，可用来定义将对哪些单元格进行计数。
- criteria_range2, criteria2,...（可选）：附加的区域及其关联条件，最多允许 127 个区域 / 条件对。

解决方法

例如，使用 COUNTIFS 函数统计部门在人力资源部，且工龄在 3 年（含 3 年）以上的员工人数，具体操作方法如下。

打开素材文件（位置：素材文件 \ 第 10 章 \ 员工信息登记表 1.xlsx），选中要存放结果的单元格 D19，输入公式“=COUNTIFS(C3:C17,"人力资源",H3:H17,">=3")”，按【Enter】键，即可得到计算结果，如下图所示。

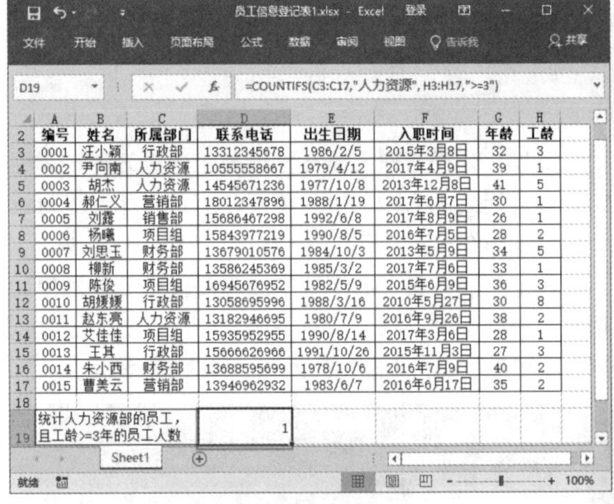

温馨提示

COUNTIFS 函数中的每一个附加的区域都必须与参数 criteria_range1 具有相同的行数和列数。这些区域无需彼此相邻。只有在单元格区域中的每一单元格满足对应的条件时，COUNTIFS 函数才对其进行计算。在条件中还可以使用通配符。

270 使用 COUNTBLANK 函数统计空白单元格

适用版本	实用指数
2007、2010、2013、2016	★★★★★

使用说明

COUNTBLANK 函数用于统计某个数据区域中空白单元格的个数。

> 函数语法：=COUNTBLANK(range)
> 参数说明如下。
> range（必选）：要计算其中空白单元格个数的数据区域。

解决方法

例如，使用 COUNTBLANK 函数计算无总分成绩的人，具体方法如下。

打开素材文件（位置：素材文件\第 10 章\新进员工考核表 1.xlsx），选中要存放结果的单元格 C16，输入公式“=COUNTBLANK(F4:F14)”，按【Enter】键，即可得到计算结果，如下图所示。

新进员工考核表

各单科成绩满分25分

姓名	出勤考核	工作能力	工作态度	业务考核	总分
刘露	25	20	23	21	89
张静	21	25	20	18	84
李洋洋	16	20	15		
朱金	19	13	17	14	63
杨青青	20		20	18	
张小波	17	20	16	23	76
黄雅雅	25	19	25	19	88
袁志远	18	19	18	20	75
陈倩	18	16	17	13	64
韩丹	19	17	19	15	70
陈强	15	17		10	
无总分成绩人数		3			

温馨提示

即使单元格中含有返回值为空文本的公式，COUNTBLANK 函数也会将这个单元格统计在内，但包含零值的单元格将不被计算在内。

271 使用 FREQUENCY 函数以垂直数组的形式返回频率分布

适用版本	实用指数
2007、2010、2013、2016	★★★★☆

使用说明

FREQUENCY 函数用于计算数值在某个数据区域内的出现频率，然后返回一个垂直数组。

> 函数语法：= FREQUENCY(data_array, bins_array)
> 参数说明如下。
> - data_array（必选）：表示计算频率的一个值数组或对一组数值的引用。如果该参数中不包含任何数值，函数 FREQUENCY 将返回一个零数组。
> - bins_array（必选）：对 data_array 中的数值进行分组的一个区间数组或对区间的引用。如果该参数中不包含任何数值，函数 FREQUENCY 返回的值与 data_array 中的元素个数相等

解决方法

例如，需要计算某个得分区间内的人员个数，如计算外语成绩 60 ~ 90 分之间的学生人数，可以使用 FREQUENCY 函数和 INDEX 函数，具体操作方法如下。

打开素材文件（位置：素材文件\第 10 章\FREQUENCY 函数 .xlsx），在【计算人数】工作表中选择要存放结果的单元格 D10，输入公式“=INDEX(FREQUENCY(D2:D7,{60,90}),2)”，按下【Enter】键，即可得到外语成绩在 60 ~ 90 分之间的人数结果，如下图所示。

学生姓名	语文	数学	外语	理综	总成绩
章书	70	90	73	159	392
张明	80	60	75	147	362
吴宇彤	56	50	68	123	297
郑怡然	124	99	128	256	607
王建国	98	145	104	239	586
蔡佳佳	101	94	89	186	470
在60分到90分之间的人数			4		

又如，需要计算数值在某个区域内的出现频率，然后返回一个垂直数组，可使用 FREQUENCY 函数，具体操作方法如下。

第 1 步 在【返回频率分布】工作表中选择要存放结果的单元格区域 D2:D5，在编辑栏输入公式“=FREQUENCY(A2:A10,B2:B5)”，如下图所示。

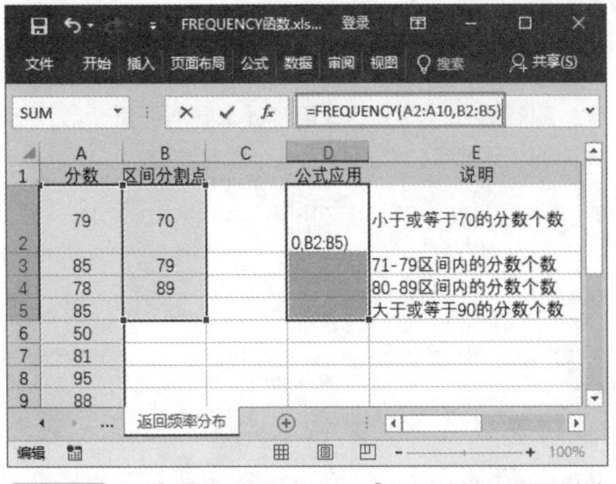

第 2 步 按【Ctrl+Shift+Enter】组合键即可得到计算结果，如下图所示。

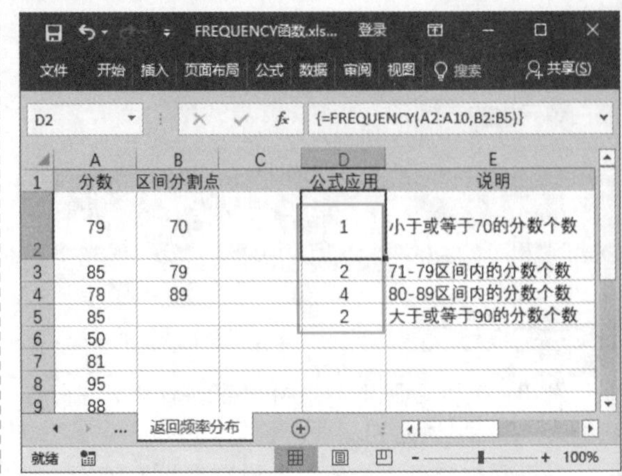

10.3 最大值与最小值函数

在实际工作中，用户经常需要从数据区域中取得最大值或最小值，例如，某产品的最高日产量、采购某商品的最低价格等。在 Excel 中专门提供了几个用于此类应用的函数，本节主要介绍极值应用函数的相关技巧。

272 使用 MAXA 函数返回参数列表中的最大值

适用版本	实用指数
2007、2010、2013、2016	★★★★★

使用说明

MAXA 函数用于返回参数列表中的最大值。

函数语法：= MAXA(value1,[value2],...)。

参数说明如下。

- value1（必选）：要从中找出最大值的第一个数值参数。
- value2（可选）：要从中找出最大值的 2 ～ 255 个数值参数。

解决方法

例如在一组包含有文本、逻辑值和空值的数据区域中，使用 MAXA 函数计算出最大值，具体操作方法如下。

打开素材文件（位置：素材文件 \ 第 10 章 \MAXA 函数 .xlsx），在【最大数据】工作表中选择要存放结果的单元格 B11，输入公式“=MAXA(A2:A10)”，按【Enter】键，即可计算出最大数据值，如下图所示。

又如，某班在月底对学生进行了一次模拟考试，为了更好的掌握学生成绩情况，现在需要统计出【数学成绩最高分数，具体操作方法如下。

在【最大值】工作表中选择要存放结果的单元格 D9，输入公式“=MAXA(C2:C7)”，按【Ctrl+Shift+Enter】组合键，即可计算出【数学】成绩最高分数，如下图所示。

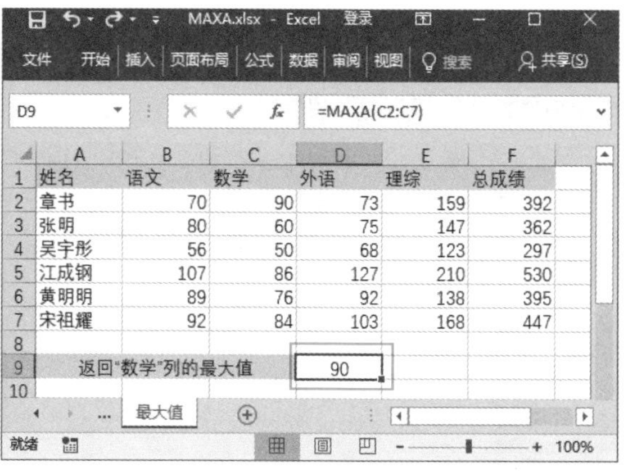

	A	B	C	D	E	F
1	姓名	语文	数学	外语	理综	总成绩
2	章书	70	90	73	159	392
3	张明	80	60	75	147	362
4	吴宇彤	56	50	68	123	297
5	江成钢	107	86	127	210	530
6	黄明明	89	76	92	138	395
7	宋祖耀	92	84	103	168	447
8						
9	返回"数学"列的最大值			90		

273　使用 MINA 函数返回参数列表中的最小值

适用版本	实用指数
2007、2010、2013、2016	★★★★★

使用说明

MINA 函数用于返回参数列表中的最小值。

函数语法：= MINA(value1, [value2], ...)

参数说明如下。

- value1（必选）：需要从中查找最小值的第 1 个数值。
- value2, ...（可选）：需要从中找出最小值的 2 ～ 255 个数值参数。

解决方法

例如，在一组包含有文本、逻辑值和空值的数据区域中，使用 MINA 函数计算出最小值，具体操作方法如下。

打开素材文件（位置：素材文件 \ 第 10 章 \ MINA.xlsx），选择要存放结果的单元格 B10，输入公式"=MINA(A2:A10)"，按【3Enter】键，即可计算出最小值，如下图所示。

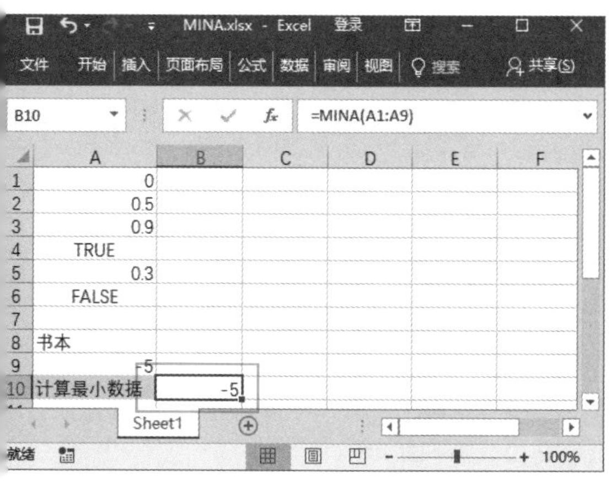

	A	B
1	0	
2	0.5	
3	0.9	
4	TRUE	
5	0.3	
6	FALSE	
7		
8	书本	
9	-5	
10	计算最小数据	-5

274　使用 SMALL 函数在销售表中按条件返回第 k 小的值

适用版本	实用指数
2007、2010、2013、2016	★★★★★

使用说明

SMALL 函数用于返回数据集中第 k 个最小值。使用此函数可以返回数据集中特定位置上的数值。

函数语法：= SMALL(array, k)

参数说明如下。

- array（必选）：需要找到第 k 个最小值的数组或数字型数据区域。
- k（必选）：要返回的数据在数组或数据区域里的位置（从小到大）。

解决方法

例如，在销售表中，如果用户需要返回销售额为最小的第 5 名时，可以使用 SMALL 函数，具体操作方法如下。

打开素材文件（位置：素材文件 \ 第 10 章 \SMALL 函数 .xlsx），在【最大数据】工作表中选择要存放结果的单元格 C13，输入公式"=SMALL(D2:D11,5)"，按【Enter】键，即可计算出第 5 名的最低销售金额，如下图所示。

	A	B	C	D
1	产品名称	价格	销售数量	销售金额
2	leboy牛皮女包	¥298.00	5	¥1,490.00
3	VINTAGE油腊羊皮包	¥368.00	10	¥3,680.00
4	羊皮菱格纹女包	¥348.00	15	¥5,220.00
5	鳄鱼纹链条包	¥340.00	30	¥10,200.00
6	雨点纹女包	¥338.00	42	¥14,196.00
7	菱格链条小包	¥288.00	8	¥2,304.00
8	欧美高档羊皮女包	¥536.00	9	¥4,824.00
9	蛇纹牛皮包	¥398.00	29	¥11,542.00
10	韩版菱格包	¥208.00	35	¥7,280.00
11	韩国女包	¥215.00	40	¥8,600.00
12				
13	计算销售额为第五名的最小金额		5220	

275　使用 LARGE 函数返回第 k 个最大值

适用版本	实用指数
2007、2010、2013、2016	★★★★☆

使用说明

使用 LARGE 函数可以返回数据集中第 k 个最大值。

> 函数语法：= LARGE(array, k)
> 参数说明如下。
> - array（必选）：需要确定第 k 个最大值的数组或数据区域。
> - k（必选）：返回值在数组或数据单元格区域中的位置（从大到小排）。

解决方法

例如，要使用 LARGE 函数返回排名第 3 的得分，具体操作方法如下。

打开素材文件（位置：素材文件 \ 第 10 章 \ 新进员工考核表 .xlsx），选中要存放结果的单元格 B15，输入公式“=LARGE(B3:B14,3)”，按【Enter】键，即可得到计算结果，如下图所示。

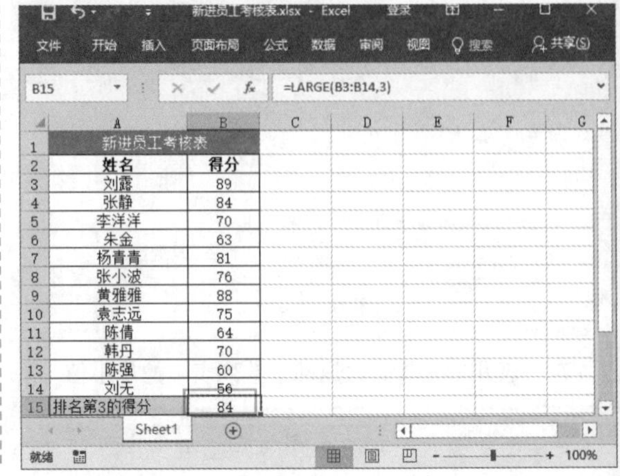

10.4 排位统计函数

对数据进行排位或者标注成绩名次是统计工作中的典型应用之一，Excel 提供了几个函数来辅助实现这样的需求。本节主要介绍与名次相关的函数的应用技巧。

276 使用 RANK.EQ 函数对经营收入进行排序

适用版本	实用指数
2007、2010、2013、2016	★★★★★

使用说明

RANK.EQ 函数用于返回一个数字在数字列表中的排位，数字的排位是其大小与列表中其他值的比值（如果列表已排过序，则数字的排位就是它当前的位置）。如果多个值具有相同的排位，则返回该组数值的最高排位。如果要对列表进行排序，则数字排位可作为其位置。

> 函数语法：= RANK.EQ (number,ref,[order])
> 参数说明如下。
> - number（必选）：需要找到排位的数字。
> - ref（必选）：数字列表数组或对数字列表的引用。ref 中的非数值型值将被忽略。
> - order（可选）：表示数字排位的方式。如果 order 为 0（零）或省略，对数字的排位是基于参数 ref 为按照降序排列的列表；如果 order 不为零，对数字的排位是基于参数 ref 为按照升序排列的列表。

解决方法

例如，年底时某大型娱乐场所统计了去年的经营收入，为了能够预测明年的经营收入，需要对去年的经营收入进行排位。此时，可以使用 RANK.EQ 函数进行排序，具体操作方法如下。

第 1 步 打开素材文件（位置：素材文件 \ 第 10 章 \ RANK.EQ.xlsx），选择要存放结果的单元格 C2，输入公式“=RANK.EQ(B2,$B$2:$B$13,)”，按【Enter】键，即可得出计算结果，如下图所示。

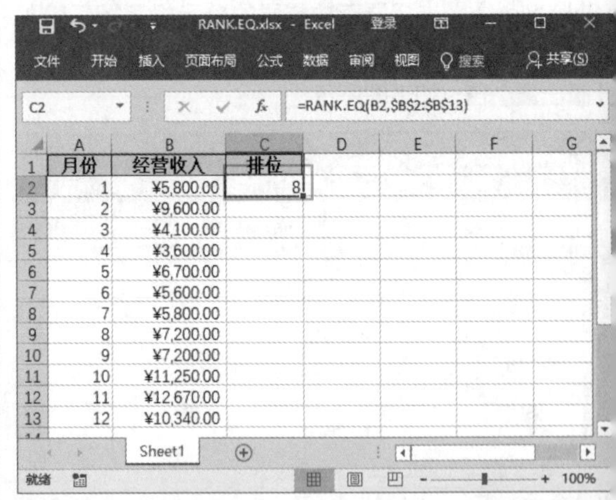

第 2 步 利用填充功能向下复制公式，计算出所有月份的排位，如下图所示。

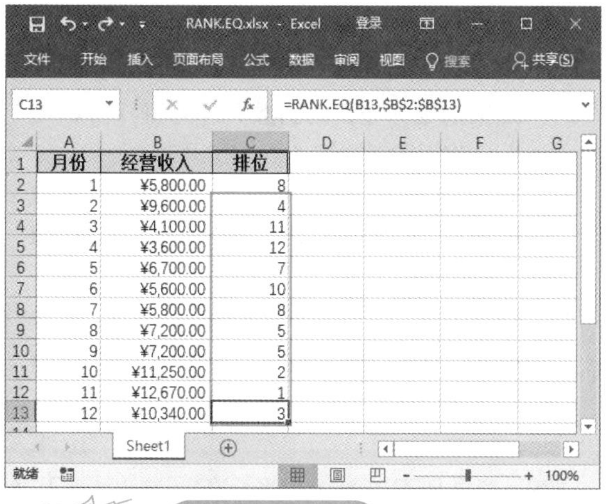

C13 =RANK.EQ(B13,$B$2:$B$13)

月份	经营收入	排位
1	¥5,800.00	8
2	¥9,600.00	4
3	¥4,100.00	11
4	¥3,600.00	12
5	¥6,700.00	7
6	¥5,600.00	10
7	¥5,800.00	8
8	¥7,200.00	5
9	¥7,200.00	5
10	¥11,250.00	2
11	¥12,670.00	1
12	¥10,340.00	3

温馨提示

函数 RANK.EQ 对重复数据的排位相同。但重复数据的存在将影响后续数值的排位。例如，在一列按升序排列的整数中，如果数字 10 出现两次，其排位为 5，则 11 的排位为 7（没有排位为 6 的数值）。

277 使用 RANK.AVG 函数对经营收入进行排序

适用版本	实用指数
2007、2010、2013、2016	★★★★☆

使用说明

RANK.AVG 函数与 RANK.EQ 函数的用法相同，也用于返回一个数字在数字列表中的排位，只是当多个值具有相同的排位时，将返回平均排位。

> 函数语法：= RANK.AVG (number,ref,[order])
>
> 参数说明如下。
>
> - number（必选）：要排位的数字。
> - ref（必选）：数字列表数组或对数字列表的引用。ref 中的非数值型值将被忽略。
> - order（可选）：一个指定数字的排位方式的数字。如果 order 为 0（零）或忽略，对数字的排位就会基于 ref 是按照降序排序的列表；如果 order 不为 0，对数字的排位就会基于 ref 是按照升序排序的列表。

解决方法

从上例中可以看出，RANK.EQ 函数对重复数字的排位相同，但重复数字的存在将影响后续数字的排位。如果希望在遇到重复数字时采用平均排位方式排位，可使用 RANK.AVG 函数进行排位，具体操作方法如下。

第 1 步 打开素材文件（位置：素材文件\第 10 章\RANK.AVG 函数 .xlsx），选择要存放结果的单元格 C2，输入公式“=RANK.AVG (B2,$B$2:$B$13,)”，按【Enter】键，即可得出计算结果，如下图所示。

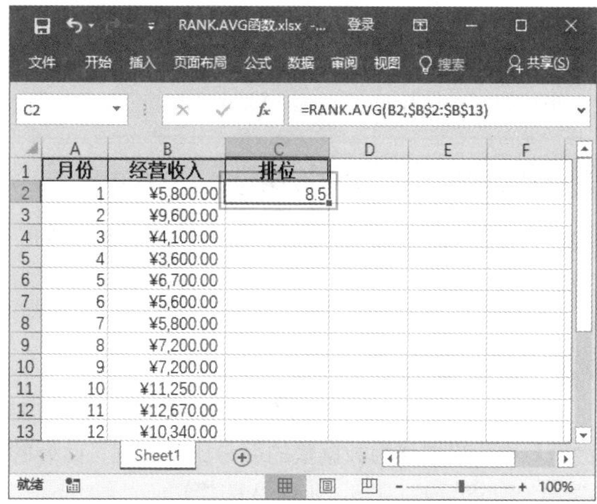

C2 =RANK.AVG(B2,$B$2:$B$13)

月份	经营收入	排位
1	¥5,800.00	8.5
2	¥9,600.00	
3	¥4,100.00	
4	¥3,600.00	
5	¥6,700.00	
6	¥5,600.00	
7	¥5,800.00	
8	¥7,200.00	
9	¥7,200.00	
10	¥11,250.00	
11	¥12,670.00	
12	¥10,340.00	

第 2 步 利用填充功能向下复制公式，计算出所有月份的排位，如下图所示。

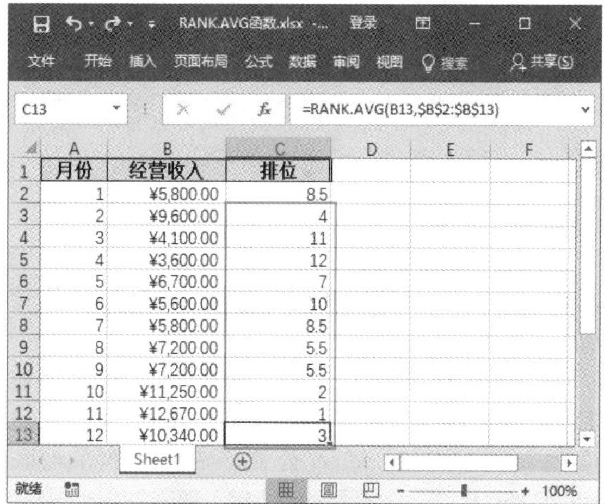

C13 =RANK.AVG(B13,$B$2:$B$13)

月份	经营收入	排位
1	¥5,800.00	8.5
2	¥9,600.00	4
3	¥4,100.00	11
4	¥3,600.00	12
5	¥6,700.00	7
6	¥5,600.00	10
7	¥5,800.00	8.5
8	¥7,200.00	5.5
9	¥7,200.00	5.5
10	¥11,250.00	2
11	¥12,670.00	1
12	¥10,340.00	3

温馨提示

- 当数字区域中包含数字重复时，RANK.AVG 函数将返回重复数字的平均排位。譬如，单元格区域含 1 ~ 6 之间的 6 个数，如果按照降序排列，数字 2 的排列将为 5，如果将这几个数字改为 1、2、3、3、5、6，数字 3 出现两次，降序排列时两个数字 3 的排位分别为 3 和 4。RANK.AVG 函数将取两次排位的平均值进行排位，即 3 与 4 的平均值，结果为 3.5。

温馨提示

- 重复数字的排位结果相同，也会影响后续数值排位，在一组按升序排列的整数中，如果数字 10 出现两次，其排位为 5，则 11 的排位为 7（没有排位为 6 的数值）。

278　使用 PERCENTRANK.INC 函数返回数据集中值的百分比排位

适用版本	实用指数
2007、2010、2013、2016	★★★☆☆

使用说明

PERCENTRANK.INC 函数用于将某个数值在数据集中的排位作为数据集的百分比值返回，此处的百分比值的范围为 0 ~ 1（含 0 和 1）。

> 函数语法：= PERCENTRANK.INC(array,x,[significance])
> 参数说明如下。
> - array（必选）：定义相对位置的数组或数字区域。
> - x（必选）：数组中要排位的值。
> - significance（可选）：一个用来标识返回的百分比值的有效位数的值。如果省略，函数 PERCENTRANK.INC 保留 3 位小数（0.xxx）。

解决方法

例如，某公司记录了今年第一季度产品的销量情况，现在需要计算 B12 单元格内销量所占的百分比排位，具体操作方法如下。

打开素材文件（位置：素材文件\第 10 章\PERCENTRANK.INC 函数 .xlsx），选择要存放结果的单元格 C12，输入公式“=PERCENTRANK.INC(B2:E9,B12)”，按【Enter】键，即可在该单元格内显示出 B12 单元格内销量所占百分比排名，如下图所示。

C12　=PERCENTRANK.INC(B2:E9,B12)

	A	B	C	D	E
1	姓名	1月	2月	3月	4月
2	蔡佳佳	190	90	49	195
3	明威	140	75	123	36
4	张庄	120	55	59	482
5	杨横	75	89	77	59
6	王蕊	39	78	69	79
7	文华	90	56	150	80
8	汪树海	101	59	29	69
9	何群	99	78	26	70
10					
11	销售员	销量	百分比排位		
12	A	200	96.80%		

温馨提示

- 如果数组为空，则函数 PERCENTRANK.INC 将返回错误值【#NUM!】。
- 如果参数 significance 小于 1，则函数 PERCENTRANK.INC 将返回错误值【#NUM!】。
- 如果数组里没有与参数 x 相匹配的值，则函数 PERCENTRANK.INC 将进行插值以返回正确的百分比排位。

279　使用 PERCENTRANK.EXC 函数统计员工销售额的百分比排名

适用版本	实用指数
2007、2010、2013、2016	★★★★☆

使用说明

PERCENTRANK.EXC 函数用于返回某个数值在一个数据集中的百分比（0 到 1，不包括 0 和 1）排位。

> 函数语法：= PERCENTRANK.EXC(array,x,[significance])
> 参数说明如下。
> - array（必选）：定义相对位置的数值数组或数值数据区域
> - x（必选）：需要返回百分比排位的值。
> - significance（可选）：一个确定返回的百分比值的有效位数的值。如果忽略，则 PERCENTRANK.EXC 使用 3 位小数（0.xxx）。

解决方法

例如，某公司记录了员工在一年内的产品销量情况，现在需要计算各员工的销售额占总销售额的百分比排位，具体操作方法如下。

第 1 步 打开素材文件（位置：素材文件\第 10 章\PERCENTRANK.EXC.xlsx），选择要存放结果的单元格 C2，输入公式“=PERCENTRANK.EXC(B2:B9,B2,1)”，按【Enter】键，即可得出计算结果，如下图所示。

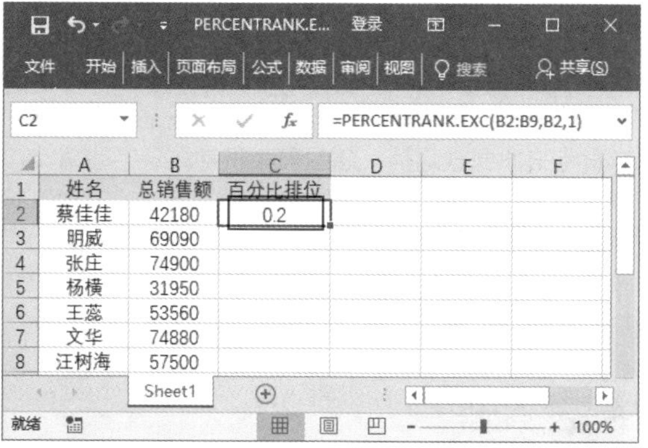

第 2 步 利用填充功能向下复制公式，即可计算出各个员工的销售额占总销售额百分比排名，如下图所示。

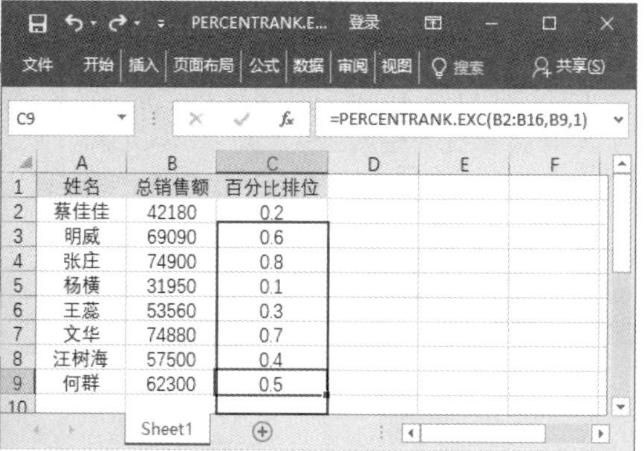

280 使用 QUARTILE.INC 函数统计销量的四分位数

适用版本	实用指数
2007、2010、2013、2016	★★★★☆

使用说明

QUARTILE.INC 函数可以根据 0 ～ 1 之间的百分点值（包含 0 和 1）返回数据集的四分位数。

函数语法：= QUARTILE.INC(array,quart)

参数说明如下。

- array（必选）：要求四分位数值的数组或数值型单元格区域。
- quart（必选）：决定返回哪一个四分位值。关于该参数的取值与对应的 QUARTILE.INC 函数返回值如下表所示。

quart 参数取值与对应的 QUARTILE.INC 函数返回值

取 值	函数返回值
0	最小值
1	第一个四分位数（第 25 个百分点值）
2	中分位数（第 50 个百分点值）
3	第三个四分位数（第 75 个百分点值）
4	最大值

解决方法

例如，某公司记录了员工在一年内的产品销量情况，现在需要计算四分位数，具体操作方法如下。

第 1 步 打开素材文件（位置：素材文件 \ 第 10 章 \QUARTILE.INC 函数 .xlsx），选择要存放结果的单元格 H1，输入公式“=QUARTILE.INC($B$2:$E$9,0)”，按下【Enter】键，即可得出计算结果，如下图所示。

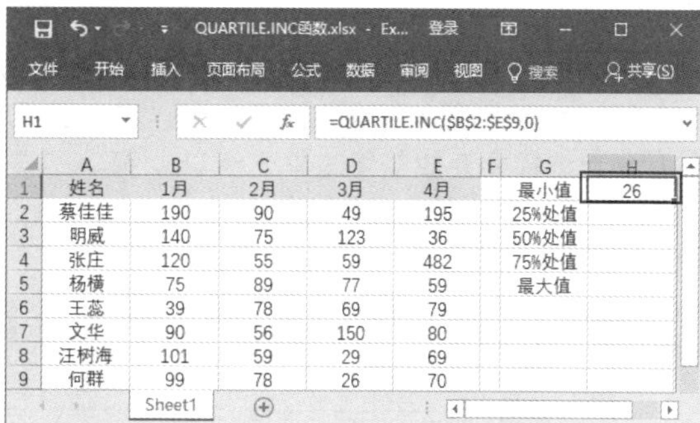

第 2 步 选择要存放结果的单元格 H2，输入公式“=QUARTILE.INC($B$2:$E$9,1)”，按【Enter】键，即可得出计算结果，如下图所示。

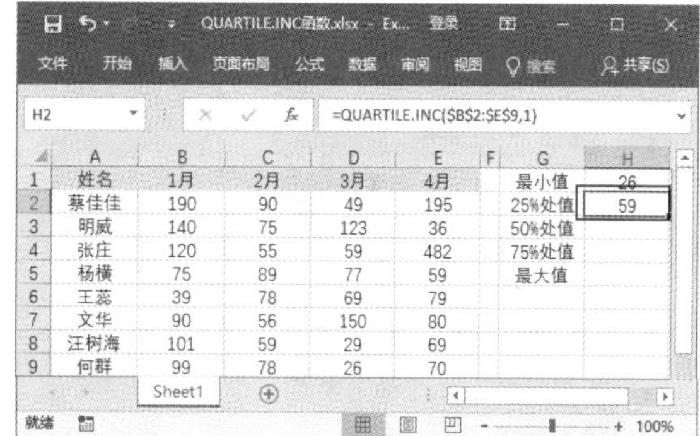

第 3 步 选择要存放结果的单元格 H3，输入公式“=QUARTILE.INC($B$2:$E$9,2)”，按【Enter】键，即可得出计算结果，如下图所示。

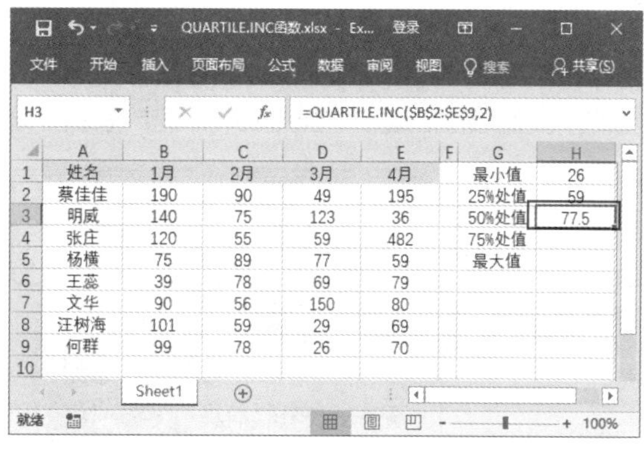

第 4 步 选择要存放结果的单元格 H4，输入公式

“=QUARTILE.INC($B$2:$E$9,3)”，按【Enter】键，即可得出计算结果，如下图所示。

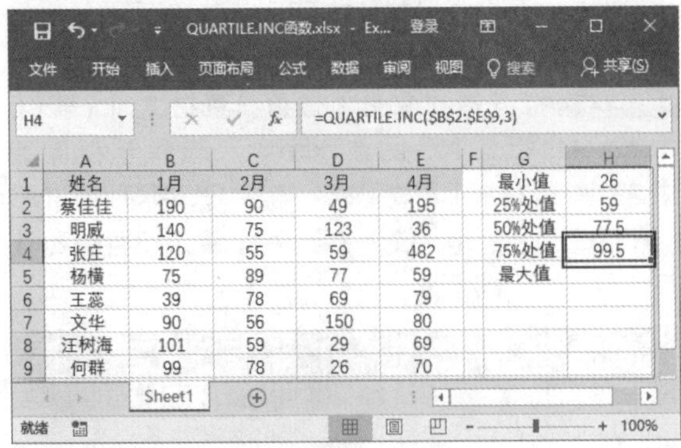

第 5 步 选择要存放结果的单元格 H5，输入公式“=QUARTILE.INC($B$2:$E$9,4)”，按【Enter】键，即可得出计算结果，如下图所示。

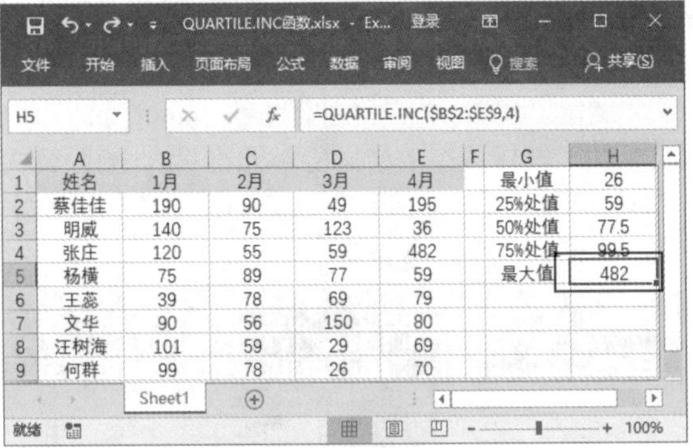

温馨提示

- 如果参数 array 为空，则 QUARTILE.INC 函数将返回错误值【#NUM!】。
- 如果参数 quart 不为整数，参数中的值将被截尾取整。
- 如果参数 quart 小于 0 或大于 4，则 QUARTILE.INC 函数将返回错误值【#NUM!】。
- 当参数 quart 分别等于 0（零）、2 和 4 时，函数 MIN、MEDIAN 和 MAX 返回的值与函数 QUARTILE.INC 返回的值相同。

281 使用 QUARTILE.EXC 函数基于百分点值返回数据集的四分位数

适用版本	实用指数
2007、2010、2013、2016	★★★★☆

使用说明

QUARTILE.EXC 函数用于计算基于 0 ~ 1 之间（不包括 0 和 1）的百分点值返回数据集的四分位数。

函数语法：= QUARTILE.EXC(array, quart)

参数说明如下。

- array（必选）：想要求得其四分位数值的数值数组或数值单元格区域。
- quart（必选）：指示要返回哪一个值。

解决方法

例如，某公司记录了员工在一年内的产品销量情况，现在需要根据销售额数据，计算销售总额的四分位数，操作方法如下。

第 1 步 打开素材文件（位置：素材文件\第 10 章\QUARTILE.EXC 函数.xlsx），选择要存放结果的单元格 E2，输入公式“=QUARTILE.EXC($B$2:$B$9,1)”，按【Enter】键，即可得出计算结果，如下图所示。

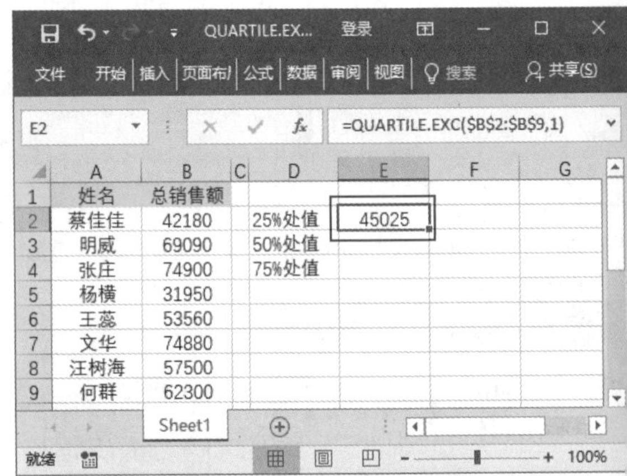

第 2 步 选择要存放结果的单元格 E3，输入公式“=QUARTILE.EXC($B$2:$B$9,2)”，按【Enter】键，即可得出计算结果，如下图所示。

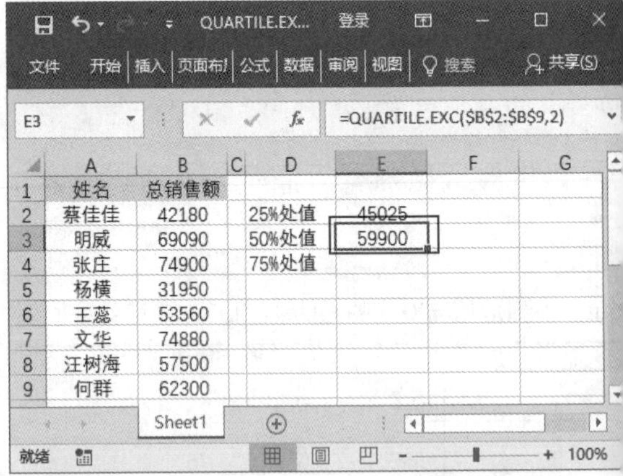

第 3 步 选择要存放结果的单元格 E4，输入公式“=QUARTILE.EXC($B$2:$B$9,3)”，按【Enter】键，即可得出计算结果，如下图所示。

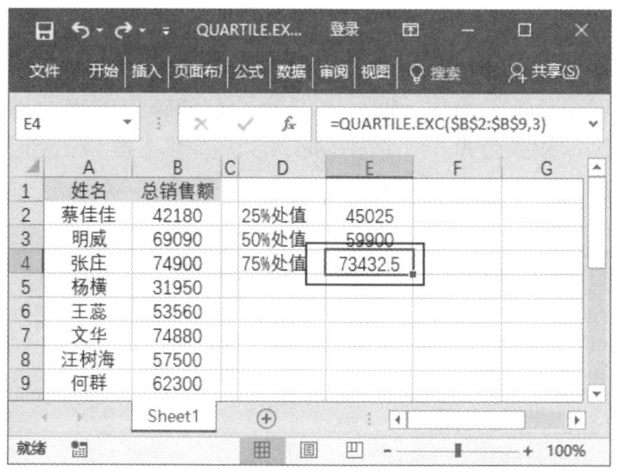

E4 =QUARTILE.EXC($B$2:$B$9,3)

	A	B	C	D	E
1	姓名	总销售额			
2	蔡佳佳	42180		25%处值	45025
3	明威	69090		50%处值	59900
4	张庄	74900		75%处值	73432.5
5	杨横	31950			
6	王蕊	53560			
7	文华	74880			
8	汪树海	57500			
9	何群	62300			

282 使用 PERCENTILE.INC 函数返回区域中数值的第 k 个百分点的值

适用版本	实用指数
2007、2010、2013、2016	★★★★☆

使用说明

PERCENTILE.INC 函数用于返回区域中数值的第 k 个百分点的值，k 为 0 ~ 1 之间的百分点值，包含 0 和 1。

> 函数语法：= PERCENTILE.INC(array,k)
>
> 参数说明如下。
>
> - array（必选）：定义相对位置的数组或数据区域。
> - k（必选）：0 ~ 1 之间的百分点值，包含 0 和 1。

解决方法

例如，某公司记录了员工在一年内产品的销量情况，现在需要在销量数据中统计出 90% 处的数据值，操作方法如下。

打开素材文件（位置：素材文件\第 10 章\PERCENTILE.INC 函数 .xlsx），选择要存放结果的单元格 H1，输入公式“=PERCENTILE.INC($B$2:$E$9,0.9)”，按【Enter】键，即可得出计算结果，如下图所示。

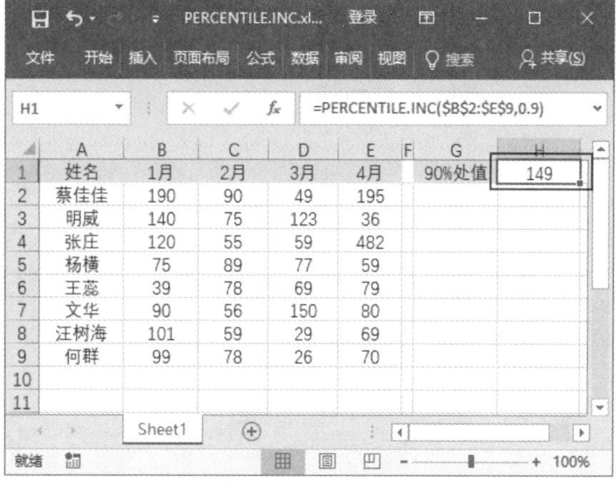

H1 =PERCENTILE.INC($B$2:$E$9,0.9)

	A	B	C	D	E	F	G	H
1	姓名	1月	2月	3月	4月		90%处值	149
2	蔡佳佳	190	90	49	195			
3	明威	140	75	123	36			
4	张庄	120	55	59	482			
5	杨横	75	89	77	59			
6	王蕊	39	78	69	79			
7	文华	90	56	150	80			
8	汪树海	101	59	29	69			
9	何群	99	78	26	70			

283 使用 PERCENTILE.EXC 函数返回区域中数值的第 k 个百分点的值

适用版本	实用指数
2007、2010、2013、2016	★★★☆☆

使用说明

PERCENTILE.EXC 函数用于返回区域中数值的第 k 个百分点的值，其中 k 为 0 ~ 1 之间的值，不包含 0 和 1。

> 函数语法：= PERCENTILE.EXC(array,k)
>
> 参数说明如下。
>
> - array（必选）：定义相对位置的数组或数据区域。
> - k（必选）：0 ~ 1 之间的百分点值，不包含 0 和 1。

解决方法

例如，某公司记录了员工在一年内产品的销量情况，现在需要统计 0.5 个百分点的销售额，操作方法如下。

打开素材文件（位置：素材文件\第 10 章\PERCENTILE.EXC 函数 .xlsx），选择要存放结果的单元格 E1，输入公式“=PERCENTILE.EXC(B2:B9,0.5)”，按【Enter】键，即可得出计算结果，如下图所示。

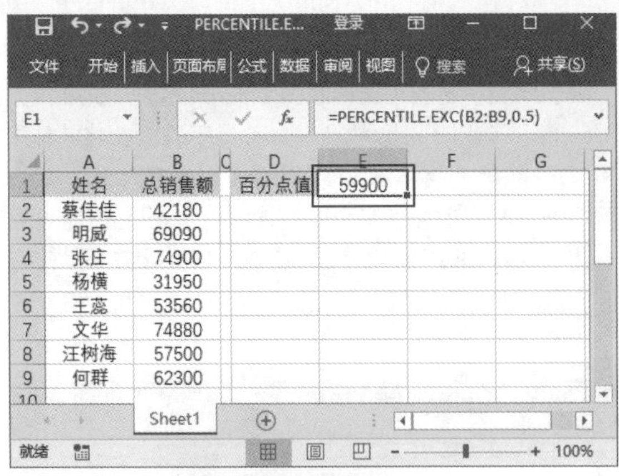

温馨提示

- 如果参数 array 为空，则 PERCENTILE.EXC 函数将返回错误值【#NUM!】。
- 如果参数 k 为非数值型，则函数 PERCENTILE.EXC 将返回错误值【#VALUE!】。
- 如果参数 k 小于等于 0 或大于等于 1，则函数 PERCENTILE.EXC 将返回错误值【#NUM!】。
- 如果参数 k 不是 1/(n−1) 的倍数，则函数 PERCENTILE.EXC 将插入值以确定第 k 个百分点的值。
- 当指定百分点的值位于数组中的两个值之间时，PERCENTILE.EXC 将插入值。如果不能通过插入值来确定指定的第 k 个百分点的值，函数将返回错误值【#NUM!】。

284 使用 PERMUT 函数返回给定数目对象的排列数

适用版本	实用指数
2007、2010、2013、2016	★★★☆☆

使用说明

PERMUT 函数用于返回从给定数目的对象集合中选取的若干对象的排列数。

函数语法：= PERMUT(number, number_chosen)

参数说明如下。

- number（必选）：表示对象个数的整数。
- number_chosen（必选）：表示每个排列中对象个数的整数。

解决方法

例如，假设每个彩票号码分别有 3 位数，每个数的范围为 0 ~ 99 之间，包括 0 和 99，计算彩票中奖的可能性，操作方法如下。

打开素材文件（位置：素材文件\第 10 章\PERMUT 函数.xlsx），选择要存放结果的单元格 B4，输入公式“=1/PERMUT(B1, B2)”，按【Enter】键，即可得出计算结果，如下图所示。

285 使用 MEDIAN 函数计算销量中间值

适用版本	实用指数
2007、2010、2013、2016	★★★☆☆

使用说明

MEDIAN 函数用于返回给定数值的中值。中值是在一组数值中居于中间的数值。

函数语法：= MEDIAN(number1, [number2], ...)

参数说明如下。

- number1（必选）：需要计算中值的第 1 个数字，参数可以是数字或者是包含数字的名称、数组或引用。
- number2,…（可选）：需要计算中值的 2 ～ 255 个数字，参数可以是数字或者是包含数字的名称、数组或引用。

解决方法

某商店按照销售日期统计了商品的销售记录，为了更好地查看销售情况，现在需要统计出该月销量的中间值，操作方法如下。

打开素材文件（位置：素材文件\第 10 章\MEDIAN 函数 .xlsx），选择要存放结果的单元格 F1，输入公式“=MEDIAN(C2:C9)”，按【Enter】键，即可得出计算结果，如右图所示。

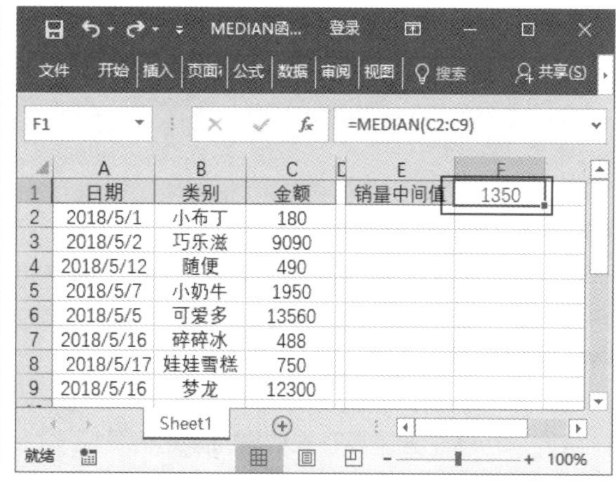

10.5 统计数据的方差

方差是各个数据与平均数之差的平方的平均数，用来计算均值之间的偏离程度。本节主要介绍方差的相关函数的使用技巧。

286 使用 DEVSQ 函数返回偏差的平方和

适用版本	实用指数
2007、2010、2013、2016	★★★★☆

使用说明

DEVSQ 函数用于返回数据点与各自样本平均值偏差的平方和。

函数语法：= DEVSQ(number1, [number2], ...)
参数说明如下。

- number1（必选）：用于计算偏差平方和的第 1 个参数，参数的个数可以为 1 ～ 255 个。
- number2, ...（必选）：用于计算偏差平方和的第 2 ～ 255 个参数。

解决方法

例如，在一组数据中计算其与各自样本平均值偏差的平方和，操作方法如下。

打开素材文件（位置：素材文件\第 10 章\DEVSQ 函数 .xlsx），选择要存放结果的单元格 E1，输入公式“=DEVSQ(A2:A6)”，按【Enter】键，即可得出计算结果，如右图所示。

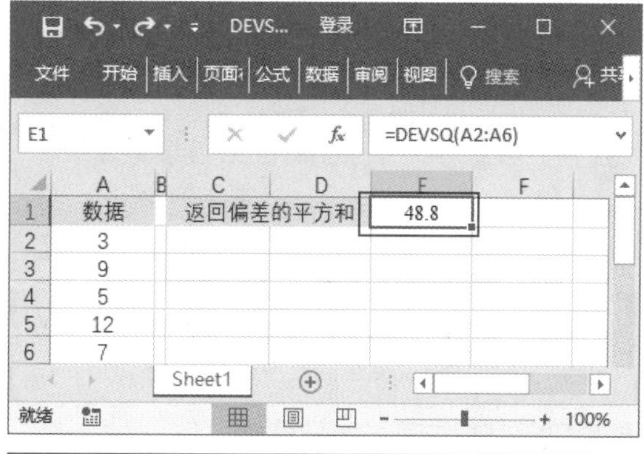

287 使用 STDEV.S 函数计算抗断强度的标准值偏差

适用版本	实用指数
2007、2010、2013、2016	★★★★☆

使用说明

STDEV.S 函数用于返回数据点与各自样本平均值偏差的平方和。

函数语法：= STDEV.S(number1,[number2],...])
参数说明如下。

- number1（必选）：对应于总体样本的第 1 个数值参数。也可以用单一数组或对某个数组的引用来代替用逗号分隔的参数。

- number2, ...（可选）：对应于总体样本的 2 ～ 255 个数值参数。也可以用单一数组或对某个数组的引用来代替用逗号分隔的参数。

解决方法

例如，某工厂新制作了一批零件，为了确定完成后的产品是否达到既定标准，现抽取其中的一部分进行检测，下面需要在该零件的部分抽查结果中计算零件的标准值偏差，操作方法如下。

打开素材文件(位置:素材文件\第10章\STDEV.S 函数 .xlsx)，选择要存放结果的单元格 E1，输入公式“=STDEV.S(A2:A11)”，按【Enter】键，即可得出计算结果，如下图所示。

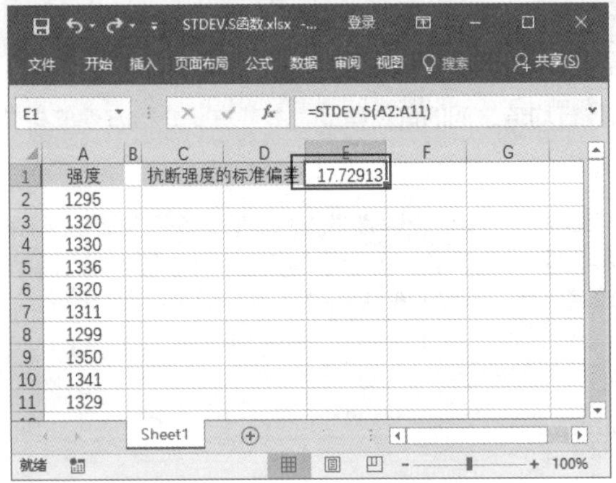

288　使用 STDEVA 函数计算全部数据的标准值偏差

适用版本	实用指数
2007、2010、2013、2016	★★★★☆

使用说明

STDEVA 函数用于估算基于样本的标准偏差。标准偏差反映数值相对于平均值 (mean) 的离散程度。

函数语法：= STDEVA(value1, [value2], ...)

参数说明如下。

- value1(必选)：对应于总体样本的第 1 个数值参数。
- value2, ...（可选）：对应于总体样本的 2 ～ 255 个数值参数。

解决方法

例如，某工厂新制作了一批零件，为了确定完成后的产品是否达到既定标准，现抽取其中的一部分进行检查，下图为该零件的部分抽查结果，现在需要计算所有零件的标准偏差值，操作方法如下。

打开素材文件(位置：素材文件\第 10 章\STDEVA 函数 .xlsx)，选择要存放结果的单元格 E1，输入公式“=STDEVA(A2:A8)”，按【Enter】键，即可得出计算结果，如下图所示。

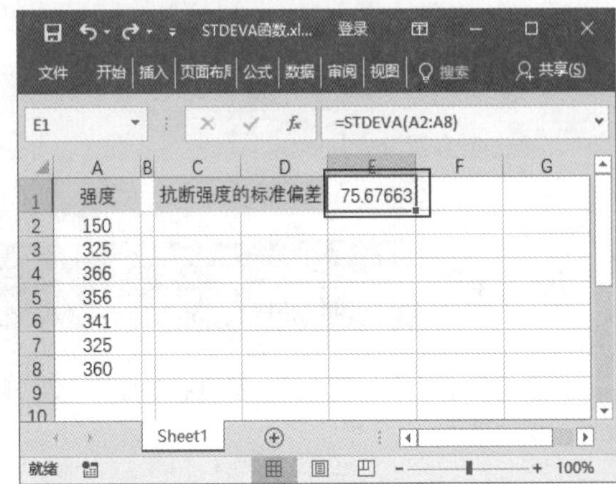

289　使用 STDEV.P 函数计算零件样本总体的标准值偏差

适用版本	实用指数
2007、2010、2013、2016	★★★★☆

使用说明

STDEV.P 函数用于计算基于以参数形式给出的整个样本总体的标准偏差（忽略逻辑值和文本）。

函数语法：= STDEV.P(number1,[number2],...])

参数说明如下。

- number1（必选）：对应于样本总体的第 1 个数值参数。
- number2，...（可选）：对应于样本总体的 2 ～ 255 个数值参数。也可以用单一数组或对某个数组的引用来代替用逗号分隔的参数。

解决方法

例如，某工厂投资制作了一批零件，为了确定完成后的产品是否达到既定标准，现抽取其中的一部分进行检测。下图该零件的部分抽查结果，其中一部分零件因为客观原因并未进行检测，现在需要计算已检测零件强度的标准值偏差，可使用 STDEV.P 函数，操作方法如下。

打开素材文件(位置：素材文件\第 10 章\STDEV.P 函数 .xlsx)，选择要存放结果的单元格 E1，输入公式“=STDEV.P(A2:A10)”，按【Enter】键，即可得出计算结果，如下图所示。

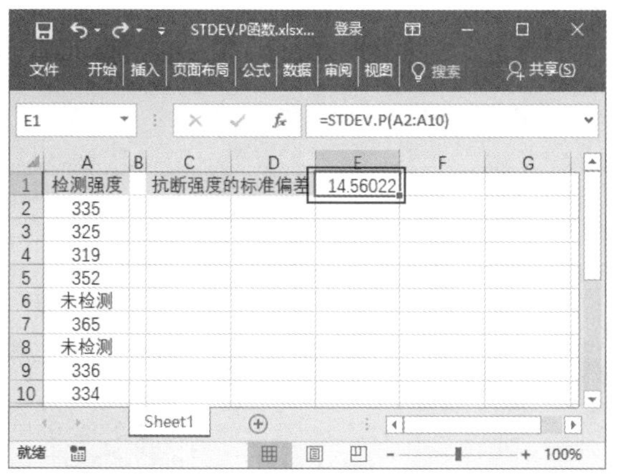

290　使用 STDEVPA 函数计算零件样本总体的标准值偏差（含未测试值）

适用版本	实用指数
2007、2010、2013、2016	★★★☆☆

使用说明

STDEVPA 函数用于返回以参数形式给出的整个样本总体的标准偏差，包含文本和逻辑值。标准偏差反映数值相对于平均值（mean）的离散程度。

> 函数语法：= STDEVPA(value1, [value2], ...)
> 参数说明如下。
> - value1（必选）：对应样本总体的第 1 个数值参数。
> - value2, ...（可选）：对应样本总体的第 2 ～ 255 个数值参数。也可以用单一数组或对某个数组的引用来代替用逗号分隔的参数。

解决方法

例如，某工厂投资制作了一批零件，为了确定完成后的产品是否达到既定标准，现抽取其中的一部分进行检查。下表为该零件的部分抽查结果，其中一部分零件因为客观原因并未进行检测，现在需要计算已检测零件强度的标准值偏差，操作方法如下。

打开素材文件（位置：素材文件\第 10 章\STDEVPA 函数 .xlsx），选择要存放结果的单元格 E1，输入公式“=STDEVPA (A2:A10)”，按【Enter】键，即可得出计算结果，如下图所示。

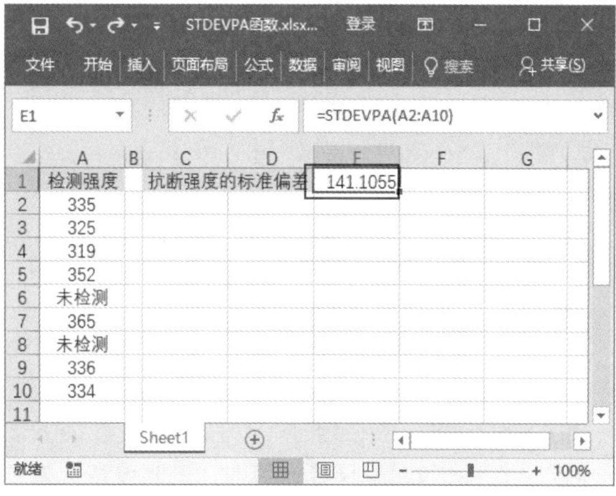

291　使用 VAR.S 函数基于样本估算方差

适用版本	实用指数
2010、2013、2016	★★★★☆

使用说明

VAR.S 函数用于估算基于样本的方差（忽略样本中的逻辑值和文本）。

> 函数语法：= VAR.S(number1,[number2],...])
> 参数说明如下。
> - number1（必选）：对应总体样本的第 1 个数值参数。
> - number2, ...（可选）：对应总体样本的第 2 ～ 255 个数值参数。

解决方法

例如，某工厂新制作了一批零件，为了确定制作的标准是否达标，现抽取其中的一部分进行检测。下表为该零件的部分抽查结果，现在需要计算零件强度的方差，操作方法如下。

打开素材文件（位置：素材文件\第 10 章\VAR.S 函数 .xlsx），选择要存放结果的单元格 E1，输入公式“=VAR.S(A2:A10)”，按【Enter】键，即可得出计算结果，如下图所示。

温馨提示

Excel 2010 之后的版本，以 VAR.S 函数取代了 VAR 函数，在使用时，VAR.S 语法与 VAR 相同。使用函数 VAR.S 计算时，是假设参数为样本总体中的一个样本，如果数据为整个样本总体，则应使用函数 VAR.P 来计算方差。

292 使用 VARA 函数计算产品样本的标准值方差

适用版本	实用指数
2007、2010、2013、2016	★★★☆☆

使用说明

VARA 函数用于计算基于给定样本的标准值方差。

函数语法：= VARA(value1, [value2], ...)

参数说明如下。

- value1（必选）：对应总体样本的第 1 个数值参数。
- value2, ...（可选）：对应总体样本的第 2 ～ 255 个数值参数。

解决方法

例如，某工厂新制作了一批零件，为了确定制作的标准是否达标，现抽取其中的一部分进行检测。下表为该零件的部分抽查结果，现在需要计算产品样本的标准值方差，操作方法如下。

打开素材文件（位置：素材文件 \ 第 10 章 \VARA 函数 .xlsx），选择要存放结果的单元格 E1，输入公式“=VARA(A2:A10)”，按【Enter】键，即可得出计算结果，如右上图所示。

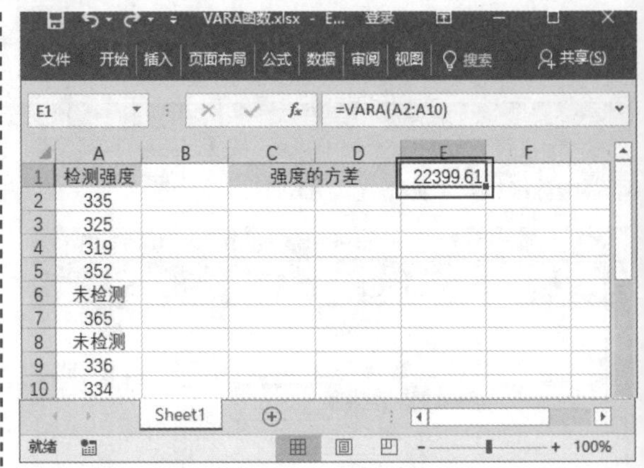

293 使用 VAR.P 函数计算产品样本的总体方差

适用版本	实用指数
2007、2010、2013、2016	★★★★★

使用说明

VAR.P 函数用于计算基于整个样本的总体方差（忽略样本总体中的逻辑值和文本）。

函数语法：= VAR.P(number1,[number2],...])

参数说明如下。

- number1（必选）：对应样本总体的第 1 个数值参数。
- number2, ...（可选）：对应样本总体的第 2 ～ 255 个数值参数。

解决方法

例如，某工厂新制作了一批零件，抽样结果记录在工作表中，现在需要计算产品样本总体方差，操作方法如下。

打开素材文件（位置：素材文件 \ 第 10 章 \VAR.P 函数 .xlsx），选择要存放结果的单元格 E1，输入公式“= VAR.P (A2:A10)”，按【Enter】键，即可得出计算结果，如下图所示。

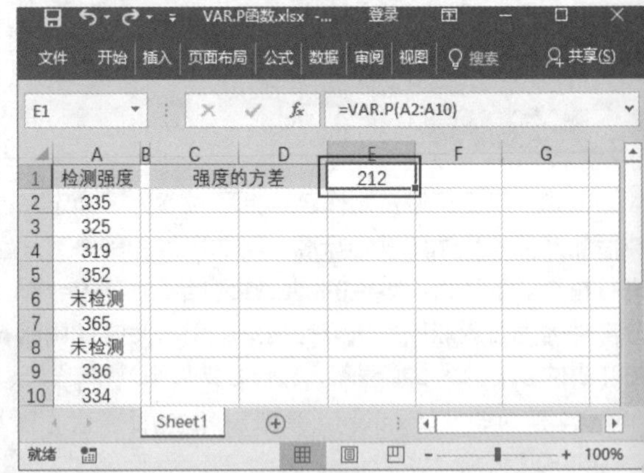

294 使用 VARPA 函数计算产品样本的总体方差（含未测试）

适用版本	实用指数
2007、2010、2013、2016	★★★☆☆

使用说明

VARPA函数用于计算基于整个样本总体的方差。

函数语法：= VARPA(value1, [value2], ...)
参数说明如下。

- value1（必选）：对应样本总体的第 1 个数值参数。
- value2, ...（可选）：对应样本总体的第 2 ～ 255 个数值参数。

解决方法

例如，某工厂新制作了一批零件，抽样结果记录在工作表中，现在需要计算产品样本总体方差， 操作方法如下。

打开素材文件(位置:素材文件\第 10 章\VARPA 函数.xlsx)，选择要存放结果的单元格 E1，输入公式“= VARPA (A2:A7)”，按【Enter】键，即可得出计算结果，如下图所示。

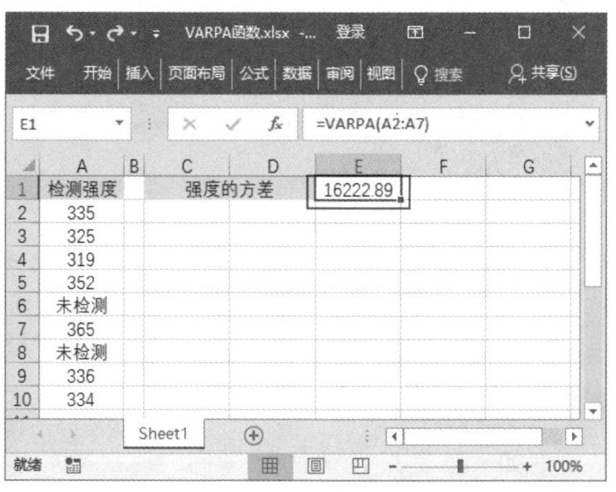

	A	B	C	D	E
1	检测强度		强度的方差		16222.89
2	335				
3	325				
4	319				
5	352				
6	未检测				
7	365				
8	未检测				
9	336				
10	334				

295 使用 KURT 函数计算各地产品峰值

适用版本	实用指数
2007、2010、2013、2016	★★★☆☆

使用说明

KURT 函数用于返回数据集的峰值。峰值反映与正态分布相比某一分布的尖锐度或平坦度。正峰值表示相对尖锐的分布，负峰值表示相对平坦的分布。

函数语法：= KURT(number1, [number2], ...)
参数说明如下。

- number1（必选）：用于计算峰值的第 1 个参数。
- number 2, ...（可选）：用于计算峰值的第 2 ～ 255 个数值参数。

解决方法

例如，已知晓某商品在某段时间内各地的市场价格表，现在需要计算该商品在该段时间内价格的峰值，操作方法如下。

打开素材文件（位置：素材文件\第 10 章\KURT 函数 .xlsx），选择要存放结果的单元格 G1，输入公式“=KURT(A2:D7)”，按【Enter】键，即可得出计算结果，如下图所示。

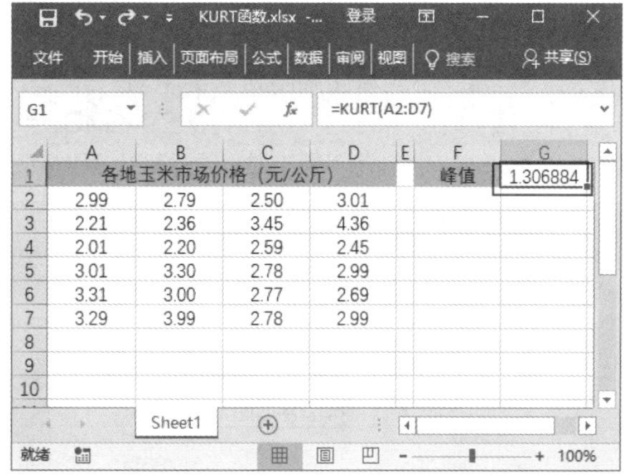

	A	B	C	D	E	F	G
1	各地玉米市场价格（元/公斤）					峰值	1.306884
2	2.99	2.79	2.50	3.01			
3	2.21	2.36	3.45	4.36			
4	2.01	2.20	2.59	2.45			
5	3.01	3.30	2.78	2.99			
6	3.31	3.00	2.77	2.69			
7	3.29	3.99	2.78	2.99			

10.6 概率分布函数

除了用查找与引用函数能返回特定的值和引用位置外，使用概率统计类函数也能够返回与数量有关的信息。下面介绍概率统计函数常用的使用技巧知识。

296 使用 MODE.SNGL 函数返回在数据集内出现次数最多的值

适用版本	实用指数
2007、2010、2013、2016	★★★★★

使用说明

MODE.SNGL 函数用于返回在某一数组或数据区域中出现次数最多的数值。

函数语法：= MODE.SNGL (number1,[number2],...)

参数说明如下。

- number1（必选）：用于计算其众数的第 1 个数字参数。
- number2, ...（可选）：用于计算其众数的第 2 ～ 254 个数字参数。也可以用单一数组或对某个数组的引用来代替用逗号分隔的参数。

解决方法

例如，在学生成绩表中，使用 MODE.SNGL 函数统计出现频率最高的多个分数，具体操作方法如下。

打开素材文件（位置：素材文件\第 10 章\MODE.SNGL 函数 .xlsx），在【分数】工作表中选择要存放结果的单元格 C13，输入公式“=MODE.SNGL(B2:E11)”，按【Enter】键，即可统计出频率最高的数值，如下图所示。

C13 =MODE.SNGL(B2:E11)

	A	B	C	D	E
1	姓名	语文	数学	英语	化学
2	陈蓉	75	84	75	95
3	赵敏	86	95	84	86
4	朱明	75	82	85	76
5	孙涛	84	75	86	84
6	吴军	95	84	75	75
7	陈华	86	95	81	81
8	彭丹	75	84	76	72
9	马可	85	81	72	52
10	胡娟	90	83	96	60
11	刘洪	95	40	75	76
12					
13	出现频率最多的分数		75		

又如，某工厂评选优秀车间，现在需要通过投票选出得票次数最多的车间，具体操作方法如下。

在【投票】工作表中选择要存放结果的单元格 E1，输入公式“=MODE.SNGL(B2:B9)&" 车间 "”，按【Enter】键，即可在单元格内显示出得票次数最多的车间，如下图所示。

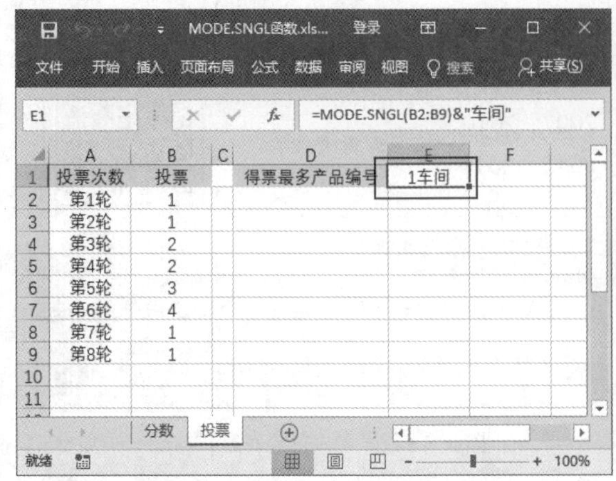

E1 =MODE.SNGL(B2:B9)&"车间"

	A	B	C	D	E
1	投票次数	投票		得票最多产品编号	1车间
2	第1轮	1			
3	第2轮	1			
4	第3轮	2			
5	第4轮	2			
6	第5轮	3			
7	第6轮	4			
8	第7轮	1			
9	第8轮	1			

297 使用 MODE.MULT 函数统计得票次数最多的车间

适用版本	实用指数
2007、2010、2013、2016	★★★★★

使用说明

MODE.MULT 函数用于返回一组数据或数据区域中出现频率最高的数值。

函数语法：= MODE.MULT((number1,[number2],...])

参数说明如下。

- number1（必选）：用于计算其众数的第 1 个数字参数。
- number2, ...（可选）：用于计算其众数的 2 ～ 254 个数字参数。也可以用单一数组或对某个数组的引用来代替用逗号分隔的参数。

解决方法

例如，某工厂评选优秀车间，现在需要通过投票选出得票次数最多的车间，具体操作方法如下。

打开素材文件（位置：素材文件\第 10 章\MODE.MULT 函数 .xlsx），选择要存放结果的单元格 E1，输入公式“=MODE.MULT(B2:B9)&" 车间 "”，按【Enter】键，即可统计出得票数最多的车间，如下图所示。

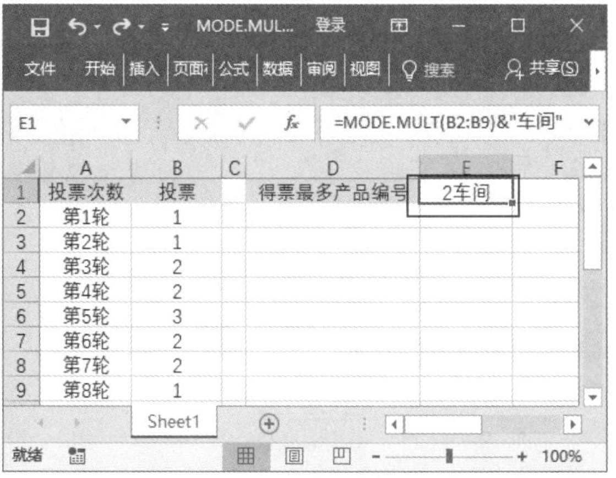

298 使用 BINOM.DIST 函数计算分布概率值

适用版本	实用指数
2007、2010、2013、2016	★★★★★

使用说明

BINOM.DIST 函数用于返回二项式分布的概率。

函数语法：= BINOM.DIST(number_s,trials,probability_s,cumulative)

参数说明如下。

- number_s（必选）：试验成功的次数。
- trials（必选）：独立试验的次数。
- probability_s（必选）：每次试验中成功的概率。
- cumulative（必选）：决定函数形式的逻辑值。如果该参数为 TRUE，函数将返回累积分布函数，即至多 number_s 次成功的概率；如果为 FALSE，则返回概率密度函数，即 number_s 次成功的概率。

解决方法

例如，某公司需要根据试验结果的成功情况，计算成功概率值，具体操作方法如下。

打开素材文件（位置：素材文件\第 10 章\BINOM.DIST 函数 .xlsx），选择要存放结果的单元格 B5，输入公式“=BINOM.DIST(B1,B2,B3,TRUE)”，按【Enter】键，即可计算出成功概率值，如右上图所示。

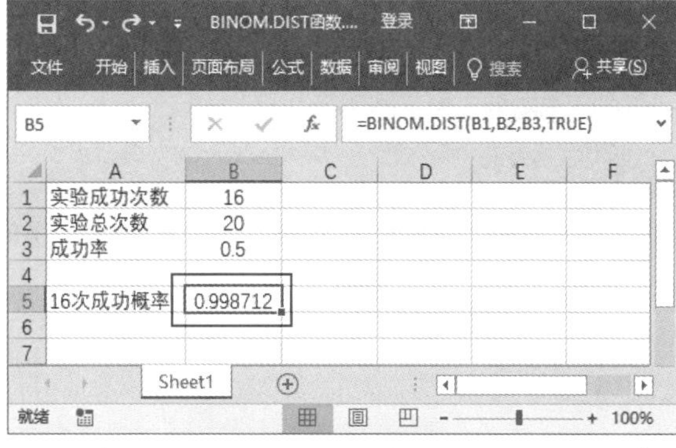

温馨提示

- 如果参数 number_s、trials 或 probability_s 为非数值型，则 BINOM.DIST 函数将返回错误值【#VALUE!】。
- 如果参数 number_s 小于 0 或 number_s 大于 trials，则 BINOM.DIST 函数将返回错误值【#NUM!】。
- 如果参数 probability_s 小于 0 或参数 probability_s 大于 1，则 BINOM.DIST 函数将返回错误值【#NUM!】。

299 使用 BINOM.INV 函数计算试验成功次数

适用版本	实用指数
2007、2010、2013、2016	★★★★☆

使用说明

BINOM.INV 函数用于返回使累积二项式分布小于或等于临界值的最小值。

函数语法：= BINOM.INV(trials,probability_s,alpha)

参数说明如下。

- trials（必选）：伯努利试验次数。
- probability_s（必选）：每次试验中成功的概率。
- alpha（必选）：临界值。

解决方法

例如，某公司现在需要根据试验次数、成功率和临界值来计算试验成功次数，具体操作方法如下。

打开素材文件（位置：素材文件\第 10 章\BINOM.

INV 函数 .xlsx），选择要存放结果的单元格 B5，输入公式“=BINOM.INV(B1,B2,B3)”，按【Enter】键，即可显示成功值，如下图所示。

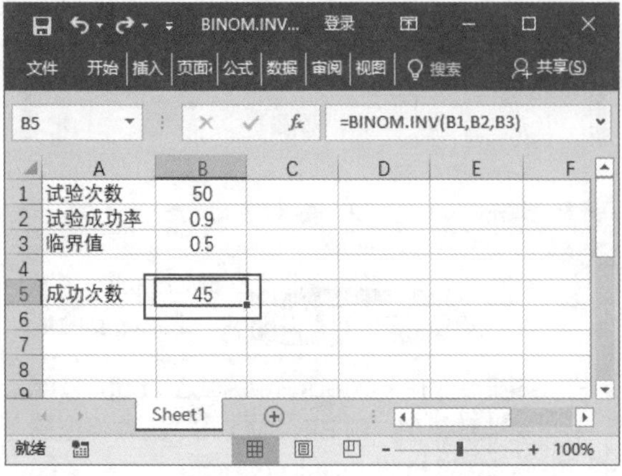

300 使用 NEGBINOM.DIST 函数返回负二项式分布

适用版本	实用指数
2007、2010、2013、2016	★★★★☆

使用说明

NEGBINOM.DIST 函数用于返回负二项式分布，即当成功概率为 probability_s 时，在 number_s 次成功之前出现 number_f 次失败的概率。

函数语法：= NEGBINOM.DIST(number_f,number_s,probability_s,cumulative)

参数说明如下。

- number_f（必选）：失败次数。
- number_s（必选）：成功的极限次数。
- probability_s（必选）：成功的概率。
- cumulative（必选）：决定函数形式的逻辑值。如果 cumulative 为 TRUE，NEGBINOM.DIST 返回累积分布函数；如果为 FALSE，则返回概率密度函数。

解决方法

例如，某公司预计投资生产一批产品，该产品合格率为 0.9，目前制作了 50 个产品，计算其中有 16 个产品符合要求的负二项分布值，具体操作方法如下。

打开素材文件（位置：素材文件\第 10 章\NEGBINOM.DIST 函数 .xlsx），选择要存放结果的单元格 B6，输入公式“=NEGBINOM.DIST(B2,B3,B4,TRUE)”，按【Enter】键，即可显示概率值，如下图所示。

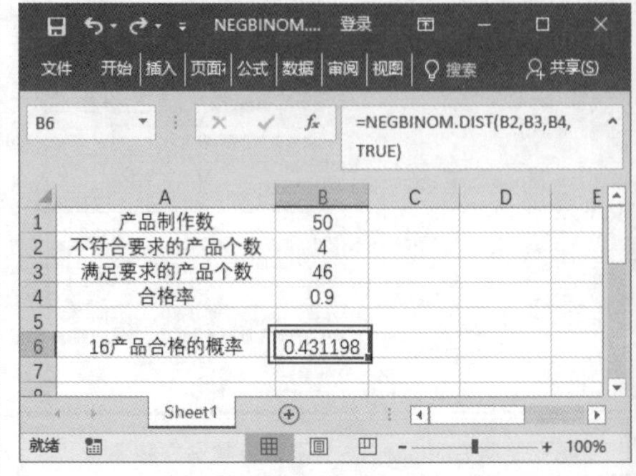

301 使用 PROB 函数统计两数之间概率值

适用版本	实用指数
2007、2010、2013、2016	★★★★☆

使用说明

PROB 函数用于返回区域中的数值落在指定区间内的概率。

函数语法：= PROB(x_range, prob_range, [lower_limit], [upper_limit])

参数说明如下。

- x_range（必选）：具有各自相关概率值的 x 数值区域。
- prob_range（必选）：与 x_range 中的值相关的一组概率值。
- lower_limit（可选）：用于计算概率的数值下限。
- upper_limit（可选）：用于计算概率的可选数值上限。

解决方法

例如，根据指定数据。数据概率值统计数据值落在指定区间内概率，具体操作方法如下。

打开素材文件（位置：素材文件\第 10 章\PROB 函数 .xlsx），选择要存放结果的单元格 B7，输入公式“=PROB(A2:A5,B2:B5,3,11)”，按【Enter】键，即可显示概率值，如下图所示。

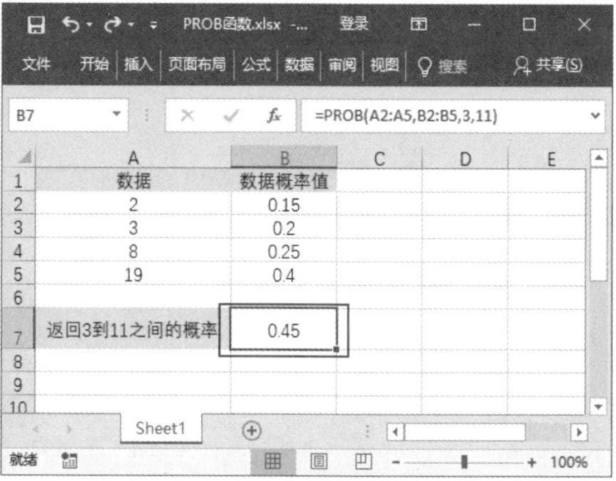

302 使用 NORM.DIST 函数返回正态累积分布函数值

适用版本	实用指数
2010、2013、2016	★★★★☆

使用说明

NORM.DIST 函数用于返回指定平均值和标准偏差的正态分布函数值。

函数语法 = NORM.DIST(x,mean,standard_dev,cumulative)

参数说明如下。

- c（必选）：需要计算其分布的数值。
- mean（必选）：分布的算术平均值。
- standard_dev（必选）：分布的标准偏差。
- cumulative（必选）：决定函数形式的逻辑值。如果 cumulative 为 TRUE，NORM.DIST 返回累积分布函数；如果为 FALSE，则返回概率密度函数。

解决方法

例如，需要根据指定数值、分布算数平均值和标准偏差计算正态分布的累积函数值，具体操作方法如下。

打开素材文件（位置：素材文件\第 10 章\NORM.DIST 函数 .xlsx），选择要存放结果的单元格 B5，输入公式"=NORM.DIST(B1,B2,B3,FALSE)"，按【Enter】键，即可得出计算结果，如右上图所示。

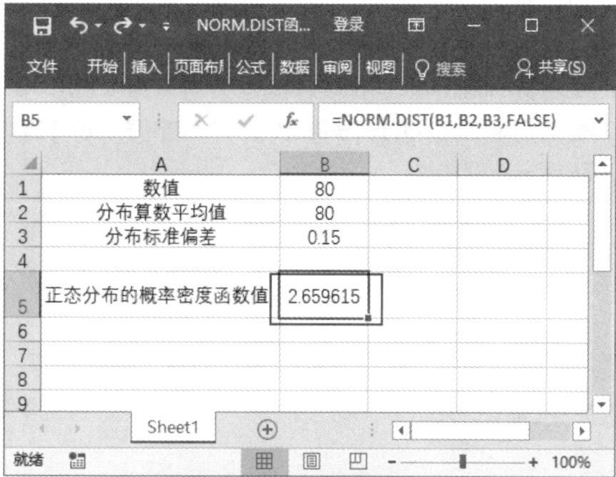

温馨提示

- 如果参数 mean 或 standard_dev 为非数值型，则 NORM.DIST 函数将返回错误值【#VALUE!】。
- 如果参数 standard_dev 小于等于 0，则函数 NORM.DIST 返回错误值【#NUM!】。
- 如果参数 mean 等于 0，参数 standard_dev 等于 1，且 cumulative 等于 TRUE，则 NORM.DIST 返回标准正态分布，即 NORM.S.DIST。

303 使用 NORM.INV 函数统计正态分布函数的反函数值

适用版本	实用指数
2007、2010、2013、2016	★★★★☆

使用说明

NORM.INV 函数用于返回指定平均值和标准偏差的正态累积分布函数的反函数值。

函数语法：= NORM.INV(probability,mean,standard_dev)

参数说明如下。

- probability（必选）：对应于正态分布的概率。
- mean（必选）：分布的算术平均值。
- standard_dev（必选）：分布的标准偏差。

解决方法

例如，需要根据正态分布概率值、算数平均值和标准偏差，统计正态分布函数的反函数值，具体操作方法如下。

打开素材文件(位置:素材文件\第 10 章\NORM.INV 函数.xlsx),选择要存放结果的单元格 B5,输入公式“=NORM.INV(B1,B2,B3)”,按【Enter】键,即可得出计算结果,如下图所示。

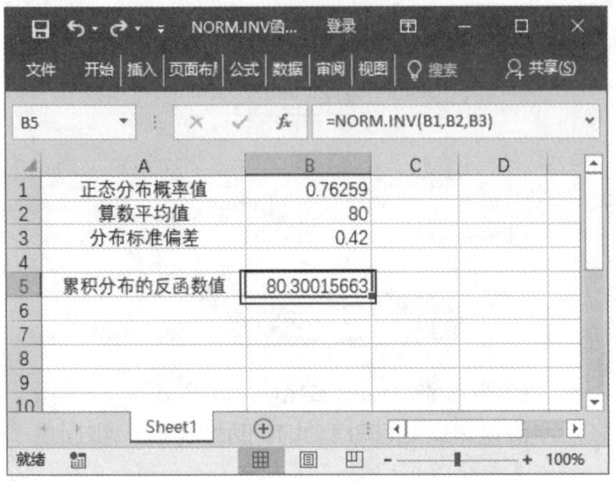

304 使用 NORM.S.DIST 函数统计标准正态分布累积函数值

适用版本	实用指数
2007、2010、2013、2016	★★★☆☆

使用说明

NORM.S.DIST 函数用于返回标准正态分布函数(该分布的平均值为 0,标准偏差为 1)。

函数语法:= NORM.S.DIST(z,cumulative)

参数说明如下。

- z(必选):需要计算其分布的数值。
- cumulative(必选):cumulative 是一个决定函数形式的逻辑值。如果 cumulative 为 TRUE,NORMS.DIST 返回累积分布函数;如果为 FALSE,则返回概率密度函数。

解决方法

例如,需要根据一组数值计算相应数值的正态累积分布函数值,具体操作方法如下。

第 1 步 打开素材文件(位置:素材文件\第 10 章\NORM.S.DIST 函数.xlsx),选择要存放结果的单元格 B2,输入公式“=NORM.S.DIST(A2,TRUE)”,按【Enter】键,即可得出计算结果,如右下图所示。

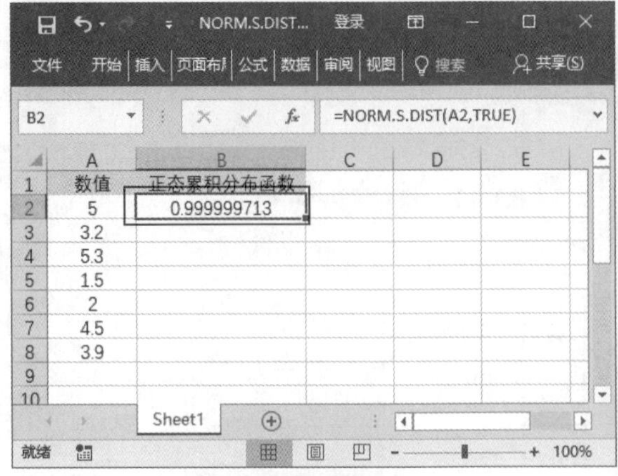

温馨提示

如果参数 z 为非数值型,则函数 NORM.S.DIST 将返回错误值【#VALUE!】。

第 2 步 利用填充功能向下复制公式即可,如下图所示。

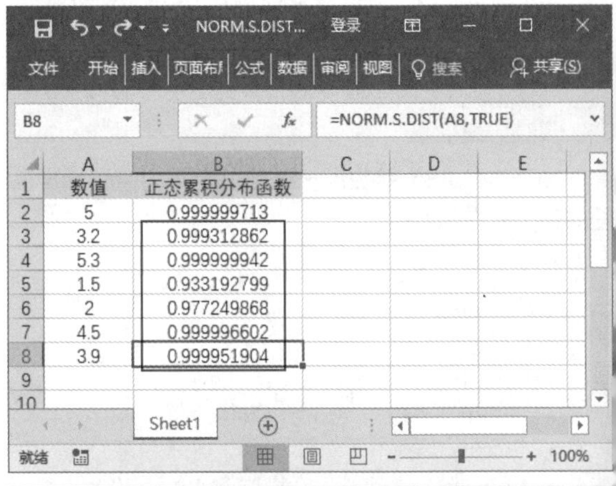

305 使用 NORM.S.INV 函数统计标准正态累积分布函数的反函数值

适用版本	实用指数
2010、2013、2016	★★★☆☆

使用说明

NORM.S.INV 函数用于返回标准正态累积分布函数的反函数值。该分布的平均值为 0,标准偏差为 1。

函数语法:= NORM.S.INV(probability)

参数说明如下。

probability(必选):对应于正态分布的概率。

解决方法

例如，需要根据一组正态分布概率值计算正态分布概率值的标准正态累积分布函数的反函数值，具体操作方法如下。

第 1 步 打开素材文件（位置：素材文件\第 10 章\NORM.S.INV 函数 .xlsx），选择要存放结果的单元格 B2，输入公式“=NORM.S.INV(A2)”，按【Enter】键，即可得出计算结果，如下图所示。

温馨提示

- 如果参数 probability 为非数值型，则函数 NORMS.INV 将返回错误值【#VALUE!】。
- 如果参数 probability 小于等于 0 或 probability 大于等于 1，则函数 NORMS.INV 返回错误值【#NUM!】。

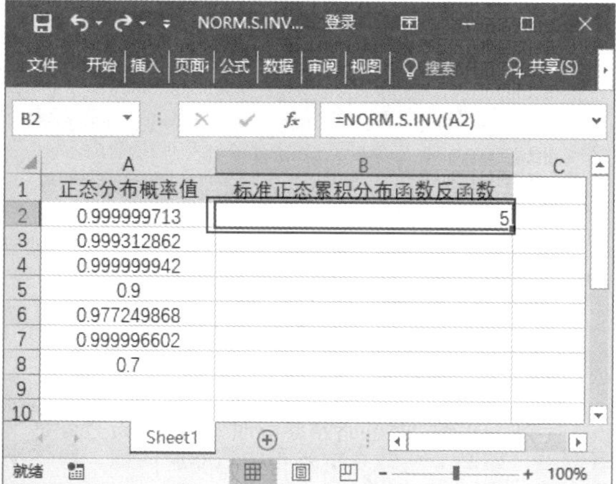

第 2 步 利用填充功能向下复制公式即可，如下图所示。

B8　=NORM.S.INV(A8)

	A	B
1	正态分布概率值	标准正态累积分布函数反函数
2	0.999999713	5
3	0.999312862	3.2
4	0.999999942	5.3
5	0.9	1.281551566
6	0.977249868	2
7	0.999996602	4.5
8	0.7	0.524400513

306　使用 STANDARDIZE 函数计算正态化数值

适用版本	实用指数
2007、2010、2013、2016	★★★★☆

使用说明

STANDARDIZE 函数用于返回以 mean 为平均值，以 standard_dev 为标准偏差的分布的正态化数值。

函数语法：= STANDARDIZE(x, mean, standard_dev)

参数说明如下。

- x（必选）：需要进行正态化的数值。
- mean（必选）：分布的算术平均值。
- standard_dev（必选）：分布的标准偏差。

解决方法

例如，需要根据指定数值、算数平均值和标准偏差，统计正态化数值，具体操作方法如下。

打开素材文件（位置：素材文件\第 10 章\STANDARDIZE 函数 .xlsx），选择要存放结果的单元格 B5，输入公式“=STANDARDIZE(B1,B2,B3)”，按【Enter】键，即可得出计算结果，如下图所示。

温馨提示

如果参数 standard_dev 小于等于 0，函数 STANDARDIZE 将返回错误值【#NUM!】。

307 使用 LOGNORM.DIST 函数返回 x 的对数累积分布函数值

适用版本	实用指数
2007、2010、2013、2016	★★★★☆

使用说明

LOGNORM.DIST 函数用于返回 x 的对数分布函数值，此处的 ln(x) 是含有 mean 与 standard_dev 参数的正态分布。

函数语法：= LOGNORM.DIST(x,mean,standard_dev,cumulative)

参数说明如下。

- x（必选）：用来进行函数计算的值。
- mean（必选）：ln(x) 的平均值。
- standard_dev（必选）：ln(x) 的标准偏差。
- cumulative（必选）：决定函数形式的逻辑值。如果 cumulative 为 TRUE，LOGNORM.DIST 返回累积分布函数；如果为 FALSE，则返回概率密度函数。

解决方法

例如，需要根据指定的数值、平均值和标准偏差，返回 x 的对数累积分布函数值，具体操作方法如下。

打开素材文件（位置：素材文件 \ 第 10 章 \LOGNORM.DIST 函数 .xlsx），选择要存放结果的单元格 B5，输入公式“=LOGNORM.DIST(B1,B2,B3,TRUE)”，按【Enter】键，即可得出计算结果，如下图所示。

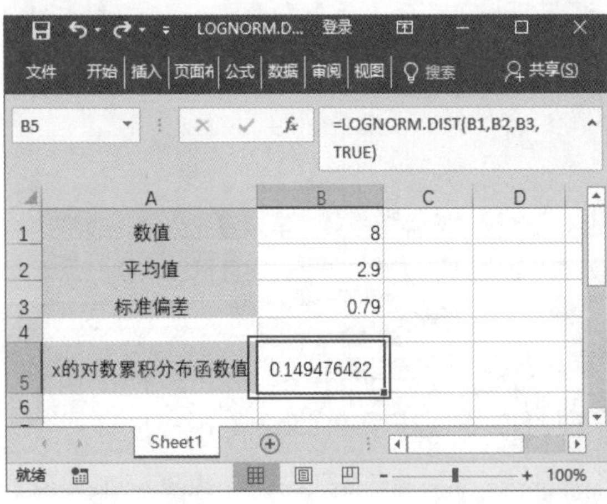

> **温馨提示**
>
> - 如果任意参数为非数值型，则函数 LOGNORM.DIST 将返回错误值【#VALUE!】。
> - 如果参数 x 小于等于 0 或参数 standard_dev 小于等于 0，则函数 LOGNORM.DIST 将返回错误值【#NUM!】。

308 使用 LOGNORM.INV 函数计算 x 对数累积分布函数的反函数值

适用版本	实用指数
2007、2010、2013、2016	★★★★☆

使用说明

LOGNORM.INV 函数用于返回 x 的对数累积分布函数的反函数值，此处的 ln(x) 是含有 mean 与 standard_dev 参数的正态分布。

函数语法：= LOGNORM.INV(probability, mean, standard_dev)

参数说明如下。

- probability（必选）：与对数分布相关的概率。
- mean（必选）：ln(x) 的平均值。
- standard_dev（必选）：ln(x) 的标准偏差。

解决方法

例如，需要根据指定对数分布概率、平均值和标准偏差，返回 x 对数累积分布函数的反函数，具体操作方法如下。

打开素材文件（位置：素材文件 \ 第 10 章 \ LOGNORM.INV 函数 .xlsx），选择要存放结果的单元格 B5，输入公式“=LOGNORM.INV(B1,B2,B3)”，按【Enter】键，即可得出计算结果，如下图所示。

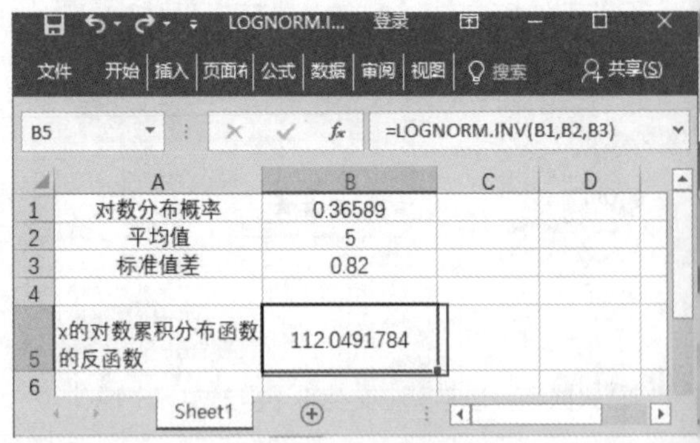

温馨提示

- 如果任意参数为非数值型，则函数 LOGNORM.INV 将返回错误值【#VALUE!】。
- 如果参数 probability 小于等于 0 或参数 probability 大于等于 1，则函数 LOGNORM.INV 将返回错误值【#NUM!】。
- 如果参数 standard_dev 小于等于 0，则函数 LOGNORM.INV 返回错误值【#NUM!】。

309　使用 HYPGEOM.DIST 函数计算恰好选择样本全为合格数的概率

适用版本	实用指数
2007、2010、2013、2016	★★★☆☆

使用说明

HYPGEOM.DIST 函数用于返回超几何分布。

函数语法：= HYPGEOM.DIST(sample_s,number_sample,population_s,number_pop,cumulative)

参数说明如下。

- sample_s（必选）：样本中成功的次数。
- number_sample（必选）：样本容量。
- population_s（必选）：样本总体中成功的次数。
- number_pop（必选）：样本总体的容量。
- cumulative（必选）：决定函数形式的逻辑值。如果 cumulative 为 TRUE，函数 HYPGEOM.DIST 返回累积分布函数；如果为 FALSE，则返回概率密度函数。

解决方法

例如，某工厂计划投资生产一批产品，初期试生产 200 个产品，其中 100 个为 A 产品，在所有产品中随机抽取 40 个进行预检，计算在该预检产品中随机抽取 25 个全部为 A 产品的概率，具体操作方法如下。

打开素材文件（位置：素材文件 \ 第 10 章 \HYPGEOM.DIST 函数 .xlsx），选择要存放结果的单元格 B6，输入公式“=HYPGEOM.DIST(B4,B3,B2,B1,FALSE)”，按【Enter】键，即可得出计算结果，如右上图所示。

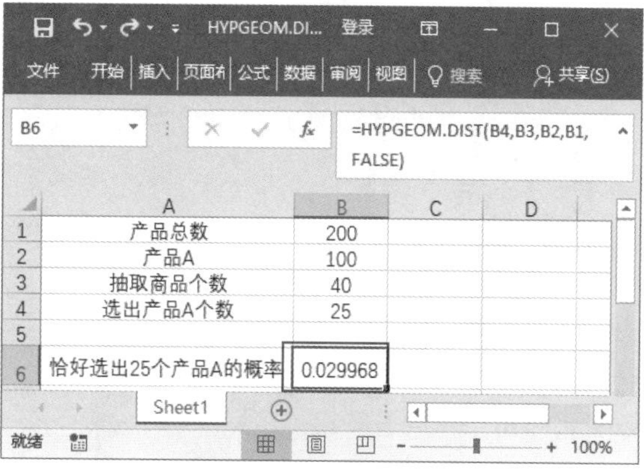

	A	B
1	产品总数	200
2	产品A	100
3	抽取商品个数	40
4	选出产品A个数	25
5		
6	恰好选出25个产品A的概率	0.029968

温馨提示

- 如果任意参数为非数值型，则函数 HYPGEOM.DIST 返回错误值【#VALUE!】。
- 如果参数 sample_s 小于 0 或参数 sample_s 大于 number_sample 和 population_s 中的较小值，则函数 HYPGEOM.DIST 返回错误值【#NUM!】。
- 如果 sample_s 小于 0 和 (number_sample-number_population+population_s) 中的较大值，则函数 HYPGEOM.DIST 返回错误值【#NUM!】。
- 如果参数 number_sample 小于等于 0 或参数 number_sample 大于参数 number_population，则函数 HYPGEOM.DIST 返回错误值【#NUM!】。
- 如果参数 population_s 小于等于 0 或参数 population_s 大于 number_population，则函数 HYPGEOM.DIST 返回错误值【#NUM!】。
- 如果 number_pop 小于等于 0，则函数 HYPGEOM.DIST 返回错误值【#NUM!】。

310　使用 POISSON.DIST 函数计算机器不发生故障概率

适用版本	实用指数
2010、2013、2016	★★★☆☆

使用说明

POISSON.DIST 函数用于返回泊松分布。泊松分布通常用于预测一段时间内事件发生的次数，比如一分钟内通过收费站的轿车的数量。

> 函数语法：= POISSON.DIST(x,mean,cumulative)
>
> 参数说明如下。
>
> - x（必选）：事件数。
> - mean（必选）：期望值。
> - cumulative（必选）：一逻辑值，确定所返回的概率分布的形式。如果 cumulative 为 TRUE，函数 POISSON.DIST 返回泊松累积分布概率，即随机事件发生的次数在 0～x 之间（包含 0 和 x）；如果为 FALSE，则返回泊松概率密度函数，即随机事件发生的次数恰好为 x。

解决方法

例如，某工厂新购置了一批机器投入生产，该机器故障频率为 0.25 次 / 年，现在需要计算机器在多年后不发生故障的概率，具体操作方法如下。

第 1 步 打开素材文件（位置：素材文件 \ 第 10 章 \POISSON.DIST 函数 .xlsx），选择要存放结果的单元格 B4，输入公式“=POISSON.DIST(0,$B$1*A4,0)”，按【Enter】键，即可得出计算结果，如下图所示。

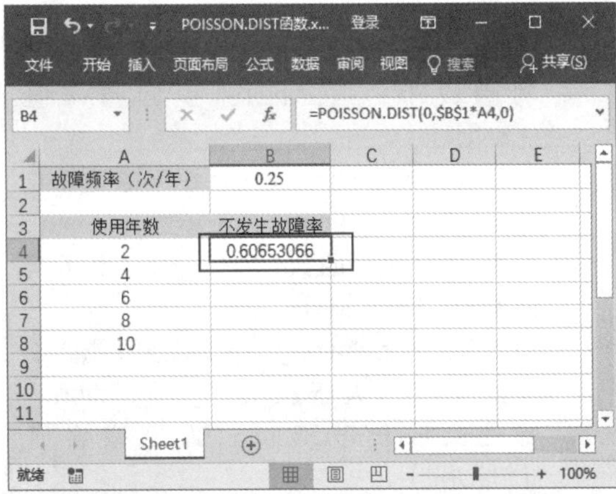

B4: =POISSON.DIST(0,$B$1*A4,0)

	A	B
1	故障频率（次/年）	0.25
2		
3	使用年数	不发生故障率
4	2	0.60653066
5	4	
6	6	
7	8	
8	10	

第 2 步 利用填充功能向下复制公式即可，如下图所示。

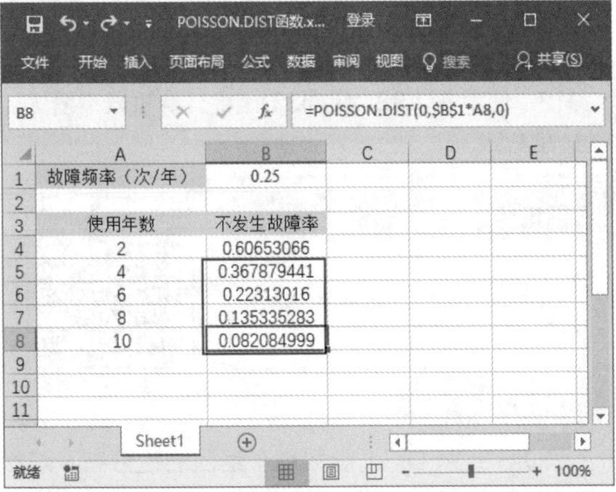

B8: =POISSON.DIST(0,$B$1*A8,0)

	A	B
1	故障频率（次/年）	0.25
2		
3	使用年数	不发生故障率
4	2	0.60653066
5	4	0.367879441
6	6	0.22313016
7	8	0.135335283
8	10	0.082084999

温馨提示

- 如果参数 x 或参数 mean 为非数值型，则函数 POISSON.DIST 将返回错误值【#VALUE!】。
- 如果参数 x 小于 0，则函数 POISSON.DIST 将返回错误值【#NUM!】。
- 如果参数 mean 小于 0，则函数 POISSON.DIST 返回错误值【#NUM!】。

311 使用 EXPON.DIST 函数计算指定期限后机器故障概率

适用版本	实用指数
2007、2010、2013、2016	★★★☆☆

使用说明

EXPON.DIST 函数用于返回指数分布。

> 函数语法：= EXPON.DIST(x,lambda,cumulative)
>
> 参数说明如下。
>
> - x（必选）：函数的值。
> - lambda（必选）：参数值。
> - cumulative（必选）：一逻辑值，指定要提供的指数函数的形式。如果 cumulative 为 TRUE，函数 EXPON.DIST 返回累积分布函数；如果 cumulative 为 FALSE，返回概率密度函数。

解决方法

例如，某公司新购置了一批机器投入生产，该机器故障频率为 0.25 次 / 年，现在需要计算机器在多年后在甲公司故障概率，具体操作方法如下。

第 1 步 打开素材文件（位置：素材文件 \ 第 10 章 \ EXPON.DIST 函数 .xlsx），选择要存放结果的单元格 B2，输入公式“=EXPON.DIST($A2,E$4,1)”，按【Enter】键，即可得出计算结果，如下图所示。

B2: =EXPON.DIST($A2,E$4,1)

	A	B	C	D	E
1	使用年数	司发生故障概率			甲公司
2	2	0.393469		保修期间	3
3	4			故障间隔时间	4
4	6			故障率	0.25
5	7				
6	8				
7	9				
8	10				

第 2 步 利用填充功能向下复制函数即可，如下图所示。

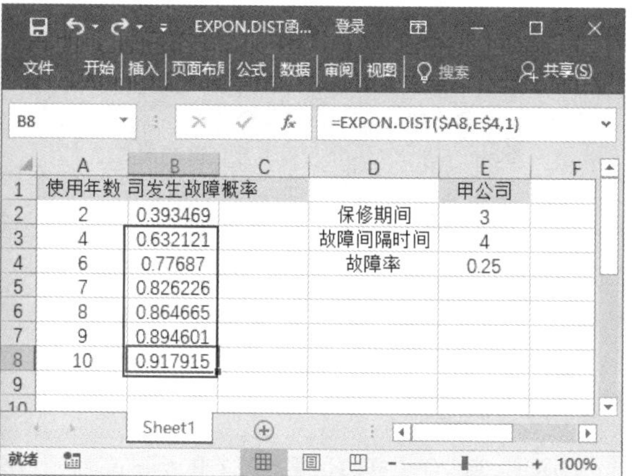

312 使用 WEIBULL.DIST 函数计算机器发生故障概率

适用版本	实用指数
2010、2013、2016	★★★★☆

使用说明

WEIBULL.DIST 函数用于返回韦伯分布。使用比函数可以进行可靠性分析，比如计算设备的平均故障时间。

函数语法：= WEIBULL.DIST(x,alpha,beta,cumulative)

参数说明如下。

- x（必选）：用来进行函数计算的数值。
- alpha（必选）：分布参数。
- beta（必选）：分布参数。
- cumulative（必选）：确定函数的形式。

解决方法

例如，某公司新购置了一批机器投入生产，l器初期故障记录在工作表中，现在需要计算l器在多年后发生故障的概率，具体操作方法如下。

第 1 步 打开素材文件（位置：素材文件\第 0 章\WEIBULL.DIST 函数.xlsx），选择要存t结果的单元格 B2，输入公式“=WEIBULL.DIST($A2,E$2,E$3,TRUE)”，按【Enter】键，即J得出计算结果，如右上图所示。

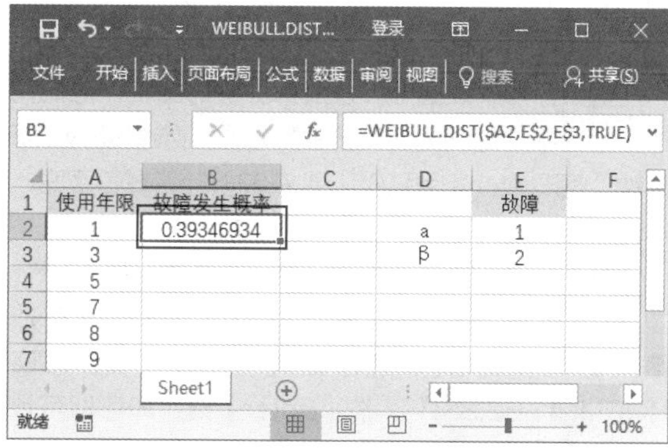

第 2 步 利用填充功能向下复制公式即可，如下图所示。

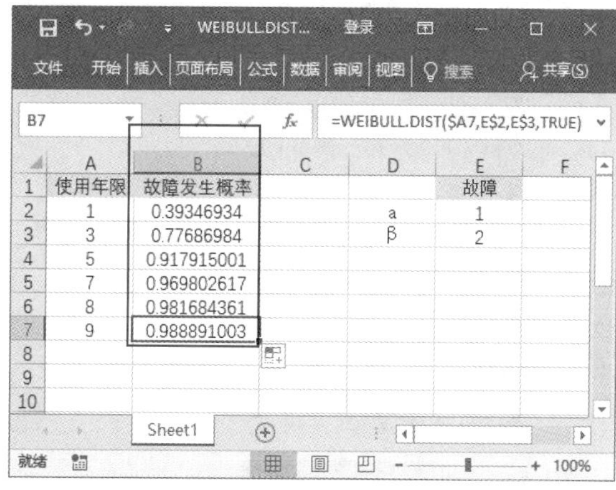

313 使用 CONFIDENCE.NORM 函数返回总体平均值的置信区间

适用版本	实用指数
2007、2010、2013、2016	★★★★☆

使用说明

CONFIDENCE.NORM 函数用于使用正态分布返回总体平均值的置信区间。

函数语法：= CONFIDENCE.NORM(alpha,standard_dev,size)

参数说明如下：

- alpha（必选）：用于计算置信度的显著水平参数。置信度等于 100*(1 - alpha)%，亦即，如果 alpha 为 0.05，则置信度为 95%。
- standard_dev（必选）：数据区域的总体标准偏差，假设为已知。
- size（必选）：样本容量。

解决方法

例如，样本取自 50 名乘车上班的旅客，他们花在路上的平均时间为 30 分钟，总体标准偏差为 2.5 分钟。假设 alpha =0 .05，现在需要计算置信区间，具体操作方法如下。

打开素材文件（位置：素材文件 \ 第 10 章 \ CONFIDENCE.NORM 函数 .xlsx），选择要存放结果的单元格 B5，输入公式“=CONFIDENCE.NORM(B1,B2,B3)”，按【Enter】键，即可即可计算出返回值，此时相应的置信区间为 30 ± 0.692952，大约为 29.3, 30.7，如下图所示。

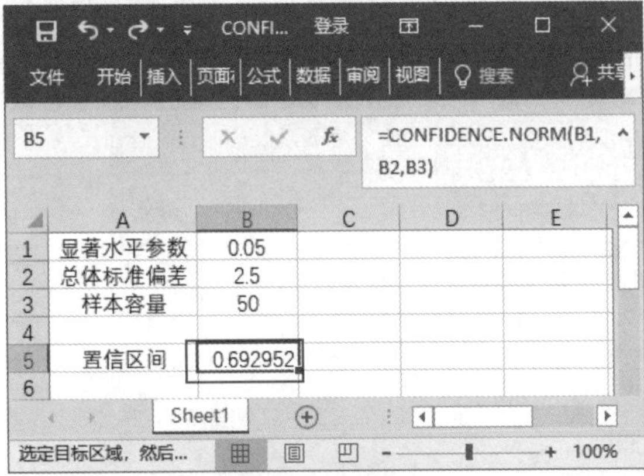

温馨提示

- 如果任意参数为非数值型，则函数 CONFIDENCE.NORM 返回错误值【#VALUE!】。
- 如果参数 alpha 小于等于 0 或 alpha 大于等于 1，则函数 CONFIDENCE.NORM 返回错误值【#NUM!】。
- 如果参数 standard_dev 小于等于 0，则函数 CONFIDENCE.NORM 返回错误值【#NUM!】。
- 如果参数 size 小于 1，函数 CONFIDENCE.NORM 返回错误值【#NUM!】。

314 使用 CONFIDENCE.T 函数计算总体平均值的置信区间

适用版本	实用指数
2007、2010、2013、2016	★★★★☆

使用说明

CONFIDENCE.T 函数用于使用学生的 t 分布返回总体平均值的置信区间。

函数语法：= CONFIDENCE.T(alpha,standard_dev,size)

参数说明如下。

- alpha（必选）：用于计算置信度的显著性水平。置信度等于 100*(1-alpha)%，也就是说，如果 alpha 为 0.05，则置信度为 95%。
- standard_dev（必选）：数据区域的总体标准偏差，假设为已知。
- size（必选）：样本大小。

解决方法

例如，有 20 个样本，平均样本的标准高为 35 厘米，总体标准值偏差为 1.8，假设置信度为 0.04，计算总体平均值的置信区间，具体操作方法如下。

打开素材文件（位置：素材文件 \ 第 10 章 \ CONFIDENCE.T 函数 .xlsx），选择要存放结果的单元格 B6，输入公式“=CONFIDENCE.T(B4,B3,B1)”，按【Enter】键，即可即可计算出返回值，此时置信区间则为 35 ± 0.8873752，大约 34.1, 35.9，如下图所示。

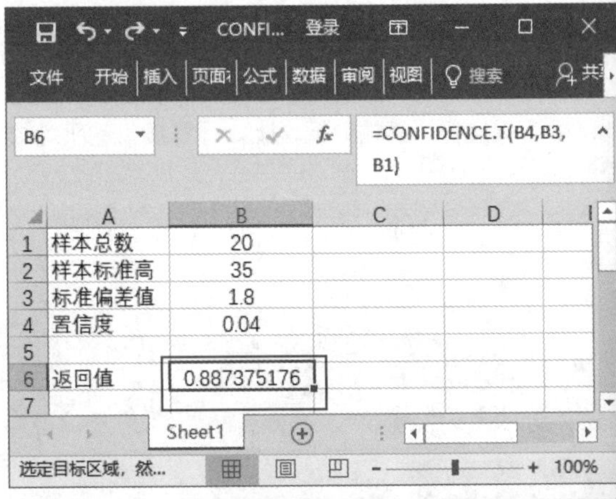

315 使用 GAMMA.DIST 函数计算伽马分布函数值

适用版本	实用指数
2007、2010、2013、2016	★★★☆☆

使用说明

GAMMA.DIST 函数用于返回伽玛分布函数值。可以使用此函数来研究具有偏态分布的变量。伽马分布通常用于排队分析。

函数语法：= GAMMA.DIST(x,alpha,beta,cumulative)

参数说明如下。

- x（必选）：用来计算分布的值。
- alpha（必选）：分布参数。
- beta（必选）：分布参数。如果 beta = 1，GAMMA.DIST 返回标准伽玛分布。
- cumulative（必选）：决定函数形式的逻辑值。如果 cumulative 为 TRUE，函数 GAMMA.DIST 返回累积分布函数；如果为 FALSE，则返回概率密度函数。

解决方法

例如，工作表中录入了值 α、β，以及需要计算的分布值 X，现在需要根据已知参数计算相应的标准伽马分布函数值，具体操作方法如下。

第 1 步 打开素材文件（位置：素材文件 \ 第 10 章 \GAMMA.DIST 函数 .xlsx），选择要存放结果的单元格 B5，输入公式“=GAMMA.DIST(A5,$B$1,$B$2,FALSE)”，按【Enter】键，即可得出计算结果，如下图所示。

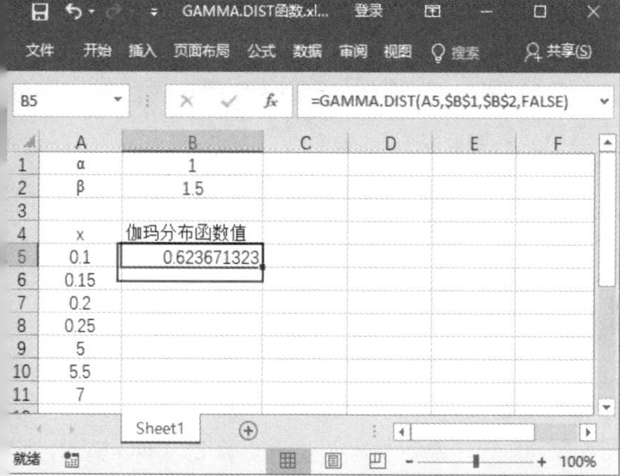

B5 =GAMMA.DIST(A5,$B$1,$B$2,FALSE)

	A	B
1	α	1
2	β	1.5
3		
4	x	伽玛分布函数值
5	0.1	0.623671323
6	0.15	
7	0.2	
8	0.25	
9	5	
10	5.5	
11	7	

第 2 步 利用填充功能向下复制公式即可，如下图所示。

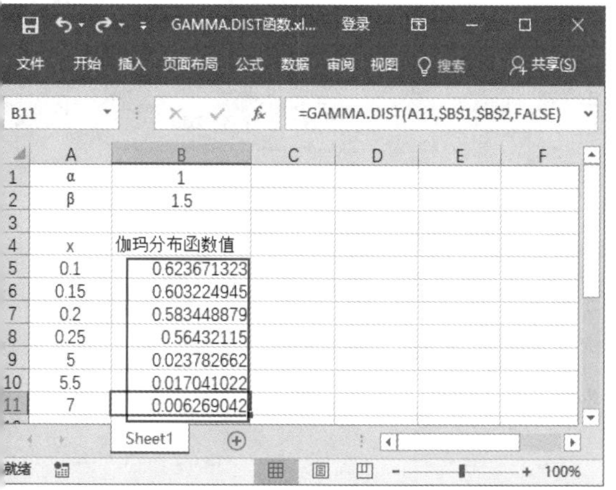

B11 =GAMMA.DIST(A11,$B$1,$B$2,FALSE)

	A	B
1	α	1
2	β	1.5
3		
4	x	伽玛分布函数值
5	0.1	0.623671323
6	0.15	0.603224945
7	0.2	0.583448879
8	0.25	0.56432115
9	5	0.023782662
10	5.5	0.017041022
11	7	0.006269042

温馨提示

- 如果参数 x、alpha 或 beta 为非数值型，则函数 GAMMA.DIST 将返回错误值【#VALUE!】。
- 如果参数 x 小于 0，则函数 GAMMA.DIST 将返回错误值【#NUM!】。
- 如果参数 alpha 小于等于 0 或参数 beta 小于等于 0，则 GAMMA.DIST 函数将返回错误值【#NUM!】。

316 使用 GAMMA.INV 函数计算伽马分布函数的反函数值

适用版本	实用指数
2007、2010、2013、2016	★★★☆☆

使用说明

GAMMA.INV 函数用于返回伽玛累积分布的反函数值。

函数语法：= GAMMA.INV(probability,alpha,beta)

参数说明如下。

- probability（必选）：与伽玛分布相关的概率。
- alpha（必选）：分布参数。
- beta（必选）：分布参数。如果 beta = 1，GAMMA.INV 返回标准伽玛分布。

解决方法

例如，工作表中录入了值 α、β，以及需要计算的分布值 X，现在需要根据已知参数计算相应的伽马分布函数的反函数值，具体操作方法如下。

第 1 步 打开素材文件（位置：素材文件 \ 第 10 章 \GAMMA.INV 函数 .xlsx），选择要存放结果的单元格 B5，输入公式“=GAMMA.INV(A5,$B$1,$B$2)”，按【Enter】键，即可得出计算结果，如下图所示。

B5 =GAMMA.INV(A5,$B$1,$B$2)

	A	B
1	α	3
2	β	9
3		
4	伽玛分布函数值	反函数值
5	0.904837418	48.54479423
6	0.860707976	
7	0.818730753	
8	0.778800783	
9	0.006737947	
10	0.004086771	

第 2 步 利用填充功能向下复制公式即可，如下图所示。

B10　=GAMMA.INV(A10,$B$1,$B$2)

	A	B
1	α	3
2	β	9
3		
4	伽玛分布函数值	反函数值
5	0.904837418	48.54479423
6	0.860707976	43.51138275
7	0.818730753	39.89594547
8	0.778800783	37.06976338
9	0.006737947	3.39090583
10	0.004086771	2.826475132

317　使用 GAMMALN 函数计算伽马分布函数的自然对数值

适用版本	实用指数
2007、2010、2013、2016	★★★☆☆

使用说明

GAMMALN 函数用于返回伽玛函数的自然对数值。

函数语法：= GAMMALN(x)

参数说明如下。

x（必选）：用于进行 GAMMALN 函数计算的数值。

解决方法

如果需要返回伽马分布函数的自然对数值，具体操作方法如下。

第 1 步 打开素材文件（位置：素材文件 \ 第 10 章 \GAMMALN 函数 .xlsx），选择要存放结果的单元格 B2，输入公式“=GAMMALN(A2)”，按【Enter】键，即可得出计算结果，如下图所示。

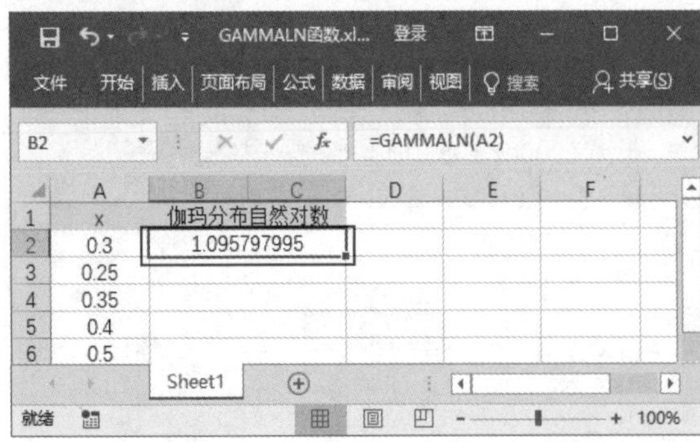
B2　=GAMMALN(A2)

	A	B
1	x	伽玛分布自然对数
2	0.3	1.095797995
3	0.25	
4	0.35	
5	0.4	
6	0.5	

第 2 步 利用填充功能向下复制公式即可，如下图所示。

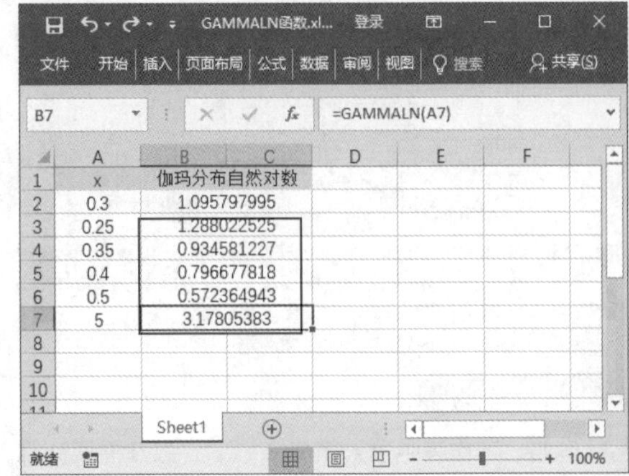
B7　=GAMMALN(A7)

	A	B
1	x	伽玛分布自然对数
2	0.3	1.095797995
3	0.25	1.288022525
4	0.35	0.934581227
5	0.4	0.796677818
6	0.5	0.572364943
7	5	3.17805383

318　使用 GAMMALN.PRECISE 函数计算伽马分布函数的自然对数值

适用版本	实用指数
2007、2010、2013、2016	★★★☆☆

使用说明

GAMMALN.PRECISE 函数用于返回伽玛函数的自然对数值。

函数语法：= GAMMALN.PRECISE(x)

参数说明如下。

x（必选）：用于进行 GAMMALN.PRECISE 函数计算的数值。

解决方法

如果需要返回伽马分布函数的自然对数值，具体操作方法如下。

第 1 步 打开素材文件（位置：素材文件 \ 第 10 章 \GAMMALN.PRECISE 函数 .xlsx），选择要存放结果的单元格 B2，输入公式“= GAMMALN.PRECISE (A2)”，按【Enter】键，即可得出计算结果，如下图所示。

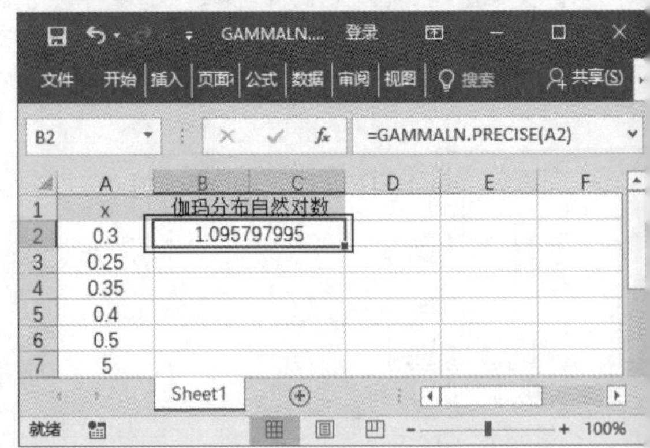
B2　=GAMMALN.PRECISE(A2)

	A	B
1	x	伽玛分布自然对数
2	0.3	1.095797995
3	0.25	
4	0.35	
5	0.4	
6	0.5	
7	5	

第 2 步 利用填充功能向下复制公式即可，如下图所示。

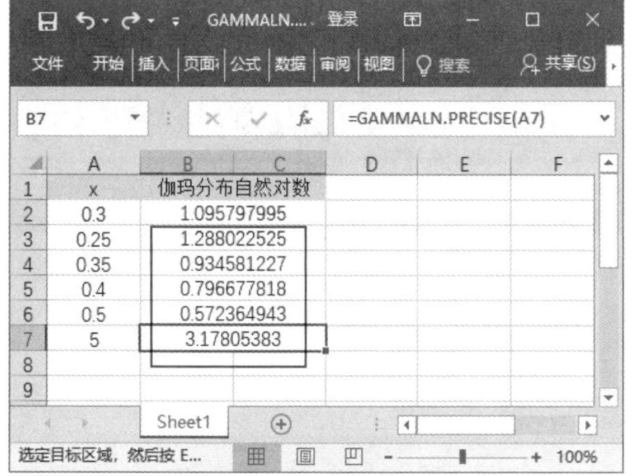

温馨提示

- 参数可为单元格引用或直接输入，且必须为数值类型，即数字、文本格式的数字或逻辑值，如果参数 x 为非数值型，函数 GAMMALN.PRECISE 将返回错误值【#VALUE!】。
- 如果参数 x 小于等于 0，函数 GAMMALN.PRECISE 将返回错误值【#NUM!】。

319 使用 BETA.DIST 函数计算 Beta 累积分布函数值

适用版本	实用指数
2007、2010、2013、2016	★★★☆☆

使用说明

BETA.DIST 函数用于返回 Beta 累积分布函数值。Beta 分布通常用于研究样本中一定部分的变化情况。

函数语法：= BETA.DIST(x,alpha,beta,cumulative,[A],[B])

参数说明如下。

- x（必选）：介于 A 和 B 之间用来进行函数计算的值。
- alpha（必选）：分布参数。
- beta（必选）：分布参数。
- cumulative（必选）：决定函数形式的逻辑值。如果 cumulative 为 TRUE，BETA.DIST 返回累积分布函数；如果为 FALSE，则返回概率密度函数。
- A（可选）：x 所属区间的下界。
- B（可选）x 所属区间的上界。

解决方法

例如，工作表中录入了值 α、β，以及需要计算的分布值 X，现在需要根据已知参数计算 Beta 累积分布函数值，具体操作方法如下。

第 1 步 打开素材文件（位置：素材文件\第 10 章\BETA.DIST 函数.xlsx），选择要存放结果的单元格 B5，输入公式“=BETA.DIST(A5,$B$1,$B$2,TRUE)”，按【Enter】键，即可得出计算结果，如下图所示。

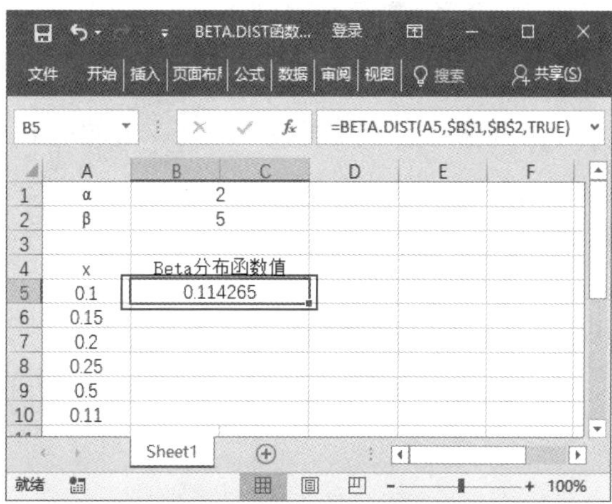

第 2 步 利用填充功能向下复制公式即可，如下图所示。

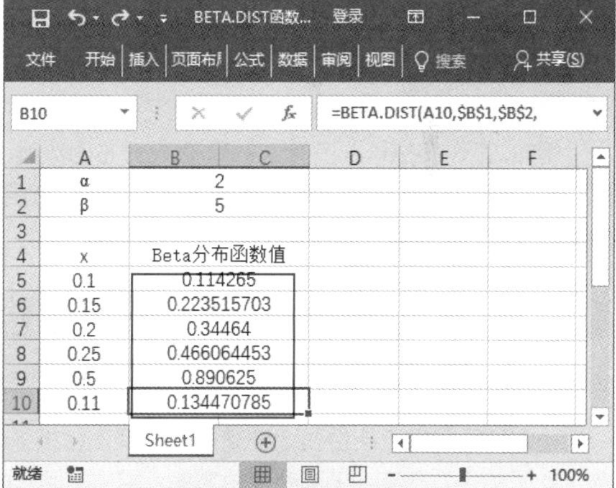

温馨提示

- 参数可为单元格引用或直接输入，且必须为数值类型，即数字、文本格式的数字或逻辑值，如果任意参数为非数值型，则 BETA.DIST 函数将返回错误值【#VALUE!】。
- 如果参数 alpha 小于等于 0 或参数 beta 小于等于 0，则 BETA.DIST 函数将返回错误值【#NUM!】。

温馨提示

- 如果参数 x 小于 A、大于 B 或等于 B，则 BETA.DIST 函数将返回错误值【#NUM!】。
- 如果省略参数 A 和 B 的值，BETA.DIST 函数将使用标准的累积 Beta 分布，即 A=0，B=1。

320 使用 BETA.INV 函数计算 Beta 累积分布函数反函数值

适用版本	实用指数
2007、2010、2013、2016	★★★☆☆

使用说明

BETA.INV 函数用于返回 Beta 累积分布函数 (BETA.DIST) 的反函数值。

函数语法：= BETA.INV(probability,alpha,beta,[A],[B])

参数说明如下。

- probability（必选）：与 beta 分布相关的概率。
- alpha（必选）：分布参数。
- beta（必选）：分布参数。
- A（可选）：x 所属区间的下界。
- B（可选）：x 所属区间的上界。

解决方法

例如，工作表中录入了值 α、β，以及分布函数值，现在需要根据已知参数计算相应的 Beta 累积分布函数反函数值，具体操作方法如下。

第 1 步 打开素材文件（位置：素材文件 \ 第 10 章 \ BETA.INV 函数 .xlsx），选择要存放结果的单元格 B5，输入公式“=BETA.INV(A5,$B$1,$B$2)”，按【Enter】键，即可得出计算结果，如下图所示。

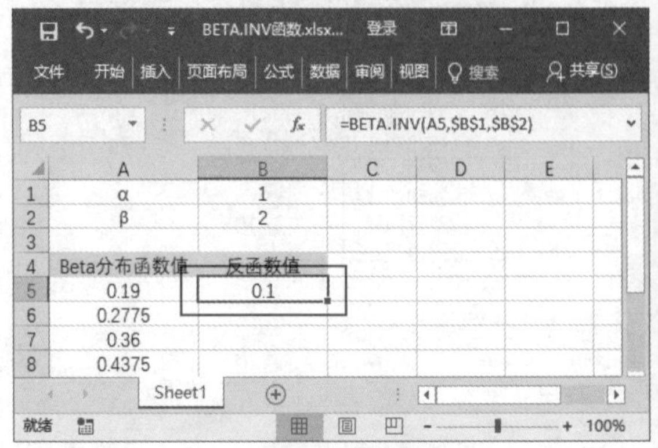

第 2 步 利用填充功能向下复制公式即可，如下图所示。

10.7 协方差、相关与回归函数

协方差函数用于衡量两个变量的总体误差，相关函数用于两个信号之间的相似性，回归函数用于表明被解释变量 Y 的平均状态。下面介绍协方差、相关与回归函数常用的使用技巧。

321 使用 COVARIANCE.P 函数计算上下半月销售量的总体协方差

适用版本	实用指数
2007、2010、2013、2016	★★★★★

使用说明

COVARIANCE.P 函数用于返回总体协方差，即两个数据集中每对数据点的偏差乘积的平均数。利用协方差确定两个数据集之间的关系。

函数语法：= COVARIANCE.P(array1,array2)

参数说明如下。

- array1（必选）：第 1 个所含数据为整数的单元格区域。
- array2（必选）：第 2 个所含数据为整数的单元格区域。

解决方法

例如，工作表中记录了某商店在一月内各商品上下半月的销量对比情况，现在需要计算该月销售量的总体协方差，具体操作方法如下。

打开素材文件（位置：素材文件\第 10 章\COVARIANCE.P 函数 .xlsx），选择要存放结果的单元格 C9，输入公式“=COVARIANCE.P(B2:B7,C2:C7)”，按【Enter】键，即可得出计算结果，如下图所示。

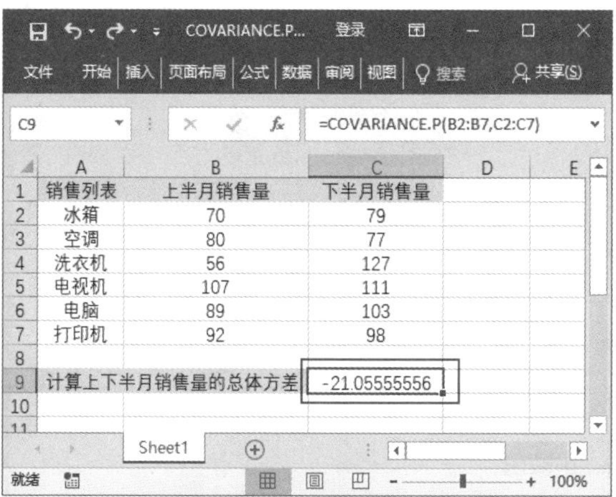

C9 =COVARIANCE.P(B2:B7,C2:C7)

	A	B	C
1	销售列表	上半月销售量	下半月销售量
2	冰箱	70	79
3	空调	80	77
4	洗衣机	56	127
5	电视机	107	111
6	电脑	89	103
7	打印机	92	98
8			
9	计算上下半月销售量的总体方差		-21.05555556

温馨提示

- 参数必须是数字，或者是包含数字的名称、数组或引用，如果数组或引用参数包含文本、逻辑值或空白单元格，则这些值将被忽略；但包含零值的单元格将被计算在内。
- 如果参数 array1 和 array2 所含数据点的个数不等，则函数 COVARIANCE.P 返回错误值【#N/A】。
- 如果参数 array1 和 array2 当中有一个为空，则函数 COVARIANCE.P 返回错误值【#DIV/0!】。

322 使用 COVARIANCE.S 函数计算样本协方差

适用版本	实用指数
2007、2010、2013、2016	

使用说明

COVARIANCE.S 函数用于返回总体协方差，即两个数据集中每对数据点的偏差乘积的平均数。

函数语法：= COVARIANCE.S(array1,array2)

参数说明如下。

- array1（必选）：第 1 个所含数据为整数的单元格区域。
- array2（必选）：第 2 个所含数据为整数的单元格区域。

解决方法

例如，工作表中记录了某商店在一月内各商品上下半月的销量对比情况，现在需要计算该月销售量的协方差，具体操作方法如下。

打开素材文件（位置：素材文件\第 10 章\COVARIANCE.S 函数 .xlsx），选择要存放结果的单元格 C9，输入公式“=COVARIANCE.S(B2:B7,C2:C7)”，按【Enter】键，即可得出计算结果，如下图所示。

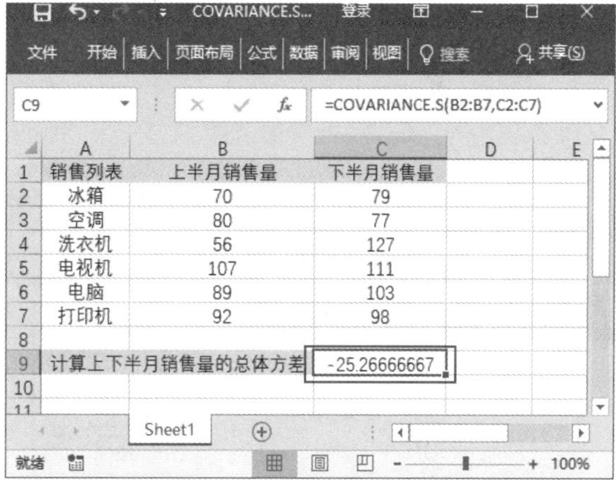

C9 =COVARIANCE.S(B2:B7,C2:C7)

	A	B	C
1	销售列表	上半月销售量	下半月销售量
2	冰箱	70	79
3	空调	80	77
4	洗衣机	56	127
5	电视机	107	111
6	电脑	89	103
7	打印机	92	98
8			
9	计算上下半月销售量的总体方差		-25.26666667

323 使用 CORREL 函数计算员工工龄与销售量之间关系

适用版本	实用指数
2007、2010、2013、2016	★★★★★

使用说明

CORREL 函数用于返回单元格区域 array1 和 array2 之间的相关系数。使用相关系数可以确定两种属性之间的关系。

函数语法：= CORREL(array1, array2)

参数说明如下。

- array1（必选）：第 1 组数值单元格区域。
- array2（必选）：第 2 组数值单元格区域。

解决方法

例如，工作表中记录了员工销售情况，现在需要根据员工工龄和销售量返回销量与工龄之间的关系数，具体操作方法如下。

打开素材文件（位置：素材文件\第 10 章\CORREL 函数 .xlsx），选择要存放结果的单元格 G1，输入公式“=CORREL(B2:B7,C2:C7)”，按【Enter】键，即可得出计算结果，如下图所示。

=CORREL(B2:B7,C2:C7)

	A	B	C	D	E	F	G
1	销售人员	工龄	销售量		员工工龄与销售量之间相关系数		0.861891119
2	李新明	2	70				
3	张敏明	1	74				
4	吴正宇	1	56				
5	郑怡菲	4	107				
6	王彤	3	89				
7	罗爽	2	92				

324 使用 FISHER 函数计算 Fisher 变换值

适用版本	实用指数
2007、2010、2013、2016	★★★☆☆

使用说明

FISHER 函数用于返回点 x 的 Fisher 变换。该变换生成一个正态分布而非偏斜的函数。使用此函数可以完成相关系数的假设检验。

> 函数语法：= FISHER(x)
> 参数说明如下。
> x（必选）：要对其进行变换的数值。

解决方法

例如，工作表中记录了员工销售情况，现在需要计算相关系数的 Fisher 变换值，具体操作方法如下。

打开素材文件（位置：素材文件\第 10 章\FISHER 函数 .xlsx），选择要存放结果的单元格 G1，输入公式“=FISHER(CORREL(B2:B7,C2:C7))”，按【Enter】键，即可得出计算结果，如右上图所示。

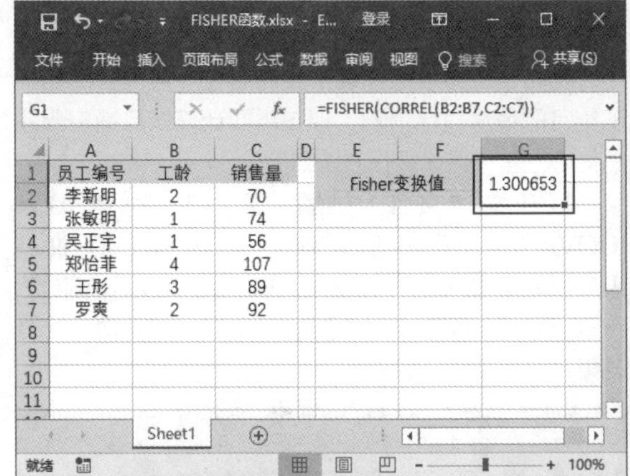

=FISHER(CORREL(B2:B7,C2:C7))

	A	B	C	D	E	F	G
1	员工编号	工龄	销售量		Fisher变换值		1.300653
2	李新明	2	70				
3	张敏明	1	74				
4	吴正宇	1	56				
5	郑怡菲	4	107				
6	王彤	3	89				
7	罗爽	2	92				

温馨提示

- 如果参数 x 为非数值型，函数 FISHER 返回错误值【#VALUE!】。
- 如果参数 x 小于等于 −1 或大于等于 1，函数 FISHER 返回错误值【#NUM!】。

325 使用 FISHERINV 函数计算 Fisher 变换的反函数值

适用版本	实用指数
2007、2010、2013、2016	★★★☆☆

使用说明

FISHERINV 函数用于返回 Fisher 变换的反函数值，使用此变换可以分析数据区域或数组之间的相关性。

> 函数语法：= FISHERINV(y)
> 参数说明如下。
> y（必选）：要对其进行反变换的数值。

解决方法

例如，现在需要在员工销售情况统计表中计算相关系数的 Fisher 变换的反函数值，具体操作方法如下。

打开素材文件（位置：素材文件\第 10 章\FISHERINV 函数 .xlsx），选择要存放结果的单元格 F2，输入公式“=FISHERINV(F1)”，按【Enter】键，即可得出计算结果，如下图所示。

326 使用 PEARSON 函数返回 Pearson 乘积矩相关系数

适用版本	实用指数
2007、2010、2013、2016	★★★☆☆

使用说明

PEARSON 函数用于返回 Pearson（皮尔生）乘积矩相关系数 r，这是一个范围在 −1.0 ~ 1.0 之间（包括 −1.0 和 1.0 在内）的无量纲指数，反映了两个数据集合之间的线性相关程度。

函数语法：= PEARSON(array1, array2)

参数说明如下。

- array1（必选）：自变量集合。
- array2（必选）：因变量集合。

解决方法

例如，现在需要在员工销售情况统计表中计算工龄与销量之间的 pearsch 乘积矩相关系数，具体操作方法如下。

打开素材文件（位置：素材文件 \ 第 10 章 \PEARSON 函数 .xlsx），选择要存放结果的单元格 F1，输入公式“=PEARSON(B2:B7,C2:C7)”，按【Enter】键，即可得出计算结果，如下图所示。

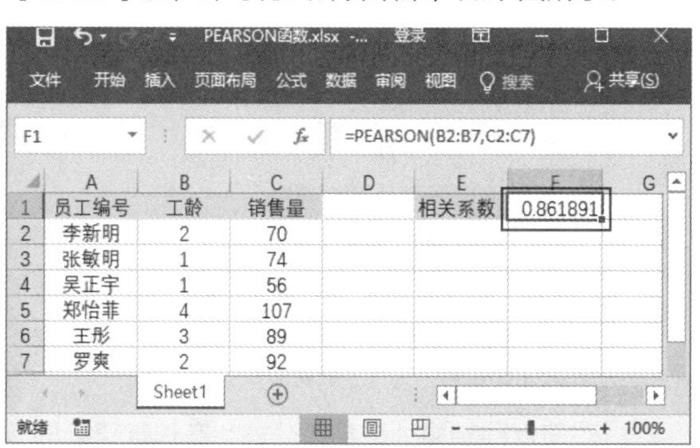

327 使用 RSQ 函数返回 Pearson 乘积矩相关系数的平方

适用版本	实用指数
2007、2010、2013、2016	★★★☆☆

使用说明

RSQ 函数用于返回根据 known_y's 和 known_x's 中数据点计算得出的 Pearson 乘积矩相关系数的平方。

函数语法：= RSQ(known_y’s,known_x’s)

参数说明如下。

- known_y’s（必选）：数组或数据点区域。
- known_x’s（必选）：数组或数据点区域。

解决方法

例如，现在需要在员工销售情况统计表中计算工龄与销量之间的 pearsch 乘积矩相关系数的平方，具体操作方法如下。

打开素材文件（位置：素材文件 \ 第 10 章 \RSQ 函数 .xlsx），选择要存放结果的单元格 F1，输入公式“=RSQ(B2:B7,C2:C7)”，按【Enter】键，即可得出计算结果，如下图所示。

温馨提示

- 如果参数 known_y's 和 known_x's 为空或其数据点个数不同，函数 RSQ 返回错误值【#N/A】。
- 如果参数 known_y's 和 known_x's 函数只包含 1 个数据点，则 RSQ 函数返回错误值【#DIV/0!】。

328 使用 FORECAST 函数预测特定工龄的销量

适用版本	实用指数
2007、2010、2013、2016	★★★★☆

使用说明

FORECAST 函数可以根据已有的数值计算或预测相关数据的未来值。

函数语法：= FORECAST(x, known_y's, known_x's)

参数说明如下。

- x（必选）：需要进行值预测的数据点。
- known_y's（必选）：因变量数组或数据区域。
- known_x's（必选）：自变量数组或数据区域。

解决方法

例如，现在需要在员工销售情况统计表中预测工龄为 5 时，与之对应的员工销量，具体操作方法如下。

打开素材文件（位置：素材文件\第 10 章\FORECAST 函数.xlsx），选择要存放结果的单元格 F2，输入公式“=FORECAST(F1,C2:C7,B2:B7)”，按【Enter】键，即可得出计算结果，如下图所示。

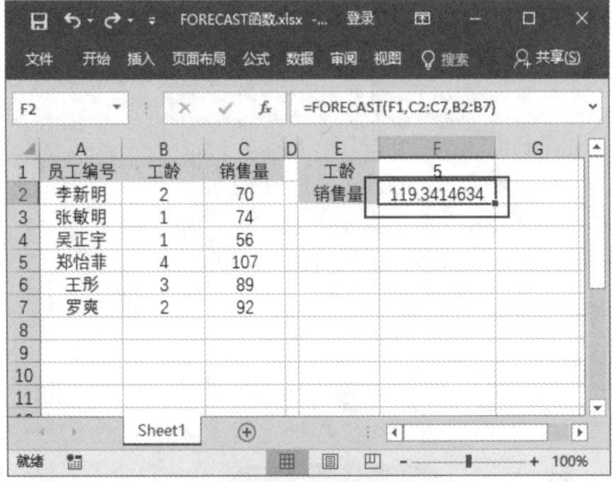

329 使用 GROWTH 函数预测第四季度销售额

适用版本	实用指数
2007、2010、2013、2016	★★★★★

使用说明

GROWTH 函数可以根据现有的数据预测指数增长值。

函数语法：= GROWTH(known_y's, [known_x's], [new_x's], [const])

参数说明如下。

- known_y's（必选）：满足指数回归拟合曲线 y=b*m^x 的一组已知的 y 值。
- known_x's（可选）：满足指数回归拟合曲线 y=b*m^x 的一组已知的可选 x 值，如果省略 known_x's，则假设该数组为 {1,2,3,...}，其大小与 known_y's 相同
- new_x's（可选）：需要通过 GROWTH 函数为其返回对应 y 值的一组新 x 值。如果省略 new_x's，则假设它和 known_x's 相同。如果 known_x's 与 new_x's 都被省略，则假设它们为数组 {1,2,3,...}，其大小与 known_y's 相同。
- const（可选）：一逻辑值，用于指定是否将常量 b 强制设为 1。如果 const 为 TRUE 或省略，b 将按正常计算。如果 const 为 FALSE，b 将设为 1，m 值将被调整以满足 y = m^x。

解决方法

例如，需要根据该销售表，预测第四季度的销售情况，具体操作方法如下。

打开素材文件（位置：素材文件\第 10 章\GROWTH 函数.xlsx），选择要存放结果的单元格 B5，输入公式“=GROWTH(B2:B4,A2:A4,A5)”，按【Enter】键，即可得出计算结果，如下图所示。

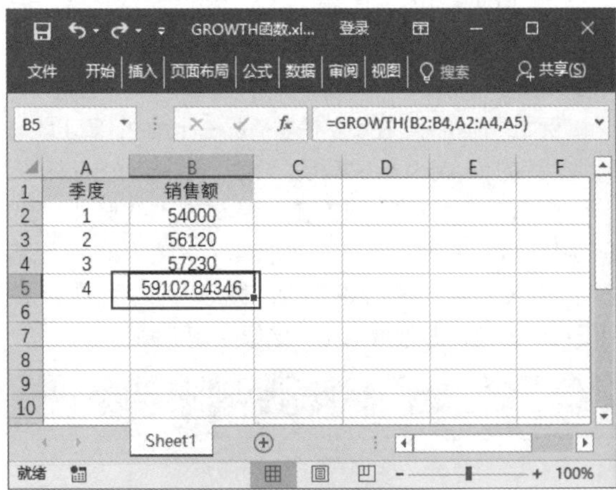

温馨提示

- 如果参数 known_y's 中的任何数为零或为负数，GROWTH 函数将返回错误值【#NUM!】。
- 对于返回结果为数组的公式，在选定正确的

温馨提示

单元格个数后，必须以数组公式的形式输入。

- 当为参数（如 known_x's）输入数组常量时，应当使用逗号分隔同一行中的数据，用分号分隔不同行中的数据。

330　使用 TREND 函数预测回归线上的销量

适用版本	实用指数
2007、2010、2013、2016	★★★★☆

使用说明

TREND 函数用于返回一条线性回归拟合线的值。即找到适合已知数组 known_y's 和 known_x's 的直线（用最小二乘法），并返回指定数组 new_x's 在直线上对应的 y 值。

函数语法：= TREND(known_y's, [known_x's], [new_x's], [const])

参数说明如下。

- known_y's（必选）：关系表达式 y = mx + b 中已知的 y 值集合。
- known_x's（必选）：关系表达式 y = mx + b 中已知的可选 x 值集合。如果省略 known_x's，则假设该数组为 {1,2,3,...}，其大小与 known_y's 相同。
- new_x's（必选）：需要函数 TREND 返回对应 y 值的新 x 值。如果省略 new_x's，将假设它和 known_x's 一样。如果 known_x's 和 new_x's 都省略，将假设它们为数组 {1,2,3,...}，大小与 known_y's 相同。
- const（可选）：一逻辑值，用于指定是否将常量 b 强制设为 0，如果 const 为 TRUE 或省略，b 将按正常计算；如果 const 为 FALSE，b 将被设为 0（零），m 将被调整以使 y = mx。

解决方法

例如，需要根据该销售表预测回归线上的销量，具体操作方法如下。

打开素材文件（位置：素材文件\第 10 章\TREND 函数.xlsx），选择要存放结果的单元格区域 F2：F4，输入公式“=TREND(C2:C7,B2:B7,E2:E4)”，按【Ctrl+Shift+Enter】键，即可得出计算结果，如右上图所示。

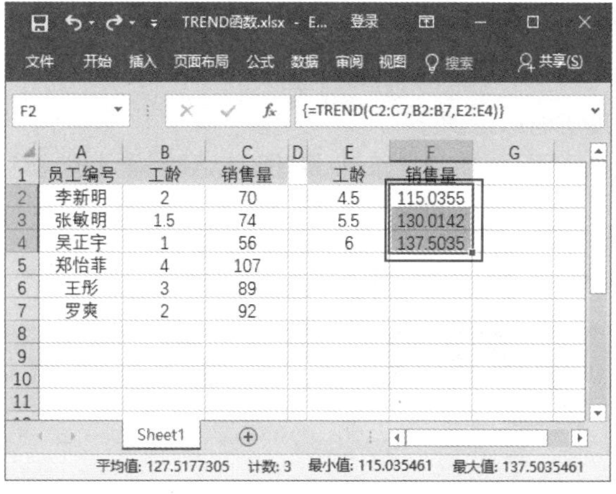

331　使用 LINEST 函数估算第 12 月销售额

适用版本	实用指数
2007、2010、2013、2016	★★★★☆

使用说明

LINEST 函数用于通过使用最小二乘法计算与现有数据最佳拟合的直线来计算某直线的统计值，然后返回描述此直线的数组。直线的公式为：$y = m_x + b$，或 $y = m_1x_1 + m_2x_2 + ... + b$，其中因变量 y 值是自变量 x 值的函数。m 值是与每个 x 值相对应的系数，b 为常量。注意，y、x 和 m 可以是向量。

函数语法：= LINEST(known_y's, [known_x's], [const], [stats])

参数说明如下。

- known_y's（必选）：关系表达式 y = mx + b 中已知的 y 值集合。
- known_x's（可选）：关系表达式 y = mx + b 中已知的 x 值集合，如果省略 known_x's，则假设该数组为 {1,2,3,...}，其大小与 known_y's 相同。
- const（可选）：一个逻辑值，用于指定是否将常量 b 强制设为 0，如果 const 为 TRUE 或被省略，b 将按通常方式计算，如果 const 为 FALSE，b 将被设为 0，并同时调整 m 值，使 y = mx。
- stats（可选）：一个逻辑值，用于指定是否返回附加回归统计值。如果 stats 为 TRUE，则 LINEST 函数返回附加回归统计值，这时返回的数组为 {mn,mn-1,...,m1,b;sen,sen-1,...,se1,seb;r2,sey;F,df;ssreg,ssresid}。如果 stats 为 FALSE 或被省略，LINEST 函数只返回系数 m 和常量 b。

解决方法

例如，根据该销售表估算第 12 月的销售额情况，具体操作方法如下。

打开素材文件(位置：素材文件\第 10 章\LINEST 函数.xlsx)，选择要存放结果的单元格 E1，输入公式 “=SUM(LINEST(B2:B9, A2:A9)*{12,1})”，按【Enter】键，即可得出计算结果，如下图所示。

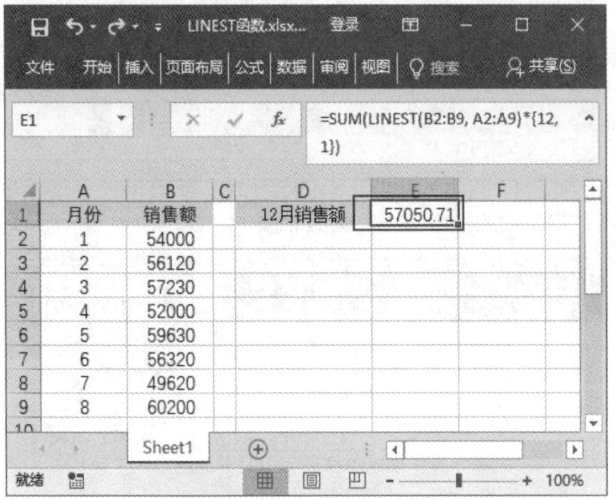

温馨提示

- 对于返回结果为数组的公式，必须以数组公式的形式输入。
- 参数 known_y's 和 known_x's 的值必须为数字，否则函数将返回错误值【#VALUE!】。
- 参数 known_y's 中任何数小于等于 0，或其中有一空值，LINEST 函数将返回错误值【#NUM！】。

332 使用 LOGEST 函数返回半年内销售额趋势的参数

适用版本	实用指数
2007、2010、2013、2016	★★★★★

使用说明

LOGEST 函数用于在回归分析中计算最符合数据的指数回归拟合曲线，并返回描述该曲线的数值数组。因为此函数返回数值数组，所以必须以数组公式的形式输入。曲线的公式为：y = b*m^x，或 y = (b*(m_1^x_1)*($m_2^{x}2_)$*_)。m 值是各指数 x 的底，而 b 值是常量值。

函数语法：= LOGEST(known_y's, [known_x's], [const], [stats])

参数说明如下。

- known_y's（必选）：关系表达式 y = b*m^x 中已知的 y 值集合。
- known_x's（可选）：关系表达式 y=b*m^x 中已知的 x 值集合，为可选参数，如果省略 known_x's，则假设该参数为数组 {1,2,3,...}，该数组的大小与 known_y's 相同。
- const（可选）：一个逻辑值，用于指定是否将常量 b 强制设为 1，如果 const 为 TRUE 或省略，b 将按正常计算；如果 const 为 FALSE，则常量 b 将设为 1，而 m 的值满足公式 y=m【^】x。
- stats（可选）：一个逻辑值，用于指定是否返回附加回归统计值，如果 stats 为 TRUE，函数 LOGEST 将返回附加的回归统计值，因此返回的数组为 {mn,mn-1,...,m1,b;sen,sen-1,...,se1,seb;r 2,sey;F,df;ssreg,ssresid}。如果 stats 为 FALSE 或省略，则函数 LOGEST 只返回系数 m 和常量 b。

解决方法

例如，需要根据某部门今年前半年的销售情况统计出半年内销售额趋势的参数，具体操作方法如下。

打开素材文件(位置：素材文件\第 10 章\LOGEST 函数.xlsx)，选择要存放结果的单元格 E1，输入公式 “=LOGEST(B2:B7,A2:A7,TRUE,TRUE)”，按【Enter】键，即可得出计算结果，如下图所示。

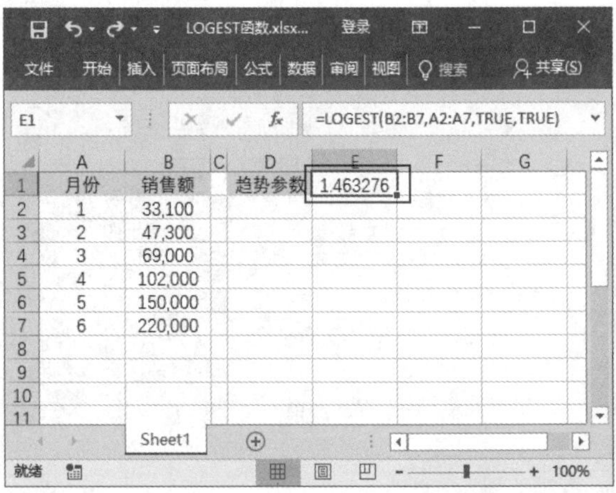

333 使用 SLOPE 函数计算工龄和销售量的斜率

适用版本	实用指数
2007、2010、2013、2016	★★★★★

使用说明

SLOPE 函数用于返回根据 known_y's 和 known_x's 中的数据点拟合的线性回归直线的斜率。斜率为直线上任意两点的重直距离与水平距离的比值，也就是回归直线的变化率。

> 函数语法：= SLOPE(known_y's, known_x's)
> 参数说明如下。
> - known_y's（可选）：数字型因变量数据点数组或单元格区域。
> - known_x's（可选）：自变量数据点集合。

解决方法

例如，在销售情况统计表中，需要计算工龄和销售量的斜率，具体操作方法如下。

打开素材文件（位置：素材文件\第 10 章\SLOPE 函数 .xlsx），选择要存放结果的单元格 F1，输入公式“=SLOPE(C2:C7,B2:B7)”，按【Enter】键，即可得出计算结果，如下图所示。

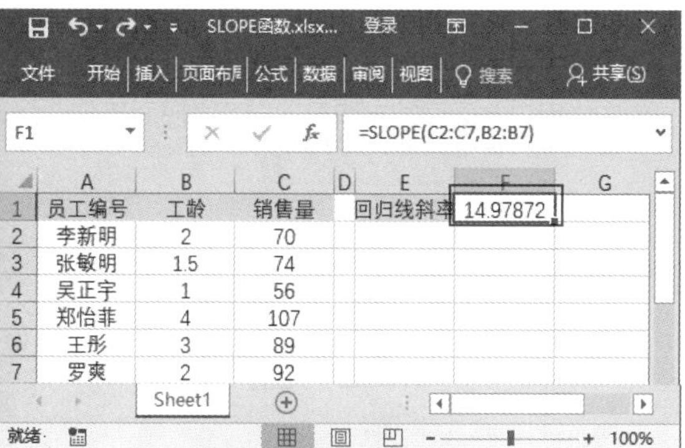

温馨提示

- 参数可以是数字，或者是包含数字的名称、数组或引用，如果数组或引用参数包含文本、逻辑值或空白单元格，则这些值将被忽略；但包含零值的单元格将计算在内。
- 如果参数 known_y's 和 known_x's 所包含的数据点个数不相等或不包含任何数据点，则函数 INTERCEPT 返回错误值【#N/A】。

334　使用 INTERCEPT 函数计算工龄和销售量的截距

适用版本	实用指数
2007、2010、2013、2016	★★★★☆

使用说明

INTERCEPT 函数可以利用现有的 x 值与 y 值计算直线与 y 轴的截距。

> 函数语法：= INTERCEPT(known_y's, known_x's)
> 参数说明如下。
> - known_y's（可选）：因变的观察值或数据的集合。
> - known_x's（可选）：自变的观察值或数据的集合。

解决方法

例如，在销售情况统计表中，现在需要计算工龄和销售量的截距，具体操作方法如下。

打开素材文件（位置：素材文件\第 10 章\INTERCEPT 函数 .xlsx），选择要存放结果的单元格 F1，输入公式“=INTERCEPT(C2:C7,B2:B7)”，按【Enter】键，即可得出计算结果，如下图所示。

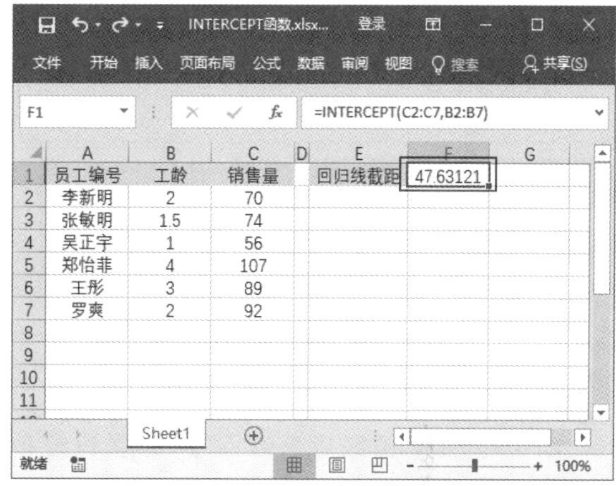

335　使用 STEYX 函数计算回归线的标准误差

适用版本	实用指数
2007、2010、2013、2016	★★★☆☆

使用说明

STEYX 函数用于返回通过线性回归法计算每个 x 的 y 预测值时所产生的标准误差。标准误差用来度量根据单个 x 变量计算出的 y 预测值的误差量。

> 函数语法：= STEYX(known_y's, known_x's)
> 参数说明如下。
> - known_y's（可选）：因变量数据点数组或区域。
> - known_x's（可选）：自变量数据点数组或区域。

解决方法

例如，在销售情况统计表中，需要计算工龄和销售量的回归线的标准误差，具体操作方法如下。

打开素材文件（位置：素材文件\第 10 章\STEYX 函数.xlsx），选择要存放结果的单元格 F1，输入公式“=STEYX(C2:C7,B2:B7)”，按【Enter】键，即可得出计算结果，如右图所示。

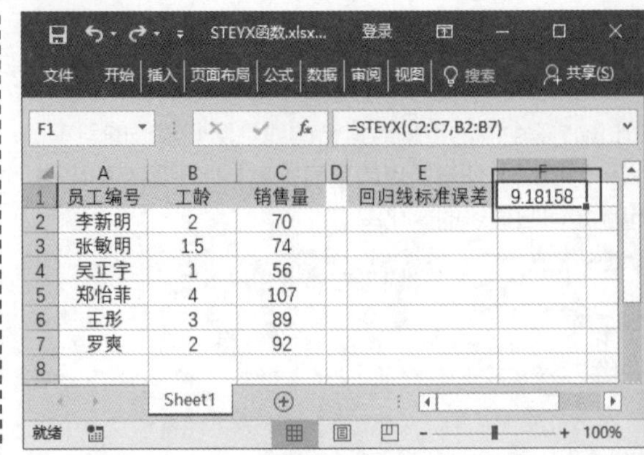

10.8 数据的倾向性

倾向性函数用于计算概率分布。下面介绍倾向性函数常用的使用技巧知识。

336 使用 CHISQ.DIST 函数计算 χ^2 的累积分布函数值

适用版本	实用指数
2007、2010、2013、2016	★★★☆☆

使用说明

CHISQ.DIST 函数用于返回 χ^2 的累积分布函数值。

> 函数语法：= CHISQ.DIST(x,deg_freedom,cumulative)
>
> 参数说明如下。
>
> - x（必选）：用来计算分布的值。
> - deg_freedom（必选）：自由度数。
> - cumulative（必选）：决定函数形式的逻辑值。如果 cumulative 为 TRUE，则 CHISQ.DIST 返回累积分布函数；如果为 FALSE，则返回概率密度函数。

解决方法

例如，需要根据指定数值，计算 χ^2 的累积分布函数值，具体操作方法如下。

第 1 步 打开素材文件（位置：素材文件\第 10 章\CHISQ.DIST 函数.xlsx），选择要存放结果的单元格 C2，输入公式“=CHISQ.DIST(A2,B2,TRUE)”，按【Enter】键，即可得出计算结果，如右上图所示。

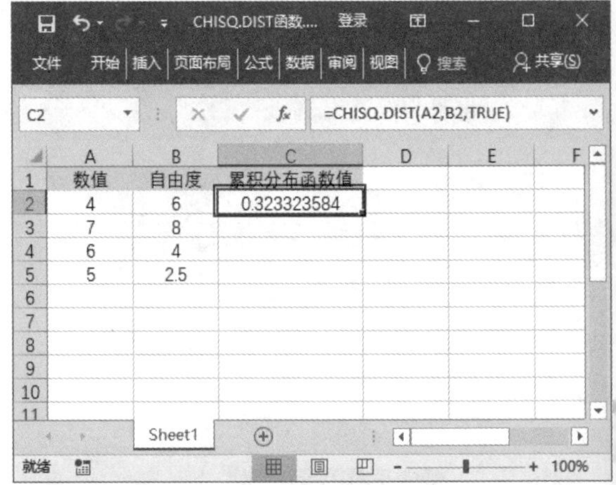

第 2 步 利用填充功能向下复制公式即可，如下图所示。

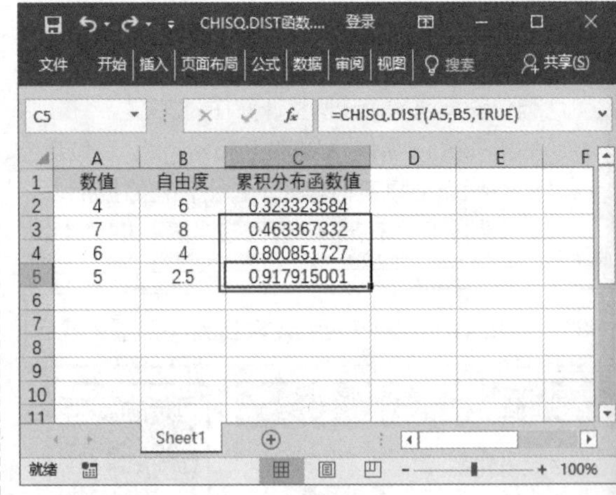

温馨提示

- 参数可为单元格引用或直接输入，且必须为数值类型，即数字、文本格式的数字或逻辑值，如果任意参数为非数值型，则 CHISQ.DIST 函数将返回错误值【#VALUE!】。
- 如果参数 x 为负数，则 CHISQ.DIST 函数将返回错误值【#NUM!】。
- 如果参数 deg_freedom 小于 1 或大于 1010，则 CHISQ.DIST 函数将返回错误值【#NUM!】。

337 使用 CHISQ.DIST.RT 函数计算 χ^2 分布的单尾概率

适用版本	实用指数
2007、2010、2013、2016	★★★★☆

使用说明

CHISQ.DIST.RT 函数用于返回 χ^2 分布的单尾概率。

函数语法：= CHISQ.DIST.RT(x,deg_freedom)

参数说明如下。

- x（必选）：用来计算分布的值。
- deg_freedom（必选）：自由度的数值。

解决方法

例如，现在需要根据指定数值计算 χ^2 分布的单尾概率，具体操作方法如下。

第 1 步 打开素材文件（位置：素材文件\第 10 章\CHISQ.DIST.RT 函数 .xlsx），选择要存放结果的单元格 C2，输入公式“=CHISQ.DIST.RT(A2,B2)”，按【Enter】键，即可得出计算结果，如下图所示。

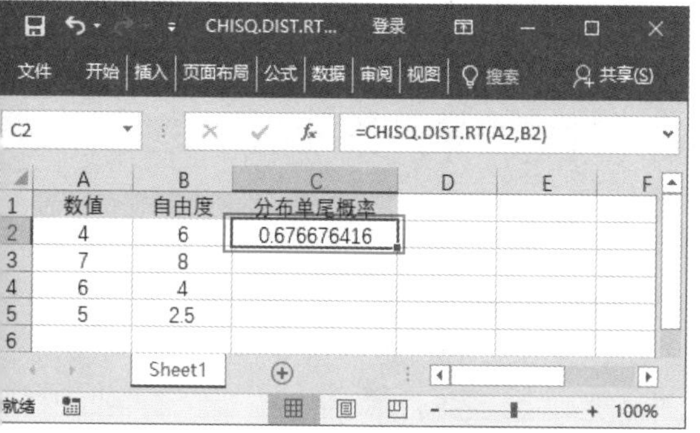

第 2 步 利用填充功能向下复制公式即可，如下图所示。

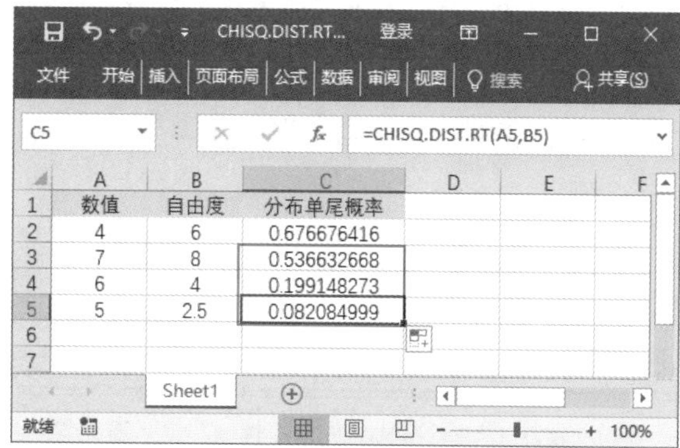

338 使用 CHISQ.INV.RT 函数计算 χ^2 分布单尾概率的反函数值

适用版本	实用指数
2007、2010、2013、2016	★★★★☆

使用说明

CHISQ.INV.RT 函数用于返回 χ^2 分布的单尾概率的反函数值。

函数语法：= CHISQ.INV.RT(probability,deg_freedom)

参数说明如下。

- x（必选）：与 x 2 分布相关的概率。
- deg_freedom（必选）：自由度数。

解决方法

例如，现在需要根据指定数值，计算 χ^2 分布的单尾概率的反函数值，具体操作方法如下。

第 1 步 打开素材文件（位置：素材文件\第 10 章\CHISQ.INV.RT 函数 .xlsx），选择要存放结果的单元格 C2，输入公式“=CHISQ.INV.RT(A2,B2)”，按【Enter】键，即可得出计算结果，如下图所示。

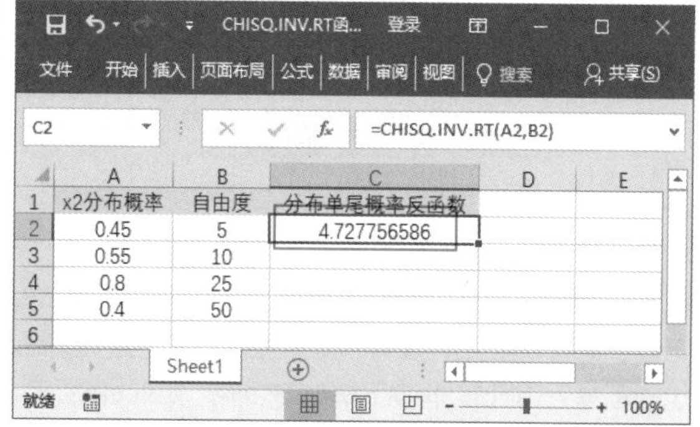

第 2 步 利用填充功能向下复制公式即可，如下图所示。

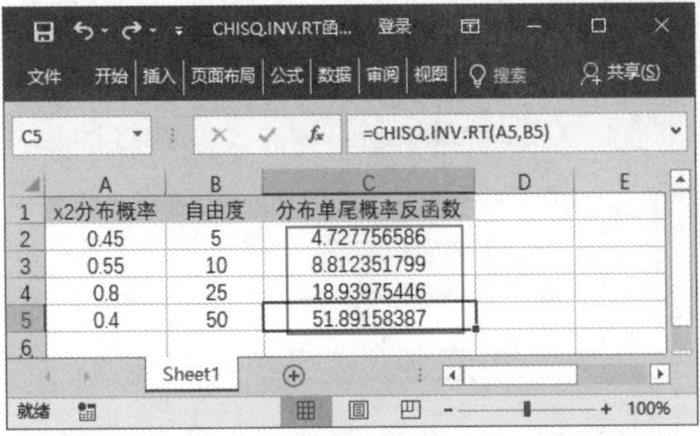

	A	B	C
1	x2分布概率	自由度	分布单尾概率反函数
2	0.45	5	4.727756586
3	0.55	10	8.812351799
4	0.8	25	18.93975446
5	0.4	50	51.89158387

339 使用 CHISQ.INV 函数计算 χ^2 分布左尾概率的反函数值

适用版本	实用指数
2007、2010、2013、2016	★★★★☆

使用说明

CHISQ.INV 函数用于返回 χ^2 分布的左尾概率的反函数值。

函数语法：= CHISQ.INV(probability,deg_freedom)

参数说明如下。

- probability（必选）：与 χ^2 分布相关联的概率。
- deg_freedom（必选）：自由度数。

解决方法

例如，现在需要根据指定数值，计算 χ^2 分布左尾概率的反函数值，具体操作方法如下。

第 1 步 打开素材文件（位置：素材文件\第 10 章\CHISQ.INV 函数 .xlsx），选择要存放结果的单元格 C2，输入公式“=CHISQ.INV(A2,B2)”，按【Enter】键，即可得出计算结果，如下图所示。

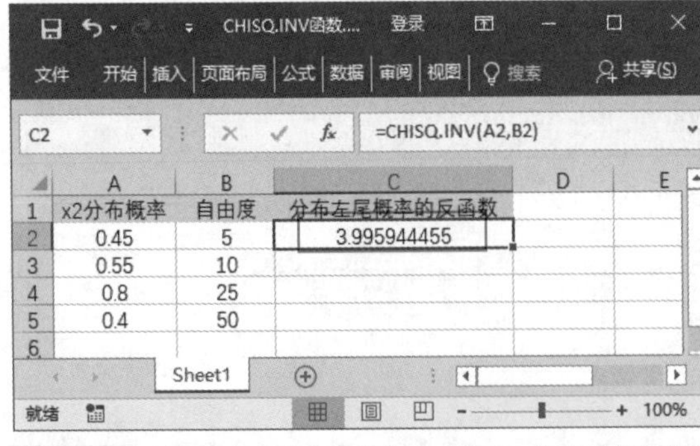

	A	B	C
1	x2分布概率	自由度	分布左尾概率的反函数
2	0.45	5	3.995944455
3	0.55	10	
4	0.8	25	
5	0.4	50	

第 2 步 利用填充功能向下复制公式即可，如右上图所示。

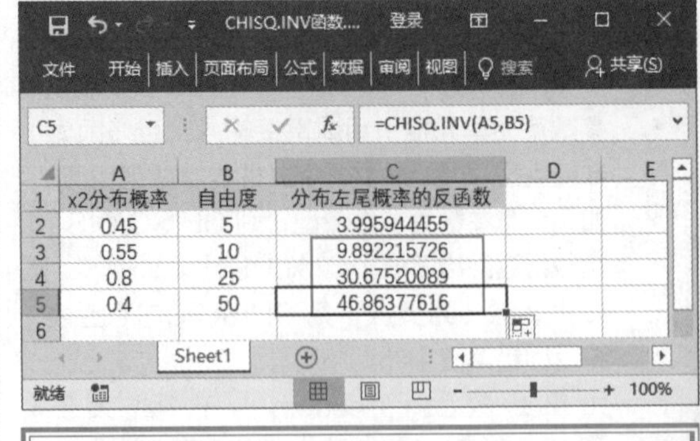

	A	B	C
1	x2分布概率	自由度	分布左尾概率的反函数
2	0.45	5	3.995944455
3	0.55	10	9.892215726
4	0.8	25	30.67520089
5	0.4	50	46.86377616

340 使用 CHISQ.TEST 函数计算独立性检验值

适用版本	实用指数
2010、2013、2016	★★★★☆

使用说明

CHISQ.TEST 函数用于返回独立性检验值。

函数语法：= CHISQ.TEST(actual_range,expected_range)

参数说明如下。

- actual_range（必选）：包含观察值的数据区域，用于检验期望值。
- expected_range（必选）：包含行列汇总的乘积与总计值之比率的数据区域。

解决方法

例如，工作表中记录了某公司一年内产品销售情况，现在要根据上半年和下半年的销售额计算上下半年产品销售额的独立性检验值，具体操作方法如下。

打开素材文件(位置：素材文件\第 10 章\CHISQ.TEST 函数 .xlsx)，选择要存放结果的单元格 C9，输入公式“=CHISQ.TEST(B2:B7,D2:D7)”，按【Enter】键，即可得出计算结果，如下图所示。

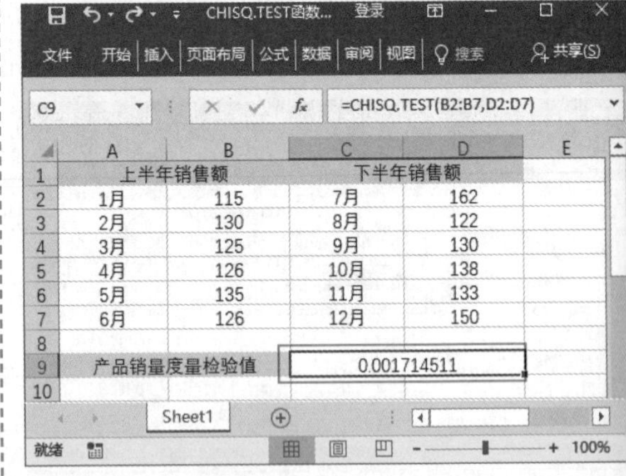

	A	B	C	D
1	上半年销售额		下半年销售额	
2	1月	115	7月	162
3	2月	130	8月	122
4	3月	125	9月	130
5	4月	126	10月	138
6	5月	135	11月	133
7	6月	126	12月	150
8				
9	产品销量度量检验值		0.001714511	

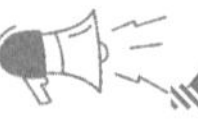

温馨提示

- 如果参数 actual_range 和 expected_range 数据点的个数不同，CHISQ.TEST 函数将返回错误值【#N/A】。
- 参数 actual_range 和 expected_range 必须为数字，若为其他类型的值将被忽略。
- 如果参数 actual_range 和 expected_range 中任一个值为空值，则 CHISQ.TEST 函数将返回错误值【#DIV/O!】。

341 使用 F.DIST.RT 函数计算 F 概率分布

适用版本	实用指数
2007、2010、2013、2016	★★★☆☆

使用说明

F.DIST.RT 函数用于返回两个数据集的（右尾）F 概率分布（变化程度）。

函数语法：= F.DIST.RT(x,deg_freedom1,deg_freedom2)

参数说明如下。

- x（必选）：用来进行函数计算的值。
- deg_freedom1（必选）：分子的自由度。
- deg_freedom2（必选）：分母的自由度。

解决方法

例如，需要根据本例工作表中指定数值，计算 D 列 X 变量的 F 分布概率值，具体操作方法如下。

第 1 步 打开素材文件（位置：素材文件 \ 第 10 章 \ F.DIST.RT 函数 .xlsx），选择要存放结果的单元格 E2，输入公式"=F.DIST.RT(D2,$B$1,$B$2)"，按【Enter】键，即可得出计算结果，如下图所示。

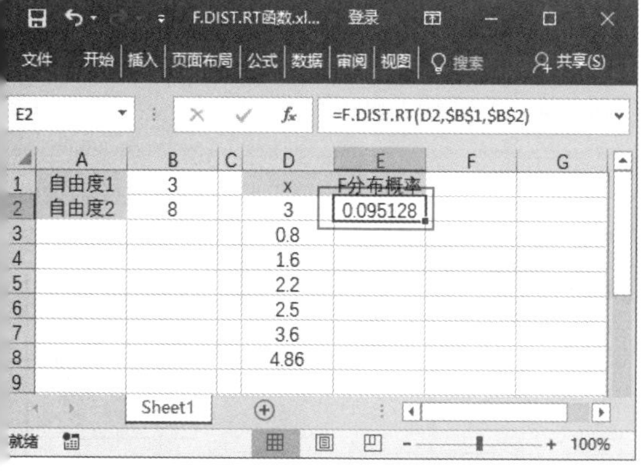

第 2 步 利用填充功能向下复制公式即可，如下图所示。

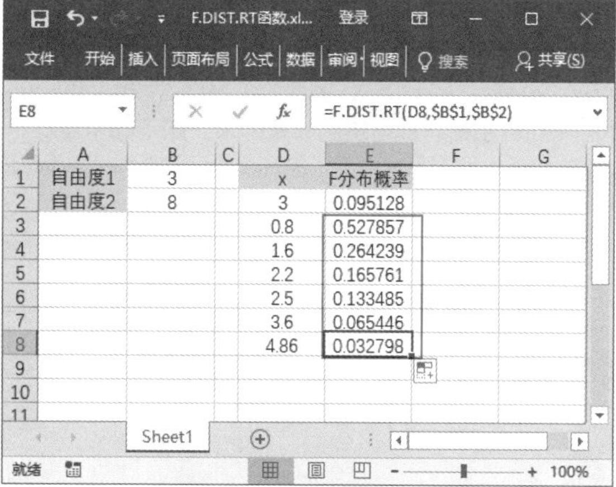

温馨提示

- 如果参数 x 为负数，则 F.DIST.RT 函数将返回错误值【#NUM!】。
- 如果参数 deg_freedom1 或 deg_freedom2 不是整数，则将被截尾取整。
- 如果参数 deg_freedom1 小于 1，或参数 deg_freedom2 小于 1，则 F.DIST.RT 函数将返回错误值【#NUM!】。

342 使用 F.DIST 函数计算 F 分布概率密度函数值

适用版本	实用指数
2007、2010、2013、2016	★★★☆☆

使用说明

F.DIST 函数用于返回 F 概率分布。使用此函数可以确定两个数据集是否存在变化程度上的不同。

函数语法：= F.DIST(x,deg_freedom1,deg_freedom2,cumulative)

参数说明如下。

- x（必选）：用来进行函数计算的值。
- deg_freedom1（必选）：分子的自由度。
- deg_freedom2（必选）：分母的自由度。
- cumulative （必选）：决定函数形式的逻辑值。如果 cumulative 为 TRUE，则 F.DIST 返回累积分布函数；如果为 FALSE，则返回概率密度函数。

解决方法

例如，根据本例工作表中指定数值计算 D 列 X 变量的 F 分布概率密度函数值，具体操作方法如下。

第 1 步 打开素材文件（位置：素材文件 \ 第 10 章 \ F.DIST 函数 .xlsx），选择要存放结果的单元格 E2，输入公式“=F.DIST(D2,$B$1,$B$2,FALSE)”，按【Enter】键，即可得出计算结果，如下图所示。

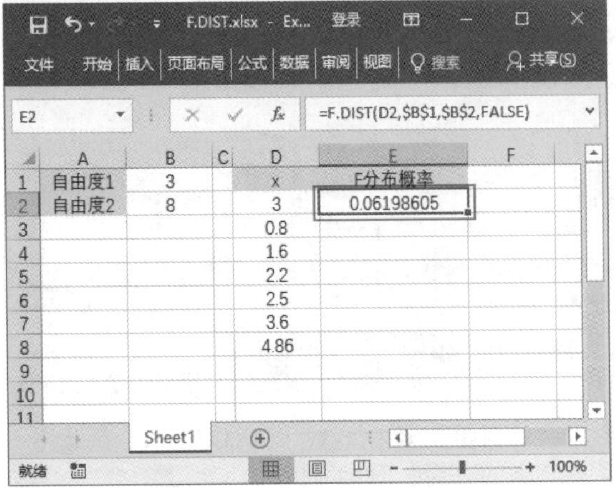

第 2 步 利用填充功能向下复制公式即可，如下图所示。

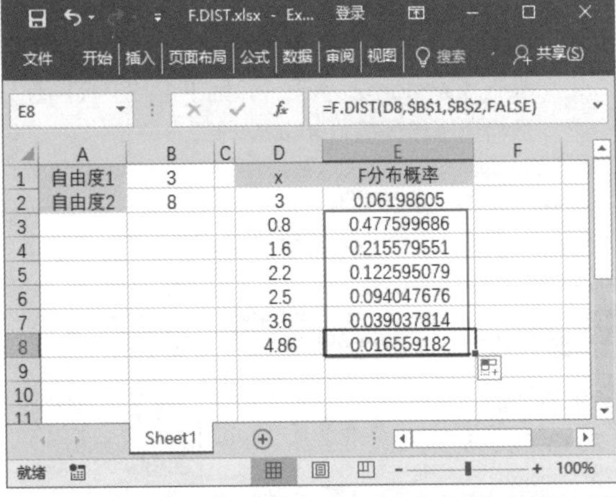

343 使用 F.INV.RT 函数计算 F 概率分布的反函数值

适用版本	实用指数
2007、2010、2013、2016	★★★☆☆

使用说明

F.INV.RT 函数用于返回（右尾）F 概率分布的反函数值。

函数语法：= F.INV.RT(probability,deg_freedom1,deg_freedom2)

参数说明如下。

- probability（必选）：与 F 累积分布相关的概率。
- deg_freedom1（必选）：分子的自由度。
- deg_freedom2（必选）：分母的自由度。

解决方法

例如，现在需要根据指定数值，计算 F 概率分布的反函数值，具体操作方法如下。

第 1 步 打开素材文件（位置：素材文件 \ 第 10 章 \ F.INV.RT 函数 .xlsx），选择要存放结果的单元格 C4，输入公式“=F.INV.RT($B$1,A4,B4)”，按【Enter】键，即可得出计算结果，如下图所示。

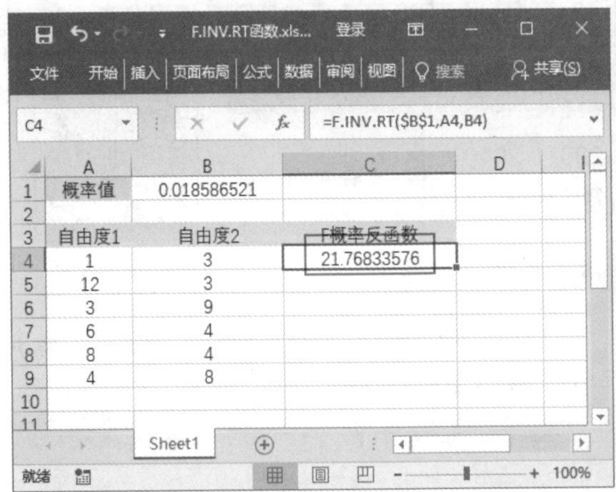

第 2 步 利用填充功能向下复制公式即可，如下图所示。

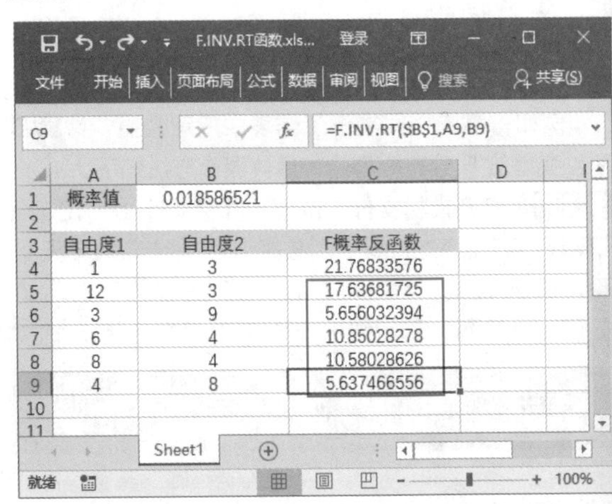

344 使用 F.INV 函数计算 F 概率分布的反函数值

适用版本	实用指数
2010、2013、2016	★★★☆☆

使用说明

F.INV 函数用于返回 F 概率分布的反函数值。

> 函数语法：= F.INV(probability,deg_freedom1,deg_freedom2)
> 参数说明如下。
> - probability（必选）：与 F 累积分布相关的概率。
> - deg_freedom1（必选）：分子的自由度。
> - deg_freedom2（必选）：分母的自由度。

解决方法

例如，需要根据数据概率值、自由度 1 和自由度 2 这些指定数值计算 F 概率分布的反函数值，具体操作方法如下。

第 1 步 打开素材文件（位置：素材文件 \ 第 10 章 \ F.INV 函数 .xlsx），选择要存放结果的单元格 C4，输入公式“=F.INV($B$1,A4,B4)”，按【Enter】键，即可得出计算结果，如下图所示。

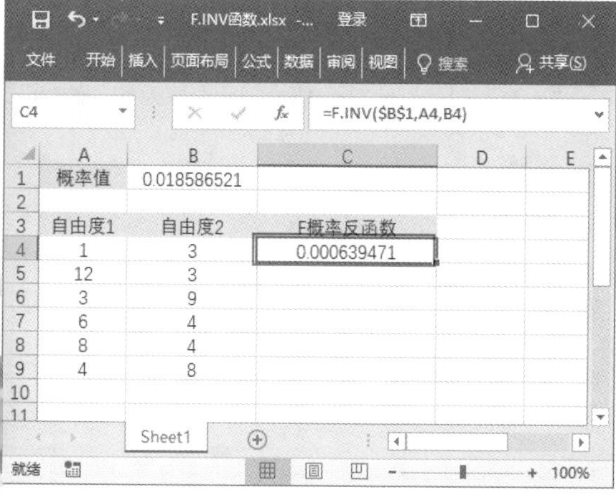

第 2 步 利用填充功能向下复制公式即可，如下图所示。

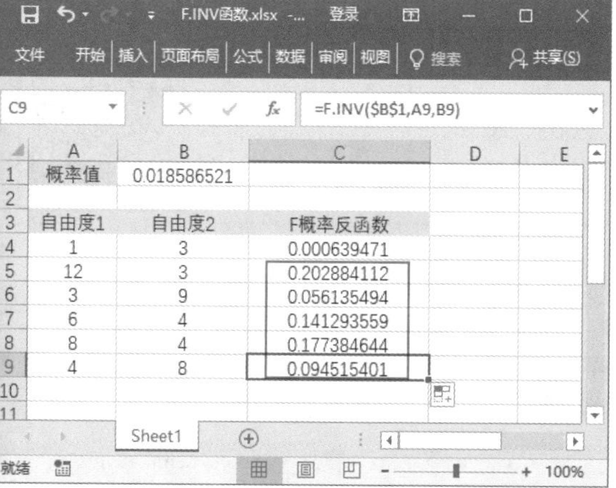

温馨提示

F.INV 函数和 F.INV.RT 函数取代了 Excel 2010 之前的 FINV 函数，这些新函数可以提供更高的准确度，而且它们的名称可以更好地反映出其用途。在新的函数中只是函数名称不同，其语法结构是相同的。

345 使用 T.DIST.2T 函数计算 t 分布的概率

适用版本	实用指数
2010、2013、2016	★★★☆☆

使用说明

T.DIST.2T 函数用于返回学生的 t 分布的百分点。学生的 t 分布用于小样本数据集的假设检验，使用此函数可以代替 t 分布的临界值表。

> 函数语法：= T.DIST.2T(x,deg_freedom)
> 参数说明如下。
> - x（必选）：需要计算分布的数值。
> - deg_freedom（必选）：一个表示自由度数的整数。

解决方法

例如，根据指定数值计算 t 分布的概率，具体操作方法如下。

第 1 步 打开素材文件（位置：素材文件 \ 第 10 章 \ T.DIST.2T 函数 .xlsx），选择要存放结果的单元格 C2，输入公式“=T.DIST.2T(B2,A2)”，按【Enter】键，即可得出计算结果，如下图所示。

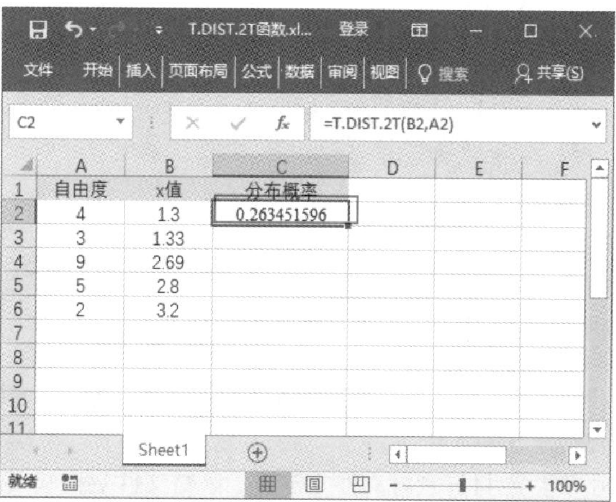

第 2 步 利用填充功能向下复制公式即可，如下图所示。

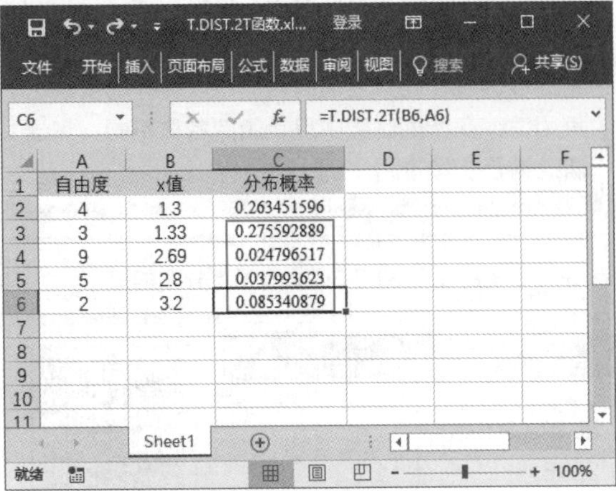

温馨提示

- 参数可为单元格引用或直接输入，且必须为数值类型，即数字、文本格式的数字或逻辑值，如果任一参数为非数值型，则函数 T.DIST.2T 将返回错误值【#VALUE!】。
- 如果参数 deg_freedom 小于 1，则函数 T.DIST.2T 将返回错误值【#NUM!】。
- 如果参数 x 小于 0，则函数 T.DIST.2T 返回错误值【#NUM!】。

346　使用 T.DIST.RT 函数计算 t 分布的右尾概率

适用版本	实用指数
2007、2010、2013、2016	★★★☆☆

使用说明

T.DIST.RT 函数用于返回学生的右尾 t 分布概率。

函数语法：= T.DIST.RT(x,deg_freedom)

参数说明如下。

- x（必选）：需要计算分布的数值。
- deg_freedom（必选）：一个表示自由度数的整数。

解决方法

例如，根据指定数值计算 t 分布的右尾概率，具体操作方法如下。

第 1 步 打开素材文件（位置：素材文件 \ 第 10 章 \T.DIST.RT 函数 .xlsx），选择要存放结果的单元格 C2，输入公式"=T.DIST.RT(B2,A2)"，按【Enter】键，即可得出计算结果，如下图所示。

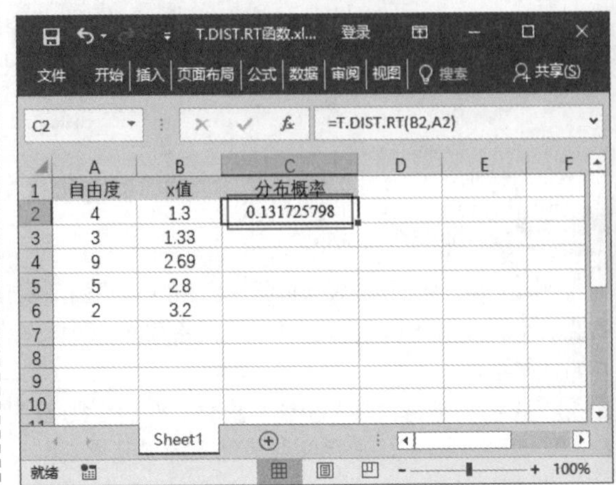

第 2 步 利用填充功能向下复制公式即可，如下图所示。

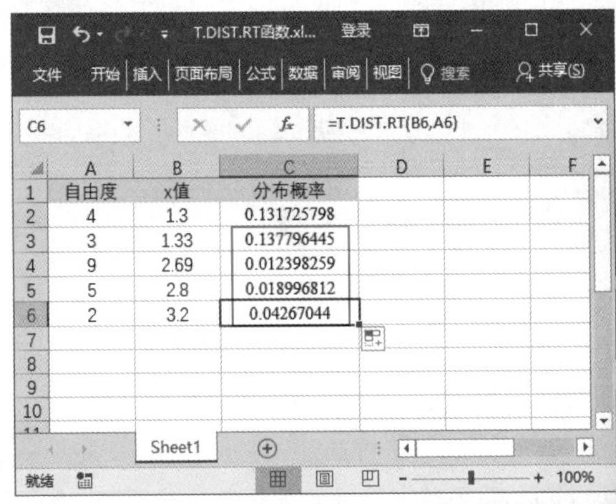

347　使用 T.DIST 函数计算 t 的累积分布函数值

适用版本	实用指数
2007、2010、2013、2016	★★★☆☆

使用说明

T.DIST 函数用于返回学生的 t 分布百分点（概率）。该 t 分布用于小样本数据集的假设检验，使用此函数可以代替 t 分布的临界值表。

函数语法：= T.DIST(x,deg_freedom, cumulative)

参数说明如下。

- x（必选）：用于计算分布的数值。
- deg_freedom（必选）：一个表示自由度数的整数。
- cumulative（必选）：决定函数形式的逻辑值。如果 cumulative 为 TRUE，则 T.DIST 返回累积分布函数；如果为 FALSE，则返回概率密度函数。

解决方法

例如，根据指定数值计算 t 的累积分布函数值，具体操作方法如下。

第 1 步 打开素材文件（位置：素材文件\第 10 章\T.DIST 函数 .xlsx），选择要存放结果的单元格 C2，输入公式“=T.DIST(B2,A2,TRUE)”，按【Enter】键，即可得出计算结果，如下图所示。

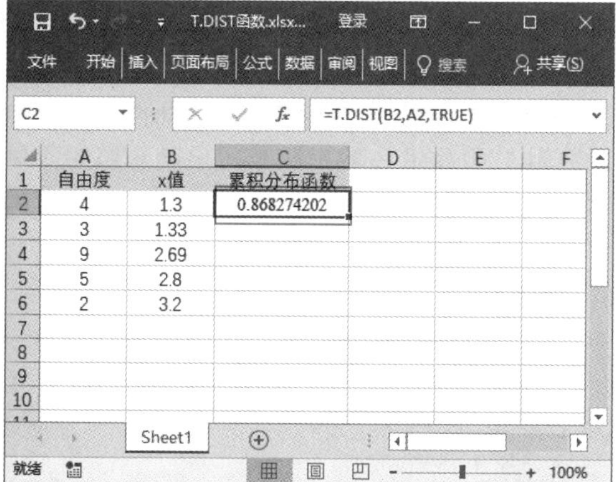

第 2 步 利用填充功能向下复制公式即可，如下图所示。

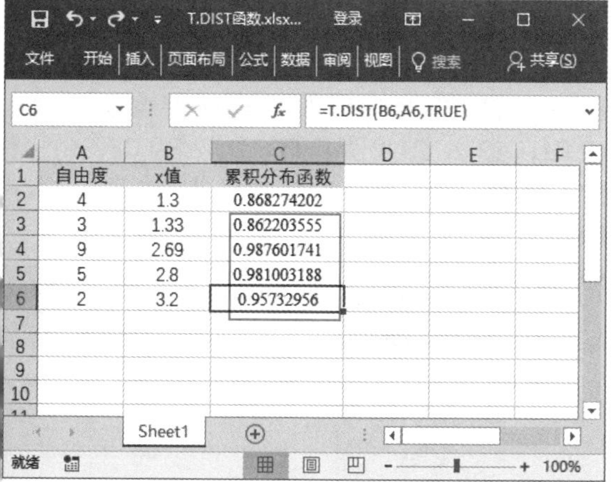

348 使用 T.INV.2T 函数计算 t 分布的双尾反函数值

适用版本	实用指数
2010、2013、2016	★★★☆☆

使用说明

T.INV.2T 函数用于返回学生 t 分布的双尾反函数值。

函数语法：= T.INV.2T(probability,deg_freedom)

参数说明如下。

- probability（必选）：与学生 t 分布相关的概率。
- deg_freedom（必选）：代表分布的自由度数。

解决方法

例如，根据指定数值计算 t 分布的双尾反函数，具体操作方法如下。

第 1 步 打开素材文件（位置：素材文件\第 10 章\T.INV.2T 函数 .xlsx），选择要存放结果的单元格 C2，输入公式“=T.INV.2T(B2,A2)”，按【Enter】键，即可得出计算结果，如下图所示。

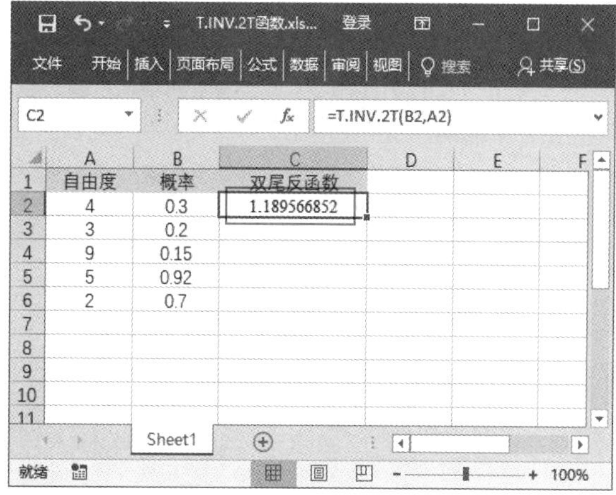

第 2 步 利用填充功能向下复制公式即可，如下图所示。

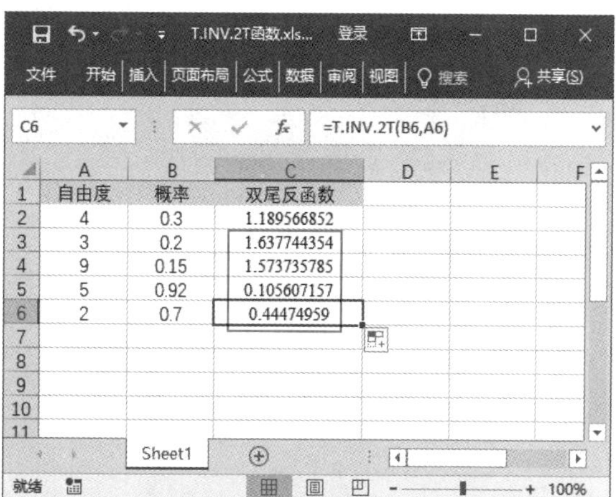

349　使用 T.INV 函数计算 t 分布的左尾反函数值

适用版本	实用指数
2007、2010、2013、2016	★★★☆☆

使用说明

T.INV 函数用于返回学生的 t 分布的左尾反函数值。

函数语法：= T.INV(probability,deg_freedom)

参数说明如下。

- probability（必选）：与学生 t 分布相关的概率。
- deg_freedom（必选）：代表分布的自由度数。

解决方法

例如，现在需要根据指定数值计算 t 分布的左尾反函数，具体操作方法如下。

第 1 步 打开素材文件（位置：素材文件 \ 第 10 章 \T.INV 函数 .xlsx），选择要存放结果的单元格 C2，输入公式“=T.INV(B2,A2)”，按【Enter】键，即可得出计算结果，如下图所示。

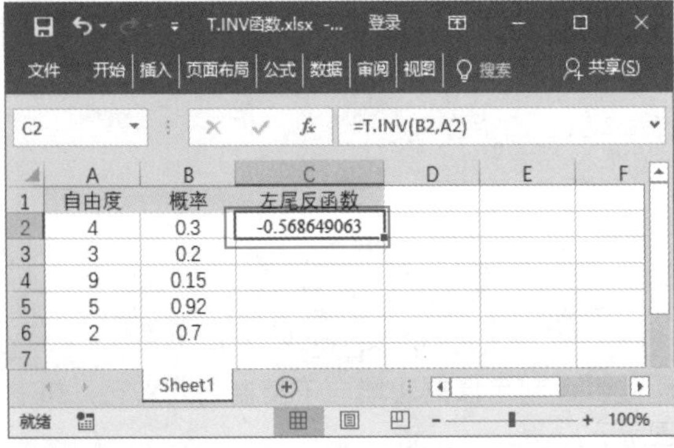

自由度	概率	左尾反函数
4	0.3	-0.568649063
3	0.2	
9	0.15	
5	0.92	
2	0.7	

第 2 步 利用填充功能向下复制公式即可，如下图所示。

自由度	概率	左尾反函数
4	0.3	-0.568649063
3	0.2	-0.978472312
9	0.15	-1.099716196
5	0.92	1.649300354
2	0.7	0.6172134

温馨提示

- 如果参数 probability 小于等于 0 或大于 1，则 T.INV 函数将返回错误值【#NUM!】。
- 如果参数 deg_freedom 小于 1，则函数 T.INV 返回错误值【#NUM!】。

350　使用 F.TEST 函数计算学生成绩方差

适用版本	实用指数
2010、2013、2016	★★★★☆

使用说明

F.TEST 函数用于返回 F 检验的结果，即当数组 1 和数组 2 的方差无明显差异时的双尾概率。可以使用此函数来判断两个样本的方差是否不同。

函数语法：= F.TEST(array1,array2)

参数说明如下。

- array1（必选）：第 1 个数组或数据区域。
- array2（必选）：第 2 个数组或数据区域。

解决方法

例如，根据学生每次的考试情况计算学生成绩方差，具体操作方法如下。

打开素材文件（位置：素材文件 \ 第 10 章 \ F.TEST 函数 .xlsx），选择要存放结果的单元格 F1，输入公式“=F.TEST(B2:B9,C2:C9)”，按【Enter】键，即可得出计算结果，如下图所示。

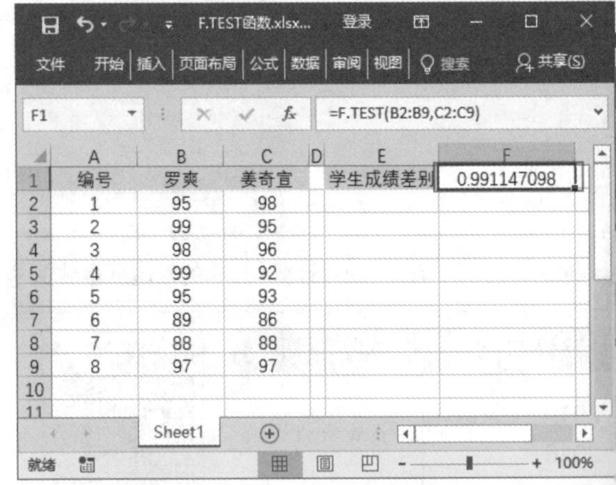

编号	罗爽	姜奇宣		学生成绩差别	0.991147098
1	95	98			
2	99	95			
3	98	96			
4	99	92			
5	95	93			
6	89	86			
7	88	88			
8	97	97			

温馨提示

- 参数可以是数字，或者是包含数字的名称、数组或引用，如果数组或引用参数包含文本、逻辑值或空白单元格，则这些值将被忽略；但包含零值的单元格将计算在内。
- 如果数组 1 或数组 2 中数据点的个数少于 2 个，或数组 1 或数组 2 的方差为零，或其中一个参数值为空，则 F.TEST 函数将返回错误值【#DIV/0!】。

351 使用 T.TEST 函数计算成对 t 检验概率

适用版本	实用指数
2010、2013、2016	★★★★☆

使用说明

T.TEST 函数用于返回与学生 t 检验相关的概率。可以使用函数 T.TEST 判断两个样本是否可能来自两个具有相同平均值的相同基础样本总体。

函数语法：= T.TEST(array1,array2,tails,type)

参数说明如下。

- array1（必选）：第 1 个数据集。
- array2（必选）：第 2 个数据集。
- tails（必选）：指示分布曲线的尾数。如果 tails = 1，函数 T.TEST 使用单尾分布。如果 tails = 2，函数 T.TEST 使用双尾分布。
- type（必选）：要执行的 t 检验的类型。该参数的取值及对应的 t 检验类型如下表所示。

参数 type 的取值及对应的 t 检验类型

参数 type 取值	检验类型
1	成对
2	等方差双样本检验
3	异方差双样本检验

解决方法

例如，需要根据学生每次的考试情况检验相关的概率，具体操作方法如下。

打开素材文件(位置：素材文件\第 10 章\T.TEST 函数 .xlsx)，选择要存放结果的单元格 F1，输入公式“=T.TEST(B2:B9,C2:C9,2,1)”，按【Enter】键，即可得出计算结果，如右上图所示。

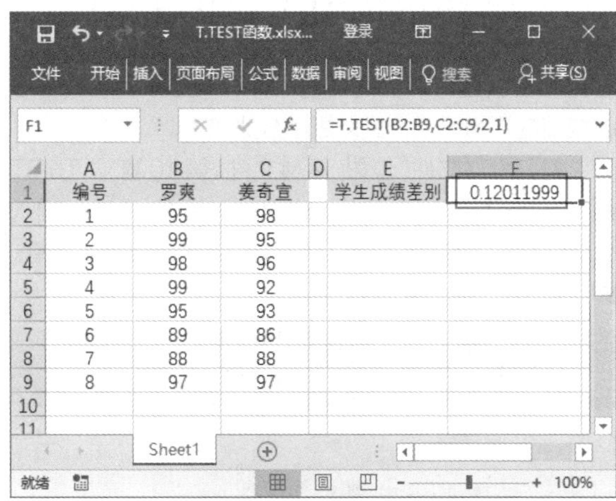

温馨提示

- 如果参数 array1 和 array2 的数据点个数不同，且 type=1（成对），则 T.TEST 函数返回错误值【#N/A】。
- 如果参数 tails 或参数 type 为非数值型，则 T.TEST 返回错误值【#VALUE!】。
- 如果参数 tails 不为 1 或 2，则 T.TEST 返回错误值【#NUM!】。

352 使用 Z.TEST 函数返回 z 检验结果

适用版本	实用指数
2010、2013、2016	★★★☆☆

使用说明

Z.TEST 函数用于返回 z 检验的单尾概率值。对于给定假设的总体平均值 x，返回样本平均值大于数据集（数组）中观察平均值的概率，即观察样本平均值。

函数语法：= Z.TEST(array,x,[sigma])

参数说明如下。

- array（必选）：用来检验 x 的数组或数据区域。
- x（必选）：待检验的数值。
- sigma（可选）：样本总体（已知）的标准偏差，如果省略，则使用样本标准偏差。

解决方法

例如，工作表中记录了 2017 年某公司员工考核成绩随机抽取结果，单元格区域 A2:D6 包含 17 年员工的考核总成绩，单元格 C8 为 2017 年之前员工成绩的平均值，单元格 C9 为 2017 年之前员工成绩的总体标准偏差，现在需要检验 17 年度与之前员工考核成绩的平均记录，具体操作方法如下。

打开素材文件(位置: 素材文件\第 10 章\Z.TEST 函数 .xlsx)，选择要存放结果的单元格 C11，输入公式 “=Z.TEST(A2:D6,C8,C9)”，按【Enter】键，即可得出计算结果，如下图所示。

温馨提示

- 参数 array 必须为数字，若为其他值将被忽略。
- 如果参数 array 为空，则 Z.TEST 函数将返回错误值【#N/A】。
- 参数 sigma 和 x 必须为数值类型，即数字、文本格式的数字或逻辑值，如果为非数值型，则函数 Z.TEST 将返回错误值【#VALUE!】。

第 11 章
工程函数使用技巧

Excel 中有类函数是专门为工程师们准备的，即工程函数。工程函数主要用于专业领域的计算与分析。本章主要针对 Excel 工程函数的应用介绍一些操作技巧。

下面列举了一些工程函数应用中的常见问题，看看是否会处理或已掌握。

【√】已知一组二进制的数据，想要将其转换为八进制、十进制、十六进制，应该使用什么函数?

【√】已知一组 X 和 N 的数据，要求出修正 Bessel 函数值，应该如何操作?

【√】已知一组实数和虚数值，使用什么函数合成一个复数值?

【√】针对已知的一组数据，使用什么函数计算复数的正弦值?

【√】如果要返回复数以 10 为底的对数，使用什么函数来计算?

【√】如果要将一个计量单位换算为另一个计量单位，应该使用什么函数?

希望通过本章内容的学习，能帮助你解决以上问题，并学会在 Excel 中使用工程函数的技巧。

11.1 数据的转换

对数制进行转换的函数即为转换函数。通过转换函数可以轻松地将各种数值进行转换，如将二进制数转换为十进制数、十六进制数，将十进制数转换为二进制数，将十六进制数转换为八进制数等。本节主要介绍转换函数的相关使用技巧。

353 使用 BIN2OCT 函数将二进制数转换为八进制数

适用版本	实用指数
2007、2010、2013、2016	★★★★☆

使用说明

BIN2OCT 函数用于将二进制数转换为八进制数。

函数语法：= BIN2OCT(number, [places])

参数说明如下。

- number（必选）：待转换的二进制数。number 的位数不能多于 10 位（二进制位），最高位为符号位，其余 9 位为数字位。负数用二进制数的补码表示。
- places（可选）：要使用的字符数。如果省略 places，BIN2OCT 将使用尽可能少的字符数。当需要在返回的值前置 0（零）时，places 尤其有用。

解决方法

例如，已知一组二进制的数据，使用 BIN2OCT 函数将其转换为八进制数据，具体操作方法如下。

第 1 步 打开素材文件（位置：素材文件 \ 第 11 章 \BIN2OCT 函数 .xlsx），选择要存放结果的单元格 B2，输入公式“=BIN2OCT(A2)”，按【Enter】键，即可得出计算结果，如下图所示。

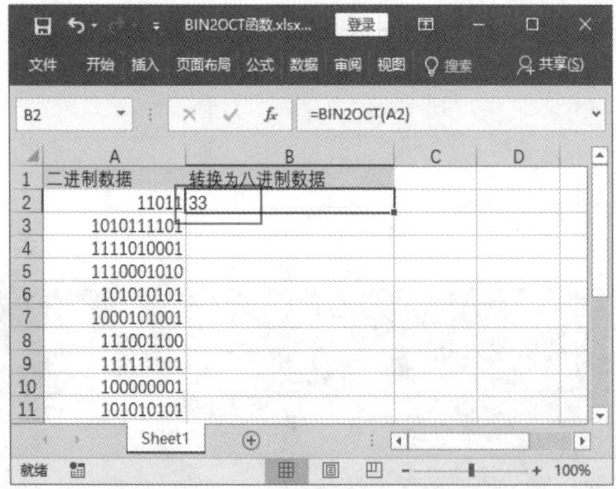

	A	B
1	二进制数据	转换为八进制数据
2	11011	33
3	1010111101	
4	1111010001	
5	1110001010	
6	101010101	
7	1000101001	
8	111001100	
9	111111101	
10	100000001	
11	101010101	

第 2 步 利用填充功能向下复制公式即可，如下图所示。

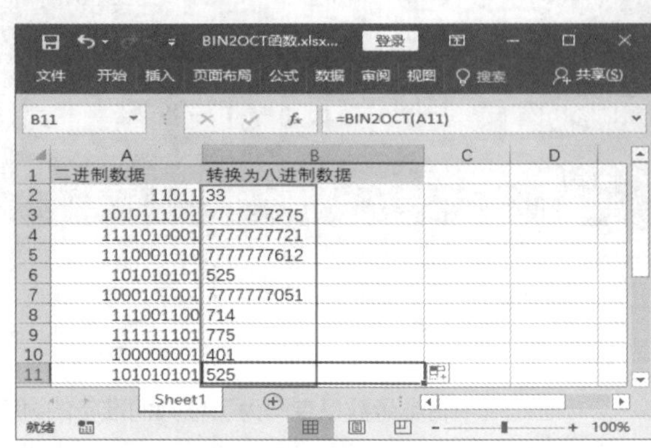

	A	B
1	二进制数据	转换为八进制数据
2	11011	33
3	1010111101	7777777275
4	1111010001	7777777721
5	1110001010	7777777612
6	101010101	525
7	1000101001	7777777051
8	111001100	714
9	111111101	775
10	100000001	401
11	101010101	525

温馨提示

- 如果数字为非法二进制数或位数多于 10 位，函数 BIN2OCT 返回错误值【#NUM!】。
- 如果数字为负数，函数 BIN2OCT 忽略参数 pLaces，返回以 10 个字符表示的八进制数。
- 如果函数 BIN2OCT 需要比参数 places 指定的更多的位数，将返回错误值【#NUM!】。
- 如果参数 places 为非数值型，函数 BIN2OCT 返回错误值【#VALUE!】。
- 如果参数 places 为负值，函数 BIN2OCT 返回错误值【#NUM!】。

354 使用 BIN2DEC 函数将二进制数转换为十进制数

适用版本	实用指数
2007、2010、2013、2016	★★★★★

使用说明

BIN2DEC 函数用于将二进制数转换为十进制数。

函数语法：= BIN2DEC(number)

参数说明如下。

number（必选）：待转换的二进制数。number 的位数不能多于 10 位（二进制位），最高位为符号位，其余 9 位为数字位。负数用二进制数的补码表示。

解决方法

例如，已知一组二进制的数据，使用 BIN2DEC 函数将其转换为十进制数据，具体操作方法如下。

第 1 步 打开素材文件（位置：素材文件 \ 第 11 章 \BIN2DEC 函数 .xlsx），选择要存放结果的单元格 B2，输入公式“=BIN2DEC(A2)”，按【Enter】键，即可得出计算结果，如下图所示。

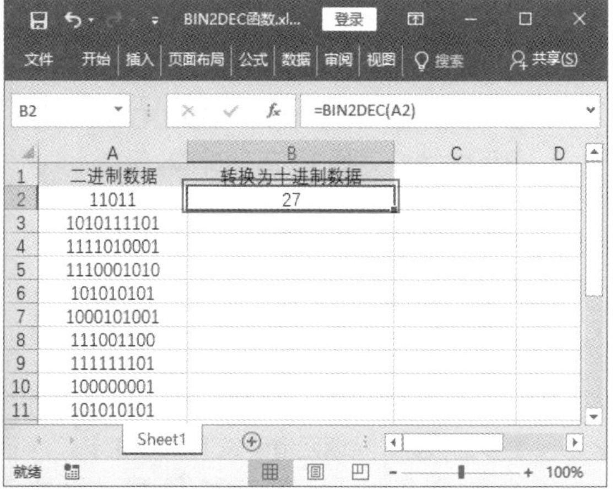

	A	B
1	二进制数据	转换为十进制数据
2	11011	27
3	1010111101	
4	1111010001	
5	1110001010	
6	101010101	
7	1000101001	
8	111001100	
9	111111101	
10	100000001	
11	101010101	

第 2 步 利用填充功能向下复制公式即可，如下图所示。

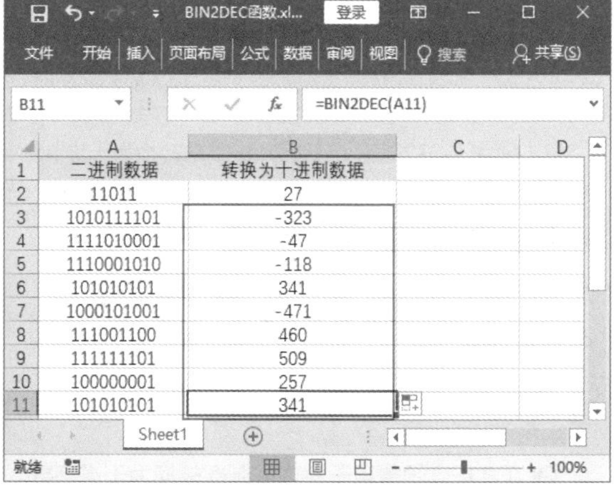

	A	B
1	二进制数据	转换为十进制数据
2	11011	27
3	1010111101	-323
4	1111010001	-47
5	1110001010	-118
6	101010101	341
7	1000101001	-471
8	111001100	460
9	111111101	509
10	100000001	257
11	101010101	341

355 使用 BIN2HEX 函数将二进制数转换为十六进制数

适用版本	实用指数
2007、2010、2013、2016	★★★★☆

使用说明

BIN2HEX 函数用于将二进制数转换为十六进制数。

函数语法：= BIN2HEX (number,[places])

参数说明如下。

- number（必选）待转换的二进制数。number 的位数不能多于 10 位（二进制位），最高位为符号位，其余 9 位为数字位。负数用二进制数的补码表示。
- places（可选）：要使用的字符数。如果省略 places，BIN2HEX 将使用尽可能少的字符数。当需要在返回的值前置 0（零）时，places 尤其有用。

解决方法

已知一组二进制的数据，使用 BIN2HEX 函数将其转换为十六进制数据，具体操作方法如下。

第 1 步 打开素材文件（位置：素材文件 \ 第 11 章 \BIN2HEX 函数 .xlsx），选择要存放结果的单元格 B2，输入公式“=BIN2HEX (A2)”，按【Enter】键，即可得出计算结果，如下图所示。

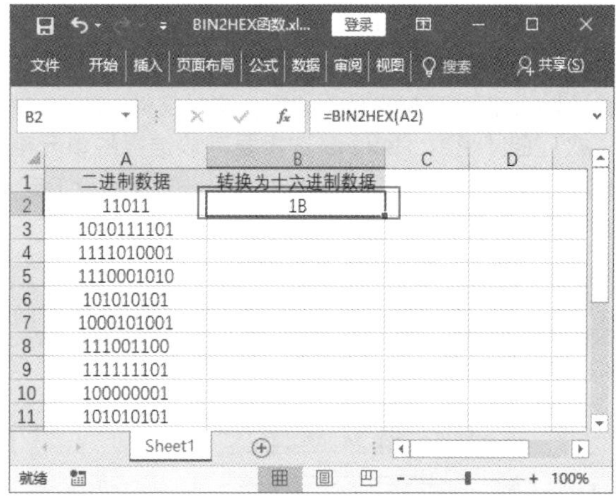

	A	B
1	二进制数据	转换为十六进制数据
2	11011	1B
3	1010111101	
4	1111010001	
5	1110001010	
6	101010101	
7	1000101001	
8	111001100	
9	111111101	
10	100000001	
11	101010101	

第 2 步 利用填充功能向下复制公式即可，如下图所示。

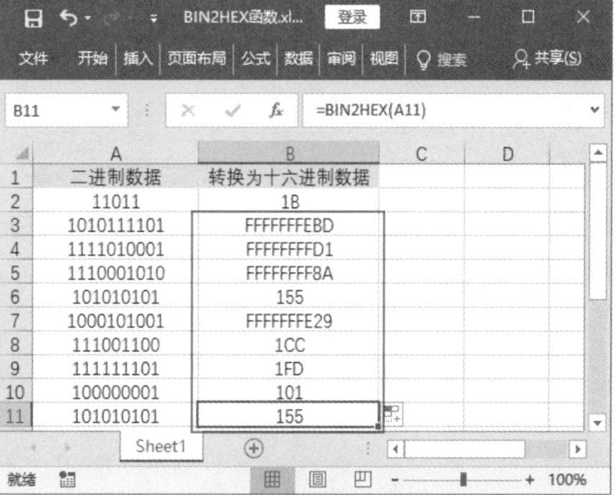

	A	B
1	二进制数据	转换为十六进制数据
2	11011	1B
3	1010111101	FFFFFFFEBD
4	1111010001	FFFFFFFFD1
5	1110001010	FFFFFFFF8A
6	101010101	155
7	1000101001	FFFFFFFE29
8	111001100	1CC
9	111111101	1FD
10	100000001	101
11	101010101	155

356 使用 OCT2BIN 函数将八进制数转换为二进制数

适用版本	实用指数
2007、2010、2013、2016	★★★★☆

使用说明

OCT2BIN 函数用于将八进制数转换为二进制数。

> 函数语法：= OCT2BIN(number, [places])
>
> 参数说明如下。
>
> - number（必选）：待转换的八进制数。参数 number 的位数不能多于 10 位（30 个二进制位），最高位（二进制位）是符号位，其余 29 位是数字位。负数用二进制数的补码表示。
> - places（可选）：要使用的字符数。如果省略 places，函数 OCT2BIN 用能表示此数的最少字符来表示。当需要在返回的值前置 0（零）时，places 尤其有用。

解决方法

已知一组八进制的数据，使用 OCT2BIN 函数将其转换为二进制数据，具体操作方法如下。

第 1 步 打开素材文件（位置：素材文件 \ 第 11 章 \OCT2BIN 函数 .xlsx），选择要存放结果的单元格 B2，输入公式“=OCT2BIN(A2)”，按【Enter】键，即可得出计算结果，如下图所示。

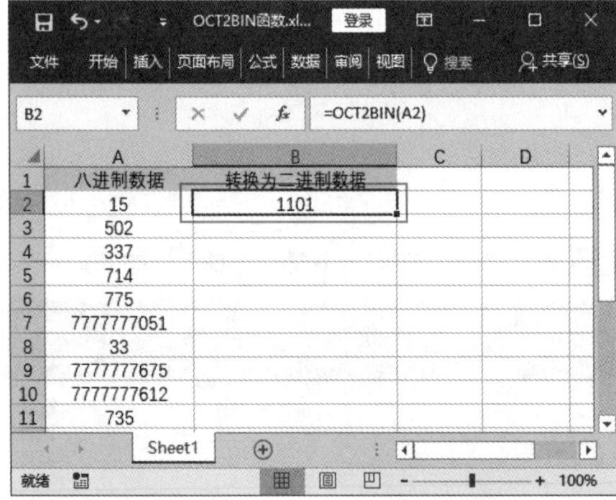

B2 =OCT2BIN(A2)

	A	B	C	D
1	八进制数据	转换为二进制数据		
2	15	1101		
3	502			
4	337			
5	714			
6	775			
7	7777777051			
8	33			
9	7777777675			
10	7777777612			
11	735			

第 2 步 利用填充功能向下复制公式即可，如右上图所示。

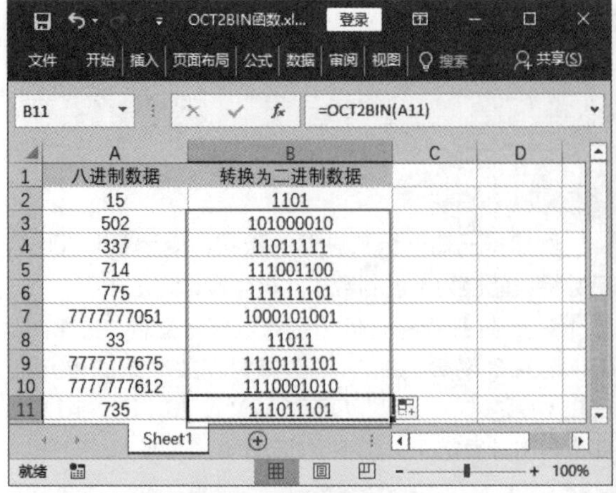

B11 =OCT2BIN(A11)

	A	B	C	D
1	八进制数据	转换为二进制数据		
2	15	1101		
3	502	101000010		
4	337	11011111		
5	714	111001100		
6	775	111111101		
7	7777777051	1000101001		
8	33	11011		
9	7777777675	1110111101		
10	7777777612	1110001010		
11	735	111011101		

温馨提示

- 如果参数 number 为负数，函数 OCT2BIN 将忽略 places，返回 10 位二进制数。
- 如果参数 number 为负数，不能小于 7777777000；如果参数 number 为正数，不能大于 777。
- 如果参数 number 不是有效的八进制数，函数 OCT2BIN 返回错误值【#NUM!】。
- 如果函数 OCT2BIN 需要比 places 指定的更多的位数，将返回错误值【#NUM!】。
- 如果参数 places 为非数值型，函数 OCT2BIN 返回错误值【#VALUE!】。
- 如果参数 places 为负数，函数 OCT2BIN 返回错误值【#NUM!】。

357 使用 OCT2DEC 函数将八进制数转换为十进制数

适用版本	实用指数
2007、2010、2013、2016	★★★★☆

使用说明

OCT2DEC 函数用于将八进制数转换为十进制数。

> 函数语法：= OCT2DEC(number)
>
> 参数说明如下。
>
> number（必选）：待转换的八进制数。参数 number 的位数不能多于 10 位（30 个二进制位），最高位（二进制位）是符号位，其余 29 位是数字位。负数用二进制数的补码表示。

解决方法

已知一组八进制的数据，使用 OCT2DEC 函数将其转换为十进制数据，具体操作方法如下。

第 1 步 打开素材文件（位置：素材文件\第 11 章\OCT2DEC 函数.xlsx），选择要存放结果的单元格 B2，输入公式“=OCT2DEC(A2)”，按【Enter】键，即可得出计算结果，如下图所示。

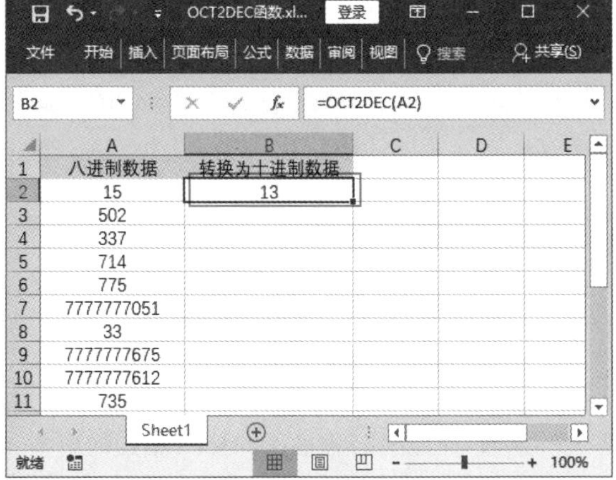

B2　=OCT2DEC(A2)

	A	B
1	八进制数据	转换为十进制数据
2	15	13
3	502	
4	337	
5	714	
6	775	
7	7777777051	
8	33	
9	7777777675	
10	7777777612	
11	735	

第 2 步 利用填充功能向下复制公式即可，如下图所示。

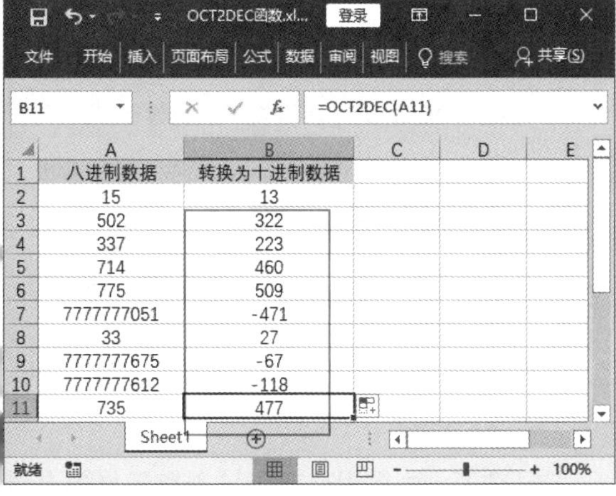

B11　=OCT2DEC(A11)

	A	B
1	八进制数据	转换为十进制数据
2	15	13
3	502	322
4	337	223
5	714	460
6	775	509
7	7777777051	-471
8	33	27
9	7777777675	-67
10	7777777612	-118
11	735	477

358　使用 OCT2HEX 函数将八进制数转换为十六进制数

适用版本	实用指数
2007、2010、2013、2016	★★★★☆

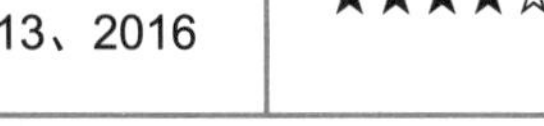

使用说明

OCT2HEX 函数用于将八进制数转换为十六进制数。

函数语法：= OCT2HEX(number, [places])

参数说明如下。

- number（必选）：待转换的八进制数。参数 number 的位数不能多于 10 位（30 个二进制位），最高位（二进制位）是符号位，其余 29 位是数字位。负数用二进制数的补码表示。
- places（可选）：要使用的字符数。如果省略 places，函数 OCT2HEX 用能表示此数的最少字符来表示。当需要在返回的值前置 0（零）时，places 尤其有用。

解决方法

已知一组八进制的数据，使用 OCT2HEX 函数将其转换为十六进制数据，具体操作方法如下。

第 1 步 打开素材文件（位置：素材文件\第 11 章\OCT2HEX 函数.xlsx），选择要存放结果的单元格 B2，输入公式“=OCT2HEX(A2)”，按【Enter】键，即可得出计算结果，如下图所示。

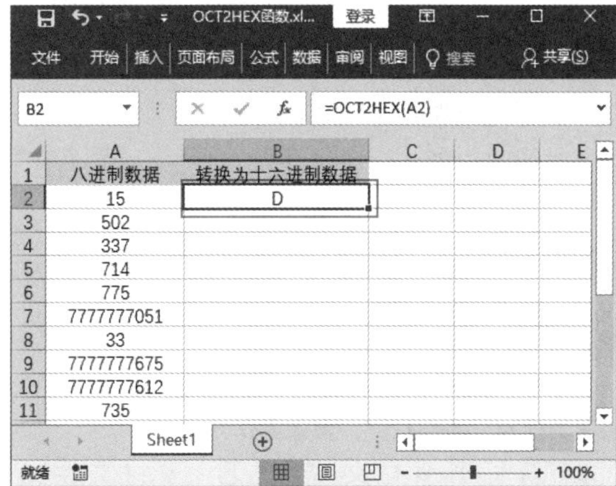

B2　=OCT2HEX(A2)

	A	B
1	八进制数据	转换为十六进制数据
2	15	D
3	502	
4	337	
5	714	
6	775	
7	7777777051	
8	33	
9	7777777675	
10	7777777612	
11	735	

第 2 步 利用填充功能向下复制公式即可，如下图所示。

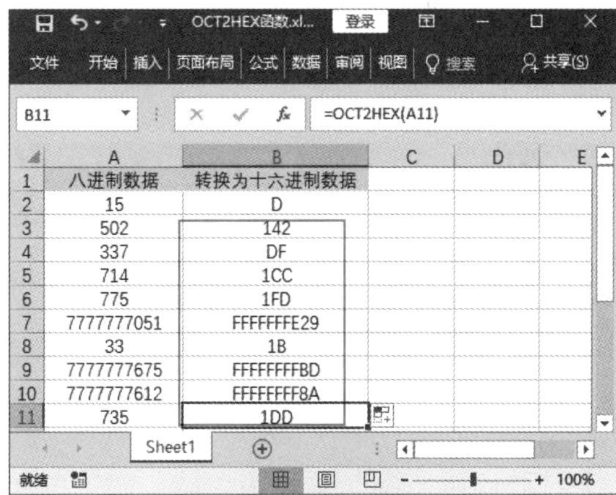

B11　=OCT2HEX(A11)

	A	B
1	八进制数据	转换为十六进制数据
2	15	D
3	502	142
4	337	DF
5	714	1CC
6	775	1FD
7	7777777051	FFFFFFFE29
8	33	1B
9	7777777675	FFFFFFFFBD
10	7777777612	FFFFFFFF8A
11	735	1DD

温馨提示

- 如果参数 number 为负数，函数 OCT2HEX 将忽略 places，返回 10 位十六进制数。
- 如果参数 number 不是有效的八进制数，则函数 OCT2HEX 返回错误值【#NUM!】。

359 使用 DEC2BIN 函数将十进制数转换为二进制数

适用版本	实用指数
2007、2010、2013、2016	★★★★☆

使用说明

DEC2BIN 函数用于将十进制数转换为二进制数。

函数语法：= DEC2BIN(number, [places])

参数说明如下。

- number（必选）：待转换的十进制数。如果参数 number 是负数，则省略有效位值并且 DEC2BIN 返回 10 个字符的二进制数（10 位二进制数）。该数最高位为符号位，其余 9 位是数字位。负数用二进制数的补码表示。
- places（可选）：要使用的字符数。如果省略 places，函数 DEC2BIN 用能表示此数的最少字符来表示。当需要在返回的值前置 0（零）时，places 尤其有用。

解决方法

已知一组十进制的数据，使用 OCT2HEX 函数将其转换为二进制数据，具体操作方法如下。

第 1 步 打开素材文件（位置：素材文件 \ 第 11 章 \DEC2BIN 函数 .xlsx），选择要存放结果的单元格 B2，输入公式“=DEC2BIN(A2)”，按【Enter】键，即可得出计算结果，如下图所示。

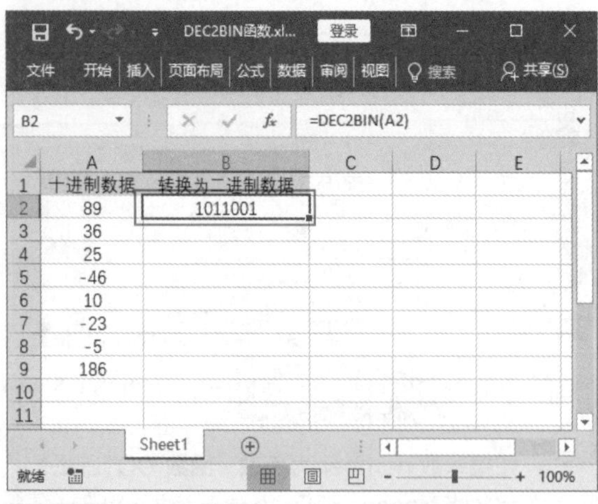

	A	B
1	十进制数据	转换为二进制数据
2	89	1011001
3	36	
4	25	
5	-46	
6	10	
7	-23	
8	-5	
9	186	

第 2 步 利用填充功能向下复制公式即可，如右上图所示。

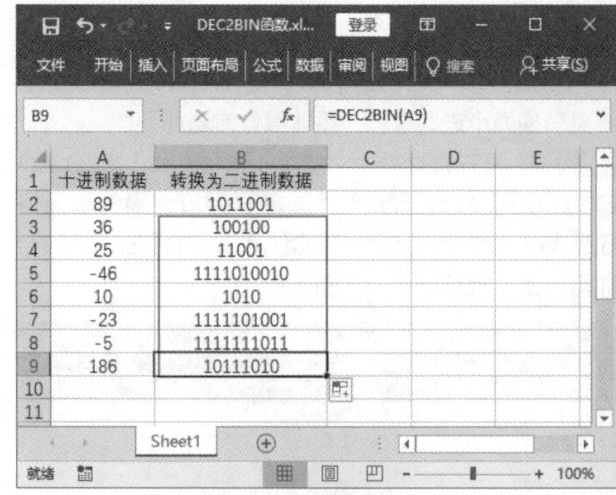

	A	B
1	十进制数据	转换为二进制数据
2	89	1011001
3	36	100100
4	25	11001
5	-46	1111010010
6	10	1010
7	-23	1111101001
8	-5	1111111011
9	186	10111010

温馨提示

- 在 DEC2BIN 函数中，如果 number<-512 或 number>511，将返回错误值【#NUM!】。
- 当参数 number 和 places 为非数值型的，函数 DEC2BIN 返回错误值【#VALUE!】。
- 函数 DEC2BIN 需要比 places 指定的更多的位数，或者 places 为零或负值时，将返回错误值【#NUM!】。如果参数 places 不是整数，将截尾取整。

360 使用 DEC2OCT 函数将十进制数转换为八进制数

适用版本	实用指数
2007、2010、2013、2016	★★★★☆

使用说明

DEC2OCT 函数用于将十进制数转换为八进制数。

函数语法：= DEC2OCT(number, [places])

参数说明如下。

- number（必选）：待转换的十进制数。如果参数 number 是负数，则省略 places，并且函数 DEC2OCT 返回 10 个字符的八进制数（30 位二进制数），其最高位为符号位，其余 29 位是数字位。负数用二进制数的补码表示。
- places（可选）：要使用的字符数。如果省略 places，函数 DEC2OCT 用能表示此数的最少字符来表示。当需要在返回的值前置 0（零）时，places 尤其有用。

解决方法

已知一组十进制的数据，使用 DEC2OCT 函数将其转换为八进制数据，具体操作方法如下。

第 1 步 打开素材文件（位置：素材文件\第 11 章\DEC2OCT 函数 .xlsx），选择要存放结果的单元格 B2，输入公式"=DEC2OCT(A2)"，按【Enter】键，即可得出计算结果，如下图所示。

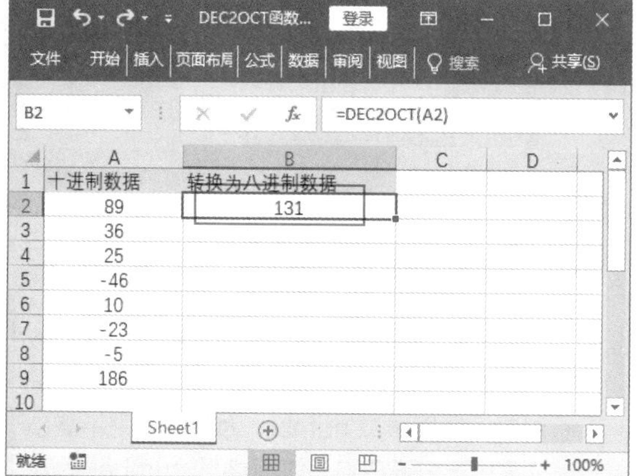

第 2 步 利用填充功能向下复制公式即可，如下图所示。

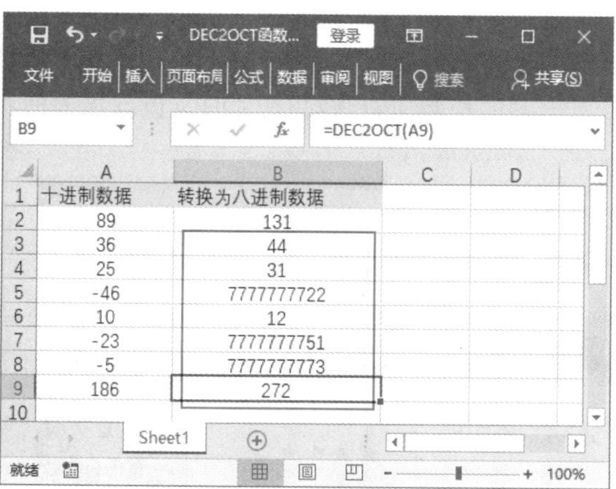

温馨提示

如果 number<-536870912 或者 number>536870911，函数 DEC2OCT 将返回错误值【#NUM!】。

361　使用 DEC2HEX 函数将十进制数转换为十六进制数

适用版本	实用指数
2007、2010、2013、2016	★★★★☆

使用说明

DEC2HEX 函数用于将十进制数转换为十六进制数。

函数语法：= DEC2HEX(number, [places])

参数说明如下。

- number（必选）：待转换的十进制数。如果参数 number 是负数，则省略 places，并且函数 DEC2HEX 返回 10 个字符的十六进制数（40 位二进制数），其最高位为符号位，其余 39 位是数字位。负数用二进制数的补码表示。
- places（可选）：要使用的字符数。如果省略 places，函数 DEC2HEX 用能表示此数的最少字符来表示。当需要在返回的值前置 0（零）时，places 尤其有用。

解决方法

已知一组十进制的数据，使用 DEC2HEX 函数将其转换为十六进制数据，具体操作方法如下。

第 1 步 打开素材文件（位置：素材文件\第 11 章\DEC2HEX 函数 .xlsx），选择要存放结果的单元格 B2，输入公式"=DEC2HEX(A2)"，按【Enter】键，即可得出计算结果，如下图所示。

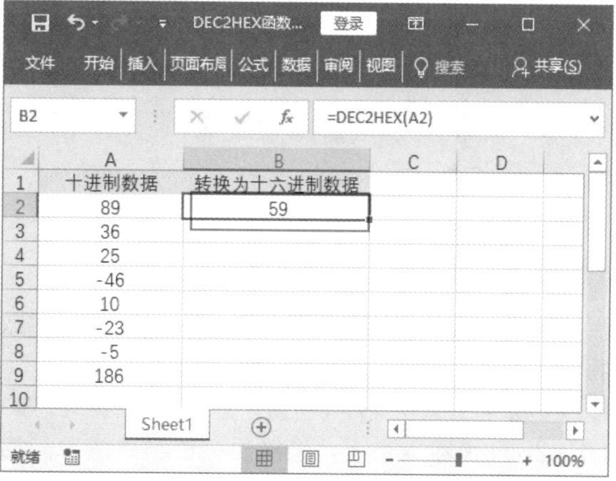

第 2 步 利用填充功能向下复制公式即可，如下图所示。

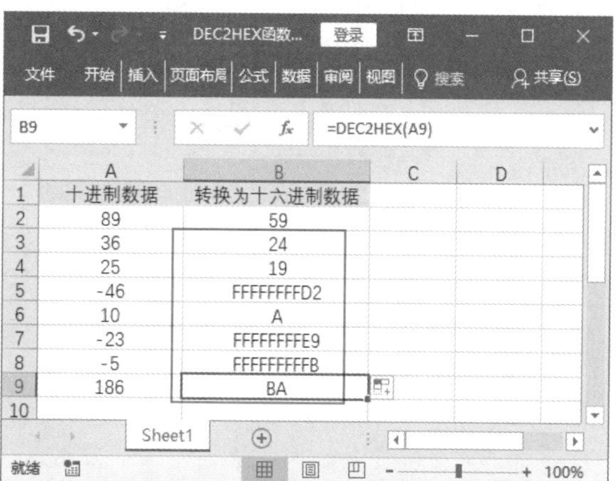

技能拓展

在将十进制的数据 89 转换为十六进制数时，要求返回 5 个字符，则输入公式“=DEC2HEX(89,5)”，即可返回结果值【00059】。

362 使用 HEX2BIN 函数将十六进制数转换为二进制数

适用版本	实用指数
2007、2010、2013、2016	★★★★☆

使用说明

HEX2BIN 函数用于将十六进制数转换为二进制数。

函数语法：= HEX2BIN(number, [places])

参数说明如下。

- number（必选）：待转换的十六进制数。number 的位数不能多于 10 位，最高位为符号位（从右算起第 40 个二进制位），其余 39 位是数字位。负数用二进制数的补码表示。
- places（可选）：要使用的字符数。如果省略 places，函数 HEX2BIN 用能表示此数的最少字符来表示。当需要在返回的值前置 0（零）时，places 尤其有用。

解决方法

已知一组十六进制的数据，使用 HEX2BIN 函数将其转换为二进制数据，具体操作方法如下。

第 1 步 打开素材文件（位置：素材文件\第 11 章\HEX2BIN 函数 .xlsx），选择要存放结果的单元格 B2，输入公式“=HEX2BIN(A2)”，按【Enter】键，即可得出计算结果，如下图所示。

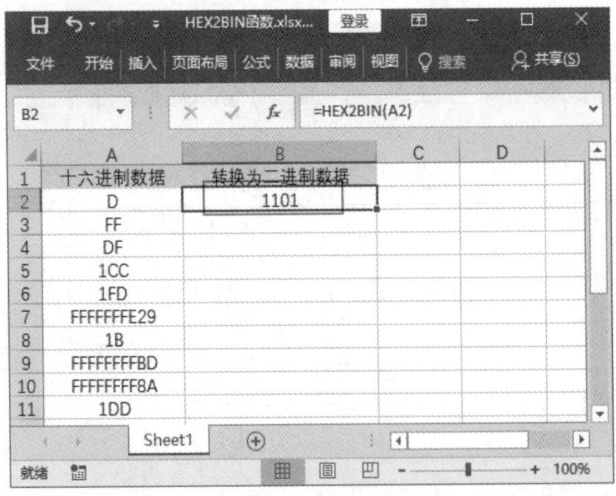

	A	B	C	D
1	十六进制数据	转换为二进制数据		
2	D	1101		
3	FF			
4	DF			
5	1CC			
6	1FD			
7	FFFFFFFE29			
8	1B			
9	FFFFFFFFBD			
10	FFFFFFFF8A			
11	1DD			

第 2 步 利用填充功能向下复制公式即可，如下图所示。

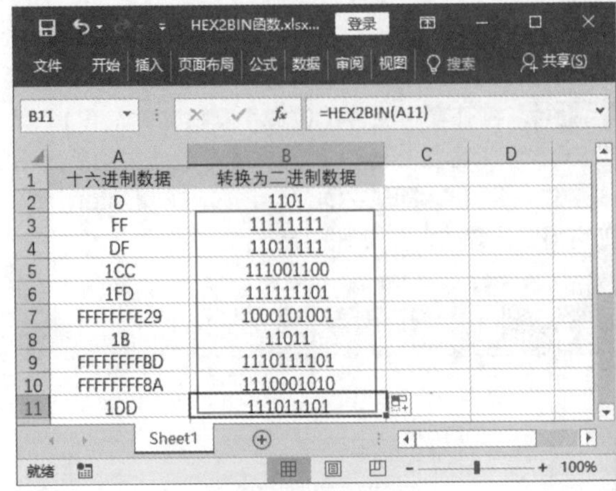

	A	B	C	D
1	十六进制数据	转换为二进制数据		
2	D	1101		
3	FF	11111111		
4	DF	11011111		
5	1CC	111001100		
6	1FD	111111101		
7	FFFFFFFE29	1000101001		
8	1B	11011		
9	FFFFFFFFBD	1110111101		
10	FFFFFFFF8A	1110001010		
11	1DD	111011101		

温馨提示

- 如果参数 number 为负数，则函数 HEX2BIN 将忽略 places，返回 10 位二进制数。如果参数 number 为负数，则不能小于 FFFFFFFE00；如果参数 number 为正数，则不能大于 1FF。
- 如果参数 number 不是合法的十六进制数，或者 HEX2BIN 需要比 places 指定的更多的位数，则函数 HEX2BIN 返回错误值【#NUM!】。

363 使用 HEX2OCT 函数将十六进制数转换为八进制数

适用版本	实用指数
2007、2010、2013、2016	★★★★☆

使用说明

HEX2OCT 函数用于将十六进制数转换为八进制数。

函数语法：= HEX2OCT(number, [places])

参数说明如下。

- number（必选）：待转换的十六进制数。参数 number 的位数不能多于 10 位（40 个二进制位），最高位（二进制位）为符号位，其余 39 位（二进制位）是数字位。负数用二进制数的补码表示。
- places（可选）：要使用的字符数。如果省略 places，函数 HEX2OCT 用能表示此数的最少字符来表示。当需要在返回的值前置 0（零）时，places 尤其有用。

解决方法

已知一组十六进制的数据，使用 HEX2OCT 函数将其转换为八进制数据，具体操作方法如下。

第 1 步 打开素材文件（位置：素材文件\第 11 章\HEX2OCT 函数 .xlsx），选择要存放结果的单元格 B2，输入公式“=HEX2OCT(A2)”，按下【Enter】键，即可得出计算结果，如图所示。

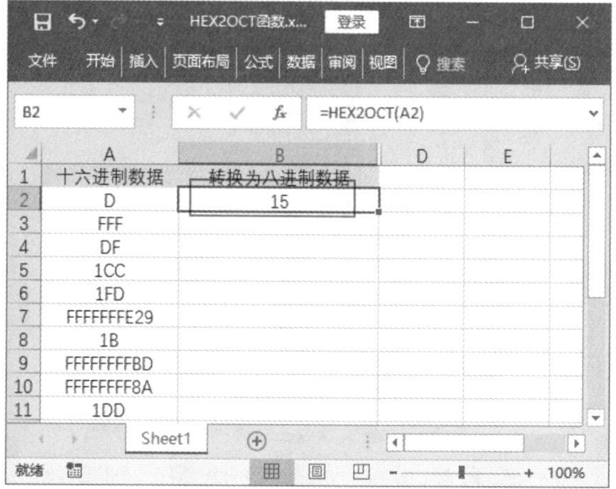

第 2 步 利用填充功能向下复制公式即可，如下图所示。

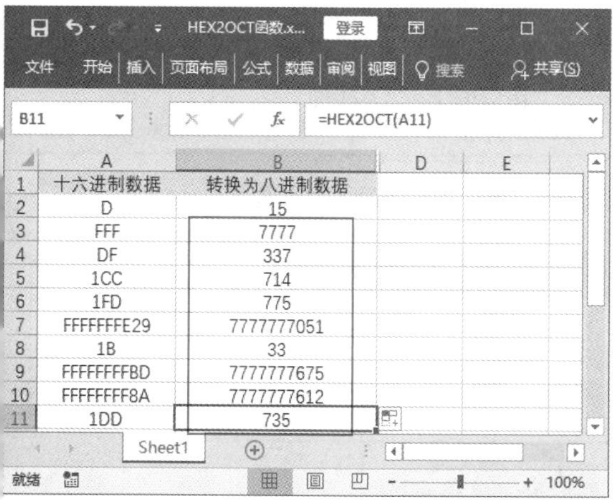

364 使用 HEX2DEC 函数将十六进制数转换为十进制数

适用版本	实用指数
2007、2010、2013、2016	★★★★☆

使用说明

HEX2DEC 函数用于将十六进制数转换为十进制数。

函数语法：= HEX2DEC(number)

参数说明如下。

number（必选）：待转换的十六进制数。参数 number 的位数不能多于 10 位（40 个二进制位），最高位为符号位，其余 39 位是数字位。负数用二进制数的补码表示。

解决方法

已知一组十六进制的数据，使用 HEX2DEC 函数将其转换为十进制数据，具体操作方法如下。

第 1 步 打开素材文件（位置：素材文件\第 11 章\HEX2DEC 函数 .xlsx），选择要存放结果的单元格 B2，输入公式“=HEX2DEC(A2)”，按【Enter】键，即可得出计算结果，如下图所示。

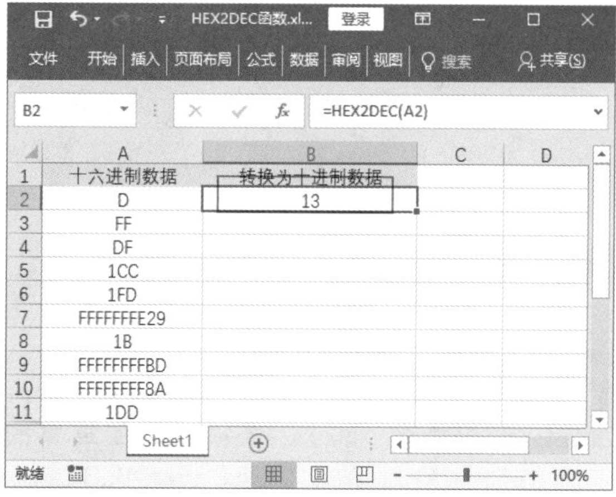

第 2 步 利用填充功能向下复制公式即可，如下图所示。

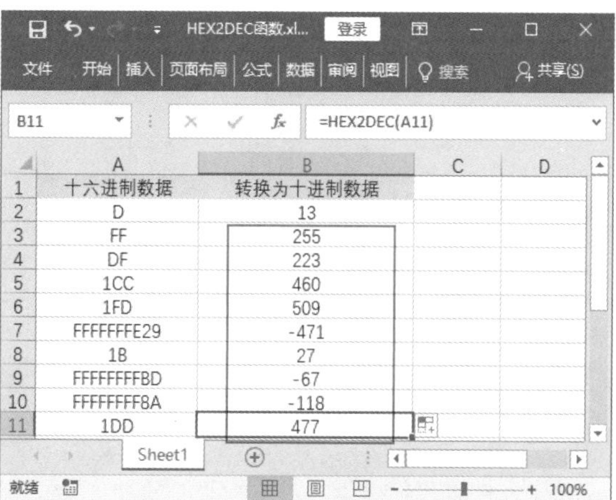

11.2 贝塞尔函数

贝塞尔函数包括 4 种，主要用于计算贝塞尔函数值和修正贝塞尔函数值。下面介绍贝塞尔函数的相关使用技巧。

365 使用 BESSELI 函数返回修正 Bessel 函数值

适用版本	实用指数
2007、2010、2013、2016	★★★★★

使用说明

BESSELI 函数用于返回修正 Bessel 函数值，它与用纯虚数参数运算时的 Bessel 函数值相等。

函数语法：= BESSELI(x, n)

参数说明如下。

- x（必选）：用来进行函数计算的数值。
- n（必选）：Bessel 函数的阶数。如果 n 不是整数，则截尾取整。

解决方法

例如，已知一组 X 和 N 的数据，计算修正 Bessel 函数值，具体操作方法如下。

第 1 步 打开素材文件（位置：素材文件 \ 第 11 章 \BESSELI 函数 .xlsx），选择要存放结果的单元格 C2，输入公式“=BESSELI(A2,B2)”，按【Enter】键，即可得出计算结果，如下图所示。

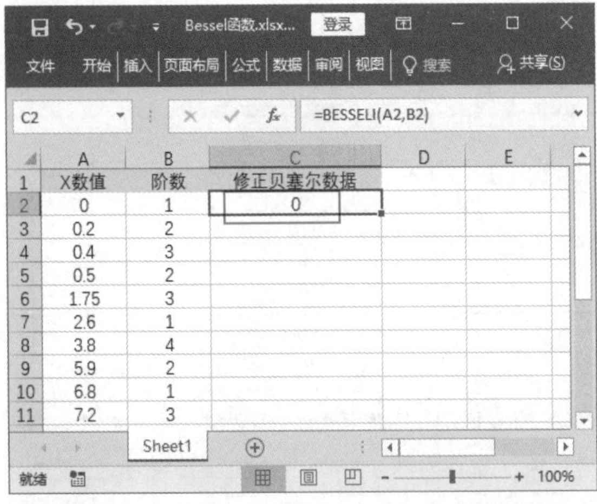

第 2 步 利用填充功能向下复制公式即可，如右上图所示。

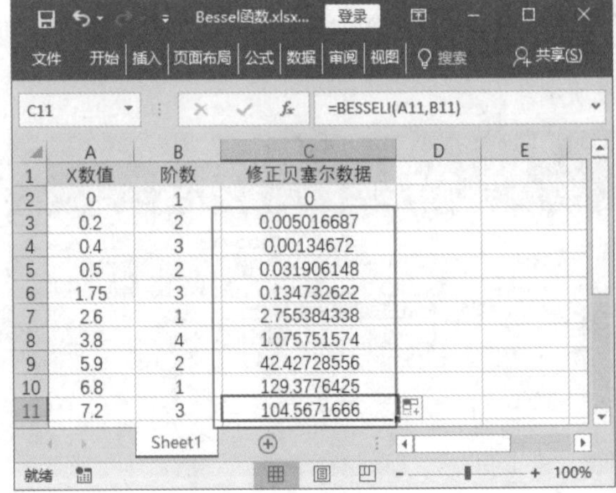

温馨提示

- 如果参数 X 为非数值型，则函数 BESSELI 返回错误值【#VALUE!】。
- 如果参数 n 为非数值型，则函数 BESSELI 返回错误值【#VALUE!】。
- 如果参数 n 小于 0，则函数 BESSELI 返回错误值【#NUM!】。

366 使用 BESSELJ 函数返回 Bessel 函数值

适用版本	实用指数
2007、2010、2013、2016	★★★★★

使用说明

BESSELJ 函数用于返回 Bessel 函数值。

函数语法：= BESSELJ(X, N)

参数说明如下。

- x（必选）：用来进行函数计算的数值。
- n（必选）：Bessel 函数的阶数。如果 n 不是整数，则截尾取整。

解决方法

例如，已知一组 X 和 N 的数据，计算 Bessel 函数值，具体操作方法如下。

第 1 步 打开素材文件（位置：素材文件 \ 第 11 章 \ BESSELJ 函数 .xlsx），选择要存放结果的单元格 C2，输入公式“=BESSELJ(A2,B2)”，按【Enter】键，即可得出计算结果，如下图所示。

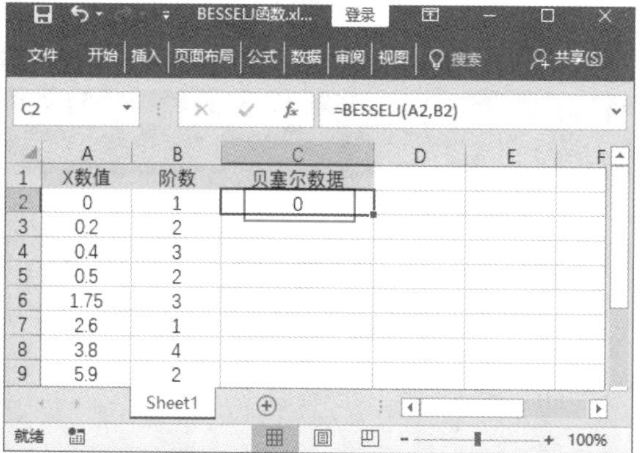

C2　=BESSELJ(A2,B2)

	A	B	C
1	X数值	阶数	贝塞尔数据
2	0	1	0
3	0.2	2	
4	0.4	3	
5	0.5	2	
6	1.75	3	
7	2.6	1	
8	3.8	4	
9	5.9	2	

第 2 步 利用填充功能向下复制公式即可，如下图所示。

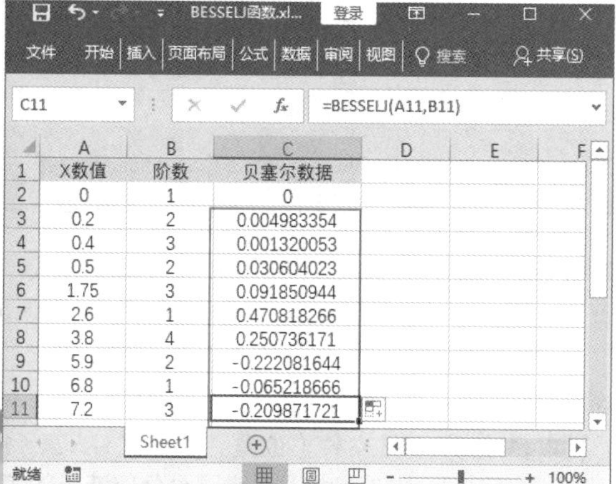

C11　=BESSELJ(A11,B11)

	A	B	C
1	X数值	阶数	贝塞尔数据
2	0	1	0
3	0.2	2	0.004983354
4	0.4	3	0.001320053
5	0.5	2	0.030604023
6	1.75	3	0.091850944
7	2.6	1	0.470818266
8	3.8	4	0.250736171
9	5.9	2	-0.222081644
10	6.8	1	-0.065218666
11	7.2	3	-0.209871721

367　使用 BESSELK 函数返回修正 Bessel 函数值

适用版本	实用指数
2007、2010、2013、2016	★★★★★

使用说明

BESSELK 函数用于返回修正 Bessel 函数值，它与用纯虚数参数运算时的 Bessel 函数值相等。

函数语法：= BESSELK(x, n)

参数说明如下。

- x（必选）：用来进行函数计算的数值。
- n（必选）：该函数的阶数。如果 n 不是整数，则截尾取整。

解决方法

例如，已知一组 X 和 N 的数据，使用 BESSELK 函数计算 n 阶第 2 种修正 Bessel 函数值，具体操作方法如下。

第 1 步 打开素材文件（位置：素材文件 \ 第 11 章 \ BESSELK 函数 .xlsx），选择要存放结果的单元格 C2，输入公式“=BESSELK(A2,B2)”，按【Enter】键，即可得出计算结果，如下图所示。

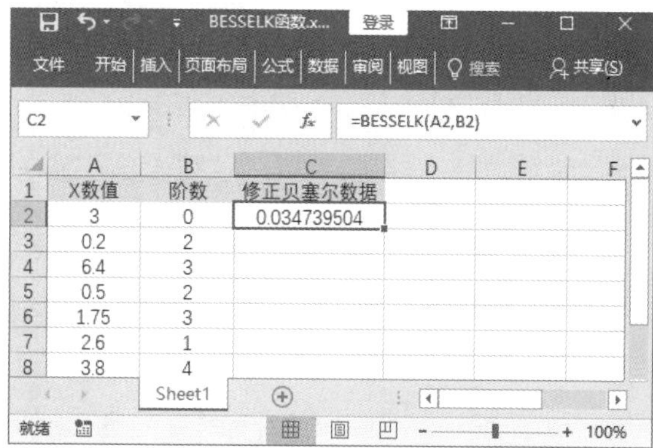

C2　=BESSELK(A2,B2)

	A	B	C
1	X数值	阶数	修正贝塞尔数据
2	3	0	0.034739504
3	0.2	2	
4	6.4	3	
5	0.5	2	
6	1.75	3	
7	2.6	1	
8	3.8	4	

第 2 步 利用填充功能向下复制公式即可，如下图所示。

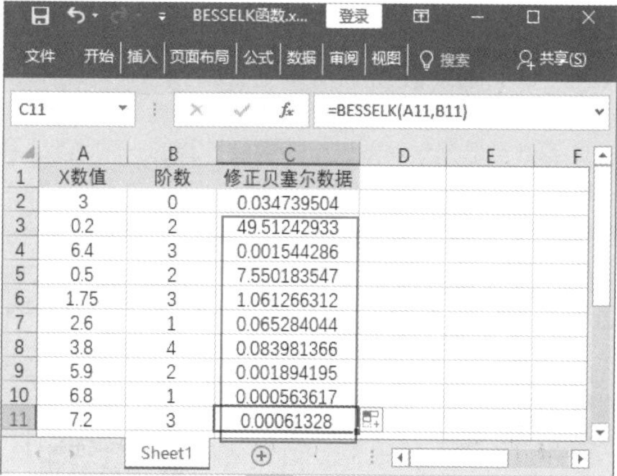

C11　=BESSELK(A11,B11)

	A	B	C
1	X数值	阶数	修正贝塞尔数据
2	3	0	0.034739504
3	0.2	2	49.51242933
4	6.4	3	0.001544286
5	0.5	2	7.550183547
6	1.75	3	1.061266312
7	2.6	1	0.065284044
8	3.8	4	0.083981366
9	5.9	2	0.001894195
10	6.8	1	0.000563617
11	7.2	3	0.00061328

368　使用 BESSELY 函数返回 Bessel 函数值

适用版本	实用指数
2007、2010、2013、2016	★★★★★

使用说明

BESSELY 函数也称 Weber 函数或 Neumann 函数，用于返回 Bessel 函数值。

函数语法：= BESSELY(x, n)

参数说明如下。

- x（必选）：用来进行函数计算的值。
- n（必选）：该函数的阶数。如果 n 不是整数，则截尾取整。

解决方法

例如，已知一组 X 和 N 的数据，使用 BESSELY 函数计算 n 阶第 2 种 Bessel 函数值，具体操作方法如下。

第 1 步 打开素材文件（位置：素材文件 \ 第 11 章 \BESSELY 函数 .xlsx），选择要存放结果的单元格 C2，输入公式 “=BESSELY(A2,B2)”，按【Enter】键，即可得出计算结果，如左下图所示。

第 2 步 利用填充功能向下复制公式即可，如右下图所示。

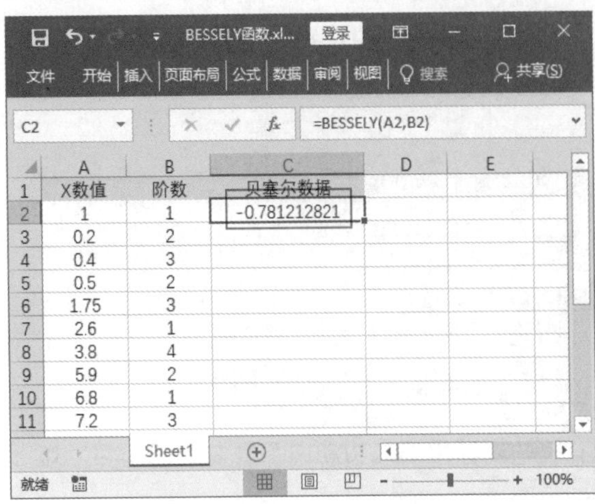

	A	B	C
1	X数值	阶数	贝塞尔数据
2	1	1	-0.781212821
3	0.2	2	-32.15714453
4	0.4	3	-81.20248441
5	0.5	2	-5.441370834
6	1.75	3	-1.473449794
7	2.6	1	0.188363544
8	3.8	4	-0.552272517
9	5.9	2	0.254170291
10	6.8	1	-0.300186883
11	7.2	3	0.229335563

11.3 复数函数

复数函数是对复数进行转换及计算的一种函数。利用复数函数不仅可以将实系数和虚系数转换为复数形式，还可以计算复数的绝对值、弧度角、实系数、虚系数、正弦值、平方根、余弦值、指数、对数、余割值、余切值、正切值、正割值、等。

369 使用 COMPLEX 函数将实系数和虚系数转换为复数

适用版本	实用指数
2007、2010、2013、2016	★★★★★

使用说明

COMPLEX 函数用于将实系数和虚系数转换为 x+yi 或 x+yj 形式的复数。

> 函数语法：= COMPLEX(real_num, i_num, [suffix])
> 参数说明如下。
> - real_num（必选）：复数的实部。
> - i_num（必选）：复数的虚部。
> - suffix（可选）：复数中虚部的后缀；如果省略，则认为它为 i。

解决方法

例如，已知一组实数和虚数值，使用 COMPLEX 函数将其合成一个复数值，具体操作方法如下。

第 1 步 打开素材文件（位置：素材文件 \ 第 11 章 \COMPLEX 函数 .xlsx），选择要存放结果的单元格 C2，输入公式 “=COMPLEX(A2,B2,"j")”，按【Enter】键，即可得出计算结果，如下图所示。

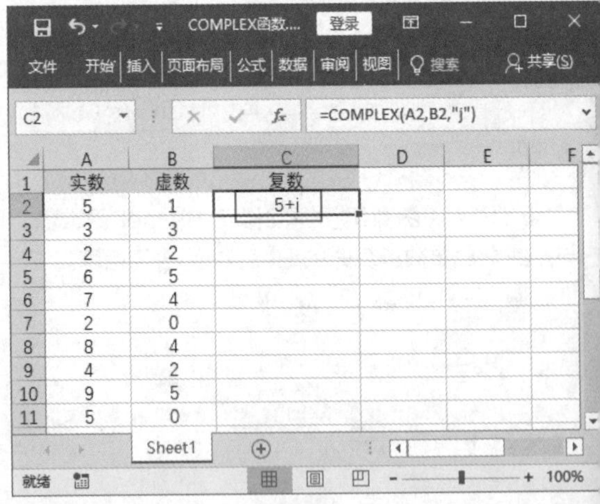

第 2 步 利用填充功能向下复制公式即可，如下图所示。

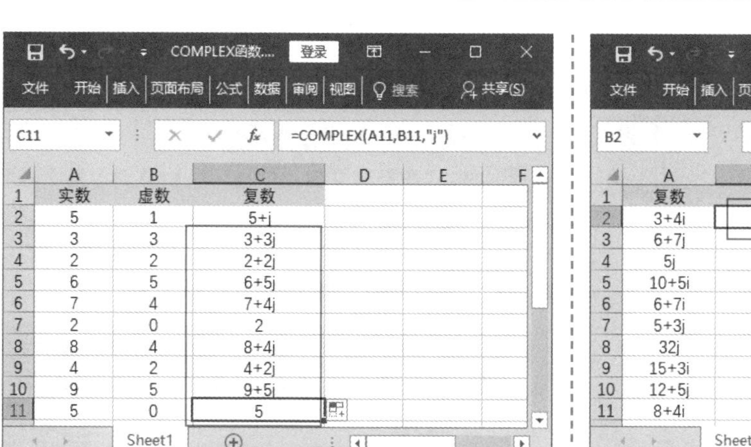

	A	B	C
1	实数	虚数	复数
2	5	1	5+j
3	3	3	3+3j
4	2	2	2+2j
5	6	5	6+5j
6	7	4	7+4j
7	2	0	2
8	8	4	8+4j
9	4	2	4+2j
10	9	5	9+5j
11	5	0	5

温馨提示

- 所有复数函数均接受 i 和 j 作为后缀，但不接受 I 和 J。使用大写将导致返回错误值【#VALUE!】。使用两个或多个复数的函数要求所有复数的后缀一致。
- 如果参数 real_num 或 i_num 为非数值型，函数 COMPLEX 返回错误值【#VALUE!】。
- 如果后缀不是 i 或 j，函数 COMPLEX 返回错误值【#VALUE!】。

370　使用 IMABS 函数计算复数的绝对值

适用版本	实用指数
2007、2010、2013、2016	★★★★★

使用说明

IMABS 函数用于返回以 x+yi 或 x+yj 文本格式表示的复数的绝对值（模）。

> 函数语法：= IMABS(inumber)
> 参数说明如下。
> inumber（必选）：要计算其绝对值的复数。

解决方法

例如，某工程人员在设计的工程计划中，需要计算一组已知复数的绝对值，具体操作方法如下。

第 1 步 打开素材文件（位置：素材文件 \ 第 11 章 \IMABS 函数 .xlsx），选择要存放结果的单元格 B2，输入公式“=IMABS(A2)”，按【Enter】键，即可得出计算结果，如右上图所示。

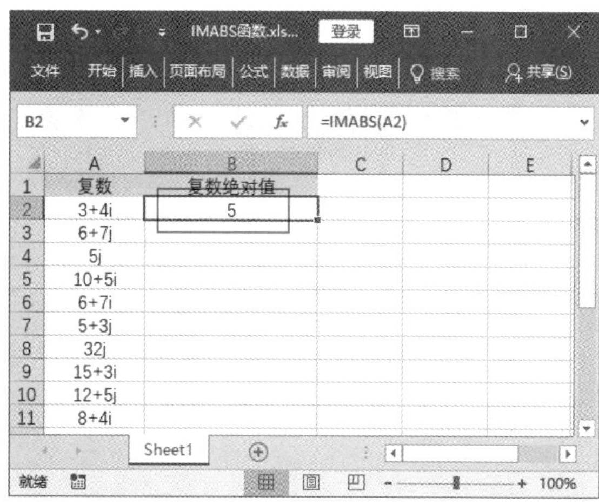

	A	B
1	复数	复数绝对值
2	3+4i	5
3	6+7j	
4	5j	
5	10+5i	
6	6+7i	
7	5+3j	
8	32j	
9	15+3i	
10	12+5j	
11	8+4i	

第 2 步 利用填充功能向下复制公式即可，如下图所示。

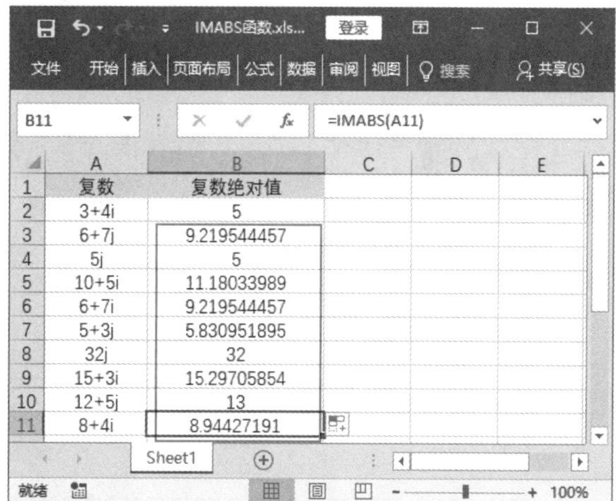

	A	B
1	复数	复数绝对值
2	3+4i	5
3	6+7j	9.219544457
4	5j	5
5	10+5i	11.18033989
6	6+7i	9.219544457
7	5+3j	5.830951895
8	32j	32
9	15+3i	15.29705854
10	12+5j	13
11	8+4i	8.94427191

371　使用 IMARGUMENT 函数计算复数弧度角

适用版本	实用指数
2007、2010、2013、2016	★★★★★

使用说明

IMARGUMENT 函数用于返回以弧度表示的角。

> 函数语法：= IMARGUMENT(inumber)
> 参数说明如下。
> inumber（必选）：要计算其幅角的复数。

解决方法

例如，某工程人员在设计的工程计划中，需要根据复数形式返回该复数的弧度角，具体操作方法如下。

第 1 步 打开素材文件（位置：素材文件 \ 第 11 章 \ IMARGUMENT 函数 .xlsx），选择要存放结果的单元格 D2，输入公式“=IMARGUMENT(C2)”，按【Enter】键，即可得出计算结果，如下图所示。

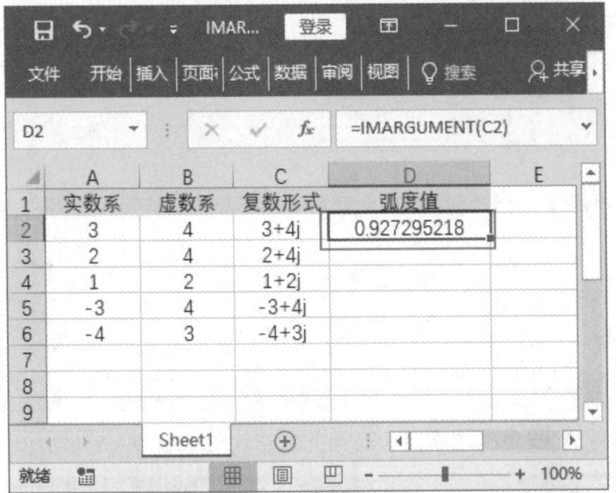

	A	B	C	D
1	实数系	虚数系	复数形式	弧度值
2	3	4	3+4j	0.927295218
3	2	4	2+4j	
4	1	2	1+2j	
5	-3	4	-3+4j	
6	-4	3	-4+3j	

第 2 步 利用填充功能向下复制公式即可，如下图所示。

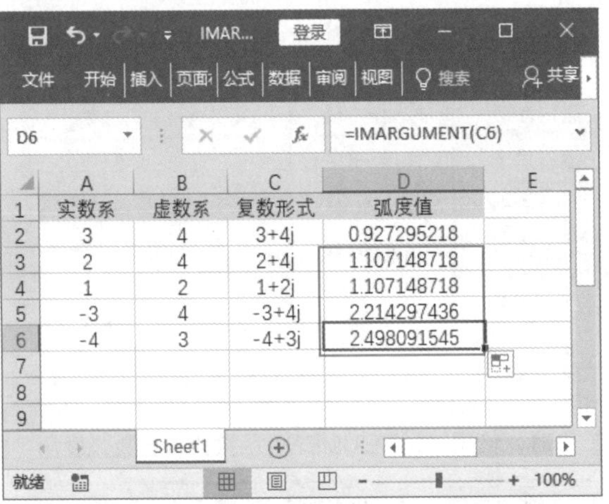

	A	B	C	D
1	实数系	虚数系	复数形式	弧度值
2	3	4	3+4j	0.927295218
3	2	4	2+4j	1.107148718
4	1	2	1+2j	1.107148718
5	-3	4	-3+4j	2.214297436
6	-4	3	-4+3j	2.498091545

372 使用 IMREAL 函数返回复数的实系数

适用版本	实用指数
2007、2010、2013、2016	★★★★☆

使用说明

IMREAL 函数用于返回以 x+yi 或 x+yj 文本格式表示的复数的实系数。

> 函数语法：= IMREAL(inumber)
> 参数说明如下。
> inumber（必选）：要计算其实系数的复数。

解决方法

例如，对已知的一组数据，使用 IMREAL 函数返回复数的实系数，具体操作方法如下。

第 1 步 打开素材文件（位置：素材文件\第 11 章\IMREAL 函数 .xlsx），选择要存放结果的单元格 B2，输入公式“=IMREAL(A2)”，按【Enter】键，即可得出计算结果，如下图所示。

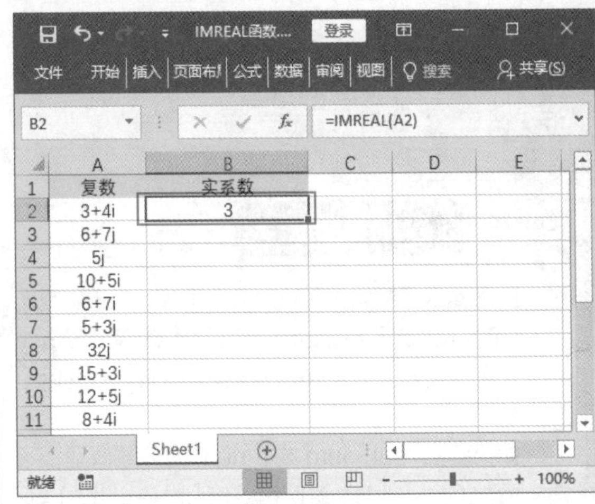

	A	B
1	复数	实系数
2	3+4i	3
3	6+7j	
4	5j	
5	10+5i	
6	6+7i	
7	5+3j	
8	32j	
9	15+3i	
10	12+5j	
11	8+4i	

第 2 步 利用填充功能向下复制公式即可，如下图所示。

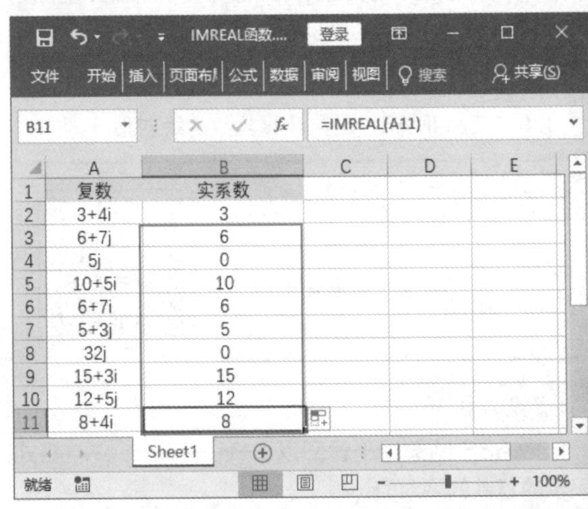

	A	B
1	复数	实系数
2	3+4i	3
3	6+7j	6
4	5j	0
5	10+5i	10
6	6+7i	6
7	5+3j	5
8	32j	0
9	15+3i	15
10	12+5j	12
11	8+4i	8

373 使用 IMCONJUGATE 函数返回复数的共轭复数

适用版本	实用指数
2007、2010、2013、2016	★★★★☆

使用说明

IMCONJUGATE 函数用于返回以 x+yi 或 x+yj 文本格式表示的复数的共轭复数。

函数语法：= IMCONJUGATE(inumber)
参数说明如下。
inumber（必选）：要计算其共轭复数的复数。

解决方法

例如，对已知的一组数据，使用 IMCONJUGATE 函数返回复数的共轭复数，具体操作方法如下。

第 1 步 打开素材文件（位置：素材文件 \ 第 11 章 \ IMCONJUGATE 函数 .xlsx），选择要存放结果的单元格 B2，输入公式 “=IMCONJUGATE(A2)”，按【Enter】键，即可得出计算结果，如下图所示。

第 2 步 利用填充功能向下复制公式即可，如下图所示。

374　使用 IMSIN 函数计算复数的正弦值

适用版本	实用指数
2007、2010、2013、2016	★★★★★

使用说明

IMSIN 函数用于返回以 x+yi 或 x+yj 文本格式表示的复数的正弦值。

函数语法：= IMSIN (inumber)
参数说明如下。
inumber（必选）：要计算其正弦值的复数。

解决方法

例如，对已知的一组数据，使用 IMSIN 函数计算复数的正弦值，具体操作方法如下。

第 1 步 打开素材文件（位置：素材文件 \ 第 11 章 \IMSIN 函数 .xlsx），选择要存放结果的单元格 B2，输入公式 “=IMSIN(A2)”，按【Enter】键，即可得出计算结果，如下图所示。

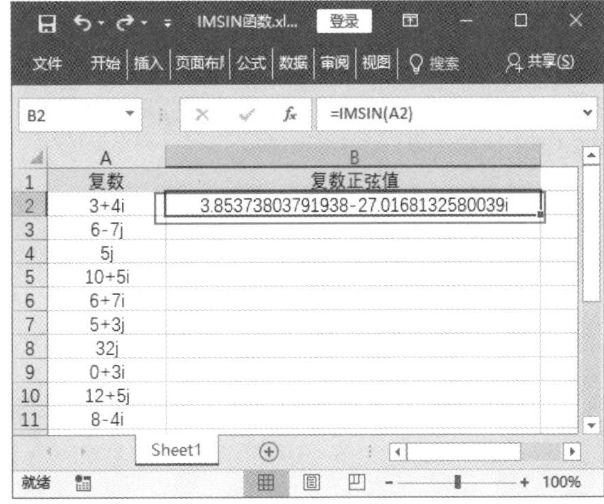

第 2 步 利用填充功能向下复制公式即可，如下图所示。

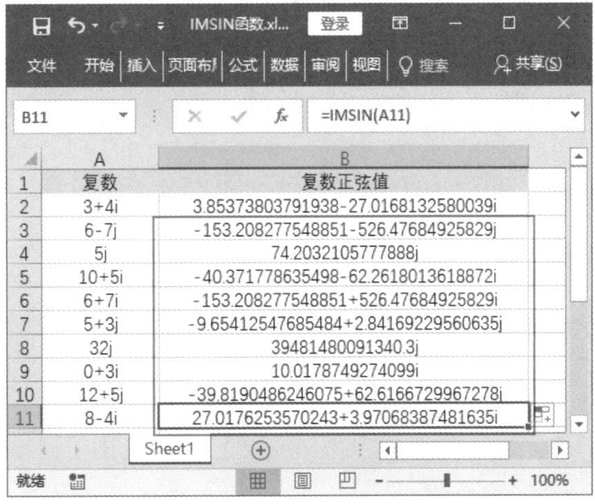

375　使用 IMSQRT 函数计算复数的平方根

适用版本	实用指数
2007、2010、2013、2016	★★★★☆

使用说明

IMSQRT 函数用于返回以 x+yi 或 x+yj 文本格式表示的复数的平方根。

函数语法：= IMSQRT(inumber)
参数说明如下。
inumber（必选）：要计算其平方根的复数。

解决方法

例如，对已知的一组数据，使用 IMSQRT 函数计算复数的平方根，具体操作方法如下。

第 1 步 打开素材文件（位置：素材文件 \ 第 11 章 \IMSQRT 函数 .xlsx），选择要存放结果的单元格 B2，输入公式“=IMSQRT(A2)”，按【Enter】键，即可得出计算结果，如下图所示。

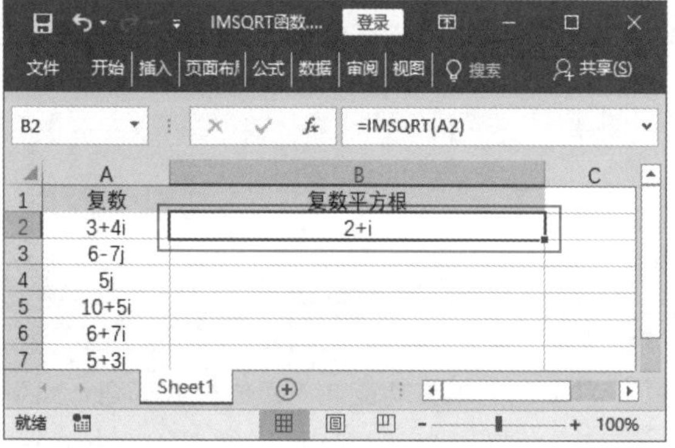

第 2 步 利用填充功能向下复制公式即可，如下图所示。

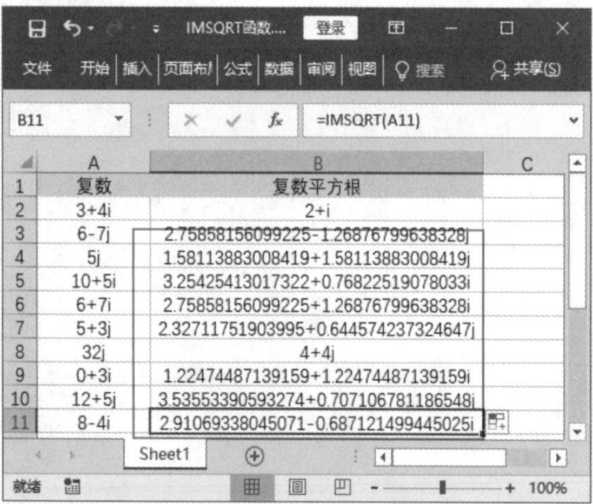

376 使用 IMSUB 函数计算两个复数的差

适用版本	实用指数
2007、2010、2013、2016	★★★★☆

使用说明

IMSUB 函数用于返回以 x+yi 或 x+yj 文本格式表示的两个复数的差。

函数语法：= IMSUB(inumber1, inumber2)
参数说明如下。
- inumber1（必选）：被减（复）数。
- inumber2（必选）：减（复）数。

解决方法

例如，对已知的两组复数值，使用 IMSUB 函数计算两个复数的差，具体操作方法如下。

第 1 步 打开素材文件（位置：素材文件 \ 第 11 章 \IMSUB 函数 .xlsx），选择要存放结果的单元格 C2，输入公式“=IMSUB(A2,B2)”，按【Enter】键，即可得出计算结果，如下图所示。

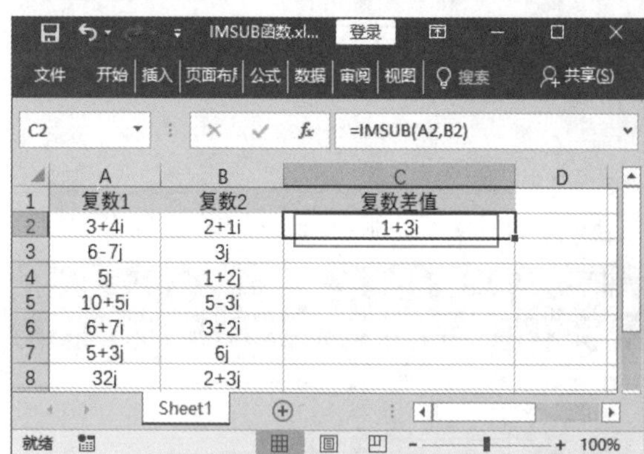

第 2 步 利用填充功能向下复制公式即可，如下图所示。

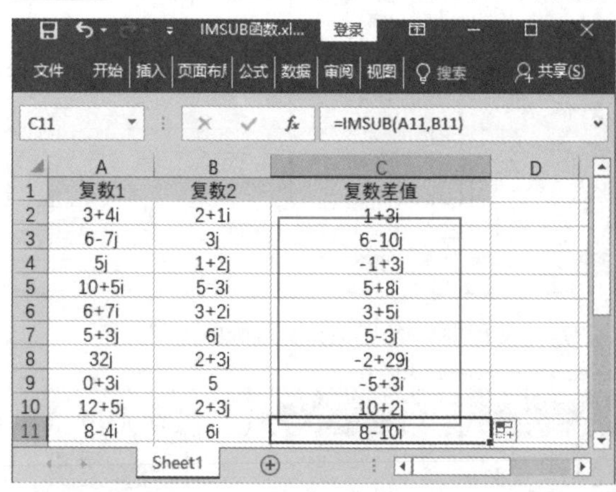

377 使用 IMSUM 函数计算多个复数的和

适用版本	实用指数
2007、2010、2013、2016	★★★★☆

使用说明

IMSUM 函数用于返回以 x+yi 或 x+yj 文本格式表示的两个或多个复数的和。

> 函数语法：= IMSUM(inumber1, [inumber2], ...)
> 参数说明如下。
> - inumber1（必选）：第 1 个需要相加的复数。
> - inumber2, ...（可选）：第 2～225 个需要相加的复数。

解决方法

在工程函数中，要计算多个复数的和可使用 IMSUM 函数。具体操作方法如下。

打开素材文件（位置：素材文件 \ 第 11 章 \IMSUM 函数 .xlsx），选择要存放结果的单元格 C7，输入公式 “=IMSUM(C2,C3,C4,C5)”，按【Enter】键，即可得出计算结果，如下图所示。

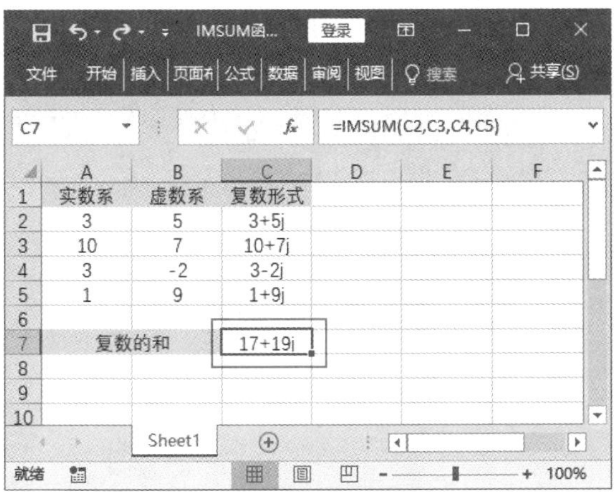

378　使用 IMCOS 函数计算复数的余弦值

适用版本	实用指数
2007、2010、2013、2016	★★★★☆

使用说明

IMCOS 函数用于返回以 x+yi 或 x+yj 文本格式表示的复数的余弦值。

> 函数语法：= IMCOS(inumber)
> 参数说明如下。
> inumber（必选）：要计算其余弦值的复数。

解决方法

例如，对已知的一组数据，使用 IMVOS 函数计算复数的余弦值，具体操作方法如下。

第 1 步 打开素材文件（位置：素材文件 \ 第 11 章 \IMCOS 函数 .xlsx），选择要存放结果的单元格 B2，输入公式 “= IMCOS (A2)”，按【Enter】键，即可得出计算结果，如下图所示。

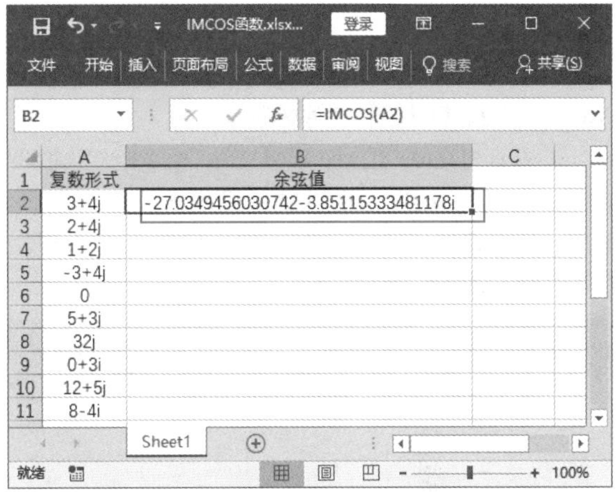

第 2 步 利用填充功能向下复制公式即可，如下图所示。

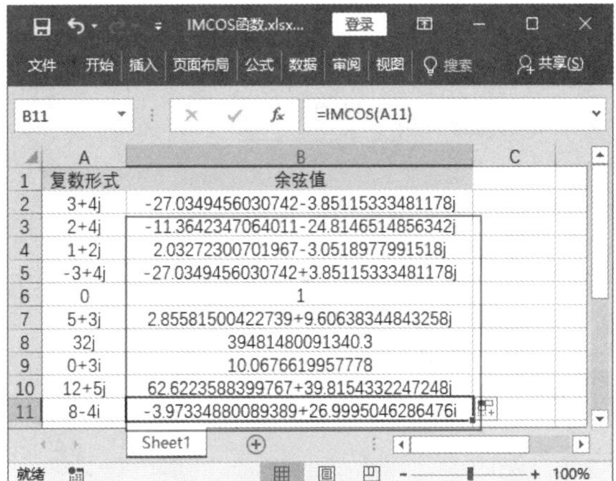

温馨提示

如果参数 inumber 为逻辑值，函数 IMCOS 将返回错误值【#VALUE!】。

379　使用 IMDIV 函数计算复数的商

适用版本	实用指数
2007、2010、2013、2016	★★★★☆

使用说明

IMDIV 函数用于返回以 x+yi 或 x+yj 文本格式表

示的两个复数的商。

> 函数语法：= IMDIV(inumber1, inumber2)
> 参数说明如下。
> - inumber1（必选）：复数分子（被除数）。
> - inumber2（必选）：复数分母（除数）。

解决方法

在工程函数中，若要计算两个复数的商，可使用 IMDIV 函数。具体操作方法如下。

打开素材文件（位置：素材文件\第 11 章\IMDIV 函数 .xlsx），选择要存放结果的单元格 C8，输入公式“=IMDIV(C2,C6)”，按【Enter】键，即可得出计算结果，如下图所示。

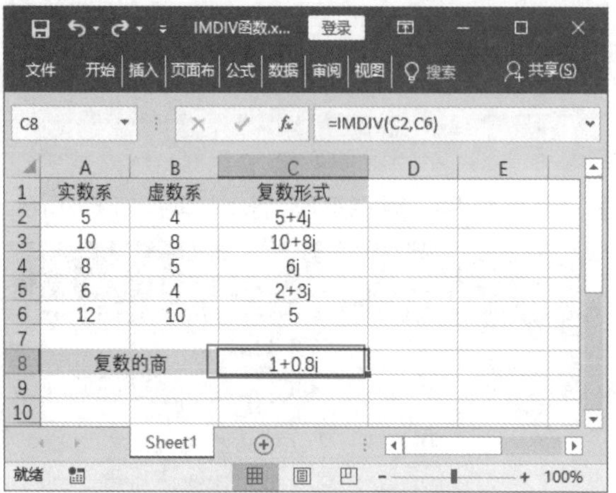

C8 =IMDIV(C2,C6)

	A	B	C
1	实数系	虚数系	复数形式
2	5	4	5+4j
3	10	8	10+8j
4	8	5	6j
5	6	4	2+3j
6	12	10	5
7			
8	复数的商		1+0.8j

380 使用 IMEXP 函数计算复数的指数

适用版本	实用指数
2007、2010、2013、2016	★★★★☆

使用说明

IMEXP 函数用于返回以 x+yi 或 x+yj 文本格式表示的复数的指数。

> 函数语法：= IMEXP(inumber)
> 参数说明如下。
> inumber（必选）：要计算其指数的复数。

解决方法

在工程函数中，如要返回复数的指数，可以使用 IMEXP 函数。具体操作方法如下。

第 1 步 打开素材文件（位置：素材文件\第 11 章\IMEXP 函数 .xlsx），选择要存放结果的单元格 B2，输入公式“=IMEXP(A2)”，按【Enter】键，即可得出计算结果，如下图所示。

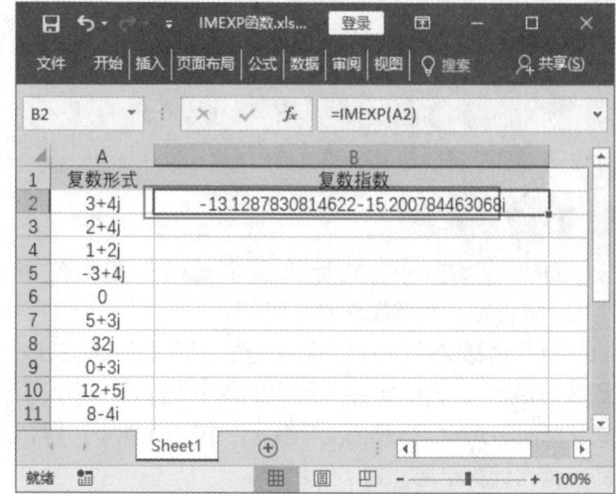

B2 =IMEXP(A2)

	A	B
1	复数形式	复数指数
2	3+4j	-13.1287830814622-15.200784463068j
3	2+4j	
4	1+2j	
5	-3+4j	
6	0	
7	5+3j	
8	32j	
9	0+3i	
10	12+5j	
11	8-4i	

第 2 步 利用填充功能向下复制公式即可，如下图所示。

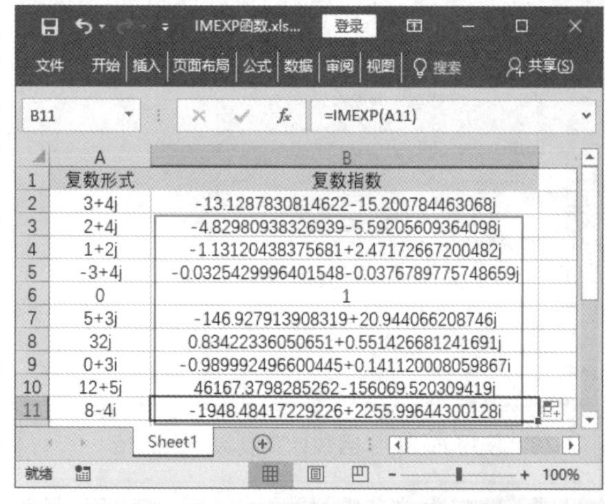

B11 =IMEXP(A11)

	A	B
1	复数形式	复数指数
2	3+4j	-13.1287830814622-15.200784463068j
3	2+4j	-4.82980938326939-5.59205609364098j
4	1+2j	-1.13120438375681+2.47172667200482j
5	-3+4j	-0.0325429996401548-0.0376789775748659j
6	0	1
7	5+3j	-146.927913908319+20.944066208746j
8	32j	0.83422336050651+0.551426681241691j
9	0+3i	-0.989992496600445+0.141120008059867i
10	12+5j	46167.3798285262-156069.520309419j
11	8-4i	-1948.48417229226+2255.99644300128i

381 使用 IMLN 函数计算复数的自然对数

适用版本	实用指数
2007、2010、2013、2016	★★★★☆

使用说明

IMLN 函数用于返回以 x+yi 或 x+yj 文本格式表示的复数的自然对数。

> 函数语法：= IMLN(inumber)
> 参数说明如下。
> inumber（必选）：要计算其自然对数的复数。

解决方法

在工程函数中，如要返回复数的自然对数，可以使用 IMLN 函数。具体操作方法如下。

第 1 步 打开素材文件（位置：素材文件 \ 第 11 章 \IMLN 函数 .xlsx），选择要存放结果的单元格 B2，输入公式“=IMLN(A2)”，按【Enter】键，即可得出计算结果，如下图所示。

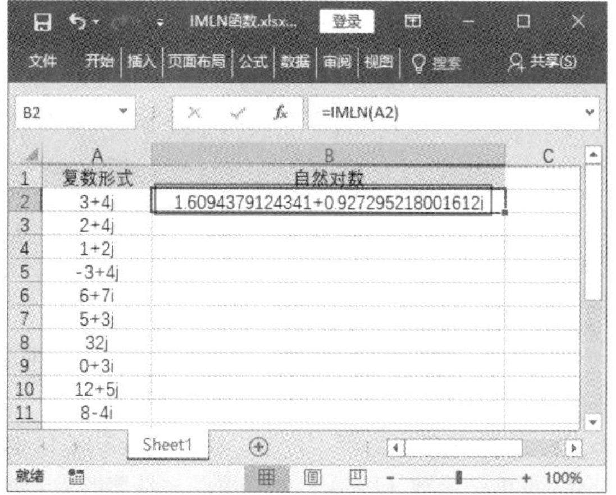

B2 =IMLN(A2)

	A	B
1	复数形式	自然对数
2	3+4j	1.6094379124341+0.927295218001612j
3	2+4j	
4	1+2j	
5	-3+4j	
6	6+7i	
7	5+3j	
8	32j	
9	0+3i	
10	12+5j	
11	8-4i	

第 2 步 利用填充功能向下复制公式即可，如下图所示。

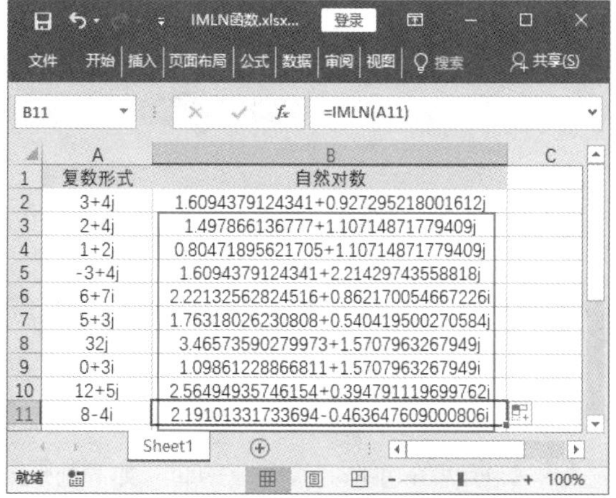

B11 =IMLN(A11)

	A	B
1	复数形式	自然对数
2	3+4j	1.6094379124341+0.927295218001612j
3	2+4j	1.497866136777+1.10714871779409j
4	1+2j	0.80471895621705+1.10714871779409j
5	-3+4j	1.6094379124341+2.21429743558818j
6	6+7i	2.22132562824516+0.862170054667226i
7	5+3j	1.76318026230808+0.540419500270584j
8	32j	3.46573590279973+1.5707963267949j
9	0+3i	1.09861228866811+1.5707963267949i
10	12+5j	2.56494935746154+0.394791119699762j
11	8-4i	2.19101331733694-0.463647609000806i

382 使用 IMLOG10 函数计算复数以 10 为底的对数

适用版本	实用指数
2007、2010、2013、2016	★★★☆☆

使用说明

IMLOG10 函数用于返回以 x+yi 或 x+yj 文本格式表示的复数以 10 为底的对数。

函数语法：= IMLOG10(inumber)

参数说明如下。

inumber（必选）：要计算其常用对数的复数。

解决方法

如果要返回复数以 10 为底的对数，可以使用 IMLOG10 函数。具体操作方法如下。

第 1 步 打开素材文件（位置：素材文件 \ 第 11 章 \IMLOG10 函数 .xlsx），选择要存放结果的单元格 B2，输入公式“=IMLOG10(A2)”，按【Enter】键，即可得出计算结果，如下图所示。

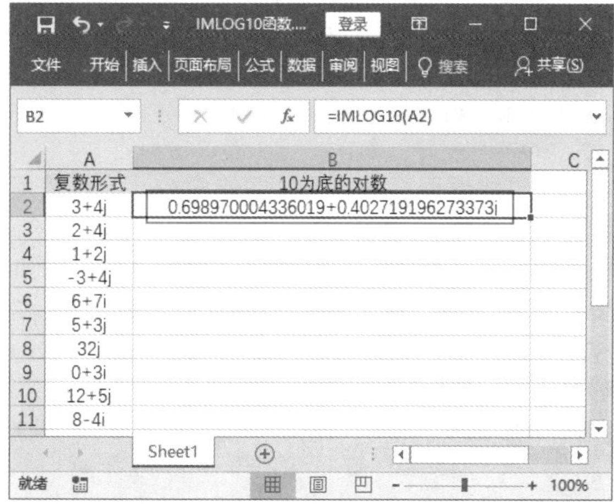

B2 =IMLOG10(A2)

	A	B
1	复数形式	10为底的对数
2	3+4j	0.698970004336019+0.402719196273373j
3	2+4j	
4	1+2j	
5	-3+4j	
6	6+7i	
7	5+3j	
8	32j	
9	0+3i	
10	12+5j	
11	8-4i	

第 2 步 利用填充功能向下复制公式即可，如下图所示。

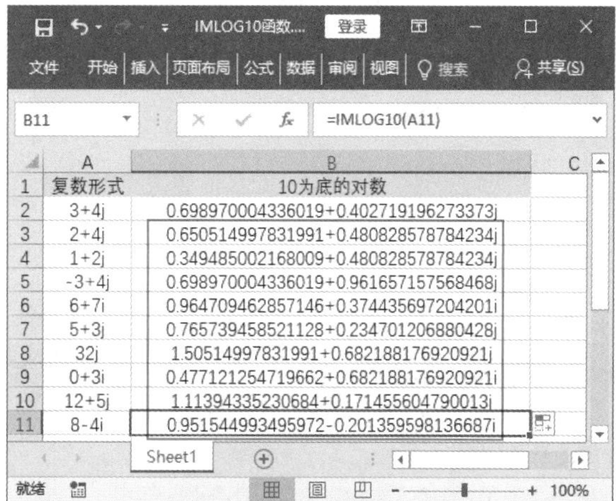

B11 =IMLOG10(A11)

	A	B
1	复数形式	10为底的对数
2	3+4j	0.698970004336019+0.402719196273373j
3	2+4j	0.650514997831991+0.480828578784234j
4	1+2j	0.349485002168009+0.480828578784234j
5	-3+4j	0.698970004336019+0.961657157568468j
6	6+7i	0.964709462857146+0.374435697204201i
7	5+3j	0.765739458521128+0.234701206880428j
8	32j	1.50514997831991+0.682188176920921j
9	0+3i	0.477121254719662+0.682188176920921i
10	12+5j	1.11394335230684+0.171455604790013j
11	8-4i	0.951544993495972-0.201359598136687i

温馨提示

- 使用函数 COMPLEX 可以将实系数和虚系数转换为复数形式。
- 复数的以 10 为底的对数可按以下公式由自然对数导出：log10(x+yi)=(log10e)ln(x+yi)。

383 使用 IMLOG2 函数计算复数以 2 为底的对数

适用版本	实用指数
2007、2010、2013、2016	★★★☆☆

使用说明

IMLOG2 函数用于返回以 x+yi 或 x+yj 文本格式表示的复数以 2 为底的对数。

函数语法：= IMLOG2(inumber)

参数说明如下。

inumber（必选）：要计算以 2 为底的对数值的复数。

解决方法

如果要返回复数以 2 为底的对数，可以使用 IMLOG2 函数。具体操作方法如下。

第 1 步 打开素材文件（位置：素材文件 \ 第 11 章 \IMLOG2 函数 .xlsx），选择要存放结果的单元格 B2，输入公式“=IMLOG2(A2)”，按【Enter】键，即可得出计算结果，如下图所示。

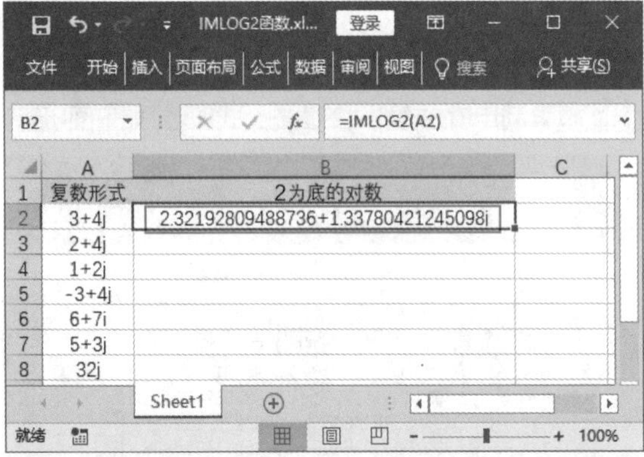

第 2 步 利用填充功能向下复制函数即可，如下图所示。

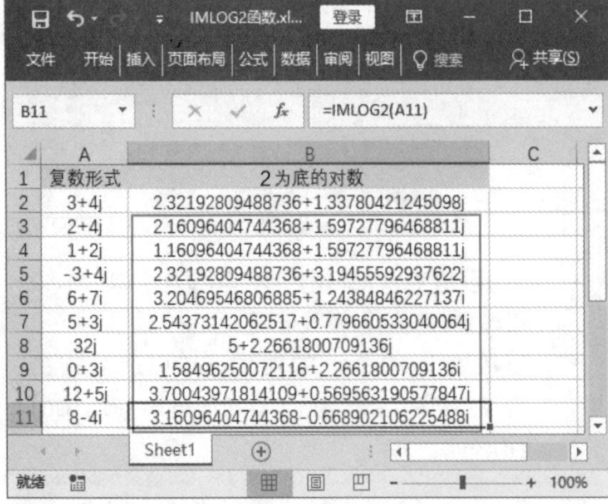

384 使用 IMPOWER 函数计算复数的整数幂

适用版本	实用指数
2007、2010、2013、2016	★★★☆☆

使用说明

IMPOWER 函数用于返回以 x+yi 或 x+yj 文本格式表示的复数的 n 次幂。

函数语法：= IMPOWER(inumber, number)

参数说明如下。

- inumber（必选）：要计算其幂值的复数。
- number（必选）：需要对复数应用的幂次。

解决方法

如果要返回复数的整数幂，可以使用 IMPOWER 函数。具体操作方法如下。

第 1 步 打开素材文件（位置：素材文件 \ 第 11 章 \IMPOWER 函数 .xlsx），选择要存放结果的单元格 B2，输入公式“=IMPOWER(A2,2)”，按【Enter】键，即可得出计算结果，如下图所示。

第 2 步 利用填充功能向下复制公式即可，如下图所示。

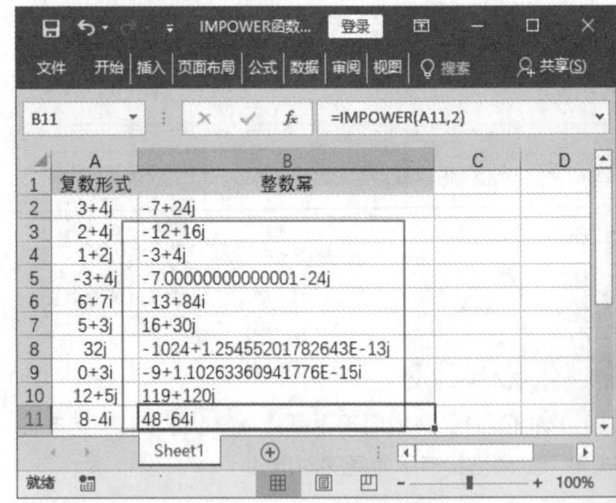

温馨提示

参数 number 可以为整数、分数或负数，但若为非数值型，函数 IMPOWER 将返回错误值【#VALUE!】。

385　使用 IMPRODUCT 函数计算复数的乘积

适用版本	实用指数
2007、2010、2013、2016	★★★☆☆

使用说明

IMPRODUCT 函数用于返回以 x+yi 或 x+yj 文本格式表示的 1 ~ 255 个复数的乘积。

> 函数语法：= IMPRODUCT(inumber1, [inumber2], ...)
> 参数说明如下。
> - inumber1（必选）：要计算乘积的第 1 个复数。
> - inumber2, ...（可选）：要计算乘积的第 2 ～ 225 个复数。

解决方法

如果要计算两个复数的乘积，可使用 IMPRODUCT 函数。具体操作方法如下。

打开素材文件（位置：素材文件 \ 第 11 章 \IMPRODUCT 函数 .xlsx），选择要存放结果的单元格 C5，输入公式“=IMPRODUCT(C2,C3)”，按【Enter】键，即可得出计算结果，如下图所示。

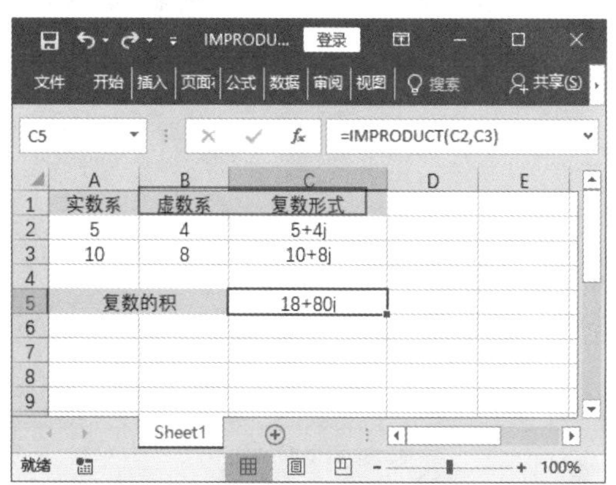

386　使用 IMAGINARY 函数计算复数的虚系数

适用版本	实用指数
2007、2010、2013、2016	★★★☆☆

使用说明

IMAGINARY 函数用于返回以 x+yi 或 x+yj 文本格式表示的复数的虚系数。

> 函数语法：=IMAGINARY(inumber)
> 参数说明如下。
> inumber（必选）：要计算其虚系数的复数。

解决方法

如果需要计算复数的虚系数，具体操作方法如下。

第 1 步 打开素材文件（位置：素材文件 \ 第 11 章 \IMAGINARY 函数 .xlsx），选择要存放结果的单元格 D2，输入公式“=IMAGINARY(C2)”，按【Enter】键，即可得出计算结果，如下图所示。

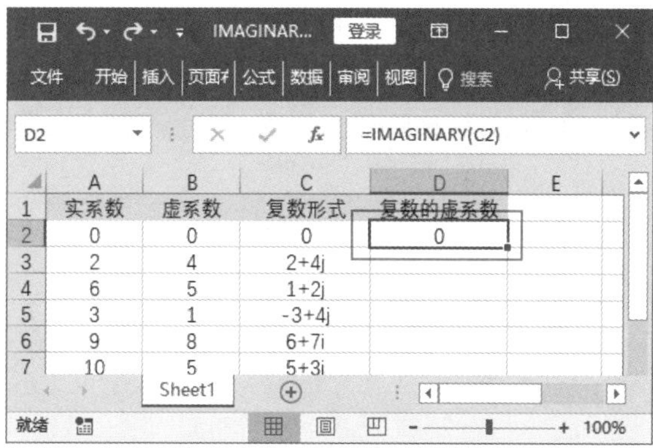

第 2 步 利用填充功能向下复制公式即可，如下图所示。

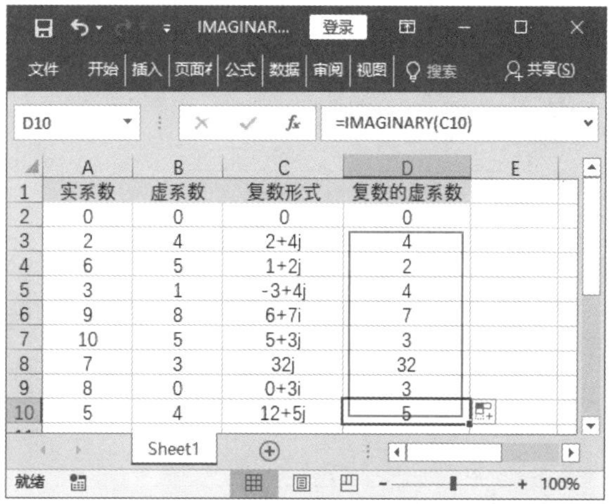

387　使用 IMSINH 函数计算复数的双曲正弦值

适用版本	实用指数
2007、2010、2013、2016	★★★★☆

使用说明

IMSINH 函数用于返回以 x+yi 或 x+yj 文本格式表示的复数的双曲正弦值。

> 函数语法：=IMSINH(inumber)
> 参数说明如下。
> inumber（必选）：需要计算其双曲正弦值的复数。

解决方法

如果要计算复数的双曲正弦值，可以使用 IMSINH 函数。具体操作方法如下。

第 1 步 打开素材文件（位置：素材文件 \ 第 11 章 \IMSINH 函数 .xlsx），选择要存放结果的单元格 B2，输入公式“=IMSINH(A2)”，按【Enter】键，即可得出计算结果，如下图所示。

	A	B
1	复数	复数的双曲正弦值
2	3+4j	-6.548120040911-7.61923172032141j
3	2+4j	
4	1+2j	
5	-3+4j	
6	6+7i	
7	5+3j	

第 2 步 利用填充功能向下复制公式，即可得出其他复数的双曲正弦值，如下图所示。

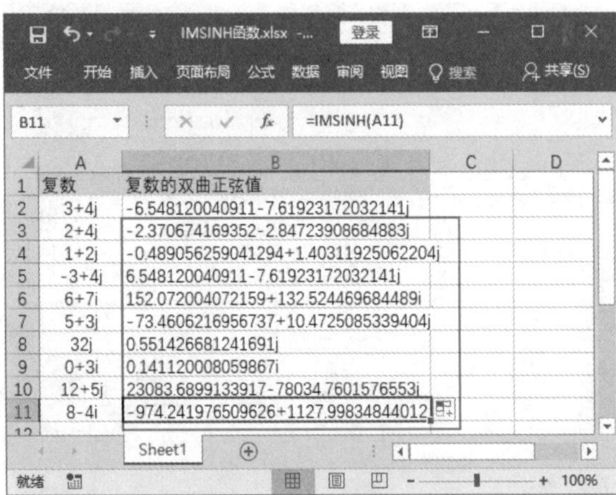

	A	B
1	复数	复数的双曲正弦值
2	3+4j	-6.548120040911-7.61923172032141j
3	2+4j	-2.370674169352-2.84723908684883j
4	1+2j	-0.489056259041294+1.40311925062204j
5	-3+4j	6.548120040911-7.61923172032141j
6	6+7i	152.072004072159+132.524469684489i
7	5+3j	-73.4606216956737+10.4725085339404j
8	32j	0.551426681241691j
9	0+3i	0.14112000805987i
10	12+5j	23083.6899133917-78034.7601576553j
11	8-4i	-974.241976509626+1127.99834844012i

388 使用 IMCOSH 函数计算复数的双曲余弦值

适用版本	实用指数
2007、2010、2013、2016	★★★★☆

使用说明

IMCOSH 函数用于返回以 x+yi 或 x+yj 文本格式表示的复数的双曲余弦值。

> 函数语法：=IMCOSH(inumber)
> 参数说明如下。
> inumber（必选）：要计算其双曲余弦值的复数。

解决方法

如果要计算复数的双曲余弦值，可以使用 IMCOSH 函数。具体操作方法如下。

第 1 步 打开素材文件（位置：素材文件 \ 第 11 章 \IMCOSH 函数 .xlsx），选择要存放结果的单元格 B2，输入公式“=IMCOSH (A2)”，按【Enter】键，即可得出计算结果，如下图所示。

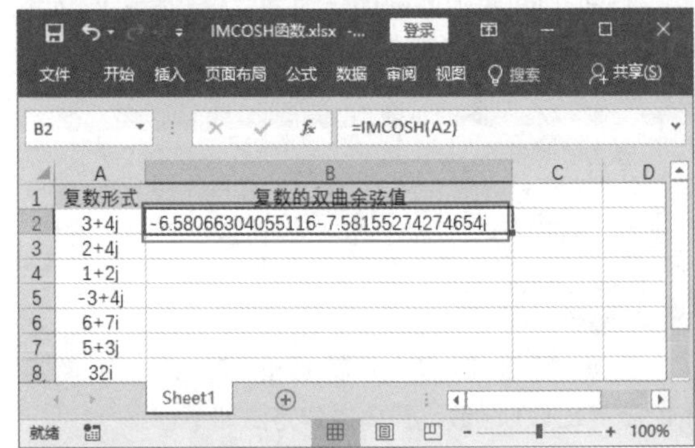

	A	B
1	复数形式	复数的双曲余弦值
2	3+4j	-6.58066304055116-7.58155274274654j
3	2+4j	
4	1+2j	
5	-3+4j	
6	6+7i	
7	5+3j	
8	32i	

第 2 步 利用填充功能向下复制公式，即可得出其他复数的双曲余弦值，如下图所示。

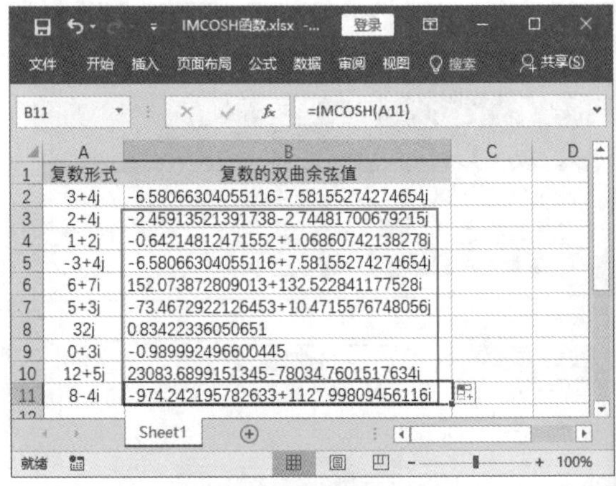

	A	B
1	复数形式	复数的双曲余弦值
2	3+4j	-6.58066304055116-7.58155274274654j
3	2+4j	-2.45913521391738-2.74481700679215j
4	1+2j	-0.64214812471552+1.06860742138278j
5	-3+4j	-6.58066304055116+7.58155274274654j
6	6+7i	152.073872809013+132.522841177528i
7	5+3j	-73.4672922126453+10.4715576748056j
8	32j	0.83422336050651
9	0+3i	-0.989992496600445
10	12+5j	23083.6899151345-78034.7601517634j
11	8-4i	-974.242195782633+1127.99809456116i

温馨提示

- 如果 inumber 为非 x+yi 或 x+yj 文本格式的值，则 IMCOSH 返回错误值【#NUM!】。
- 如果 inumber 为逻辑值，则 IMCOSH 返回错误值【#VALUE!】。

389 使用 IMCOT 函数计算复数的余切值

适用版本	实用指数
2007、2010、2013、2016	★★★★☆

使用说明

IMCOT 函数用于返回以 x+yi 或 x+yj 文本格式表示的复数的余切值。

函数语法：=IMCOT(inumber)

参数说明如下。

inumber（必选）：要计算其余切值的复数。

解决方法

如果要计算复数的余切值，可以使用 IMCOT 函数。具体操作方法如下。

第 1 步 打开素材文件（位置：素材文件 \ 第 11 章 \IMCOT 函数 .xlsx），选择要存放结果的单元格 B2，输入公式 "=IMCOT(A2)"，按【Enter】键，即可得出计算结果，如下图所示。

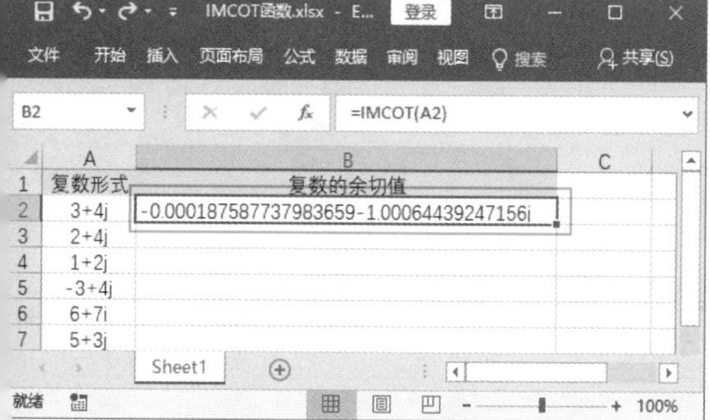

第 2 步 利用填充功能向下复制公式，即可得出其他复数的余切值，如下图所示。

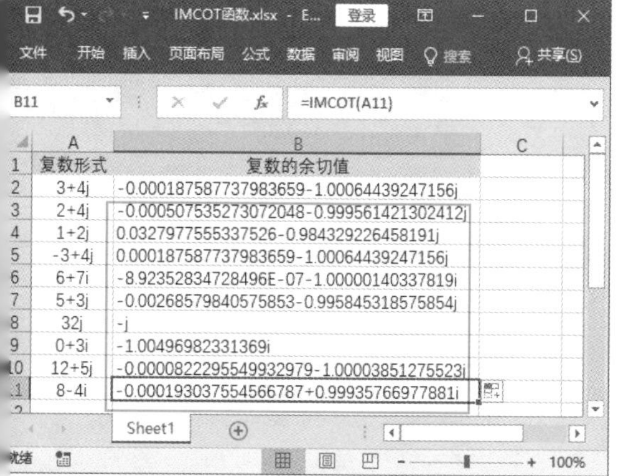

390 使用 IMCSC 函数计算复数的余割值

适用版本	实用指数
2007、2010、2013、2016	★★★★☆

使用说明

IMCSC 函数用于返回以 x+yi 或 x+yj 文本格式表示的复数的余割值。

函数语法：=IMCSC(inumber)

参数说明如下。

inumber（必选）：要计算其余割值的复数。

解决方法

如果要计算复数的余割值，可以使用 IMCSC 函数。具体操作方法如下。

第 1 步 打开素材文件（位置：素材文件 \ 第 11 章 \IMCSC 函数 .xlsx），选择要存放结果的单元格 B2，输入公式 "=IMCSC(A2)"，按【Enter】键，即可得出计算结果，如下图所示。

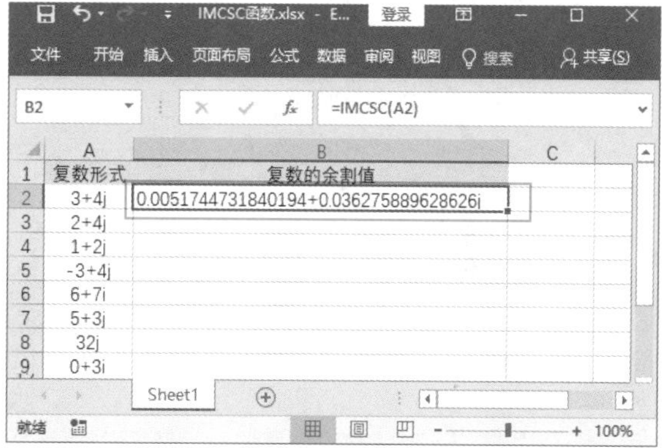

第 2 步 利用填充功能向下复制公式，即可得出其他复数的余割值，如下图所示。

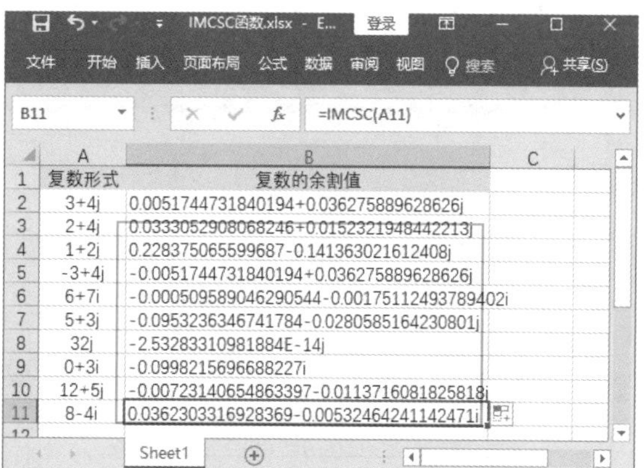

391 使用 IMCSCH 函数计算复数的双曲余割值

适用版本	实用指数
2007、2010、2013、2016	★★★★☆

使用说明

IMCSCH 函数用于返回以 x+yi 或 x+yj 文本格式表示的复数的双曲余割值。

> 函数语法：=IMCSCH(inumber)
> 参数说明如下。
> inumber（必选）：要计算其双曲余割值的复数。

解决方法

如果要计算复数的双曲余割值，可以使用 IMCSCH 函数。具体操作方法如下。

第 1 步 打开素材文件（位置：素材文件 \ 第 11 章 \IMCSCH 函数 .xlsx），选择要存放结果的单元格 B2，输入公式“=IMCSCH(A2)”，按【Enter】键，即可得出计算结果，如下图所示。

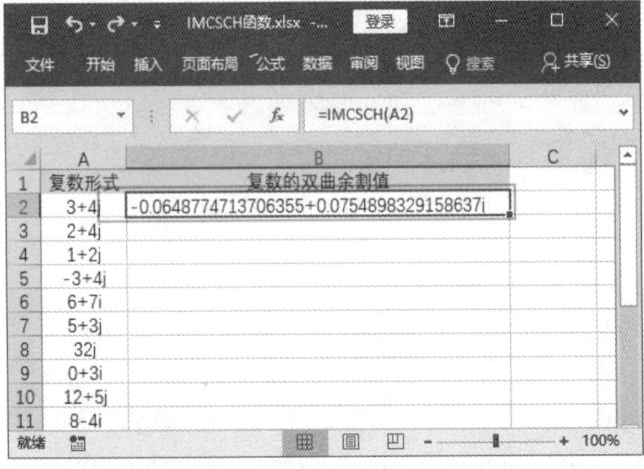

第 2 步 利用填充功能向下复制公式，即可得出其他复数的双曲余割值，如下图所示。

392 使用 IMSEC 函数计算复数的正割值

适用版本	实用指数
2007、2010、2013、2016	★★★★☆

使用说明

IMSEC 函数用于返回以 x+yi 或 x+yj 文本格式表示的复数的正割值。

> 函数语法：=IMSEC(inumber)
> 参数说明如下。
> inumber（必选）：要计算其正割值的复数。

解决方法

如果要计算复数的正割值，可以使用 IMSEC 函数。具体操作方法如下。

第 1 步 打开素材文件（位置：素材文件 \ 第 11 章 \IMSEC 函数 .xlsx），选择要存放结果的单元格 B2，输入公式“=IMSEC(A2)”，按【Enter】键，即可得出计算结果，如下图所示。

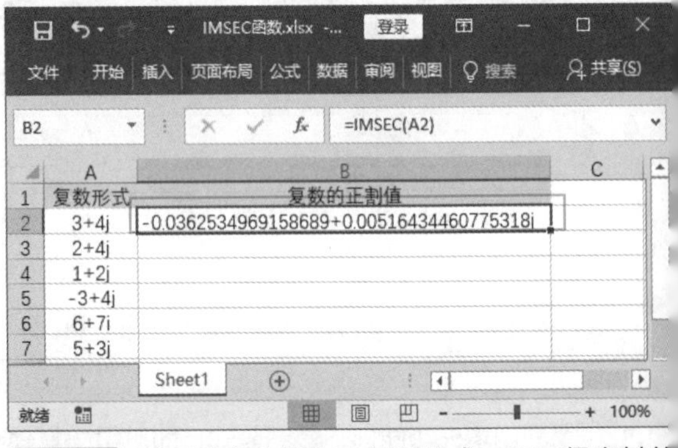

第 2 步 利用填充功能向下复制公式，即可得出其他复数的正割值，如下图所示。

393 使用 IMSECH 函数计算复数的双曲正割值

适用版本	实用指数
2007、2010、2013、2016	★★★☆☆

使用说明

IMSECH 函数用于返回以 x+yi 或 x+yj 文本格式表示的复数的双曲正割值。

函数语法：=IMSECH(inumber)

参数说明如下。

inumber（必选）：要计算其双曲正割值的复数。

解决方法

如果要计算复数的双曲正割值，可以使用 IMSECH 函数。具体操作方法如下。

第 1 步 打开素材文件（位置：素材文件 \ 第 11 章 \IMSECH 函数 .xlsx），选择要存放结果的单元格 B2，输入公式“=IMSECH(A2)”，按【Enter】键，即可得出计算结果，如下图所示。

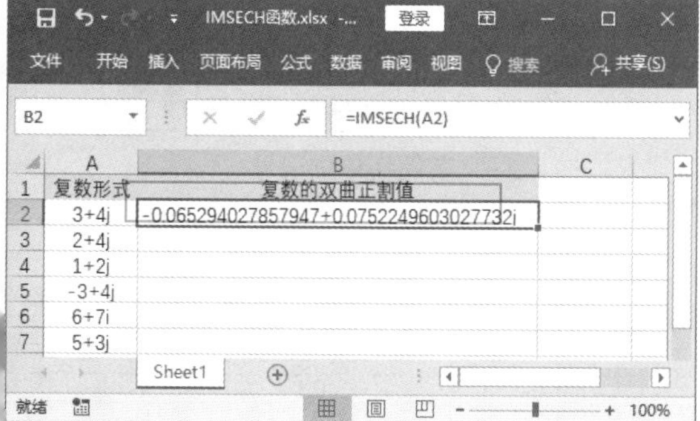

	A	B
1	复数形式	复数的双曲正割值
2	3+4j	-0.065294027857947+0.0752249603027732j
3	2+4j	
4	1+2j	
5	-3+4j	
6	6+7i	
7	5+3j	

第 2 步 利用填充功能向下复制公式，即可得出其他复数的双曲正割值，如下图所示。

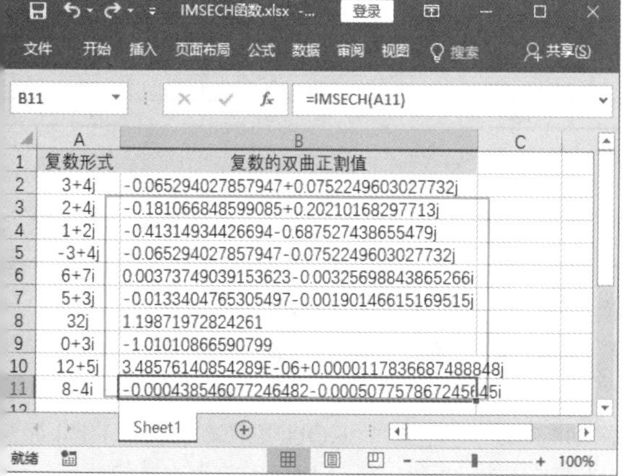

	A	B
1	复数形式	复数的双曲正割值
2	3+4j	-0.065294027857947+0.0752249603027732j
3	2+4j	-0.181066848599085+0.20210168297713j
4	1+2j	-0.41314934426694-0.687527438655479j
5	-3+4j	-0.065294027857947-0.0752249603027732j
6	6+7i	0.00373749039153623-0.00325698843865266i
7	5+3j	-0.0133404765305497-0.00190146615169515j
8	32j	1.19871972824261
9	0+3i	-1.01010866590799
10	12+5j	3.48576140854289E-06+0.0000117836687488848j
11	8-4i	-0.000438546077246482-0.000507757867245645i

394 使用 IMTAN 函数计算复数的正切值

适用版本	实用指数
2007、2010、2013、2016	★★★☆☆

使用说明

IMTAN 函数用于返回以 x+yi 或 x+yj 文本格式表示的复数的正切值。

函数语法：=IMTAN(inumber)

参数说明如下。

inumber（必选）：要计算其正切值的复数。

解决方法

如果要计算复数的正切值，可以使用 IMTAN 函数。具体操作方法如下。

第 1 步 打开素材文件（位置：素材文件 \ 第 11 章 \IMTAN 函数 .xlsx），选择要存放结果的单元格 B2，输入公式“=IMTAN(A2)”，按【Enter】键，即可得出计算结果，如下图所示。

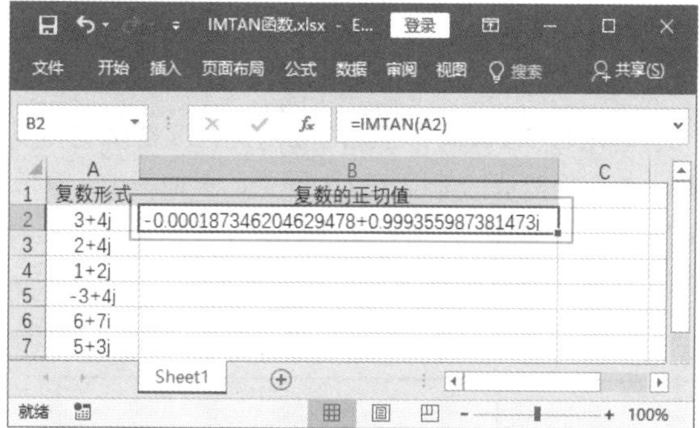

	A	B
1	复数形式	复数的正切值
2	3+4j	-0.000187346204629478+0.999355987381473j
3	2+4j	
4	1+2j	
5	-3+4j	
6	6+7i	
7	5+3j	

第 2 步 利用填充功能向下复制公式，即可得出其他复数的正切值，如下图所示。

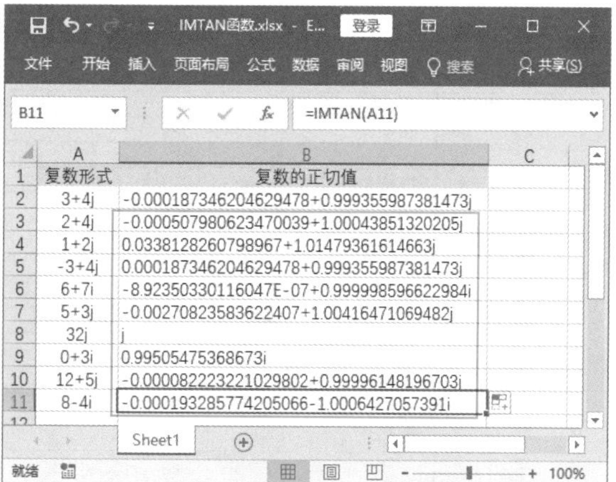

	A	B
1	复数形式	复数的正切值
2	3+4j	-0.000187346204629478+0.999355987381473j
3	2+4j	-0.000507980623470039+1.00043851320205j
4	1+2j	0.0338128260798967+1.01479361614663j
5	-3+4j	0.000187346204629478+0.999355987381473j
6	6+7i	-8.92350330116047E-07+0.999998596622984i
7	5+3j	-0.00270823583622407+1.00416471069482j
8	32j	j
9	0+3i	0.99505475368673i
10	12+5j	-0.000082223221029802+0.99996148196703j
11	8-4i	-0.000193285774205066-1.0006427057391i

11.4 其他工程函数

除了前面讲解的工程函数外，Excel 还提供了其他一些工程函数，如检验函数和计算误差函数。下面将通过示例的方式介绍其他工程函数的相关使用技巧。

395 使用 CONVERT 函数将采购单位转换为实际单位

适用版本	实用指数
2007、2010、2013、2016	★★★★★

使用说明

CONVERT 函数用于将数值从一个度量系统转换到另一个度量系统中。

> 函数语法：= CONVERT(number, from_unit, to_unit)
> 参数说明如下。
> - number（必选）：以 from_units 为单位的需要进行转换的数值。
> - from_unit（必选）：数值 number 的单位。
> - to_unit（必选）：结果的单位。

利用 CONVERT 函数对数值进行度量系统转换时，能够将数值的单位转换为同类的其他单位。换算的单位如下表所示，包含 10 类 49 个单位；甚至还设置了作为前缀的 16 种类型的辅助单位，如右下表所示。

单位名称和单位记号

种　类	单位名称	单位记号
重量和质量	克	g
	斯勒格	sg
	磅（常衡制）	lbm
	U（原子质量单位）	u
	盎司（常衡制）	ozm
时间	年	yr
	日	day
	小时	hr
	分钟	mn
	秒	sec
磁	特斯拉	T
	高斯	ga
距离	米	m
	法定英里	mi
	海里	Nmi
	英寸	in
	英尺	ft
压强	牛顿	N
	达因	dyn（或 dy）
	磅力	lbf

续表

种　类	单位名称	单位记号
能量	焦耳	J
	尔格	e
	热力学卡	c
	IT 卡	cal
	电子伏	eV（或 ev）
	马力－小时	HPh（或 hh）
	瓦特－小时	Wh（或 wh）
	英尺磅	flb
	BTU	BTU（或 btu）
乘幂	马力	HP（或 h）
	瓦特	W（或 w）
液体度量	茶匙	tsp
	汤匙	tbs
	液量盎司	oz
	杯	杯 "cup"
	U.S. 品脱	pt（或 us_pt）
	U.K. 品脱	uk_pt
	夸脱	qt
	加仑	gal
	升	l（或 lt）
力	牛顿	N
	达因	dyn（或 dy）
	磅力	lbf
	摄氏度	C（或 cel）
	华氏度	F（或 fah）
	开氏温标	K（或 kel）
温度	摄氏度	C（或 cel）
	华氏度	F（或 fah）
	开氏温标	K（或 kel）

前缀和单位记号

前　缀	乘　子	缩　写
exa	1E+18	E
peta	1E+15	P
tera	1E+12	T
giga	1E+09	G
mega	1E+06	M
kilo	1E+03	k
hecto	1E+02	h
dekao	1E+01	e
deci	1E−01	d
centi	1E−02	c
milli	1E−03	m
micro	1E−06	u
nano	1E−09	n
pico	1E−12	p
femto	1E−15	f
atto	1E−18	a

解决方法

例如，已知一组身高为英尺、体重为英磅的数据，使用 CONVERT 函数将英尺转换为厘米，将英磅转换为千克。具体操作方法如下。

第1步 打开素材文件（位置：素材文件\第 11 章\CONVERT 函数 .xlsx），选择要存放结果的单元格 C4，输入公式"=ROUND(CONVERT(B4,"ft","cm"),2)"，按【Enter】键，即可得出计算结果，如下图所示。

C4　=ROUND(CONVERT(B4,"ft","cm"),2)

	A	B	C	D	E	F
1			尺寸表			
2	型号	身高		体重		
3		ft	cm	lbm	kg	
4	S	5	152.4	200		
5	M	5.2		220		
6	L	5.4		240		
7	XL	5.8		260		
8	XXL	6		280		
9	XXXL	6.2		300		
10						

第 2 步 利用填充功能向下复制公式即可，如下图所示。

C9　=ROUND(CONVERT(B9,"ft","cm"),2)

	A	B	C	D	E	F
1			尺寸表			
2	型号	身高		体重		
3		ft	cm	lbm	kg	
4	S	5	152.4	200		
5	M	5.2	158.5	220		
6	L	5.4	164.59	240		
7	XL	5.8	176.78	260		
8	XXL	6	182.88	280		
9	XXXL	6.2	188.98	300		
10						

第 3 步 选择要存放结果的单元格 E4，输入公式"=ROUND(CONVERT(D4,"lbm","kg"),2)"，按【Enter】键，即可得出计算结果，如下图所示。

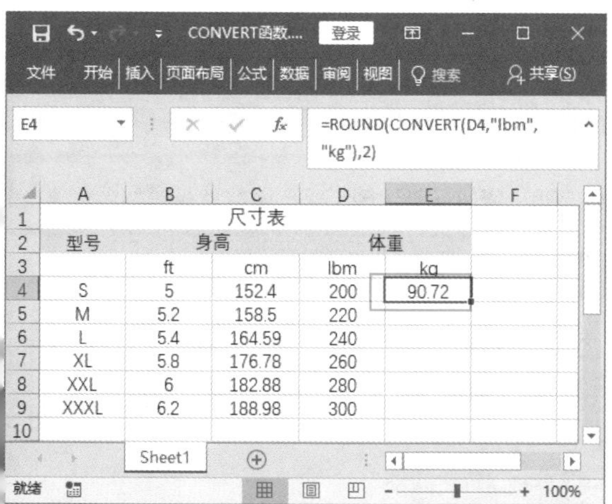

E4　=ROUND(CONVERT(D4,"lbm","kg"),2)

	A	B	C	D	E	F
1			尺寸表			
2	型号	身高		体重		
3		ft	cm	lbm	kg	
4	S	5	152.4	200	90.72	
5	M	5.2	158.5	220		
6	L	5.4	164.59	240		
7	XL	5.8	176.78	260		
8	XXL	6	182.88	280		
9	XXXL	6.2	188.98	300		
10						

第 4 步 利用填充功能向下复制公式即可，如右上图所示。

E9　=ROUND(CONVERT(D9,"lbm","kg"),2)

	A	B	C	D	E	F
1			尺寸表			
2	型号	身高		体重		
3		ft	cm	lbm	kg	
4	S	5	152.4	200	90.72	
5	M	5.2	158.5	220	99.79	
6	L	5.4	164.59	240	108.86	
7	XL	5.8	176.78	260	117.93	
8	XXL	6	182.88	280	127.01	
9	XXXL	6.2	188.98	300	136.08	
10						

温馨提示

- 如果输入的数据拼写有误，函数 CONVERT 将返回错误值【#VALUE!】。
- 如果参数中的单位不存在、单位不支持缩写的单位前缀，或单位在不同的组，函数 CONVERT 将返回错误值【#N/A】。

396　使用 ERF 函数计算误差值

适用版本	实用指数
2007、2010、2013、2016	★★★★☆

使用说明

ERF 函数用于返回误差函数在上下限之间的积分。

函数语法：= ERF(lower_limit,[upper_limit])

参数说明如下。

- lower_limit（必选）：ERF 函数的积分下限。
- upper_limit（可选）：ERF 函数的积分上限。如果省略，ERF 将在 0 ～ lower_limit 之间进行积分。

解决方法

例如，已知误差函数的上下限数据，使用 ERF 函数计算误差函数在上下限之间的积分。具体操作方法如下。

第 1 步 打开素材文件（位置：素材文件 \ 第 11 章 \ ERF 函数 .xlsx），选择要存放结果的单元格 C2，输入公式"=ERF(A2,B2)"，按【Enter】键，即可得出计算结果，如下图所示。

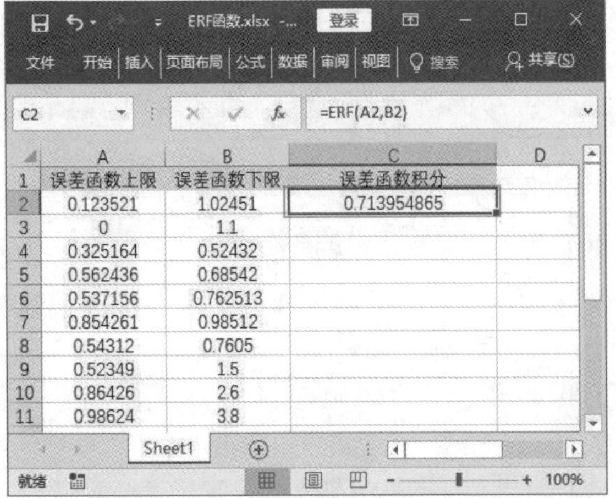

第 2 步 利用填充功能向下复制公式即可，如下图所示。

温馨提示

如果上限值或下限值为非数值型，函数 ERF 将返回错误值【#VALUE!】。

397 使用 ERFC 函数计算模型的补余误差值

适用版本	实用指数
2007、2010、2013、2016	★★★★☆

使用说明

ERFC 函数用于返回从 x 到 ∞（无穷）积分的 ERF 函数的补余误差函数值。

函数语法：= ERFC(x)

参数说明如下。

x（必选）：ERFC 函数的积分下限。

解决方法

例如，已知误差函数的积分下限，使用 ERFC 函数计算补余误差函数值。具体操作方法如下。

第 1 步 打开素材文件（位置：素材文件 \ 第 11 章 \ ERFC 函数 .xlsx），选择要存放结果的单元格 B2，输入公式“=ERFC(A2)”，按【Enter】键，即可得出计算结果，如下图所示。

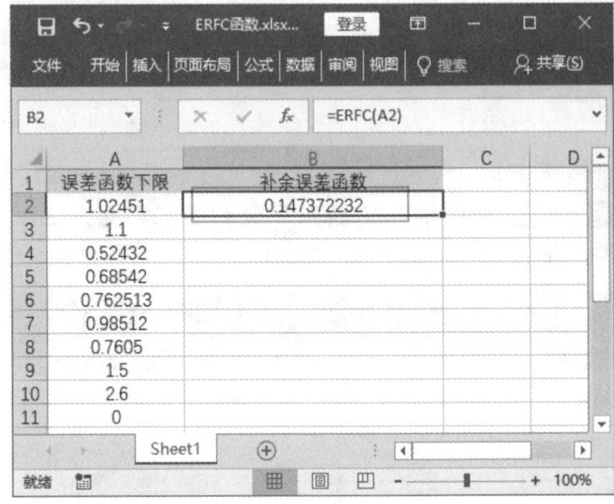

第 2 步 利用填充功能向下复制公式即可，如下图所示。

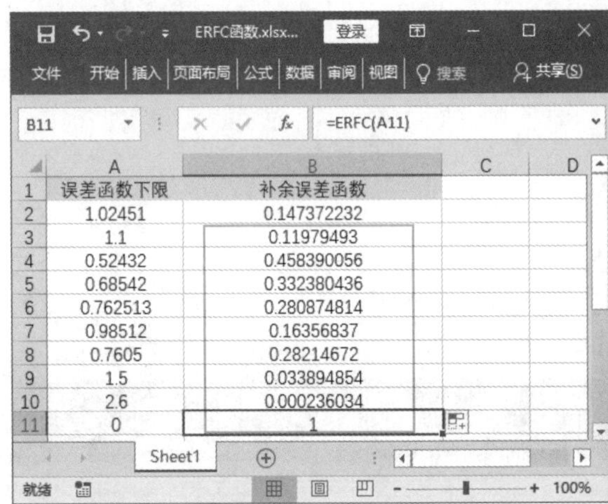

398 使用 ERF.PRECISE 函数计算模型误差值

适用版本	实用指数
2007、2010、2013、2016	★★★★☆

使用说明

ERF.PRECISE 函数用于返回模型误差值。

函数语法：= ERF.PRECISE(x)

参数说明如下。
x（必选）：ERF.PRECISE 函数的积分下限。

解决方法

例如，某部门要设计制作一个新的模型，下表统计出该模型的上限值，现在需要计算该模型误差，具体操作方法如下。

第 1 步 打开素材文件（位置：素材文件 \ 第 11 章 \ ERF.PRECISE 函数 .xlsx），选择要存放结果的单元格 B2，输入公式“=ERF.PRECISE(A2)”，按【Enter】键，即可得出计算结果，如下图所示。

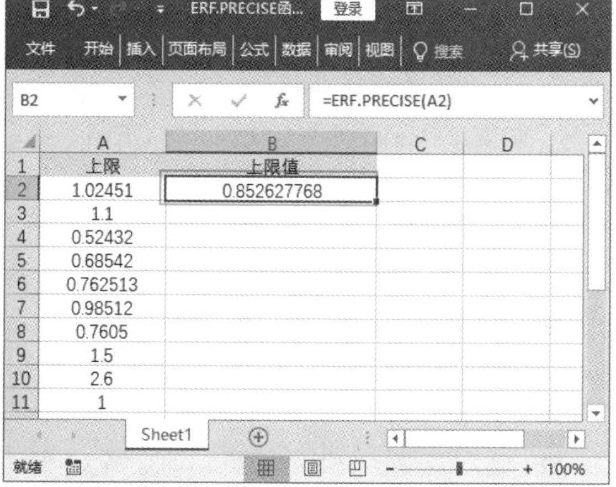
B2　=ERF.PRECISE(A2)

	A	B
1	上限	上限值
2	1.02451	0.852627768
3	1.1	
4	0.52432	
5	0.68542	
6	0.762513	
7	0.98512	
8	0.7605	
9	1.5	
10	2.6	
11	1	

第 2 步 利用填充功能向下复制公式即可，如下图所示。

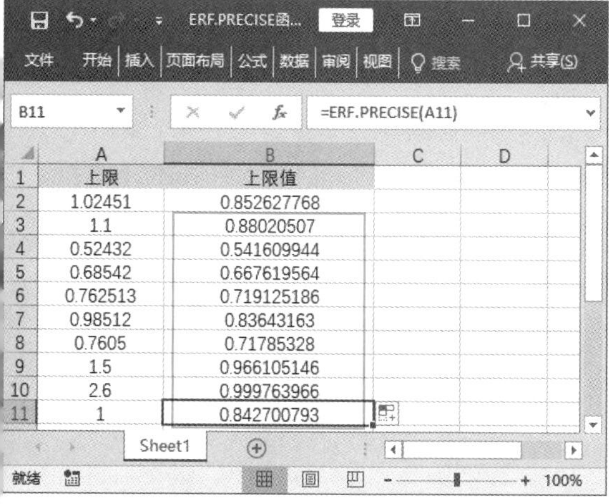
B11　=ERF.PRECISE(A11)

	A	B
1	上限	上限值
2	1.02451	0.852627768
3	1.1	0.88020507
4	0.52432	0.541609944
5	0.68542	0.667619564
6	0.762513	0.719125186
7	0.98512	0.83643163
8	0.7605	0.71785328
9	1.5	0.966105146
10	2.6	0.999763966
11	1	0.842700793

399　使用 ERFC.PRECISE 函数计算从 x 到无穷大积分的互补 ERF 函数值

适用版本	实用指数
2007、2010、2013、2016	★★★★☆

使用说明

ERFC.PRECISE 函数用于返回从 x 到无穷大积分的互补 ERF 函数。

函数语法：= ERFC.PRECISE(x)
参数说明如下。
x（必选）：ERFC.PRECISE 函数的积分下限。

解决方法

如果要计算模型的补余误差值，可使用 ERFC.PRECISE 函数实现，具体操作方法如下。

第 1 步 打开素材文件（位置：素材文件 \ 第 11 章 \ ERFC.PRECISE 函数 .xlsx），选择要存放结果的单元格 C2，输入公式“=ERFC.PRECISE(A2)”，按【Enter】键，即可得出计算结果，如下图所示。

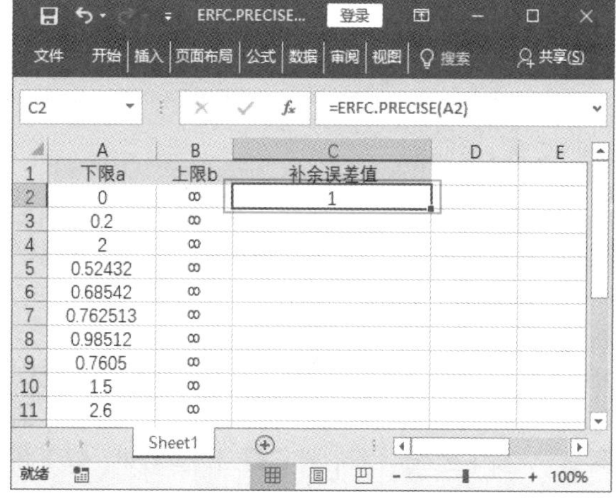
C2　=ERFC.PRECISE(A2)

	A	B	C
1	下限a	上限b	补余误差值
2	0	∞	1
3	0.2	∞	
4	2	∞	
5	0.52432	∞	
6	0.68542	∞	
7	0.762513	∞	
8	0.98512	∞	
9	0.7605	∞	
10	1.5	∞	
11	2.6	∞	

第 2 步 利用填充功能向下复制公式即可，如下图所示。

C11　=ERFC.PRECISE(A11)

	A	B	C
1	下限a	上限b	补余误差值
2	0	∞	1
3	0.2	∞	0.777297411
4	2	∞	0.004677735
5	0.52432	∞	0.458390056
6	0.68542	∞	0.332380436
7	0.762513	∞	0.280874814
8	0.98512	∞	0.16356837
9	0.7605	∞	0.28214672
10	1.5	∞	0.033894854
11	2.6	∞	0.000236034

400　使用 DELTA 函数测试两个数值是否相等

适用版本	实用指数
2007、2010、2013、2016	★★★★☆

使用说明

DELTA 函数用于检验两个值是否相等。如果 number1=number2，则返回 1；否则返回 0。可以使用此函数来筛选一组值。例如，通过对几个 DELTA 函数进行求和，可计算相等对的数量。此函数也称为 Kronecker Delta 函数。

> 函数语法：= DELTA(number1, [number2])
> 参数说明如下。
> - number1（必选）：第 1 个数字。
> - number2,…（可选）：第 2 个数字。如果省略，则假设 number2 值为零。

解决方法

例如，工作表中记录了某商场促销日的预测销量和实际销量，现在要计算预测销量是否与实际销量相同。具体操作方法如下。

第 1 步 打开素材文件（位置：素材文件\第 11 章\DELTA 函数.xlsx），选择要存放结果的单元格 C2，输入公式"=IF(DELTA(C2,D2)=0," 不同 "," 相同 ")"，按【Enter】键，即可得出计算结果，如下图所示。

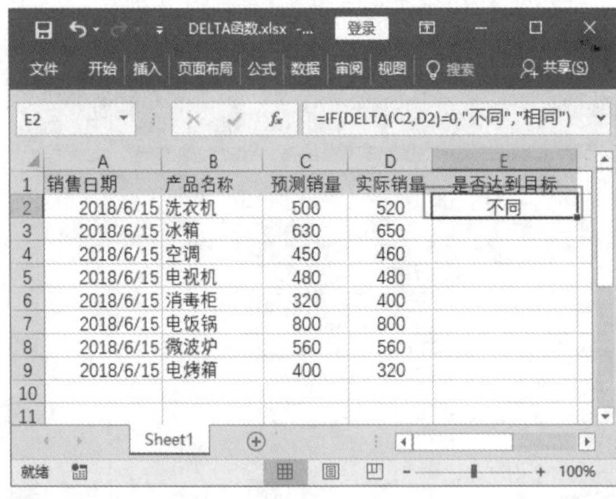

	A	B	C	D	E
1	销售日期	产品名称	预测销量	实际销量	是否达到目标
2	2018/6/15	洗衣机	500	520	不同
3	2018/6/15	冰箱	630	650	
4	2018/6/15	空调	450	460	
5	2018/6/15	电视机	480	480	
6	2018/6/15	消毒柜	320	400	
7	2018/6/15	电饭锅	800	800	
8	2018/6/15	微波炉	560	560	
9	2018/6/15	电烤箱	400	320	

第 2 步 利用填充功能向下复制公式即可，如右上图所示。

	A	B	C	D	E
1	销售日期	产品名称	预测销量	实际销量	是否达到目标
2	2018/6/15	洗衣机	500	520	不同
3	2018/6/15	冰箱	630	650	不同
4	2018/6/15	空调	450	460	不同
5	2018/6/15	电视机	480	480	相同
6	2018/6/15	消毒柜	320	400	不同
7	2018/6/15	电饭锅	800	800	相同
8	2018/6/15	微波炉	560	560	相同
9	2018/6/15	电烤箱	400	320	不同

温馨提示

- 如果 number1 为非数值型，则 DELTA 函数返回错误值【#VALUE!】。
- 如果 number2 为非数值型，则 DELTA 函数返回错误值【#VALUE!】。

401　使用 BITAND 函数比较数值的二进制表示形式

适用版本	实用指数
2007、2010、2013、2016	★★★☆☆

使用说明

BITAND 函数用于返回两个数的按位【与】。

> 函数语法：=BITAND(number1, number2)
> 参数说明如下。
> - number1（必选）：必须为十进制格式并大于或等于 0。
> - number2（必选）：必须为十进制格式并大于或等于 0。

解决方法

如果要使用 BITAND 函数比较数值的二进制表示形式，具体操作方法如下。

第 1 步 打开素材文件（位置：素材文件\第 11 章\BITAND 函数.xlsx），选择要存放结果的单元格 A6，输入公式"=BITAND(A2,B2)"，按【Enter】键，即可返回数值 1 和 9 二进制表示形式的比较结果，如下图所示。

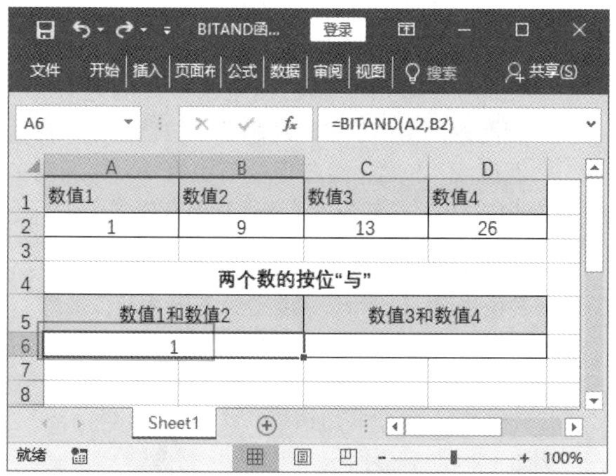

第 2 步 将函数向右复制到 C6 单元格，即可返回数值 13 和 26 二进制表示形式的比较结果，如下图所示。

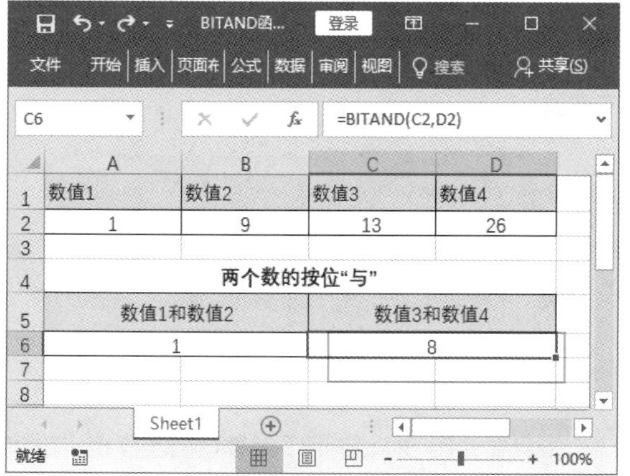

温馨提示

- BITAND 函数返回一个十进制数，为其参数按位【与】的结果。
- 仅当两个参数相应位置的位均为 1 时，该位的值才会被计数。
- 按位返回的值从右向左按 2 的幂次依次累进。最右边的位返回 1 (2^0)，其左侧的位返回 2 (2^1)，以此类推。
- 如果任一参数小于 0，则 BITAND 函数返回错误值【#NUM!】。
- 如果任一参数是非整数或大于 (2^48)−1，则 BITAND 函数返回错误值【#NUM!】。
- 如果任一参数是非数值，则 BITAND 函数返回错误值【#VALUE!】。

402 使用 BITOR 函数比较两个数字以二进制表示的位

适用版本	实用指数
2007、2010、2013、2016	★★★☆☆

使用说明

BITOR 函数用于返回两个数的按位【或】。

函数语法：= BITOR(number1, number2)

参数说明如下。

- number1（必选）：必须为十进制格式并大于或等于 0。
- number2（必选）：必须为十进制格式并大于或等于 0。

解决方法

如果要使用 BITOR 函数比较两个数字以二进制表示的位，具体操作方法如下。

打开素材文件（位置：素材文件 \ 第 11 章 \BITOR 函数 .xlsx），选择要存放结果的单元格 C2，输入公式“=BITOR(A2,B2)”，按【Enter】键，即可得出计算结果，如下图所示。

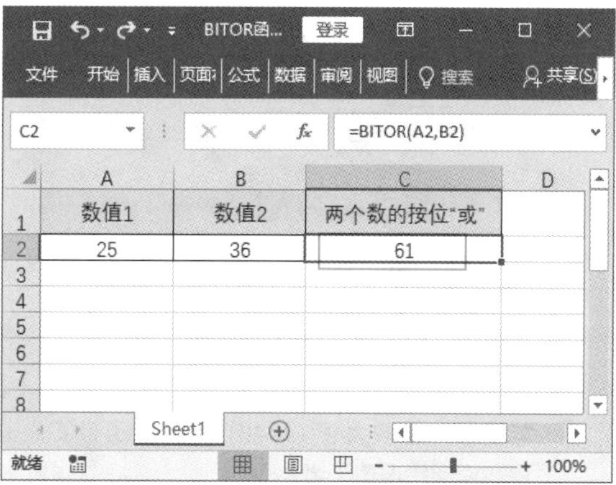

403 使用 BITXOR 函数返回每个位值按位【异或】比较运算总和

适用版本	实用指数
2007、2010、2013、2016	★★★☆☆

使用说明

BITXOR 函数用于返回两个数值的按位【异或】结果。

函数语法：= BITXOR(number1, number2)
参数说明如下。

- number1（必选）：必须大于或等于 0。
- number2（必选）：必须大于或等于 0。

解决方法

如果要使用 BITXOR 函数返回每个位值按位【异或】比较运算总和。具体操作方法如下。

打开素材文件（位置：素材文件\第 11 章\BITXOR 函数 .xlsx），选择要存放结果的单元格 C4，输入公式"=BITXOR(A2,B2)"，按【Enter】键，即可得出计算结果，如下图所示。

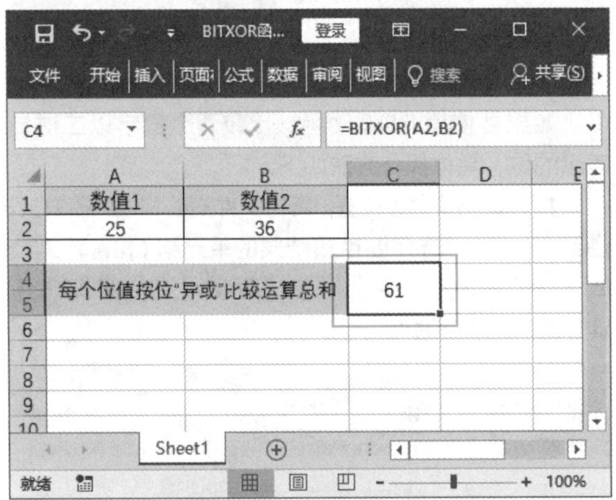

温馨提示

- BITXOR 返回一个十进制数字，为其参数按位【异或】求和的结果。
- 如果任一参数超出其限制范围，则 BITXOR 函数返回错误值【#NUM!】。
- 如果任一参数大于 (2^48)−1，则 BITXOR 函数返回错误值【#NUM!】。
- 如果任一参数是非数值，则 BITXOR 函数返回错误值【#VALUE!】。
- 如果两个参数相应位的值不相等（换言之，一个值为 0，而另一个为 1），则该位的结果值为 1。
- 各位返回的值 1 从右向左按 2 的幂次依次累进。最右边的位返回 1 (2^0)，其左侧的位返回 2 (2^1)，以此类推。

温馨提示

- 在同一示例中，最右侧位由于其值为 0，因而返回 0；从右向左第 2 个位值为 1，将返回 2 (2^1)；最左侧位值也为 1，将返回 4 (2^2)。总数为 6（十进制表示形式）。

404　使用 BITLSHIFT 函数返回左移相应位数的数值并用十进制表示

适用版本	实用指数
2007、2010、2013、2016	★★★☆☆

使用说明

BITLSHIFT 函数用于返回向左移动指定位数后的数值。

函数语法：= BITLSHIFT(number, shift_amount)
参数说明如下。

- number（必选）：number 必须为大于或等于 0 的整数。
- shift_amount（必选）：shift_amount 必须为整数。

解决方法

如果要使用 BITLSHIFT 函数返回左移相应位数后的数值并用十进制表示。具体操作方法如下。

第 1 步　打开素材文件（位置：素材文件\第 11 章\BITLSHIFT 函数 .xlsx），选择要存放结果的单元格 B2，输入公式"=BITLSHIFT(A2,2)"，按【Enter】键，即可返回计算结果，如下图所示。

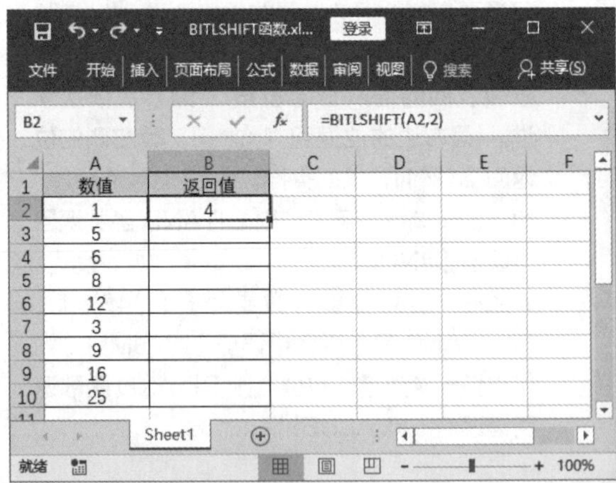

第 2 步　利用填充功能向下复制公式即可，如下图所示。

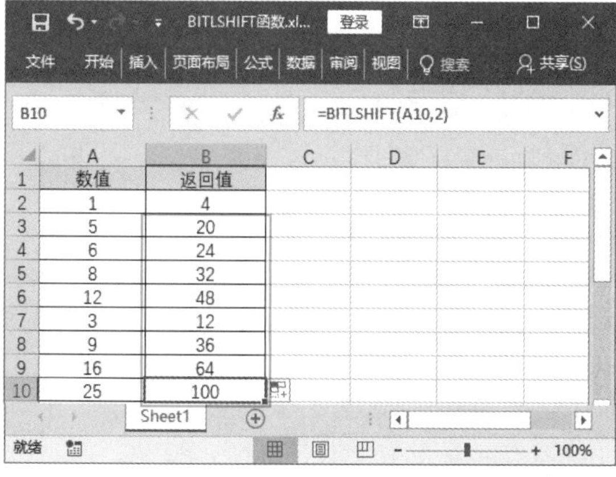

405 使用 BITRSHIFT 函数返回右移相应位数后的数值并用十进制表示

适用版本	实用指数
2007、2010、2013、2016	★★★☆☆

使用说明

BITRSHIFT 函数用于返回向右移动指定位数后的数值。

> 函数语法：=BITRSHIFT(number, shift_amount)
> 参数说明如下。
> - number（必选）：number 必须为大于或等于 0 的整数。
> - shift_amount（必选）：shift_amount 必须为整数。

解决方法

如果要使用 BITRSHIFT 函数返回右移相应位数的数值并用十进制表示。具体操作方法如下。

第 1 步 打开素材文件（位置：素材文件 \ 第 11 章 \ BITRSHIFT 函数 .xlsx），选择要存放结果的单元格 B2，输入公式“=BITRSHIFT(A2,2)”，按【Enter】键，即可返回计算结果，如下图所示。

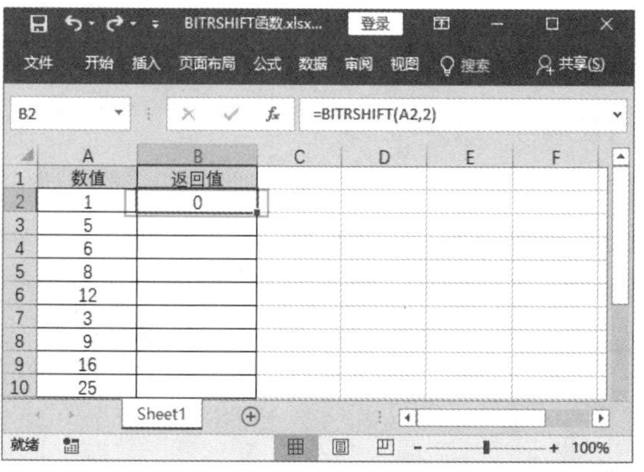

第 2 步 利用填充功能向下复制公式即可，如下图所示。

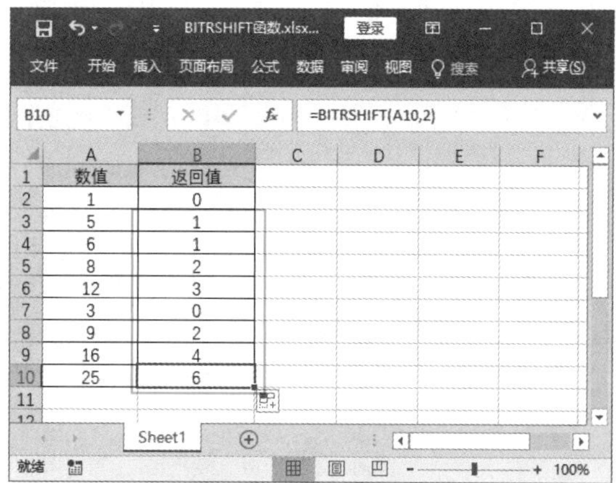

温馨提示

- 将数字右移等同于从数字的二进制表示形式的最右侧删除数字。例如，将十进制值 13 右移两位，将使其二进制值 (1101) 转换为 11（即十进制值 3）。
- 如果任一参数超出其限制范围，则 BITRSHIFT 函数将返回错误值【#NUM!】。
- 如果 number 大于 (2^48)−1，则 BITRSHIFT 函数将返回错误值【#NUM!】。
- 如果 shift_amount 的绝对值大于 53，则 BITRSHIFT 函数将返回错误值【#NUM!】。
- 如果任一参数是非数值，则 BITRSHIFT 函数将返回错误值【#VALUE!】。
- 如果将负数用作 shift_amount 参数，将使数字左移相应位数。
- 如果将负数用作 shift_amount 参数，将返回与 BITLSHIFT 函数使用正 shift_amount 参数相同的结果。

第 12 章
信息函数使用技巧

信息函数主要用于返回相应信息、检测数据和转换数据。如果将该类函数与逻辑函数配合使用，其功能将更加强大。本章主要针对信息函数的应用介绍一些操作技巧。

下面列举了一些信息函数应用中的常见问题，看看是否会处理或已掌握。

【√】如果想在 Excel 工作簿中返回操作系统信息，应该使用什么函数?

【√】如果一个公式发生错误，想要找出错误类型，应该使用什么函数?

【√】如果单元格中包含了无效数据，应该使用什么函数返回信息?

【√】如果想知道目标单元格是否为空，应该使用什么函数?

【√】如果想知道目标单元格是否为数字，应该使用什么函数?

【√】如果想知道单元格中的数值是奇数还是偶数，应该使用什么函数?

希望通过本章内容的学习，能帮助你解决以上问题，并学会在 Excel 中使用信息函数的技巧。

12.1 返回信息及各类型的值

使用信息函数可以返回想要得到的信息及多类型值。下面介绍一些常用的信息函数的技巧知识。

406 使用 CELL 函数返回有关单元格格式、位置或内容的信息

适用版本	实用指数
2007、2010、2013、2016	★★★★☆

使用说明

CELL 函数用于返回有关单元格的格式、位置或内容等信息。

函数语法：= CELL(info_type, [reference])
参数说明如下。

- info_type（必选）：一个文本值，指定要返回的单元格信息的类型。下表显示了 info_type 参数的可能值及相应的结果。
- reference（可选）：存储返回信息的单元格。如果省略，则将 info_type 参数中指定的信息返回给最后更改的单元格。如果参数 reference 是某一单元格区域，则函数 CELL 将该信息返回给该区域左上角的单元格。

info_type 参数的可能值及相应的结果

info_type 参数值	返　回　值
address	引用中第 1 个单元格的引用，文本类型
col	引用中单元格的列标
color	返回 1 时，单元格中的负值以不同颜色显示；否则返回 0
contents	引用中左上角单元格的值，不是公式
filename	包含引用的文件名（包括全部路径）。文本类型。如果包含目标引用的工作表尚未保存，则返回空文本
format	相对应单元格中不同数字格式的文本值。如果单元格中的负值以不同颜色显示，则在返回的文本值的结尾处返回“–”；如果单元格中为正值或所有单元格均加括号，则在文本值的结尾处返回“()”
parentheses	返回 1 时，表示单元格中的正值或所有单元格均加括号，否则返回 0
prefix	与单元格中不同的“标志前缀”相对应的文本值。如果单元格文本左对齐，则返回单引号 ('); 如果单元格文本右对齐，则返回双引号 ("); 如果单元格文本居中，则返回插入字符 (^)；如果单元格文本两端对齐，则返回反斜杠 (\)；如果是其他情况，则返回空文本
protect	如果单元格没有锁定，则为值 0；如果单元格锁定，则返回 1
row	引用中单元格的行号
type	与单元格中的数据类型相对应的文本值。如果单元格为空，则返回“b”，如果单元格包含文本常量，则返回“l”；如果单元格包含其他内容，则返回“v”
width	取整后的单元格的列宽。列宽以默认字号的一个字符的宽度为单位

数字格式与对应的 CELL 函数返回值如下表所示。

数字格式与对应的 CELL 函数的返回值

数字格式	CELL 函数返回值
常规	"G"
#,##0	",0"
#,##0.00	",2"
0%	"P0"
0.00%	"P2"
0.00E+00	"S2"
# ?/? 或 # ??/??	"G"
mmm-yy	"D2"
dd-mm	"D5"
h:mm	"D9"
h:mm:ss	"D8"
0	"F0"
0.00	"F2"
$#,##0_);($#,##0)	"C0"
$#,##0_);[Red]($#,##0)	"C0-"
$#,##0.00_);($#,##0.00)	"C2"
$#,##0.00_);[Red]($#,##0.00)	"C2-"
yy-m-d 或 yy-m-d h:mm 或 dd-mm-yy	"D4"
d-mmm-yy 或 dd-mmm-yy	"D1"
d-mmm 或 dd-mmm	"D3"
h:mm AM/PM	"D7"
h:mm:ss AM/PM	"D6"

解决方法

例如，要查找当前工作簿保存路径，可使用 CELL 函数，具体操作方法如下。

打开素材文件（位置：素材文件 \ 第 12 章 \CELL 函数 .xlsx），在【工作路径】工作表选择要存放结果的单元格 B1，输入公式“=CELL("filename")”，按【Enter】键，即可返回工作簿路径，如下图所示。

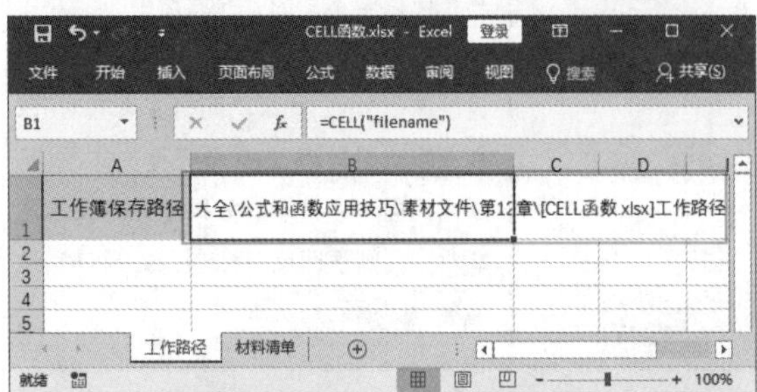

又如，在材料清单表中，要使用 CELL 函数返回指定单元格的内容和列宽，具体操作方法如下。

第 1 步 在【材料清单】工作表选择要存放结果的单元格 E3，输入公式“=CELL("contents",C3)”，按【Enter】键，即可返回单元格内容，如下图所示。

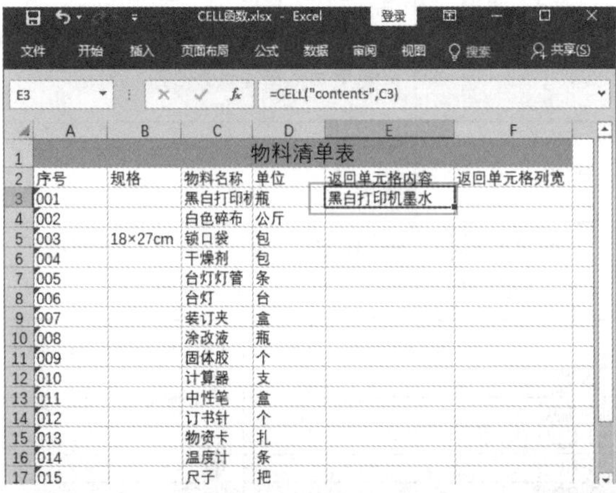

第 2 步 利用填充功能向下复制公式即可，如下图所示。

第 3 步 选择要存放结果的单元格 F3，输入公式“=CELL("width",C3)”，按【Enter】键，即可返回单元格列宽，如下图所示。

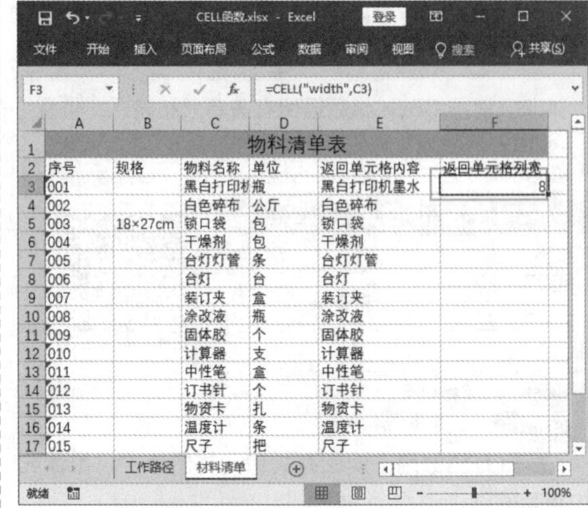

温馨提示

在使用 CELL 信息函数时，如果列宽的数值不是整数，则会根据四舍五入的方式返回整数值。

第 4 步 利用填充功能向下复制公式即可，如下图所示。

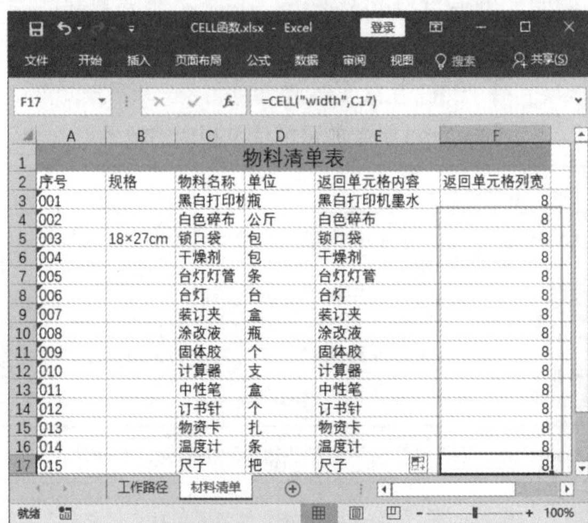

温馨提示

- 如果 CELL 函数中的 info_type 参数为 format，如果以后被引用的单元格应用了其他格式，则必须重新计算工作表以更新 CELL 函数的结果。
- 当参数 info_type 的值为 format 时，则根据单元格中不同的数字格式，将返回不同的文本值。

407 使用 INFO 函数返回有关当前操作环境的信息

适用版本	实用指数
2007、2010、2013、2016	★★★☆☆

使用说明

INFO 函数用于返回有关当前操作环境的信息。

函数语法：= INFO(type_text)

参数说明如下。

type_text（必选）：用于指定要返回的信息类型的文本。下表列出了该参数的取值与返回值。

type_text 参数值与 INFO 函数对应的返回值

type_text 参数值	返　回　值
directory	当前目录或文件夹的路径
numfile	打开的工作簿中活动工作表的数目
origin	以当前滚动位置为基准，返回窗口中可见的左上角单元格的绝对单元格引用
osversion	当前操作系统的版本号，文本值
recalc	当前的重新计算模式，返回“自动”或“手动”
release	Microsoft Excel 的版本号，文本值
system	操作系统名称：Macintosh="mac"；Windows="pcdos"

解决方法

例如，要返回打开的工作簿中活动工作表的个数，可以使用使用 INFO 函数来实现。具体操作方法如下。

打开素材文件（位置：素材文件 \ 第 12 章 \INFO 函数 .xlsx），在【统计工作表】工作表中选择要存放结果的单元格 B3，输入公式“=CELL("filename")”，按【Enter】键，即可查看当前打开的工作簿中活动工作表的数量，如下图所示。

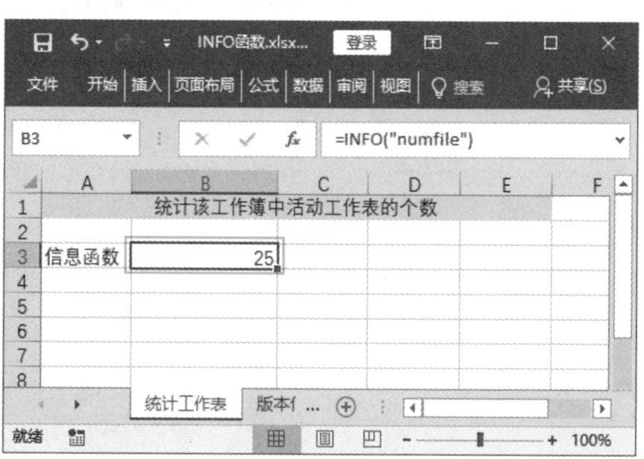

又如，要检查当前操作系统和 Excel 版本号，具体操作方法如下。

第 1 步 在【版本信息】工作表选择要存放结果的单元格 C3，输入公式“=INFO(B3)”，按【Enter】键，即可返回操作系统信息，如下图所示。

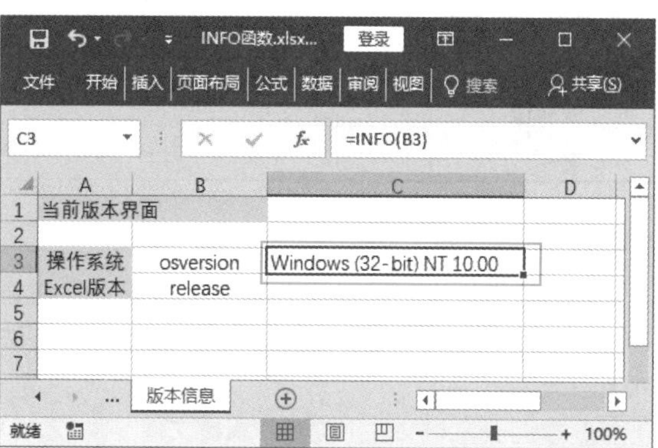

第 2 步 选择要存放结果的单元格 C4，输入公式“=INFO(B4)”，按【Enter】键，即可返回 Excel 版本信息，如下图所示。

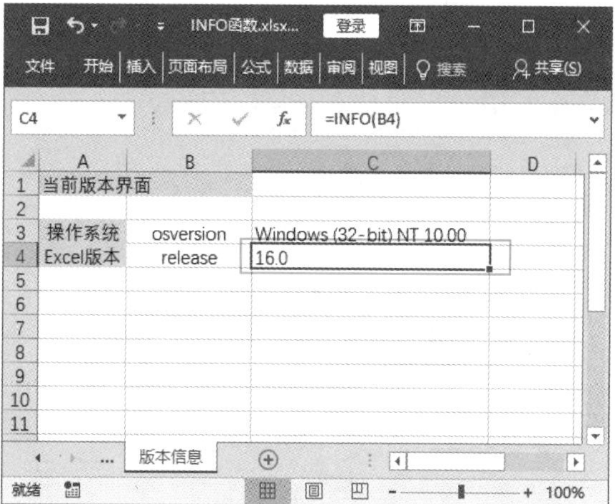

408 使用 TYPE 函数返回数值的类型

适用版本	实用指数
2007、2010、2013、2016	★★★★★

使用说明

TYPE 函数用于返回数值的类型。当某一个函数的计算结果取决于特定单元格中数值的类型时，可使用该函数。

函数语法：= TYPE(value)

参数说明如下。

value（必选）：可以为任意 Microsoft Excel 数值，如数字、文本以及逻辑值等等。关于该参数的取值与返回值如下表所示。

value 参数取值与返回值

value 参数值	返 回 值
数字	1
文本	2
逻辑值	4
误差值	16
数组	64

解决方法

例如，工作表中随机录入了几组数据，现在要通过 Value 函数来返回数据的类型，具体操作方法如下。

第 1 步 打开素材文件（位置：素材文件 \ 第 12 章 \ TYPE 函数 .xlsx），选择要存放结果的单元格 B2，输入公式“=TYPE(A2)”，按【Enter】键，即可返回数据的类型，如下图所示。

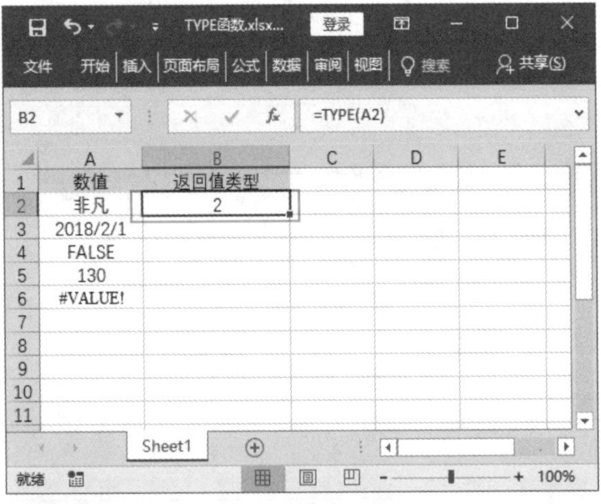

第 2 步 利用填充功能向下复制公式即可，如下图所示。

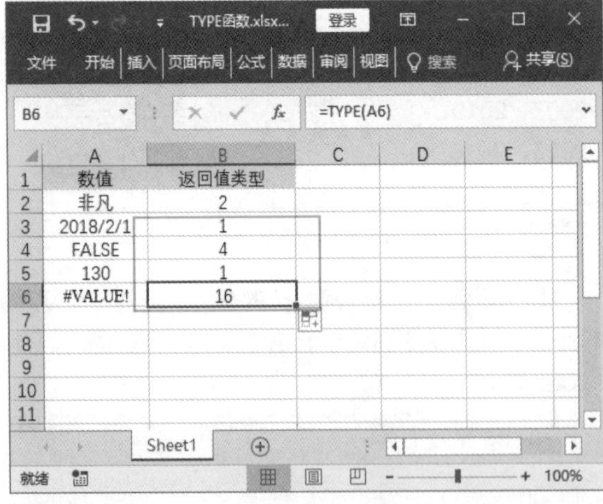

409 使用 ERROR.TYPE 函数判断公式的错误类型对应的数字

适用版本	实用指数
2007、2010、2013、2016	★★★★★

使用说明

ERROR.TYPE 函数用于返回对应于 Microsoft Excel 中某一错误值的数字，如果没有错误则返回【#N/A】。

函数语法：= ERROR.TYPE(error_val)

参数说明如下。

error_val（必选）：需要查找其标号的一个错误值。尽管 error_val 可以为实际的错误值，但它通常为一个单元格引用，而此单元格中包含需要检查的公式。关于该参数的取值与函数返回值如下表所示。

error_val 参数取值与返回值

error_val 参数值	返 回 值
#NULL!	1
#DIV/0!	2
#VALUE!	3
#REF!	4
#NAME?	5
#NUM!	6
#N/A	7
#GETTING_DATA	8
其他值	#N/A

解决方法

例如，在学员成绩单中出现错误值，使用 ERROR.TYPE 函数返回错误值对应的数字。具体操作方法如下。

第 1 步 打开素材文件（位置：素材文件 \ 第 12 章 \ ERROR.TYPE 函数 .xlsx），选择要存放结果的单元格 H11，输入公式“=ERROR.TYPE(G11)”，按【Enter】键，即可返回错误值对应的结果为 5，如下图所示。

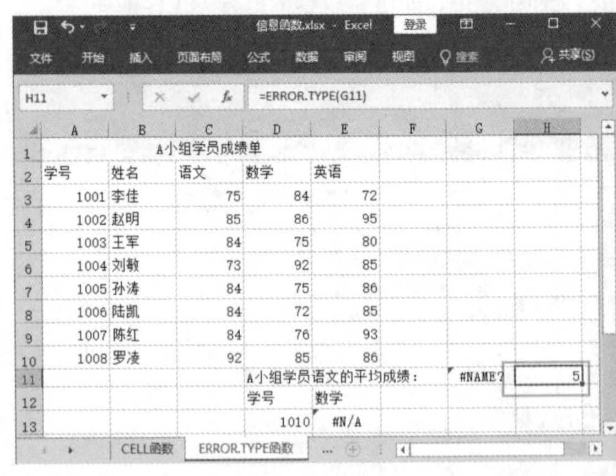

第 2 步 选择要存放结果的单元格 G13，输入公式"=ERROR.TYPE(E13)"，按【Enter】键，即可返回错误值对应的结果为 7，如下图所示。

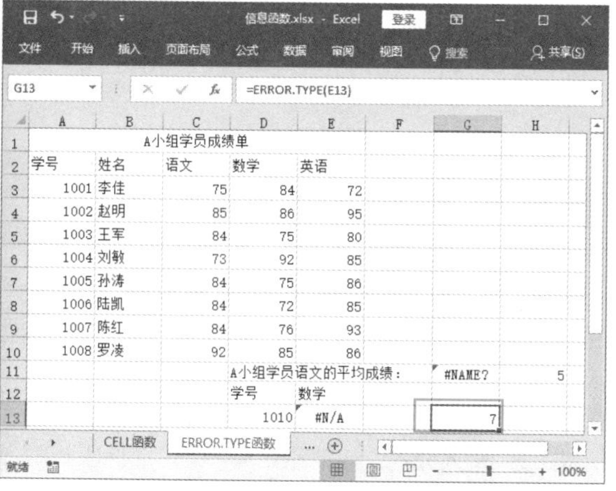

410 使用 N 函数返回转换为数字的值

适用版本	实用指数
2007、2010、2013、2016	★★★★★

使用说明

N 函数用于返回转换为数字的值。

函数语法：= N (value)。

参数说明如下。

value（必选）：表示要转化的值。

数值或引用与对应的 N 函数返回值如下表所示。

数值或引用与对应的 N 函数返回值

数值或引用	返 回 值
数字	该数字
日期（Microsoft Excel 的一种内部日期格式）	该日期的序列号
TRUE	1
FALSE	0
错误值，例如【#DIV/0!】	错误值
其他值	0

解决方法

例如，在某公司职员工收入情况调查表中，其中 A 列为员工姓名，B 列到 D 列分别为员工相应部门、岗位及收入情况，现在要返回指定员工薪资表，可使用 OFFSET 函数和 N 函数配合完成，具体操作方法如下。

第 1 步 打开素材文件（位置：素材文件\第 12 章\N 函数.xlsx），在【返回薪资】工作表选择要存放结果的单元格区域 G2:G5，输入公式"=N(OFFSET($D$2,{2;4;6;8},0))"，如下图所示。

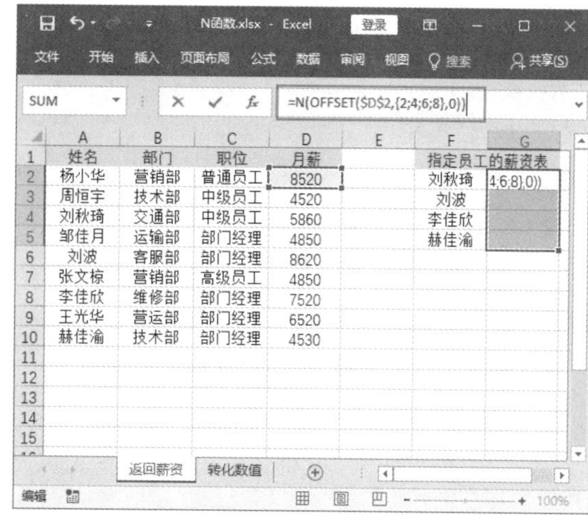

第 2 步 按【Ctrl+Shift+Enter】键，即可显示 F 列单元格内指定员工相应薪资情况，如下图所示。

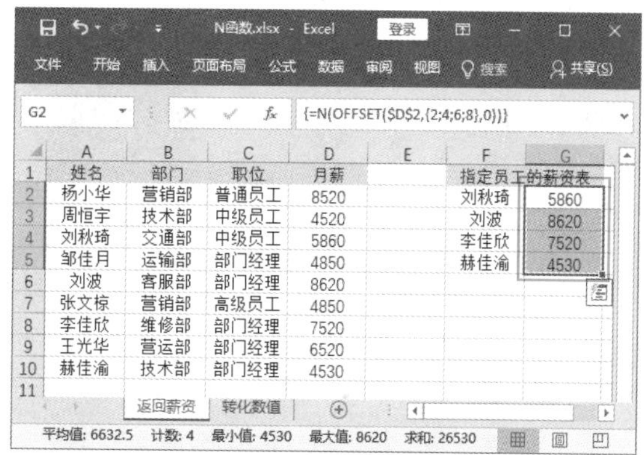

又如，已知工作表中的数值或文本，使用 N 函数将数值或文本进行转换，具体操作方法如下。

第 1 步 在【转化数值】工作表选择要存放结果的单元格 B2，输入公式"=N(A2)"，按【Enter】键，即可得出计算结果，如下图所示。

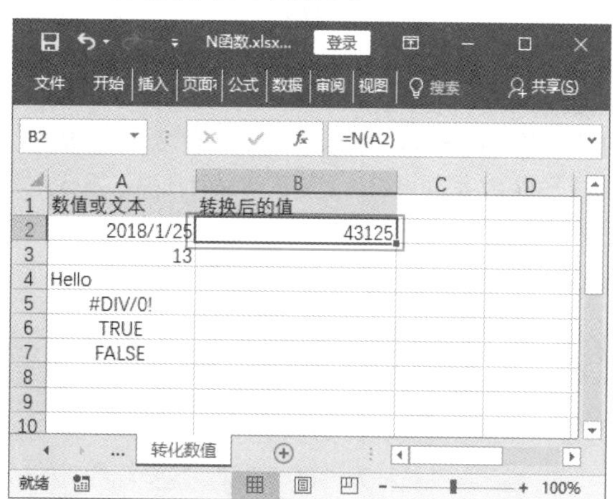

第 2 步 利用填充功能向下复制公式即可，如下图所示。

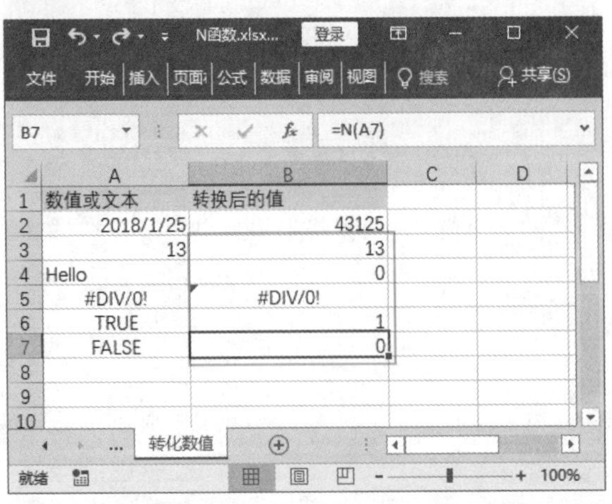

	A	B
1	数值或文本	转换后的值
2	2018/1/25	43125
3	13	13
4	Hello	0
5	#DIV/0!	#DIV/0!
6	TRUE	1
7	FALSE	0

411 使用 NA 函数返回错误值【#N/A】

适用版本	实用指数
2007、2010、2013、2016	★★★☆☆

使用说明

NA 函数用于返回错误值【#N/A】。错误值【#N/A】表示“无法得到有效值”。

函数语法：= NA( )
参数说明：该函数没有参数。

解决方法

例如，工作表中记录了某公司在月底产品的销售余量，A 列为商品列表，B 列、C 列分别为与之相对的产品价格和销售剩余的产品数量，现在需要统计缺货商品类别，具体操作方法如下。

打开素材文件（位置：素材文件 \ 第 12 章 \NA 函数 .xlsx），在【缺货商品】工作表选择要存放结果的单元格 E2，输入公式“=COUNTIF(C2:C9,#N/A)”，按【Enter】键即可统计出缺货商品有几种，如右上图所示。

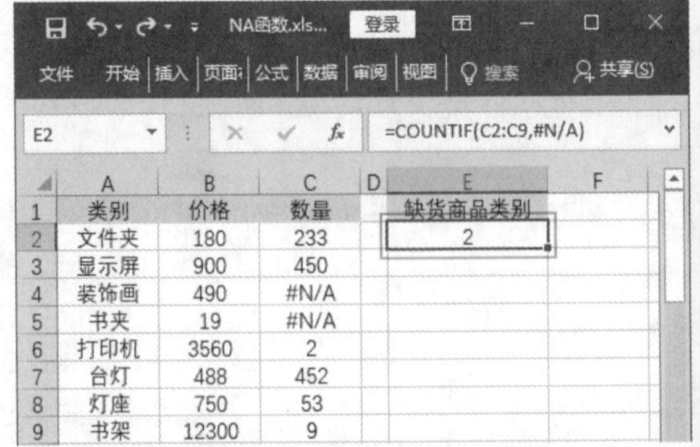

	A	B	C	D	E
1	类别	价格	数量		缺货商品类别
2	文件夹	180	233		2
3	显示屏	900	450		
4	装饰画	490	#N/A		
5	书夹	19	#N/A		
6	打印机	3560	2		
7	台灯	488	452		
8	灯座	750	53		
9	书架	12300	9		

又如，在员工培训成绩中，没有参加考试或无效成绩以空单元格显示，使用 IF 函数、ISBLANK 函数及 NA 函数对成绩进行判断，具体操作方法如下。

第 1 步 在【有效成绩】工作表选择要存放结果的单元格 C3，输入公式“=IF(ISBLANK(B3),NA(),B3)”，按【Enter】键，即可得出计算结果，如下图所示。

	A	B	C
1	职业技能成绩		
2	编号	成绩	成绩有效性
3	1001	85	85
4	1002	84	
5	1003		
6	1004	84	
7	1005	85	
8	1006	64	
9	1007	75	
10	1008		
11	1009	95	

第 2 步 利用填充功能向下复制公式即可，如下图所示。

	A	B	C
1	职业技能成绩		
2	编号	成绩	成绩有效性
3	1001	85	85
4	1002	84	84
5	1003		#N/A
6	1004	84	84
7	1005	85	85
8	1006	64	64
9	1007	75	75
10	1008		#N/A
11	1009	95	95

12.2 使用 IS 函数进行判断

IS 类函数又被称为检查类函数，这类函数可检验指定值并根据参数取值返回对应的逻辑值。本节主要介绍 IS 类函数的使用技巧。

412 使用 ISBLANK 函数判断指定值是否为空

适用版本	实用指数
2007、2010、2013、2016	★★★★★

使用说明

ISBLANK 函数用于判断指定值是否为空，如果值为空，则返回 TRUE；否则返回 FLASE。

> 函数语法：= ISBLANK(value)
> 参数说明如下。
> value（必选）：要检验的值。参数 value 可以是空白（空单元格）、错误值、逻辑值、文本、数字、引用值，或者是引用要检验的以上任意值的名称。

解决方法

例如，某公司行政部要统计公司员工职业技能培训的成绩，统计原则是：如果 3 次考试都有成绩，则取 3 次成绩中的最大值作为统计成绩；如果 3 次考试中有缺考记录，则标记为“不及格”。

要完成上述要求下的成绩统计，首先要使用 ISBLANK 函数检查员工职业技能成绩表格中是否存在空白单元格，然后使用 OR 函数来判断是否 3 次考试中有缺考情况，最后使用 IF 函数返回不同的计算值。

结合上述的 3 个函数可检验成绩是否合格，具体操作方法如下。

第 1 步 打开素材文件（位置：素材文件 \ 第 12 章 \ ISBLANK 函数 .xlsx），在【职业技能】工作表选择要存放结果的单元格 E3，输入公式“=IF(OR(ISBLANK(B3),ISBLANK(C3),ISBLANK(D3)),"不及格",MAX(B3:D3))”，按【Enter】键，即可得出计算结果，如下图所示。

E3 =IF(OR(ISBLANK(B3),ISBLANK(C3),ISBLANK(D3)),"不及格",MAX(B3:D3))

	A	B	C	D	E
1	职业技能成绩				
2	编号	第一次成绩	第二次成绩	第三次成绩	记录成绩
3	1001	85	76	95	95
4	1002	84	72	85	
5	1003		64	50	
6	1004	84	86	92	
7	1005	85	84	75	
8	1006	64	46	84	
9	1007	75	56	85	
10	1008		50	86	
11	1009	95	84		

第 2 步 利用填充功能向下复制公式即可，如下图所示。

E11 =IF(OR(ISBLANK(B11),ISBLANK(C11),ISBLANK(D11)),"不及格",MAX(B11:D11))

	A	B	C	D	E
1	职业技能成绩				
2	编号	第一次成绩	第二次成绩	第三次成绩	记录成绩
3	1001	85	76	95	95
4	1002	84	72	85	85
5	1003		64	50	不及格
6	1004	84	86	92	92
7	1005	85	84	75	85
8	1006	64	46	84	84
9	1007	75	56	85	85
10	1008		50	86	不及格
11	1009	95	84		不及格

又如，工作表中记录某公司在年底对员工的考核结果，现在要计算出员工考核总成绩，并统计出员工是否缺考，可使用 ISBLANK 函数和多个函数配合完成，具体操作方法如下。

第 1 步 在【员工考核】工作表选择要存放结果的单元格 D2，输入公式“=IF(OR(ISBLANK(B2),ISBLANK(C2)),"缺考",SUM(B2:C2))”，按【Enter】键，即可显示员工考试情况，如下图所示。

D2 =IF(OR(ISBLANK(B2),ISBLANK(C2)),"缺考",SUM(B2:C2))

	A	B	C	D
1	员工姓名	操作考核	笔试考核	总成绩
2	周恒宇	90	77	167
3	赫语宣	76	80	
4	周佳月	80	50	
5	彭之蒙		80	
6	蒋青扬	55	63	
7	李怡然	80		
8	杨逍	88	70	
9	周天航	55	60	
10	张渝	70		

第 2 步 利用填充功能向下复制公式即可，如下图所示。

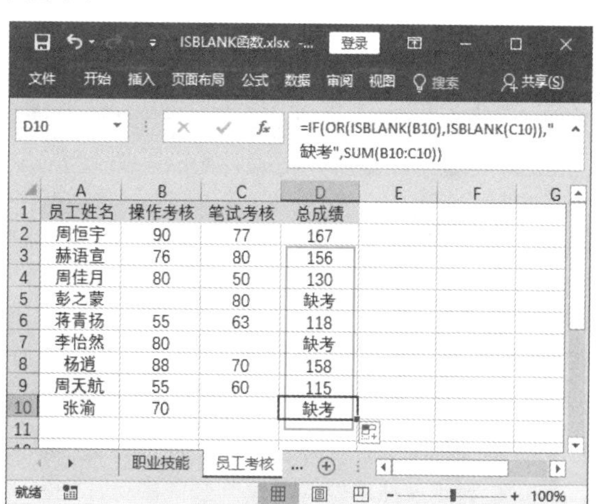

D10 =IF(OR(ISBLANK(B10),ISBLANK(C10)),"缺考",SUM(B10:C10))

	A	B	C	D
1	员工姓名	操作考核	笔试考核	总成绩
2	周恒宇	90	77	167
3	赫语宣	76	80	156
4	周佳月	80	50	130
5	彭之蒙		80	缺考
6	蒋青扬	55	63	118
7	李怡然	80		缺考
8	杨逍	88	70	158
9	周天航	55	60	115
10	张渝	70		缺考

温馨提示

若单元格内包含空格或换行符，ISBLANK 函数将返回错误值【FLASE】。

413 使用 ISLOGICAL 函数检查值是否是逻辑值

适用版本	实用指数
2007、2010、2013、2016	★★★★★

使用说明

ISLOGICAL 函数用于判断测试对象是否为逻辑值，如果是则返回 TRUE，否则返回 FLASE。

> 函数语法：= ISLOGICAL (value)
> 参数说明如下。
> value（必选）：表示要检测的值。参数 value 可以是空白（空单元格）、错误值、逻辑值、文本、数字、引用值，或者引用要检验的以上任意值的名称。

解决方法

例如，在工作表中录入了几组数据，现在使用 ISLOGICAL 函数检查单元格内容，当单元格内容为逻辑值时，返回 TRUE 值，否则返回 FALSE 值，具体操作方法如下。

第 1 步 打开素材文件（位置：素材文件\第 12 章\ISLOGICAL 函数 .xlsx），在【职业技能】工作表选择要存放结果的单元格 B2，输入公式"= ISLOGICAL (A2)"，按【Enter】键，即可得出计算结果，如下图所示。

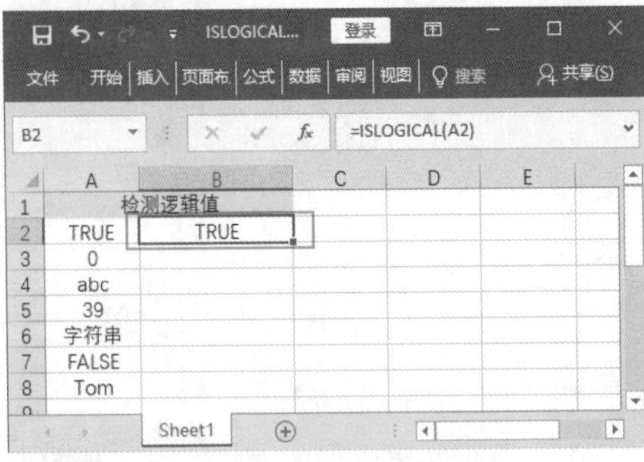

B2 =ISLOGICAL(A2)

	A	B
1	检测逻辑值	
2	TRUE	TRUE
3	0	
4	abc	
5	39	
6	字符串	
7	FALSE	
8	Tom	

第 2 步 利用填充功能向下复制公式即可，如右上图所示。

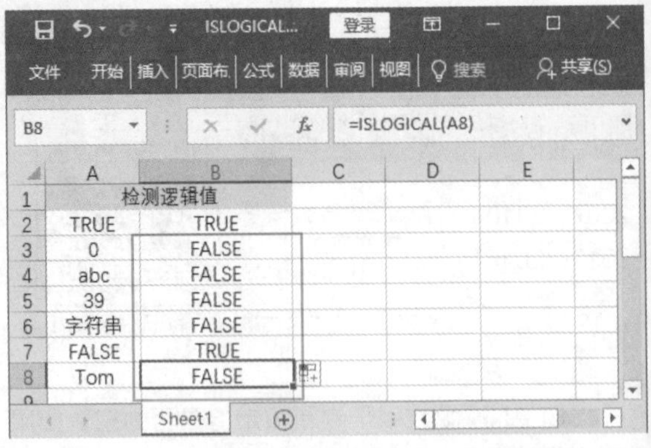

B8 =ISLOGICAL(A8)

	A	B
1	检测逻辑值	
2	TRUE	TRUE
3	0	FALSE
4	abc	FALSE
5	39	FALSE
6	字符串	FALSE
7	FALSE	TRUE
8	Tom	FALSE

414 使用 ISNUMBER 函数判断测试对象是否为数字

适用版本	实用指数
2007、2010、2013、2016	★★★★★

使用说明

ISNUMBER 函数用判断测试对象是否为数字，如果值为数字，则返回 TRUE。

> 函数语法：= ISNUMBER(value)
> 参数说明如下。
> value（必选）：要检验是否为数字的值。参数 value 可以是空白（空单元格）、错误值、逻辑值、文本、数字、引用值，或者引用要检验的以上任意值的名称。

解决方法

例如，在 C3:C13 单元格区域中输入了两种类型表示数量的值，使用 ISNUMBER 函数检查单元格中数据的值是否为数值类型，如果值为数字，则返回 TRUE，否则返回 FALSE。具体操作方法如下。

第 1 步 打开素材文件（位置：素材文件\第 12 章\ISNUMBER 函数 .xlsx），在【商品信息】工作表选择要存放结果的单元格 D3，输入公式"=ISNUMBER (C3)"，按【Enter】键，即可得出计算结果，如下图所示。

D3 =ISNUMBER(C3)

	A	B	C	D
1	商品信息表			
2	商品编码	商品名称	数量	检测结果
3	1.01E+08	黑珍珠黑芝麻汤圆	6	TRUE
4	1.01E+08	玉珍珠黑芝麻汤圆	5箱	
5	1.01E+08	南瓜饼	3	
6	1.01E+08	白菜猪肉煎饺	12	
7	1.01E+08	韭菜猪肉煎饺	8	
8	1.01E+08	猪肉煎饺	5袋	
9	1.01E+08	葱油风味飞饼	1	
10	1.01E+08	原味微甜飞饼	1箱	
11	1.01E+08	小小黑珍珠黑芝麻汤圆	2	
12	1.01E+08	小小三鲜水饺	2	
13	1.01E+08	小小香菇水饺	2	

第 2 步 利用填充功能向下复制公式即可，如下图所示。

又如，某商店按销售日期统计的商品销售记录，为了清楚查看商品的销售情况，现在要使用 ISNUMBER 函数结论 SUM 函数统计出指定商品，即“发夹 + 公主头冠 + 芭比”在该月内的销售总额。具体操作方法如下。

在【销量统计】工作表选择要存放结果的单元格 F1，输入公式“=ISNUMBER(C3)，按【Enter】键，即可得出计算结果，如下图所示。

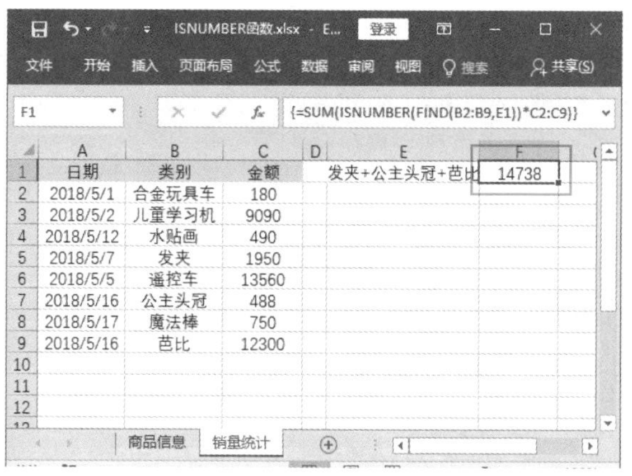

415 使用 ISTEXT 函数判断测试对象是否为文本

适用版本	实用指数
2007、2010、2013、2016	

使用说明

ISTEXT 函数用于判断测试对象是否为文本，如果值为文本，则返回 TRUE，否则返回 FALSE。

函数语法：= STEXT(value)

参数说明如下。

value（必选）：要检验是否为数字的值。参数 value 可以是空白（空单元格）、错误值、逻辑值、文本、数字、引用值，或者引用要检验的以上任意值的名称。

解决方法

例如，在 C3:C13 单元格区域中输入了两种类型表示数量的值，使用 ISTEXT 函数检查单元格的值是否为文本类型，如果值为文本，则返回 TRUE，否则返回 FALSE。具体操作方法如下。

第 1 步 打开素材文件（位置：素材文件 \ 第 12 章 \ ISTEXT 函数 .xlsx），在【商品信息】工作表选择要存放结果的单元格 D3，输入公式“=ISTEXT(C3)”，按【Enter】键，即可得出计算结果，如下图所示。

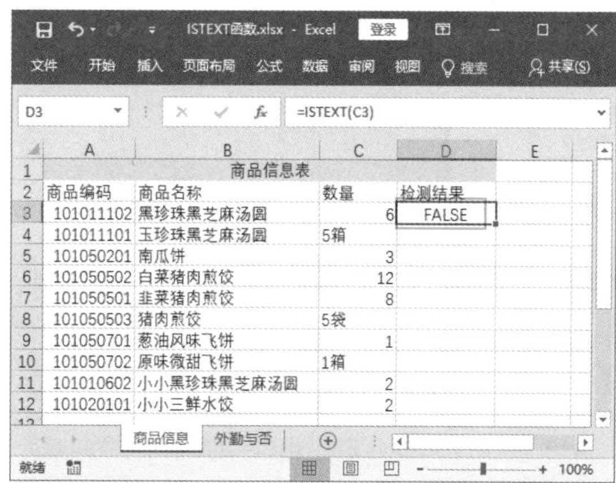

第 2 步 利用填充功能向下复制公式即可，如下图所示。

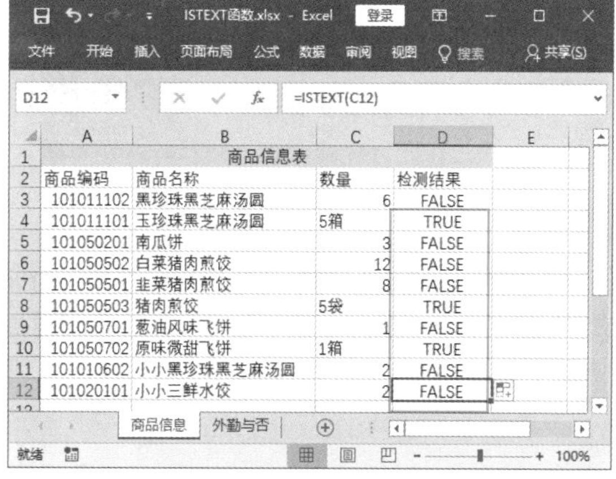

又如，某销售部管理人员需要对人员是否外出进行判断，以便对公司人员进行合理的任务分配。具体操作方法如下。

第 1 步 在【外勤与否】工作表选择要存放结果的单元格 C2，输入公式“=IF(ISTEXT(B2),"外勤中","在职")”，按【Enter】键，即可得出计算结果，如下图所示。

第 2 步 利用填充功能向下复制公式即可，如下图所示。

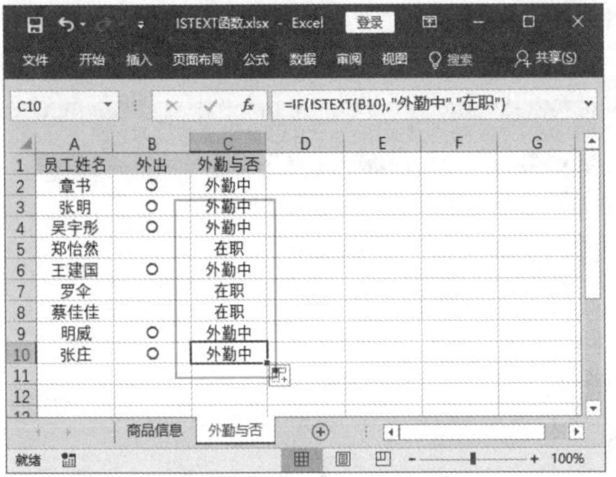

416 使用 ISNONTEXT 函数判断测试对象是否为非文本

适用版本	实用指数
2007、2010、2013、2016	★★★★☆

使用说明

ISNONTEXT 函数用于判断测试对象是否为非文本，如果值为非文本，则返回 TRUE，否则返回 FALSE

> 函数语法：= ISNONTEXT (value)
>
> 参数说明如下。
>
> value（必选）：表示要检验的值。参数 value 可以是空白（空单元格）、错误值、逻辑值、文本、数字、引用值，或者引用要检验的以上任意值的名称。

解决方法

例如，在 C3:C13 单元格区域中输入了两种类型表示的数量的值，使用 ISNONTEXT 函数检测单元格的值是否为非文本类型，如果是非文本，则返回 TRUE，否则返回 FALSE。具体操作方法如下。

第 1 步 打开素材文件（位置：素材文件 \ 第 12 章 \ ISNONTEXT 函数 .xlsx），在【商品信息】工作表选择要存放结果的单元格 D3，输入公式 “=ISNONTEXT(C3)”，按【Enter】键，即可得出计算结果，如下图所示。

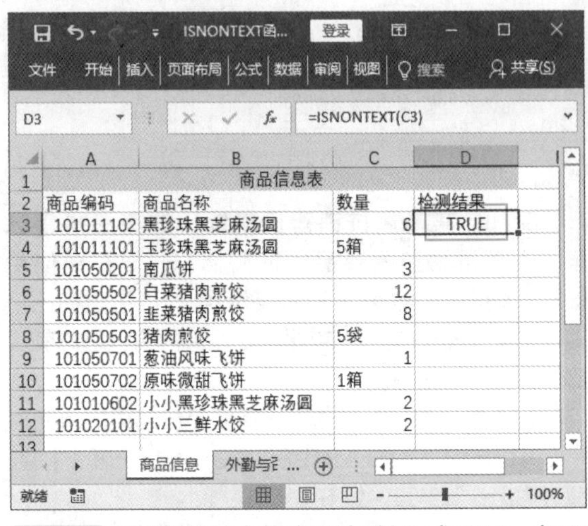

第 2 步 利用填充功能向下复制公式即可，如下图所示。

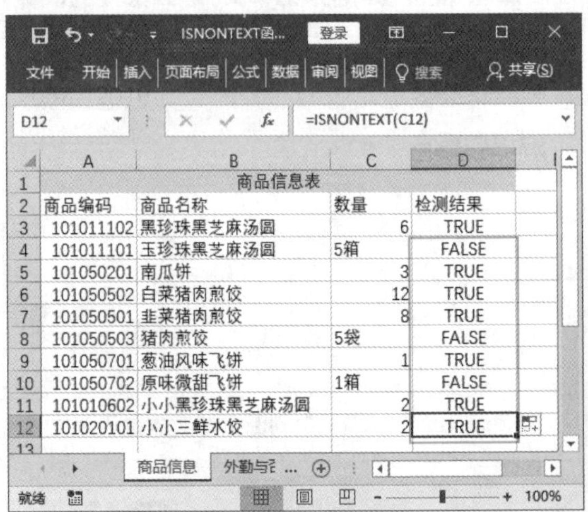

又如，某销售部管理人员分配销售区域，需要判断出正在公司内办工人员人数，以便对在公司人员进行合理的任务分配，此时可通过 IF 函数和 ISNONTEXT 函数配合使用，具体操作方法如下。

第 1 步 在【外勤与否】工作表选择要存放结果的单元格 C2，输入公式 “=IF(ISNONTEXT (B2),"外勤中","在职")”，按【Enter】键，即可得出计算结果，如下图所示。

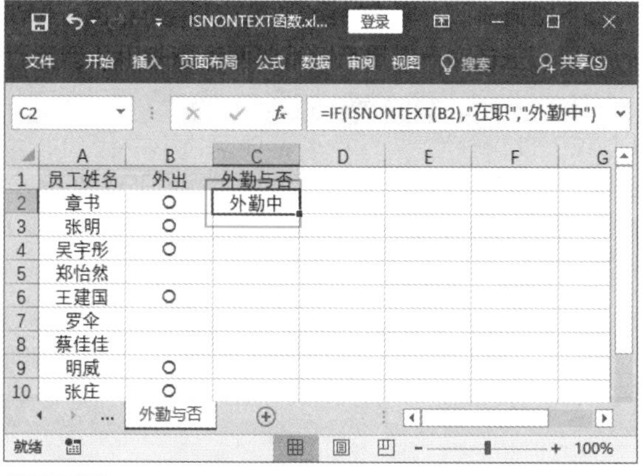

第 2 步 利用填充功能向下复制公式即可，如下图所示。

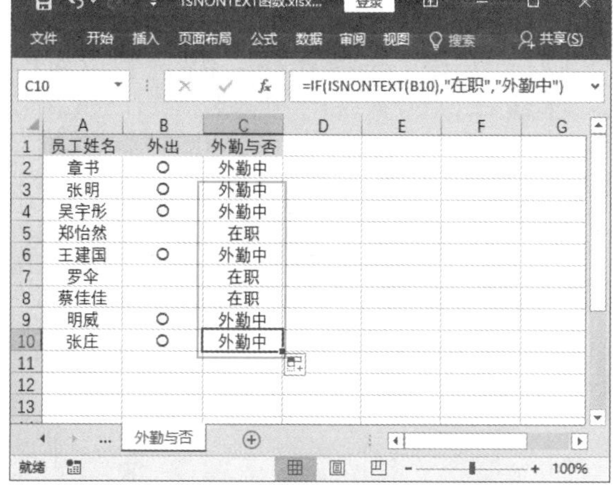

417 使用 ISEVEN 函数判断测试对象是否为偶数

适用版本	实用指数
2007、2010、2013、2016	★★★★☆

使用说明

ISEVEN 函数用于判断测试对象是否为偶数，如果数字为偶数，则返回 TRUE。

函数语法：= ISEVEN (number)

参数说明如下。

number（必选）：表示要判断是否为偶数的数字。

解决方法

例如，已知一组数据，使用 ISEVEN 函数和 IF 函数判断数值是否为偶数，具体操作方法如下。

第 1 步 打开素材文件（位置：素材文件 \ 第 12 章 \ISEVEN 函数 .xlsx），在【是否为偶数】工作表选择要存放结果的单元格 B2，输入公式“=IF(ISEVEN(A2)=TRUE," 偶数 "," 奇数 ")”，按【Enter】键，即可得出计算结果，如下图所示。

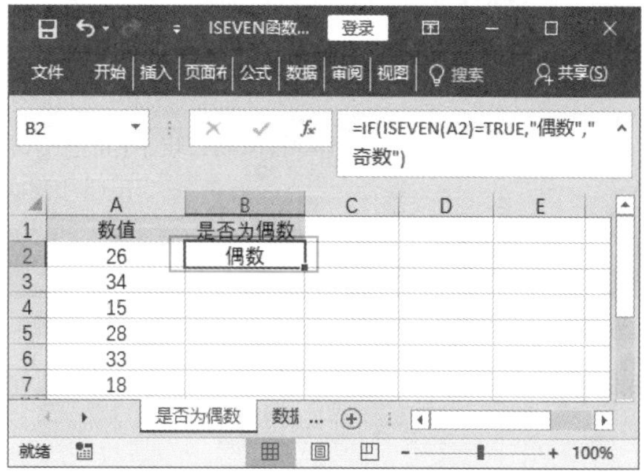

第 2 步 利用填充功能向下复制公式即可，如下图所示。

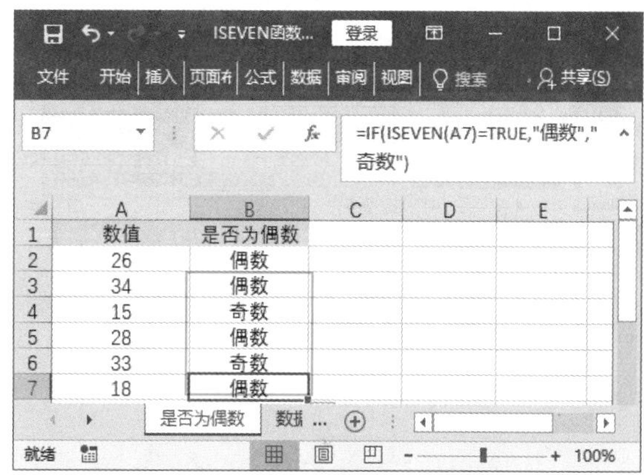

又如，已知员工的身份证号码，现在工作人员需要根据身份证号码获取员工性别，可以使用 ISEVEN 函数和多个函数配合使用。具体操作方法如下。

第 1 步 在【数据结果】工作表选择要存放结果的单元格 D2，输入公式“=IF(ISEVEN(RIGHT(C2,1)), " 女 "," 男 ")”，按【Enter】键，即可得出计算结果，如下图所示。

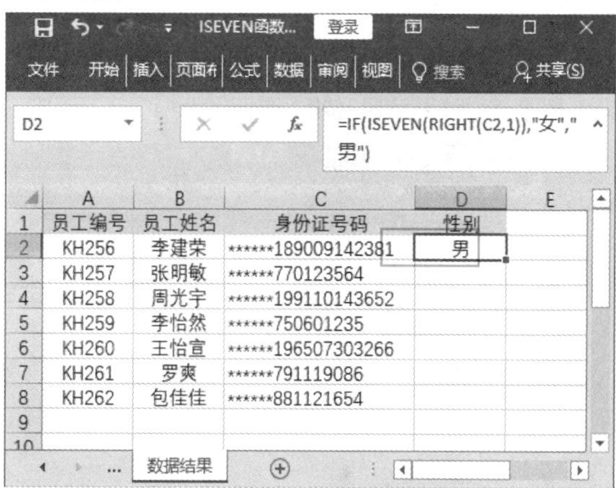

第 2 步 利用填充功能向下复制公式即可，如下图所示。

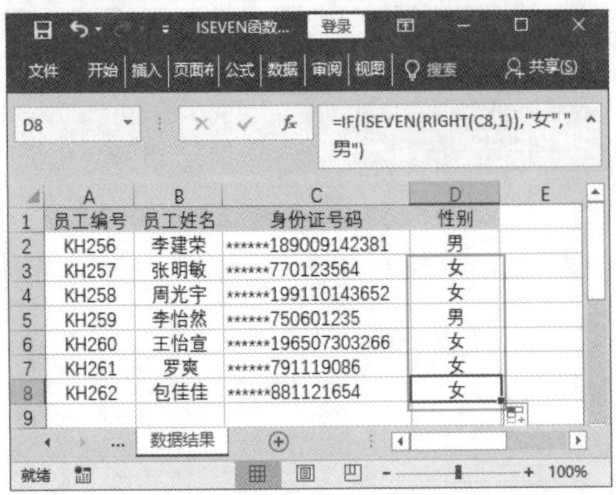

418 使用 ISODD 函数判断测试对象是否为奇数

适用版本	实用指数
2007、2010、2013、2016	★★★★☆

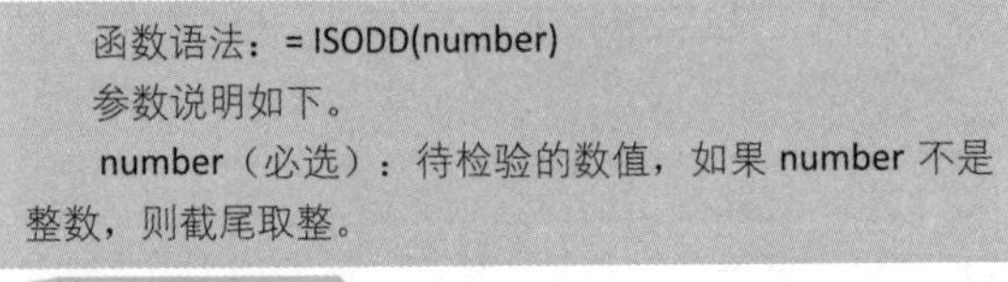

使用说明

ISODD 函数用于判断指定的数值是否为奇数，如果数字为奇数，则返回 TRUE。

函数语法：= ISODD(number)

参数说明如下。

number（必选）：待检验的数值，如果 number 不是整数，则截尾取整。

解决方法

例如，已知一组数据，使用 ISODD 函数和 IF 函数判断数据是否为奇数。具体操作方法如下。

第 1 步 打开素材文件（位置：素材文件\第 12 章\ISODD 函数.xlsx），在【数据判断】工作表选择要存放结果的单元格 B2，输入公式“=IF(ISODD(A2)=TRUE,"是","否")”，按【Enter】键，即可得出计算结果，如下图所示。

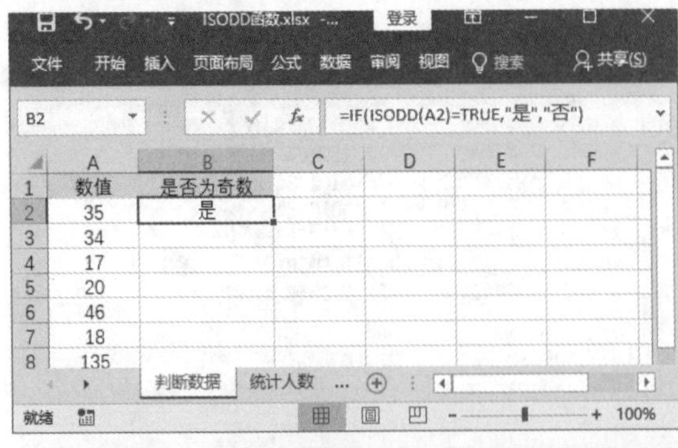

第 2 步 利用填充功能向下复制公式即可，如下图所示。

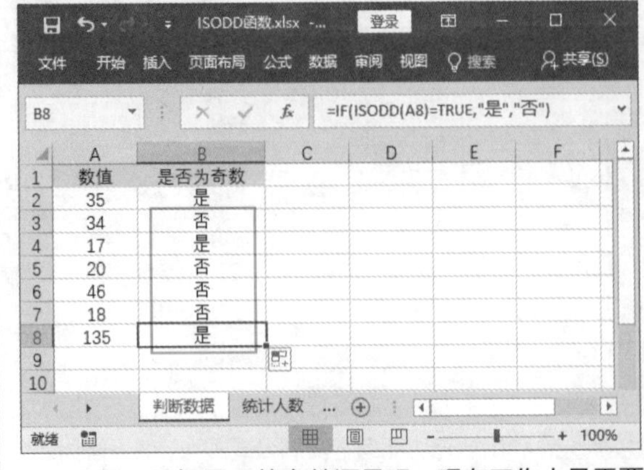

又如，已知员工的身份证号码，现在工作人员需要根据身份证号码获取该部门男员工人数，此时可以使用 ISODD 函数和多个函数配合使用，具体操作方法如下。

第 1 步 在【统计人数】工作表选择要存放结果的单元格 F1，输入公式“=SUM(ISODD(MID(C2:C8,15,3))*1)”，如下图所示。

> **温馨提示**
>
> 参数必须为数值类型，即数字、文本格式的数字或逻辑值，如果是文本，则返回错误值【#VALUE!】。

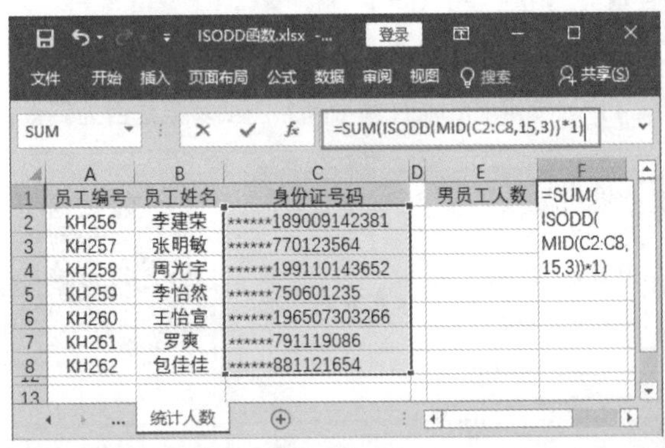

第 2 步 按【Ctrl+Shift+Enter】组合键即可得出计算结果，如下图所示。

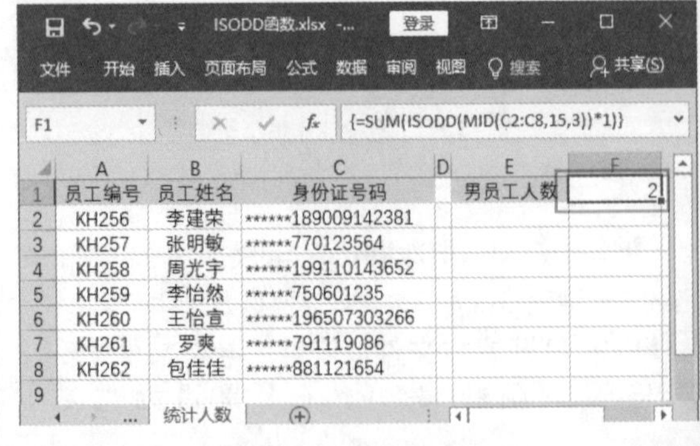

419 使用 ISNA 函数判断数据是否为错误值【#N/A】

适用版本	实用指数
2007、2010、2013、2016	★★★☆☆

使用说明

ISNA 函数用于判断测试对象是否为错误值【#N/A】，如果值为错误值【#N/A】，则返回 TRUE。

函数语法：= ISNA(value)

参数说明如下。

value（必选）：需要判断是否为错误值【#N/A】的对象。参数 value 可以是空白（空单元格）、错误值、逻辑值、文本、数字、引用值，或者引用要检验的以上任意值的名称。

解决方法

例如，对表格中的单价列的单元格进行检查，具体操作方法如下。

第 1 步 打开素材文件（位置：素材文件 \ 第 12 章 \ ISNA 函数 .xlsx），在【判断错误】工作表中选择要存放结果的单元格 E3，输入公式“=ISNA(D3)”，按【Enter】键，即可得出计算结果，如下图所示。

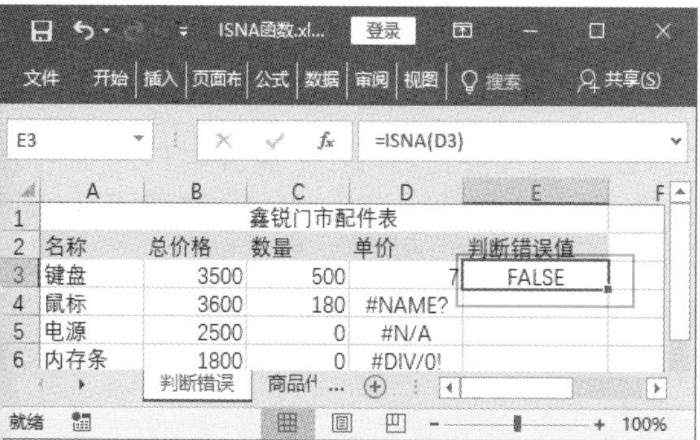

第 2 步 利用填充功能向下复制公式即可，如下图所示。

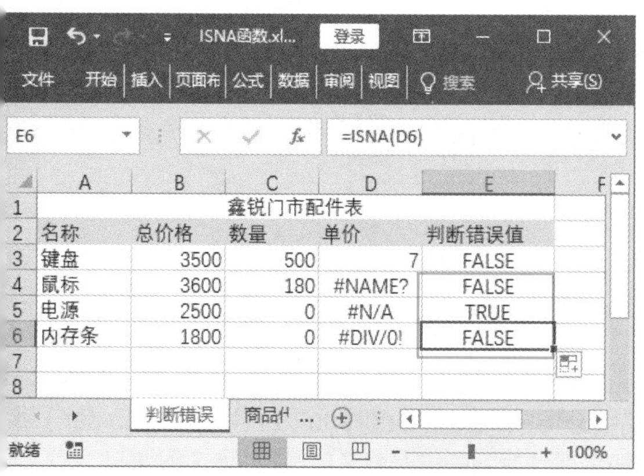

又如，在某商店的商品订货表中，现在需要检查商品名称是否有误，具体操作方法如下。

第 1 步 在【商品代码】工作表选择要存放结果的单元格 C2，输入公式“=IF(ISNA(B2),"输入代码","OK")”，按【Enter】键，即可得出计算结果，如下图所示。

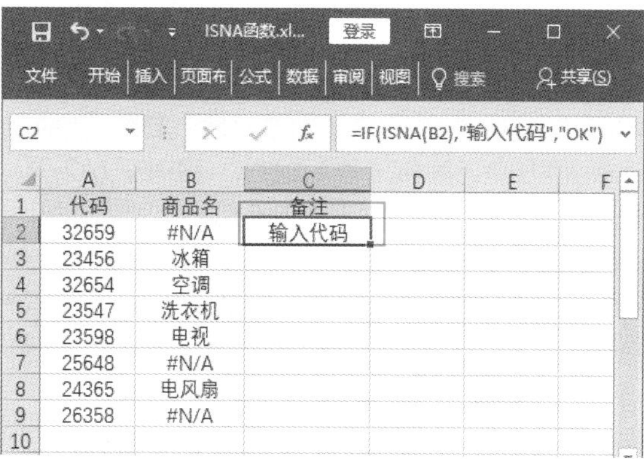

第 2 步 利用填充功能向下复制公式即可，如下图所示。

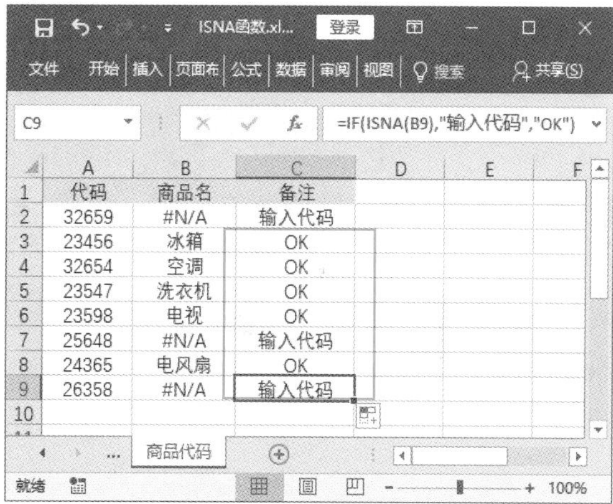

420 使用 ISREF 函数判断测试对象是否为引用

适用版本	实用指数
2007、2010、2013、2016	★★★☆☆

使用说明

ISREF 函数用于判断测试对象是否为引用，如果值为引用值，则返回 TRUE。

函数语法：= ISREF(value)

参数说明如下。

value（必选）：需要判断是否为引用的值。参数 value 可以是空白（空单元格）、错误值、逻辑值、文本、数字、引用值，或者引用要检验的以上任意值的名称。

解决方法

例如，工作表中随机录入了几组数据，现在需要判断检验对象是否为单元格引用。具体操作方法如下。

第 1 步 打开素材文件（位置：素材文件\第 12 章\ISREF 函数 .xlsx），在【判断引用】工作表选择要存放结果的单元格 B2，输入公式“= ISREF (A2)”，按【Enter】键即可，如下图所示。

第 2 步 选择要存放结果的单元格 B3，输入公式“=ISREF(夏天)”，按【Enter】键即可，如下图所示。

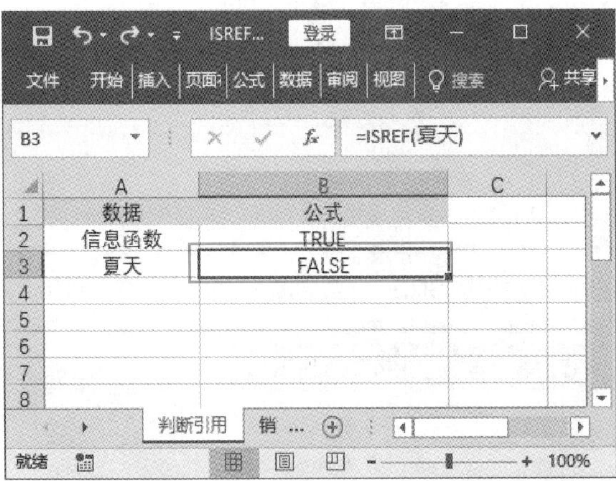

又如，在工作表中检查单元格内容是否被引用，首先需要将引用的单元格区域定义为名称，然后在 F3 和 F4 单元格中输入公式进行检查，当单元格被引用时，返回结果为 TRUE 值，否则返回 FALSE 值。具体操作方法如下。

第 1 步 ❶在【销售报表】工作表中选择 A3:A14 单元格区域；❷单击【公式】选项卡【定义的名称】组中的【定义名称】按钮，如右上图所示。

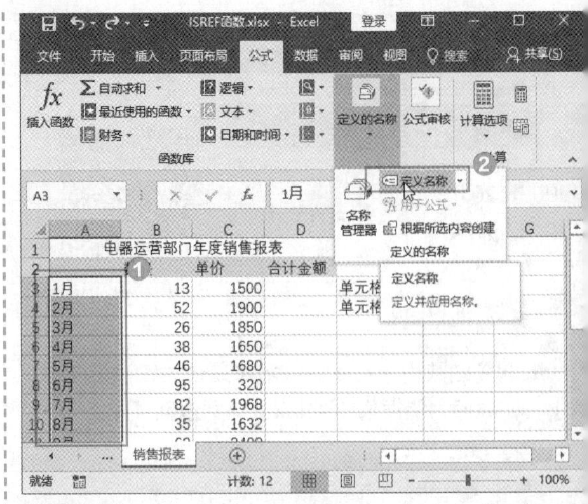

第 2 步 ❶打开【新建名称】对话框，在【名称】文本框中输入名称，如【月】；❷单击【确定】按钮，如下图所示。

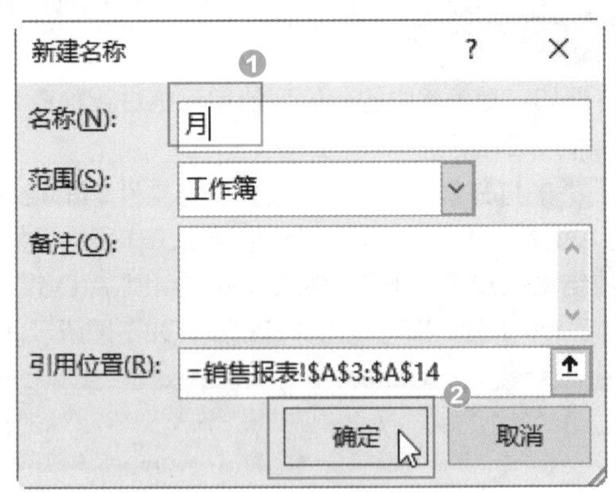

第 3 步 选择要存放结果的单元格 F3，输入公式“=ISREF(月)”，按【Enter】键即可，如下图所示。

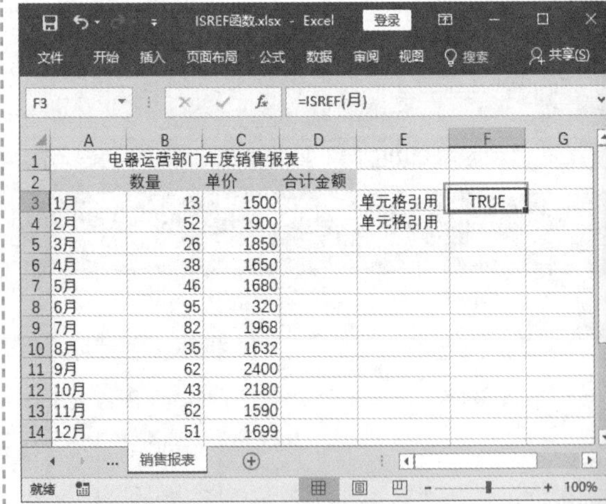

第 4 步 选择要存放结果的单元格 B2，输入公式“=ISREF(CELL("address", 月))”，按【Enter】键即可得到返回的错误值 FALSE，如下图所示。

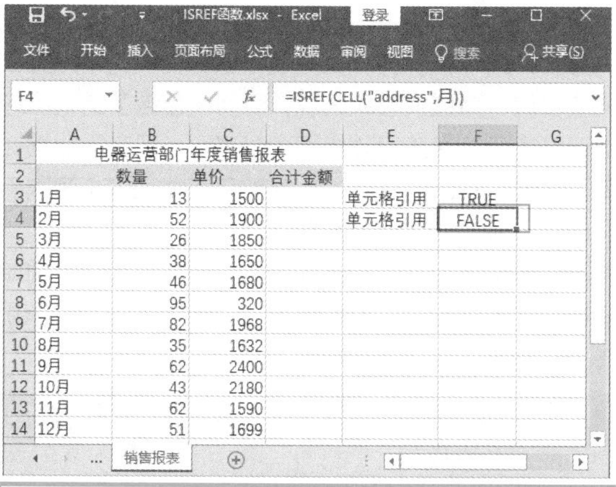

421 使用 ISERR 函数判断测试对象是否为除错误值【#N/A】以外的其他错误值

适用版本	实用指数
2007、2010、2013、2016	★★☆☆☆

使用说明

ISERR 函数用于判断测试对象是否为除【#N/A】以外的任何错误值，如果值为除【#N/A】以外的任何错误值，则返回 TRUE。

函数语法：= ISERR(value)

参数说明如下。

value（必选）：需要判断是否为错误值【#N/A】以外的其他错误值的对象。参数 value 可以是空白（空单元格）、错误值、逻辑值、文本、数字、引用值，或者引用要检验的以上任意值的名称。

解决方法

例如，对表格中的单价列的单元格进行检查，具体操作方法如下。

第 1 步 打开素材文件（位置：素材文件\第 12 章\ISERR 函数 .xlsx），在【判断错误值】工作表选择要存放结果的单元格 E3，输入公式“=ISERR(D3)”，按【Enter】键，即可得出计算结果，如下图所示。

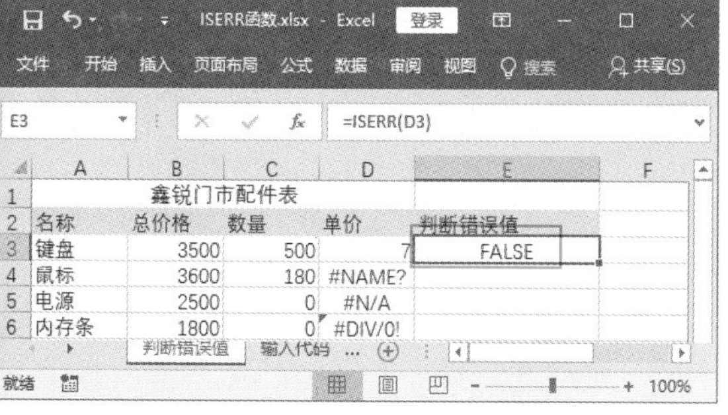

第 2 步 利用填充功能向下复制公式即可，如下图所示。

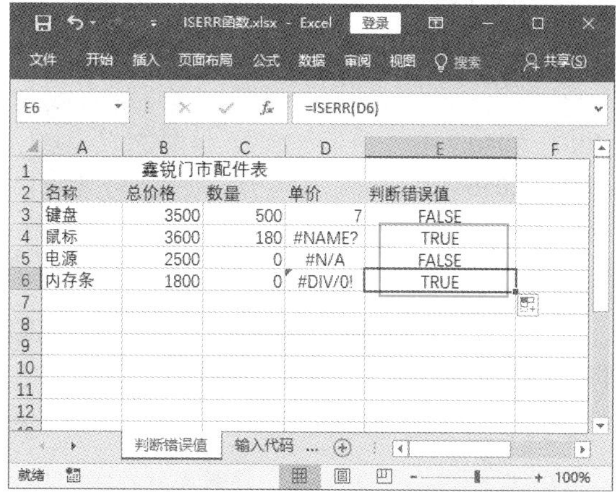

又如，在某商店的商品订货表中，需要检查商品名称是否有误，具体操作方法如下。

第 1 步 在【商品代码】工作表选择要存放结果的单元格 C2，输入公式“=IF(ISNA(B2),"输入代码",IF(ISERR(B2),"输入代码","OK"))”，按【Enter】键，即可得出计算结果，如下图所示。

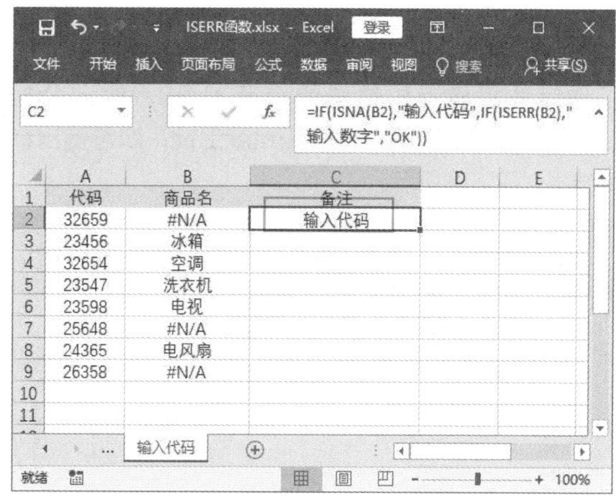

第 2 步 利用填充功能向下复制公式即可，如下图所示。

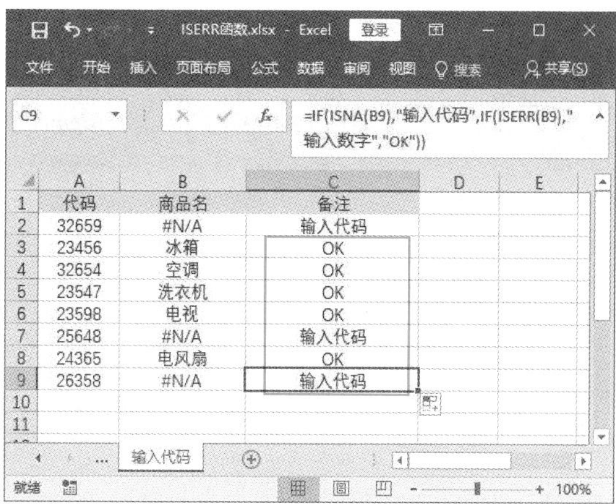

422 使用 ISERROR 函数判断测试对象是否为错误值

适用版本	实用指数
2007、2010、2013、2016	★★★☆☆

使用说明

ISERROR 函数用于判断测试对象是否为错误值，如果值为任何错误值，则返回 TRUE。

函数语法：= ISERROR(value)

参数说明如下。

value（必选）：需要判断是否为错误值的对象。参数 value 可以是空白（空单元格）、错误值、逻辑值、文本、数字、引用值，或者引用要检验的以上任意值的名称。

解决方法

如果要检验单元格的值是否为错误值，具体操作方法如下。

第 1 步 打开素材文件（位置：素材文件\第 12 章\ISERROR 函数.xlsx），在【检验结果】工作表选择要存放结果的单元格 E3，输入公式"=ISERROR(D3)"，按【Enter】键，即可得出计算结果，如下图所示。

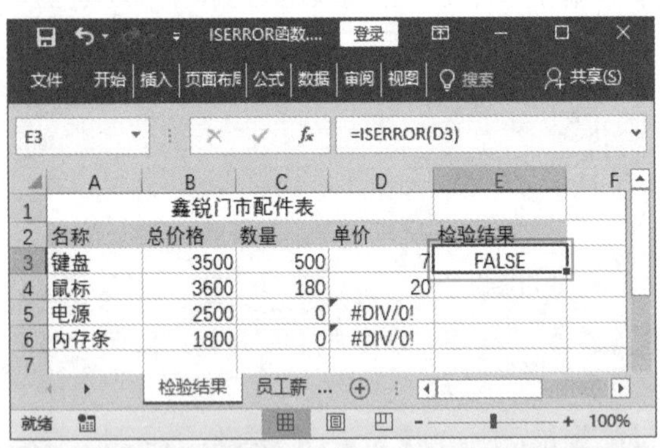

第 2 步 利用填充功能向下复制公式即可，如下图所示。

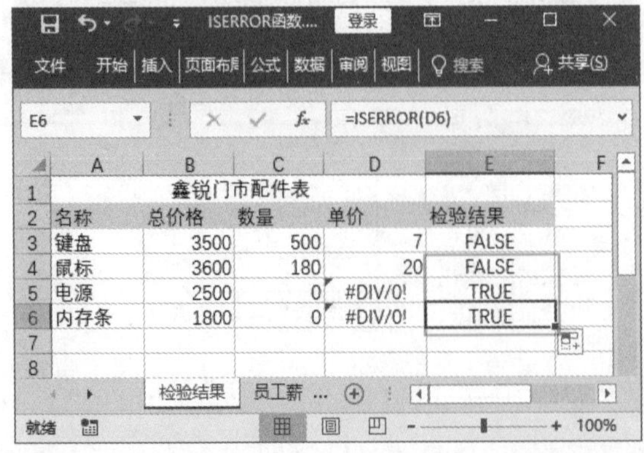

又如，工作表中记录了某公司在职员工收入情况调查表，其中 A 列为员工姓名，B:D 列单元格为员工相应部门、岗位及收入情况，D 列中包含了错误值的单元格表示该员工已转换部门或离职，现在需要统计员工薪资总额，可使用 ISERROR 函数和多个函数配合使用，具体操作方法如下。

第 1 步 在【员工薪资】工作表选择要存放结果的单元格 F2，输入公式"=SUM(IF(ISERROR(D2:D10),0,D2:D10))"，如下图所示。

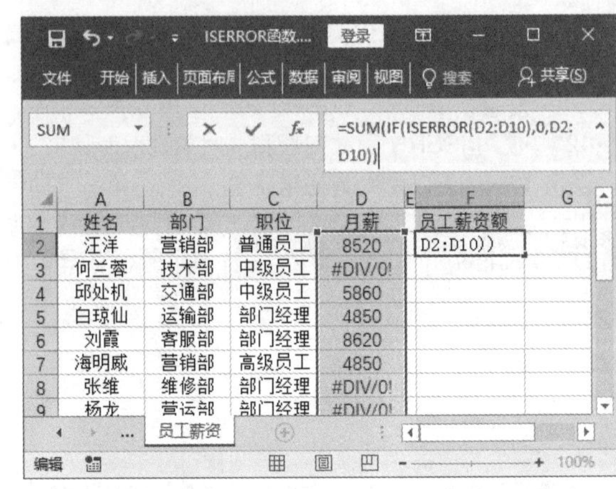

第 2 步 按【Ctrl+Shift+Enter】键确认，即可在目标单元格内显示员工薪资总额，如下图所示。

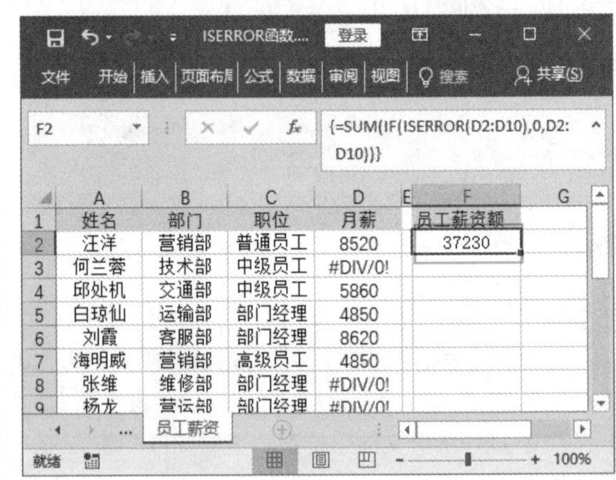

第 13 章 数据库函数使用技巧

数据库函数是指当需要分析数据清单中的数据是否符合特定条件时所使用的特定工作表函数，而数据库则是包含一组相关数据的列表。本章将介绍该类函数的使用方法。

下面列举了一些数据库函数应用中的常见问题，看看是否会处理或已掌握。

【√】在统计销售报表时，用什么函数可以计算数据库中满足条件的数字之和?

【√】在销售报表中，用什么函数可以计算数据库中满足给定条件数据的平均值?

【√】在数据库中，怎样返回符合条件的最大值和最小值?

【√】在数据库中，怎样返回数据库中包含数据的单元格?

【√】在销售报表中，怎样返回数据库中符合条件的数据?

【√】在数据库中，怎样返回符合条件的数据的方差?

希望通过本章内容的学习，能帮助你解决以上问题，并学会在 Excel 中使用数据库函数的技巧。

13.1 数据库统计计算函数

数据库统计计算函数用于对数据库中符合条件的数据进行统计、计算等。下面介绍一些常用的数据库统计计算函数技巧。

423 使用 DSUM 函数计算数据库中满足给定条件的数字之和

适用版本	实用指数
2007、2010、2013、2016	★★★★★

使用说明

DSUM 函数用于返回列表或数据库中满足指定条件的记录字段（列）中的数字之和。

> 函数语法：= DSUM (database,field,criteria)
>
> 参数说明如下。
>
> - database（必选）：表示构成列表或数据库的单元格区域。数据库是包含一组相关数据的列表，其中包含相关信息的行为记录和包含数据的列为字段。列表的第 1 行包含每一列的标签。
> - field（必选）：指定函数所使用的列。输入两端带双引号的列标签，如 "使用年数" 或 "产量"；或是代表列在列表中的位置的数字（不带引号）：1 表示第 1 列，2 表示第 2 列，以此类推。
> - criteria（必选）：表示包含所指定条件的单元格区域。可以为参数 criteria 指定任意区域，只要此区域包含至少一个列标签，并且列标签下方包含至少一个指定列条件的单元格。

解决方法

例如，需要计算出普洱和铁观音的利润总额值，具体操作方法如下。

打开素材文件（位置：素材文件 \ 第 13 章 \ DSUM 函数 .xlsx），在【利润总额】工作表选择要存放结果的单元格 C14，输入公式 "=DSUM(A4:E13," 利润 ",A1:A3)"，按【Enter】键，即可计算出普洱和铁观音利润的总额值，如右上图所示。

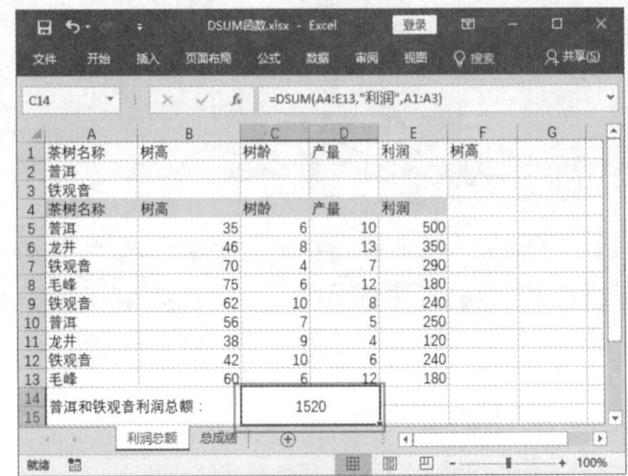

C14　=DSUM(A4:E13,"利润",A1:A3)

	A	B	C	D	E	F
1	茶树名称	树高	树龄	产量	利润	树高
2	普洱					
3	铁观音					
4	茶树名称	树高	树龄	产量	利润	
5	普洱	35	6	10	500	
6	龙井	46	8	13	350	
7	铁观音	70	4	7	290	
8	毛峰	75	6	12	180	
9	铁观音	62	10	8	240	
10	普洱	56	7	5	250	
11	龙井	38	9	4	120	
12	铁观音	42	10	6	240	
13	毛峰	60	6	12	180	
14	普洱和铁观音利润总额：		1520			

又如，某公司年底举行业务活动，在销售部门 A、B 组中各选取多个员工进行业务能力测试，测试结果记录在工作表。现在需要计算 A 组业务总成绩，可通过 DSUM 函数实现，具体操作方法如下。

在【总成绩】工作表选择要存放结果的单元格 B13，输入公式 "=DSUM(A1:F9,6,A11:F12)"，按【Enter】键，即可得到 A 组员工的比赛总成绩，如下图所示。

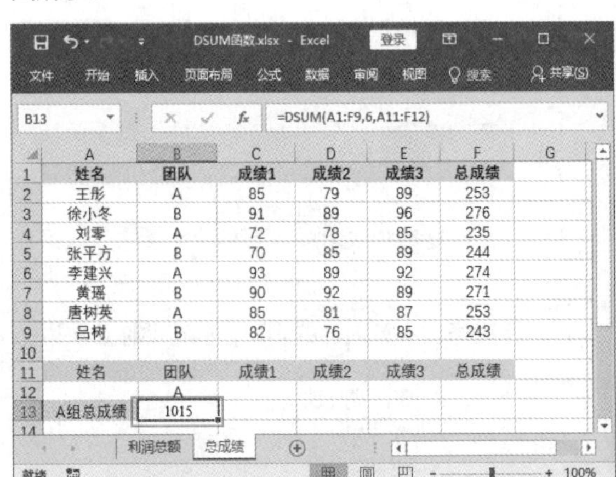

B13　=DSUM(A1:F9,6,A11:F12)

	A	B	C	D	E	F
1	姓名	团队	成绩1	成绩2	成绩3	总成绩
2	王彤	A	85	79	89	253
3	徐小冬	B	91	89	96	276
4	刘零	A	72	78	85	235
5	张平方	B	70	85	89	244
6	李建兴	A	93	89	92	274
7	黄瑶	B	90	92	89	271
8	唐树英	A	85	81	87	253
9	吕树	B	82	76	85	243
10						
11	姓名	团队	成绩1	成绩2	成绩3	总成绩
12		A				
13	A组总成绩	1015				

温馨提示

- 可以为参数 criteria 指定任意区域，只要此区域包含至少一个列标签，并且列标签下方包含至少一个用于指定条件的单元格。例如，如果区域 G1:G2 在 G1 中包含列标签 Income，在 G2 中包含数量 ¥10000，

温馨提示

则可将此区域命名为 MatchIncome，那么在数据库函数中就可使用该名称作为条件参数。

- 虽然条件区域可以位于工作表的任意位置，但不要将条件区域置于列表的下方。如果向列表中添加更多信息，新的信息将会添加在列表下方的第 1 行上。如果列表下方的行不是空的，Excel 将无法添加新的信息。

424　使用 DPRODUCT 函数计算满足给定条件的数值的乘积

适用版本	实用指数
2007、2010、2013、2016	★★★★★

使用说明

DPRODUCT 函数用于返回列表或数据库中满足指定条件的记录字段（列）中的数值的乘积。

函数语法：= DPRODUCT (database,field,criteria)

参数说明如下。

- database（必选）：构成列表或数据库的单元格区域。数据库是包含一组相关数据的列表，其中包含相关信息的行为记录和包含数据的列为字段。列表的第 1 行包含每一列的标签。
- field（必选）：指定函数所使用的列。输入两端带双引号的列标签，如 " 使用年数 " 或 " 产量 "；或是代表列在列表中的位置的数字（不带引号）：1 表示第 1 列，2 表示第 2 列，以此类推。
- criteria（必选）：包含所指定条件的单元格区域。为参数 criteria 指定任意区域，只要此区域包含至少一个列标签，并且列标签下方包含至少一个指定列条件的单元格。

解决方法

例如，要计算树高大于 50 厘米的铁观音产量的乘积，时需要使用 DPRODUCT 函数。具体操作方法如下。

打开素材文件（位置：素材文件 \ 第 13 章 \ DPRODUCT 函数 .xlsx），在【总产量】工作表选择要存放结果的单元格 C15，输入公式 "=DPRODUCT(A4:E13"产量",A1:B2)"，按【Enter】键，即可计算出普洱和铁观音利润的总额值，如右上图所示。

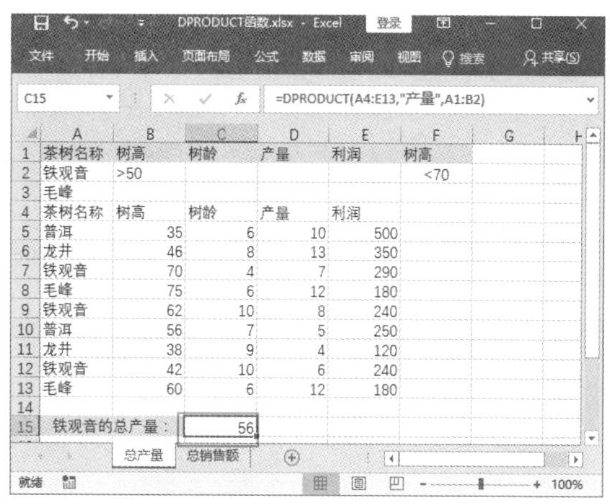

C15　=DPRODUCT(A4:E13,"产量",A1:B2)

	A	B	C	D	E	F
1	茶树名称	树高	树龄	产量	利润	树高
2	铁观音	>50				<70
3	毛峰					
4	茶树名称	树高	树龄	产量	利润	
5	普洱	35	6	10	500	
6	龙井	46	8	13	350	
7	铁观音	70	4	7	290	
8	毛峰	75	6	12	180	
9	铁观音	62	10	8	240	
10	普洱	56	7	5	250	
11	龙井	38	9	4	120	
12	铁观音	42	10	6	240	
13	毛峰	60	6	12	180	
14						
15	铁观音的总产量：		56			

又如，现在需要在员工的销售情况表中计算员工的销售额，具体操作方法如下。

第 1 步　在【总销售额】工作表选择要存放结果的单元格 B9，输入公式 "=DPRODUCT(A1:E3,COLUMN(B1),A5:A7)"，按【Enter】键，即可得到第 1 个员工的销售额，如下图所示。

B9　=DPRODUCT(A1:E3,COLUMN(B1),A5:A7)

	A	B	C	D	E
1	姓名	章书	蔡佳佳	李子渊	黄希
2	销售量	258	109	210	140
3	单价	80	80	80	80
4					
5	姓名				
6	销售量				
7	单价				
8					
9	总销售额	20640			

第 2 步　将公式复制到 C9 单元格，将公式更改为 "=DPRODUCT(A1:E3,COLUMN(C1),A5:A7) "，按【Enter】键，即可得到第 2 个员工的销售额，如下图所示。

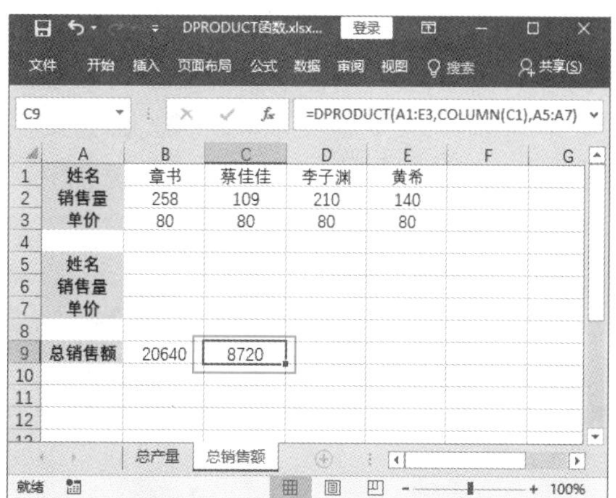

C9　=DPRODUCT(A1:E3,COLUMN(C1),A5:A7)

	A	B	C	D	E
1	姓名	章书	蔡佳佳	李子渊	黄希
2	销售量	258	109	210	140
3	单价	80	80	80	80
4					
5	姓名				
6	销售量				
7	单价				
8					
9	总销售额	20640	8720		

第 3 步 使用相同的方法复制和更改公式，即可得到所有员工的总销售额，如下图所示。

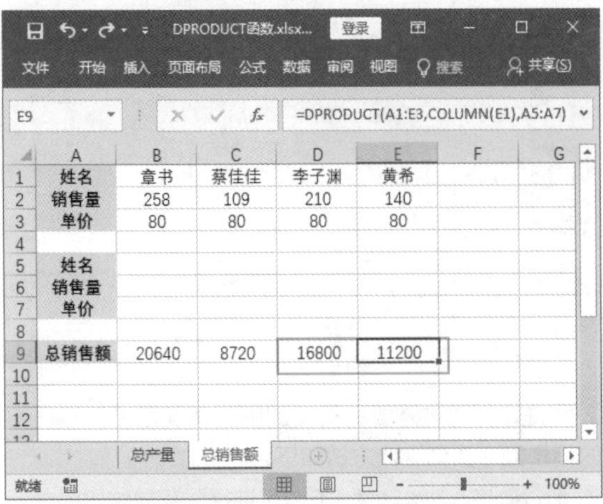

425 使用 DAVERAGE 函数计算满足给定条件数据的平均值

适用版本	实用指数
2007、2010、2013、2016	★★★★★

使用说明

DAVERAGE 函数用于计算满足指定条件的列表或数据库的列中数值的平均值。

函数语法：= DAVERAGE (database,field,criteria)

参数说明如下。

- database（必选）：构成列表或数据库的单元格区域。数据库是包含一组相关数据的列表，其中包含相关信息的行为记录，和包含数据的列为字段。列表的第 1 行包含着每一列的标志。
- field（必选）：指定函数所使用的列。输入两端带双引号的列标签，如 " 使用年数 " 或 " 产量 "；或是代表列表中列位置的数字（没有引号）：1 表示第 1 列，2 表示第 2 列，以此类推。
- criteria（必选）：包含所指定条件的单元格区域。为参数 criteria 指定任意区域，只要此区域包含至少一个列标签，并且列标签下方包含至少一个指定列条件的单元格。

解决方法

例如，已知某销售部门各员工在 2018 年的下半年销售的业绩，为评测各员工 9 月份的销售情况，可使用 DAVERAGE 函数计算出平均数据。具体操作方法如下。

打开素材文件（位置：素材文件\第 13 章\DAVERAGE 函数 .xlsx），在【平均销量】工作表选择要存放结果的单元格 B14，输入公式 "=DAVERAGE(A2:G12,4,A2:G12)"，按【Enter】键，即可计算出 9 月份员工的平均销售数据，如下图所示。

又如，某公司年底举行业务活动，在销售部门 A、B 组中各选取多个员工进行业务能力测试，测试结果如下表，现在需要计算 A 组业务平均成绩，具体操作方法如下。

在【平均成绩】工作表选择要存放结果的单元格 C13，输入公式 "=DAVERAGE(A1:F9,6,A11:F12)"，按【Enter】键，即可得到 A 组员工的平均成绩，如下图所示。

技能拓展

DAVERAGE 函数和 AVERAGE 函数都是用来计算数据的平均值，如果只对某一组数据求平均值，直接选用 AVERAGE 函数比较简单；若是需要根据条件计算数据平均值时，则需要使用 DAVERAGE 函数。

426 使用 DMAX 函数返回所选数据库条目的最大值

适用版本	实用指数
2007、2010、2013、2016	★★★★★

使用说明

DMAX 函数用于返回列表或数据库中满足指定条件的记录字段（列）中的最大数字。

函数语法：= DMAX (database,field,criteria)

参数说明如下。

- database（必选）：构成列表或数据库的单元格区域。数据库是包含一组相关数据的列表，其中包含相关信息的行为记录和包含数据的列为字段。列表的第 1 行包含着每一列的标志。
- field（必选）：指定函数所使用的列。输入两端带双引号的列标签，如 " 使用年数 " 或 " 产量 "；或是代表列表中列位置的数字（没有引号）：1 表示第 1 列，2 表示第 2 列，以此类推。
- criteria（必选）：包含所指定条件的单元格区域。为参数 criteria 指定任意区域，只要此区域包含至少一个列标签，并且列标签下方包含至少一个指定列条件的单元格。

解决方法

例如，在 12 月的销售数量中，要求返回销售数量在 30 以上的最大值，可以使用 DMAX 函数完成计算。具体操作方法如下。

打开素材文件（位置：素材文件 \ 第 13 章 \DMAX 函数 .xlsx），选择要存放结果的单元格 C14，输入公式“=DMAX(A2:H12,7,G14:G15)”，按【Enter】键，即可返回满足条件的最大值，如下图所示。

C14 =DMAX(A2:H12,7,G14:G15)

	A	B	C	D	E	F	G	H
1	2018年下半年笔记本销售报表							
2	员工姓名	7月	8月	9月	10月	11月	12月	
3	李海	62	42	20	26	43	76	
4	孙涛	43	32	26	28	62	23	
5	陈娟	25	62	64	46	51	16	
6	赵可	36	42	23	35	13	35	
7	吴欣	25	72	52	16	43	12	
8	黄佳	16	51	51	34	28	10	
9	刘洋	24	52	35	28	95	25	
10	汪明月	26	53	62	60	86	30	
11	朱承锐	26	62	42	75	84	26	
12	任宵宵	35	40	32	90	72	20	
13	返回满足条件的		12月				条件区域	
14	最大值		76				12月	
15							>30	

427 使用 DMIN 函数返回所选数据库条目的最小值

适用版本	实用指数
2007、2010、2013、2016	★★★★★

使用说明

DMIN 函数用于返回列表或数据库中满足指定条件的记录字段（列）中的最小数字。

函数语法：= DMIN (database,field,criteria)

参数说明如下。

- database（必选）：构成列表或数据库的单元格区域。数据库是包含一组相关数据的列表，其中包含相关信息的行为记录和包含数据的列为字段。列表的第 1 行包含着每一列的标志。
- field（必选）：指定函数所使用的列。输入两端带双引号的列标签，如 " 使用年数 " 或 " 产量 "；或是代表列表中列位置的数字（没有引号）：1 表示第 1 列，2 表示第 2 列，以此类推。
- criteria（必选）：包含所指定条件的单元格区域。为参数 criteria 指定任意区域，只要此区域包含至少一个列标签，并且列标签下方包含至少一个指定列条件的单元格。

解决方法

例如，在 10 月的销售数量中，要求返回销售数量小于 30 的最小值，可以使用 DMIN 函数完成计算，具体操作方法如下。

打开素材文件（位置：素材文件 \ 第 13 章 \DMIN 函数 .xlsx），选择要存放结果的单元格 C12，输入公式“=DMIN(A2:G10,5,G12:G13)”，按【Enter】键，即可返回满足条件的最小值，如下图所示。

C12 =DMIN(A2:G10,5,G12:G13)

	A	B	C	D	E	F	G
1	2018年下半年笔记本销售报表						
2	员工姓名	7月	8月	9月	10月	11月	12月
3	李海	62	42	20	26	43	76
4	孙涛	43	32	26	28	62	23
5	吴欣	25	72	52	16	43	12
6	黄佳	16	51	51	34	28	10
7	刘洋	24	52	35	28	95	25
8	汪明月	26	53	62	60	86	30
9	朱承锐	26	62	42	75	84	26
10	任宵宵	35	40	32	90	72	20
11	返回满足条件的		10月				条件区域
12	最小值		16				10月
13							<30

428 使用 DCOUNT 函数计算数据库中包含数字的单元格的数量

适用版本	实用指数
2007、2010、2013、2016	★★★☆☆

使用说明

DCOUNT 函数用于返回列表或数据库中满足指定条件的记录字段（列）中包含数字的单元格的个数。

函数语法：= DCOUNT (database,field,criteria)

参数说明如下。

- database（必选）：构成列表或数据库的单元格区域。数据库是包含一组相关数据的列表，其中包含相关信息的行为记录和包含数据的列为字段。列表的第 1 行包含着每一列的标志。
- field（必选）：指定函数所使用的列。输入两端带双引号的列标签，如 " 使用年数 " 或 " 产量 "；或是代表列表中列位置的数字（没有引号）：1 表示第 1 列，2 表示第 2 列，以此类推。
- criteria（必选）：包含所指定条件的单元格区域。为参数 criteria 指定任意区域，只要此区域包含至少一个列标签，并且列标签下方包含至少一个指定列条件的单元格。

解决方法

例如，已知某销售部门各员工在 2012 年的下半年销售的业绩，为了统计 10 月销售数量大于 25 的员工人数，使用 DCOUNT 函数进行计算，具体操作方法如下。

打开素材文件（位置：素材文件\第 13 章\DCOUNT 函数 .xlsx），在【销售报表】工作表选择要存放结果的单元格 C14，输入公式“=DCOUNT(A2:G12,5,G14:G15)”，按【Enter】键，即可计算出 10 月销售数量大于 25 的员工人数，如下图所示。

	A	B	C	D	E	F	G
1	2018年下半年笔记本销售报表						
2	员工姓名	7月	8月	9月	10月	11月	12月
3	李海	62	42	20	26	43	76
4	孙涛	43	32	26	28	62	23
5	陈娟	25	62	64	46	51	16
6	赵可	36	42	23	35	13	35
7	吴欣	25	72	52	16	43	12
8	黄佳	16	51	51	34	28	10
9	刘洋	24	52	35	28	95	25
10	汪明月	26	53	62	60	86	30
11	朱承锐	26	62	42	75	84	26
12	任宵宵	35	40	32	90	72	20
13	大于25的销量		10月				条件区域
14			9				10月
15							>25

又如，在某销售部 6 月销售情况表中，其中 A 列为员工姓名，B 列为相应的员工性别，现在需要统计该部门男员工人数，具体操作方法如下。

在【男员工】工作表选择要存放结果的单元格 C14，输入公式“=DCOUNT(A1:E9,3,A11:E12)”，按【Enter】键，即可得到公司的男员工数量，如下图所示。

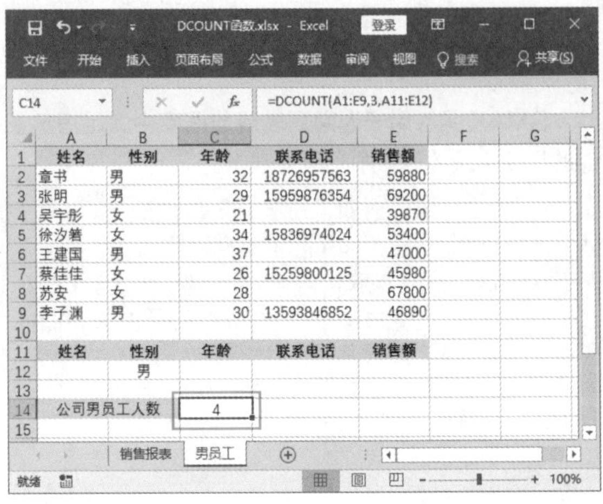

	A	B	C	D	E
1	姓名	性别	年龄	联系电话	销售额
2	章书	男	32	18726957563	59880
3	张明	男	29	15959876354	69200
4	吴宇彤	女	21		39870
5	徐汐箸	女	34	15836974024	53400
6	王建国	男	37		47000
7	蔡佳佳	女	26	15259800125	45980
8	苏安	女	28		67800
9	李子渊	男	30	13593846852	46890
10					
11	姓名	性别	年龄	联系电话	销售额
12		男			
13					
14	公司男员工人数		4		
15					

429 使用 DCOUNTA 函数计算满足给定条件的非空单元格个数

适用版本	实用指数
2007、2010、2013、2016	★★★☆☆

使用说明

DCOUNTA 函数用于返回列表或数据库中满足指定条件的记录字段（列）中的非空单元格的个数。

函数语法：= DCOUNTA (database,field,criteria)

参数说明如下。

- database（必选）：构成列表或数据库的单元格区域。数据库是包含一组相关数据的列表，其中包含相关信息的行为记录和包含数据的列为字段。列表的第 1 行包含着每一列的标志。
- field（必选）：指定函数所使用的列。输入两端带双引号的列标签，如 " 使用年数 " 或 " 产量 "；或是代表列表中列位置的数字（没有引号）：1 表示第 1 列，2 表示第 2 列，以此类推。
- criteria（必选）：包含所指定条件的单元格区域。为参数 criteria 指定任意区域，只要此区域包含至少一个列标签，并且列标签下方包含至少一个指定列条件的单元格。

解决方法

在制作好的数据表格中，如果需要快速统计出非空单元格个数可以使用 DCOUNTA 函数。例如，在销售报表中统计出员工总人数，具体操作方法如下。

打开素材文件（位置：素材文件 \ 第 13 章 \DCOUNTA 函数 .xlsx），在【销售报表】工作表选择要存放结果的单元格 C14，输入公式"=DCOUNTA(A2:G12,1,G14:G15)"，按【Enter】键，即可计算出数据表中非空单元格个数，如下图所示。

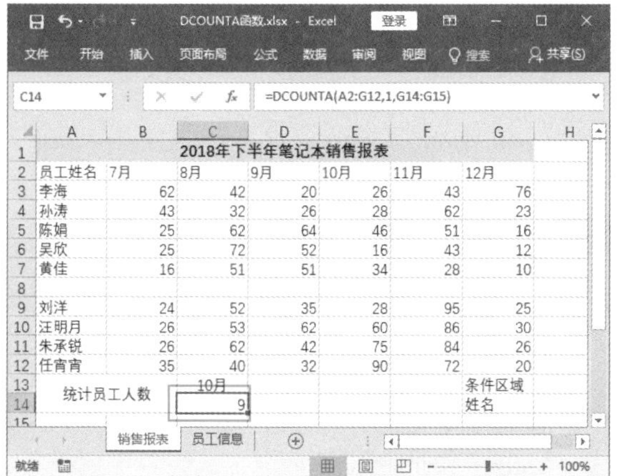

	A	B	C	D	E	F	G
1	2018年下半年笔记本销售报表						
2	员工姓名	7月	8月	9月	10月	11月	12月
3	李海	62	42	20	26	43	76
4	孙涛	43	32	26	28	62	23
5	陈娟	25	62	64	46	51	16
6	吴欣	25	72	52	16	43	12
7	黄佳	16	51	51	34	28	10
8							
9	刘洋	24	52	35	28	95	25
10	汪明月	26	53	62	60	86	30
11	朱承锐	26	62	42	75	84	26
12	任宵宵	35	40	32	90	72	20
13	统计员工人数		10月				条件区域
14			9				姓名

又如，在某销售部 6 月销售情况表中，其中 A 列为员工姓名，B 列到 E 列为相应的员工信息及销售额，现在需要统计该部门有联系电话的员工的人数。具体操作方法如下。

在【员工信息】工作表选择要存放结果的单元格 D14，输入公式"=DCOUNTA(A1:E9,4,A11:E12)"，按【Enter】键，即可得到有联系电话的员工的人数，如下图所示。

	A	B	C	D	E
1	姓名	性别	年龄	联系电话	销售额
2	王彤	男	32	18726957563	59880
3	徐小冬	男	29	15959876354	69200
4	刘零	女	21		39870
5	张平方	女	34	15836974024	53400
6	李建兴	男	37		47000
7	黄瑶	女	26	15259800125	45980
8	唐树英	女	28		67800
9	吕树	男	30	13593846852	46890
10					
11	姓名	性别	年龄	联系电话	销售额
12					
13					
14	公司所有留有电话的员工数			5	

430 使用 DGET 函数计算数据库中满足给定条件的单个值

适用版本	实用指数
2007、2010、2013、2016	★★★☆☆

使用说明

DGET 函数用于从列表或数据库的列中提取符合指定条件的单个值。

函数语法：= DGET (database,field,criteria)

参数说明如下。

- database（必选）：构成列表或数据库的单元格区域。数据库是包含一组相关数据的列表，其中包含相关信息的行为记录和包含数据的列为字段。列表的第 1 行包含着每一列的标志。
- field（必选）：指定函数所使用的列。输入两端带双引号的列标签，如 " 使用年数 " 或 " 产量 "；或是代表列表中列位置的数字（没有引号）：1 表示第 1 列，2 表示第 2 列，以此类推。
- criteria（必选）：包含所指定条件的单元格区域。为参数 criteria 指定任意区域，只要此区域包含至少一个列标签，并且列标签下方包含至少一个指定列条件的单元格。

解决方法

例如，在销售报表中，如果需要返回大于 90 的销量数据可以使用 DGET 函数，具体操作方法如下。

打开素材文件（位置：素材文件 \ 第 13 章 \ DGET 函数 .xlsx），在【销量数据】工作表选择要存放结果的单元格 C14，输入公式"=DGET(A2:G12,6,G14:G15)"，按【Enter】键，即可返回大于 90 的销售数据值，如下图所示。

	A	B	C	D	E	F	G
1	2018年下半年笔记本销售报表						
2	员工姓名	7月	8月	9月	10月	11月	12月
3	李海	62	42	20	26	43	76
4	孙涛	43	32	26	28	62	23
5	陈娟	25	62	64	46	51	16
6	赵可	36	42	23	35	13	35
7	吴欣	25	72	52	16	43	12
8	黄佳	16	51	51	34	28	10
9	刘洋	24	52	35	28	95	25
10	汪明月	26	53	62	60	86	30
11	朱承锐	26	62	42	75	84	26
12	任宵宵	35	40	32	90	72	20
13	大于90的销量		11月				条件区域
14	数据		95				11月
15							>90

又如，在商品的销售情况表中包括销售员姓名、销售的商品类别以及相应的销售金额，现在需要根据指定的员工姓名及销售的商品类别提取出商品的销售金额，具体操作方法如下。

在【商品价格】工作表选择要存放结果的单元格 F9，输入公式“=DGET(A1:C9,3,E1:F2)”，按【Enter】键，即可提取指定产品销售单价，如下图所示。

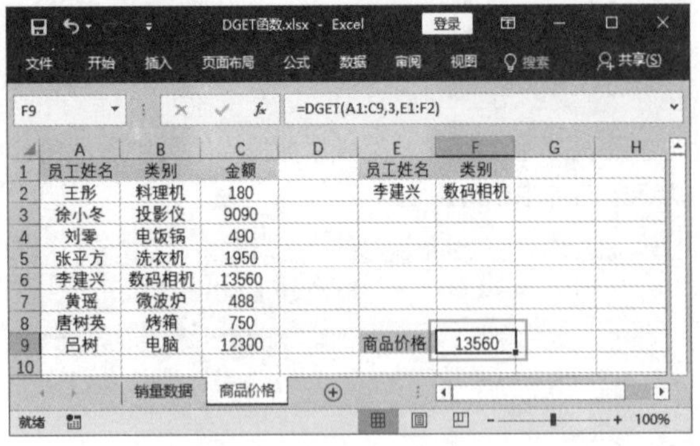

F9 =DGET(A1:C9,3,E1:F2)

	A	B	C	D	E	F
1	员工姓名	类别	金额		员工姓名	类别
2	王彤	料理机	180		李建兴	数码相机
3	徐小冬	投影仪	9090			
4	刘雯	电饭锅	490			
5	张平方	洗衣机	1950			
6	李建兴	数码相机	13560			
7	黄瑶	微波炉	488			
8	唐树英	烤箱	750			
9	吕树	电脑	12300		商品价格	13560

> **温馨提示**
>
> - 如果在数据表中使用 DGET 函数返回满足条件的值有多个时，则返回错误值【#NUM!】。
> - 可以为参数 criteria 指定任意区域，只要此区域包含至少一个列标签，并且列标签下方包含至少一个用于指定条件的单元格。

13.2 散布度统计函数

散布度统计函数用于计算数据库中的标准偏差、方差。下面介绍一些常用的散布度统计函数技巧。

431 使用 DSTDEV 函数计算数据库中样本总体标准偏差

适用版本	实用指数
2007、2010、2013、2016	★★★★★

使用说明

DSTDEV 函数用于返回利用列表或数据库中满足指定条件的记录字段（列）中的数字作为一个样本估算出的总体标准偏差。

函数语法：= DSTDEV (database,field,criteria)

参数说明如下。

- database（必选）：构成列表或数据库的单元格区域。数据库是包含一组相关数据的列表，其中包含相关信息的行为记录和包含数据的列为字段。列表的第 1 行包含着每一列的标志。
- field（必选）：指定函数所使用的列。输入两端带双引号的列标签，如 " 使用年数 " 或 " 产量 "；或是代表列表中列位置的数字（没有引号）：1 表示第 1 列，2 表示第 2 列，以此类推。
- criteria（必选）：包含所指定条件的单元格区域。为参数 criteria 指定任意区域，只要此区域包含至少一个列标签，并且列标签下方包含至少一个指定列条件的单元格。

解决方法

例如，在工作表中录入的茶树数据只是整个茶园的一个样本，要求计算出普洱和铁观音的标准偏差，可以使用 DSTDEV 函数进行计算，具体操作方法如下。

打开素材文件（位置：素材文件\第 13 章\DSTDEV 函数 .xlsx），在【茶叶标准差】工作表选择要存放结果的单元格 C14，输入公式 “=DSTDEV(A4:E13,"产量",A1:A3)”，按【Enter】键，即可返回普洱和铁观音产量的标准偏差，如下图所示。

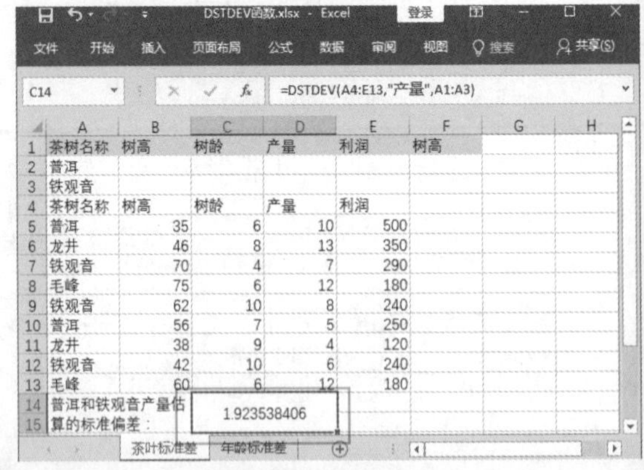

C14 =DSTDEV(A4:E13,"产量",A1:A3)

	A	B	C	D	E	F
1	茶树名称	树高	树龄	产量	利润	树高
2	普洱					
3	铁观音					
4	茶树名称	树高	树龄	产量	利润	
5	普洱	35	6	10	500	
6	龙井	46	8	13	350	
7	铁观音	70	4	7	290	
8	毛峰	75	6	12	180	
9	铁观音	62	10	8	240	
10	普洱	56	7	5	250	
11	龙井	38	9	4	120	
12	铁观音	42	10	6	240	
13	毛峰	60	6	12	180	
14	普洱和铁观音产量估算的标准偏差：		1.923538406			

又如，在商品的销售情况表中，A 列为员工姓名，B 列到 E 列为相应的员工信息和销售总额，现在需要统计公司员工的年龄标准差，具体操作方法如下。

在【年龄标准偏差】工作表选择要存放结果的单元格 D14，输入公式“=DSTDEV(A1:E9,3,A11:E12)”，按【Enter】键，即可得到员工的年龄标准差，如下图所示。

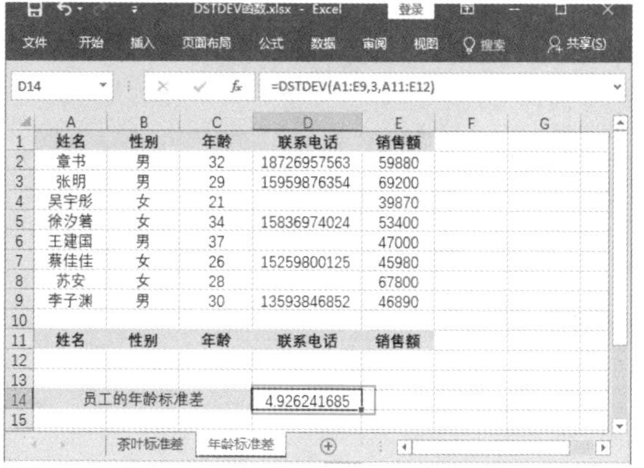

D14 =DSTDEV(A1:E9,3,A11:E12)

	A	B	C	D	E
1	姓名	性别	年龄	联系电话	销售额
2	章书	男	32	18726957563	59880
3	张明	男	29	15959876354	69200
4	吴宇彤	女	21		39870
5	徐汐箸	女	34	15836974024	53400
6	王建国	男	37		47000
7	蔡佳佳	女	26	15259800125	45980
8	苏安	女	28		67800
9	李子渊	男	30	13593846852	46890
10					
11	姓名	性别	年龄	联系电话	销售额
12					
13					
14	员工的年龄标准差			4.926241685	
15					

茶叶标准差 年龄标准差

432 使用 DSTDEVP 函数计算数据库中总体标准偏差

适用版本	实用指数
2007、2010、2013、2016	★★★★☆

使用说明

DSTDEVP 函数用于返回利用列表或数据库中满足指定条件的记录字段（列）中的数字作为样本总体计算出的总体标准偏差。

函数语法：= DSTDEVP (database,field,criteria)

参数说明如下。

- database（必选）：构成列表或数据库的单元格区域。数据库是包含一组相关数据的列表，其中包含相关信息的行为记录和包含数据的列为字段。列表的第 1 行包含着每一列的标志。
- field（必选）：指定函数所使用的列。输入两端带双引号的列标签，如 " 使用年数 " 或 " 产量 "；或是代表列表中列位置的数字（没有引号）：1 表示第 1 列，2 表示第 2 列，以此类推。
- criteria（必选）：包含所指定条件的单元格区域。为参数 criteria 指定任意区域，只要此区域包含至少一个列标签，并且列标签下方包含至少一个指定列条件的单元格。

解决方法

例如，数据库中输入的数据为整个茶园的样本总体，使用 DSTDEVP 函数计算出普洱和铁观音产量的总体标准偏差，具体操作方法如下。

打开素材文件（位置：素材文件 \ 第 13 章 \ DSTDEVP 函数 .xlsx），在【茶园偏差】工作表选择要存放结果的单元格 C14，输入公式 “=DSTDEVP(A4:E13, " 产量 ",A1:A3)”，按【Enter】键，即可返回普洱和铁观音产量的总体标准偏差，如下图所示。

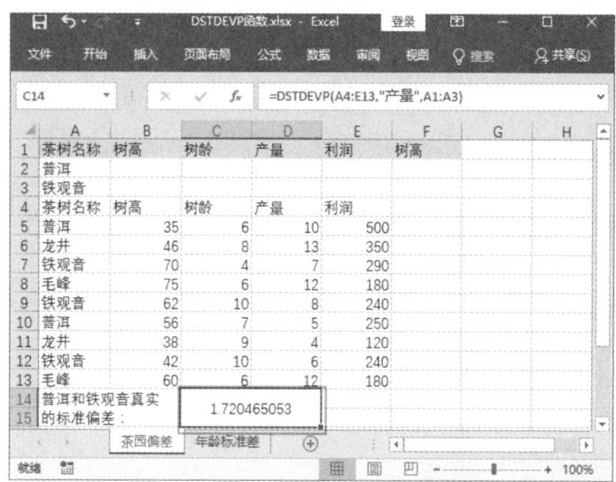

C14 =DSTDEVP(A4:E13,"产量",A1:A3)

	A	B	C	D	E	F
1	茶树名称	树高	树龄	产量	利润	树高
2	普洱					
3	铁观音					
4	茶树名称	树高	树龄	产量	利润	
5	普洱	35	6	10	500	
6	龙井	46	8	13	350	
7	铁观音	70	4	7	290	
8	毛峰	75	6	12	180	
9	铁观音	62	10	8	240	
10	普洱	56	7	5	250	
11	龙井	38	9	4	120	
12	铁观音	42	10	6	240	
13	毛峰	60	6	12	180	
14	普洱和铁观音真实的标准偏差：		1.720465053			

茶园偏差 年龄标准差

又如，在商品的销售情况表中，其中 A 列单元格为员工姓名，B 列到 E 列单元格为相应的员工信息和销售总额，现在要统计公司员工的总体年龄标准差，具体操作方法如下。

在【年龄标准偏差】工作表选择要存放结果的单元格 D14，输入公式“=DSTDEVPA1:E9,3,A11:E12)”，按【Enter】键，即可得到员工的总体年龄标准差，如下图所示。

D14 =DSTDEVP(A1:E9,3,A11:E12)

	A	B	C	D	E
1	姓名	性别	年龄	联系电话	销售额
2	王彤	男	32	18726957563	59880
3	徐小冬	男	29	15959876354	69200
4	刘零	女	21		39870
5	张平方	女	34	15836974024	53400
6	李建兴	男	37		47000
7	黄瑶	女	26	15259800125	45980
8	唐树英	女	28		67800
9	吕树	男	30	13593846852	46890
10					
11	姓名	性别	年龄	联系电话	销售额
12					
13					
14	员工的总体年龄标准差			4.608077148	
15					

茶园偏差 年龄标准差

433 使用 DVAR 函数根据数据库条目样本估算数据的总体方差

适用版本	实用指数
2007、2010、2013、2016	★★★★☆

使用说明

DVAR 函数用于返回利用列表或数据库中满足指定条件的记录字段（列）中的数字作为一个样本估算出的总体方差。

> 函数语法：= DVAR (database,field,criteria)
>
> 参数说明如下。
>
> - database（必选）：构成列表或数据库的单元格区域。数据库是包含一组相关数据的列表，其中包含相关信息的行为记录和包含数据的列为字段。列表的第 1 行包含着每一列的标志。
> - field（必选）：指定函数所使用的列。输入两端带双引号的列标签，如 " 使用年数 " 或 " 产量 "；或是代表列表中列位置的数字（没有引号）：1 表示第 1 列，2 表示第 2 列，以此类推。
> - criteria（必选）：包含所指定条件的单元格区域。为参数 criteria 指定任意区域，只要此区域包含至少一个列标签，并且列标签下方包含至少一个指定列条件的单元格。

解决方法

例如，在数据库中输入的茶树种类的数据只是整个茶园的一个样本，如果需要计算普洱和铁观音的总体方差可以使用 DVAR 函数。现在根据条件计算出普洱和铁观音两种茶树产量的总体方差，具体操作方法如下。

打开素材文件（位置：素材文件 \ 第 13 章 \ DVAR 函数 .xlsx），在【估算方差】工作表选择要存放结果的单元格 C14，输入公式“=DVAR(A4:E13, " 产量 ",A1:A3)”，按【Enter】键，即可计算出普洱和铁观音产量的总体方差，如下图所示。

C14　=DVAR(A4:E13,"产量",A1:A3)

	A	B	C	D	E	F
1	茶树名称	树高	树龄	产量	利润	树高
2	普洱					
3	铁观音					
4	茶树名称	树高	树龄	产量	利润	
5	普洱	35	6	10	500	
6	龙井	46	8	13	350	
7	铁观音	70	4	7	290	
8	毛峰	75	6	12	180	
9	铁观音	62	10	8	240	
10	普洱	56	7	5	250	
11	龙井	38	9	4	120	
12	铁观音	42	10	6	240	
13	毛峰	60	6	12	180	
14	普洱和铁观音的估算方差：		3.7			

又如，在商品的销售情况表中，其中 A 列为员工姓名，B 列到 E 列为相应的员工信息和产品销售量，现在需要统计出公司女员工产品销售量的总体方差。具体操作方法如下。

在【女员工方差】工作表选择要存放结果的单元格 D14，输入公式“=DVAR(A1:E9,5,A11:E12)”，按【Enter】键，即可计算女员工产品销售量方差，如下图所示。

D14　=DVAR(A1:E9,5,A11:E12)

	A	B	C	D	E
1	姓名	性别	年龄	联系电话	销售量
2	王彤	男	32	18726957563	7
3	徐小冬	男	29	15959876354	5
4	刘零	女	21		4
5	张平方	女	34	15836974024	5
6	李建兴	男	37		7
7	黄瑶	女	26	15259800125	9
8	唐树英	女	28		11
9	吕树	男	30	13593846852	8
10					
11	姓名	性别	年龄	联系电话	销售量
12		女			
13					
14	女员工销售额的方差			10.91666667	

434　使用 DVARP 函数计算数据的总体方差

适用版本	实用指数
2007、2010、2013、2016	★★★★☆

使用说明

DVARP 函数通过使用列表或数据库中满足指定条件的记录字段（列）中的数字计算样本总体的样本总体方差。

> 函数语法：= DVARP (database,field,criteria)
>
> 参数说明如下。
>
> - database（必选）：构成列表或数据库的单元格区域。数据库是包含一组相关数据的列表，其中包含相关信息的行为记录和包含数据的列为字段。列表的第 1 行包含着每一列的标志。
> - field（必选）：指定函数所使用的列。输入两端带双引号的列标签，如 " 使用年数 " 或 " 产量 "；或是代表列表中列位置的数字（没有引号）：1 表示第 1 列，2 表示第 2 列，以此类推。
> - criteria（必选）：包含所指定条件的单元格区域。为参数 criteria 指定任意区域，只要此区域包含至少一个列标签，并且列标签下方包含至少一个指定列条件的单元格。

解决方法

例如，在数据库中输入的茶树种类的数据为整个茶园的总体样本，如果需要计算普洱和铁观音的真实方差，可以使用 DVARP 函数实现。现在根据条件计算出普洱和铁观音两种茶树产量的真实方差，具体操作方法如下。

打开素材文件（位置：素材文件\第 13 章\DVARP 函数 .xlsx），在【真实方差】工作表选择要存放结果的单元格 C14，输入公式“=DVARP(A4:E13,"产量",A1:A3)”，按【Enter】键，即可计算出普洱和铁观音产量的真实方差，如下图所示。

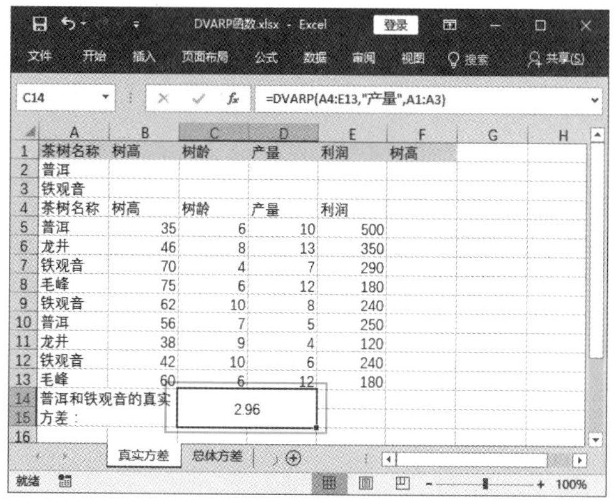

=DVARP(A4:E13,"产量",A1:A3)

	A	B	C	D	E	F
1	茶树名称	树高	树龄	产量	利润	树高
2	普洱					
3	铁观音					
4	茶树名称	树高	树龄	产量	利润	
5	普洱	35	6	10	500	
6	龙井	46	8	13	350	
7	铁观音	70	4	7	290	
8	毛峰	75	6	12	180	
9	铁观音	62	10	8	240	
10	普洱	56	7	5	250	
11	龙井	38	9	4	120	
12	铁观音	42	10	6	240	
13	毛峰	60	6	12	180	
14	普洱和铁观音的真实方差：		2.96			

又如，在商品的销售情况表中，其中 A 列为员工姓名，B 列到 E 列为相应的员工信息和产品销售量，现在要统计该公司男员工销售额的总体方差。具体操作方法如下。

在【总体方差】工作表中选择要存放结果的单元格 D14，输入公式“=DVARP(A1:E9,5,A11:E12)”，按【Enter】键，即可计算男员工销售额的总体方差，如下图所示。

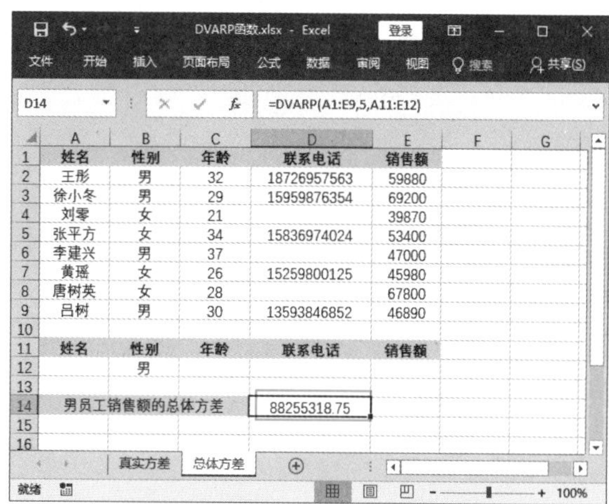

=DVARP(A1:E9,5,A11:E12)

	A	B	C	D	E
1	姓名	性别	年龄	联系电话	销售额
2	王彤	男	32	18726957563	59880
3	徐小冬	男	29	15959876354	69200
4	刘零	女	21		39870
5	张平方	女	34	15836974024	53400
6	李建兴	男	37		47000
7	黄瑶	女	26	15259800125	45980
8	唐树英	女	28		67800
9	吕树	男	30	13593846852	46890
10					
11	姓名	性别	年龄	联系电话	销售额
12		男			
13					
14	男员工销售额的总体方差			88255318.75